普通高等教育"十一五"国家级规划教材

高 等 学 校 自 动 化 专 业 系 列 教 材
教育部高等学校自动化专业教学指导分委员会牵头规划

国家级精品教材

Electric Machinery and Electric Drives
(Third Edition)

电机与拖动（第3版）

刘锦波　张承慧　编著
Liu Jinbo　Zhang Chenghui

清华大学出版社
北京

内 容 简 介

本书从运动控制系统和变流器供电角度全面讲述了电机与拖动的相关内容,主要包括各类电机(直流电机、变压器、异步电机、同步电机)的基本运行原理、建模、运行特性的分析与计算,由各类电机组成传动系统的起/制动、调速原理与方法,各类驱动与控制用微特电机的运行原理与特性分析,各类新型机电一体化电机如正弦波永磁同步电机、无刷永磁直流电机、开关磁阻电机、步进电机、直线永磁同步电机等的建模、驱动与特性分析以及系统组成,电力拖动系统的方案与电机的选择等。

本书内容通俗易懂、深入浅出,强调物理概念,文字简练流畅,各章均安排了内容简介、本章小结、例题、思考题与练习题。

本书可作为自动化、电气自动化以及机电一体化等专业本科生的专业基础教材,也可作为相关专业在运动控制领域的入门性教材。对于长期从事运动控制领域的工程技术人员更新知识,并了解本领域内的最新成果,本书也具有重要的参考价值。

本书附有 MATLAB 仿真实例,便于自学。

图书在版编目(CIP)数据

电机与拖动/刘锦波,张承慧编著.—3 版.—北京:清华大学出版社,2024.1(2025.2重印)

高等学校自动化专业系列教材

ISBN 978-7-302-65139-0

Ⅰ.①电… Ⅱ.①刘… ②张… Ⅲ.①电机-高等学校-教材 ②电力传动-高等学校-教材 Ⅳ.①TM3 ②TM921

中国国家版本馆 CIP 数据核字(2024)第 005782 号

责任编辑:王一玲
封面设计:傅瑞学
责任校对:韩天竹
责任印制:曹婉颖

出版发行:清华大学出版社
   网   址:https://www.tup.com.cn,https://www.wqxuetang.com
   地   址:北京清华大学学研大厦 A 座   邮 编:100084
   社 总 机:010-83470000   邮 购:010-62786544
   投稿与读者服务:010-62776969,c-service@tup.tsinghua.edu.cn
   质量反馈:010-62772015,zhiliang@tup.tsinghua.edu.cn
   课件下载:https://www.tup.com.cn,010-83470236
印 装 者:北京同文印刷有限责任公司
经 销:全国新华书店
开 本:175mm×245mm 印 张:36   字 数:754 千字
版 次:2006 年 10 月第 1 版 2024 年 1 月第 3 版 印 次:2025 年 2 月第 2 次印刷
印 数:1501~2500
定 价:95.00 元

产品编号:081362-01

自动化学科有着光荣的历史和重要的地位,20 世纪 50 年代我国政府就十分重视自动化学科的发展和自动化专业人才的培养。五十多年来,自动化科学技术在众多领域发挥了重大作用,如航空、航天等,"两弹一星"的伟大工程就包含了许多自动化科学技术的成果。自动化科学技术也改变了我国工业整体的面貌,不论是石油化工、电力、钢铁,还是轻工、建材、医药等领域都要用到自动化手段,在国防工业中自动化的作用更是巨大的。现在,世界上有很多非常活跃的领域都离不开自动化技术,比如机器人、月球车等。另外,自动化学科对一些交叉学科的发展同样起到了积极的促进作用,例如网络控制、量子控制、流媒体控制、生物信息学、系统生物学等学科就是在系统论、控制论、信息论的影响下得到不断的发展。在整个世界已经进入信息时代的背景下,中国要完成工业化的任务还很重,或者说我们正处在后工业化的阶段。因此,国家提出走新型工业化的道路和"信息化带动工业化,工业化促进信息化"的科学发展观,这对自动化科学技术的发展是一个前所未有的战略机遇。

机遇难得,人才更难得。要发展自动化学科,人才是基础、是关键。高等学校是人才培养的基地,或者说人才培养是高等学校的根本。作为高等学校的领导和教师始终要把人才培养放在第一位,具体对自动化系或自动化学院的领导和教师来说,要时刻想着为国家关键行业和战线培养和输送优秀的自动化技术人才。

影响人才培养的因素很多,涉及教学改革的方方面面,包括如何拓宽专业口径、优化教学计划、增强教学柔性、强化通识教育、提高知识起点、降低专业重心、加强基础知识、强调专业实践等,其中构建融会贯通、紧密配合、有机联系的课程体系,编写有利于促进学生个性发展、培养学生创新能力的教材尤为重要。清华大学吴澄院士领导的"高等学校自动化专业系列教材"编审委员会,根据自动化学科对自动化技术人才素质与能力的需求,充分吸取国外自动化专业教材的优势与特点,在全国范围内,以招标方式,组织编写了这套自动化专业系列教材,这对推动高等学校自动化专业发展与人才培养具有重要的意义。这套系列教材的建设有新思路、新机制,适应了高等学校教学改革与发展的新形势,立足创建精品教材,重视实践性环节在人才培养中的作用,采用了竞争机制,以激励和推动教材建设。在此,我谨向参与本系列教材规划、组织、编写的老师致以诚挚的感谢,并希望该系列教材在高等学校自动化专业人才培养中发挥应有的作用。

吴启迪 教授

2005 年 10 月于教育部

"高等学校自动化专业系列教材"编审委员会在对国内外部分大学有关自动化专业的教材做深入调研的基础上,广泛听取了各方面的意见,以招标方式组织编写了一套面向全国本科生(兼顾研究生)、体现自动化专业教材整体规划和课程体系、强调专业基础和理论联系实际的系列教材,自2006年起将陆续出版。全套系列教材共50多本,涵盖了自动化学科的主要知识领域,大部分教材都配置了包括电子教案、多媒体课件、习题辅导、课程实验指导书等立体化教材配件。此外,为强调落实"加强实践教育,培养创新人才"的教学改革思想,还特别规划了一组专业实验教程,包括《自动控制原理实验教程》《运动控制实验教程》《过程控制实验教程》《检测技术实验教程》《计算机控制系统实验教程》等。

自动化科学技术是一门应用性很强的学科,面对的是各种各样错综复杂的系统,控制对象可能是确定性的,也可能是随机性的;控制方法可能是常规控制,也可能需要优化控制。这样的学科专业人才应该具有什么样的知识结构,又应该如何通过专业教材来体现,这正是"系列教材编审委员会"规划系列教材时所面临的问题。为此,设立了"自动化专业课程体系结构研究"专项研究课题,成立了由清华大学萧德云教授负责,包括清华大学、上海交通大学、西安交通大学和东北大学等多所院校参与的联合研究小组,对自动化专业课程体系结构进行深入的研究,提出了按"控制理论与工程、控制系统与技术、系统理论与工程、信息处理与分析、计算机与网络、软件基础与工程、专业课程实验"等知识板块构建的课程体系结构。以此为基础,组织规划了一套涵盖几十门自动化专业基础课程和专业课程的系列教材。从基础理论到控制技术,从系统理论到工程实践,从计算机技术到信号处理,从设计分析到课程实验,涉及的知识单元多达数百个、知识点几千个,参与的学校50多所,参与的教授120多人,是一项庞大的系统工程。从编制招标要求、公布招标公告,到组织投标和评审,最后商定教材大纲,凝聚着全国百余名教授的心血,为的是编写出版一套具有一定规模、富有特色的、既考虑研究型大学又考虑应用型大学的自动化专业创新型系列教材。

然而,如何进一步构建完善的自动化专业教材体系结构?如何建设基础知识与最新知识有机融合的教材?如何充分利用现代技术,适应现代大学生的接受习惯,改变教材单一形态,建设数字化、电子化、网络化等多元形态、开放性的"广义教材"? 等等,这些都还有待我们进行更深入的研究。

　　本系列教材的出版,对更新自动化专业的知识体系、改善教学条件、创造个性化的教学环境,一定会起到积极的作用。但是由于受各方面条件所限,本套教材从整体结构到每本书的知识组成都可能存在不当甚至谬误之处,还望使用本套教材的广大教师、学生及各界人士不吝批评指正。

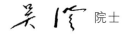 院士

2005 年 10 月于清华大学

第3版前言

本书是由教育部高等学校自动化专业教学指导委员会牵头规划并以全国招标形式确定的统编教材。本书既涉及有刷直流电机、变压器、感应电机、电励磁同步电机及其拖动控制系统以及控制电机等传统内容,也包含永磁同步电机、无刷永磁直流电机、变磁阻电机(开关磁阻与步进电机)、直线永磁同步电机等最新知识。

本书注重物理概念、分析方法和系统性,删繁就简,强调实用,从控制系统与电力电子技术角度全面探讨了电机与拖动传统的相关内容,并以其鲜明的特点得到了本领域众多专家和广大读者的厚爱。本书自2006年10月首次出版至2020年11月,已被160所国内知名高校选作教材,重印20余次,总销量达5万余册。本书先后被评为普通高等学校"十一五"国家级规划教材、"十一五"国家级精品教材、山东省高等学校优秀教材一等奖以及山东省普通高等教育一流教材等。

本书按照第2版所遵循的原则,根据教学过程中出现的问题及工程实际和科研需要,并吸收和归纳了国内外近8年来的优秀教材成果,对第2版中的内容进行了修订和完善。具体调整内容如下:

(1) 对第2版中解释不到位的内容进行了补充,增加了更多的物理概念解释;

(2) 添加了有关运动规划曲线、传动机构最佳传动比与惯量匹配的知识;

(3) 增补了直线永磁同步电动机的详细内容;

(4) 删去了几种常用生产机械负载功率的计算一节。

(5) 对原书中出现的印刷错误进行了全面的修改。

本书可作为工业自动化、人工智能与机器人、电气自动化、机电一体化以及现代车辆工程等相关专业的教材,也可作为相关专业"运动控制系统"课程的入门教材。对于长期从事电动汽车、运动控制领域产品开发的工程技术人员更新知识,并了解本领域内的最新成果,本书也具有重要的参考价值。

本书第3版由刘锦波教授负责教材体系结构及内容调整和安排。其中,3.9节、6.4节以及第12章由张承慧教授负责修订,其余各章节均由刘锦波教授完成,以保持本书第3版的前后风格一致。

本书承蒙上海大学的陈伯时教授担任主审。英国谢菲尔德大学的诸自强教授(英国皇家工程院院士)、天津工业大学的夏长亮教授(中国工程院院士)、清华大学的杨耕教授、浙江大学的沈建新教授均对本书提出了许多宝贵的意见和建议。对此,编者向他们以及对本书给予关怀和帮助的其他同仁们表示由衷地感谢。

　　近三十年来,电机与运动控制领域取得了长足的进步,尤其在交流伺服电动机及其控制方面。本书力求以简洁、通俗的语言对相关内容加以归纳和总结,以适应发展的要求。尽管做出了很大努力,但限于作者的水平,书中错误和不妥之处仍在所难免,恳请广大读者一如既往地批评指正。

作　者

2023 年 10 月

本书是普通高等学校"十一五"国家级规划教材,它是由教育部高等学校自动化专业教学指导委员会牵头规划并通过全国招标形式确定的统编教材。教材对各种类型电机及其拖动系统进行了全面介绍。内容涉及传统的有刷直流电机、感应电机、各种类型的同步电机、变磁阻电机(开关磁阻与步进电机)及其拖动控制系统、变压器以及各类控制电机等知识。

教材自 2006 年 9 月首次出版以来,以其鲜明的特色深受广大电气传动领域读者的厚爱。该教材于 2007 年被评选为首批"十一五"国家级精品教材,并于 2008 年获得山东省高等学校优秀教材一等奖。由于教材注重物理概念和分析方法,删繁就简,强调实用,从系统的角度全面讨论电机与拖动的传统知识和最新内容,因而取得不错的销量。截至 2015 年 1 月,本书已重印 11 次,总销量达 29500 册。

同第 1 版一样,本书第 2 版仍然遵循如下宗旨:(1)从运动控制系统的角度讨论电机与拖动的全部内容,换句话说,应从"电机 + 电力电子变流器 + 控制策略"角度出发,而不是从单纯电网供电或电机设计角度讨论各类电机及其拖动的相关内容;(2)按照先定性、后定量再到分析、计算的顺序引入各类电机的运行原理、控制方案及其拖动系统的组成等知识,以符合大多数读者的认知规律;(3)强调物理概念,辅佐以数学描述;(4)侧重电机的外部特性及其控制方法,淡化内部绕组及磁路结构,重在实用;(5)反映电机与拖动(或运动控制)领域的最新知识和理念,以满足当前工程实际的要求。

按照上述原则,《电机与拖动》第 2 版在保持了第 1 版基本特色的基础上,借鉴了近 30 多年国内外的课程改革和自身教学的成果和经验,吸收了近 8 年来教材使用过程中读者的反馈意见和建议,在不失本课程教学传统的前提下,对全书内容和章节安排作了较大调整。主要体现在如下几方面:(1)保留了传统教材以基于符号法的正弦相量为分析工具(其基本特征是采用等效电路、相量图等手段)的主线,同时增加了以综合矢量为分析手段的另一条主线内容。这主要基于两点考虑:一是传统的相量分析仅适用于正弦电源供电(主要是电网供电)下交流电机的分析,而对于以电力电子变流器供电下的各类交流电机,由于其绕组外加电压或电流均为非正弦,上述手段不再有效;二是对包括磁场定向的矢量控制、直接转矩控制、梯形波电势波形的无刷直流电机等在内的最新拖动控制系统的深刻理解需要以综合矢量为基础的新的数学工具。(2)强化了各类电机与电力电子变流器之间的关联性,以突出电机的各种控制变量在供电变流器中是如何具体实现以及变流器的局限性等物理概念。（3）完善了电机在传动领域内的四象限运行（即电机既运行在电动机又可运行在发电机状态）的知识，并充实了供电变流器工作在四象限伏－安特性（即整流、逆变状态）的内容。（4）增加了对包括矢量控制、直接转矩控制等在内的最新知识，并进一步完善了无刷直流、开关磁阻等机电一体化电机的内容。与第1版相比，《电机与拖动》第2版在遵循上述原则上走得更远。可以相信，上述尝试和努力，将使本书内容更加系统，结构更加合理，知识更加完善。

　　本书第2版各章节的调整和增减的具体内容如下：（1）第1章增加了有关永磁体组成磁路的分析方法一节，以满足目前各类永磁电机日益应用增多的需要。（2）删去了第1版第3章中目前工程应用较少的直流电力拖动系统四象限运行中的实例分析。（3）删去了第1版第4章（变流器供电下直流电机的机械特性），将有关内容精炼并归并到第3章（直流电机的电力拖动）中，以确保第2版全书的体系结构一致。（4）在第2版第5章（三相异步电机的建模与特性分析）中增加了三相交流电机的综合矢量与坐标变换的内容；在第2版第6章（三相异步电机的电力拖动）中增加了变频调速的供电变流器及其调制方案一节，内容涉及三相桥式逆变器及其SPWM以及SVPWM调制技术，由此得到三相交流电机定子电压综合矢量的具体实现方案；同时，在第2版第6章中还增加了基于综合矢量控制的高性能交流调速系统方案一节，内容涉及基于定子电流综合矢量的调速系统——转子磁链定向的矢量控制以及基于定子磁链综合矢量的调速系统——直接转矩控制的基本思想、物理概念以及系统组成。以上内容组成了全书以综合矢量为分析手段的主线。（5）将第1版第9章中的变流器供电同步电机的制动内容调整至第2版第6章，使体系结构更加合理。（6）重新修改完善了第1版第10章中有关三相永磁同步电机的内容，尤其是永磁无刷直流电机的有关内容；增加了目前在电动车领域内使用较多的正弦波分数槽集中绕组和梯形波分数槽集中绕组的内容以及有关永磁无刷直流电机正、反转与四象限运行的知识。（7）全面调整修改了开关磁阻电机的有关内容并增加了开关磁阻电机的能量转换与定子磁链—电流图的知识。（8）删去了目前工程实际中应用较少的超声波电机知识。此外，对第1版中许多解释不够的内容也进行了全面修订。

　　本书可作为自动化、电气自动化、机电一体化以及现代车辆等相关专业的本科生教材，也可作为相关专业"运动控制系统"课程的入门教材。对于长期从事运动控制领域产品开发的工程技术人员更新知识，并了解本领域内的最新成果，本书也具有重要的参考价值。

　　本教材第2版由刘锦波教授担任主编，负责教材体系结构及全部内容的修订；原书第1版中的第4章以及第7章由张承慧教授编写，这些内容部分被浓缩在第2版中的3.8节以及第6章中；其中，第6章6.2.2节中的第3、第4部分、6.2.4节、6.4节属于新增章节，均由刘锦波教授编写，以保持教材第2版的前后风格一致。

　　本教材承蒙上海大学陈伯时教授担任主审，英国谢菲尔德大学的诸自强教授、清华大学的杨耕教授、天津工业大学的夏长亮教授、浙江大学的沈建新教授也对本教材提出了许多宝贵的意见和建议，对此，编者向他们以及对本教材给予过关怀和帮助的其他同仁们表示衷心的感谢。

此外,编者仍然要感谢的是"高等学校自动化专业系列教材"编审委员会为编者提供的机会,特别要感谢的是清华大学出版社的王一玲编辑及其团队,他们为本书的编辑和出版做了大量而细致的工作。

本教材第 2 版从下笔修订到最终完稿耗时仅 1 年的时间,编者深知个中的滋味并由此对书籍充满了敬畏。但一想到有成千上万的读者因本教材成长并喜欢上运动控制领域,编者就倍感欣慰。运动控制领域的成果日新月异,编者力求以最简洁、通俗的语言对其进行归纳总结。但由于时间仓促,编者水平有限,书中难免存在错误和不妥之处,恳请广大读者一如既往的批评指正。

作　者

2015 年 4 月

第1版前言

本书根据全国高等学校自动化专业教学指导委员会制定的教材规划，并按照"高等学校自动化专业系列教材"编审委员会拟订的《电机与拖动》教材大纲编写而成。

随着电机及其控制理论的不断发展，各门学科的渗透，运动控制(或电气传动)领域已发生根本性的变化。许多新思想、新方法在该领域得到应用，许多新原理电机不断涌现。为了能够既保留传统知识的精华，又尽可能反映上述最新进展情况，满足当前工业现场对"电机与拖动"课程的要求，编者结合多年来的教学体会和科研经验，参考了国内外许多参考文献，并根据本科教学改革的经验以及传统教材所暴露的问题，编写了这本《电机与拖动》教材。

与传统教材相比，本教材在体系结构上作了较大调整，角度独特，内容新颖。主要表现在：(1)将《电机学》与《电力拖动基础》教材有机地融为一体，以节省传统内容的教学时间；(2)重在介绍基本概念、基本运行原理与基本运行特性，并强调实用；(3)为适应当前工业发展的需要，增加了不少电机与系统结合以及新型电机的内容，如变流器供电下直流电机的机械特性、三相鼠笼式异步电动机的软起动、正弦波永磁同步电动机与永磁无刷直流电动机、开关磁阻电机以及超声波电机、步进电机的细分驱动等；(4)增加了有关 MATLAB 的仿真内容，有利于读者借助计算机手段加深对内容的体会和理解；(5)在内容阐述上，服务于系统，并从电力电子变流器供电角度入手对有关电机与拖动的问题进行分析与讨论。除此之外，每一章还单独安排了内容简介、本章小结等内容，以方便自学。

本教材是在原讲义基础上改编而成的，吸取了国内外许多优秀教材的精华。编者对这些优秀教材不可能一一列出，但其中不能不提到的有：顾绳谷编写的《电机及拖动基础》、李发海编写的《电机与拖动基础》、A. E. Fitzgerald 编写的 *Electric Machinery*(Six Edition)、B. K. Bose 编写的 *Modern Power Electronics and AC Drives*、陈伯时编写的《电力拖动自动控制系统》。编者对上述教材的作者所做出的贡献表示由衷的敬意，并感谢他们为本教材所提供的出色基础。此外，编者也要对本教材其他参考文献的作者表示衷心谢意。

本教材适用对象为工业自动化、电气自动化以及机电一体化等专业的本科生，也可作为相关专业"运动控制"课程的基础性教材。对于长期从事运动控制领域的工程技术人员更新知识，并了解本领域的最新成果，本教材也具有重要的参考价值。

本教材由刘锦波教授担任主编,负责教材的体系结构和统编工作。其中,第 4 章和第 7 章由张承慧教授编写;第 13 章由刘玫教授编写;其余各章内容均由刘锦波教授编写。

本教材承蒙上海大学的陈伯时教授担任主审,并自始至终给予本教材以极大的关注。陈教授热情的指导、严谨的学风以及渊博的知识,使编者受益匪浅,相信也会使本教材增辉不少。浙江大学的陈永校教授、山东大学的胡颂尧教授也对本教材提出了许多宝贵的意见和建议。对此,编者向他们以及对本教材给予过关怀和帮助的其他同仁们表示衷心感谢。

此外,编者还要感谢的是"高等学校自动化专业系列教材"编审委员会为编者提供了这次宝贵的机会,特别要感谢的是清华大学自动化系萧德云教授以及清华大学出版社王一玲编辑,他们为本教材付出了辛勤劳动。

本教材得到了清华大学出版社出版基金、教育部留学归国人员启动基金(2003.406)和山东省中青年科学家基金(03BS093)的资助。

编教材难,编一本好教材更难。本教材从下笔、修改到最终定稿历时一年半多的时间,编者深知个中的滋味。尽管如此,本教材还是力图将有关内容及最新成果以最简洁、通俗的语言呈现给广大读者。由于编者水平有限,书中难免存在不少错误和不当之处,恳请广大读者批评指正。

作　者

2006 年 2 月

目录

CONTENTS ▶▶▶▶

注：标有※号的为选学内容。

电机在国民经济中起着举足轻重的作用,它以电磁场作为媒介将电能转变为机械能,实现旋转或直线运动(这种类型的电机又称为**电动机**);或将机械能转变为电能,给用电负荷供电(这种类型的电机又称为**发电机**)。因而,电机是一种典型的机电能量转换装置。

电机的种类繁多,除了传统的直流电机、交流电机(异步和同步)以及功率在 1kW 以下的驱动微电机之外,还有一类是以实现信号转换为目的的电机,这类电机又称为控制电机。控制电机包括伺服电机、测速发电机、力矩电机、旋转变压器、自整角机、直线电机以及超声波电机等。

采用电机作为动力源拖动生产机械运动,由此组成的系统即为**电力拖动系统**,有时又称为**电气传动**(electric drive)**系统**。随着相关技术的发展,电力拖动系统的功能也越来越完善,它不仅可以实现生产机械的速度调节(相应的系统又称为**调速系统**),而且可以实现位置的跟踪控制(相应的系统又称为**位置伺服系统**或**随动系统**)以及力或加速度的控制(相应的系统又称为**张力控制系统**)。实现上述功能的电力拖动系统统称为**运动控制系统**(motion control system)。

0.1 电机与电力拖动技术的发展概况

1. 电机与电机学的发展概况

迄今为止,电机的问世与电机理论的发展已有近两个世纪的历史。1820 年前后,法拉第(Faraday)发现了电磁感应现象并提出了电磁感应定律,组装了第 1 台直流电机样机;1829 年亨利(Henry)制造了第 1 台实用的直流电机;直至 1837 年,直流电机才真正变为商业化产品。1887 年特斯拉(Tesla)发明了异步电动机;此后,其他各种类型的电机相继问世。各类电机无论是在结构材料上、特性上,还是在运行原理上都存在较大差异。应该讲,各类电机的采用,标志着以煤和石油为主要能源体系的电气化时代的开始,从而为现代工业奠定了基础。作为机电能量转换装置,电机既可以作为电动机用于电气传动,也可以作为发电机用于发电。应该讲,迄今为止世界上绝大部分的电能都是通过同步发电机发出的,而所发出的大部分电能是通过电动机消耗的。

在当今工业和日常生活中,人们到处都可以找到电机的踪影。从以煤和石油为原料的火力发电厂中的汽轮发电机、以水资源为动力的水轮发电机、以风为动力的风力发电机,到高压输电、配电的变压器,从工厂的自动生产线、车间的机床、机器人到家庭中的家用电器甚至电动玩具等,电机几乎无处不在。

目前,电机制造业的发展主要有如下几大趋势:(1)大型化,单机容量越来越大,如 60 万千瓦及以上的汽轮发电机;(2)微型化,为适应设备小型化的要求,电机的体积越来越小,重量越来越轻;(3)新原理、新工艺、新材料的电机不断涌现,如无刷直流电机、开关磁阻电机、直线电机、超声波电机等。

随着电力电子技术、控制理论、可以实现各种软算法的微处理器技术、电气与机械信号的检测与数字信号处理技术以及永磁材料等方面的迅猛发展,电机领域也面临着前所未有的机遇与挑战。一方面,这些技术和理论对电机领域的渗透和综合改变了传统电机采用固定频率、固定电压的供电模式,从而为各类电机提供了更加灵活的供电电源和控制方式,大大提高了电力拖动系统的动、静态性能;另一方面,电力电子变流器供电的非正弦也使得以符号法(仅处理正弦波)为基础的传统电机理论受到挑战。于是,能够建立各类电机数学模型的电机统一理论便应运而生。以此为基础,采用综合矢量的坐标变换理论的矢量控制技术以及直接转矩控制技术在伺服系统和变频调速系统中得到广泛应用。这一迹象表明,电机理论与技术进入了一个全新的发展阶段。

2. 电力拖动系统的发展概况

从结构上看,电力拖动系统经历了最初的"成组拖动"(即单台电动机拖动一组机械)、"单电机拖动"(即单台电动机拖动单台机械)到"多电机拖动"(即单台设备中采用多台电动机)几个阶段。每一阶段生产机械所采用电机的数量有所不同。

从系统上看,电力拖动系统经历了最初仅采用继电器-接触器组成的断续控制系统,到后来普遍采用由电力电子变流器供电的连续控制系统两大阶段。连续控制系统包括由相控变流器或斩波器供电的直流电力拖动系统以及由变频器或伺服驱动器供电的交流调速系统两大类,后者包括由绕线式异步电动机组成的双馈调速系统、由异步与同步电动机组成的变频调速与伺服系统等。

目前,随着电力电子技术、控制理论以及微处理器技术的发展,电力拖动系统的性能指标也上了一大台阶,不仅可以满足生产机械快速起、制动以及正、反转的要求(即所谓的四象限运行状态),而且还可以确保整个电力拖动系统工作在具有较高的调速、定位精度和较宽的调速范围内,这些性能指标的提高使得设备的生产率和产品质量大大提高。除此之外,随着多轴电力拖动系统的发展,过去许多难以解决的问题也变得迎刃而解,如复杂曲轴及曲面的加工、机器人和航天器等复杂空间轨迹的控制与实现等。

　　近十多年来,大气污染、全球变暖以及地球上石油储量的锐减正成为人们首要关注的问题。采用"变频节能"以提高传动系统的效率已变成设计工程师们的一种理念,琳琅满目的变频洗衣机、空调等家电正成为人们家庭的首选,遍布大街小巷的以永磁无刷直流电机为主的各类电动自行车、三轮电动车已成为人们出行的首选代步和运输工具,以电动汽车(Electrical Vehicle,EV)、混合动力汽车(Hybrid Electrical Vehicle,HEV)以及燃料电池车(Fuel Cell Vehicle,FCV)取代传统的汽油、柴油车辆正变成一种趋势并走入寻常百姓家,以风力发电、核能发电为主的新型风电场与发电站正走入人们的视野……种种迹象表明,采用电机为驱动手段的电气传动领域正步入一个全新的发展阶段。

　　目前,电力拖动系统正朝着网络化、信息化方向发展,包括现场总线、智能控制策略以及因特网技术在内的各种新理论、新技术、新工艺均在电力拖动领域中得到了应用,电力拖动的发展真可谓是日新月异。考虑到电力拖动系统是各类自动化技术和设备的基础,其理论与技术的发展必将对我国当前的现代化进程起到巨大的推动作用。

0.2　电机学与电力拖动系统的一般分析方法

　　电机本质上是一种借助于电磁场实现机电能量转换的装置,因此,对电机的分析自然涉及有关电、磁、力、热以及结构、材料和工艺等方方面面的知识。对于以电磁作用原理进行工作的各类电机,常用的分析方法有两种:一种是采用电路和磁路理论的宏观分析方法;另一种是采用电磁场理论的微观分析方法。前者将电路和磁路问题统一转换为电路问题,然后利用电路的分析方法求解电机的性能;后者则首先利用有限元方法将整个磁路进行剖分,然后利用电磁场方程和边界条件求出各个微元的磁场分布情况,最后再获得整个电机的运行性能和结构参数。除此之外,也可以采用能量法,利用分析力学中的哈密顿(Hamilton)原理或拉格朗日(Lagrange)方程,建立电机的矩阵方程,最后再求解电机的运行性能和结构参数。鉴于本教材主要解决的是电机稳态性能的问题,故重点讨论路的分析方法。

　　在分析电机和拖动系统时,一般按如下几个步骤进行:

　　(1) 先讨论电机的基本运行原理和结构。

　　(2) 根据结构的具体特点,对电机内部所发生的电磁过程进行分析,重点讨论电机内部的电路组成(或绕组结构)和空载或负载时电机内部的磁势和磁场情况。

　　(3) 利用基尔霍夫定律、电磁感应定律、安培环路定理、电磁力定律,并根据电机内部的电磁过程,写出电磁过程的数学描述即基本方程式,如电压平衡方程式、磁势平衡方程式和转矩平衡方程式,并将其转变为等效电路和相量图的表达形式。

　　(4) 利用上述数学模型对电机的运行特性和性能指标进行分析计算。在各种稳态特性中,以电动机的机械特性和发电机的外特性最为重要。

（5）根据电动机所提供的机械特性和负载的转矩特性讨论各类拖动系统的稳定性、起制动特性、各种调速方案的特性。

（6）讨论电动机的各种运行状态以及四象限运行情况。

在分析电机内部的电磁过程并建立数学模型时，经常用到下列方法和理论：

（1）当忽略铁芯饱和时，经常采用叠加原理对电机内部的气隙磁势、气隙磁场、气隙磁场所感应的电势进行分析计算；当考虑铁芯饱和时，则把总磁通分为主磁通和漏磁通进行处理，主磁通流经主磁路、而漏磁通则流经漏磁路，相应的磁路性质可分别用励磁电抗和漏电抗来描述，从而可将磁路问题转变为统一的电路问题进行处理。

（2）当交流电机（或变压器）的定、转子（或一次侧、二次侧）绕组匝数、相数以及频率不相等时，可以在保持电磁关系不变的前提下，利用折算法将其各物理量归算至绕组某一侧，然后再建立数学模型。

（3）在对交流电机或变压器正弦电源电压供电下的稳态特性进行分析计算时，经常要用到符号法、基本方程式、等效电路以及相量图等工具。

（4）在讨论交流电机、永磁无刷直流电机等变流器供电电机的动态特性及系统分析时经常要用到综合矢量、坐标变换等分析工具和标量控制、矢量控制、磁场定向等物理概念。

（5）在研究凸极电机（包括直流电机、凸极同步电机、开关磁阻电机等）的特性时，经常要采用双反应理论，即将各物理量分解到直轴和交轴上进行研究。

（6）在非正弦磁场或非正弦电压的分析过程中，经常要用到谐波分析法，即将非正弦磁势（磁场）或电压利用傅里叶级数展开成一系列正弦谐波磁势（磁场）或谐波电压，然后再单独讨论各次谐波的效果，最终借助于叠加原理对系统的总响应进行求解。

（7）在讨论多轴电力拖动系统时，经常要按照能量保持不变的原则将多轴系统等效为单轴系统进行处理。

上述各种方法和理论分散到各个章节中，相关章节将对其逐一进行介绍。

0.3　课程的性质与任务

众所周知，现有工业控制系统不外乎两大类：一类是运动控制系统，它主要涉及与动作类有关的被控对象，如机器人、机床类生产机械等；另一类是过程控制系统，它涉及过程类的被控对象，如压力、流量、温度等的控制。电机及其拖动负载，作为运动控制系统的执行机构和控制对象，在运动控制系统中占据着重要地位。就运动控制系统而言，只有了解和熟悉执行机构和被控对象的特点和规律，才能有效地设计控制策略，选择合适的控制回路和电力电子变流器，最终获得稳、准、快的系统性能。"电机与拖动"课程就是为了解决这一问题而为自动化类专业（包括工业和电气自动化）开设的一门专业基础课，它具有承前启后的作用，承前就是它需要掌握像

"电路""电磁学"等基础知识,启后意味着它要为后续课程如"运动控制系统"(包括交、直流调速系统以及位置伺服系统)等服务,因此它是自动化类专业及相关专业的重头课程。确切地讲,"电机与拖动"应该由两门课程组成,一门是"电机学",另一门是"电力拖动基础"。前者内容涉及各种类型的电机结构、内部电磁过程及其数学描述、机械特性及外特性的分析与计算;后者涉及各种不同类型电机与不同类型负载的配合问题以及电机拖动不同负载的起、制动与调速性能等。对于如何具体确保起、制动和调速性能以及相关控制线路与系统则不属于本书的讨论范围。

0.4 本教材的结构、各章节内容与教学安排

本教材的内容主要包括三大部分:(1)传统电机学;(2)电力拖动基础;(3)微特电机。传统电机学部分的内容主要涉及一般电机(包括直流电机、变压器、异步电机与同步电机)的运行原理、电磁过程与描述以及基本特性的分析与计算;电力拖动基础部分则讨论了电力拖动系统的一般问题,其内容涉及由各类电机组成拖动系统的起动、调速以及制动的方法、分析与计算;在前两大部分内容上注意了电机与电力拖动知识的融合与统一问题,本教材将两部分内容穿插进行。应该讲,电机学与电力拖动部分内容各有分工,电机学更强调各类电机所能提供的外部特性(尤其是电动机的机械特性),而电机的内部结构与电磁关系对外部特性仅起到了铺垫和辅助作用;电力拖动部分则更强调电动机外部机械特性的应用,它包括电动机与机械负载的配合即稳定性问题、系统的起制动与调速方法的分析与计算等问题;微特电机部分则包括驱动微电机以及控制电机的工作原理与特性曲线。

本教材共 12 章。根据多年来的教学经验,考虑到自动化专业的学生对有关电磁场理论和磁路知识的生疏,本书第 1 章作为预备知识首先对有关电路和磁路的基本物理量、基本电磁定律以及有关磁性材料的基本知识进行了简要回顾。而对有关电力拖动的基础知识则放在第 3 章即他励直流电动机的电力拖动中介绍,旨在即学即用。

从第 2 章开始则进入正题,首先对有关直流电机的基本运行原理、结构、电磁关系与数学描述(即基本关系式和等效电路)以及直流电机的特性特别是直流电动机的机械特性进行了详细讨论,本章最后对直流电机的特殊问题——换向进行了简要介绍。在直流电机的基本运行原理与电磁关系的介绍过程中注意了其与第 9 章无刷直流电机的对比,从而起到了前后呼应的作用。在本章教学过程中可适当删减有关直流电机电枢绕组展开图的知识,仅需通过简单绕组引出直流电枢绕组的特点即可,对有关换向问题也可点到为止。

考虑到课时有限,为节省教学课时应趁热打铁,在结束有关直流电动机内容后,直接进入直流电动机拖动的内容即第 3 章,并通过第 3 章引入电力拖动的基础知识与一般知识如电力拖动系统的动力学方程式、多轴拖动系统转动惯量的折算问题、运动规划曲线与传动机构最佳传动比的概念以及电力拖动系统的稳定性问题。在

此基础上,再讨论有关他励直流电动机拖动系统的各种起、制动与调速方法、分析计算以及四象限运行问题。考虑到目前直流拖动系统中广泛采用的结构:"变流器＋直流电动机",其中的变流器包括由晶闸管组成的相控变流器和 PWM 直流变换器(或斩波器),由于这两种供电方式所提供的电源具有脉动性质,导致直流电动机的电枢电流在轻载时出现断续,相应的机械特性呈现不同的特点。除此之外,由上述结构形式组成的直流电力拖动系统在正、反转及制动(即四象限运行)方面也与直流发电机-直流电动机组成的拖动系统有明显的不同,为此,在第 3 章中对其进行了专门讨论。考虑到这些内容有可能与其他课程如"电力电子技术""直流调速系统"有重叠,故可将其作为选学内容处理。

第 4 章介绍了有关单、三相变压器的共同问题,即基本工作原理、结构、电磁关系、数学模型以及特性的分析计算。对三相变压器的特殊问题如极性、组别问题以及由磁路结构与电路连接带来的空载电势波形问题,通过单独一节进行了讨论。本章最后对电力拖动系统中两类常用的变压器,即自耦变压器与电压、电流互感器的运行原理和注意事项进行了简要说明。鉴于变压器与三相异步电机电磁作用机理的相似性,本章的主要分析方法和知识可以推广至第 5 章三相异步电机的分析过程中。

与第 4 章章节安排类似,第 5 章分别讨论了三相异步电机的基本工作原理、结构、电磁关系、数学模型以及特性的分析计算。所不同的是,三相异步电机的电磁关系较为复杂,它涉及单相绕组通以单相交流电产生脉振磁场和三相定子绕组通以三相对称电流产生旋转磁场的问题。应该讲,这部分内容比较抽象,因而也是电机学中比较难以理解的部分。由于该部分内容是三相交流电机(异步与同步)的共同问题和运行基础,因此必须掌握基本结论。讲授时宜采用比喻的方法,使其形象化。对于交流绕组的内容可进行适当删减,以引出后面必要的结论为目的。本章中,三相异步电动机的机械特性应为重点内容。

除了基本内容外,本章还从"m 相对称绕组通以 m 相对称电流产生圆形旋转磁势"的基本结论出发,引入了坐标变换以及综合矢量的概念,从而为下一章介绍产生定子电压综合矢量的 SVPWM 调制技术以及基于综合矢量控制的高性能交流调速系统方案奠定基础。

同第 3 章一样,第 6 章也是在结束了有关三相异步电机的内容之后,直接讨论了有关三相异步电机电力拖动系统的各种起动、制动与调速方法。在介绍起动方法时,除了常规的鼠笼异步电机的直接起动、降压起动以及绕线式异步电机的转子串电阻起动外,还讨论了三相鼠笼异步电机的软起动方法;在阐述调速方法时,除了讨论常规的变极调速以及包括绕线式异步电机的双馈调速与串级调速在内的改变转差频率的调速方案外,本章重点论述了各种类型的变频调速方法。内容涉及改变定子电压频率和幅值的标量控制方案以及基于综合矢量控制的两种高性能变频调速方案,即基于定子电流综合矢量的矢量控制方案和基于定子磁链综合矢量的直接转矩控制方案。之所以称基于综合矢量控制的调速方案属于变频调速方案,理由是:

综合矢量中不仅包含了标量控制所采用的幅值和频率的信息,而且还含有标量控制所没有采用的空间位置信息。除此之外,本章还对实现变频调速方案所常用的三相桥式逆变器的调制技术特别是对产生定子电压综合矢量的 SVPWM 技术进行了重点介绍。

有关变频调速方案特别是基于综合矢量控制的变频调速方案以及 SVPWM 调制技术等属于本领域内的前沿知识,内容较为复杂,关联知识较多,相关内容可作为选学内容处理。

至于制动方法以及四象限运行状态的知识,除了常规的电网供电下三相异步电机的能耗、反接以及回馈制动外,本章还对变流器供电下三相异步电机的能耗和回馈制动方案以及能够实现四象限运行的变流器进行了全面的讨论。

本章内容繁多,且属于本课程的重点内容,在讲授本章内容时,应按照以电网供电下三相异步电机的拖动内容为主、变流器供电下三相异步电机的拖动内容为辅的原则,适当扩充最新知识。

第 7 章介绍了同步电机的基本工作原理、结构、电磁关系、数学模型、特性的分析计算,除了掌握功率角的概念以及相量图的分析与计算外,本章应重点掌握的内容是两条曲线:一条是相当于同步电动机机械特性的功角特性;另一条是反映同步电动机功率因数调整的 V 形曲线。本章可作为本课程的基本内容进行讲授,而将有关同步电动机电力拖动以及目前应用较多的永磁同步电动机与永磁无刷直流电动机内容放至下两章介绍。这样一方面可以保持与传统教学的一致;另一方面,可以根据具体课时情况适当选讲最新内容。

第 8 章首先介绍了有关同步电动机的拖动问题,即同步电动机的起动、制动与调速方法及相关问题分析,然后重点讨论了同步电动机变频调速过程中应注意的问题以及同步电动机的两种基本控制方式,即他控和自控方式。

第 9 章针对目前伺服领域中应用较多的两种自控式永磁同步电机,即永磁同步电机和永磁无刷直流电机分别进行了讨论,根据表贴式永磁与内置式永磁同步电机的结构特点重点讨论了这两种永磁同步电机的数学模型(电压平衡方程式、相量图),并介绍了各自矩角特性的特点。最后,利用相量图对相应永磁同步电机的控制策略分别进行了分析,并给出了其典型调速系统的框图。对于永磁无刷直流电机,则重点讨论了其基本运行原理、内部电磁关系、驱动控制方式、稳态及动态数学模型以及调速系统的组成。

除了上述内容外,本章还用一定篇幅介绍了上述两种类型永磁同步电机的定子绕组形式,由此引出了在目前电动车领域中应用较多的分数槽集中绕组的概念和分析方法,并且指出分数槽集中绕组类型较多,通过选择不同的齿/极配合便可分别获得不同波形(如梯形波、正弦波)的定子感应电势。本章内容可作为选学内容,也可作为课程设计的内容处理。

第 10 章针对工程实际中引起普遍关注的开关磁阻电机进行了专门介绍。鉴于其结构和电磁转矩的产生机理与传统伺服系统中广泛采用的步进电动机相同,故此,本教材单独为这两种电动机开辟了一章即双凸极变磁阻电机。在介绍变磁阻电机的基本运行原理和电磁过程之前,首先简要回顾了有关机电能量转换的基本知识,包括采用能量法确定电磁转矩的方法,然后对有关开关磁阻电机与步进电机的结构、运行原理、电磁过程、特性、供电变流器的控制方式以及传动系统的组成进行了介绍。本章可以作为综合性较强的内容进行选讲,或作为自学能力较强同学的自学参考。

基于前面各章介绍的知识,第11章对电力拖动系统中经常采用的各类微特电机尤其是实现机电信号转换的控制电机的基本工作原理、特性进行了讨论。这些微特电机包括家电用的各类单相异步电动机,用于伺服驱动系统中的交、直流伺服电动机与力矩电机,作为转速测量用的交、直流测速发电机,实现机械角度远距离传输用的自整角机,完成转角和转速测量用的旋转变压器以及直接输出直线运动的直线电机,尤其是直线永磁同步电机。

第12章针对电力拖动系统的方案选择、各种工作制电动机的容量选择以及与其相关的发热与冷却问题进行了讨论。

0.5   本课程的学习方法

本课程尽管是一门专业基础课,但同时又是一门实践性很强的独立课程。考虑到电机是实现电能与机械能转换的装置,而电能与机械能的转换是通过电磁场来完成的,因此要了解和熟悉电机的各种特性,就需要分析电机内部的电磁过程;鉴于电磁场的抽象性,因而增加了该课程的难度。而电力拖动基础则涉及对系统的基本指标要求与方法的实现等问题,必然涉及要用系统的观点看问题。因此,学习本课程时一定要以物理概念为主、工程计算为辅,除了了解基本运行原理与电磁过程外,重点应掌握各类电动机的机械特性及其与生产机械配合时的起、制动方法与调速方案,并通过实验和仿真加深对相关知识的理解和掌握。只有理论与实际相结合,才能真正学好本门课程。

第1章

电磁学的基本知识与基本定律

内 容 简 介

本章主要解决下列两个基本问题：

（1）在机电能量转换过程中，电机内部主要涉及哪些基本物理量和电磁定律？这些电磁定律在电机内部具体体现怎样的物理概念？

（2）磁性材料有哪些特点与特性？

从能量角度看，旋转电机是一种机电能量转换装置。电动机借助于内部电磁场将输入的电能转换为机械能输出；发电机则相反，它由原动机（如汽轮机、柴油机或汽油机等）提供动力（动能），借助于内部电磁场将输入的机械能转换为电能输出。因此，电磁场在电机内部起到了相当重要的作用。为了熟悉和掌握电机的运行理论与特性，就必须首先了解有关电磁学的基本知识与电磁学定律。

一般来讲，对于电磁场的分析不外乎有两种方法，一种是采取场的分析方法，另一种是采取路的分析方法。前者是一种微观分析方法，它通过偏微分方程，并借助于有限元等方法具体分析某一单元或某一点的电磁场情况，这种方法较为准确，但计算量较大；后者是一种宏观分析方法，它将闭合磁力线所经过的路径看作是由几段均匀磁路组成，然后将磁路问题等效为电路问题，最终统一求解电路。尽管这种方法在准确性方面存在一定的限制，但由于其计算简单，计算精度也足以满足大部分工程实际需要，因而得到了广泛应用。本书主要采用路的分析方法，通过将有关磁路问题转换为电路问题获得有关电机的等效电路；然后，借助于等效电路对电机的性能进行分析和计算。为此，本章首先简要回顾了有关电磁学的基本知识与电磁学定律。

1.1 电路的基本定律

1.1.1 基尔霍夫电流定律

基尔霍夫电流定律(KCL)指出,电路中流入某一节点电流的代数和等于零,即

$$\sum_n i_k = 0 \qquad\qquad (1\text{-}1)$$

上式表明,在电路中,电流是连续的,流入某一节点的电流之和等于流出该节点的电流之和。

1.1.2 基尔霍夫电压定律

基尔霍夫电压定律(KVL)指出,电路中任一闭合回路电压的代数和为零,即

$$\sum_n V_k = 0 \qquad\qquad (1\text{-}2)$$

上式表明,在电路中,任一闭合回路的电势之和全部由无源元件所消耗的压降所平衡。

1.2 磁场的基本知识

下面简要介绍有关磁场的几个物理量。

1.2.1 磁感应强度

通电导体周围会产生磁场,磁场是一矢量,通常用磁感应强度 B 来描述磁场的强弱。通电导体中的电流与所产生的磁场之间符合右手螺旋关系,如图 1.1 所示。

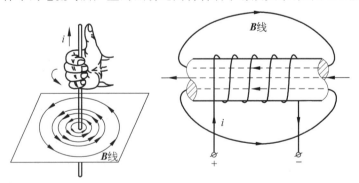

图 1.1   磁力线与电流之间的右手螺旋关系

1.2.2 磁通

磁场的强弱可用磁力线的疏密来形象描述,穿过某一截面 S 的磁力线总数或磁

感应强度 $\boldsymbol{B}$ 的通量又称为磁通量,一般用 Φ 来表示,即

$$\Phi = \int_S \boldsymbol{B} \cdot \mathrm{d}\boldsymbol{S} \tag{1-3}$$

对于均匀磁场,若 $\boldsymbol{B}$ 与 $\boldsymbol{S}$ 相互垂直,则上式变为

$$\Phi = BS \quad \text{或} \quad B = \frac{\Phi}{S} \tag{1-4}$$

由此可见,磁感应强度 $\boldsymbol{B}$ 反映的是单位面积上的磁通量,故又称为磁通密度(简称**磁密**)。通常,磁通 Φ 的单位为 Wb,韦[伯];磁密 B 的单位为 T,特[斯拉],Gs,$1\mathrm{T} = 1\mathrm{Wb/m^2}$,$1\mathrm{T} = 10^4\,\mathrm{Gs}$。

1.2.3　磁场强度

磁场强度 H 是表征磁场性质的另一基本物理量,它同样是一矢量。磁密 B 与磁场强度 H 的比值反映了磁性材料的导磁能力,于是 B 与 H 之间可用下式表示

$$\boldsymbol{B} = \mu\boldsymbol{H} \tag{1-5}$$

其中,μ 为导磁材料的**磁导率**,真空的磁导率为 $\mu_0 = 4\pi \times 10^{-7}\,\mathrm{H/m}$,铁磁材料的磁导率 $\mu \gg \mu_0$,即

$$\mu = \mu_\mathrm{r}\mu_0 \tag{1-6}$$

式中,μ_r 为相对磁导率,对于各种矽钢片材料,$\mu_\mathrm{r} = 6000 \sim 7000$;对于铸钢,$\mu_\mathrm{r} = 1000$。磁场强度 H 的单位为 A/m,安[培]/米。

1.3　电磁学的基本定律

1.3.1　电生磁的基本定律——安培环路定理

通电导体周围所产生的磁场与导体内部电流之间符合下列安培环路定理,即

$$\oint_L \boldsymbol{H} \cdot \mathrm{d}\boldsymbol{l} = \sum i_k \tag{1-7}$$

安培环路定理描述的是电生磁的基本定律。假定闭合磁力线是由 N 匝线圈电流产生的,且沿闭合磁力线 L 上的磁场强度 H 处处相等,则上式变为

$$HL = Ni \tag{1-8}$$

式中,安匝数 Ni 又称为磁动势(Magneto-Motive-Force,MMF)(简称为**磁势**),通常用 F 表示,即 $\boldsymbol{F} = N\boldsymbol{i}$,单位为 A,安匝。磁势是磁场源,即磁场是由磁势(或安匝数)产生的,磁势的作用类似于电路中的电动势(Electro-Motive-Force,EMF)(简称为**电势**)。

1.3.2　磁生电的基本定律——法拉第电磁感应定律

法拉第电磁感应定律描述的是磁生电的基本定律,它指出,交变的磁场会产生

电场,并在导体中感应电势,所感应电势与磁场之间符合法拉第电磁感应定律,即

$$e = -N \frac{\mathrm{d}\Phi}{\mathrm{d}t} = -\frac{\mathrm{d}\Psi}{\mathrm{d}t} \tag{1-9}$$

式中,N 为绕组的匝数;Ψ 为磁链,它表示 N 匝线圈所匝链的总磁通,即

$$\Psi = N\Phi \tag{1-10}$$

磁链的单位为 Wb,韦[伯]。

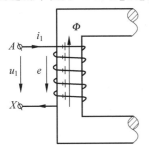

图 1.2　磁通与其感应电势的
正方向假定

值得一提的是,式(1-9)是按电势 e 和磁通 Φ(或磁链 Ψ)的假定正方向符合右手螺旋关系(见图 1.2)给出的。相当于是按照磁通减小,所感应的电势(或感应电流)为正来假定正方向的。

图 1.2 中,各个线圈所感应的电势分布在每匝线圈中,其正方向如图 1.2 所示。所有线圈的感应电势用 e 表示。换句话说,每匝线圈所感应的电势的正方向与磁通 Φ 符合右手螺旋关系(在图 1.2 中将其标注为左负右正),e 为各个线圈感应电势的集总结果在端部的体现。

(注:电势方向为电位升的方向,而电压方向则为电位降的方向)

当磁通按正弦规律变化时,即 $\Phi = \Phi_\mathrm{m}\sin\omega t$,则相应的磁通所感应的电势可由式(1-9)求得,即

$$e(t) = 2\pi f N\Phi_\mathrm{m}\sin(\omega t - 90°)$$
$$= \sqrt{2}E\sin(\omega t - 90°)$$

其中,$E = \sqrt{2}\pi f N\Phi_\mathrm{m} = 4.44 f N\Phi_\mathrm{m}$,为 N 匝线圈所感应电势的有效值。角频率 $\omega = 2\pi f$,f 为磁通的交变频率。

上式表明,对于正弦波磁通,所感应电势的大小正比于线圈的匝数、磁通交变的频率以及磁通的幅值,其相位滞后于相应的磁通 $\dot{\Phi}_\mathrm{m}$ 90°,这一关系可用符号法(或相量)表示为

$$\dot{E} = -\mathrm{j}4.44 f N\dot{\Phi}_\mathrm{m} \tag{1-11}$$

图 1.3 反映了磁通与感应电势之间的相位关系。

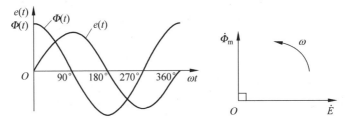

图 1.3　磁通与感应电势之间的相位关系

电机和变压器中存在两种电势,一种是**变压器电势**,它是由磁通交变所感应的电势,式(1-9)给出了变压器电势与磁通之间的关系;另一种为**运动电势**(或**速度电**

势),它是由导体和磁场之间的相对运动所感应的切割电势,运动电势可用下式表示为

$$e = l \boldsymbol{v} \times \boldsymbol{B} \tag{1-12}$$

式中,$\boldsymbol{v}$ 表示导体的运动速度;l 表示导体的有效长度。

若感应电势与磁场、导体运动速度三者之间符合右手定则(见图 1.4),则上式变为

$$e = Blv \tag{1-13}$$

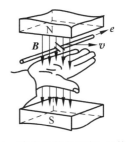

图 1.4 感应电势与磁场、导体运动速度之间的右手定则

1.3.3 电磁力定律——毕-萨定律

电磁力定律描述的是电与磁之间相互作用产生力的基本定律,它指出,通电导体在磁场中将会受到力的作用。

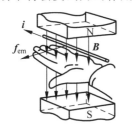

图 1.5 通电导体产生的电磁力与电流、磁场之间的左手定则

若取一微元导体 $\mathrm{d}l$,导体中的电流为 i,该微元所处的磁场为 $\boldsymbol{B}$,则所产生的电磁力为

$$\mathrm{d}\boldsymbol{f}_{\mathrm{em}} = i\,\mathrm{d}l \times \boldsymbol{B} \tag{1-14}$$

若在整个导体范围内磁场均匀,且所产生的电磁力与磁场、电流三者之间符合左手定则(见图 1.5),则上式变为

$$f_{\mathrm{em}} = Bil \tag{1-15}$$

其中 l 表示导体的有效长度。

1.3.4 磁路的欧姆定律与线圈电感的表达式

如同电路是电流所经过的路径一样,磁通所经过的路径称为磁路。磁路通常是由具有高磁导率的磁性材料组成,通过磁路将磁通约束在特定的路径中,图 1.6(a)、(b)分别给出了变压器的简单磁路以及对应于该磁路的类比等效电路图。

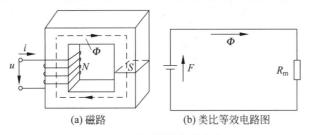

(a) 磁路 (b) 类比等效电路图

图 1.6 变压器的简单磁路

假定铁磁材料的磁导率 μ 远远大于空气的磁导率 μ_0,且铁芯的截面积 S 处处相等,该变压器由 N 匝励磁线圈提供励磁,每匝线圈的电流为 i,则相应的励磁磁势 $F = Ni$。设磁路的平均长度为 l,忽略漏磁,于是有

$$\varPhi = \int_S \boldsymbol{B}\,\mathrm{d}\boldsymbol{S} = BS \tag{1-16}$$

联立式(1-5)、式(1-8)及式(1-16)得

$$F = Ni = Hl = \frac{Bl}{\mu} = \varPhi\frac{l}{\mu S} = \varPhi R_{\mathrm{m}} = \frac{\varPhi}{\varLambda_{\mathrm{m}}} \tag{1-17}$$

式中,定义 $R_{\mathrm{m}} = \dfrac{l}{\mu S}$ 为磁路的磁阻,很显然,磁路的磁阻与磁路的结构尺寸以及所采

用的磁性材料密切相关,其表达式与电路的电阻很相似。磁阻的倒数 $\varLambda_{\mathrm{m}} = \dfrac{1}{R_{\mathrm{m}}}$ 又称

为磁导,它反映了磁路的导磁能力。

　　式(1-17)反映了外加磁势(安匝数) F 作用到磁路的磁阻上所产生的磁通情况,很显然,这一关系式与电路的欧姆定律十分相似,故又称为**磁路的欧姆定律**。

　　在有线圈的磁路中,外加励磁电流越大,则磁链越大。考虑到磁链随电流成正比变化,亦即两者的比值为常数,通常定义此常数为电感。它表示单位电流所产生的磁链,用符号 L 表示,其单位为 H,亨[利]。于是有

$$L = \frac{\varPsi}{i} \tag{1-18}$$

将式(1-10)、式(1-17)代入式(1-18)得

$$L = N^2 \varLambda_{\mathrm{m}} = N^2\frac{\mu S}{l} \tag{1-19}$$

上式给出了电感与结构参数以及磁性材料之间的关系式,可以看出,电感与励磁线圈匝数的平方、磁导率以及铁芯的截面积成正比,与磁路的长度成反比。

　　例 1-1　设图 1.7(a)所示磁路是由磁导率为无穷大的磁性材料组成,铁芯上绕有 N 匝线圈,两段气隙的长度分别为 δ_1、δ_2,对应的截面积分别为 S_1、S_2。忽略边缘效应,试求:(1)绕组的电感;(2)当绕组的电流为 i_1 时,气隙 δ_1 中的磁通密度 B_1 的大小。

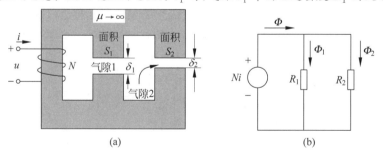

图 1.7　例 1-1 的磁路与等效电路

　　解　(1)图 1.7(a)所示磁路的等效电路如图 1.7(b)所示。显然,磁路的总磁阻等于两个气隙磁阻的并联,于是有

$$\varPhi = \frac{Ni}{R} = \frac{Ni}{\dfrac{R_1 R_2}{(R_1 + R_2)}}$$

其中，$R_1 = \dfrac{\delta_1}{\mu_0 S_1}$，$R_2 = \dfrac{\delta_2}{\mu_0 S_2}$。

根据式(1-18)得

$$L = \frac{\Psi}{i} = \frac{N\Phi}{i} = \frac{N^2(R_1 + R_2)}{R_1 R_2}$$

$$= \mu_0 N^2 \left(\frac{S_1}{\delta_1} + \frac{S_2}{\delta_2} \right)$$

（2）由等效电路可以看出

$$\Phi_1 = \frac{Ni}{R_1} = \frac{\mu_0 S_1 Ni}{\delta_1}$$

于是有

$$B_1 = \frac{\Phi_1}{S_1} = \frac{\mu_0 Ni}{\delta_1}$$

例 1-2　图 1.8 所示磁路的有关数据如下：气隙长度 $\delta = 5 \times 10^{-4}$ m，铁芯和气隙的截面积 $A_c = A_\delta = 9 \mathrm{cm}^2$，磁路的有效长度 $l_c = 30 \mathrm{cm}$，设铁芯的相对磁导率 $\mu_r = 70000$，线圈匝数为 $N = 500$ 匝。当气隙从 0.01cm 到 0.1cm 变化时，试用 MATLAB 绘出电感随气隙的变化曲线。

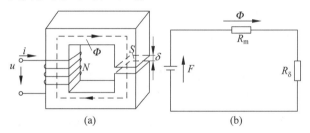

图 1.8　例 1-2 图

解　电感随气隙的变化曲线如图 1.9 所示。以下为用 MATLAB 编写的源程序（M 文件）：

```
% Example1-2
clc
clear
% Permeability of free space
mu0 = pi * 4.e - 7;
% All dimensions expressed in meters
Sc = 9e - 4; Sg = 9e - 4; g = 5e - 4; lc = 0.3;
N = 500;
% Relative Permeability of magnetic material
mur = 70000;
% Reluctance of core
Rc = lc/(mur * mu0 * Sc);
for n = 1:101
    g(n) = 0.01 + (0.1 - 0.01) * (n - 1)/100;
    % Reluctance of air gap
```

```
Rg(n) = g(n)/(mu0 * Sg);
 % Total Reluctance
Rtot = Rg(n) + Rc;
 % Inductance
L(n) = N^2/Rtot;
end
plot(g,L)
xlabel('Length of the air - gap[m]')
ylabel('Inductance [H]')
```

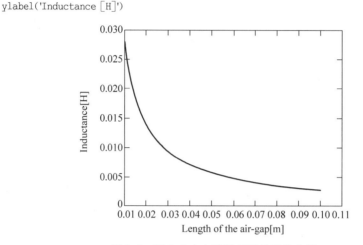

图 1.9　图 1.8 中电感随气隙的变化曲线

图 1.9 表明,对有气隙的磁路而言,随着气隙的增大,电感随之减小。

1.4　常用磁性材料及其特性

在电机和变压器中,磁路是由铁磁材料构成的,铁磁材料一般采用铁或铁与钴、钨、镍、铝等组成的合金材料。为了确保铁芯得到充分利用,使得在一定的磁势下获得较强的磁场,从而达到降低电机或变压器的体积并节约成本的目的,除了选择磁导率较高的铁磁材料外,充分利用已有铁磁材料的特性并选择合适的工作点也是至关重要的。通常,铁磁材料的特性是用磁滞回线和磁化曲线来描述的,现分别介绍如下。

1.4.1　磁滞回线与磁化曲线

在外加磁场前后,铁磁材料的内部磁畴将发生如图 1.10(a)、(b)所示的变化,这种现象又称为磁化。铁磁材料被磁化后,由磁畴所产生的内部磁化磁场与外加磁场叠加使得合成磁场得以加强。外加磁场 H(激励)与合成磁场 B(响应)之间的关系通常用 $B=f(H)$ 曲线来描述,如图 1.11 所示。

由图 1.11 可见,当铁磁材料经过周期性磁化后,B 与 H 之间将呈现回环特性。若 H 增加至 H_m,则 B 也将相应地增加至 B_m;减小磁场强度 H,磁密 B 将沿曲线

(a) 磁化前　　　　　　　　　　　(b) 磁化后

图 1.10　铁磁材料的磁化

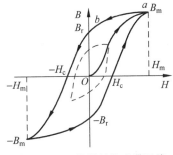

ab 下降。当 $H=0$ 时，$B=B_{\mathrm{r}}$，这一磁密又称为**剩磁**。进一步加大反向 H，则磁密 B 将减小为零，称此时外加的磁场 H 为**矫顽力**，用 H_{c} 表示。B_{r} 与 H_{c} 是铁磁材料的两个重要参数。

很显然，图 1.11 中，磁密 B 滞后于磁场强度 H，通常称这一现象为**磁滞**，相应的 B-H 回线又称为**磁滞回线**。考虑到磁滞回线导致同一外加磁场 H 将产生不同的磁密 B，因此，在电机分析中，通常用磁滞回线顶点的曲线来表示 B-H 之间的关系曲

图 1.11　磁性材料的磁滞回线

线，这种关系曲线又称为**基本磁化曲线**，如图 1.12 所示。为便于比较，图 1.12 还绘出了非铁磁材料如空气等的磁化曲线。

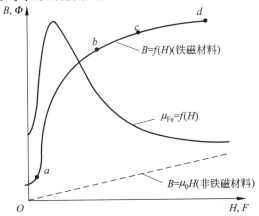

图 1.12　铁磁材料与非铁磁材料的磁化曲线

由图 1.12 可见，非铁磁材料（如空气）的 B 与 H 之间呈线性关系，其斜率为 μ_0。铁磁材料则有所不同，刚开始时，随着 H 的增加 B 线性增加，如图中的 ab 段所示。当外加磁场 H（激励）增加至一定数值之后，所产生的磁场 B（响应）将增加缓慢，这种现象又称为**饱和现象**。饱和现象表明，铁磁材料组成的磁路为非线性磁路，其磁导率 $\mu=\dfrac{\mathrm{d}B}{\mathrm{d}H}$（即磁化曲线的斜率，见式(1-5)）随着外加激励的改变而变化，呈现先增加后减小的特点，从而导致磁路的磁导随饱和程度的增加而减小，相应的等效电感也随之减小。换句话说，**磁路越饱和，磁导率越低，磁导和等效电感越小**。

鉴于铁磁材料的饱和特点,同时考虑到铁芯的利用率,为确保在不增加励磁磁势的前提下获得最大的磁通,通常把电机或变压器主磁路的工作点选在磁化曲线的拐弯点(又称为膝点)附近,如图 1.12 中的 b 点所示。需要说明的是,由于横坐标 H 与磁势 $F=Ni$ 成正比,纵坐标 B 正比于磁通 Φ,因此,图 1.12 中的 B-H 曲线与 Φ-F 曲线的形状完全相同。

1.4.2　软磁材料与硬磁材料

按照磁滞回线形状的不同,磁性材料可分为**软磁材料**和**硬磁材料**。软磁材料容易被磁化,若外加磁场,则产生较高的磁通密度,一旦外加磁场消失,则剩磁较小,相当于磁性消失。在电机或变压器中,软磁材料主要被用来构成磁路,使得磁力线流经专门设计的路径;常用的软磁材料包括矽钢片、铸钢、铸铁和铁氧体等。

硬磁材料则指的是永磁材料,如钕铁硼、铁钴钐等稀土永磁材料。它们本身不容易被磁化,也不容易去磁,即使外加磁场消失,它仍能维持较高的剩磁。在各类永磁电机中,主要被作为永久磁铁为电机提供恒定磁场。图 1.13(a)、(b)分别给出了软磁材料和永久磁铁的磁滞回线。

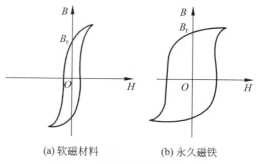

(a) 软磁材料　　(b) 永久磁铁
图 1.13　铁磁材料的磁滞回线

1.4.3　铁磁材料中的铁耗

除了饱和现象之外,铁磁材料内部还由于存在磁滞和涡流现象而引起磁滞和涡流损耗,磁滞和涡流损耗统称为铁芯损耗,简称为**铁耗**。铁耗将造成功率损失并导致铁芯发热,现解释如下。

当铁磁材料受到交变磁场的作用被反复磁化后,其内部磁畴将因相互间不断摩擦而引起铁芯发热,相应的损耗又称为**磁滞损耗**。磁滞损耗正比于磁滞回线的面积以及磁场的交变频率,可用下式表示为

$$p_h = K_h f \oint H \, dB = C_h f B_m^n V \tag{1-20}$$

其中,f 为磁场的交变频率;V 为铁芯的体积;n 为常数,对电工用钢片 $n=1.5\sim 2.5$;B_m 为最大磁密;C_h 为磁滞损耗系数;K_h 为常数,它取决于材料的性质。

在铁磁材料中,交变的磁场还会在铁芯中感应电势并产生涡流,如图 1.14 所示;涡流在铁芯中的损耗又称为**涡流损耗**。涡流损耗与磁场的交变频率,磁密以及铁芯的电阻率密切相关,可用下式表示为

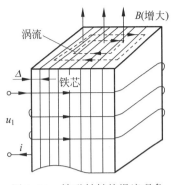

图 1.14　铁磁材料的涡流现象

$$p_e = C_e f^2 B_m^2 \Delta^2 V \qquad (1\text{-}21)$$

式中,C_e 为涡流损耗系数,它取决于材料的电阻率;Δ 为铁磁材料的厚度,如图 1.14 所示。

由式(1-21)可见,涡流损耗与铁磁材料厚度的平方成正比。因此,为减小涡流损耗,通常电机和变压器的磁路采用厚度较小的硅钢片叠压而成,而不是采用整体硅钢实现,硅钢片的厚度一般为 $0.35 \sim 0.5\text{mm}$。除此之外,为了增大铁磁材料的等效电阻率,以达到降低涡流损耗的目的,通常,硅钢片与硅钢片之间以及整个铁芯都要经过专门的绝缘处理。

综上所述,铁耗可以表示为

$$p_{Fe} = p_h + p_e = (C_h f B_m^n + C_e f^2 B_m^2 \Delta^2) V$$
$$\approx C_{Fe} f^{1.3} B_m^2 G \qquad (1\text{-}22)$$

式中,C_{Fe} 为铁芯的损耗系数;G 为铁芯的重量。

1.4.4　永久磁铁的去磁曲线与各种永磁材料的特点※

永磁材料的性能是由极限磁滞回线在第Ⅱ象限内的部分来描述的,这部分曲线又称为**去磁曲线**(或退磁曲线),去磁曲线对永磁电机(包括永磁直流电机、永磁同步电机等)的性能具有很重要的影响。图 1.15 给出了永磁电机的基本磁路示意图。图中,磁路的磁势是由永磁体和电枢绕组产生的磁势 $N_a I_a$ 共同决定的。磁路的工作点取决于永磁材料的去磁曲线以及外磁路的工作状况。图 1.16 给出了一般永磁材料的去磁曲线与不同运行条件下电机的工作点 A'、B'、C' 和 D'。由图可见,即使同一永磁体,当外部条件(或外磁路)不同时,它所提供的磁场强度 H 以及相应的磁密 B 也不尽相同,这是永磁体构成磁路的一大特点。现对各工作点的情况分析如下。

图 1.16 中,A' 点为最大磁密即剩磁 B_r,它对应于永久磁铁完全由衔铁短路(无气隙,亦即磁钢使用前的状态)时的磁密。一旦将永磁磁钢安装到电机中,则电机的气隙将导致磁钢去磁。即使电机空载(即 $I_a = 0$),永磁磁钢的磁密也将有所减小(见图 1.16 中的 B' 点)。其中,直线 OB' 又称为**空载线**,它是由永磁材料以外的部分磁路决定的。很显然,气隙越大,空载线的斜率越小。

随着电机电枢电流的增加,电枢磁势(电枢线圈的安匝数)产生的磁场也将增加,导致去磁效应加强,其结果气隙磁密进一步降低。图 1.16 分别给出了额定负载

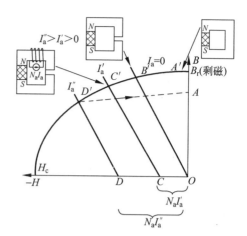

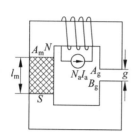

图 1.15　永磁电机的基本磁路示意图　　　图 1.16　永磁材料的去磁曲线

以及负载最严重情况下的**负载线** CC' 和 DD'。负载最严重情况指的是电机起动、暂态过程或者处于短路故障状态。

在运行点 D' 处,若负载电流减小至零,则电枢电流的去磁效应将逐渐消除,最终磁场将沿**回复线**(recoil line)(直线 $D'A$)退回至 A 点。回复线的斜率与 B - H 线在最初 H = 0 处(即 A' 点)的斜率近似相等。在此后的运行中,运行点将由负载线与回复线的交点共同决定。由此可见,即使电机空载运行,磁钢也将导致永久性去磁(去磁的大小对应于图 1.16 中的 $A'A$)。为此,在永久磁铁的使用过程中,必须对负载最严重情况下的去磁点 D' 进行严格控制。除此之外,应尽量选择去磁曲线为直线形状的永磁材料作为电机内的永久磁铁,以确保回复线与 H = 0 处的去磁线平行,使得永久磁铁的去磁最小。

永磁材料工作点处 B 与 H 的乘积定义为磁能积,通常用(BH)来表示,单位为 J/m^3。永磁材料的性能通常用剩磁 B_r、矫顽力 H_c 以及**最大磁能积** $(BH)_{max}$ 来表示。当永磁体工作在最大磁能积点时,所需永磁体的体积最小。

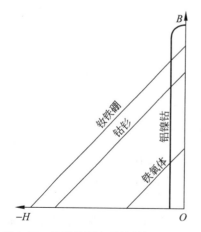

图 1.17　几种常用永磁材料的去磁曲线

不同的永磁材料具有不同的去磁曲线。图 1.17 给出了几种常用永磁材料的去磁曲线,现将这些永磁材料的优缺点分析如下。

(1) 铝镍钴合金材料具有工作温度高、热稳定性强、剩磁高等优点;其缺点是矫顽力小且其 B - H 特性曲线呈现方形,从而引起较高的永久性去磁。因此,铝镍钴合金不适用于永磁电机。

(2) 铁氧体材料具有造价低、原材料资源丰富以及工作温度较高(400℃)等优点,特别适宜于加工成较大体积,而且其去磁曲线为直线,去磁较小;缺点是剩磁较低,由其制作的电机体积较大。

（3）钴-钐永磁材料由铁、镍、钴以及稀土钐等组成，其优点是剩磁高、最大磁能积大、去磁曲线为直线，这种永磁材料的工作温度为 300℃，且热稳定性较强；但由于稀土钐材料资源稀少，导致相应的钴-钐永磁材料的价格昂贵。

（4）钕-铁-硼（Nd-Fe-B）是迄今为止磁密最高、剩磁最大的永磁材料之一，而且其矫顽力（H_c）也较大；其缺点是其工作温度低（150℃）、表面必须经过处理以防止氧化，除此之外，其温度的稳定性也比钴-钐永磁差，价格比铁氧体高。但考虑到磁密较高，因而可以降低电机的体积。目前，钕-铁-硼（Nd-Fe-B）永磁材料得到广泛应用。

1.4.5　永久磁铁组成磁路的分析方法※

下面以图 1.15 为例说明由永久磁铁组成磁路的分析方法。

假定永磁体的去磁曲线为直线（见图 1.18 中的实线），铁磁材料的磁导率为∞，则根据安培环路定理、磁通连续性以及图 1.18 得

$$\begin{cases} H_m l_m + H_g \cdot g = N_a I_a \\ B_m A_m = B_g \cdot A_g \\ B_g = \mu_0 H_g \\ B_m = B_r + \mu_0 \mu_r H_m \end{cases} \quad (1\text{-}23)$$

由式（1-23）中的前 3 个方程得

$$B_m = \mu_0 \frac{A_g}{g A_m}(N_a I_a - H_m l_m) \quad (1\text{-}24)$$

式（1-24）即代表图 1.15 所示磁路的负载线。显然，该负载线为直线（见图 1.18 中的虚线）。式（1-23）中的第 4 个方程反映的是永磁体的去磁曲线。负载线与永磁体去磁曲线的交点即为磁路的工作点，它对应着磁路工作时的磁密 B_m 和磁场强度 H_m。

图 1.18 清楚地表明了包含永磁体磁路的工作点随电枢绕组电流 I_a 的变化情况，显然，正向电流所产生的磁势 $N_a I_a$ 会使磁路的磁密 B_m 增加；反之，负向电流所产生的磁势将使磁密 B_m 减小。特别是当负向电流的幅值足够大时，磁路的运行点会低于永磁体去磁曲线的膝点（即拐弯点），导致永磁体永久性（或不可恢复性）退磁。因

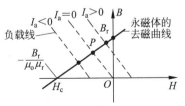

图 1.18　永磁体的去磁曲线与磁路的负载线

此，永磁电机及其驱动电路的设计过程中应对此问题予以重视。

　　同包含励磁绕组的磁路一样,由永磁体组成的磁路也可采用类比等效电路来描述。下面首先介绍永磁体的等效,然后再进一步说明包含永磁体磁路的等效电路的由来。

　　式(1-23)中的第4个方程可写成如下形式,即

$$B_m = \mu_0 \mu_r \left(\frac{B_r}{\mu_0 \mu_r} + H_m \right) = \mu_0 \mu_r H_m' \tag{1-25}$$

其中,等效磁场强度 $H_m' = H_m + \dfrac{B_r}{\mu_0 \mu_r}$,于是有

$$H_m = H_m' - \frac{B_r}{\mu_0 \mu_r} \tag{1-26}$$

将上式代入式(1-23)得

$$\begin{cases} H_m' l_m + H_g g = N_a I_a + \dfrac{B_r}{\mu_0 \mu_r} l_m \\ B_m A_m = B_g A_g \\ B_g = \mu_0 H_g \\ B_m = \mu_0 \mu_r H_m' \end{cases} \tag{1-27}$$

式(1-27)即反映的是图1.15所示磁路的方程组,利用该方程组可得图1.15所示磁路的等效磁路如图1.19所示。

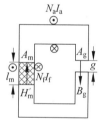

图1.19　图1.15所示磁路的
等效磁路

　　图1.19中,永磁体由绕在该段磁路上的等效线圈所替代,其等效磁势为

$$N_f I_f = \frac{B_r}{\mu_0 \mu_r} l_m \tag{1-28}$$

该段磁路的 μ_r、A_m 以及 l_m 与等效前的永磁体相同。

利用等效安匝数(或磁势)描述永磁体可简化永磁电机的特性分析计算。

　　根据式(1-27)和式(1-28)便可获得图1.15所示磁路的类比等效电路如图1.20所示。

　　图1.20中,虚线框内反映的永磁体部分的磁路情况,其中,

$$R_m = \frac{l_m}{\mu_0 \mu_r A_m} \tag{1-29}$$

$$R_g = \frac{g}{\mu_0 A_g} \tag{1-30}$$

同理,图1.20可以转换为相应的诺顿等效电路,如图1.21所示。其中的磁通源(flux source)由式(1-28)和式(1-29)得

$$\Phi_r = \frac{N_f I_f}{R_m} = B_r A_m \tag{1-31}$$

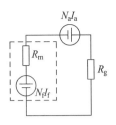

图 1.20　由永磁体组成磁路的戴维南
　　　　　等效电路

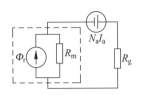

图 1.21　由永磁体组成磁路的
　　　　　诺顿等效电路

本章小结

　　电机是以电磁场作为媒介实现机电能量转换的装置,其运行原理涉及电路的基本定律以及电磁学的基本定律,如电生磁的安培环路定理、磁生电的电磁感应定律、电磁力定律以及磁路的欧姆定律等。在后续各章的内容介绍中,这些定律将贯穿于全书始终。除此之外,电机的磁路是由磁性材料组成的,磁性材料性能的优劣将直接决定电机的运行性能。为此,本章在介绍了基本电磁学定律的基础上,对有关磁性材料包括软磁材料和永磁材料及其特性进行了介绍,重点讨论了铁磁材料磁化曲线的饱和现象、铁磁材料的铁芯损耗(磁滞与涡流损耗)等。本章最后,对永磁材料的去磁曲线以及各种常用永磁材料的特点进行了讨论。

思考题

　　1.1　电机中涉及哪些基本电磁定律? 试说明它们在电机中的主要作用。

　　1.2　永久磁铁与软磁材料的磁滞回线有何不同? 其相应的铁耗有何差异?

　　1.3　什么是磁路饱和现象? 磁路饱和对磁路的等效电感有何影响?

　　1.4　铁芯中的磁滞损耗与涡流损耗是如何产生的? 它与哪些因素有关?

　　1.5　实际的电机和变压器的铁芯中,一般不是采用整块铸钢或矽钢组成,而是采用矽钢片叠压而成,为什么?

　　1.6　如果感应电势的正方向与磁通的正方向符合左手螺旋关系,则电磁感应定律应写成 $e = N \dfrac{\mathrm{d}\Phi}{\mathrm{d}t}$,试说明原因。

　　1.7　电磁感应定律有时写成 $e = -\dfrac{\mathrm{d}\Psi}{\mathrm{d}t} = -N \dfrac{\mathrm{d}\Phi}{\mathrm{d}t}$,有时写成 $e = -L \dfrac{\mathrm{d}i}{\mathrm{d}t}$,有时又写成 $e = Blv$。这三种表达式有何区别? 分别适应于什么条件?

　　1.8　在图 1.22 所示变压器磁路中,当在 N_1

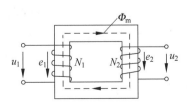

图 1.22　思考题 1.8 图

中施加正弦电压 u_1 时,为什么在 N_1、N_2 两个线圈中均会感应电势?当流过线圈 N_1 中的电流 i_1 增加时,试标出 N_1、N_2 两个线圈中所感应电势的实际方向与输出电压的方向,并计算两个线圈感应电势之间的关系。

练习题

1.1　如下表格包含了磁性钢的试样,50Hz,对称磁滞回线上半部分的数据:

B/T	0	0.2	0.4	0.6	0.7	0.8	0.9	1.0	0.95	0.9	0.8	0.7	0.6	0.4	0.2	0
H/A/m	48	52	58	73	85	103	135	193	80	42	2	−18	−29	−40	−45	−48

利用 MATLAB:(a)绘出该磁滞回线;(b)计算磁滞回线的面积。

1.2　图 1.23(a)所示磁路由电工钢片叠成,其磁化曲线如图 1.23(b)所示。图中尺寸单位是 mm,励磁线圈的匝数为 1000 匝。试求当铁芯中的磁通为 1×10^{-3}Wb 时,励磁线圈的电流应为多少?

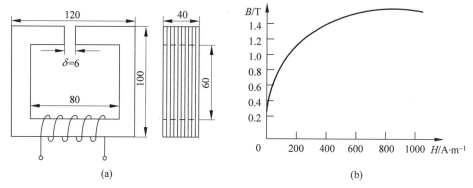

(a)　　　　　　　　　　　(b)

图 1.23　练习题 1.2 图

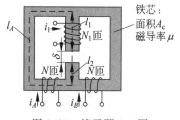

图 1.24　练习题 1.3 图

1.3　图 1.24 的对称磁路中有三个绕组,绕组 A 和 B 的匝数均为 N,绕在底部的两个铁芯柱上,铁芯尺寸如图所示。

(1) 画出该磁路的类比等效电路图;

(2) 求出每个绕组的自感;

(3) 求出三对绕组间的互感;

(4) 求出由绕组 A 和 B 中的时变电流 $i_A(t)$ 和 $i_B(t)$ 在绕组 1 中所感应的电压。说明这一结构可用于测量两个同频率正弦交流不平衡的工作原理。

第 2 章　直流电机的建模与特性分析

>>>>

内 容 简 介

本章首先介绍了直流电机的基本运行原理、基本结构以及额定数据（即铭牌数据）。在此基础上,重点讨论了直流电机内部的电磁关系、电磁关系的数学描述即基本方程式和等效电路。最后,根据基本方程式或等效电路,对直流电动机和发电机的运行特性进行了分析和计算。

根据供电电源(或输出电源)的性质不同,电机可以分为两大类：一类为直流电机；另一类为交流电机。在电机的发展史中,由于作为直流电源的蓄电池发明较早,故直流电机问世最早。随着三相交流电源的出现,交流电机才得以迅速发展和广泛采用。

电机是实现机电能量转换的装置,按照是由电能向机械能转换还是由机械能向电能转换,电机可分为电动机和发电机两大类。电机通电产生机械运动,实现电能向机械能的转换,此类电机即为电动机；反之,若由原动机(如汽轮机、水轮机、柴油机以及汽油机等)提供动力带动电机运行发出电能,实现机械能向电能的转换,则相应的电机则为发电机。直流电机也不例外,它也有直流电动机和直流发电机之分。

直流电动机因具有良好的调速特性、较高的起制动转矩和过载能力,曾一度在变速应用场合下占据着相当重要的地位。直流电动机的主要缺点是换向问题,换向问题一方面限制了直流电动机的应用范围和容量的进一步提高,另一方面也影响了电力拖动系统的可靠性并增加了维护成本。近几十年来,随着电力电子和微处理器技术的迅猛发展,在变速应用场合下,由交流电动机组成的交流拖动系统才逐渐取代由直流电动机组成的直流拖动系统。尽管如此,直流电动机以及由其组成的直流拖动系统仍在许多应用场合如轧钢系统、煤矿电机车、纺织机械等领域占有一席之地。

本章内容安排如下：2.1 节～2.2 节介绍直流电机的基本运行原理、结构以及额定值的定义。根据对直流绕组的要求,2.3 节从简单绕组入手,对直流绕组的特点进行讨论,然后引出两种常用形式直流绕组(单叠绕组和单波绕组)的连接方式与特点。2.4 节将对直流电机的各种励磁方式以及直流电机分别在空载和负载条件下内部的磁势和磁场情况进行讨论,并引出了电枢反应的概念,对电枢反应的性质以及电枢反应对主磁场的影响进行分析。2.5 节将对直流电机机电能量转换过程中的两个重要物理量——感应电势和电磁转矩的计算方法进行讨论,由此引出电磁功率的概念。2.6 节重点对直流电机的上述电磁关系、电磁关系的定量描述即直流电机的数学模型(基本方程式、等值电路)以及功率流程图进行讨论。在此基础上,2.7 节～2.10 节利用上述数学模型对各种类型直流电机(发电机与电动机)的工作特性,特别是直流电动机的机械特性进行重点分析与讨论。本章最后的 2.11 节,将对直流电机的特殊问题——换向进行简单介绍。

2.1 直流电机的基本运行原理与结构

2.1.1 直流电机的基本运行原理

从原理上讲,直流电机的运行状态是可逆的,即同一台直流电机既可以作直流电动机状态运行,也可以作直流发电机状态运行。但考虑到两者的能量转换方向和运行原理迥然不同,故分别对其介绍如下。

1. 直流电动机的基本运行原理

为了了解直流电动机的运行原理,首先分析通电导体和线圈在磁场下的受力情况。按照电磁力定律,并根据左手定则,通电导体和线圈在磁场作用下的受力情况分别如图 2.1(a)、(b)、(c)所示。

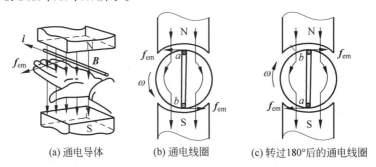

(a) 通电导体   (b) 通电线圈   (c) 转过180°后的通电线圈

图 2.1   通电导体和线圈在磁场下的受力分析

图 2.1(b)中,⊗号表明电流流入纸面,⊙号表明电流流出纸面。在图 2.1(b)所示位置,a 导体处于 N 极下,b 导体处于 S 极下,转子(转动部分)所产生的电磁力偶(或电磁转矩)的方向为逆时针。若保持线圈中的电流方向不变转子继续旋转,经过 180°后,a 导体处于 S 极下,b 导体处于 N 极下(见图 2.1(c))。根据左手定则,此时转子所产生的电磁转矩的方向为顺时针。很显然,若不采取措施,转子将无法产生单方向的有效电磁转矩,更谈不上正常运行。为了实现电机逆时针方向持续运行,

就必须确保 N 极下的导体中电流方向总是流入纸面,S 极下的导体中电流方向总是流出纸面。只有这样,转子所产生的电磁转矩才可能是单方向的,从而最终实现(直流)电能向机械能的转换。在直流电动机中,这一任务是通过换向器和电刷来完成的。

图 2.2(a)、(b)分别给出了直流电动机和发电机的运行原理示意图,其中,ab 和 cd 为单匝线圈的两个有效导体边,它们被分别连接到两个相互隔离的换向片上,并与转子一同旋转。现对直流电动机的基本运行原理分析如下。

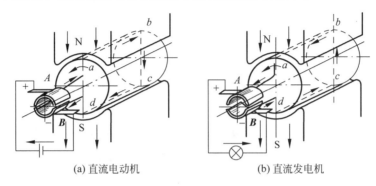

(a) 直流电动机　　　　　　　　　(b) 直流发电机

图 2.2　直流电机的运行原理示意图

图 2.2(a)中,当 ab 导体转至 N 极下,cd 导体转至 S 极下(即图示位置)时,电流由直流电源正极流出,通过正电刷 A 经换向片流入,流过线圈 abcd 后,经换向片从负电刷 B 流出进入负极,从而构成回路。此时,ab 导体中的电流方向由 $a \to b$,cd 导体中的电流方向由 $c \to d$。N 极下导体中电流方向是流入的,S 极下的导体中电流方向是流出的。经过 $180°$ 后,cd 导体转至 N 极下,ab 导体转至 S 极下。由于电刷与磁极相对静止,电流仍经过正电刷 A 流入,负电刷 B 流出。此时,cd 导体中的电流方向由 $d \to c$,确保了 N 极下导体中的电流总是流入的。ab 导体中的电流方向由 $b \to a$,确保了 S 极下导体中的电流总是流出的。这样,转子所产生的电磁转矩是单方向的,保证了电机单方向逆时针正常运行。若改变电源极性,电机将反向顺时针运行。

上述分析表明,直流电机绕组内部的感应电势和电流为交流(即 ab 导体中的电势和电流方向交替变化)。电刷和换向器起到了将电刷外部的直流转变为内部绕组交流的作用,从而实现了换向(即电枢电流的方向改变),换向器由此而得名。

在电力电子学中,将直流转变为交流的过程称为**逆变**(即整流的反过程)。很显然,电刷和换向器起到了**机械式逆变器**的作用。所不同的是,在电力电子技术中,逆变过程是由电力电子开关器件组成的变流器(又称为逆变器)来完成的。

2. 直流发电机的基本运行原理

直流发电机的结构示意图如图 2.2(b)所示,发电机的转子由原动机拖动旋转,绕组内部感应交流电势,由于换向器和电刷的作用,输出为脉动直流电势。当电刷外接负载时便有直流电流产生,从而完成原动机机械能向负载电能的转换。图 2.2(b)

中,A 电刷通过换向片总是与 N 极下的导体相连(无论是 ab 导体,还是 cd 导体),故 A 电刷总是"＋",B 电刷总是与 S 极下的导体相连,故 B 电刷总为"－"。若改变原动机的转向,则 N 极下导体感应电势的方向改变,使得与该导体相连的 A 电刷总为"－",与 S 极相连的 B 电刷总为"＋",相应的直流发电机输出直流电压的极性改变。

上述过程中,电刷和换向器起到了将内部绕组的交流转化为外部直流的作用。在电力电子学中,将交流转变为直流的过程称为**整流**。很显然,电刷和换向器起到了**机械式整流器**的作用。

综上所述,可以得出如下结论:

(1) 直流电机电枢绕组(由多个线圈组成)内部的感应电势和电流为交流,而电刷外部的电压和电流为直流。直流电机由此而得名。

(2) 对直流电动机而言,电刷和换向器相互配合实现了电刷外部直流到电枢绕组内部交流的转换,即逆变过程。对直流发电机而言,电刷和换向器相互配合实现了绕组内部交流到电刷外部直流的转换,即整流过程。

其中,电刷和换向器起到了机械式变流器(整流器和逆变器的总称)的作用,从而完成整流和逆变过程。这就给我们提出了一个问题:能否采用电力电子变流器取代电刷和换向器实现上述功能呢？答案是肯定的。无刷永磁直流电机就是按照这一基本思想实现的,它利用转子位置传感器和电力电子变流器取代电刷和换向器实现上述功能。当无刷直流电机工作在电动机状态时,电力电子变流器将工作在逆变状态,相当于逆变器运行;当其工作在发电制动状态时,电力电子变流器将工作在整流状态,相当于整流器运行;由于无机械式电刷与换向器,系统运行可靠。目前无刷永磁直流电机已成为中小型交流伺服电机的主力,广泛应用于机器人、数控机床等性能要求较高的伺服系统中,大有取代直流有刷伺服电机的趋势。关于无刷永磁直流电机的详细工作原理和特性将在第 9 章详细介绍。

2.1.2　直流电机的结构

任何电机都包括三大部分,即定子、转子和气隙,通常把静止不动的部分称为定子,旋转或作直线运动的部分称为转子(动子),定、转子之间部分为气隙。虽然电机内部的气隙较小,但考虑到所有电磁功率都是通过气隙传递的,而且电机内部的大部分磁场能量均集中在气隙中,因此气隙是电机的重要组成部分。

同一般类型电机一样,直流电机也是由上述三大部分组成,其中,定子包括产生励磁磁场的主磁极、具有固定主磁极功能并兼作磁路的机座、电刷装置以及改善换向的换向极;转子包括电枢铁芯、电枢绕组以及换向器。图 2.3 给出了典型直流电机的结构图。

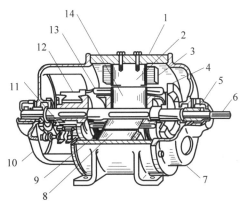

1—机座；2—主磁极；3—励磁绕组；4—风扇；5—轴承；6—轴；7—端盖；8—换向极；
9—换向极绕组；10—端盖；11—电刷装置；12—换向器；13—电枢绕组；14—电枢铁芯。

图 2.3　直流电机的结构图

2.2　直流电机的额定数据

额定数据即铭牌数据，它是选择和设计电机的依据。电机在额定数据下运行可以获得最佳的力能指标，即此时电机的转矩（或出力）较大且运行效率较高。直流电机的主要额定数据如下：

（1）额定功率　定义为额定运行状态下的输出功率，通常用 P_N 表示，其单位为瓦（W）或千瓦（kW）。**对于直流电动机，额定功率是指由转子轴上输出的机械功率；对于直流发电机，额定功率则是指由电枢绕组输出的电功率。**

（2）额定电压　定义为额定状态下的电压，通常用 U_N 表示，其单位为伏（V）或千伏（kV）。

（3）额定电流　定义为额定状态下的电流，通常用 I_N 表示，其单位为安（A）或千安（kA）。

（4）额定转速　定义为额定状态下的转速，通常用 n_N 表示，其单位为转/分（r/min）。

（5）额定效率　定义为在额定条件下电机的输出功率与输入功率之比，通常用 η_N 表示。

此外，直流电机的额定数据还包括额定励磁电压 U_{fN}（单位为伏（V））、额定励磁电流 I_{fN}（单位为安（A））以及额定温升等。

额定数据之间存在如下关系：对于直流电动机，有

$$P_N = U_N I_N \eta_N \tag{2-1}$$

对于直流发电机，有

$$P_N = U_N I_N \tag{2-2}$$

2.3　直流电机的电枢绕组——电路构成

　　一般情况下,直流电机的转子铁芯表面上均开有齿槽,各个线圈则均匀地分布在这些槽内。每个线圈与各自的换向片相连,各个换向片彼此间通过云母等绝缘体隔开,各个线圈按照一定规律通过换向片连接组成绕组。正是由于这些线圈切割磁力线感应电势和电流并产生电磁转矩才使机电能量转换得以实现,因此,可以讲线圈是实现机电能量转换的枢纽。故此,由线圈相互连接所组成的绕组又称为**电枢绕组**,相应的转子铁芯又称为**电枢铁芯**。

　　下面将按照直流电机对电枢绕组的要求,首先从直流电机的简单绕组入手,总结直流电机电枢绕组的一般特征;然后,重点讨论两种常用形式的电枢绕组的组成。

2.3.1　对直流电枢绕组的要求

　　对直流电枢绕组的要求是:①正、负电刷之间所感应的电势应尽可能大,即在规定的电流下产生最大的电磁转矩和电磁功率;②绕组所用有色金属和绝缘材料应尽可能节省且结构简单、运行可靠。

2.3.2　直流电机的简单绕组

　　图2.4是一简单直流电枢绕组的连接示意图,该简单绕组是由4个线圈和4个换向片组成的。

　　由图2.4可以看出,该直流绕组是一闭合绕组,它由2条支路组成:一条是由正电刷A出发,经换向片1至线圈1-1′,回到换向片2后与线圈2-2′串联,后经过换向片3由负电刷B引出;另一条支路是由负电刷B开始经换向片3至线圈3-3′,回到换向片4后与线圈4-4′串联,后经过换向片1回到正电刷A。图2.5(a)给出了相应绕组在图2.4所示位置的电路连接示意图,图2.5(b)为转子逆时针转过45°后的电路连接图,由此可见,尽管转子在旋转,组成每条支路的线圈在更替,但直流绕组的支路

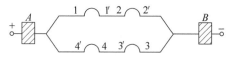

(a)简单绕组对应图2.4位置的电路图

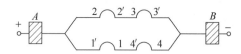

(b)简单绕组由图2.4位置逆时针转过45°后的电路图

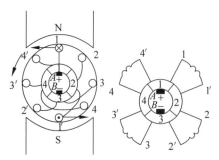

图2.4　直流电机的简单绕组　　　　图2.5　直流电机简单绕组的电路连接

数却不变。为确保每条支路所感应的电势最大,要求每个线圈的感应电势首先应该尽可能最大。因此,直流电机最好采用整距线圈(即线圈跨距等于极距),即若线圈的一条边位于 N 极下,则该线圈的另一条边将位于对应位置的 S 极下。

经上述分析可以得出,直流电机的电枢绕组具有如下基本特点:

(1) 电枢绕组为闭合绕组;

(2) 直流线圈基本上是整距线圈。

这一结论虽然是由简单绕组得出的,但却适用于直流电机的一般电枢绕组。

2.3.3　直流电枢绕组的基本形式

按照单个线圈结构的不同,直流电机的电枢绕组可分为叠绕组、波绕组和蛙形绕组,根据各个线圈之间连接方式的不同,上述绕组又有单、复之分,即单叠绕组和复叠绕组、单波绕组和复波绕组。而蛙形绕组则为单叠和复波绕组的混合结构。常用的绕组包括单叠绕组和单波绕组,现分别介绍如下。

1. 单叠绕组

在介绍单叠绕组之前,首先介绍几个有关绕组的术语,参考图 2.6。

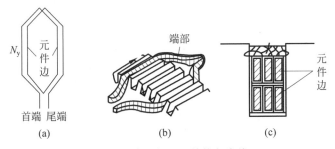

图 2.6　直流绕组的结构与嵌线

(1) 元件。单个绕组又称为元件,它由多匝线圈(N_y 匝)组成。

(2) 极距。相邻两个主极(N 极与 S 极)之间的距离称为极距,用 τ 表示,即 $\tau = \frac{z}{2p}$(槽),或 $\tau = \frac{\pi D_a}{2p}$(m)。其中,$z$ 为电枢铁芯上所开的槽数;D_a 为电枢铁芯的直径;$2p$ 为主极数。

(3) 线圈的节距。同一线圈的两个元件边的间距称为节距,对于直流电机,线圈的这一节距又称为第一节距,用 y_1 表示(见图 2.7)。若该节距 $y_1 < \tau$,则该线圈称为短距线圈;若节距 $y_1 = \tau$,则该线圈称为整距线圈;若节距 $y_1 > \tau$,则该线圈称为长距线圈。为了获得最大的电势,直流线圈多采用整距线圈。

(4) 换向器节距。同一元件的两个出线端所接换向片之间的距离,称为换向器节距,用 y_k 表示(见图 2.7)。

(5) 单、双层绕组。电机的绕组通常被嵌入电枢铁芯的槽内,若每个槽内仅放置一

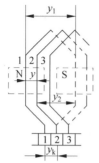

图 2.7　单叠绕组的连接特点

层线圈边,则该绕组称为单层绕组。对直流绕组而言,为了充分利用铁芯的尺寸,通常每个槽内放置两层线圈边(见图 2.6(c)),则相应的绕组称为双层绕组。对于双层绕组,其元件的上层边一般用实线表示,下层边用虚线表示,如图 2.7 所示。

单叠绕组具有如下特点:同一元件的两个出线端分别连接到相邻的换向片上,即换向器节距 $y_k = +1$,且相邻元件通过相邻换向片依次相连,从而组成整个直流闭合绕组。图 2.7 给出了单叠绕组相邻两线圈之间的连接关系,由图 2.7 可见,单叠绕组相邻两元件依次叠放在一起,且所接换向片间隔一个换向片,单叠绕组由此而得名。

下面通过一个实例说明单叠绕组的连接与支路组成。

设电枢铁芯上所开的槽数为 $z = 16$,极数 $2p = 4$,元件数等于换向片数 $S = K = 16$,试画出单叠绕组的展开图。

具体步骤是:首先计算线圈的节距,为了获得单个线圈的最大电势,通常取整距线圈,即取第一节距 $y_1 = \tau = \dfrac{z}{2p} = 4$,换向器节距 $y_k = 1$。考虑到单叠绕组的特点即各元件(或线圈)通过换向片与相邻的元件相连,最后依次串联形成整个直流电机的闭合回路,由此得单叠绕组的展开图如图 2.8 所示。为了使电动机产生的电磁转矩最大(或发电机每条支路所感应的电势最大),电刷应将两元件边位于主极之间的**几何中性线**上的元件短接(见图 2.8 中的 1、5、9、13 号线圈),才能使每条支路的电势最大。为此,电刷应固定在磁极轴线下的换向片上,且电刷数等于主极数。考虑到电刷两侧的元件分别位于不同的主极下,其元件内的电流方向完全相反。因此,**电刷是电流的分界线**。图 2.9 和图 2.10 分别给出了单叠绕组的连接次序图和相应的电

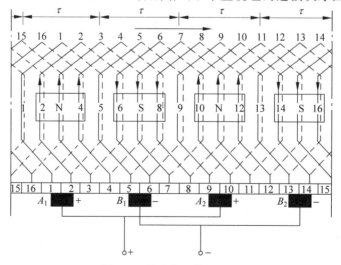

图 2.8　单叠绕组的展开图

路图。

　　由图可见,单叠绕组具有如下特征:上层边位于同一主磁极下的所有元件串联组成同一条支路,因此,有几个主极就有几条支路。直流电机电枢绕组的支路数 $2a$ 等于主极数 $2p$,且等于电刷数,即 $2a = 2p$。

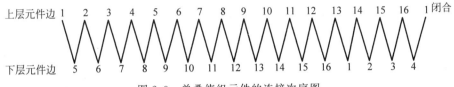

图 2.9　单叠绕组元件的连接次序图

2. 单波绕组[*]

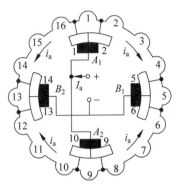

　　单波绕组具有如下特点:它把相隔约一对极距的元件(即对应于同一类型磁极(N 极或 S 极)相同位置的所有元件)通过换向片依次串联,旨在确保各元件所产生的电磁力同方向,且电磁转矩最大。由于通过这种方式连接起来的元件形式如同波浪一样向前延伸,故称为波绕组。考虑到波绕组的换向器节距 y_k 为一对极下的换向片数,这样依次串联的元件经一周后,有可能回到最初的换向片上。

图 2.10　单叠绕组的电路图

为此,一般将经一周后最后一个元件的下层边接至前一个或后一个相邻换向片上(即相差一个换向片)。鉴于此,这种接线的绕组又称为单波绕组。图 2.11 给出了一典型单波绕组的连接示意图。

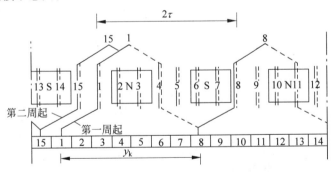

图 2.11　单波绕组的连接示意图

　　若 y_k 表示单波绕组的换向器节距(见图 2.11),则根据其特点,单波绕组满足下列关系式

$$py_k = K \mp 1 \tag{2-3}$$

式中,K 为电枢绕组总的换向片数。

　　式(2-3)表明,单波绕组绕电枢一周后,跨过 p 对极,共有 p 个元件串联,然后回到最初相邻的换向片上。

下面通过一实例说明单波绕组的连接与支路组成。

设电枢铁芯的槽数 $z=15$,极数 $2p=4$,元件数等于换向片数 $S=K=15$,试画出单波绕组的展开图。

取元件的第一节距为 $y_1=3$,单个元件的两引出线所连接的换向片之间的距离即换向器节距为 $y_k=\dfrac{K-1}{p}=\dfrac{15-1}{2}=7$。按照单波绕组的连接规律,画出绕组展开图如图 2.12 所示,其中,单波绕组的电刷也处于主极的轴线下,由其短接元件的两个元件边也位于主极之间的几何中性线上。与单叠绕组不同的是,该元件是通过同极性的电刷短路的(如图 2.12 中的 1 号元件是通过 B_2、B_1 电刷短路的)。图 2.13 给出了对应于图 2.12 所示绕组的电路图。由图可见,单波绕组具有如下特征:单波绕组将所有上层边处在 N 极下的元件串联组成一条支路,所有上层边处在 S 极下的元件串联组成另一条支路,因此,单波绕组共有 2 条支路,即 $2a=2$。

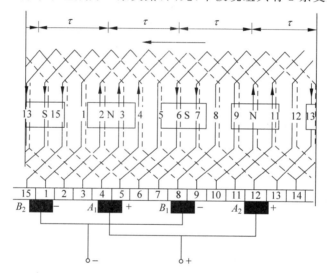

图 2.12　单波绕组的展开图

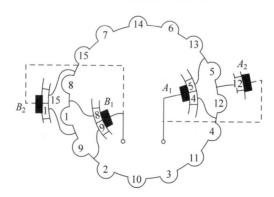

图 2.13　单波绕组的电路图

3. 单叠绕组与单波绕组的使用范围[*]

鉴于叠绕组具有支路数多且每条支路的线圈较少的特点,叠绕组适用于大电流、低电压的直流电机;而波绕组具有支路数少且每条支路的线圈较多的特点,因此,波绕组适用于小电流、高电压的直流电机。

2.4　直流电机的各种励磁方式与磁场

2.4.1　直流电机的各种励磁方式

根据获得主磁场的方式不同,直流电机可分为两大类:一类是永磁直流电机,它是由永久磁铁提供主磁场的,如图 2.14(a)所示;另一类是普通绕组励磁的直流电机,它是由励磁绕组通以直流电产生主磁场的。通常,励磁绕组与主极固定在定子机座上。永磁直流电机主要适用于小功率电机,而大部分直流电机则是采用后一类励磁方式。

根据直流励磁绕组的励磁方式不同,直流电机可分为**他励**和**自励**直流电机。若

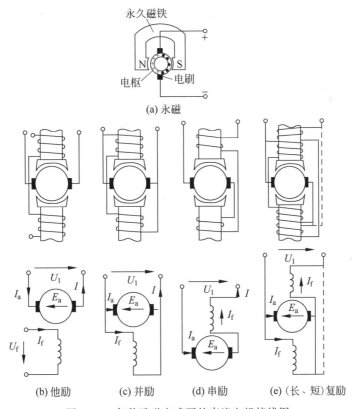

图 2.14　各种励磁方式下的直流电机接线图

电枢绕组是采用某一直流电源供电,而励磁绕组则是采用其他电源供电,则这种直流电机被称为**他励直流电机**,如图 2.14(b)所示。

　　若励磁绕组和电枢绕组均采用同一直流电源供电,则这类直流电机称为自励直流电机。根据励磁绕组与电枢绕组接线方式的不同,自励直流电机又有并励、串励和复励之分。若励磁绕组与电枢绕组并联,则相应的直流电机称为**并励直流电机**,如图 2.14(c)所示;若励磁绕组与电枢绕组串联,则相应的直流电机称为**串励直流电机**,如图 2.14(d)所示;若励磁绕组由两部分绕组构成:一部分绕组与电枢并联,另一部分绕组与电枢串联,则相应的直流电机称为**复励直流电机**,如图 2.14(e)所示。根据接线的不同,复励直流电机可进一步分为长复励(见图 2.14(e)中的虚线连接)和短复励直流电机。

　　后面的分析将表明,励磁方式与直流电机的稳态和动态性能密切相关,不同励磁方式下的直流电机适用于不同类型的负载。

2.4.2　直流电机的空载主磁场

　　空载是指直流电机电枢电流(或输出功率)为零的运行状态,对于直流电动机,空载即机械轴上无任何机械负载;对于直流发电机,空载即电刷两端未接任何电气负载,电枢处于开路状态。空载时,可认为电枢电流为零,故直流电机的内部总磁场(即气隙磁场)是由定子的励磁磁势(或励磁安匝)单独产生,该磁场又称为**主磁场**。下面对直流电机的空载主磁场进行分析。

1. 空载主磁场的分布

　　图 2.15 是一台四极直流电机的磁路与空载时的主磁场示意图,当励磁绕组通以直流励磁电流 I_f 时,每极磁势为

$$F_f = N_f I_f \tag{2-4}$$

式中,N_f 为每一磁极上励磁绕组的总匝数。

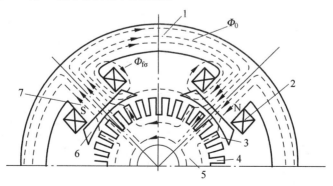

1—定子磁轭;2—励磁绕组;3—气隙;4—电枢齿;5—电枢磁轭;6—极靴;7—极身。

图 2.15　四极直流电机的磁路与空载时的主磁场示意图

在励磁磁势 F_f 的作用下,电机磁路内所产生的磁力线如图 2.15 所示。由图 2.15 可见,大部分磁力线经由主极铁芯、气隙进入电枢铁芯,这部分磁力线对应的磁通称为**主磁通**,用 Φ_0 表示。显然,主磁通与励磁绕组和电枢绕组同时匝链,主磁通所经过的磁路称为主磁路。除此之外,还有一小部分磁力线不经过气隙仅与励磁绕组匝链,这部分磁通称为**主极漏磁通**,用 $\Phi_{f\sigma}$ 表示。这样,每一磁极的总磁通为 $\Phi_m = \Phi_0 + \Phi_{f\sigma}$。通常,主极漏磁通约占主磁通的 $(15 \sim 20)\%$。

由图 2.15 可见,四极直流电机共有四条主磁路,各磁路之间相互并联;每一主磁路由五部分组成,即主磁极、定转子之间的气隙、电枢齿、电枢磁轭、定子磁轭。考虑到包围主磁力线(主磁路)的总磁势(安匝数)为 $2N_f I_f = 2F_f$,则根据安培环路定理,该磁势平衡上述五部分的磁压降,即

$$2F_f = \sum_{i=1}^{5} H_i l_i = 2H_\delta \delta + 2H_t l_t + H_c l_c + 2H_m l_m + H_j l_j \tag{2-5}$$

式中,H_δ、H_t、H_c、H_m、H_j 分别为气隙、电枢齿、电枢铁芯、主极铁芯和定子磁轭各段的平均磁场强度;δ、l_t、l_c、l_m、l_j 分别为气隙、电枢齿、电枢铁芯、主极铁芯和定子磁轭各段的平均计算长度。

为了简化计算,忽略铁芯饱和,且假定铁芯的磁导率远远大于气隙的磁导率 μ_0,即不考虑铁芯磁阻的影响,于是有

$$2F_f \approx 2H_\delta \delta \tag{2-6}$$

这样,气隙磁密 B_δ 可由下式给出

$$B_\delta = \mu_0 H_\delta = \mu_0 \frac{F_f}{\delta} \tag{2-7}$$

由上式可见,气隙磁密与气隙长度 δ 成反比。对于实际电机,由于主极下的气隙均匀,极靴两侧的气隙加大,因此主极下的磁密分布均匀,极靴两侧的磁密逐渐减小,在两主极之间的几何中性线处,磁密为零,图 2.16(a)、(b)分别给出了直流电机空载时的主磁场分布与气隙磁密波形。很显然,若不计齿槽的影响,空载时的主磁场呈礼帽形。

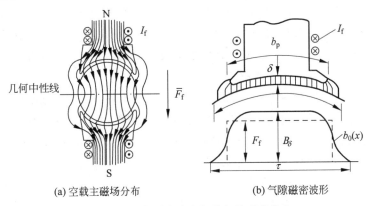

(a) 空载主磁场分布　　　　　　(b) 气隙磁密波形

图 2.16　空载时直流电机的气隙磁密分布

2. 直流电机的空载磁化曲线

由式(2-4)和式(2-7)可见,对结构确定的直流电机,通过改变励磁电流 I_f 改变励磁磁势 F_f 便可影响气隙磁密 B_δ 和每极主磁通 Φ_0 的大小。空载时励磁磁势 F_f (或励磁电流 I_f)与每极主磁通 Φ_0 之间的关系又称为直流电机的空载磁化曲线,如

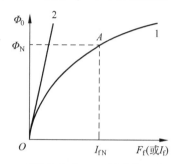

1—磁路饱和时;2—磁路未饱和时。

图 2.17　直流电机的空载磁化曲线

图 2.17 所示。显然,由于主磁通 Φ_0 与磁密 B、磁势 F_f(或 I_f)与磁场强度 H 之间均成正比,因此直流电机的空载磁化曲线与电机所用铁磁材料的 B-H 曲线(见图 1.12)形状完全相同。

由图 2.17 可见,主磁通 Φ_0 与励磁磁势 F_f (或励磁电流 I_f)之间存在饱和现象(参见 1.4 节),即当励磁电流较小时,随着励磁电流的增加,磁通 Φ_0 线性增加。当励磁电流增加至一定数值后,磁通 Φ_0 将增加缓慢。为了便于比较,图 2.17 还给出了磁路不饱和时励磁磁势(或电流)与主磁通之间的线性关系曲线。

磁路饱和造成主磁通 Φ_0 与励磁电流 I_f 之间呈非线性关系,从而增加了电机分析的复杂性;除此之外,磁路饱和也将直接影响电机的运行性能。

空载磁化曲线反映的是电机内部磁路的设计情况,通过空载试验便可以获得电机空载磁化曲线的数据(见 2.7.1 节)。

2.4.3　直流电机负载后的电枢反应磁场

1. 电枢反应与电枢反应磁势的性质

直流电机负载后,电枢电流将不再为零。电枢电流同样对应着一定的安匝数(又称为**电枢磁势**),它也要产生电枢磁场,从而对气隙磁场有一定的贡献,电枢磁势的作用结果将改变空载主磁场的大小和形状。通常把电枢磁场对主磁场的影响又称为**电枢反应**,相应的电枢磁势又称为**电枢反应磁势**。换句话说,直流电机负载后的气隙磁场是由励磁磁势和电枢磁势共同作用产生的。

当不考虑铁芯饱和时,负载后的气隙磁场可以采用叠加原理进行分析,亦即对励磁磁势和电枢磁势各自所产生的磁场分别进行计算,然后将这两种磁场叠加便可获得**气隙磁场**。鉴于对励磁磁势单独作用所产生的空载主磁场在上一节已作了介绍,本节将进一步讨论电枢磁势单独作用下所产生的磁场情况。

图 2.18 给出了当电刷位于几何中性线上时电枢磁势单独作用所产生的磁力线情况。由于电刷是电枢表面上电流的分界线,其两侧的电流方向改变,因此,电枢磁势 $\overline{F}_a$ 或电枢磁场 $\overline{B}_a$ 的轴线将沿 q 轴(又称为**交轴**(quadrature-axis),它是指主极之间

的轴线)方向；而励磁磁势 $\bar{F}_{\mathrm{f}}$ 或主磁场 $\bar{B}_{\mathrm{f}}$ 的轴线将沿
d 轴(又称为**直轴**(direct-axis)，它是指主极的轴线)方
向，如图 2.18 所示。

　　由图 2.18 可见，对直流电机而言，**电枢反应磁势**
$\bar{F}_{\mathrm{a}}$ 与定子直流励磁磁势 $\bar{F}_{\mathrm{f}}$ 之间空间上互相垂直或正
交。同时尽管转子在不停地旋转，但由于电刷相对定
子主极的位置固定不动(即相对静止)，因此，同定子
直流励磁磁势 $\bar{F}_{\mathrm{f}}$ 一样，**电枢磁势** $\bar{F}_{\mathrm{a}}$ 也相对定子静止
不动。以后的分析将表明，正是因为直流电机的励磁
磁场和电枢磁场之间具有上述特点，决定了直流电动
机比交流电动机具有更好的解耦特性和调速性能。

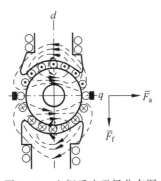

图 2.18　电枢反应磁场分布图

　　值得说明的是，图 2.18 给出的是直流电机沿垂直于转子轴线方向的剖面图，
其剖切面位于电枢绕组的有效导体边。当实际电刷位于主磁极的轴线上时，与
该电刷直接相连绕组的两元件边在剖面图中恰好处在两主极之间的几何中性线
上，图 2.18 直观地反映了在有效导体边处电刷是导体电流的分界线情况。

　　在了解了电枢反应的磁力线分布和电枢磁势的性质以后，下一步就可以对电枢
磁势和电枢磁场沿电枢表面的分布情况加以讨论。

2. 电枢磁势和电枢反应磁场沿电枢表面的空间分布

　　(1) 单个元件所产生电枢磁势的波形分析。假定整个电枢槽内仅嵌有单个元
件，元件的轴线(或中心线)与磁极轴线(即 d 轴)之间相互垂直，如图 2.19(a)所示。
若将图 2.19(a)沿电枢表面展开，则其展开图如图 2.19(b)所示。设元件的匝数为
N_{y}，流过元件的电流为 i_{a}，则元件所产生的电枢磁势为 $N_{\mathrm{y}}i_{\mathrm{a}}$，该电枢磁势所对应的
任一条磁力线如图 2.19 所示。由安培环路定理知，$\oint H\mathrm{d}l = N_{\mathrm{y}}i_{\mathrm{a}}$；由于磁力线两次
经过气隙，同时忽略铁磁材料的磁压降，则磁力线通过一次气隙所消耗的磁势为
$N_{\mathrm{y}}i_{\mathrm{a}}/2$；由此获得单个元件所产生的电枢磁势为矩形波，如图 2.19(b)所示。

　　(2) 多个元件所产生的电枢磁势及磁场的波形分析。若每对极下有 4 个元件
(即每极下有 4 根导体)(见图 2.20)，则每个元件将产生如图 2.19(b)所示的矩形波
磁势，且 4 个元件所产生的矩形波磁势空间依次互差一个槽距的相移。将这些磁势
波形叠加，则可获得 4 个元件总的电枢磁势波形为阶梯波，如图 2.20(b)所示。考虑
到实际电机元件数较多，理想情况下，若元件数为无穷大(即电枢表面为线电流分
布)，则阶梯形的电枢磁势波形将趋向于三角波，如图 2.20(b)所示。三角波的轴线
(或峰值)将位于两主极之间的 q 轴，即电流方向的改变处。由于电刷决定了该位
置，而电刷相对定子是固定不动的，因此电枢磁势的轴线以及电枢磁势波形相对定
子是静止不动的。

　　设电枢表面的总元件数为 S，则总导体数为 $N = 2SN_{\mathrm{y}}$。设极对数为 p，电枢直

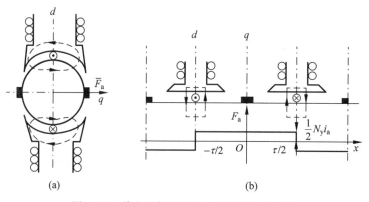

图 2.19　单个元件所产生的电枢磁势分布图

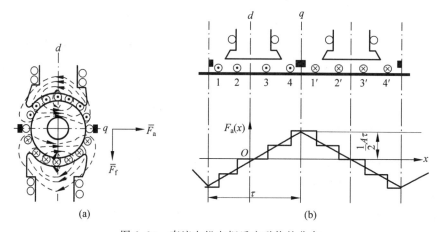

图 2.20　直流电机电枢反应磁势的分布

径为 D_a，极距为 $\tau = \dfrac{\pi D_a}{2p}$，则每对极下的元件数为 S/p，阶梯波(或三角波)的幅值为

$$F_{am} = \left(\frac{S}{p}\right)\frac{1}{2}N_y i_a = \frac{Ni_a}{\pi D_a}\left(\frac{\tau}{2}\right) = \frac{1}{2}A\tau \tag{2-8}$$

式中，$A = \dfrac{Ni_a}{\pi D_a}$ 为**线负荷**，它表示电枢表面上单位长度的安匝数。

图 2.20 中的三角波电枢磁势可以用下列函数描述为

$$F_a(x) = \begin{cases} Ax, & -\dfrac{\tau}{2} < x \leqslant \dfrac{\tau}{2} \\[2mm] A(\tau - x), & \dfrac{\tau}{2} < x \leqslant \dfrac{3}{2}\tau \end{cases} \tag{2-9}$$

类似于式(2-7)，在已知电枢磁势分布的条件下，电枢反应磁场的波形可根据下式求出

$$b_a(x) = \mu_0 \frac{F_a(x)}{\delta} \tag{2-10}$$

式中，$F_a(x)$、$b_a(x)$ 分别为三角波电枢磁势和磁密在任一点 x 处的数值。

根据式(2-10)，同时考虑到主极下的气隙均匀、极间气隙较大，于是便可获得电枢磁场的磁密分布如图 2.21 所示，显然，电枢磁场 $b_a(x)$ 呈马鞍形分布。

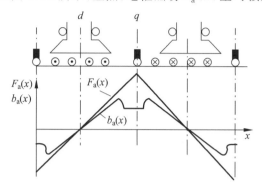

图 2.21　直流电机电枢反应磁场的分布

2.4.4　直流电机负载后的气隙磁场

直流电机负载后的气隙磁势 $\bar{F}_\delta$ 等于励磁磁势与电枢磁势之和，即 $\bar{F}_\delta = \bar{F}_f + \bar{F}_a$。当不考虑磁路饱和时，可分别求出各自磁势所产生的磁场，即励磁磁势 $\bar{F}_f$ 所产生的主磁场为 $\bar{B}_f$，电枢磁势 $\bar{F}_a$ 所产生的电枢反应磁场为 $\bar{B}_a$。然后根据叠加原理求得合成气隙磁场为 $\bar{B}_\delta = \bar{B}_f + \bar{B}_a$，据此，便可分别获得气隙磁场的磁力线分布图以及磁密的空间分布图，如图 2.22(a)、(b)所示。其中，图 2.22(a)为图 2.16(a)与图 2.18 的叠加；图 2.22(b)为图 2.16(b)与图 2.21 的叠加。对比图 2.16、图 2.18 和图 2.22 可以发现：两个磁场合成时，每个磁极下，半个磁极范围内的两个磁场的磁力线方向相同，磁密可直接相加；另外半个磁极范围内，两个磁场的磁力线方向相反，磁密相减。这样，半个磁极增加的合成气隙磁密与另外半个磁极减少的合成气隙磁密相等，合成磁密不变，每极下的磁通大小不变(见图 2.22(b)中的 A_1 与 A_2)。

对于实际直流电机，由于存在磁路饱和，导致磁密增加的半个磁极饱和加重，合成磁场增加得很少；而磁密减少的另半个磁极仍减少原来的数值，这样最终造成一个磁极下的平均磁密减少。因此，与空载主磁通相比，电枢反应使每极总磁通减少，**即电枢反应表现为去磁作用**(见图 2.22(b)中的阴影部分)。

除此之外，考虑到直流电机负载后由于磁密增加的半个磁极饱和加重，造成合成气隙磁场发生畸变，气隙磁场不再如空载主磁场那样均匀分布，而且**物理中性线**(即磁密 $B_\delta = 0$ 的直线)将发生偏移，如图 2.22(b)所示。气隙磁场畸变造成换向恶化，而且负载越大，换向恶化越严重，并引起大量的换向火花，严重时，会产生环火，最终将换向器烧坏。

综上所述，**直流电机负载后存在电枢反应，电枢反应的结果造成：①气隙磁场发生畸变，物理中性线偏移；②主磁场削弱，每极磁通减小，电枢磁场呈去磁作用。**

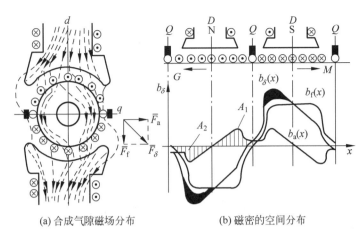

(a) 合成气隙磁场分布　　　　　(b) 磁密的空间分布

图 2.22　负载后的合成气隙磁场示意图

电枢反应对电机的运行性能有较大的影响,后面的分析将表明:对于电动机,电枢反应的去磁作用引起转子转速升高;对于发电机,电枢反应的去磁效应引起感应电势以及端部电压下降。

2.5　直流电机的感应电势、电磁转矩与电磁功率

电机本质上就是借助于电磁场在绕组中感应电势并产生电磁转矩,从而实现机电能量转换,直流电机也不例外。为此,本节首先讨论直流电机正、负电刷之间感应电势和电磁转矩的计算,在此基础上讨论电磁功率的物理意义。

2.5.1　正、负电刷之间感应电势的计算

对于直流电机,电枢绕组是以电刷作为引出端,因此,通常用电刷以外的物理量来评价电机性能。电机运行过程中,正、负电刷之间的感应电势等于每条支路所有导体的感应电势之和。考虑到电机负载后,因电枢反应导致每极下的气隙磁场畸变而分布不均匀,为此,可先求出每根导体的平均电势,然后再乘以每条支路的导体数,即可求出每条支路的电势,亦即正、负电刷之间的平均电势。下面以单叠绕组为例推导正、负电刷之间感应电势的计算公式。

图 2.23 给出了每极下的气隙磁场分布和单叠绕组对应于一条支路(即正、负电刷之间)的导体感应电势的情况。

图 2.23 中,每根导体的瞬时电势可表示为

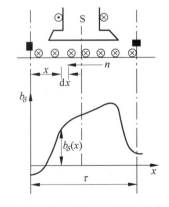

图 2.23　每极下的气隙磁场分布和相应的导体电势情况

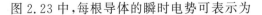

$$e(x) = b_\delta(x) l v \tag{2-11}$$

导体沿圆周的线速度可表示为

$$v = \Omega \cdot \frac{D_a}{2} = 2\pi \frac{n}{60} \cdot \frac{D_a}{2} \tag{2-12}$$

式中，Ω 为转子机械角速度；n 为转子转速，单位为 r/min；D_a 为电枢直径。

每根导体的平均电势为

$$E_1 = \frac{1}{\tau} \int_0^\tau e(x) \mathrm{d}x$$

每条支路即正、负电刷之间的感应电势为

$$E_a = \frac{N}{2a} \cdot \frac{1}{\tau} \int_0^\tau e(x) \mathrm{d}x = \frac{N}{2a} \cdot \frac{2p}{\pi D_a} \int_0^\tau b_\delta(x) l 2\pi \frac{n}{60} \cdot \frac{D_a}{2} \mathrm{d}x \tag{2-13}$$
$$= \frac{Np}{60a} n \int_0^\tau b_\delta(x) l \mathrm{d}x = C_e n \Phi$$

其中，$C_e = \dfrac{Np}{60a}$ 为电势常数，它与电机的结构参数有关；Φ 为每极下的主磁通。

式(2-13)表明，**直流电机正、负电刷之间的感应电势与转子转速以及每极的磁通成正比**，这一结论与导体切割磁力线所感应的速度电势规律一致；所不同的是，这里各个物理量均代表宏观量。

此外，由式(2-13)还可看出：对于直流发电机，若希望改变其输出电压的极性，亦即改变其感应电势的极性，则只需改变原动机的转向或仅改变励磁绕组外加电压的极性即可。

值得说明的是，式(2-13)尽管是以单叠绕组为例获得的直流电机正、负电刷之间感应电势的计算公式，但该公式具有一般性，它不仅适用于叠绕组，也适用于波绕组。至于单波绕组，读者可结合其连接特点按上述类似过程推导该公式。

2.5.2　电磁转矩的计算

电磁转矩计算的基本思路是：首先计算每根导体所受的电磁力和电磁转矩，然后通过积分求出每极下相应导体的电磁转矩，最终获得直流电机总的电磁转矩。

图 2.24 给出了每极下气隙磁场的分布和相应导体的电流方向情况。图 2.24 中，每根导体所产生的电磁力和电磁转矩分别为

$$f(x) = b_\delta(x) i_a l \tag{2-14}$$

$$\tau_{em}(x) = f(x) \cdot \frac{D_a}{2} = b_\delta(x) i_a l \frac{D_a}{2} \tag{2-15}$$

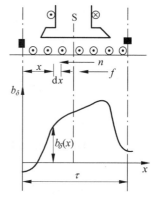

图 2.24　每极下气隙磁场的分布和相应导体的电流方向情况

在图 2.24 中,微元 $\mathrm{d}x$ 上的导体数为 $\dfrac{N}{\pi D_a}\mathrm{d}x$;考虑到导体电流 i_a 与电刷外部的电枢电流 I_a 之间存在如下关系,即 $i_a = \dfrac{I_a}{2a}$,这里,$2a$ 为电枢绕组的支路数,则微元上的导体所产生的电磁转矩为

$$\mathrm{d}T'_{em} = \tau_{em}(x)\frac{N}{\pi D_a}\mathrm{d}x = b_\delta(x)\frac{I_a}{2a}l\frac{D_a}{2}\frac{N}{\pi D_a}\mathrm{d}x = \frac{NI_a}{4\pi a}b_\delta(x)l\,\mathrm{d}x$$

根据上式求得每极下的电磁转矩为

$$T_{av} = \int_0^\tau \mathrm{d}T'_{em} = \frac{NI_a}{4\pi a}\int_0^\tau b_x l\,\mathrm{d}x = \frac{NI_a}{4\pi a}\Phi$$

于是,整个直流电机所产生的总电磁转矩为

$$T_{em} = 2pT_{av} = \frac{Np}{2\pi a}\Phi I_a = C_T\Phi I_a \tag{2-16}$$

其中,$C_T = \dfrac{Np}{2\pi a}$ 为转矩常数,同电势常数一样,它与电机的结构参数有关。此外,转矩常数与电势常数之间存在下列关系式

$$C_T = \frac{Np}{2\pi a} = \frac{Np}{60a}\frac{60}{2\pi} = 9.55C_e \tag{2-17}$$

式(2-16)表明,**直流电机所产生的电磁转矩与电枢电流以及每极的磁通成正比**,这一结论与通电导体在磁场下所产生的电磁力规律是一致的。此外,由式(2-16)还可看出:对于直流电动机,若希望改变其转向,亦即改变其电磁转矩的正、负,则只需改变外加电枢电压(或电枢电流)的极性或改变励磁绕组外加电压的极性即可。

忽略磁路饱和,则有

$$\Phi = K_f I_f \tag{2-18}$$

其中,K_f 为比例常数,它由直流电机的磁化曲线决定。

将式(2-18)代入式(2-13)得正、负电刷之间的感应电势为

$$E_a = C_e K_f I_f n = C_e K_f I_f\left(\frac{60\Omega}{2\pi}\right) = G_{af}I_f\Omega \tag{2-19}$$

其中,$G_{af} = \dfrac{Np}{2\pi a}K_f = C_T K_f$ 为常数,它取决于电机的电路和磁路结构。

同样,将式(2-18)代入式(2-16)可以求得磁路不饱和时的电磁转矩为

$$T_{em} = C_T K_f I_f I_a = G_{af}I_f I_a \tag{2-20}$$

2.5.3　直流电机的电磁功率

大家知道,机械功率为转矩与角速度的乘积。同样,对直流电机而言,电磁功率为电磁转矩 T_{em} 与转子角速度 Ω 的乘积,它反映了直流电机经过气隙所传递的功率。

根据式(2-13)与式(2-16)可求得电磁功率为

$$P_{em} = T_{em}\Omega = C_T \Phi I_a \Omega = \frac{Np}{2\pi a}\Phi \cdot \frac{2\pi n}{60} I_a = \frac{Np}{60a} n\Phi I_a = E_a I_a \qquad (2\text{-}21)$$

式(2-21)给出了电磁功率在电气和机械两方面的不同表达形式,它完全符合能量守恒定律,其物理意义是:**对直流电动机而言,从电源所吸收的电功率** $E_a I_a$ **通过气隙全部转换为机械功率** $T_{em}\Omega$ **输出;对直流发电机而言,从原动机所吸收的机械功率** $T_{em}\Omega$ **通过气隙全部转换为电功率** $E_a I_a$ **输出。**

2.6 直流电机的电磁关系、基本方程式和功率流程图

除了电机的基本运行原理外,本书对电机(或变压器)按如下步骤,即电磁关系→基本方程式→数学模型(如等值电路、矢量图等)→运行特性的分析与计算→电力拖动的方法与特性进行讨论,直流电机也不例外。其中,电磁关系是电机运行过程中所遵循基本物理定律的定性描述,而基本方程式则是对这一过程的定量描述,它是最基本的数学模型。等值电路和矢量图(仅对交流电机采用矢量图)则是数学模型的另一种表达形式。借助于这些数学模型便可对运行特性进行分析计算,并对有关其拖动系统的起动、调速和制动特性加以讨论。

2.6.1 他励直流电机的基本电磁关系

根据前几节的分析,对直流电机的基本电磁关系可总结如下:

励磁绕组 $U_f \rightarrow I_f \rightarrow F_f = N_f I_f \rightarrow \Phi_0$;

电枢绕组 $U_1 \rightarrow I_a \rightarrow F_a = N_a I_a \rightarrow \Phi_a$。

励磁绕组通以直流电压 U_f,产生直流励磁电流 I_f 和相应的励磁磁势(安匝) $N_f I_f$,在励磁磁势作用下产生主磁通 Φ_0。

当直流电机作电动机运行时,电枢绕组通过电刷输入电能,一旦外部带有机械负载便产生电枢电流。电枢电流引起电枢反应,导致主磁场削弱。在气隙磁场和电枢电流的相互作用下,转子便产生电磁转矩,从而带动负载一起旋转,将电能转换为机械能。

当直流电机作发电机运行时,由原动机输入机械能带动发电机旋转,电枢绕组便切割主磁场感应电势。一旦电刷外部接有电气负载,便产生电枢电流。电枢电流引起电枢反应,同样导致主磁场削弱,其结果造成发电机感应电势的下降。直流发电机从正、负电刷之间输出电能,从而完成机械能向电能的转换。

上述电磁过程可以通过基本方程式进行定量描述。

2.6.2 直流电机的基本方程式与等效电路

由于电机是借助于电磁作用原理实现机电能量转换的装置,相应的动力学方程

必然涉及电气系统的电路方程以及机械系统的动力学方程,现分别介绍如下。

1. 电压平衡方程式

(1) 当直流电机作电动机运行时,直流电机的电气接线和机械连接的示意图如图 2.25(a)所示。根据图 2.25 中各物理量的假定正方向(由于电功率趋向于流入电机,故又称为**电动机惯例**),由基尔霍夫电压定律列出直流电动机暂(动)态运行时的电压平衡方程式为

$$\begin{cases} U_a = e_a(t) + R_a i_a(t) + L_a \dfrac{\mathrm{d}i_a(t)}{\mathrm{d}t} \\[2mm] U_f = R_f i_f(t) + L_f \dfrac{\mathrm{d}i_f(t)}{\mathrm{d}t} \end{cases} \tag{2-22}$$

其中,R_a 为电枢回路的总电阻(包括绕组电阻 r_a 以及电刷与换向器的接触压降 $2\Delta U_s$ 对应的电阻);L_a 为电枢绕组的电感;R_f 与 L_f 分别为励磁绕组的总电阻和电感。

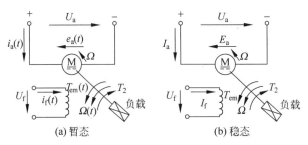

图 2.25 直流电动机的电路和机械连接示意图

一旦电机进入稳态,$\Omega(t)$、$i_f(t)$ 以及 $i_a(t)$ 将不再随时间发生变化,此时,他励直流电动机的电气接线与机械连接如图 2.25(b)所示。稳态运行时的电压平衡方程式变为

$$\begin{cases} U_a = E_a + R_a I_a \\[2mm] U_f = R_f I_f \end{cases} \tag{2-23}$$

式(2-22)、式(2-23)虽是通过他励直流电动机获得的,但它们同样适应于其他各种励磁方式的直流电动机。使用时仅需根据各自的接线方式(见图 2.14),利用基尔霍夫电压定律获得各自的连接约束关系式,然后将其代入式(2-22)、式(2-23)即可,如对并励直流电动机,存在如下约束

$$\begin{cases} U_a = U_f = U_1 \\[2mm] i_1 = i_a + i_f \end{cases} \tag{2-24}$$

对串励直流电动机,存在如下约束

$$\begin{cases} U_1 = U_a + u_s \\[2mm] i_1 = i_a = i_s \end{cases} \tag{2-25}$$

式中,下标"s"表示串励绕组;U_1、i_1 分别表示端部电压和电流;u_s、i_s 分别表示串励绕组的电压和电流。

对于复励直流电动机,可根据长、短复励的接线形式,并利用基尔霍夫定律获得相应的约束关系式。

(2)当直流电机作发电机运行时,直流电机的电气接线和机械连接的示意图如图 2.26 所示,图中给出了各物理量的假定正方向(由于电功率趋向于流出电机,故又称为**发电机惯例**)。很显然,与作直流电动机运行相比(见图 2.25),在磁场和转速方向不变的条件下,直流发电机的电势方向将不会改变。但由于电磁功率流向的改变引起电枢电流的方向改变,相应的电势平衡方程式中电枢电流的正负也发生变化。于是,发电机暂(动)态运行时的电压平衡方程式变为

$$\begin{cases} U_a(t) = e_a(t) + R_a(-i_a(t)) + L_a \dfrac{\mathrm{d}(-i_a(t))}{\mathrm{d}t} \\ U_f = R_f i_f(t) + L_f \dfrac{\mathrm{d}i_f(t)}{\mathrm{d}t} \end{cases} \quad (2\text{-}26)$$

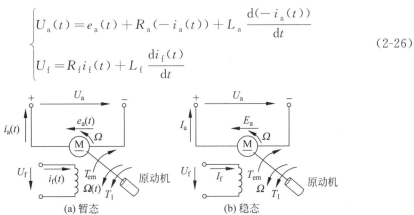

图 2.26 直流发电机的电路和机械连接示意图

稳态运行时的电势平衡方程式变为

$$\begin{cases} E_a = U_a + R_a I_a \\ U_f = R_f I_f \end{cases} \quad (2\text{-}27)$$

对其他励磁方式的直流发电机,可根据各自的接线方式,利用基尔霍夫定律获得各自的连接约束关系式并将其代入式(2-26)、式(2-27)即可。

2. 转矩平衡方程式

(1)当直流电机作电动机运行时,电磁转矩为驱动性的,由它提供机械负载的动力和转子所需的惯性转矩,从而将电能转换为机械能。根据牛顿第二定律和图 2.25 得电动机暂态运行时的动力学方程式为

$$T_{em} = T_2 + T_0 + J \dfrac{\mathrm{d}\Omega(t)}{\mathrm{d}t} \quad (2\text{-}28)$$

式中,T_2 为机械负载转矩;T_0 为对应于空载损耗的空载转矩;J 为转子和负载的等效转动惯量。

一旦电机进入稳态,机械角速度 $\Omega(t) = \Omega = $ 常数,因此,电动机稳态运行时的动

力学方程式变为

$$T_{\mathrm{em}} = T_2 + T_0 \tag{2-29}$$

（2）当直流电机作发电机运行时,由原动机提供拖动转矩,电磁转矩变为制动性的。正是由于原动机克服制动性的电磁转矩才使得机械能转变为电能得以实现,此时发电机的暂态和稳态动力学方程式分别为

$$T_1 = T_{\mathrm{em}} + T_0 + J\,\frac{\mathrm{d}\Omega(t)}{\mathrm{d}t} \tag{2-30}$$

$$T_1 = T_{\mathrm{em}} + T_0 \tag{2-31}$$

式中, T_1 为原动机所提供的驱动转矩。

利用电压和转矩平衡方程式便可以分析直流电机输入与输出转矩之间的互动关系,如当直流电机作电动机运行时,一旦负载转矩 T_2 增加, $T_{\mathrm{em}} < (T_2 + T_0)$,由式(2-28)可见,转子角速度 Ω 以及转子转速 n 将有所降低;由 $E_{\mathrm{a}} = C_{\mathrm{e}} n \Phi$ 可见,此时, E_{a} 将有所减小;由式(2-23)可知,电枢电流 $I_{\mathrm{a}} = \dfrac{U_{\mathrm{a}} - E_{\mathrm{a}}}{R_{\mathrm{a}}}$ 必然升高;根据 $T_{\mathrm{em}} = C_{\mathrm{T}} \Phi I_{\mathrm{a}}$,电磁转矩将有所增加;最终, $T_{\mathrm{em}} = (T_2 + T_0)$,拖动系统又重新达到新的平衡。由此可见,直流电动机的电磁转矩随着输出转矩的改变是可以自动调节的,通过自动调节达到新的平衡。

3. 直流电机的等效电路

根据电势平衡方程式式(2-22)和式(2-26)便可分别获得直流电动机和直流发电机的暂态等效电路如图2.27(a)、(b)所示。同时,根据式(2-23)和式(2-27)可分别获得直流电动机和直流发电机的稳态等效电路如图2.28(a)、(b)所示。比较图2.28(a)与图2.28(b)可见, U_{a} 与 E_{a} 孰大孰小决定了直流电机是工作在电动机还是发电机状态。

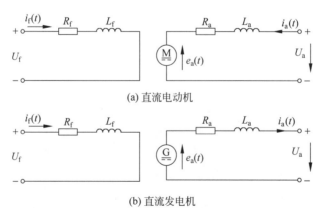

(a) 直流电动机

(b) 直流发电机

图 2.27 直流电机的暂态等效电路

由等效电路可见,**直流电机相当于一大小可变的直流电源(或蓄电池),该电源(或电势)的大小取决于转速和励磁磁场(或磁通)的大小。当作电动机运行时,相当**

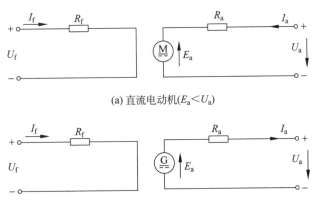

(a) 直流电动机($E_a < U_a$)

(b) 直流发电机($E_a > U_a$)

图 2.28　直流电机的稳态等效电路

于给蓄电池充电；当作发电机运行时，相当于由蓄电池向外部负载供电。

2.6.3　直流电机的功率流程图

在机电能量转换过程中，电机内部主要涉及四种形式的能量，即电能、机械能、磁场储能和热能。一般来讲，电能和机械能是电机的输入或输出能量；磁场储能是指电机运行时储存在磁场中的能量，它用于建立电磁场以起到能量转换的媒介作用，而不直接参入能量的转换，一旦电机稳态运行，磁场能量便不再变化；热能则是由机电能量转换过程中的各种损耗所致，如绕组中的电阻铜耗、磁场在铁芯中的铁耗以及由于转子旋转在轴承中引起的摩擦损耗和由风扇等引起的风阻损耗（后两种损耗统称为**机械损耗**）。根据能量守恒定律，对处于稳态运行的电动机而言，其内部存在如下功率平衡关系

（电源输入的电功率 — 绕组电阻的铜耗）

＝铁芯损耗＋（输出的机械功率＋机械损耗）

下面以并励直流电动机为例说明这一功率平衡关系。

图 2.29 给出了并励直流电动机的电路和机械连接图。根据图 2.29 便可求得并励直流电动机稳态运行时的输入功率

$$P_1 = U_1 I_1 = U_1 (I_a + I_f) \qquad (2\text{-}32)$$

将式(2-23)代入式(2-32)，并考虑到 $U_1 = U_a$，于是有

$$
\begin{aligned}
P_1 &= U_a I_f + I_a (R_a I_a + E_a) \\
&= U_a I_f + I_a (r_a I_a + 2\Delta U_s + E_a) \\
&= p_{\text{Cuf}} + p_{\text{Cua}} + p_s + P_{\text{em}}
\end{aligned}
$$

$$(2\text{-}33)$$

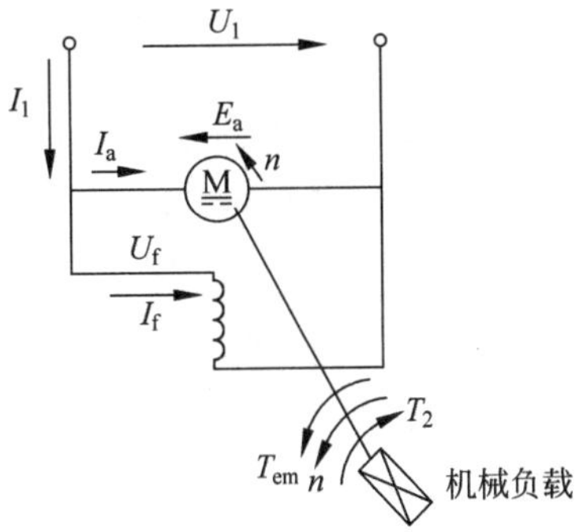

图 2.29　并励直流电动机的电路和机械连接示意图

式中,电枢回路的总压降 $R_a I_a$ 等于电枢绕组压降 $r_a I_a$ 和电刷与换向器的接触压降 $2\Delta U_s$ 之和;对于石墨电刷,$2\Delta U_s \approx 2\text{V}$;对于金属石墨电刷,$2\Delta U_s \approx 0.6\text{V}$;$p_{Cuf}$ 为励磁绕组的铜耗;p_{Cua} 为电枢绕组的铜耗;p_s 为电刷与换向器之间的接触损耗。

经过气隙后,电磁功率将由电功率转换为机械功率,其关系式已由式(2-21)给出,即

$$P_{em} = E_a I_a = T_{em}\Omega$$

将式(2-29)两边同乘以 Ω 得

$$P_{em} = T_{em}\Omega = T_2\Omega + T_0\Omega = P_2 + p_0 = P_2 + p_{Fe} + p_{mec} \tag{2-34}$$

其中,功率 P_2 为轴上的机械输出功率;$p_0 = T_0\Omega = p_{Fe} + p_{mec}$ 为**空载损耗**,它包括铁耗 p_{Fe}(主要在电枢转子上)以及由轴承摩擦和冷却风扇阻力引起的机械损耗 p_{mec}。

为了清晰起见,上述功率关系式(2-33)、式(2-21)以及式(2-34)可用功率流程图表示,如图 2.30 所示。

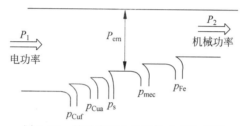

图 2.30　并励直流电动机的功率流程图

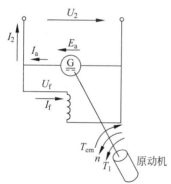

图 2.31　并励直流发电机的电路和机械连接示意图

同样,对并励直流发电机也可按照相同的过程得到其相应的功率流程图。图 2.31 给出了并励直流发电机的电路和机械连接图。

将式(2-31)两边同乘以机械角速度得原动机的输入功率为

$$P_1 = T_1\Omega = T_{em}\Omega + T_0\Omega$$
$$= P_{em} + p_0 = P_{em} + p_{Fe} + p_{mec} \tag{2-35}$$

经过气隙后,电磁功率将由机械功率转换为电功率,其关系式即式(2-21)。将式(2-27)的第一个方程两边同乘以 I_a,并考虑到图 2.31 的接线图得

$$\begin{aligned}
P_{em} &= E_a I_a = (U_2 + R_a I_a) I_a \\
&= U_2 I_a + 2\Delta U_s I_a + I_a^2 r_a \\
&= U_2 I_2 + U_2 I_f + I_a^2 r_a + 2\Delta U_s I_a \\
&= P_2 + p_{Cuf} + p_{Cua} + p_s
\end{aligned} \tag{2-36}$$

式(2-35)、式(2-36)可用图 2.32 所示的功率流程图表示。

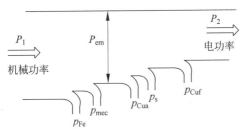

图 2.32　并励直流发电机的功率流程图

2.7　直流发电机的运行特性及自励建压过程

电机的性能是通过其特性来反映的,要想正确选择和使用电机就必须深入了解电机的特性。无论是电动机还是发电机,人们最为关心的是其输出。对电动机而言,由于输出的是机械功率,其机械输出量为转速和电磁转矩,转速和电磁转矩之间的关系又称为**电动机的机械特性**;对发电机而言,由于输出的是电功率,其电气输出量为端部输出电压和电流,端部输出电压和负载电流之间的关系又称为**发电机的外特性**。

除了反映输出电压质量的外特性以外,直流发电机的稳态运行特性还包括反映电机磁路设计情况的空载特性、反映励磁电流对负载调节情况的调节特性以及反映电机力能指标的效率特性。不同励磁方式下,直流发电机的特性也有所不同,为了便于比较,本节将其进行统一介绍。

2.7.1　直流发电机的运行特性

1. 空载特性

当 $n=n_N$、$I_a=0$ 时,正、负电刷之间的空载端电压与励磁电流之间的关系曲线 $U_0=f(I_f)$ 即为空载特性,空载特性反映了电机内部的磁路设计情况。

考虑到 $U_0=E_a=C_e n\Phi$,空载特性 $U_0=f(I_f)$ 与前面介绍的空载磁化曲线 $\Phi=f(I_f)$(见图 2.17)仅相差一个比例系数,因此形状完全相同。

对于他励直流发电机,空载特性可通过空载试验获得,具体方法是:保持原动机的转速 $n=n_N$ 不变,发电机空载,调整励磁电流 I_f,使空载电压调整至 $U_0=(1.1\sim 1.3)U_N$,记录相应的励磁电流;然后逐渐降低励磁电流,分别记录相应的励磁电流与空载电压,直至 $I_f=0$。此时,由于铁芯存在剩磁,导致电枢电压不为零,而存在一定的剩磁电压 U_{0r},一般情况下,剩磁电压 $U_{0r}=(2\sim 4)\%U_N$。如果需要,可反方向改变 I_f,并逐渐反向增加 I_f,直至反向空载电压 U_0 与正向相等为止,依次记录相应的 I_f 和 U_0,即得该电机磁路的磁滞回线的一半。增加励磁电流,并进行类似的实验便可获得磁滞回线的另一半。正是因为铁芯的磁滞效应,这两条曲线并不重合,取上升曲线和下降曲线的平均值即可得到电机的全部空载特性。

需要说明的是,并励和复励直流发电机也是按照他励方式测取空载特性的。

2. 外特性

当 $n=n_N$、$I_f=I_{fN}$ 时,端部电压 U_2 与输出电流 I_2 之间的关系曲线 $U_2=f(I_2)$ 称为**外特性**,外特性反映了输出电压随负载的变化情况。

对于他励直流发电机,由电压方程式(2-27)可得

$$U_2=U_a=E_a-R_aI_a=C_en\Phi-R_aI_a \tag{2-37}$$

根据上式便可获得他励直流发电机的外特性,如图 2.33 所示。由外特性可见,随着负载电流的增加,端部输出电压下降。造成他励直流发电机端部电压下降主要有两方面的原因:①负载电流增加,电阻压降 R_aI_a 增加;②电枢反应的去磁作用增强造成每极磁通减小,引起感应电势下降。

通常,端部电压随负载的变化情况可用**电压变化率**来描述,其定义为在 $n=n_N$、$I_f=I_{fN}$ 的条件下

$$\Delta U=\frac{U_0-U_N}{U_N}\times100\% \tag{2-38}$$

式中,U_0 为直流发电机的空载端电压。对于他励直流发电机,其电压变化率一般为 $(5\sim10)\%$。

对于并励直流发电机,除了上述两个因素外,随着端部电压的下降,将引起励磁电流 $I_f=U_2/R_f$ 的下降,造成每极磁通和相应的感应电势进一步下降。因此,并励直流发电机负载后的端电压降要比他励直流发电机大,相应的电压变化率也较大,并励直流发电机的电压变化率一般为30%左右。

对于积复励直流发电机,由于其串励绕组的励磁磁势方向与并励绕组的励磁磁势方向相同,使得气隙磁通得以增强。这一方面补偿了负载时电枢反应的去磁作用;另一方面也使得电枢电势 E_a 升高,从而抵消了电枢回路的电阻压降。最终结果是其电压变化率较小,输出端电压在一定范围内维持恒定。

对于差复励直流发电机,由于两种励磁绕组的磁势方向相反,输出电压的变化较大,便于获得近似恒流特性。这种特性特别适用于直流二氧化碳焊机,因此曾一度将差复励直流发电机作为二氧化碳焊机使用。但近几十年来,随着电力电子技术的发展,整流焊机、逆变(直流)焊机已完全取代了这种差复励直流发电机形式的直流焊机。

对于串励直流发电机,由于随着负载变化,输出电压难以维持恒定,故很少被采用。

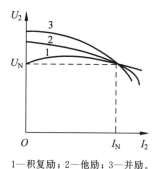

1—积复励;2—他励;3—并励。

图 2.33　各种励磁方式下直流发电机的外特性

为了便于比较,图 2.33 同时给出了各种常用励磁方式下直流发电机的典型外特性。

3. 调节特性

在 $n=n_N$、$U_2=U_N$ 的条件下,负载电流和励磁电流之间的关系曲线 $I_f=f(I_2)$ 称为调节特性,它回答了负载变化时如何通过调节励磁电流来确保输出电压恒定的问题。

从外特性可知,随着负载电流的增加,发电机的端电压将下降。为了维持端电压不变,必须增加励磁电流以抵消电枢反应的去磁作用引起的压降和电枢回路的电阻引起的压降。图 2.34 给出了他励直流发电机的调节特性,该特性可通过试验方法获得。

对于并励和复励直流发电机,其调节特性类似于他励直流发电机,这里不再赘述。

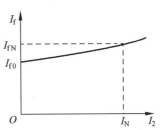

图 2.34 他励直流发电机的调节特性

4. 效率特性

电机的效率定义为输出功率 P_2 与输入功率 P_1 之比,即

$$\eta = \frac{P_2}{P_1} \times 100\% = \frac{(P_1 - \sum p)}{P_1} \times 100\% = \left(1 - \frac{\sum p}{P_1}\right) \times 100\% \qquad (2\text{-}39)$$

式中,$\sum p$ 为总损耗。

由式(2-39)可见,要计算效率,只需计算总损耗和输入功率即可。根据损耗是否变化,电机的损耗一般分为两大类:一类是**不变损耗**,这类损耗几乎不随输出功率而改变;另一类为**可变损耗**,这类损耗随输出功率的变化而变化。对于直流发电机,总损耗 $\sum p$ 中的空载损耗 $p_0 = p_{Fe} + p_{mec}$ 不随负载电流 I_a 的变化而变化,故称为不变损耗;而绕组铜耗、电刷与换向器的接触损耗则随着负载电流 I_a 的变化而变化,故称为可变损耗。根据直流发电机的功率流程图(图 2.32),总损耗由下式给出

$$\sum p = p_{Cua} + 2\Delta U_s I_a + p_{Cuf} + p_{Fe} + p_{mec} + p_{ad} \qquad (2\text{-}40)$$

式中,p_{ad} 为附加损耗或杂散损耗,它包括由磁场畸变、齿槽效应等引起的损耗,由于其数值难以准确获得,通常按额定容量的 0.5% 估算。

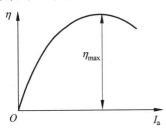

图 2.35 典型直流发电机的效率曲线

当 $U_1 = U_N$ 且 $n = n_N$ 时,效率与电枢电流之间的关系曲线 $\eta = f(I_a)$ 称为效率特性,它反映了在机电能量转换过程中电机内部所消耗的功率情况。图 2.35 给出了典型直流发电机的效率曲线。

理论分析可以证明:当不变损耗和可变损耗相等时,电机的效率达最大。对一般直流发电机而言,其额定运行点通常都选在最大效率附

近。直流发电机的额定效率 η_N 一般在(70～96)％的范围内,且电机的容量越大,效率越高。

2.7.2　并励和复励直流发电机空载电压的建立

并励或复励直流发电机空载电压的建立过程又称为**发电机的自励建压**过程,对这类自励发电机,由于励磁绕组是靠自身发电机发出的电压供电,而当原动机开始拖动直流发电机运行之初,发电机自身并无输出电压,此时励磁电源来自何方? 而没有励磁电流,发电机又如何输出电压? 这一问题好像类似于"鸡生蛋"和"蛋生鸡"的问题,如何解决? 现分析说明如下。

图 2.36(a)为并励直流发电机的接线图;图 2.36(b)给出了并励直流发电机建压过程的曲线解释,图 2.36(b)中,曲线 1 代表直流发电机的空载曲线 $U_0 = f(I_f)$;曲线 2 为励磁回路的伏安特性 $U_0 = f(I_f)$,其表达式为 $U_0 = R_\Omega I_f$,很显然,它是一条直线,其斜率为 $\tan\alpha = \dfrac{U_0}{I_f} = R_\Omega = r_f + R_f$(这里 R_f 为励磁回路的外串电阻),该直线通常又称为**磁场电阻线**。当原动机带动发电机以某一转速旋转时,若主磁路存在剩磁,则电枢绕组会切割剩磁磁通产生剩磁电势 E_r,该剩磁电势在励磁回路中产生励磁电流 I_{f01}。若励磁绕组与电枢绕组接线不正确,则励磁磁势将削弱剩磁,直流发电机将无法正常自励,此时,并励绕组(或电枢绕组)的两端必须反接。若励磁绕组与电枢绕组接线正确,I_{f01} 将在主磁路中产生与剩磁方向一致的磁通,使主磁路中的磁通加强,电枢绕组切割该加强后的磁通,使电枢电势增至为 E_{01},E_{01} 又在励磁绕组中产生励磁电流 I_{f02}……不断重复上述正反馈过程,最终使工作点稳定在空载曲线和磁场电阻线的交点 A 处(见图 2.36(b))。对应于 A 点的空载电压为 U_N,励磁电流为 I_{fN}。

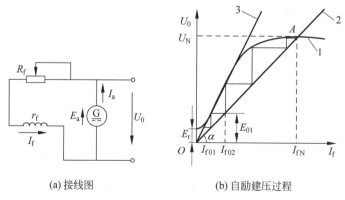

(a) 接线图　　　　　　　　(b) 自励建压过程

图 2.36　并励直流发电机的自励建压过程

若励磁回路外串电阻很大,则空载曲线和磁场电阻线可能没有交点或交点很低,在这种情况下,直流发电机将无法正常自励建压。与空载特性相切的磁场电阻线(见图 2.36 的曲线 3)所对应的电阻称为**临界电阻** R_{cr},要想正常自励建压,发电机磁场回路的总电阻必须满足 $R_\Omega < R_{cr}$。

正是因为发电机的空载电压是靠自身供电励磁而建立的,因此上述过程又称为发电机的自励建压过程。

综上所述,**并励(或复励)直流发电机的自励建压需满足下列三个条件:**

(1) 电机主磁路必须有剩磁。

(2) 励磁回路与电枢回路的接线必须正确配合。

(3) 励磁回路的总电阻不能超过临界电阻值。

2.8 他励直流电动机的运行特性

直流电动机的稳态运行特性包括两大类,即工作特性和机械特性。本节首先简要介绍直流电动机稳态运行时的工作特性,然后重点讨论直流电动机的机械特性。

2.8.1 他励直流电动机的工作特性

直流电动机的工作特性是指,在 $U_1 = U_N$、$I_f = I_{fN}$ 的条件下,电枢回路无外接电阻时,转速 n、转矩 T_{em} 以及效率 η 与输出功率 P_2 之间的关系,即 n、T_{em}、$\eta = f(P_2)$。为了便于测量,通常输出功率 P_2 用电枢电流 I_a 来表示,这样,工作特性便转变为转速 n、转矩 T_{em} 以及效率 η 与电枢电流 I_a 之间的关系,即 n、T_{em}、$\eta = f(I_a)$。需要说明的是,**额定励磁电流** I_{fN} 是指,当电动机施加额定电压 $U_1 = U_N$、拖动额定负载、使得电枢电流为额定电枢电流,即 $I_a = I_{aN}$、转速为额定转速 $n = n_N$ 时所对应的励磁电流。

1. 转速特性

当 $U_1 = U_N$、$I_f = I_{fN}$ 时,转速与电枢电流之间的关系曲线 $n = f(I_a)$ 即为转速特性。将电势平衡方程式(2-23)代入电势表达式(2-13)即可获得转速特性为

$$n = \frac{E_a}{C_e \Phi_N} = \frac{U_1 - R_a I_a}{C_e \Phi_N}$$

$$= \frac{U_N}{C_e \Phi_N} - \frac{R_a}{C_e \Phi_N} I_a = n_0 - \beta' I_a \tag{2-41}$$

其中,$n_0 = \dfrac{U_N}{C_e \Phi_N}$ 为理想空载转速;$\beta' = \dfrac{R_a}{C_e \Phi_N}$ 为转速特性的斜率。

根据式(2-41)便可获得转速特性曲线,如图 2.37 所示,很显然,转速特性为一直线。转速特性表明:在外加额定电压和额定励磁电流下,电动机空载时的转速最高;随着负载的增加,电枢电流 I_a 增大,转子转速下降。通常,影响转子转速的因素有两个:①电枢的电阻压降;②电枢反应的去磁作用;随着负载的增加,电枢电流增大,

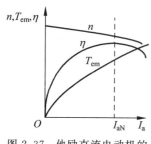

图 2.37　他励直流电动机的
工作特性

电枢上的电阻压降增大,转速将下降;同时,随着负载的增加,电枢反应的去磁效应加强,气隙磁通减少。由式(2-41)可见,转速将因此上升。上述两个因素对转速的影响相互抵消,使他励电动机的转速变化较小,因此,他励直流电动机近似为恒速电动机。

3.4 节的分析将表明,从电力拖动系统的稳定性角度看,电动机最好具有略为下降的转速特性,否则,容易造成系统的不稳定运行。故此,在设计过程中,往往在他励(或并励)直流电动机内部增加一稳定绕组,以确保转速特性略为下降。

通常,直流电动机的转速变化采用转速变化率来描述。**转速变化率**定义为:空载转速与额定转速的差值占额定转速的百分比,具体表示为

$$\Delta n_N = \frac{n_0 - n_N}{n_N} \times 100\% \tag{2-42}$$

式中,n_0 为空载转速。对他励直流电动机,Δn_N 一般为 $(3\sim18)\%$;而对并励直流电动机,Δn_N 一般为 $(3\sim8)\%$。

值得一提的是,在运行过程中,他励直流电动机不允许失磁亦即励磁回路不能开路(并励、复励直流电动机也应如此)。一旦励磁回路开路,主磁通 Φ 将仅为剩磁。由式(2-41)可见,此时,若电动机处于轻载状态,转子转速将迅速上升,造成所谓的"**飞车**"现象;反之,若电动机处于重载状态,由于电磁转矩(参见式(2-16))将无法克服负载转矩,而最终造成停车。上述两种情况下,电枢电流均将超过额定值的许多倍,若不采取措施有可能会烧坏电机。实际应用中应采取一定的失磁保护措施,以便在失磁发生时断开电枢回路。

2. 转矩特性

当 $U_1 = U_N$、$I_f = I_{fN}$ 时,电磁转矩与电枢电流之间的关系曲线 $T_{em} = f(I_a)$ 即为转矩特性。由转矩表达式(2-16)得转矩特性为

$$T_{em} = C_T \Phi_N I_a = K I_a \tag{2-43}$$

式中,$K = C_T \Phi_N$。

式(2-43)的转矩特性可用图 2.37 所示曲线表示,很显然,转矩特性为一直线,随电枢电流的增加,电磁转矩线性增加。当负载(或电枢电流)较大时,考虑到电枢反应的去磁作用,电磁转矩略有下降;当电机空载时,电枢电流为 $I_a = I_{a0}$,电磁转矩变为 $T_{em} = C_T \Phi_N I_{a0} = T_0$。

3. 效率特性

他励直流电动机的效率特性是指 $U_1 = U_N$、$I_f = I_{fN}$ 时,效率与电枢电流之间的关系曲线 $\eta = f(I_a)$。它与相应的直流发电机基本相同,可参考上一节内容。需要说

明的是所有直流电机(包括发电机和电动机)的效率特性均类似,为避免重复,以后将不再赘述。

例 2-1　一台他励直流电动机的额定数据为 $P_N = 10\text{kW}$,$U_N = 220\text{V}$,$I_N = 53.2\text{A}$,$n_N = 1000\text{r/min}$,包括电刷接触电阻在内的电枢回路的总电阻 $R_a = 0.393\Omega$。保持额定负载转矩不变,且不计电感的影响与电枢反应。

(1) 若电枢回路中突然串入 $R_\Omega = 1.5\Omega$ 的电阻,试计算:电阻接入瞬间的电枢电流(假定转子与负载的惯量很大)以及进入新稳态后的电枢电流与转速;

(2) 若仅在励磁回路中串电阻,使磁通减少 15%,试计算磁通突然减少时瞬间的电枢电流以及进入新稳态后的电枢电流与转速。

解　(1) 当电枢回路中突然接入电阻时,由于惯性,转速来不及变化,主磁通也保持不变,由 $E_a = C_e n \Phi$ 可知,电枢电势与额定运行时的数值相同,即

$$E_{aN} = U_N - I_{aN} R_a = 220 - 53.2 \times 0.393 = 199.1(\text{V})$$

此时,电枢电流的瞬时值为

$$I_a = \frac{U_N - E_{aN}}{R_a + R_\Omega} = \frac{220 - 199.1}{0.393 + 1.5} = 11.04(\text{A})$$

当进入稳态后,由于负载转矩保持不变,额定励磁保持不变,由 $T_{em} = C_T \Phi I_a$ 可知,电枢电流保持不变,即 $I_a' = I_{aN} = 53.2\text{A}$。此时,电枢电势为

$$E_a' = U_N - I_a'(R_a + R_\Omega) = 220 - 53.2 \times (0.393 + 1.5)$$
$$= 119.3(\text{V})$$

稳态转速为

$$n' = \frac{E_{aN}'}{E_{aN}} n_N = \frac{119.3}{199.1} \times 1000 = 599.2(\text{r/min})$$

(2) 在励磁回路突然串入电阻瞬时,由于惯性,转速来不及变化,由 $E_a = C_e n \Phi$ 可知,电枢电势将随磁通正比减少,即

$$E_a'' = \frac{\Phi''}{\Phi_N} E_{aN} = (1 - 0.15)E_{aN} = 0.85 \times 199.1 = 169.24(\text{V})$$

此时,电枢电流为

$$I_a'' = \frac{U_N - E_a''}{R_a} = \frac{220 - 169.24}{0.393} = 129.16(\text{A})$$

进入稳态后,由于负载转矩保持不变,由 $T_{em} = C_T \Phi I_a$ 可知,新的稳态电流为

$$I_a''' = \frac{\Phi_N}{\Phi'''} I_{aN} = \frac{1}{1 - 0.15} \times 53.2 = 62.6(\text{A})$$

新的稳态电势为

$$E_a''' = U_N - R_a I_a''' = 220 - 62.6 \times 0.393 = 195.4(\text{V})$$

新的稳态转速为

$$n''' = \frac{E_a'''}{E_{aN}} \frac{\Phi}{\Phi'''} n_N = \frac{195.4}{199.1} \times \frac{1}{1 - 0.15} \times 1000 = 1155(\text{r/min})$$

2.8.2　他励直流电动机的机械特性

在 $U_1 = U_N$、$I_f = I_{fN}$,且电枢回路未串任何电阻的条件下,转子转速和电磁转矩之间的关系曲线 $n = f(T_{em})$ 称为**机械特性**,它反映了在不同转速下电动机所能提供的出力(转矩)情况。

为方便起见,将电势、转矩的基本关系式(2-13)、式(2-16)以及电势平衡方程式(2-23)重新列出如下

$$E_a = C_e n \Phi$$
$$T_{em} = C_T \Phi I_a$$
$$U_1 = E_a + R_a I_a$$

将式(2-23)代入式(2-13)得转速特性为

$$n = \frac{E_a}{C_e \Phi} = \frac{U_1}{C_e \Phi} - \frac{R_a}{C_e \Phi} I_a$$

再将式(2-16)代入上式并考虑机械特性的定义,便可获得他励直流电动机的机械特性为

$$n = \frac{E_a}{C_e \Phi} = \frac{U_1}{C_e \Phi_N} - \frac{R_a}{C_e C_T \Phi_N^2} T_{em} = n_0 - \beta T_{em} \tag{2-44}$$

式中,$\beta = \dfrac{R_a}{C_e C_T \Phi_N^2}$ 为直线的斜率;$n_0 = \dfrac{U_1}{C_e \Phi_N}$ 为**理想空载转速**;电机的实际空载转速为 $n'_0 = \dfrac{U_1}{C_e \Phi_N} - \dfrac{R_a}{C_e C_T \Phi_N^2} T_0$,相应的空载转矩为 T_0。

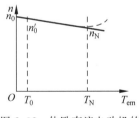

图 2.38　他励直流电动机的机械特性

将式(2-44)绘制成曲线如图 2.38 所示,由图可见,随着转矩的增大,电机转速有所下降。故此,机械特性可进一步表示为

$$n = n_0 - \beta T_{em} = n_0 - \Delta n \tag{2-45}$$

其中,转速降 $\Delta n = \dfrac{R_a}{C_e C_T \Phi_N^2} T_{em} = \beta T_{em}$。$\beta$ 越小,则转速变化越小,称此时电动机具有较硬的机械特性;反之,β 越大,则转速变化越大,称电动机具有较软的机械特性。

由于电枢反应的去磁作用,磁通 Φ 有所减小,因此,随着负载的增加,转速将略有增加,从而引起曲线上翘,如图 2.38 的虚线所示。2.8.1 节曾提到过,为减小上翘,在电机内部的主极上多增加一串励绕组(又称稳定绕组),由其助磁以抵消电枢反应的去磁作用,防止由于机械特性的上翘引起电力拖动系统的不稳定运行。

2.8.3　他励直流电动机的人为机械特性

上一节曾推导了在额定电压、额定励磁且电枢回路未串联任何电阻条件下的机械特性,由于上述各控制量及参数均取自电机固有的量,因此,确切地讲,上述特性又称为**固有(或自然)机械特性**,而把通过人为改变控制量或参数所获得的机械特性称为**人为机械特性**。根据所改变控制量和参数的不同,他励直流电动机的人为机械特性可进一步分为如下三种类型:(1)电枢回路串电阻的人为机械特性;(2)改变电枢电压的人为机械特性;(3)弱磁时的人为机械特性。现采用物理上的控制变量法对上述三种类型的人工机械特性分别介绍如下。

1. 电枢回路外串电阻的人为机械特性

当 $U_1 = U_N$、$I_f = I_{fN}$、电枢回路的总电阻 $R = R_a + R_\Omega$(即电枢回路的外串电阻为 R_Ω)时,利用类似于式(2-44)的推导,得他励直流电动机的人为机械特性为

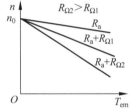

$$n = \frac{U_N}{C_e \Phi_N} - \frac{(R_a + R_\Omega)}{C_e C_T \Phi_N^2} T_{em} \quad (2\text{-}46)$$

式(2-46)可用图 2.39 所示曲线表示。由图 2.39 可见,随着外串电阻的增加,直线的斜率增大。表明电机的转速下降增大,机械特性的硬度降低。但考虑到理想空载转速不变,因此,电枢回路串电阻时所有人为机械特性均交于纵坐标的理想空载点。

图 2.39　他励直流电动机电枢回路串电阻时的人为机械特性

2. 改变电枢电压的人为机械特性

当 $I_f = I_{fN}$、$R_\Omega = 0$、仅改变电枢电压时的人为机械特性由下式给出

$$n = \frac{U_1}{C_e \Phi_N} - \frac{R_a}{C_e C_T \Phi_N^2} T_{em} \quad (2\text{-}47)$$

式(2-47)可用图 2.40 所示的曲线表示。由图 2.40 可见,随着外加电压的降低,理想空载转速线性下降,但直线的斜率保持不变,亦即机械特性的硬度保持不变。

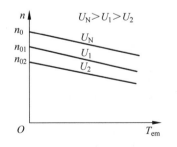

图 2.40　他励直流电动机改变电枢电压的人为机械特性

3. 弱磁时的人为机械特性

当 $U_1 = U_N$、$R_\Omega = 0$、仅改变励磁时的人为机械特性为

$$n = \frac{U_N}{C_e \Phi} - \frac{R_a}{C_e C_T \Phi^2} T_{em} \quad (2\text{-}48)$$

为了便于说明起见,将上式中的电磁转矩用

电枢电流替代,于是有

$$n = \frac{U_N}{C_e\Phi} - \frac{R_a}{C_e\Phi}I_a \tag{2-49}$$

由式(2-48)、式(2-49)可见,当励磁电流减小使得 Φ 减弱时,对应于坐标轴上的两个极限点:①理想空载转速 $n_0 = \dfrac{U_N}{C_e\Phi}$(对应于 $I_a = 0$)升高;②短路电流(又称为堵转电流或起动电流)$I_{st} = U_N/R_a$(对应于 $n = 0$)保持不变(见图 2.41(a)),相应的堵转(或起动)转矩 $T_{st} = C_T\Phi I_{st}$ 减小。图 2.41(b)给出了弱磁条件下的人为机械特性,由图 2.41(b)可见,当励磁电流(或磁通)减小时,机械特性变软。

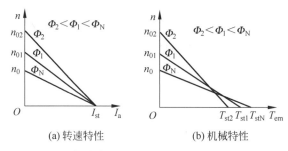

(a) 转速特性 (b) 机械特性

图 2.41 他励直流电动机弱磁时的人为机械特性

由图 2.41(b)可以看出,**一般情况下,随着励磁电流(或磁通)的减小,直流电动机的转速升高,即弱磁升速**。只有当负载较大时,弱磁才会使电机转速下降。

4. 机械特性的人工绘制

在电力拖动系统的设计过程中,往往需要确定直流电动机的机械特性。实际上,根据所提供电机的产品目录或铭牌数据 P_N、U_N、I_N 和 n_N 便可估算直流电动机的固有机械特性。具体方法如下。

由于他励直流电动机的固有机械特性是一条直线,因此,只需求出两点,理想空载点 $(n_0, 0)$ 和额定运行点 (n_N, T_N),便可以获得他励直流电动机的固有机械特性。

对于理想空载转速 $n_0 = \dfrac{U_N}{C_e\Phi_N}$,其中的 $C_e\Phi_N$ 可根据下式计算

$$C_e\Phi_N = \frac{E_{aN}}{n_N} = \frac{U_N - R_a I_N}{n_N} \tag{2-50}$$

式中,电枢回路的总电阻可以采用伏安法实测,即在正、负电刷之间加入一定的电压,使得电枢回路的电流接近额定值,由此获得电枢回路的电阻。电枢回路的总电阻也可采用下列经验方法进行估算,估算的依据是额定负载时,假定铜耗占总损耗的 $1/2 \sim 2/3$,于是有

$$I_N^2 R_a = \left(\frac{1}{2} \sim \frac{2}{3}\right)\sum p = \left(\frac{1}{2} \sim \frac{2}{3}\right)(U_N I_N - P_N)$$

即

$$R_a = \left(\frac{1}{2} \sim \frac{2}{3}\right)\frac{(U_N I_N - P_N)}{I_N^2} \tag{2-51}$$

对于额定运行点(n_N, T_N)，额定转矩可由下式给出

$$T_N = C_T \Phi_N I_N$$

其中，$C_T \Phi_N$ 可根据式(2-17)求得，$C_T \Phi_N = 9.55 C_e \Phi_N$。

至此，他励直流电动机的固有机械特性便可直接绘出。对于其人为机械特性，则可以将改变后的控制量或参数代入相应的人为机械特性表达式，依次求出相应的理想空载点$(n_0, 0)$和额定负载转矩点(n_N, T_N)即可得到。

例 2-2 试根据例 2-1 给出的他励直流电动机的数据，采用 MATLAB 完成下列特性的绘制：

（1）电枢回路外串不同电阻时的人为机械特性；

（2）改变电枢电压时的人为机械特性；

（3）弱磁调速时的人为机械特性。

解 （1）电枢回路外串不同电阻时他励直流电动机的人为机械特性如图 2.42(a)所示，下面为用 MATLAB 编写的源程序（M 文件）：

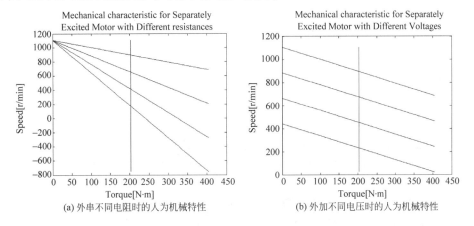

(a) 外串不同电阻时的人为机械特性   (b) 外加不同电压时的人为机械特性

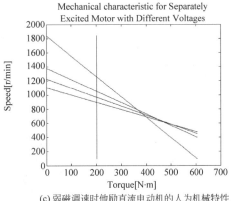

(c) 弱磁调速时他励直流电动机的人为机械特性

图 2.42 例 2-2 图

```
% Example 2-2
clc
clear
%%% Rated Value and Parameters of Separately Excited DC Motor
Pn = 10 * 1e + 3; Un = 220; In = 53.2; Nn = 1000; ra = 0.393; %% unit: W, V, A, r/min, ohm
% Calculate the flux and constants
Cefai = (Un - In * ra)/Nn;
Ctfai = 9.55 * Cefai;
% Calculate the rated electric - magnetic torque
Tn = Ctfai * In %% 额定电磁转矩
% four armature resistance values
Ra1 = 0.0; Ra2 = 0.45; Ra3 = 0.9; Ra4 = 1.35;
for m = 1: 4
    if m == 1
        Ro = Ra1;
    elseif m == 2
        Ro = Ra2;
    elseif m == 3
        Ro = Ra3;
    else
        Ro = Ra4;
    end
for i = 1: 400
    Tem(i) = 4 * Tn * i/400;
    rpm(i) = Un/Cefai - (ra + Ro)/(Cefai * Ctfai) * Tem(i);
    TL(i) = 2 * Tn;
end
plot(Tem,rpm,'-',TL,rpm,'-')
hold on;
end
end
xlabel('Torque[N.m]'); ylabel('speed[r/min]');
title('Mechanical characteristic for Separately Excited Motor with Different resistances');
disp('End');
```

(2) 电枢回路外加不同电压时他励直流电动机的人为机械特性如图 2.42(b)所示,下面为 MATLAB 源程序:

```
% Example 2-2
clc
clear
%%% Rated Value and Parameters of Separately Excited DC Motor
Pn = 10 * 1e + 3; U1n = 220; In = 53.2; Nn = 1000; ra = 0.393; %% unit: W, V, A, r/min, ohm
% Calculate the flux and constants
Cefai = (U1n - In * ra)/Nn;
Ctfai = 9.55 * Cefai;
% Calculate the rated electric-magnetic torque
Tn = Ctfai * In   %% 额定电磁转矩
% four applied voltage values
U11 = U1n; U12 = 0.8 * U1n; U13 = 0.6 * U1n; U14 = 0.4 * U1n;
for m = 1: 4
    if m == 1
        U1 = U11;
    elseif m == 2
```

```
            U1 = U12;
        elseif m == 3
            U1 = U13;
        else
            U1 = U14;
        end
    for i = 1: 800
        Tem(i) = 4 * Tn * i/800;
        n(i) = U1/Cefai-ra/(Cefai * Ctfai) * Tem(i);
        TL(i) = 2 * Tn;
    end
    plot(Tem,n,'-',TL,n,'--')
    hold on;
    end
end
xlabel('Torque[N.m]'); ylabel('speed[r/min]');
title('Mechanical characteristic for Separately Excited Motor with Different Voltages');
disp('End');
```

（3）弱磁调速时他励直流电动机的人为机械特性如图 2.42（c）所示，下面为
MATLAB 源程序：

```
% Example 2-2
clc
clear
%%% Rated Value and Parameters of Separately Excited DC Motor
Pn = 10 * 1e + 3; U1n = 220; In = 53.2; Nn = 1000; ra = 0.393; %% unit: W, V, A, r/min, ohm
% Calculate the flux and constants
Cefain = (U1n-In * ra)/Nn;
Ctfain = 9.55 * Cefain;
% Calculate the rated electric-magnetic torque
Tn = Ctfain * In     %%    额定电磁转矩
U1 = U1n;
% four applied flux values
fai1 = 1; fai2 = 0.9; fai3 = 0.8; fai4 = 0.6;
for m = 1: 4
    if m == 1
        fai = fai1;
    elseif m == 2
        fai = fai2;
    elseif m == 3
        fai = fai3;
    else
        fai = fai4;
    end
Cefai = Cefain * fai;
Ctfai = 9.55 * Cefai;
for i = 1: 800
    Tem(i) = 6 * Tn * i/800;
    n(i) = U1/Cefai-ra/(Cefai * Ctfai) * Tem(i);
    TL(i) = 2 * Tn;
end
plot(Tem,n,'-',TL,n,'-')
hold on;
```

```
end
end
xlabel('转矩[N.m]'); ylabel('转速[r/min]');
title('Mechanical characteristic for Separately Excited Motor with Different Voltages');
disp('End');
```

2.9　串励直流电动机的机械特性

2.9.1　串励直流电动机的固有机械特性

串励直流电动机的接线图如图 2.43 所示,其特点是电枢绕组与励磁绕组串联,于是有 $I_a=I_s=I_1$。串励直流电动机的固有机械特性是指,在 $U_1=U_N$ 且电枢回路的外串电阻 $R_\Omega=0$ 条件下,转速与电磁转矩之间的关系曲线 $n=f(T_{em})$。根据串励直流电动机的特点,利用基尔霍夫电压定律,得其电势平衡方程式为

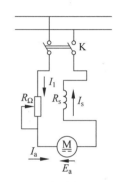

图 2.43　串励直流电动机
的接线图

$$U_1=E_a+R_aI_a+R_sI_s=E_a+(R_a+R_s)I_a \quad (2\text{-}52)$$

式中,R_s 为串励绕组的电阻。

当负载较轻、磁路未饱和时,由式(2-18)得 $\Phi=K_fI_s$,此时电势和电磁转矩的表达式变为

$$E_a=C_en\Phi=C_eK_fI_sn=C'_enI_a \quad (2\text{-}53)$$

$$T_{em}=C_T\Phi I_a=C_TK_fI_sI_a=C'_TI_a^2 \quad (2\text{-}54)$$

式中,$C'_e=C_eK_f$,$C'_T=C_TK_f$。将式(2-52)代入式(2-53)得转速特性为

$$n=\frac{U_1}{C'_eI_a}-\frac{R_a+R_s}{C'_e} \quad (2\text{-}55)$$

式(2-55)表明,转速与电流之间是一条双曲线。将式(2-54)代入式(2-55)便可获得串励电动机的固有机械特性为

$$n=\frac{\sqrt{C'_T}}{C'_e}\frac{U_1}{\sqrt{T_{em}}}-\frac{R_a+R_s}{C'_e} \quad (2\text{-}56)$$

当负载较重、电枢电流 I_a 较大时,磁路饱和,Φ 近似不变。此时,同他励直流电动机一样,转速将随着负载电流的增加而线性下降,而电磁转矩 $T_{em}=C_T\Phi I_a$ 则正比于 I_a。

上述分析表明,无论是轻载还是重载,串励电动机的电磁转矩均以高于电枢电流的一次方增加。串励电动机的这一特点确保了其电磁转矩(包括起动转矩)高于同等容量的并励直流电动机,因而作为汽车起动电机得到广泛应用。

根据式(2-56)以及上述分析,绘出串励直流电动机的固有机械特性曲线如图 2.44 所示。由图 2.44 可见,串励直流电动机转速随负载的增加而迅速下降,表明其机械特性较软。串励电动机的上述特点可以确保重载时转速较慢、转矩较大;而

轻载时转速较高、转矩较小。因此,串励直流电动机特别适用于转矩经常处于大起大落的负载如冲击钻、打磨机等电动工具以及城市无轨电车等。

值得一提的是,当负载较轻时,由式(2-56)可见,随着 $T_{em} \to 0$,转速 $n \to \infty$。因此,串励直流电动机不允许轻载或空载运行。否则,电动机的转速会急剧增加,引起所谓的"飞车"现象,最终造成转子损坏。

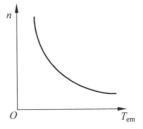

图 2.44　串励直流电动机的机械特性

此外,串励电动机通常可以作为交、直两用电动机(又称为**通用电动机**)使用,既可以在交流电压下运行又可以在直流电压下运行。

对串励电动机在交流电压下的运行可以这样理解:由于主磁通与电枢电流同时改变方向,因此,所产生的平均电磁转矩方向不会发生变化,亦即电磁转矩是单方向的,转子可以连续旋转。

当然,由于在交流供电下主磁通是交变的,并且稳态时存在电枢电抗压降,相应的电机内部结构以及运行特性与直流供电时有所差别。一般情况下,交流供电下串励电动机所产生的电磁转矩往往比直流供电下所产生的电磁转矩小。

交、直两用电动机主要用于吸尘器、厨房用具以及电动工具等,且通常在高速场合下(1500～15000r/min)运行。

2.9.2　串励直流电动机的人为机械特性

串励直流电动机可以通过如下几种方法获得人为机械特性:①电枢回路串电阻;②降低电源电压;③在串励绕组的两端并联电阻以实现弱磁控制或在电枢两端并联电阻实现增磁控制。相应的人为机械特性可参考式(2-55)～式(2-56)获得,有兴趣的读者可以对上述各种情况下的表达式加以推导,图 2.45(a)、(b)分别绘出了串励电动机降压时以及其他各种方式下的人为机械特性曲线。

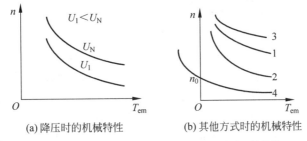

(a) 降压时的机械特性　　　　(b) 其他方式时的机械特性

1—固有机械特性;2—电枢回路串电阻时的人为机械特性;

3—励磁绕组并联电阻时的人为机械特性;4—电枢回路并联电阻时的人为机械特性。

图 2.45　串励直流电动机的人为机械特性

2.10　复励直流电动机的机械特性

图 2.46 是复励直流电动机的电路接线图,复励直流电动机通常接成积复励的形式,其机械特性介于并励(或他励)和串励直流电动机之间,并且根据并励磁势和串励磁势的相对强弱而有所不同。若以并励绕组的励磁磁势为主,则其工作特性接近于并励直流电动机;反之,其工作特性接近于串励直流电动机。以串励为主的复励电动机既保留了串励电动机的优点,同时由于存在一定的并励绕组磁势,可以允许轻载甚至空载运行。

图 2.47 绘出了复励直流电动机的固有机械特性,为便于比较,图 2.47 还绘出了并励和串励电动机的机械特性曲线。

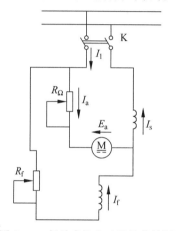

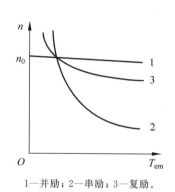

1—并励；2—串励；3—复励。

图 2.46　复励直流电动机的接线图　　　　图 2.47　复励直流电动机的机械特性

至于复励直流电动机的人为机械特性,可参考并励和串励电动机相同的方法获得,这里不再赘述。

2.11　直流电机的换向

当直流电机旋转时,虽然电刷相对主极是静止不动的,但其电枢绕组和换向器却处在不停地旋转过程中,组成每条支路的元件也处在不断的依次轮换中。就某一元件和相应的换向片而言,当其经过电刷前,它处于一条支路;当其经过电刷后则处于另一支路中。由于电刷是电流的分界线,相邻两条支路的电流因处于不同类型的极下而方向不同,因此,经过电刷前后,元件中的电流自然要改变方向,称这一过程为**换向**。

为了说明换向过程,图 2.48 给出了直流电动机具有 4 条支路的单叠绕组在换向过程中的示意图。设电刷的宽度等于换向片的宽度,电刷固定不动,换向器与绕组逆时针方向旋转。当电刷与换向片 1 接触时(见图 2.48(a)、(b)),元件 1 处于右边一条支路,电流方向为顺时针方向;当电刷与换向片 1、2 同时接触时(见图 2.48(c)),元件 1 被电刷短路;当电刷与换向片 2 接触时(见图 2.48(d)),元件 1 则进入左边一条支路,电流反向,变为逆时针方向。至此,元件 1 便完成了整个换向过程。图 2.49 给出了理想情况下元件 1 中的电流随时间变化的波形。很显然,理想换向情况下元件内的电流波形为梯形波,通常,称这种换向状态为**线性(或直线) 换向**。

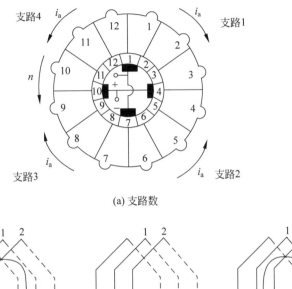

(a) 支路数

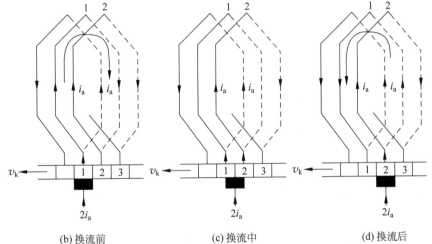

(b) 换流前　　　　　　(c) 换流中　　　　　　(d) 换流后

图 2.48　直流电动机电枢绕组的换向过程

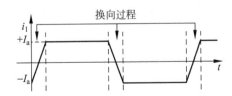

图 2.49　理想换向时电枢元件中的电流波形

由于电磁和机械等方面的原因,实际直流电机很难达到线性换向。从电磁方面看,由于换向过程中,换向元件的电流由 $+i_a$ 变为 $-i_a$,在换向元件中会引起自感和互感电势,又称为**电抗电势**;另外,由于电枢反应造成**几何中性线**(定义为相邻两主极之间的中线)处的气隙磁场不为零,使得换向元件切割该磁场产生**运动电势**。电抗电势和运动电势的综合结果造成换向延迟,正在结束换向的元件在脱离电刷时释放能量,电刷下便会出现火花,造成直流电机运行困难。除此之外,由于电枢反应造成气隙磁场畸变,当元件切割畸变磁场时,就会感应较高的电势,致使与这些元件相连的换向片之间电位差较高,严重时会引起所谓的**电位差火花**,并导致沿换向器整个圆周上产生**环火**,环火会造成电刷和换向器表面烧坏,并危及电枢绕组。

从机械方面看,换向器的偏心、电刷与换向器的接触不良等均会带来换向问题。

针对上述原因,为了改善换向并消除换向火花,可设法通过一定措施在直流电机定子侧获得适当的磁势或磁场,以抵消或削弱电枢反应磁场对换向元件电势的影响。为此,可采取下列三种方案:

(1) 在任意两主极中间(即几何中性线处)安装换向极(见图 2.50);

(2) 在主极的极靴上专门冲出均匀分布的齿槽,并在该槽内嵌放补偿绕组(见图 2.51);

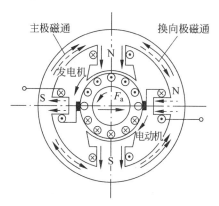

图 2.50　直流电机换向极的极性与绕组接线图

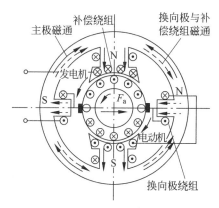

图 2.51　直流电机补偿绕组与换向极的绕组接线图

(3) 沿一定方向将电刷移至适当位置(见图 2.52)。

至于换向极,要求换向极所产生的磁场应尽可能抵消换向元件电势受周围电枢反应磁场的影响,亦即希望换向极磁势与对应位置处的电枢磁势大小相等且方向相反。考虑到电枢磁势随着负载的不同而改变大小,通常,将换向极绕组与电枢绕组相串联,如图 2.50 所示。同时,为确保换向极磁势与电枢反应磁势方向相反,应根据直流电机的工作方式确定换向极绕组的接线或绕向。**对于直流发电机,换向极的接线或绕向应确保沿电枢旋转方向,换向极的极性与下一个主磁极的极性相同;对于直流电动机,沿电枢旋转方向,换向极的极性与前一个主磁极的极性相同。**

对于补偿绕组,同样也要求其所产生的磁势尽可能抵消电枢反应磁势的影响,即希望补偿绕组所产生的磁势与对应位置处的电枢磁势大小相等且方向相反。通常,将补偿绕组与电枢绕组以及换向极绕组相串联,如图 2.51 所示。借助于补偿绕组所产生的磁势可以消除因电枢反应引起的气隙磁场畸变,因而有可能最终解决电位差火花和环火问题。

　　需要说明的是,换向极方案主要适用于容量为 1kW 以上的直流电机;对于大、中容量的直流电机,在安装换向极的同时还需采用补偿绕组;至于小容量的直流电机,考虑到造价和安装空间的约束等因素,一般可采取移刷方案来解决换向问题,该方案借助于主极部分磁场削弱电枢反应磁场对换向元件电势的影响,其具体方案说明如下。

　　对于直流电动机,通常将电刷由几何中性线或 q 轴沿逆电枢旋转方向移动一定角度(通常至物理中性线的位置)(见图 2.52),以确保在换向元件周围(即图 2.52 中的电刷所在位置)的主极磁场与该处的电枢反应磁场尽可能抵消,从而减少运动电势,改善换向。对于直流发电机,为了改善换向,一般将电刷沿电枢旋转方向移动一定位置(通常为物理中性线位置)。

(a) 移刷前(常规电机)

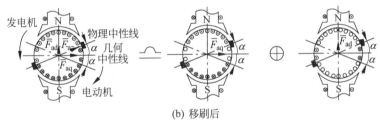

(b) 移刷后

图 2.52　直流电机移刷前后的电枢磁势及其等效交、直轴分量

　　需要说明的是,考虑到电刷是电流方向的分界线,电刷位置的移动自然会引起电枢反应磁势幅值位置的改变,其位置由几何中性线(或 q 轴)移至新的电刷位置。通常,将该电枢磁势沿交、直轴等效分解为两个分量 $\overline{F}_{ad}$ 与 $\overline{F}_{aq}$,即

$$\overline{F}_a = \overline{F}_{ad} + \overline{F}_{aq} \tag{2-57}$$

式中,$\overline{F}_{ad}$ 称为**直轴电枢磁势**,相应的电枢反应又称为**直轴电枢反应**;$\overline{F}_{aq}$ 称为**交轴电枢磁势**,相应的电枢反应又称为**交轴电枢反应**,如图 2.52(b)所示。一般来讲,直轴电枢反应可以是去磁的也可以是助磁的,这取决于电刷移动的方向。对于图 2.52 所示的情况,显然,$\overline{F}_{ad}$ 是去磁的。正是由于主极磁场与直轴电枢磁势的反方向,从而改善了换向。当然,其代价是由于气隙磁场的削弱,直流电机所产生的电磁转矩以及感应电势减小。

值得指出的是,对于上述安装换向极与补偿绕组两种方案,考虑到换向极绕组和(或)补偿绕组均与电枢绕组串联,当负载变化或者转子改变转向时,相应的磁势也会随之改变,因此,换向的改善效果自然不受影响。与之不同,对于移刷方案,由于采用定子主极磁场来削弱电枢反应磁场,而主极磁场固定不变,因而移动电刷不适合变负载的场合。此外,当转子运行方向改变时,电刷的移动方向也需随之改变。否则,换向将进一步恶化。鉴于此,除小型电机外,直流电机一般不通过移动电刷来改善换向。

本章小结

同任何类型的电机一样,直流电机有发电机和电动机之分,无论是哪种运行状态,其绕组内部均为交流电势和电流,而电刷外部为直流,通过换向器和电刷实现了内、外部交直流之间的转换。对发电机而言,在原动机拖动下,电枢绕组切割定子励磁绕组(或永久磁铁)所产生的磁场而感应交流电势,将机械能转变为电能,然后通过换向器和电刷完成交流到直流的转换,从而在电刷外部输出直流电压。因此,**对发电机来讲,换向器和电刷起到了机械式整流器的作用**。对电动机而言,定子励磁绕组通电(或永久磁铁)产生励磁磁场,电枢绕组通以直流电压(或电流),在换向器和电刷的作用下,外加的直流电压(或电流)被转变为交流电压(或电流),定子励磁磁场与电枢电流相互作用便会产生电磁力(或转矩),从而拖动负载运行,完成电能向机械能的转变。因此,**对电动机来讲,换向器和电刷起到了机械式逆变器的作用**。直流电机之所以要进行交、直流之间的转换,目的是确保产生单方向的有效电磁转矩。受直流电机工作原理的启发,可以采用电力电子变流器(整流和逆变器)和转子位置传感器取代机械式换流器(换向器与电刷),从而获得作为伺服电动机的无刷直流电机(详见第9章)。

电机运行原理的实现是通过结构加以保证的,直流电机也不例外。直流电机包括静止的定子部分和旋转的转子部分,其定子主要是由定子铁芯外加直流励磁绕组组成,除此之外,定子还包括固定在刷架上的电刷、起支撑作用并兼作磁路的机座等。对大型直流电机,定子还包括改善换向用的换向极、补偿绕组等。转子则主要由电枢绕组、换向器等组成,另外还包括转子铁芯、铁芯支架以及转轴等。

电磁场是电机实现机电能量转换的媒介,要熟悉电机的特点和性能,首先就应该了解电机内部的电磁情况,即电机内部的电路组成、磁路结构以及电磁相互作用的机理。

对直流电机而言,其电路包括电枢绕组和励磁绕组两部分,其中电枢绕组是将许多相同的元件按一定规律连接起来组成的闭合绕组,这是直流绕组与交流绕组的不同之处。根据单个元件的特点和元件之间的端部连接特点,直流电枢绕组主要分为叠绕组和波绕组两大类,常用的绕组形式为单叠绕组和单波绕组。单叠绕组的连接特点是将上层边处于同一磁极下的所有元件串联在一起组成一条支路,而单波绕组则是将上层边处于同一极性(全部为 N 极或全部为 S 极)下的所有元件串联在一起组成一条支路,另一极性下的所有元件组成另一条支路。因此,单叠绕组的支路数与磁极的个数相等,即 $2a = 2p$,而单波绕组仅有两条支路,即 $2a = 2$。电枢绕组的结构特点决定了单叠绕组适用于低压、大电流直流电机,而单波绕组适用于高压、小电流直流电机。

至于励磁绕组的电路则比较简单,根据其与电枢绕组的连接不同,励磁绕组又有他励、并励、串励以及复励(长复励和短复励)之分。不同励磁方式,其相应直流电机的性能差别也很大。

直流电机的磁路部分是由主磁极、机座、电枢铁芯等组成,**直流电机磁场的一个典型特点是采用双边励磁**,即直流电机内部的磁场是由主磁极上的励磁磁势与电枢上的电枢磁势共同产生的,其中定子主极绕组通以直流电产生主磁场,其所产生的磁场形状均匀,负载后电枢绕组中的电流也会产生磁场,从而对定子主磁场有一定影响。电枢磁场对主磁场的影响被称为电枢反应,相应的电枢磁场又称为电枢反应磁场,**电枢反应磁场对主磁场的影响结果造成①气隙磁场发生畸变,②去磁作用**。前者使得气隙磁场不再均匀,引起换向火花,不利于换向;后者降低了电枢绕组的感应电势和电磁转矩,对电机性能产生较大影响。**直流电机磁场的另一个典型特点是其主磁极的励磁磁势 F_f 与电枢反应磁势 F_a 不仅相对静止,而且在空间上相互正交**。从控制角度看,我们称两者是完全解耦的,这样,对励磁磁势 F_f 和电枢反应磁势 F_a 便可单独进行控制和调节,从而使得直流电动机具有优于交流电动机的调速性能。曾几何时,直流电动机几乎占据了所有的高性能调速应用场合。好在目前交流电机理论的发展,出现了类似于直流电机定、转子磁势解耦的矢量控制,才使得交流电机能够获得可与直流电机相媲美的调速性能,交流电机才在大部分高性能调速场合下得到应用。

为了获得直流电机的数学模型,首先需要对描述直流电机机电能量转换的两个重要物理量——感应电势和电磁转矩进行定量计算。感应电势和电磁转矩分别从电角度和机械角度两方面反映了直流电机内部经过气隙传递电磁功率的情况,其基本表达式为 $P_{em} = T_{em} \Omega = E_a I_a$,该式表明了电功率和机械功率的能量守恒关系。

通过对直流电机电磁过程以及机电过程的定量描述,便可获得直流电机的数学模型,也就是直流电机的基本方程式(电势平衡方程式、转矩平衡方程式以及功率平衡方程式)或等效电路,利用这些数学模型,便可对直流电机的运行特性(工作特性和机械特性)进行分析与计算。

对于电动机而言,使用者最为关心的是其机械轴上的运行状况,而机械轴的运行状况一般是由转速和转矩两个机械量来描述,通常,把保持励磁不变条件下转速与电磁转矩之间的关系曲线定义为电动机的机械特性,即 $n = f(T_{em})$,它是电力拖动系统中最常用的特性。

在电力拖动系统中,一般称额定电压、额定励磁且电枢回路不外串任何电阻条件下电动机的机械特性为固有机械特性,而将上述三个条件之一改变后电动机的机械特性称为人为机械特性。

随着上述不同条件的改变,电动机的人为机械特性也呈现不同的特点。仅通过改变电枢回路外串电阻方式所获得的人为机械特性较软,外串电阻越大,机械特性越软,且皆位于固有机械特性之下,故对于采用这种方式的拖动系统,其转速只能在额定转速以下调节;而仅改变电枢电压方式所获得的人为机械特性硬度不变,考虑到 $U_1 \leqslant U_N$,特性也皆位于固有机械特性之下,故这种方式下的拖动系统其转速也只能在额定转速以下调节;降低励磁所获得的人为机械特性则有所不同,它皆位于固有机械特性之上,故弱磁情况下拖动系统的转速可以在额定转速以上调节。

不同励磁方式的直流电动机其机械特性呈现不同的特点,对于并励(或他励)直流电动机,在励磁电流(或磁通)不变的条件下,随着电磁转矩的变化,其转子转速变化较小;而串励直流电动机则不同,由于其励磁绕组与电枢绕组串联,电磁转矩与电流的平方成正比,因此,其机械特性的表现是随着电磁转矩的增大,转速下降较大,这一特性特别适应于电动工具、吸尘器及汽车起动机等一类负载;复励直流电动机的机械特性则介于并励和串励直流电动机两者之间。

对于发电机而言,使用者最为关心的则是其电气端的输出情况,亦即随着负载电流的增加其端部输出电压的变化情况。通常,把一定励磁条件下输出电压与电枢电流之间的关系定义为发电机的外特性即 $U = f(I_a)$,同样,随着励磁方式的不同直流发电机的外特性也不尽相同。

对并励(或复励)直流发电机而言,由于其励磁电源取自发电机自身所发出的电压,这就必然存在一个问题:发电机刚开始运行时,发电机无输出电压,励磁电源来自何方?而没有励磁电流发电机又如何输出电压?这样一个"鸡生蛋和蛋生鸡的问题",在电机学中被称为发电机的自励建压问题。**并励(或复励)直流发电机的自励建压是通过励磁回路与电枢回路的正确接线、剩磁以及励磁回路的外串合适电阻来完成的。**

直流电机需特别关注的另一个问题是其换向问题,由于换向器和电刷的机械结构以及电枢反应等造成直流电机的致命弱点即换向火花,从而限制了其应用范围。为了解决换向问题,大型直流电机通常采用在定子侧安装换向极和在主极上安装补偿绕组等措施。至于小型直流电机则通过移刷来改善换向。

思考题

2.1　直流电机电刷内的电枢绕组中所流过的电流是交流还是直流?若是交流,其交变频率是多少?

2.2　为什么直流电动机必须采用电刷和换向器把外加直流电源转变为交流然后再给电枢绕组供电,而不是直接采用直流电源供电?

2.3　直流电机铭牌上所给出的额定功率是指输出功率还是输入功率?是电功率还是机械功率?

2.4　为什么说直流电机的绕组是闭合绕组？

2.5　如果将传统永磁直流电动机的定子和转子颠倒,即定子侧为电枢绕组而转子采用永久磁钢产生励磁,试分析这样一台反装式直流电动机其电刷应该是静止还是旋转的？说明理由。

2.6　直流电动机总共有几种励磁方式？不同励磁方式下,其线路电流 I_1、电枢电流 I_a 以及励磁电流之间存在什么关系？

2.7　直流电动机负载后,气隙中共存在着几种类型的磁场？它们分别是由哪些励磁磁势产生的？

2.8　何为电枢反应？它对主磁场有何影响？对发电机与电动机最终的运行性能各有何影响？

2.9　对于直流电动机,转子所产生的电磁转矩是驱动性的(与转速方向相同)还是制动性的(与转速方向相反)？对于直流发电机又有何不同？

2.10　在一定励磁的条件下,为什么负载后直流发电机输出的电压要比空载时的输出电压低？

2.11　在一定励磁的条件下,为什么负载后直流电动机转子的转速要比空载时的转子转速低？

2.12　一台并励直流发电机不能正常发电,试分析其可能的原因,并说明解决办法。

2.13　直流电动机在运行中,励磁绕组突然开路,将发生什么现象？试分析之。

2.14　并励直流电动机若端部的供电电源极性改变,其转向是否改变？串励直流电动机呢？

2.15　什么是直流电机的换向？换向不正常会带来什么后果？

练习题

2.1　一台四极并励直流电机接在 220V 的电网上运行,已知电枢表面的总导体数 $N=372$ 根,$n=1500\mathrm{r/min}$,$\Phi=1.1\times10^{-2}\mathrm{Wb}$,单波绕组,电枢回路的总电阻 $R_a=0.208\Omega$,$p_{\mathrm{Fe}}=362\mathrm{W}$,$p_{\mathrm{mec}}=240\mathrm{W}$,试问:

(1) 此电机是发电机还是电动机？

(2) 电磁转矩与输出功率各为多少？

2.2　一台 96kW 的并励直流电动机,额定电压为 440V,额定电流为 255A,额定励磁电流为 5A,额定转速为 500r/min,电枢回路的总电阻为 0.078Ω,不计电枢反应,试求:

(1) 电动机的额定输出转矩;

(2) 额定电流时的电磁转矩;

(3) 电动机的空载转速。

2.3　某台他励直流电动机的铭牌数据为 $P_N=22\mathrm{kW}$,$U_N=220\mathrm{V}$,$I_{aN}=115\mathrm{A}$,

$n_N = 1500r/min$,电枢回路的总电阻为 0.1Ω,忽略空载转矩,电动机带额定负载运行时,要求转速降到 1000r/min。问：

(1) 采用电枢回路串电阻降速时应串入多大的电阻值？

(2) 采用降低电源电压降速时,外加电压应降为多少？

(3) 上述两种情况下,电动机的输入功率与输出功率各为多少？（不计励磁回路的功率）

2.4　一台并励直流电动机在一定负载转矩下的转速为 1000r/min,电枢电流为 40A,电枢回路的总电阻为 0.045Ω,电网电压为 110V。当负载转矩增大到原来的 4 倍时,电枢电流及转速各为多少？（忽略电枢反应）

2.5　一台 5.5kW 的并励直流发电机,电枢回路的总电阻 $R_a = 0.5\Omega$,当角速度为 100rad/s 时,其空载特性如下：

I_f/A	0.5	1.0	1.5	2.0	2.5
E_a/V	95	167	218	248	260

在此角速度下调节励磁回路中的电阻,使发电机空载端电压为 250V,试计算：

(1) 电枢电流为 20A 时,发电机的端电压为多少（不计电枢反应）？

(2) 当角速度从 100rad/s 降为 80rad/s 时,要保持电枢电流为 10A,端电压为 200V,励磁电流必须增加到多少？（不计电枢反应）

(3) 采用 MATLAB 重新计算该题。

2.6　一台 17kW、220V 的并励直流电动机,电枢电阻 $R_a = 0.1\Omega$,在额定电压下电枢电流为 100A,转速为 1450r/min,一变阻器与并励绕组串联限制励磁电流为 4.3A。当变阻器短路时,励磁电流为 9.0A,转速降低到 850r/min,电动机带恒转矩负载,机械损耗等不计。试计算：

(1) 励磁绕组的电阻和变阻器的电阻；

(2) 变阻器短路后的稳态电枢电流；

(3) 负载转矩。

2.7　他励直流电动机的铭牌数据：$P_N = 1.75kW, U_N = 110V, I_N = 20.1A$,$n_N = 1450r/min$,试用 MATLAB 计算并绘出：

(1) 固有机械特性；

(2) 50%额定负载时的转速；

(3) 转速为 1500r/min 时的电枢电流。

2.8　他励直流电动机的数据如下：$P_N = 10kW, U_N = 220V, I_{aN} = 53.7A$,$n_N = 3000r/min$,试用 MATLAB 计算并绘出下列机械特性：

(1) 固有机械特性；

(2) 当电枢回路的总电阻为 $50\%R_N$ 时的人为机械特性；

(3) 当电枢回路的端电压 $U_1 = 50\%U_N$ 时的人为机械特性；

(4) 当 $\Phi = 80\%\Phi_N$ 时的人为机械特性。

2.9　某并励直流电动机 $P_N = 10\text{kW}, U_N = 220\text{V}, I_N = 54\text{A}, n_N = 1000\text{r/min},$ $I_{fN} = 1.6\text{A}$，电枢回路的总电阻为 0.393Ω。保持额定负载转矩不变。不计电枢反应和电感的影响。

（1）若电枢回路突然串入 $R_\Omega = 1.3\Omega$ 的调节电阻，求 R_Ω 加入瞬间时的电枢电流以及进入新稳态后的电枢电流与转速；

（2）若仅在励磁回路中串入电阻，使磁通减少 10%，试计算磁通突然减少瞬间的电枢电流以及进入新稳态后的电枢电流与转速。

2.10　两台完全相同的并励直流电机，它们的转轴通过联轴器连接在一起，而电枢均并联在 230V 的直流电网上，转轴上不带任何负载。已知直流电机在 1000r/min 时的空载特性如下表所示：

I_f / A	1.3	1.4
E_a / V	186.7	195.9

电枢回路的总电阻为 0.1Ω。机组运行在 1200r/min 时，甲电机的励磁电流为 1.4A，乙电机的励磁电流为 1.3A，问：

（1）此时哪台电机为发电机？哪台为电动机？

（2）总的机械损耗和铁耗（即空载损耗）为多少？

第3章　直流电机的电力拖动

>>>>

内 容 简 介

　　本章首先介绍电力拖动系统的一般知识,内容包括动力学方程式、运动规划曲线与传动机构传动比的选择、负载的转矩特性以及稳定性问题;然后,以他励直流电动机组成的电力拖动系统为例,具体讨论直流电力拖动系统的性能以及相关问题,内容涉及直流电力拖动系统的各种起/制动和调速方法与性能;最后,对直流电机的四象限运行状态进行总结。

　　在工业过程中,为了满足各种生产工艺要求,除了对各种特定的生产机械进行设计外,为生产机械选择恰当的动力源也是至关重要的。这些动力源尽管可以由汽油机、柴油机或液压装置等组成,但绝大多数是由电动机来提供的。通常,将通过电动机拖动生产机械完成一定工艺要求的系统或装置,统称为**电力拖动系统**。图 3.1 给出了典型电力拖动系统的组成框图。

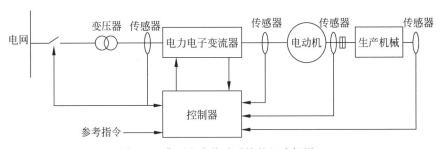

图 3.1　典型电力拖动系统的组成框图

　　由图 3.1 可见,电力拖动系统一般是由电动机、电力电子变流器、控制器以及生产机械等组成。通过电力电子变流器为电动机提供所需要的电源,由电动机拖动生产机械作旋转或直线运动;通过参考指令设定系统所要求的性能指标,由传感器检测系统各部分的状态,并通过控制器确保所要求的性能指标实现。图 3.1 中,电动机与机械负载之间可以直接或通过传动机构(如减速箱、蜗轮与蜗杆机构等)间接相连。

根据所采用电动机的类型不同,电力拖动系统可进一步分为直流电力拖动系统和交流电力拖动系统,直流电力拖动系统采用的电机是直流电机,而交流电力拖动系统采用的电机则为交流电机。

本章首先介绍电力拖动系统的基本知识,在此基础上,对直流电力拖动系统的相关问题进行讨论。各章节安排如下:3.1 节将重点介绍电力拖动系统的动力学方程式以及其中所涉及的多轴系统向单轴系统的折算过程与方法;在电力拖动系统的设计过程中,还需考虑运动规划曲线以及传动机构传动比的合理选择问题,3.2 节介绍了相关内容。考虑到电力拖动系统的特性不仅取决于电机的机械特性,而且还与所拖动的负载密切相关。为此,3.3 节对各类典型机械负载的转矩特性进行讨论;3.4 节给出了电力拖动系统稳定性运行的判别条件;3.5 节将重点讨论直流电力拖动系统动态过程的一般分析与计算方法;3.6 节~3.8 节将以他励直流电动机组成的电力拖动系统为例,对有关直流电力拖动系统的各种起动、调速和制动方法以及其中所涉及的有关问题进行讨论;3.9 节将对直流电机的各种形式的供电电源以及相应的直流电力拖动系统作一简要介绍;作为本章的结束部分,3.10 节将对直流电机的四象限运行状态以及各类直流电力拖动系统四象限运行时的工作状态进行总结。

3.1　电力拖动系统的动力学方程式

3.1.1　单轴电力拖动系统的动力学方程式

最简单的电力拖动系统是电动机与生产机械同轴,组成所谓的单轴系统,如图 3.2 所示。单轴系统的动力学方程式可由式(3-1)给出

$$T_{em} - T_L = J\frac{d\Omega}{dt} \qquad (3\text{-}1)$$

式中,T_L 为负载转矩;J 为转动部分的惯量(kg·m^2),它可以表示为

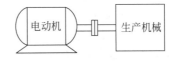

图 3.2　单轴电力拖动系统的示意图

$$J = m\rho^2 = \frac{G}{g}\frac{D^2}{4} = \frac{GD^2}{4g} \qquad (3\text{-}2)$$

式中,m 为转动部分的质量(kg);G 为转动部分的重力(N);ρ 为转动部分的平均半径(m);g 为重力加速度,$g = 9.80\,\text{m/s}^2$。

考虑到机械角速度 Ω 与转速之间的关系 $\Omega = 2\pi n/60$,将其与式(3-2)一同代入式(3-1),得

$$T_{em} - T_L = \frac{GD^2}{375}\frac{dn}{dt} \qquad (3\text{-}3)$$

式中,GD^2 为转动部分的飞轮矩(N·m^2)。至于电动机的转子以及其他转动部件的飞轮矩则由相应的产品手册给出。

由式(3-3)可见：

(1) 当 $T_{em}=T_L$ 时，$n=$ 常值，即电动机处于恒速状态，拖动系统稳态运行；

(2) 当 $T_{em}>T_L$ 时，$\dfrac{dn}{dt}>0$，电机处于加速状态，拖动系统加速暂态运行；

(3) 当 $T_{em}<T_L$ 时，$\dfrac{dn}{dt}<0$，电机处于减速状态，拖动系统减速暂态运行。

必须指出的是，式(3-1)与式(3-3)中没有出现空载转矩 T_0，这样似乎造成了式(3-1)与2.6.2节中介绍的动力学方程式(2-28)不完全一致；同样，稳态转矩平衡方程式 $T_{em}=T_L$ 与转矩平衡方程式(2-29)似乎也不一致。在电力拖动系统中，对 T_0 的处理一般有两种方法，一是将 T_0 归并于负载转矩，即 $T_L=T_2+T_0$，这样，无论是在暂态还是稳态情况下，动力学方程式均一致；二是将 T_0 归并于驱动转矩，这样驱动转矩变为 $T_d=T_{em}-T_0$，相应的暂态动力学方程式变为 $T_d-T_L=J\dfrac{d\Omega}{dt}$，稳态为 $T_d=T_L$。未加说明，本书全部采用前一种处理方法。当然，与电磁转矩 T_{em} 或负载转矩 T_L 相比，一般情况下 T_0 较小，实际工程计算中也可以对其忽略不计。

在实际电力拖动系统中，电机可能正、反转运行；电机的运行状态也可能由电动机转换为发电状态运行，则相应的电磁转矩就会由驱动性质变为制动性质，最终实现电力拖动系统的快速制动。3.10节将指出，具备电机正、反转运行状态并能实现快速起、制动功能(即电机的电磁转矩可实现驱动、制动之间的相互转换)的系统，被称为**具有四象限运行状态的电力拖动系统**。除此之外，对牵引类负载，负载转矩也可能由上升过程中的制动性变为下降过程中的驱动性。

针对上述各种情况，在使用式(3-3)时，其中的符号须作出相应的变化，一般按如下电动机惯例选取正方向：首先取转速 n 的方向为正方向，对于电磁转矩 T_{em}，若 T_{em} 与 n 一致(即为驱动性的)，则 T_{em} 取为正；反之，若 T_{em} 与 n 方向相反(即 T_{em} 为制动性的)，T_{em} 则取为负；对负载转矩 T_L 而言，若 T_L 与 n 方向相反(制动性的)则取为正，方向相同(驱动性的)则取为负。

需要说明的是，式(3-3)是针对单一电机直接带动生产机械的**单轴拖动系统**的动力学方程式。而对实际的大多数拖动系统而言，在电机和生产机械之间存在诸如减速箱、皮带等传动机构，构成了所谓的**多轴拖动系统**。为了简化分析计算，通常需对多轴拖动系统的有关结构参数和负载进行折算，最终将多轴系统等效为一单轴系统，然后再利用式(3-3)进行计算。

3.1.2　多轴电力拖动系统的折算

通常，电机工作在"高转速、低转矩"输出状态，而负载则必须运行在"低转速、大转矩"状态，这就要求在电机和负载之间增加如齿轮箱、蜗轮蜗杆等减速器。**减速器起到了"降低转速、放大(或倍增)转矩"的作用**。对于带齿轮箱、蜗轮蜗杆等减速器的多轴电力拖动系统，在设计过程中经常要涉及多轴电力拖动系统向单轴拖动系统的折算问题，现介绍如下。

1. 折算的概念

图 3.3(a) 给出了具有三级减速的多轴电力拖动系统示意图,为简化计算,可将其等效为图 3.3(b)所示的单轴系统。为此,需将负载转矩以及惯量等进行折算,折算的原则是确保等效前后系统所传递的功率或系统储存的动能不变。

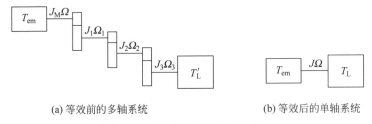

(a) 等效前的多轴系统   (b) 等效后的单轴系统

图 3.3   多轴电力拖动系统的简化

2. 折算方法

(1) 机械机构的转矩折算

考虑到传动机构的效率,折算时应考虑功率的传递方向,以确定传动机构的损耗到底是由电机承担还是由生产机械承担。

当电机工作在电动机运行状态时,所有功率都是由电动机提供,此时,功率由电动机流向生产机械,传动机构的损耗自然由电动机承担。按照等效前、后传递功率不变的原则,负载所获得的输出功率为

$$T_L \Omega \eta_t = T'_L \Omega_L$$

于是得折算后的负载转矩为

$$T_L = \frac{T'_L}{\eta_t \left(\dfrac{\Omega}{\Omega_L}\right)} = \frac{T'_L}{\eta_t \left(\dfrac{n}{n_L}\right)} = \frac{T'_L}{\eta_t j} \tag{3-4}$$

式中,$j = \dfrac{n}{n_L}$ 为传动机构总的转速比;Ω_L 为工作机构输出轴的机械角速度;T'_L 为工作机构的实际负载转矩;η_t 为传动机构的总效率。

当电机工作在发电制动状态时,所有功率都是由生产机械提供的,此时,功率由生产机械流向电机,传动机构的损耗自然也是由生产机械承担。按照传递功率不变的原则,于是电机所获得的输出功率为

$$T_L \Omega = T'_L \Omega_L \eta_t$$

于是得折算后的负载转矩为

$$T_L = \frac{T'_L \eta_t}{\left(\dfrac{\Omega}{\Omega_L}\right)} = \frac{T'_L \eta_t}{j} \tag{3-5}$$

对于由减速箱等组成的传动机构,传递功率的方向改变并不改变传动机构的效率,即无论功率由谁提供,同一传动机构的效率相等。

对多级变速(多级齿轮或皮带轮)传动机构,设每级的转速比为 $j_1, j_2, j_3, \cdots$,则传

动机构总的转速比为 $j=j_1 \cdot j_2 \cdot j_3 \cdots$；设每级的传递效率为 $\eta_1, \eta_2, \eta_3, \cdots$，则传动机构的总效率为 $\eta=\eta_1 \cdot \eta_2 \cdot \eta_3 \cdots$。一般情况下，每对齿轮的满载效率为 97.5%～98.5%；蜗轮蜗杆的满载传动效率为 50%～70%；整个车床的满载效率为 70%～80%；刨床的满载效率为 65%～75%。

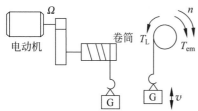

图 3.4   电机拖动起重机负载的示意图

（2）直线作用力的折算

同负载转矩的折算一样，对直线作用力的折算也应考虑功率的传递方向。图 3.4 给出了电机拖动起重机负载实现升降运动的示意图。

当电机工作在电动机运行状态实现重物提升时，考虑到所有功率都是由电动机提供的，因此功率由电动机流向工作机构，传动机构的损耗自然由电动机承担。按照传递功率不变原则，负载所获得的输出功率为

$$T_L \Omega \eta_t = F_L v_L$$

又 $\Omega=\dfrac{2\pi n}{60}$，则上式变为

$$T_L = \frac{60 F_L v_L}{2\pi n \eta_t} = 9.55 \frac{F_L v_L}{n \eta_t} \tag{3-6}$$

式中，v_L 为重物的提升速度；F_L 为重物的直线作用力；η_t 为重物提升时传动机构的效率。

当电机工作在发电制动状态实现重物下放时，考虑到所有功率都是由工作机构（或重物）提供的，因此功率由工作机构流向电机，传动机构的损耗自然由工作机构承担。按照传递功率不变原则，电机所获得的输出功率为

$$T_L \Omega = F_L v_L \eta_t'$$

将角速度与转速的关系代入上式得

$$T_L = \frac{60 F_L v_L \eta_t'}{2\pi n} = 9.55 \frac{F_L v_L \eta_t'}{n} \tag{3-7}$$

式中，η_t' 为重物下放时传动机构的效率。

重物下放时传动机构的效率 η_t' 与同一重物提升时传动机构的效率 η_t 之间满足下列关系式

$$\eta_t' = 2 - \frac{1}{\eta_t} \tag{3-8}$$

证明如下：

考虑到重物提升与下放时的传动损耗相等，即 $\Delta p_H = \Delta p_L$，故有下列关系式。重物提升时，传动机构的损耗 Δp_H 为

$$\Delta p_H = \frac{F_L v_L}{\eta_t} - F_L v_L$$

重物下降时，传动机构的损耗 Δp_L 为

$$\Delta p_L = F_L v_L - F_L v_L \eta_t'$$

于是有

$$\frac{1}{\eta_t} - 1 = 1 - \eta'_t$$

从而得式(3-8)。

（3）惯量与飞轮矩 GD^2 的折算

拖动系统的结构与图 3.3 相同,设电机转子的转动惯量为 J_M,传动机构各轴的转动惯量分别为 $J_1,J_2,J_3,\cdots$,工作机构的转动惯量为 J_L,折算到电机轴上的等效转动惯量为 J(相应的飞轮矩为 GD^2),则按照折算前后系统所储存的动能不变的原则,便有

$$\frac{1}{2}J\Omega^2 = \frac{1}{2}J_M\Omega^2 + \frac{1}{2}J_1\Omega_1^2 + \frac{1}{2}J_2\Omega_2^2 + \cdots + \frac{1}{2}J_L\Omega_L^2$$

则折算后的转动惯量为

$$J = J_M + J_1\left(\frac{\Omega_1}{\Omega}\right)^2 + J_2\left(\frac{\Omega_2}{\Omega}\right)^2 + \cdots + J_L\left(\frac{\Omega_L}{\Omega}\right)^2 \tag{3-9}$$

将 $J = \dfrac{GD^2}{4g}$ 代入上式,则折算后的飞轮矩为

$$GD^2 = GD_M^2 + \frac{G_1D_1^2}{\left(\frac{n}{n_1}\right)^2} + \frac{G_2D_2^2}{\left(\frac{n}{n_2}\right)^2} + \cdots + \frac{G_LD_L^2}{\left(\frac{n}{n_L}\right)^2}$$

即

$$GD^2 = GD_M^2 + \frac{G_1D_1^2}{j_1^2} + \frac{G_2D_2^2}{(j_1j_2)^2} + \cdots + \frac{G_LD_L^2}{j^2} \tag{3-10}$$

由式(3-10)可见,在等效的单轴飞轮矩中,占权重最大的为电机自身转子的飞轮矩 GD_M^2;而机械轴越远离电机轴,等效的数值越小,即对电机轴的影响越小。

（4）直线运动的质量折算

对图 3.4 所示的直线运动,设质量为 m_L 的重物折算至电机轴上的转动惯量为 J'_M,则按照折算前后储存的动能保持不变的原则,有

$$\frac{1}{2}J'_M\Omega^2 = \frac{1}{2}m_Lv_L^2$$

将 $J'_M = \dfrac{(GD_M^2)'}{4g}$、$\Omega = \dfrac{2\pi n}{60}$ 代入上式,则有

$$(GD_M^2)' = \left(\frac{60}{\pi}\right)^2 \frac{G_Lv_L^2}{n^2} = 365\frac{G_Lv_L^2}{n^2} \tag{3-11}$$

通过上述折算,便可以将多轴拖动系统(包括旋转及直线运动)折算为单轴拖动系统。这样,便可借助于单轴拖动系统的动力学方程式对多轴拖动系统的静、动态问题进行分析研究。

例 3-1　图 3.5 为一龙门刨床的主传动机构图,齿轮 1 与电动机轴直接相连,各

齿轮的数据见表 3-1。切削力 $F_z=9810\text{N}$,切削速度 $v_z=43\text{m/min}$,传动效率 η_c 为 0.8,齿轮 6 的节距为 20mm,电动机电枢的飞轮矩为 $230\text{N}\cdot\text{m}^2$,工作台与机床的摩擦系数为 0.1。试计算:

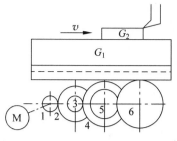

图 3.5　例 3-1 图

（1）折算到电动机轴上的系统总飞轮矩及负载转矩;

（2）切削时电动机的输出功率;

（3）空载不切削时当工作台加速度为 2m/s^2 时电动机的转矩。

表 3-1　传动机构各齿轮的数据

序　号	名　称	$GD^2/\text{N}\cdot\text{m}^2$	重量/N	齿　数
1	齿轮	8.25		20
2	齿轮	40.20		55
3	齿轮	19.60		38
4	齿轮	56.80		64
5	齿轮	37.30		30
6	齿轮	137.20		78
G_1	工作台		14715	
G_2	工件		9810	

解　（1）电动机的转速为

$$n=j\cdot n_6=\frac{Z_2}{Z_1}\frac{Z_4}{Z_3}\frac{Z_6}{Z_5}\frac{v_z}{\pi D_6}=\frac{55}{20}\times\frac{64}{38}\times\frac{78}{30}\times\frac{43}{78\times0.02}=332(\text{r/min})$$

折算到电动机轴上的系统总飞轮矩为

$$GD^2=GD_a^2+GD_1^2+\frac{GD_2^2+GD_3^2}{(Z_2/Z_1)^2}+\frac{GD_4^2+GD_5^2}{(Z_2/Z_1)^2(Z_4/Z_3)^2}$$

$$+\frac{GD_6^2}{(Z_2/Z_1)^2(Z_4/Z_3)^2(Z_6/Z_5)^2}+365\times\frac{(G_1+G_2)v_z^2}{n^2}$$

$$=230+8.25+\frac{40.2+19.6}{(55/20)^2}+\frac{56.8+37.3}{(55/20)^2(64/38)^2}$$

$$+\frac{137.2}{(55/20)^2(64/38)^2(78/30)^2}$$

$$+365\times\frac{(14715+9810)(43/60)}{332^2}=293.19(\text{N}\cdot\text{m}^2)$$

折算到电动机轴上的等效负载转矩为

$$T_z=9.55\frac{[F+\mu(G_1+G_2)]v_z}{\eta_c n}$$

$$=9.55\times\frac{[9810+(14715+9810)\times0.1](43/60)}{0.8\times332}$$

$$=316(\text{N}\cdot\text{m})$$

（2）切削时电动机的输出功率为

$$P_2 = \frac{T_z n}{9550} = \frac{316 \times 332}{9550} = 11(\text{kW})$$

（3）空载不切削时,折算到电动机轴上的负载转矩为

$$T_{z0} = 9.55 \times \frac{\mu(G_1 + G_2)v_z}{\eta_c n}$$

$$= 9.55 \times \frac{(14715 + 9810) \times 0.1(43/60)}{0.8 \times 332}$$

$$= 63.2(\text{N} \cdot \text{m})$$

惯性负载转矩为

$$\frac{GD^2}{375} \frac{\mathrm{d}n}{\mathrm{d}t} = \frac{GD^2}{375} \frac{Z_2}{Z_1} \frac{Z_4}{Z_3} \frac{Z_6}{Z_5} \frac{\mathrm{d}v_z}{\mathrm{d}t}$$

$$= \frac{293.19}{375} \times \frac{55}{20} \times \frac{64}{38} \times \frac{78}{30} \times \frac{2 \times 60}{78 \times 0.02}$$

$$= 724.8(\text{r/min} \cdot \text{s}^{-1})$$

则电动机的总负载转矩为

$$T = T_{z0} + \frac{GD^2}{375} \frac{\mathrm{d}n}{\mathrm{d}t} = 63.2 + 724.8 = 788(\text{N} \cdot \text{m})$$

3.2　运动规划曲线与传动机构最佳传动比的概念※

　　在运动控制系统尤其是伺服系统中,经常要涉及运动规划曲线的选择问题。运动曲线决定了机械负荷移动一定距离时在不同阶段所需要的速度和加速度,由此决定了所需驱动电机的转矩大小。因此,同负载大小一样,运动规划曲线选取的不同,驱动电机的定额也将有所不同。除此之外,选择合适的运动规划曲线也有利于避免对拖动机构的冲击、振动,减少轨迹误差,使运动系统平稳和准确定位。简言之,运动规划曲线与运动系统的平稳性有关。

　　传动机构的最佳传动比则与电力拖动系统的负载加速度最大化或运动系统的快速性相关联。为了获得最大的负载加速度,实现拖动系统的快速起动、制动,要求负载的转动惯量（折合到电机轴后的数值）必须与电机的转动惯量相匹配。随着各类新型电机如永磁同步电机在拖动系统中的应用增多,电机的惯量已大大降低,造成电机与负载惯量的更大失配,不仅影响了负载的加速度,而且也会引起拖动系统的低频振动和超调等不稳定,选择最佳传动比则是解决这一问题的有效措施。

3.2.1　运动规划曲线

　　当希望机械轴由 A 点开始移动至 B 点结束时,需要生成连接 A、B 的轨迹,相应

的速度变化曲线又称为**运动规划曲线**。运动规划曲线可以让物体从 A 点出发经平滑加速后进入匀速运动状态,匀速运行一段时间后,又平滑地减速到达 B 点后停止。通常,由运动控制器按照运动规划曲线为每台伺服驱动器分配速度和转矩(或加速度)指令,并由伺服电机完成 AB 之间的运动。

常用的运动规划曲线包括梯形速度曲线(简称**梯形曲线**)(含三角形速度曲线)和 S 形速度曲线(简称 **S 曲线**)。

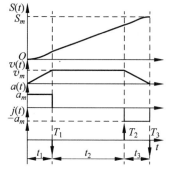

图 3.6　梯形曲线(从上到下:位移、速度、加速度和加加速度曲线)

1. 梯形曲线

梯形曲线的位移、速度、加速度以及加加速度随时间的变化曲线如图 3.6 所示。

由图 3.6 可见,整个梯形曲线可划分为 3 段:加速段Ⅰ、恒速段Ⅱ和减速段Ⅲ。若已知下列运动参数:机械轴移动的最大距离 S_m,最大运动速度 v_m,加速度 a_m,且假定加速段和减速段对称,则梯形曲线的轨迹可由下列方程计算。

为方便起见,令

$$\begin{cases} T_1 = t_1 \\ T_2 = t_1 + t_2 \\ T_3 = t_1 + t_2 + t_3 \end{cases}$$

(1) 加速段

$t \in [0, T_1]$

$$\begin{cases} S(t) = \dfrac{1}{2} a_m t^2 \\ \dot{S}(t) = a_m t \\ \ddot{S}(t) = a_m \end{cases} \tag{3-12}$$

当 $t = T_1$ 时,由上式得:$S(T_1) = \dfrac{1}{2} a_m t_1^2$,$v(T_1) = \dot{S}(t_1) = a_m t_1 = v_m$,加速度段Ⅰ运行所需时间为

$$t_1 = \frac{v_m}{a_m} \tag{3-13}$$

(2) 恒速段

$t \in [T_1, T_2]$

$$\begin{cases} S(t) = S(T_1) + v_m(t - T_1) \\ \dot{S}(t) = v_m \\ \ddot{S}(t) = 0 \end{cases} \tag{3-14}$$

当 $t = T_2$ 时,考虑到对称性,由上式得:$S(T_2) = S(T_1) + v_m t_2 = S_m - S(T_1)$,于是得恒速段Ⅱ运行所需时间为

$$t_2 = \frac{S_m}{v_m} - \frac{v_m}{a_m} \tag{3-15}$$

（3）减速段

$t \in [T_2, T_3]$

$$\begin{cases} S(t) = S(T_2) + v_m(t - T_2) - \frac{1}{2}a_m(t - T_2)^2 \\ \dot{S}(t) = v_m - a_m(t - T_2) \\ \ddot{S}(t) = -a_m \end{cases} \tag{3-16}$$

需要说明的是,梯形速度曲线中的加速度和减速度可以不相等,即加速段和减速段运行所需时间可以不相等,此时,速度曲线变为不对称速度曲线。此外,若恒速段运行所需时间 $t_m = 0$,则上述梯形速度曲线即变为**三角形速度曲线**。至于不对称速度曲线和三角形速度曲线,其各段运行方程以及所需时间可参考上述过程计算求得。

梯形速度曲线的最大缺点是在各段的切换点（包括起始和终止点）处,加速度是不连续的,且加加速度为无穷大（见图 3.6）,这将对拖动系统产生较大冲击。解决冲击问题的方案是采用**S 形速度曲线**。

2. S 曲线

S 曲线的位移、速度、加速度以及加加速度随时间的变化曲线如图 3.7 所示。

由图 3.7 可见,整个 S 曲线包括三大区域:加速区、恒速区和减速区。具体轨迹可分为 7 段:加加速度段 Ⅰ、匀加速度段 Ⅱ、减加速度段 Ⅲ、匀速度段 Ⅳ、加减速度段 Ⅴ、匀减速度段 Ⅵ 以及减减速度段 Ⅶ,各段运行所需时间分别是 $t_1 \sim t_7$。由于 S 曲线的加速度是连续的,因此,拖动系统的冲击受到一定限制（即有限的加加速度）,从而确保了系统的平稳性。

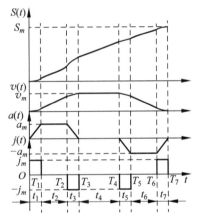

图 3.7 S 曲线（从上到下:位移、速度、加速度和加加速度曲线）

若已知下列运动参数:机械轴移动的最大距离 S_m,最大运动速度 v_m,加速度 a_m,加加速度为 j_m,且假定升速段和降速段对称,则 S 曲线的轨迹可由以下方程计算。

为方便起见,令

$$\begin{cases} T_1 = t_1 \\ T_2 = t_1 + t_2 \\ T_3 = t_1 + t_2 + t_3 \\ T_4 = t_1 + t_2 + t_3 + t_4 \\ T_5 = t_1 + t_2 + t_3 + t_4 + t_5 \\ T_6 = t_1 + t_2 + t_3 + t_4 + t_5 + t_6 \\ T_7 = t_1 + t_2 + t_3 + t_4 + t_5 + t_6 + t_7 \end{cases}$$

（1）加速区

（a）$t \in [0, T_1]$

$$\begin{cases} S(t) = \dfrac{1}{6} j_m t^3 \\[2mm] \dot{S}(t) = \dfrac{1}{2} j_m t^2 \\[2mm] \ddot{S}(t) = j_m t \\[2mm] S^{(3)}(t) = j_m \end{cases} \tag{3-17}$$

当 $t = T_1$ 时，$S(T_1) = \dfrac{1}{6} j_m t_1^3$，$v(T_1) = \dot{S}(t_1) = \dfrac{1}{2} j_m t_1^2$，$a_m = \ddot{S}(t_1) = j_m t_1$，于是，加加速度段 I 运行所需时间为

$$t_1 = \frac{a_m}{j_m} \tag{3-18}$$

（b）$t \in [T_1, T_2]$

$$\begin{cases} S(t) = S(T_1) + v(T_1)(t - T_1) + \dfrac{1}{2} a_m (t - T_1)^2 \\[2mm] \dot{S}(t) = v(T_1) + a_m (t - T_1) \\[2mm] \ddot{S}(t) = a_m \\[2mm] S^{(3)}(t) = 0 \end{cases} \tag{3-19}$$

当 $t = T_2$ 时，$S(T_2) = \dfrac{1}{6} j_m t_1^3 + \dfrac{1}{2} j_m t_1^2 t_2 + \dfrac{1}{2} a_m t_2^2$，$v(T_2) = \dot{S}(T_2) = \dfrac{1}{2} j_m t_1^2 + a_m t_2$。

（c）$t \in [T_2, T_3]$

$$\begin{cases} S(t) = S(T_2) + v(T_2)(t - T_2) + \dfrac{1}{2} a_m (t - T_2)^2 - \dfrac{1}{6} j_m (t - T_2)^3 \\[2mm] \dot{S}(t) = v(T_2) + a_m (t - T_2) - \dfrac{1}{2} j_m (t - T_2)^2 \\[2mm] \ddot{S}(t) = a_m - j_m (t - T_2) \\[2mm] S^{(3)}(t) = -j_m \end{cases} \tag{3-20}$$

当 $t = T_3$ 时，

$$S(T_3) = \frac{1}{6} j_m t_1^3 + \frac{1}{2} j_m t_1^2 t_2 + \frac{1}{2} a_m t_2^2 + \frac{1}{2} j_m t_1^2 t_3 + a_m t_2 t_3 + \frac{1}{2} a_m t_3^2 - \frac{1}{6} j_m t_3^3,$$

$$v(T_3) = \dot{S}(T_3) = \frac{1}{2} j_m t_1^2 + a_m t_2 + a_m t_3 - \frac{1}{2} j_m t_3^2 = v_m$$

考虑到对称性，$t_1 = t_3$，上式变为

$$t_1 + t_2 = \frac{v_m}{a_m} \tag{3-21}$$

由式(3-21)可得匀加速度段 II 运行所需时间为

$$t_2 = \frac{v_m}{a_m} - t_1 \tag{3-22}$$

（2）恒速区

（a）$t \in [T_3, T_4]$

$$\begin{cases} S(t) = S(T_3) + v_m(t - T_3) \\ \dot{S}(t) = v_m \\ \ddot{S}(t) = 0 \\ S^{(3)}(t) = 0 \end{cases} \tag{3-23}$$

当 $t = T_4$ 时，考虑到对称性，由上式得：$S(T_4) = S(T_3) + v_m t_4 = S_m - S(T_3)$。将式（3-18）、式（3-21）代入该式，则匀速度段Ⅳ运行所需时间为

$$t_4 = \frac{S_m - 2S(T_3)}{v_m} = \frac{S_m}{v_m} - \frac{a_m}{j_m} - \frac{v_m}{a_m} \tag{3-24}$$

（3）减速区

（a）$t \in [T_4, T_5]$

$$\begin{cases} S(t) = S(T_4) + v_m(t - T_4) - \frac{1}{6}j_m(t - T_4)^3 \\ \dot{S}(t) = v_m - \frac{1}{2}j_m(t - T_4)^2 \\ \ddot{S}(t) = -j_m(t - T_4) \\ S^{(3)}(t) = -j_m \end{cases} \tag{3-25}$$

（b）$t \in [T_5, T_6]$

$$\begin{cases} S(t) = S(T_5) + v(T_5)(t - T_5) - \frac{1}{2}a_m(t - T_5)^2 \\ \dot{S}(t) = v(T_5) - a_m(t - T_5) \\ \ddot{S}(t) = -a_m \\ S^{(3)}(t) = 0 \end{cases} \tag{3-26}$$

（b）$t \in [T_6, T_7]$

$$\begin{cases} S(t) = S(T_6) + v(T_6)(t - T_6) - \frac{1}{2}a_m(t - T_6)^2 + \frac{1}{6}j_m(t - T_6)^3 \\ \dot{S}(t) = v(T_6) - a_m(t - T_6) + \frac{1}{2}j_m(t - T_6)^2 \\ \ddot{S}(t) = -a_m + j_m(t - T_6) \\ S^{(3)}(t) = j_m \end{cases} \tag{3-27}$$

利用对称性，整个 S 曲线轨迹运行所需总时长可根据式（3-18）、式（3-21）和式（3-24）得

$$T = 2(t_1 + t_2 + t_3) + t_4 = \frac{S_m}{v_m} + \frac{v_m}{a_m} + \frac{a_m}{j_m} \tag{3-28}$$

图 3.7 中的运动规划曲线是由加速区、恒速区和减速区组成，被称为**部分 S 曲线**。如果整个运动轨迹不包括恒速区，即 $t_4 = 0$，则运动轨迹曲线又称为**全 S 曲线**。

3.2.2 传动机构最佳传动比与惯量匹配的概念

3.1.2 节曾介绍了多轴电力拖动系统的折算问题,对于多轴系统而言,传动机构的传动比(速比)与机械负载的快速性密切相关。为了使机械负载获得最大的加速度,要求电机转子折合至负载侧的惯量与机械负载的惯量相等(该条件又称为**惯量匹配**),而对应于惯量匹配的传动比又称为**最佳传动比**。考虑到旋转和直线运动的不同,现分别就旋转运动和直线运动的最佳传动比推导如下:

1. 旋转运动

对于旋转运动,传动机构的最佳传动比对应于最佳减速比。图 3.8 给出了包括减速机构在内的电力拖动系统作旋转运动时的结构示意图。

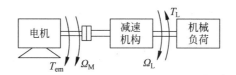

图 3.8　电力拖动系统作旋转运动时的结构示意图

设 J_M 为电机的转子惯量,J_L 为负载的转动惯量,j 为减速机构的总传动比(速比),即

$$j = \frac{\Omega_L}{\Omega_M} = \frac{n_L}{n_M}$$

假定电机的最大电磁转矩为 T_{emax},负载侧的角加速度为 a_L,与 3.1.2 节曾介绍过的多轴电力拖动系统的折算方案略有不同的是,这里将电机侧的转矩和惯量折算至负载侧。根据折算原则:确保折算前、后所传递的功率保持不变,$T_{emax}\Omega_M = T'_{emax}\Omega_L$,则折算至负载侧的最大电磁转矩为

$$T'_{emax} = \left(\frac{\Omega_M}{\Omega_L}\right) T_{emax} = j T_{emax} \tag{3-29}$$

按照折算前、后系统所储存的动能保持不变的原则,$\frac{1}{2} J_M \Omega_M^2 = \frac{1}{2} J'_M \Omega_L^2$,电机转子折算至负载的转动惯量为

$$J'_M = j^2 J_M \tag{3-30}$$

于是,负载侧的总惯量为

$$J_{total} = J_L + J'_M = J_L + j^2 J_M \tag{3-31}$$

在电磁转矩 T_{emax} 作用下,负载所获得的角加速度为

$$a_L = \frac{T'_{emax}}{J_{total}} = \frac{j T_{emax}}{J_L + j^2 J_M} \tag{3-32}$$

上式对传动比 j 求导数,并令 $da_L/dj = 0$,便可得最佳传动比。于是有

$$\frac{\mathrm{d}a_{\mathrm{L}}}{\mathrm{d}j} = \frac{(J_{\mathrm{L}} - j^{2}J_{\mathrm{M}})T_{\mathrm{emax}}}{(J_{\mathrm{L}} + j^{2}J_{\mathrm{M}})^{2}} = 0$$

即

$$J_{\mathrm{L}} = j^{2}J_{\mathrm{M}} \tag{3-33}$$

利用上式,得减速机构的**最佳传动比**为

$$j_{\mathrm{opt}} = \sqrt{\frac{J_{\mathrm{L}}}{J_{\mathrm{M}}}} \tag{3-34}$$

式(3-33)与式(3-34)表明:**当由电机转子折算至负载侧的转动惯量与机械负载的惯量相等(该条件又称为惯量匹配)时,减速机构获得最佳传动比,此时,传动系统的负载获得的加速度最大。换句话说,当满足惯量匹配条件时,一半的电磁转矩用于转子的加速,而另一半电磁转矩用于负载的加速,机械负载的加速度达最大,拖动系统响应最快。**

将式(3-34)代入式(3-32)得负载侧的最大角加速度为

$$a_{\mathrm{Lmax}} = \frac{T_{\mathrm{emax}}}{2\sqrt{J_{\mathrm{L}}J_{\mathrm{M}}}} \tag{3-35}$$

值得说明的是:上述各式是在忽略减速机构自身的转动惯量和减速机构损耗的前提下所得到的结论。对于实际电力拖动系统,除了尽可能按照"惯量匹配"原则外,减速机构还应根据前级传动比小、后级传动比大,以满足折算至电机侧的转动惯量最小的原则以及输出轴转角的误差最小等原则选择传动比。

2. 直线运动

电力拖动系统作直线运动时的结构示意图如 3.9 所示。对于直线运动,传动机构的最佳传动比对应于最佳螺距。关于最佳螺距的推导过程说明如下。

令 v_{L} 为负载侧直线运动的线速度,m_{L} 为直线运动的负载质量,λ 为丝杠的螺距。显然,直线运动的线速度为

$$v_{\mathrm{L}} = \frac{n_{\mathrm{M}}\lambda}{60} \tag{3-36}$$

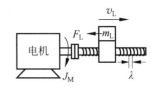

图 3.9　电力拖动系统作直线运动时的结构示意图

根据折算前、后储存的动能保持不变原则,有

$$\frac{1}{2}J_{\mathrm{M}}\Omega_{\mathrm{M}}^{2} = \frac{1}{2}m'_{\mathrm{M}}v_{\mathrm{L}}^{2}$$

于是,电机侧转子的转动惯量折算至负载侧的质量为

$$m'_{\mathrm{M}} = J_{\mathrm{M}}\left(\frac{\Omega_{\mathrm{M}}}{v_{\mathrm{L}}}\right)^{2} \tag{3-37}$$

负载侧的总质量为

$$m_{\mathrm{total}} = m_{\mathrm{L}} + m'_{\mathrm{M}} = m_{\mathrm{L}} + J_{\mathrm{M}}\left(\frac{\Omega_{\mathrm{M}}}{v_{\mathrm{L}}}\right)^{2} \tag{3-38}$$

由折算前、后功率保持不变的原则，有

$$F'_{emax} v_L = T_{emax} \Omega_M$$

于是，负载所获得的电磁力为

$$F'_{emax} = T_{emax} \left(\frac{\Omega_M}{v_L} \right)$$

在电磁力 F'_{emax} 作用下，负载所获得的加速度为

$$a_L = \frac{F'_{emax}}{m_{total}} = \frac{\left(\dfrac{\Omega_M}{v_L} \right) T_{emax}}{m_L + J_M \left(\dfrac{\Omega_M}{v_L} \right)^2} \tag{3-39}$$

将 $\Omega_M = 2\pi n_M / 60$ 及式(3-36)代入上式得

$$a_L = \frac{2\pi \lambda T_{emax}}{m_L \lambda^2 + 4\pi^2 J_M} \tag{3-40}$$

式(3-40)对传动比 λ 求导数，并令 $da_L/dj = 0$ 便可得最佳螺距为

$$\lambda_{opt} = 2\pi \sqrt{\frac{J_M}{m_L}} \tag{3-41}$$

值得说明的是，式(3-41)最佳螺距的计算也可以通过"惯量匹配"条件获得。具体过程说明如下。

根据折算前、后储存的动能保持不变原则，可将负载的质量折算至电机侧的惯量，即

$$\frac{1}{2} J'_L \Omega_M^2 = \frac{1}{2} m_M v_L^2$$

于是，折算至电机侧的惯量为

$$J'_L = m_M \left(\frac{v_L}{\Omega_M} \right)^2 \tag{3-42}$$

将 $\Omega_M = 2\pi n_M / 60$ 及式(3-36)代入上式，并根据惯量匹配条件，有

$$J'_L = m_M \left(\frac{\lambda}{2\pi} \right)^2 = J_M \tag{3-43}$$

显然，由式(3-43)便可获得最佳螺距的计算公式，该式与式(3-41)完全相同。

上述分析可得出如下结论：当电力拖动系统作直线运动时，若满足惯性匹配条件，相应丝杠的螺距即为最佳螺距。此时，机械负载所获得的加速度达最大。

3.3　各类生产机械的负载转矩特性

生产机械的负载转矩 T_L 与转速 n 之间的关系 $n = f(T_L)$ 即为生产机械的负载转矩特性，它与电动机的机械特性相对应。

大多数生产机械可归纳为如下三种类型：①恒转矩负载；②风机、泵类负载；③恒功率负载。下面分别对其负载转矩特性介绍如下。

1. 恒转矩负载的转矩特性

恒转矩负载的特点是，负载转矩不受转速变化的影响，在任何转速下，负载转矩总是保持恒定或大致恒定。根据性质的不同，恒转矩负载又有反抗性和位能性恒转矩负载之分，反抗性恒转矩负载的转矩特性如图 3.10 所示，由图 3.10 可见，**反抗性恒转矩负载**的转矩 T_L 与转速 n 的方向总是相反，亦即负载转矩总是阻碍电机的运动。当电机正向运转时，负载转矩阻碍电机正转；当电机反转时，负载转矩阻碍电机反转。根据负载转矩正、负号的规定（见 3.1 节），相应的负载转矩特性位于第 I、III 象限内。实际生产机械如轧钢机、造纸机、皮带传输机、机床的刀架平移机构等由摩擦力产生转矩的负载均属于反抗性恒转矩负载。

位能性恒转矩负载的转矩特性如图 3.11 所示，由图 3.11 可见，位能性恒转矩负载的转矩 T_L 不随转速方向的改变而改变，无论电机正、反转，负载转矩始终为单一方向，按照负载转矩正、负号的规定，相应的负载转矩特性位于第 I、IV 象限内。实际生产机械如电梯、卷扬机、起重机等提升类负载均属于位能性恒转矩负载。

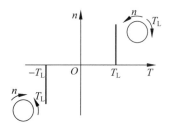 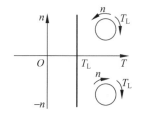

图 3.10 反抗性恒转矩负载的转矩特性　　图 3.11 位能性恒转矩负载的转矩特性

2. 风机、泵类负载的转矩特性

风机、泵类负载的特点是负载阻转矩 T_L 与转速 n 的平方大致成正比，即

$$T_L = Kn^2 \qquad (3-44)$$

式中，K 为比例系数。图 3.12 给出了通风机类负载的转矩特性，实际生产机械如水泵、油泵以及离心式通风机等其介质（如水、油、空气等）对叶片的阻力基本上与转速的平方成正比。

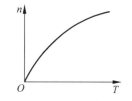

图 3.12 通风机类负载的转矩特性

3. 恒功率负载的转矩特性

对于车床等生产机械，在切削加工过程中，粗加工时切削量大，此时阻转矩较大，电动机多在低速状态下运行；而精加工时，切削量小，阻转矩也小，电动机多在高速状态下运行。这样，负载转矩与转速之间成反比关系，其功率（即转矩与转速的乘

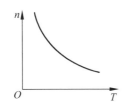

图 3.13　恒功率负载的转矩特性

积)基本保持不变,这类负载属于恒功率负载。此时,$T_L = \dfrac{k}{n}$。图 3.13 给出了恒功率负载的转矩特性。除了车床切削外,对于恒张力卷取机,随着卷取直径增大,张力恒定,力矩增大,线速度不变,相应的角速度与转速降低,故也属于恒功率负载。

需要说明的是,上述各类负载的特性都是从实际生产机械概括抽象而来的。实际生产机械大都是以某种典型特性为主并兼顾其他典型特性,如实际通风机负载,除了通风机类负载特性之外,考虑到风机的轴承存在一定的摩擦,因而它又兼有附加反抗性恒转矩负载的特点。实际通风机的转矩特性可表示为

$$T_L = T_0 + Kn^2 \tag{3-45}$$

式(3-45)可用图 3.14 所示曲线表示。

再如机床的刀架机构,其平移时以反抗性恒转矩负载特性为主,但考虑到机构刚开始平移时的静摩擦系数大于动摩擦系数,引起低速时的负载阻转矩加大;而平移速度提高时,考虑到油或风的阻力,负载转矩又呈现通风机类负载的特点。实际机床的刀架平移机构的转矩特性如图 3.15 所示。

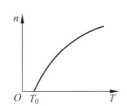

图 3.14　实际通风机负载的转矩特性

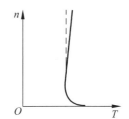

图 3.15　机床刀架平移机构负载的转矩特性

3.4　电力拖动系统的稳定运行条件

前面已对各类直流电动机所能提供的机械特性进行了介绍,同时也了解了各类生产机械的负载转矩特性。在此基础上,就可以进一步讨论,当电动机与生产机械组成电力拖动系统时,电动机与生产机械能否匹配实现稳定运行的问题了。

3.4.1　稳态运行点与稳定运行的概念

对于单轴系统(多轴系统可以折算为单轴系统),既然电机与所拖动的负载同轴,电机与负载以同一转速运行,由电力拖动系统的动力学方程式(3-3)可知,只有当 $T_{em} = T_L$ 时,电力拖动系统才处于稳态运行。因此,若将电动机的机械特性与负载的转矩特性绘制在同一坐标平面上,则两条曲线的交点必为电力拖动系统的**稳态运**

行点。

图 3.16 给出了他励直流电动机的机械特性
和恒转矩负载的转矩特性,这两条曲线的交点 A
即为拖动系统的稳态运行点。当增加负载,使负
载的转矩特性由曲线 1 变为曲线 2 时,相应的稳
态运行点将由交点 A 变为交点 B,此时转子转
速有所下降。

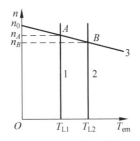

图 3.16 电力拖动系统的稳态运行点

对于处于稳态运行的电力拖动系统,由于要
受到各种干扰的影响,如电网电压的波动、负载
转矩的变化等,其结果必然使系统偏离原来的稳态运行点。一旦干扰消除,若系统
能够恢复到原来的稳态运行点,则称**系统是稳定的**;若系统无法恢复到原来的稳态
运行点则称**系统是不稳定的**。

以他励直流电动机拖动恒转矩负载为例,设拖动系统正常运行在图 3.17(a) 中
的 A 点,此时,$T_{em(A)} = T_L = T_A$。假若存在某种干扰(如负载转矩减小)使运行点
移至 B 点,其结果造成转速上升,此时,$T_{em(B)} = T_L - \Delta T_L$。一旦干扰消失后,负载
转矩特性将恢复至曲线 1,此时,电磁转矩仍为 $T_{em(B)}$,而负载转矩变为 $T_L = T_A$,很
显然,$T_{em(B)} < T_L$,由动力学方程式(3-3)可知,拖动系统自然要减速,于是工作点最
终又重新回到 A 点。

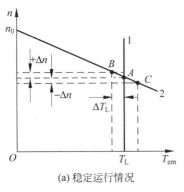
(a) 稳定运行情况

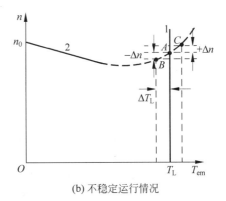
(b) 不稳定运行情况

图 3.17 电力拖动系统的稳定运行分析

同样,若存在某种干扰使运行点移至点 C(如负载转矩增加),其结果造成转速下
降,此时,$T_{em(C)} = T_L + \Delta T_L$。一旦干扰消失后,负载转矩特性恢复至曲线 1,此时,
电磁转矩仍为 $T_{em(C)}$,而负载转矩变为 $T_L = T_A$,很显然,$T_{em(C)} > T_L$,由动力学方
程式(3-3)可知,系统自然要升速,于是工作点最终又回到 A 点。需要说明的是,在
上述过程中,如果转子的转动惯量较小,转速可能会越过 A 点并在 A 点附近振荡,则
相应的电磁转矩会在 A 点附近增减,但最终系统会稳定运行在 A 点。按照定义,电
力拖动系统是稳定运行的。

假如他励直流电动机拖动的负载较重(见图 3.17(b)),此时,由于电枢反应造成
电动机机械特性上翘(参见 2.8.2 节)。若拖动系统正常运行在 A 点,此时,$T_{em(A)} =$

$T_L = T_A$。若存在某种干扰使运行点移至 B 点(如负载转矩下降),其结果造成转速下降,此时,$T_{em(B)} = T_L - \Delta T_L$。一旦干扰消失后,负载转矩特性将恢复至曲线1,由于电磁转矩仍为 $T_{em(B)}$,而负载转矩变为 $T_L = T_A$,很显然,$T_{em(B)} < T_L$,由动力学方程式(3-3)可知,拖动系统自然要进一步减速,于是工作点将向远离 B 点和 A 点的方向运行。由于惯性,系统最终将会停车。

同样,假若存在某种干扰如负载转矩增加等使运行点移至点 C,其结果造成转速上升,此时,$T_{em(C)} = T_L + \Delta T_L$。一旦干扰消失后,负载转矩特性恢复至曲线1,此时,电磁转矩仍为 $T_{em(C)}$,而负载转矩变为 $T_L = T_A$,很显然,$T_{em(C)} > T_L$,由动力学方程式(3-3)可知,拖动系统将进一步加速,于是工作点将向远离 C 点和 A 点的方向运行,最终,由于转速的不断升高而造成转轴或机械机构的损坏。按照定义,电力拖动系统是不稳定的。

3.4.2 电力拖动系统的稳定运行条件

通过上述分析可以看出,对于恒转矩负载,若希望构成的电力拖动系统是稳定运行的,电动机必须具有下降的机械特性。对于一般类型的负载,通过对动力学方程式(3-3)的分析便可以得出电力拖动系统稳定运行的充要条件。现分析如下。

上面提到系统要稳态运行,电机的机械特性与负载的转矩特性必须有交点,在交点 A 处有

$$T_{em}(n_A) = T_L(n_A) \tag{3-46}$$

为了判断电力拖动系统在 A 点是否稳定运行,可将式(3-3)在稳态运行点 A 处线性化,设转速增量为 Δn,则将 $n = n_A + \Delta n$ 代入式(3-3),然后减去式(3-46)便可获得系统线性化的方程为

$$\frac{GD^2}{375} \frac{d(\Delta n)}{dt} = \left.\frac{\partial T_{em}}{\partial n}\right|_{n_A} \Delta n - \left.\frac{\partial T_L}{\partial n}\right|_{n_A} \Delta n = \left(\left.\frac{\partial T_{em}}{\partial n}\right|_{n_A} - \left.\frac{\partial T_L}{\partial n}\right|_{n_A} \right) \Delta n$$

上述微分方程的特征根 λ 由下式给出

$$\frac{GD^2}{375} \lambda = \left.\frac{\partial T_{em}}{\partial n}\right|_{n_A} - \left.\frac{\partial T_L}{\partial n}\right|_{n_A}$$

即

$$\lambda = \left(\left.\frac{\partial T_{em}}{\partial n}\right|_{n_A} - \left.\frac{\partial T_L}{\partial n}\right|_{n_A} \right) \bigg/ \frac{GD^2}{375}$$

由自动控制理论(或微分方程)的基本知识可知,若希望系统稳定,该系统的特征根应位于复平面中的左半平面,即 $\lambda < 0$。于是有

$$\left.\frac{\partial T_{em}}{\partial n}\right|_{n_A} - \left.\frac{\partial T_L}{\partial n}\right|_{n_A} < 0$$

由此获得电力拖动系统稳定性判别的一般结论:对于一般电力拖动系统,要想确保系统稳定运行,除了满足电机的机械特性与负载的转矩特性存在交点 A 外,在这两

条特性曲线的交点 A 处还必须满足

$$\left.\frac{\partial T_{em}}{\partial n}\right|_{n_A} < \left.\frac{\partial T_L}{\partial n}\right|_{n_A} \tag{3-47}$$

上述条件的物理意义是：若在电机的机械特性与负载的转矩特性的交点附近转速有所升高，则电磁转矩的增加必须小于负载转矩的增加，只有这样，系统的转速才可能有所下降，最终回到原来的稳定运行点，此时，整个拖动系统是稳定运行的。若电机电磁转矩的增加超过负载转矩的增加，系统必然会进一步加速并脱离系统原来的稳态运行点，最终导致系统不稳定。

3.5　直流电力拖动系统动态过程的一般分析与计算

第 2 章曾讨论过直流电动机处于稳态运行的分析与计算，但实际的电力拖动系统经常处于从一种稳定运行状态向另一种稳定运行状态转换的过程（如拖动系统的起制动、调速、正反转等过程），我们称这一过程为**动态过程**（暂态过程）或**过渡过程**。研究电力拖动系统的动态过程对于寻求解决如何缩短过渡过程的时间以及减少过渡过程的能量损耗，提高劳动生产率，增加系统的抗扰性等问题都具有重要的现实意义。

对电力拖动系统动态过程的研究主要集中在对转速、转矩以及电流在过渡过程中随时间的变化规律，即 $n=f(t)$，$I_a=f(t)$ 或 $T_{em}=f(t)$ 的讨论，这些规律是正确选择或校验电机及其定额的依据。

要想准确分析、计算电力拖动系统的动态规律，就必须采用电机与拖动负载的动态模型。为此，下面首先介绍有关直流电力拖动系统的各类动态数学模型，然后对直流电力拖动系统动态过程的一般分析计算方法进行讨论。

3.5.1　直流电动机电力拖动系统的动态数学模型

电力拖动系统的动态数学模型是分析计算系统动态行为的基础。同一般系统一样，对直流电力拖动系统而言，动态数学模型主要包括微分方程式、传递函数以及状态空间模型。现分别介绍如下。

1. 直流电动机的微分方程式

为方便起见，将他励直流电动机的动态等效电路（见图 2.27）重画于图 3.18。根据基尔霍夫电压定律，电枢回路的微分方程式可重新写为

$$\begin{cases} u_1(t)=L_a\dfrac{di_a(t)}{dt}+Ri_a(t)+e_a(t) \\ e_a(t)=C_e\Phi n \end{cases} \tag{3-48}$$

式中，$R=R_a+R_\Omega$ 为电枢回路的总电阻；R_Ω 为电枢回路的外串电阻。

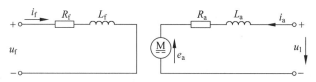

图 3.18　他励直流电动机的动态等效电路

励磁回路的微分方程式可表示为

$$u_f(t) = L_f \frac{\mathrm{d}i_f}{\mathrm{d}t} + R_f i_f \tag{3-49}$$

考虑到黏性阻尼系数 B_1,则机械系统的动力学方程式为

$$\begin{cases} J \dfrac{\mathrm{d}\Omega}{\mathrm{d}t} + B_1 \Omega = \tau_{em} - T_L \\[2mm] \tau_{em} = C_T \Phi i_a \end{cases} \tag{3-50}$$

式中,机械角速度 $\Omega = 2\pi n/60$。

2. 直流电动机的传递函数模型 *

在电力拖动控制系统的设计过程中以及在"自动控制原理"和"自动控制系统"课程中,经常要用到直流电机的传递函数模型,传递函数模型对于电力拖动系统的分析和综合具有很重要的作用。

考虑到他励直流电动机采用独立的励磁电源供电,因而可以通过维持磁场不变、单独控制电枢电压对直流电动机进行控制(如对永磁直流电动机的控制),也可以通过固定电枢电压、单独改变励磁电流实现对直流电动机的控制。控制方式的不同,相应的传递函数必然也有所不同。下面仅就电枢电压控制方式下直流电动机的传递函数进行介绍。

假定初始条件为零,对式(3-48)和式(3-50)取拉普拉斯变换得

$$I_a(s) = \frac{U_1(s) - C'_e \Omega(s)}{L_a s + R} \tag{3-51}$$

$$\Omega(s) = \frac{C'_T I_a(s) - T_L(s)}{J s + B_1} \tag{3-52}$$

考虑到励磁电流固定,上式中的 $C'_e = C_e \Phi 60/2\pi$ 和 $C'_T = C_T \Phi$ 为常数。

利用式(3-51)、式(3-52)便可获得直流电动机的传递函数框图如图 3.19 所示。根据图 3.19 可求出传递函数 $\dfrac{\Omega(s)}{U_1(s)}$ 和 $\dfrac{\Omega(s)}{T_L(s)}$ 分别为

$$\frac{\Omega(s)}{U_1(s)}\bigg|_{T_L=0} = \frac{C'_T}{L_a J s^2 + (L_a B_1 + J R)s + R B_1 + C'_e C'_T} \tag{3-53}$$

$$\frac{\Omega(s)}{T_L(s)}\bigg|_{U_1=0} = \frac{-(L_a s + R)}{L_a J s^2 + (L_a B_1 + J R)s + R B_1 + C'_e C'_T} \tag{3-54}$$

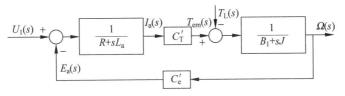

图 3.19　直流电动机的传递函数框图(电枢控制方式)

若忽略黏性阻尼系数 B_1,则式(3-53)和式(3-54)可进一步简化为

$$G_{\text{I}}(s) = \frac{\Omega(s)}{U_1(s)}\bigg|_{T_{\text{L}}=0} = \frac{1/C'_{\text{e}}}{T_{\text{M}}T_a s^2 + T_{\text{M}}s + 1} \tag{3-55}$$

$$G_{\text{II}}(s) = \frac{\Omega(s)}{T_{\text{L}}(s)}\bigg|_{U_1=0} = \frac{(T_a s + 1)R/C'_{\text{e}}C'_{\text{T}}}{T_{\text{M}}T_a s^2 + T_{\text{M}}s + 1} \tag{3-56}$$

其中,$T_a = \dfrac{L_a}{R}$ 为电枢回路的**电磁时间常数**;$T_{\text{M}} = \dfrac{GD^2 R}{375 C_{\text{e}} C_{\text{T}} \Phi^2}$ 定义为电力拖动系统的

机电时间常数,T_{M} 表征了电力拖动系统响应快慢的程度,与电机的结构参数和整个系统的飞轮矩密切相关。

　　忽略磁路饱和,则电枢控制方式下他励直流电动机为线性系统,利用叠加原理便可求得系统总的响应为

$$\Omega(s) = G_{\text{I}}(s)U_1(s) + G_{\text{II}}(s)T_{\text{L}}(s) \tag{3-57}$$

对上式求拉普拉斯反变换,便可求出在瞬时电压和负载作用下转速随时间的响应曲线。

3. 直流电动机的状态空间模型[*]

　　在电力拖动系统的仿真计算以及后续现代控制理论课程中,有时需要用到直流电动机的状态空间模型。他励直流电动机的状态空间模型可通过其微分方程式或传递函数求得,这里仅给出了采用微分方程获得他励直流电动机状态空间模型的具体方法。

　　取 $i_a(t)$ 和 $\Omega(t)$ 为状态变量,则式(3-48)、式(3-50)可写成如下矩阵方程形式

$$\frac{\mathrm{d}}{\mathrm{d}t}\begin{bmatrix} i_a \\ \Omega \end{bmatrix} = \begin{bmatrix} -\dfrac{R}{L_a} & -\dfrac{C'_{\text{e}}}{L_a} \\[2mm] \dfrac{C'_{\text{T}}}{J} & -\dfrac{B_1}{J} \end{bmatrix}\begin{bmatrix} i_a \\ \Omega \end{bmatrix} + \begin{bmatrix} \dfrac{1}{L_a} & 0 \\[2mm] 0 & -\dfrac{1}{J} \end{bmatrix}\begin{bmatrix} u_1 \\ T_{\text{L}} \end{bmatrix} \tag{3-58}$$

　　矩阵方程式(3-58)可用紧凑形式表示为

$$\dot{\boldsymbol{X}} = \boldsymbol{A}\boldsymbol{X} + \boldsymbol{B}\boldsymbol{U} \tag{3-59}$$

其中,$\boldsymbol{X} = \begin{bmatrix} i_a & \Omega \end{bmatrix}^{\text{T}}$,为状态变量;$\boldsymbol{U} = \begin{bmatrix} u_1 & T_{\text{L}} \end{bmatrix}^{\text{T}}$,为输入向量;

$$\boldsymbol{A} = \begin{bmatrix} -\dfrac{R}{L_a} & -\dfrac{C'_{\text{e}}}{L_a} \\[2mm] \dfrac{C'_{\text{T}}}{J} & -\dfrac{B_1}{J} \end{bmatrix}, \quad \boldsymbol{B} = \begin{bmatrix} \dfrac{1}{L_a} & 0 \\[2mm] 0 & -\dfrac{1}{J} \end{bmatrix}$$

3.5.2　直流电力拖动系统动态过程的一般分析计算

　　考虑到直接利用动态模型对系统动态性能的计算一般需要借助于计算机仿真来完成,但仿真方法的物理概念并不清晰;稳态模型具有物理概念清楚、能直接抓住问题的实质等优点。在工程实际中,通常把动态特性看成是稳态运行点的组合,然后借助于各稳态运行点的稳态特性来讨论系统的动态行为,这种方法的计算精度足以满足工程的需求。事实上,当生产机械的惯量较大,转速升降缓慢时,以稳态取代动态模型的伪暂态分析计算方法与直接使用动态模型进行计算所得到的结果几乎完全相同。为此,本书仍采用以稳态代替动态的传统方法对有关起、制动以及调速问题进行讨论。

　　众所周知,由于生产机械存在惯量(或飞轮矩)以及电机的电枢、励磁回路存在电感等机械和电磁原因,造成了电力拖动系统状态的改变不可能瞬时完成,而是存在过渡过程。原则上讲,对这一过渡过程的分析应该考虑机电和电磁两方面的因素,但考虑到工程实际和简化计算的需要,通常可将过渡过程分为两种情况进行讨论:①仅考虑机电时间常数的过渡过程分析;②同时考虑机电和电磁时间常数的过渡过程分析。应该讲,第一种情况讨论的是传统电机通过减速机构间接拖动生产机械的应用场合。此时,由于传动机构的机电时间常数较大,导致了电磁时间常数与机电时间常数不在同一数量级上,即电磁时间常数远远小于机电时间常数,因而电磁时间常数可以忽略不计。随着运动控制的发展和新一代负载类型如工业机器人、高速加工数控机床等的问世,出现了所谓无减速机构的"零传动"(即直接驱动)电力拖动系统,如直线电机以及**直驱电机**(direct-driving,简称 DD 电机)等组成的电力拖动系统等,这类拖动系统的特点是电磁时间常数与机电时间常数几乎在同一数量级内,对这类拖动系统的过渡过程,就必须按机电时间常数和电磁时间常数同时考虑的情况进行分析。下面对这两种情况下的过渡过程分别进行介绍。

1. 仅考虑机电时间常数的过渡过程分析

　　假定外加电源电压 U_1、气隙磁通 Φ 均维持不变,负载具有恒转矩性质,忽略电磁时间常数(即电枢电感 $L_a = 0$)和黏性阻尼系数 B_1,初始条件为 $n(t)\big|_{t=0} = n_A$, $I_a(t)\big|_{t=0} = I_A$。

　　根据上述假定,将直流电力拖动系统的微分方程式(3-48)和式(3-50)简化为

$$\begin{cases} U_1 = E_a + RI_a = C_e n\Phi + RI_a \\ T_{em} = T_L + \dfrac{GD^2}{375} \dfrac{dn}{dt} = C_T \Phi I_a \end{cases} \tag{3-60}$$

式(3-60)中,已用转速取代角速度且飞轮矩取代转动惯量。

　　现假定系统由某一稳态 A 向另一稳态 B 过渡(见图 3.20(a)),要求计算过渡过程中转速与电枢电流随时间的变化规律,即 $n = f(t)$ 与 $I_a = f(t)$。

（1）电枢电流的变化规律 $I_a = f(t)$

由式(3-60)中的第 1 个方程得

$$n = \frac{U_1 - RI_a}{C_e \Phi} \tag{3-61}$$

将其代入式(3-60)的第 2 个方程得

$$I_a = \frac{T_L}{C_T \Phi} - \frac{GD^2 R}{375 C_e C_T \Phi^2} \frac{dI_a}{dt} = I_B - T_M \frac{dI_a}{dt} \tag{3-62}$$

其中，$I_B = \dfrac{T_L}{C_T \Phi}$ 为对应于 T_L(即 B 点)的稳态负载电流。式(3-62)可整理为

$$\frac{dI_a}{dt} + \frac{1}{T_M} I_a = \frac{I_B}{T_M}$$

很显然，在忽略电磁时间常数时，电力拖动系统呈一阶惯性特征，其数学模型可用一阶微分方程来描述。

考虑到过渡过程开始时的初始电流和结束时的稳态电流分别为 $I_a(t)\big|_{t=0} = I_A$ 和 $I_a(t)\big|_{t \to \infty} = I_B$，利用三要素法便可求得电枢电流的变化规律为

$$I_a(t) = I_B + (I_A - I_B) e^{-\frac{t}{T_M}} \tag{3-63}$$

式(3-63)可用图 3.20(b)所示曲线表示。

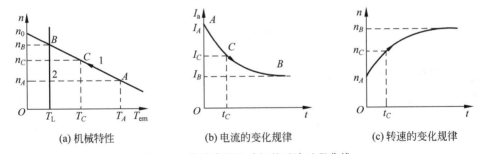

(a) 机械特性　　　　　　(b) 电流的变化规律　　　　　(c) 转速的变化规律

图 3.20　他励直流电动机的过渡过程曲线

（2）转速的变化规律 $n = f(t)$

将式(3-63)代入式(3-61)得

$$n(t) = \left(\frac{U_1 - RI_B}{C_e \Phi} \right) + \left(\frac{U_1 - RI_A}{C_e \Phi} - \frac{U_1 - RI_B}{C_e \Phi} \right) e^{-\frac{t}{T_M}}$$

即

$$n = n_B + (n_A - n_B) e^{-\frac{t}{T_M}} \tag{3-64}$$

式中，$n_A = \dfrac{U_1 - RI_A}{C_e \Phi}$ 为过渡过程开始时的稳态转速；$n_B = \dfrac{U_1 - RI_B}{C_e \Phi}$ 为过渡过程结束时的稳态转速。式(3-64)可用图 3.20(c)所示曲线表示。

（3）过渡过程的时间计算

对上述用一阶惯性环节描述的电力拖动系统而言,系统从某一稳态完全过渡到另一稳态,理论上讲,所需时间为无穷大。但考虑到当 $t=3T_M$ 时,系统的瞬时值已达到稳态值的 95%；而当 $t=4T_M$ 时,系统的瞬时值可达稳态值的 98%,可以认为过渡过程基本结束。因此,工程实际中,一般取 $(3\sim4)T_M$ 作为一阶惯性环节在整个过渡过程所花费的时间。

利用式(3-63)和式(3-64)便可以计算到达任意点所需时间,具体方法介绍如下。

设 C 为 AB 之间的任意一点(见图 3.20(a)),假定 C 点的转速值 n_C 已知,现希望求出拖动系统从起始点 A 到 C 所需要的时间 t_C。

由式(3-64)可知

$$n_C = n_B + (n_A - n_B)\mathrm{e}^{-\frac{t_C}{T_M}}$$

对上式求解得

$$t_C = T_M \ln \frac{n_A - n_B}{n_C - n_B} \tag{3-65}$$

同样,若 C 点的电流 I_C 或转矩 T_C 已知,则分别将其代入相应的表达式,便可求出 t_C,即

$$t_C = T_M \ln \frac{I_A - I_B}{I_C - I_B} \tag{3-66}$$

$$t_C = T_M \ln \frac{T_A - T_B}{T_C - T_B} \tag{3-67}$$

2. 同时考虑机电和电磁时间常数的过渡过程分析

假定初始条件与仅考虑机电时间常数时基本相同,唯一不同的是增加了电磁时间常数即考虑电枢电感 L_a 的影响。此时,电力拖动系统的暂态平衡方程式可重新整理为

$$\begin{cases} U_1 = RI_a + L_a\dfrac{\mathrm{d}I_a}{\mathrm{d}t} + E_a = RI_a + L_a\dfrac{\mathrm{d}I_a}{\mathrm{d}t} + C_e n\varPhi \\[2mm] T_{em} = T_L + \dfrac{GD^2}{375}\dfrac{\mathrm{d}n}{\mathrm{d}t} = C_T\varPhi I_a \end{cases} \tag{3-68}$$

现计算过渡过程中转速与电枢电流随时间的变化规律 $n=f(t)$, $I_a=f(t)$ 如下。

由式(3-68)的第 2 式可得

$$I_a - I_B = \frac{GD^2}{375C_T\varPhi}\frac{\mathrm{d}n}{\mathrm{d}t} \tag{3-69}$$

将式(3-68)的第 1 式减去稳态电势平衡方程式 $U_1 = RI_B + C_e n_B\varPhi$ 得

$$L_a\frac{\mathrm{d}I_a}{\mathrm{d}t} + R(I_a - I_B) + C_e\varPhi(n - n_B) = 0$$

将式(3-69)代入上式并整理得

$$T_\text{a} T_\text{M} \frac{\mathrm{d}^2 n}{\mathrm{d}t^2} + T_\text{M} \frac{\mathrm{d}n}{\mathrm{d}t} + n = n_B \tag{3-70}$$

式(3-70)即为他励直流电动机拖动系统的一般微分方程,其中,$T_\text{a} = \dfrac{L_\text{a}}{R}$ 为电枢回路的电磁时间常数。

式(3-70)对应的特征方程为

$$T_\text{a} T_\text{M} \lambda^2 + T_\text{M} \lambda + 1 = 0$$

相应的特征根为

$$\lambda_{1,2} = -\frac{1}{2T_\text{a}} \pm \frac{1}{2T_\text{a}} \sqrt{1 - \frac{4T_\text{a}}{T_\text{M}}}$$

根据时间常数的大小,现分两种情况进行讨论。

(1) 当 $T_\text{M} \geqslant 4T_\text{a}$ 时,$\lambda_{1,2}$ 为一对相异的负实根,即 $\lambda_{1,2} = -\lambda_1, -\lambda_2$,则微分方程式(3-70)的一般解可表示为

$$n = c_1 \mathrm{e}^{-\lambda_1 t} + c_2 \mathrm{e}^{-\lambda_2 t} + n_B \tag{3-71}$$

式中,c_1、c_2 为待定常数。

将式(3-71)求导,并代入式(3-69)得

$$I_\text{a} = I_B + \frac{GD^2}{375 C_\text{T} \varPhi} (c_1 \lambda_1 \mathrm{e}^{-\lambda_1 t} + c_2 \lambda_2 \mathrm{e}^{-\lambda_2 t}) \tag{3-72}$$

将初始条件 $n\big|_{t=0} = n_A$,$I_\text{a}\big|_{t=0} = I_A$ 分别代入式(3-71)和式(3-72)得

$$\begin{cases} c_1 + c_2 = n_A - n_B \\ c_1 \lambda_1 + c_2 \lambda_2 = \dfrac{375 C_\text{T} \varPhi}{GD^2}(I_A - I_B) \end{cases} \tag{3-73}$$

解方程式(3-73)得

$$\begin{cases} c_1 = \dfrac{\lambda_2 (n_A - n_B)}{\lambda_2 - \lambda_1} - \dfrac{375 C_\text{T} \varPhi (I_A - I_B)}{GD^2 (\lambda_2 - \lambda_1)} \\ c_2 = -\dfrac{\lambda_1 (n_A - n_B)}{\lambda_2 - \lambda_1} + \dfrac{375 C_\text{T} \varPhi (I_A - I_B)}{GD^2 (\lambda_2 - \lambda_1)} \end{cases} \tag{3-74}$$

将式(3-74)所求得的常数分别代入式(3-71)和式(3-72),便可获得过渡过程中的 $n = f(t)$,$I_\text{a} = f(t)$,其中,$n = f(t)$ 可用图 3.21(a)所示曲线表示。

(2) 当 $T_\text{M} < 4T_\text{a}$ 时,$\lambda_{1,2}$ 为一对具有负实部的共轭复数根 $\lambda_{1,2} = -\alpha \pm \mathrm{j}\omega$,其中,$\alpha = \dfrac{1}{2T_\text{a}}$,$\omega = \dfrac{1}{2T_\text{a}} \sqrt{\dfrac{4T_\text{a}}{T_\text{M}} - 1}$。此时,微分方程式(3-70)的一般解可表示为

$$n = A \mathrm{e}^{-\alpha t} \sin(\omega t + \varphi) + n_B \tag{3-75}$$

式中,A、φ 为待定常数。将式(3-75)求导,并代入式(3-69)得

$$I_\text{a} = I_B + \frac{GD^2}{375 C_\text{T} \varPhi} [-\alpha A \mathrm{e}^{-\alpha t} \sin(\omega t + \varphi) + A \omega \mathrm{e}^{-\alpha t} \cos(\omega t + \varphi)] \tag{3-76}$$

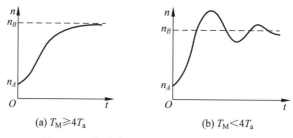

图 3.21　他励直流电动机的过渡过程曲线

将初始条件 $n\big|_{t=0}=n_A$，$I_a\big|_{t=0}=I_A$ 分别代入式(3-75)和式(3-76)得

$$
\begin{cases}
A\sin\varphi = n_A - n_B \\
-\alpha A\sin\varphi + A\omega\cos\varphi = \dfrac{375C_{\mathrm{T}}\varPhi}{GD^2}(I_A - I_B)
\end{cases}
\tag{3-77}
$$

将式(3-77)所求得的常数代入式(3-75)和式(3-76)，便可获得过渡过程中的 $n=f(t)$、$I_a=f(t)$，其中，$n=f(t)$ 可用图 3.21(b)所示曲线表示。

3.6　直流电动机的起动

1. 对直流电动机起动过程的一般要求

通电后，电动机的转速从零到达稳态转速的过程称为起动过程，对电动机起动过程的基本要求是：①起动转矩应足够大，以确保起动过程所需的时间较短；②起动电流要小；③起动设备应简单、经济与可靠。

从稳态观点看，一方面，直流电动机刚开始起动时转速 $n=0$，相应的感应电势 $E_a=C_e n\varPhi=0$，若外加电压为额定电压 U_N，考虑到电枢电阻 R_a 很小，则由电压平衡方程式可知，起动电流 $I_{\mathrm{st}}=\dfrac{U_N}{R_a}$ 较大。一般来说，直接起动时该起动电流可达额定电流的 $10\sim20$ 倍。如此之高的起动电流不仅会造成电机过热并带来换向问题，而且对大、中容量的电机而言，还会产生很大的电流冲击，导致电网电压瞬时下降，从而影响周围其他用电设备的正常运行。为此，起动过程中必须对起动电流加以限制。另一方面，由于起动电流的限制，相应的起动转矩 $T_{\mathrm{st}}=C_{\mathrm{T}}\varPhi I_{\mathrm{st}}$ 将随之减小。

工程实际中，通常要求起动过程中应满足在确保足够起动转矩的前提下尽量减小起动电流。一般情况下，直流电动机起动时须满足：①$I_{\mathrm{st}}\leqslant(2\sim2.5)I_N$；②$T_{\mathrm{st}}\geqslant(1.1\sim1.2)T_N$，以确保电机拖动额定负载顺利起动。

2. 起动方法

为了满足起动要求，确保在获得足够大的起动转矩的同时降低起动电流，直流电动机起动时一般应按照如下步骤进行：①首先在励磁绕组中加入额定励磁电流，以建立满载主磁场，确保一旦电枢电流加入所产生的电磁转矩最大，有利于缩短起动时间；②待主磁场建立之后再加入电枢电压。

直流电动机常用的起动方法有：①电枢回路串电阻起动；②降压起动。现分别介绍如下。

（1）电枢回路串电阻起动

在传统方案中，直流电动机多采用电枢回路串电阻的方法起动。起动前，励磁绕组中首先加入额定励磁电流，并在电枢回路中串入较大的电枢电阻；在起动过程中，依次逐级切除电枢回路所串联的电阻，直至起动过程结束。对应于这一方案的装置又称为直流电机的人工起动器，图 3.22 给出了直流电机人工起动器的电气原理图。

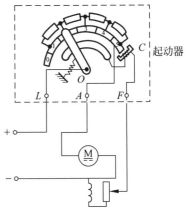

图 3.22　直流电机人工起动器的电气原理图

图 3.22 中，起动器通过手柄使得电源正极与 O 点接触，励磁绕组获得最大励磁电流。此时，继电器 C 吸合；然后，通过手柄使得电源正极与 1 点接触，此时电枢回路中外串电阻最大；逐级平滑切除各级电阻，直至电动机起动过程结束。在直流电机运行过程中，继电器 C 一直处于吸合状态。断电时，电枢电阻逐级释放结束，继电器 C 恢复断开。

为了进一步说明电枢回路串电阻的起动过程，图 3.23(a)、(b) 分别给出了他励直流电动机采用两级电阻起动时的电路图和相应的机械特性。其起动过程简单分析如下。

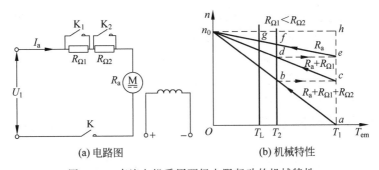

(a) 电路图　　　　(b) 机械特性

图 3.23　直流电机采用两级电阻起动的机械特性

起动开始时，接触器 K 闭合，起动过程开始，此时，对应于图 3.23(b) 的 a 点。由于 $T_1 > T_L$，在 T_1 作用下拖动系统将沿直线 ab 升速；到达 b 点时接触器 K_2 闭合，电阻 $R_{\Omega 2}$ 被短路切除，K_2 闭合瞬间，由于惯性转速 n 来不及变化，运行点由 b 移至 c 点；在 $T_{em(c)}(=T_1)$ 的作用下，系统将沿直线 cd 升速，到达 d 点时接触器 K_1 闭合，电阻 $R_{\Omega 1}$ 被 K_1 短路切除；同样，在 K_1 闭合瞬间，由于惯性转速 n 来不及变化，运行点由 d 移至 e 点；在 $T_{em(e)}(=T_1)$ 的作用下，系统将沿直线 efg 升速至 g 点，此时，$T_{em(g)}=T_L$，系统将稳定运行在 g 点，起动过程结束。

（2）降压起动

尽管电枢回路串联电阻的起动方案成本低、简单可靠,但由于其本身是一种耗能的起动方案,因而目前正处在逐步被淘汰的境地,取而代之的是采用更加可靠、经济运行的降压起动方案。图 3.24 给出了降压起动过程中他励直流电动机的机械特性,其起动过程与电枢回路串电阻起动过程类似,这里不再重复。

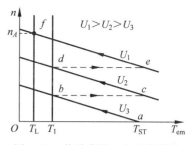

图 3.24　他励直流电动机的降压起动过程

降压起动的优点是,起动电流小,起动过程平滑,能量消耗少,因而在直流电力拖动系统中得到广泛采用。降压起动方案的缺点是,需要专门的可调压直流电源,目前多采用相控变流器或直流斩波器来实现。

3.7　直流电动机的调速

为了确保产品质量并提高生产率,要求生产机械能够经常在不同的转速场合下运行。对于电力拖动系统而言,系统可以通过生产机械本身实现速度调节如减速机构的换挡等,也可以通过电动机的速度调节满足系统对转速的要求;而大多数电力拖动系统则是通过两者的配合来满足调速要求的。随着各种控制策略的不断完善和先进手段(如微处理器技术、电力电子以及微电子技术等)的采用,生产机械自身结构的复杂性降低,而相应的电气系统的复杂性却在大幅度提高。最终结果是,电力拖动系统的性能以及所加工的产品质量和生产率大幅度提高,而生产机械本身的体积却在不断减小,目前这已成为电力拖动系统发展的必然趋势。一般把具有速度调节功能的电力拖动系统简称为**调速系统**,根据所采用电动机的类型不同,调速系统又可分为**直流调速系统**与**交流调速系统**两大类。

3.7.1　调速系统的性能指标

对于一般调速系统,主要通过如下几个指标评价系统的优劣:①调速范围;②静差率;③调速的平滑性;④原始投资与运行成本。前三项为技术性指标,最后一项为经济性指标,这些指标的具体定义如下。

1. 调速范围

调速范围定义为拖动系统运行的最高转速(或线速度)与最低转速(或线速度)之比,即

$$D = \frac{n_{\max}}{n_{\min}} = \frac{v_{\max}}{v_{\min}} \tag{3-78}$$

其中,$n_{\max}$、$n_{\min}$ 分别代表最高和最低转速;$v_{\max}$、$v_{\min}$ 分别代表最高和最低线速度。一般电力拖动系统的最高转速受生产机械的机械强度限制,而最低转速则受系统的稳定性影响。

2. 静差率

静差率又称为**转速变化率**,它是指拖动系统理想空载到额定负载时的转速变化量与理想空载转速之比的百分数,即

$$\delta = \frac{n_0 - n_N}{n_0} \times 100\% = \frac{\Delta n_N}{n_0} \times 100\% \tag{3-79}$$

其中,n_0 表示理想空载转速。由式(3-79)可见,静差率受两个因素影响,一是转速变化量 Δn_N;二是理想空载转速 n_0。

当 n_0 一定时,机械特性越硬,由空载到负载之间的转速变化越小,则静差率 δ 越小;图 3.25 中的直线 1、2 分别给出了他励直流电动机的固有机械特性和电枢回路串电阻的人为机械特性。对于恒转矩负载而言,很显然,电枢回路串电阻后转速降 Δn 的提高,导致静差率加大。对实际拖动系统而言,如果电枢回路外串电阻最大时的 δ 满足要求,则其余情况下的 δ 自然也满足要求。

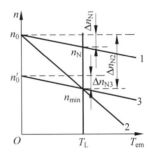

图 3.25 他励直流电动机的机械特性与静差率之间的关系

当机械特性的硬度一定时,随着理想空载转速 n_0 的提高,静差率 δ 减小。图 3.25 中的直线 3 为降低电枢电压时他励直流电动机的人为机械特性。对于恒转矩负载而言,由于空载转速的降低,导致低速时的静差率 δ 增大。对于电力拖动系统而言,只要低速时满足 δ 的要求,高速时的 δ 自然满足要求。因此,应按照低速进行静差率 δ 的计算。于是有

$$D = \frac{n_{\max}}{n_{\min}} = \frac{n_{\max}}{n'_0 - \Delta n_N}$$

又根据式(3-79)可知 $n'_0 = \dfrac{\Delta n_N}{\delta}$,将其代入上式得静差率 δ 与调速范围 D 之间的关系为

$$D = \frac{n_{\max}\delta}{\Delta n_N(1 - \delta)} \tag{3-80}$$

可见,调速范围与静差率之间是相互关联的,假若低速时的 δ 满足要求,若采用电枢回路串电阻调速,则相应的 Δn 较大、调速范围 D 较小,有可能难以满足调速范围的要求;若采用调压调速,则由于 Δn 维持不变,调速范围自然容易满足要求。换句话说,与电枢回路串电阻调速方案相比,调压调速方案可以使系统在更低的转速下稳定运行,由此可对调速方式与性能指标之间的关系略见一斑。

当然，如果能进一步提高机械特性的硬度，减低 Δn，便可以获得更宽的调速范围。工程实际中，通过转速闭环控制便可以达到上述目的。有关转速闭环控制系统的内容将在后续课程"电力拖动自动控制系统"中介绍。

3. 调速的平滑性

在调速系统中，经常采用有级和无级来描述系统的调速平滑性，并利用平滑系数来反映调速系统平滑性的优劣。定义平滑系数为相邻两级的转速比，即

$$K = \frac{n_i}{n_{i-1}} \tag{3-81}$$

式中，n_i 与 n_{i-1} 为相邻两级的转速。

上式中，K 越接近于 1，则平滑性越好。若采用无级调速，即速度连续可调，则 $K = 1$。

4. 原始投资与运行成本

调速系统的经济指标包括设备的原始性一次投资和设备的运行费用，运行费用主要是指调速过程中的损耗，通常用效率来衡量，即

$$\eta = \frac{P_2}{P_1} \times 100\% = \frac{P_2}{P_2 + \sum p} \times 100\% \tag{3-82}$$

3.7.2　他励直流电动机常用的调速方法

由转速表达式 $n = \dfrac{U_1}{C_e \Phi} - \dfrac{R_a}{C_e \Phi} I_a$ 可知，他励直流电动机可以采用下列两种方法调速，一种是采用降低电枢电压降速，另一种是降低励磁电流升速（又称为弱磁升速），两者均可以通过电力电子变流器或相应的电枢或励磁回路串电阻加以实现。下面分别对这两种方法加以讨论。

1. 降低电枢电压降速

（1）电枢回路串电阻调速

2.8.3节曾介绍了他励直流电动机电枢回路串电阻时的人为机械特性（见图2.39），现将其重新绘制在图3.26中。为了说明其在恒转矩负载下的调速特性，图3.26将恒转矩负载的转矩特性 $T = T_L$ 也一同绘制在同一坐标系中。图中，电动机的机械特性与负载特性的交点 a、b、c 即为拖动系统的稳定运行点，所对应的转速分别为 n_1、n_2、n_3。由图3.26可见，随着电枢回路的电

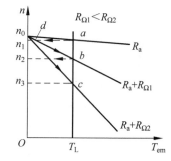

图 3.26　电枢回路串电阻情况下的人为机械特性和负载特性

阻增加,理想空载转速不变,机械特性的硬度变软,导致转速下降。因此,电枢回路串电阻只能在额定转速(又称为**基速**)以下调速。

考虑到电枢回路串电阻的降压调速过程中,磁通 $\Phi=\Phi_N$ 保持不变,对恒转矩负载 $T=T_L$,由 $T_{em}=C_T\Phi I_a$ 可知,电枢电流保持不变。

电枢回路串电阻的降速过程可解释如下:当电枢回路的电阻由 R_a 突然增至为 $R_1=R_a+R_{\Omega 1}$ 时,由于机械惯性,转速 n_1 不能突变,拖动系统的运行点由点 a 移至点 d。由于感应电势 $E_a=C_e n\Phi$ 保持不变,由 $I_a=(U_1-E_a)/(R_a+R_{\Omega 1})$ 可见,此时 I_a 降低,电磁转矩 T_{em} 减小,$T_{em}<T_L$。由动力学方程可知,系统自然要减速。运行点由点 d 沿直线 db 向点 b 移动。由于转速降低,电枢电势 E_a 减小,I_a 增加,导致电磁转矩 $T_{em}=C_T\Phi I_a$ 有所增加,系统将最终稳定运行在 b 点,至此降速过程结束。

电枢回路串电阻调速的经济性指标分析如下:直流电动机的输入电功率为

$$P_1=U_1 I_a=(E_a+RI_a)I_a \tag{3-83}$$

忽略机械耗和铁耗,则根据式(3-83)得电动机的总损耗为

$$\Delta p=I_a^2 R=U_1 I_a-E_a I_a=U_1 I_a\left(1-\frac{E_a}{U_1}\right)=U_1 I_a\left(1-\frac{C_e n\Phi}{C_e n_0\Phi}\right)$$

$$=P_1\left(1-\frac{n}{n_0}\right) \tag{3-84}$$

其中,$U_1=C_e n_0\Phi$,即电枢电压等于理想空载转速时的反电势。

于是,电机的效率为

$$\eta=\frac{P_1-\Delta p}{P_1}=1-\left(1-\frac{n}{n_0}\right)=\frac{n}{n_0} \tag{3-85}$$

由式(3-85)可见,随着转速的下降,电动机的运行效率降低,转速越低,效率越低。因此,电枢回路串电阻调速是一种不经济的调速方法。

(2) 降低电源电压降速

他励直流电动机在降低电源电压情况下的人为机械特性如图 2.40 所示,这里将其重画在图 3.27 中,一同绘制的还有恒转矩负载的转矩特性 $T=T_L$。图 3.27 中,电动机的机械特性与负载特性的交点 a、b、c 即为拖动系统在不同电压下的稳定运行点,所对应的转速分别为 n_N、n_1、n_2。

由图 3.27 可见,电动机的转速随着外加电源电压的降低而下降,从而达到降速的目的。由于不同电源电压下的机械特性相互平行,在调速过程中机械特性的硬度保持不变。上一节曾提到,正是由于机械特性的硬度不变,使得降低电源电压的调速比电枢回路串电阻的降压调速具有更宽的调速范围。

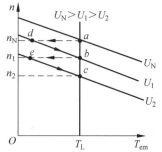

图 3.27　降低电源电压情况下的人为机械特性和负载特性

同电枢回路串电阻降压一样,考虑到降低电源电压的降速过程中,磁通 $\Phi=\Phi_N$ 保持不变,对

于恒转矩负载,稳态下的电枢电流自然也保持不变。

降低电源电压的降速过程可解释如下:当电源电压由 U_N 突然降至 U_1 时,由于机械惯性转速来不及变化,运行点将由点 a 瞬间转移至点 d。此时,d 点的电磁转矩显然小于负载转矩,由动力学方程式知,拖动系统自然要减速,系统的运行点将由点 d 沿直线 db 向点 b 移动。一旦到达 b 点,则 $T_{em(b)} = T_L$,于是系统便稳定运行在 b 点。至此,降速过程结束。

至于降低电源电压降速方案的运行效率仍可按照式(3-85)进行计算。但考虑到这种降压降速方案中的理想空载转速 $n_0 \left(= \dfrac{U_1}{C_e \Phi} \right)$ 将随电枢电压的降低而变小,而电枢回路串电阻方案中的 $n_0 \left(= \dfrac{U_N}{C_e \Phi} \right)$ 却保持不变,因而根据式(3-85)可知,当采用上述两种方案将转速 n 降至同一数值时,降低电源电压的降速方案将具有更高的运行效率。

至此可以看出,与电枢回路串电阻降压调速相比,改变电源电压的调速方案不仅具有较宽的调速范围,而且在速度调节的平滑性和经济性或效率方面都具有明显的优势,因而这种调速方案得到了广泛应用。

对于直流调速系统而言,可调压的直流电源可以通过恒速运行的感应电机拖动直流发电机来实现,也可以借助于由电力电子器件组成的电力电子变流器来获得。具体实现方案将在 3.9 节介绍。

2. 弱磁升速

他励直流电动机在弱磁情况下的人为机械特性如图 2.41 所示,这里将其重新绘制在图 3.28 中,并将恒转矩负载的转矩特性也绘制在同一坐标系中。图 3.28 中,电动机的机械特性与负载转矩特性的交点 a、b、c,即为拖动系统的稳定运行点,所对应的转速分别为 n_1、n_2、n_3。显然,电动机的转速随着励磁电流的减小而升高,从而达到弱磁升速的目的。为了防止磁路过饱和,励磁电流只能在额定励磁电流范围内调节,这就意味着弱磁调速只能在基速(额定转速)以上进行。

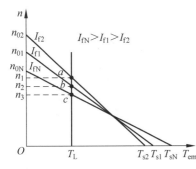

图 3.28　励磁改变情况下的直流电动机人为机械特性和负载特性

对恒转矩负载,由 $T_{em} = C_T \Phi I_a$ 可知,在弱磁升速过程中,电枢电流不再保持不变,而是随着磁通的降低,电枢电流 I_a 与磁通 Φ 成反比增加。

为了说明弱磁升速过程,图 3.29 重新绘出了弱磁升速时的人为机械特性。根据图 3.29,弱磁升速过程可解释如下:忽略励磁回路的时间常数,假定突然降低励磁电压 U_f,使得励磁磁通由 $\Phi_N(I_{fN})$ 突然降至 $\Phi_1(I_{f1})$,则由于机械惯性,系统的转速来不及突然变化。由

$I_a = (U_1 - E_a)/R_a = (U_1 - C_e n \Phi)/R_a$ 可见，电枢电流 I_a 将迅速增大。此时在 $T_{em} = C_T \Phi I_a$ 中，Φ 减小而 I_a 增大。在正常负载范围内，I_a 增大的程度要大于 Φ 减小的程度，因此电磁转矩会由 $T_{em} = T_L$ 突增至 $T_{em(d)}$，相应的运行点瞬间由点 a 移至点 d。此时，由于 $T_{em(d)} > T_L$，由动力学方程知系统自然要加速，运行点由 d 点沿直线 db 向 b 点移动。随着转速的升高和 E_a 的增加，电枢电流 I_a 和电磁转矩 T_{em} 有所下降，促使系统最终在 b 点达到新的平衡，并以 n_b 的转速稳定运行，此时 $T_{em(b)} = T_L$。

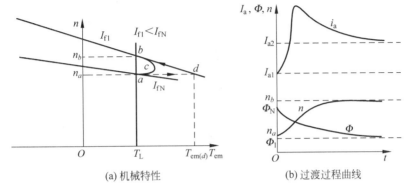

图 3.29　他励直流电动机弱磁升速的过渡过程

以上分析忽略了励磁回路的时间常数，而实际情况是励磁回路的时间常数较大，一般不应忽略。若突然降低励磁电压 U_f，励磁电流 I_f 和磁通 Φ 将不可能立即减小，其结果是 I_a 和 T_{em} 无法到达 d 点，动态过程只能沿图 3.29(a) 中的曲线 acb 到达 b 点。励磁回路的时间常数越大，则过渡过程所用的时间越长。图 3.29(b) 给出了考虑励磁回路时间常数的转速与电枢电流曲线，很显然，由 $T_{em} = C_T \Phi I_a$ 可知，对恒转矩负载，弱磁升速后，稳态电枢电流 $I_{a2} > I_{a1}$。

对于普通直流电动机，弱磁调速范围最多为 $D = 2$；而对于专门设计的弱磁调速电机，其调速范围可达 $D = 3 \sim 4$，不过其额定转速较低。

弱磁调速的优点是，速度的控制是通过功率较小的励磁回路完成的，控制方便，能耗小。除此之外，调速的平滑性也较高。为了获得较高的调速范围，通常将弱磁升速与额定转速以下的降压调速配合使用。

3.7.3　调速方式与负载类型的配合

调速系统必须满足如下两个准则，一是在整个调速范围内电动机不能过热，否则，电动机会因温度过高而损坏其内部绕组或绝缘。为了确保调速过程中电机不至于过热，对于直流电动机，调速过程中的电枢电流一般不能超过额定值，即 $I_a \leqslant I_N$。二是在整个调速范围内电动机的最大负载能力尽可能得到充分利用。所谓最大负载能力是指调速运行中，在确保电枢电流 $I_a = I_N$ 的前提下，电动机长期运行所能输出的最大转矩或功率。最大负载能力并不代表电动机的实际输出转矩或功率，而是反映了其输出的允许值(capability)，调速系统的使用手册中一般都提供该允许值。

为了满足上述两个准则,兼顾电机不至于过热和最大负载能力得以充分发挥,在整个调速范围内电动机的实际电枢电流 I_a 应尽可能等于或接近其额定值 I_N。考虑到实际运行时,电枢电流 I_a 的大小取决于负载,不同类型的负载必须选择合适的调速方式才能满足上述两个准则。下面就不同调速方式以及调速方式所适合的负载类型分别加以讨论。

1. 调速方式的类型

按调速过程中物理量的变化情况,电力拖动系统的调速方式主要分为两大类,一类是**恒转矩调速方式**,另一类是**恒功率调速方式**。

所谓**恒转矩调速方式**是指,调速过程中,在保持 $I_a = I_N$ 不变的前提下,电动机的电磁转矩保持不变。

3.7.2 节介绍的他励直流电动机电枢回路串电阻和降低电源电压调速就属于恒转矩调速方式。现分析如下。

由于调速过程中,$\Phi = \Phi_N$、$I_a = I_N$ 保持不变,故电磁转矩为

$$T_{em} = C_T \Phi_N I_N = T_N = 常数$$

电机轴上的输出功率为

$$P = \frac{T_{em}\Omega}{1000} = \frac{T_{em}}{1000}\left(\frac{2\pi n}{60}\right) = \frac{T_{em}n}{9550} \propto n$$

由此可见,电枢回路串电阻与降低电源电压的降压调速均属恒转矩调速方式,其轴上允许的输出功率与转速成正比。

所谓**恒功率调速方式**是指,调速过程中,在保持 $I_a = I_N$ 不变的前提下,电动机的最大电磁功率保持不变。

3.7.2 节介绍的他励直流电动机的弱磁调速即属于恒功率调速方式。现分析如下。

由于调速过程中,$I_a = I_N$ 保持不变,于是有

$$\Phi = \frac{U_N - R_a I_N}{C_e n} = K\frac{1}{n}$$

将上式代入电磁转矩的表达式得

$$T_{em} = C_T \Phi I_N = C_T K\frac{1}{n}I_N = \frac{K'}{n}$$

于是有

$$P = \frac{T_{em}n}{9550} = \frac{K'}{9550} = 常数$$

由此可见,弱磁调速属于恒功率调速方式,其容许的输出转矩与转速成反比。

上述分析表明,基速以下,他励直流电动机采用恒转矩调速方式,而基速以上,则采用恒功率调速方式。图 3.30(a)、(b)分别给出了他励直流电动机在整个调速过程中的机械特性与最大负载能力曲线。习惯上,最大负载能力用图 3.30(c)所示的输出转矩、输出功率与转速之间的关系曲线来表示。

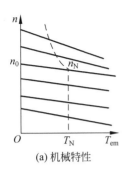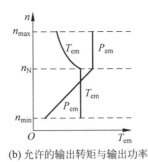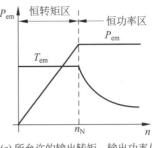

(a) 机械特性　　(b) 允许的输出转矩与输出功率　　(c) 所允许的输出转矩、输出功率与
转速之间的关系曲线

图 3.30　他励直流电动机调速过程中所允许的转矩和功率

2. 调速方式的选择

考虑到生产机械可大致分为恒转矩负载和恒功率负载两种类型(见 3.3 节),为了确保电动机在不过热的前提下最大负载能力得到充分发挥,**具有恒转矩负载特点的生产机械应尽可能选择具有恒转矩性质的调速方式**,且所选择电动机的额定转矩应大于负载转矩的值;**具有恒功率负载特点的生产机械应尽可能选择具有恒功率性质的调速方式**,且所选择电动机的额定功率应大于负载功率的值;否则,会造成不必要的转矩和功率浪费。现采用反证法说明如下。

若生产机械具有恒转矩负载特点,而选择具有恒功率性质的调速方式(见图 3.31(a))。为了满足整个调速范围内的负载转矩要求(即 $T_{em}>T_L$),电动机的转矩必须按照高速时的数值选择。此时所选电动机的额定功率为

$$P_N = \frac{T_L n_{max}}{9550} \tag{3-86}$$

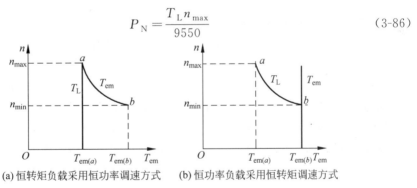

(a) 恒转矩负载采用恒功率调速方式　　(b) 恒功率负载采用恒转矩调速方式

图 3.31　调速方式与负载类型不匹配的说明

当电机运行在低速 $n=n_{min}$ 时,实际负载所需的功率为

$$P_L = \frac{T_L n_{min}}{9550} = \frac{T_L n_{max}}{9550}\frac{n_{min}}{n_{max}} = P_N \frac{1}{D} \tag{3-87}$$

而电动机能够提供的功率仍为 $P_N=DP_L$,这样电动机的功率将有 $(D-1)P_L$ 未得到利用。同时,低速时电磁转矩也有

$$T_{em(b)} - T_{em(a)} = \frac{T_L n_{max}}{n_{min}} - T_L = (D-1)T_L \tag{3-88}$$

未得到使用。综上所述，整个调速范围内最大负载能力未得到充分利用。这说明**恒转矩负载不宜采用恒功率调速方式**。

同理，若生产机械具有恒功率负载特点，而选择恒转矩性质的调速方式（见图3.31(b)）。为了满足整个调速范围内的负载转矩要求（即 $T_{em} > T_L$），电动机的转矩必须按照低速数值选择，即 $T_N = T_{Lb}$。

当电机工作在高速 $n = n_{max}$ 时，电动机所能提供的电磁功率为

$$P_N = \frac{T_N n_{max}}{9550} = \frac{T_{Lb} n_{min}}{9550} \frac{n_{max}}{n_{min}} = D P_L \qquad (3\text{-}89)$$

由此可见，电动机在高速时所提供的功率为 P_N，这样，将有 $(D-1)P_L$ 的功率未得到利用。同时，高速时的电磁转矩也有

$$T_N - T_{La} = T_{Lb} - T_{La} = \frac{T_{La} n_{max}}{n_{min}} - T_{La} = (D-1)T_{La} \qquad (3\text{-}90)$$

未得到使用。综上所述，整个调速范围内最大负载能力未得到充分利用，这说明**恒功率负载不宜采用恒转矩调速方式**。

对于风机、泵类负载，由于其既非恒转矩负载也非恒功率负载类型，无论是采用恒转矩调速方式还是采用恒功率调速方式，均不可能做到调速方式与负载类型的最佳配合（或匹配）。也许合理的调速方式应是恒转矩与恒功率调速方式的结合，对他励直流电动机而言，可根据上述要求通过调压和弱磁的配合，获得最佳的调速方案。

3.8 他励直流电动机的制动

制动是指电机的电磁转矩与转速方向相反的一种运行状态，在这一运行状态下，电磁转矩将起到抑制系统运动的作用。广义的制动包括利用电磁转矩使得拖动系统尽快停车、减速以及使位能负载获得稳定的下降速度等。

从能量转换角度上看，处于制动状态下的电机从机械轴上获得机械功率，并将其转换为电功率。因此，从这一点上看，电机的制动状态类似于电机运行在发电机状态，但与发电机运行又有本质的区别，主要表现在发电机所获得的机械功率来自原动机；而制动状态下的机械功率则来自拖动系统自身运行时所积累的动能或势能，通过电机将这些机械能变为电能并回馈至电网或消耗掉，从而利用制动性的电磁转矩加快系统的减速过程。因此，一般情况下，将直流电机的运行状态分为电动机运行、发电机运行和电磁制动三种运行状态。

电磁制动同自由停车以及借助于其他外部制动手段如抱闸（即电磁制动器）等制动方式不同，它是利用电机自身的电磁转矩来实现制动的。在电动机运行状态下，电磁转矩为驱动性的；而一旦希望电机尽快减速或停车，可以改变电磁转矩的方向，使电磁转矩由驱动性变为制动性的转矩。由 $T_{em} = C_T \Phi I_a$ 可知，要完成这一转变，在主磁通 Φ 不变的条件下只需改变电枢电流的方向即可。又由 $E_a = C_e n \Phi$ 知，电机减速过程中转向不变，制动过程中磁场保持不变，因而 E_a 的方向也保持不变。而

电枢电流方向的改变必然导致电磁功率 $P_{em} = E_a I_a$ 改变符号,即电磁功率由电动机运行时的吸收电功率变为发出电功率。这部分电功率可以通过电阻消耗掉,也可以通过电网回收。根据制动过程中电机发出电功率的去向不同以及外部所提供的条件不同,制动可以分为能耗制动、反接制动和回馈制动三种方式。本节主要介绍这三种制动方式的基本思想以及所涉及的电磁过程与机械特性。

3.8.1　能耗制动

所谓**能耗制动**(dynamic braking)是将由机械轴上的动能或势能转换而来的电能通过电枢回路的外串电阻发热消耗掉的一种制动方式,由于机械能转换为电能,电机工作在发电状态,相应的电磁转矩必然为制动性的转矩,与运行方向相反,从而加速制动。

图 3.32 给出了制动前后电机作电动机运行和能耗制动时的接线图,制动前后励磁电流保持不变。

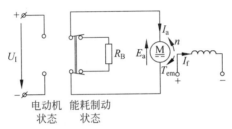

图 3.32　他励直流电机电动机状态与能耗制动状态的接线图

制动前,他励直流电机作电动机运行。保持励磁电流不变,通过单刀双掷开关将外加制动电阻 R_B 串入。制动开始时,由于拖动系统的机械惯性,转速大小和转向保持不变,相应的感应电势 E_a 必然与电动机运行状态时相同。由于外加电压 $U_1 = 0$,则电枢电流和电磁转矩分别为

$$I_{aB} = \frac{U_1 - E_a}{R_a + R_B} = \frac{-E_a}{R_a + R_B} < 0, \quad T_{em} = C_T \Phi I_{aB} < 0 \tag{3-91}$$

由式(3-91)可见,电磁转矩变为制动性转矩,系统减速加快,此时,电机处于发电状态运行,将吸收系统的动能转化为电能,消耗在电枢回路的总电阻($R_B + R_a$)上,能耗制动由此而得名。

根据图 3.32 有

$$P_{em} = E_a I_{aB} = I_{aB}^2 (R_a + R_B) \tag{3-92}$$

式(3-92)表明,由系统动能转换而来的电磁功率将全部消耗在电枢回路的总电阻($R_B + R_a$)上。

1. 能耗制动时电动机的机械特性与制动电阻的选择

在能耗制动过程中,他励直流电动机的机械特性可表示为

$$n = 0 - \frac{R_a + R_B}{C_e C_T \Phi^2} T_{em} = -\beta T_{em} \tag{3-93}$$

式(3-93)可用图 3.33 所示曲线表示,很显然,能耗制动时他励直流电动机的机械特性是一条通过原点且位于第 II 象限的直线。在制动过程中,由于电磁转矩的反向,相应的动力学方程式变为

$$-T_{em} - T_L = \frac{GD^2}{375} \frac{dn}{dt} < 0$$

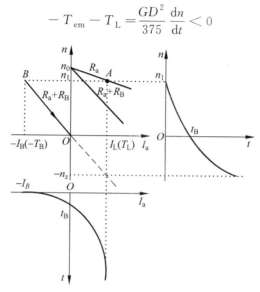

图 3.33　能耗制动时他励直流电动机的机械特性与过渡过程曲线

因此,电机减速较快,工作点将沿机械特性下移,制动转矩也逐渐减小,直至转速为零,电机停车。

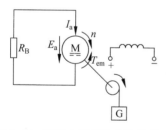

图 3.34　直流电机带位能性负载时
的能耗制动情况

若电动机带位能性负载(见图 3.34),则当电机转速降为 0(即机械特性经过原点)时,要想使系统停车,就必须断开电枢回路。否则在位能负载的作用下,电机将反方向加速,n、E_a、I_a、T_{em} 均改变方向,直至 $T_{em} = T_L$ 为止,则拖动系统将最终以 $-n_z$ 稳速下降(见图 3.33 中的虚线)。此时相应能耗制动的机械特性位于第 IV 象限。

由式(3-91)可见,制动电阻 R_B 越小,制动电流 I_{aB} 越大,制动性的电磁转矩越大,制动时间越短。但 R_B 不能太小,否则,I_a(或 T_{em})将超过允许值,导致电枢绕组烧坏(或转子损坏)。一般按照最大制动电流不超过 $2I_N$ 来选择制动电阻 R_B,于是,能耗制动的起始电流为

$$I_B = \frac{E_{aN}}{R_a + R_B} \leqslant 2I_N$$

即

$$R_B \geqslant \frac{E_{aN}}{2I_N} - R_a \approx \frac{U_N}{2I_N} - R_a \tag{3-94}$$

2. 能耗制动时他励直流电动机的过渡过程分析

能耗制动时拖动系统的基本关系式可由下式给出

$$\begin{cases} I_a = -\dfrac{E_a}{R_a + R_B} = -\dfrac{C_e n \Phi}{R_a + R_B} \\ T_{em} = T_L + \dfrac{GD^2}{375}\dfrac{dn}{dt} = C_T \Phi I_a \end{cases} \tag{3-95}$$

将式(3-95)的第 1 式代入第 2 式,并整理得

$$T'_M \frac{dn}{dt} + n = -\frac{R_a + R_B}{C_e C_T \Phi^2} T_L \tag{3-96}$$

式中,机电时间常数 $T'_M = \dfrac{GD^2(R_a + R_B)}{375 C_e C_T \Phi^2}$。

对于位能性负载,当 $T_{em} = T_L$ 时,$n = -n_z$,利用式(3-95)的第 1 式有

$$T_L = C_T \Phi I_L = C_T \Phi \frac{C_e n_z \Phi}{R_a + R_B}$$

将上式代入(3-96)得

$$T'_M \frac{dn}{dt} + n = -n_z \tag{3-97}$$

解式(3-97)得

$$n = -n_z + (n_1 + n_z) e^{-\frac{t}{T'_M}} \tag{3-98}$$

同理

$$i_a(t) = I_L + (-I_B - I_L) e^{-\frac{t}{T'_M}} \tag{3-99}$$

式中,n_1、I_B 分别为能耗制动开始时的稳态转速与电枢电流,如图 3.33 所示。

根据式(3-98)和式(3-99)可绘出能耗制动时的过渡过程曲线,如图 3.33 所示。

对于反抗性负载(或位能性负载),若希望在零速时停车,则将 $n = 0$ 代入式(3-98)便可求得制动时间为

$$t_B = T'_M \ln \frac{n_1 + n_z}{n_z} \tag{3-100}$$

对于位能性负载,若希望电机继续反转运行,则全部制动时间为

$$t_B = (3 \sim 4) T'_M \tag{3-101}$$

3.8.2　反接制动

反接制动(plugging)是外加电枢电压反向或在外部条件作用下电枢电势反向,

引起电磁转矩反向的一种制动方式。对反抗性负载,可直接通过外加电枢电压反接实现反接制动;而对于位能性负载,当重物提升时,电机工作在电动机状态,当重物下降时,由于转速的方向改变导致电枢电势反向,此时电机的运行情况同反抗性负载电枢电压反接相同,因而也将其归类于反接制动。下面就对这两种情况分别进行讨论。

1. 电枢反接的反接制动

对于反抗性负载,把正在作正向电动机运行的他励直流电机的外加电枢电压反接,同时在电枢回路中串入限流的反接制动电阻,便可实现反接制动。图 3.35 给出了反接制动时的电气接线图以及各物理量的实际方向。

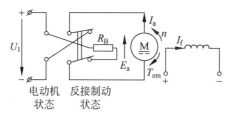

图 3.35　他励直流电机反接制动状态的接线图

制动前,电机作正向电动机运行;若希望拖动系统快速停车或反转,可通过单刀双掷开关将外加电枢电压反向加至电枢两端。为限制电枢电流,电枢回路应串入制动电阻 R_B。由于外加电枢电压反接,U_1 的符号改变,相应的电枢电流和电磁转矩分别为

$$I_B = \frac{-U - E_a}{R_a + R_B} < 0, \quad T_{em} = C_T \Phi I_B < 0 \tag{3-102}$$

式(3-102)表明,电磁转矩变为制动性转矩,故拖动系统将迅速制动。

由式(3-102)可得

$$|U I_B + E_a I_B| = I_B^2 (R_a + R_B) \tag{3-103}$$

式(3-103)表明,反接制动时外部电源输入的电功率和由系统动能转换而来的电磁功率将全部转变为电枢回路总电阻($R_B + R_a$)的损耗。

(1) 反接制动时电机的机械特性与制动电阻的选择

反接制动过程中电机的机械特性可表示为

$$n = \frac{-U_1}{C_e \Phi} - \frac{(R_a + R_B)}{C_e C_T \Phi^2} T_{em} = -n_0 - \beta T_{em} \tag{3-104}$$

式(3-104)可用图 3.36 所示曲线表示。

很显然,反接制动时电机的机械特性是一条位于第Ⅱ象限的直线。在制动过程中,由于电磁转矩的反向,相应的动力学方程式变为

$$-T_{em} - T_L = \frac{GD^2}{375} \frac{dn}{dt} < 0$$

因此,电机很快减速,工作点将沿机械特性下移,制动转矩也逐渐减小,直至转速为

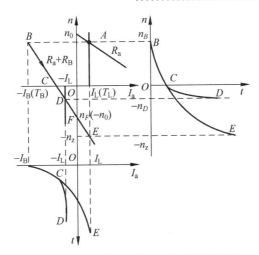

图 3.36 反接制动时直流电机的机械特性

零,电机停车。若电动机带反抗性负载,则当电机转速降为零时(见图 3.36 中的 C 点),要想使系统真正停车,就必须断开电源,否则在反抗性负载的作用下,电机将反方向继续运行,进入第Ⅲ象限。在第Ⅲ象限中,由于转速反向,负载转矩相应地也改变符号,因此拖动系统的动力学方程变为

$$-T_{em} - (-T_L) = \frac{GD^2}{375}\frac{dn}{dt} < 0$$

电机运行点将沿机械特性下移,电机继续减速,直至 $T_{em} = T_L$。最终,拖动系统以 $-n_D$ 的转速稳定运行在图 3.36 中的 D 点。对于位能性负载,电机将继续反向加速,直至进入第Ⅳ象限,此时,电磁转矩改变符号,负载转矩与第Ⅰ象限相同,拖动系统的动力学方程变为

$$T_{em} - T_L = \frac{GD^2}{375}\frac{dn}{dt} < 0$$

电机将继续减速,直至 $T_{em} = T_L$,并最终以 $-n_z$ 的转速稳定运行在图 3.36 中的 E 点。下一节的分析将表明,电机运行在第Ⅳ象限时实际已进入回馈制动状态。

反接制动时,由于外加电枢电压与反电势顺向串联,电枢电流较大,为了限制该电流,通常在电枢回路中串入较大的制动电阻 R_B。同能耗制动一样,该制动电阻一般也是按照最大制动电流不超过 $2I_N$ 来选择。于是有

$$I_B = \frac{U_N + E_{aN}}{R_a + R_B} \leqslant 2I_N$$

式中,I_B 为反接制动的起始电流。

$$R_B \geqslant \frac{U_N + E_{aN}}{2I_N} - R_a \approx \frac{U_N}{I_N} - R_a \tag{3-105}$$

很显然,反接制动时的制动电阻 R_B 约为能耗制动时的两倍。

(2) 反接制动时他励直流电动机的过渡过程分析

对于反抗性负载,根据图 3.36 可知,若希望系统在反接制动过程中最后停车,则电机的机械特性对应于 BC 段。在这一阶段,拖动系统的动力学方程式为

$$-T_{em} - T_L = \frac{GD^2}{375}\frac{dn}{dt} < 0 \tag{3-106}$$

过渡过程的起始点为 B 点,若负载特性以及其他条件均不变,则系统将最终稳定运行在 E 点。考虑到反抗性负载实际运行时达不到该点,故这一点又称为**虚稳定点**(即在各种外界条件不变情况下系统可能的稳定点)。利用起始点 B、虚稳定点 E 以及机械时间常数这三要素,便可获得 BC 段的过渡过程曲线为

$$n(t) = n_E + (n_B - n_E)e^{-\frac{t}{T_M}} = -n_z + (n_A + n_z)e^{-\frac{t}{T_M}} \tag{3-107}$$

$$i_a(t) = i_E + (i_B - i_E)e^{-\frac{t}{T_M}} = I_L + (-I_B - I_L)e^{-\frac{t}{T_M}} \tag{3-108}$$

式中,反接制动时的机电时间常数 $T_M = \dfrac{GD^2(R_a + R_B)}{375 C_e C_T \Phi^2}$。将 $n(t) = 0$ 代入式(3-107),得系统由制动初始 B 点至完全停车(对应于 C 点)所需的时间为

$$t_B = T_M \ln\frac{n_A + n_z}{n_z} \tag{3-109}$$

若反接制动在 C 点不停车,亦即在 C 点(见图 3.36)继续闭合,则电机将反转,工作点沿 CD 移动并最终稳定运行在 D 点。这一阶段电机工作在反向电动机运行状态,负载转矩改变方向,相应的动力学方程式变为

$$-T_{em} + T_L = \frac{GD^2}{375}\frac{dn}{dt} < 0 \tag{3-110}$$

由于负载转矩的改变,CD 段的过渡过程自然发生变化。利用该段的起始点 C、稳态运行点 D 以及机械时间常数这三要素便可获得系统在 CD 段的过渡过程曲线为

$$n(t) = -n_D + (n_C + n_D)e^{-\frac{t}{T_M}} = -n_D(1 - e^{-\frac{t}{T_M}}) \tag{3-111}$$

对应 CD 段的时间为

$$t_{FM} = (3 \sim 4)T_M \tag{3-112}$$

对于反抗性负载,拖动系统从作电动机正转运行经反接制动到作反向电动机运行所经过的总时间为式(3-109)与式(3-112)之和。

对于位能性负载,若仅考虑反接制动停车,则 BC 段的过渡过程与反抗性恒转矩负载情况完全相同(见图 3.36),制动时间仍可采用式(3-109)计算。

若反接制动在 C 点不停车,则由于整个制动过程包括停车(BC 段)、反向电动机运行(CF 段)以及回馈制动阶段(FE 段),跨越机械特性的第 II、III、IV 象限。考虑到整个制动阶段外部条件并未发生变化,则过渡过程可以采用统一表达式来描述。由起始点 B、稳态运行点 E 以及时间常数这三要素得过渡过程曲线为

$$n(t) = n_E + (n_B - n_E)e^{-\frac{t}{T_M}} = -n_z + (n_A + n_z)e^{-\frac{t}{T_M}} \tag{3-113}$$

$$i_a(t) = i_E + (i_B - i_E)e^{-\frac{t}{T_M}} = I_L + (-I_B - I_L)e^{-\frac{t}{T_M}} \tag{3-114}$$

很显然,式(3-113)、式(3-114)与式(3-107)、式(3-108)分别相同。

总的制动时间为

$$t_{FP} = (3 \sim 4)T_M \qquad (3\text{-}115)$$

2. 转速反向的反接制动

对于位能性负载,当重物提升时,电机工作在电动机状态运行。若希望重物稳定下放,则可通过电枢回路串联较大的电阻达到这一目的。此时,由于转速反向导致感应电势与外加电枢电压方向相同,与感应电势方向不变、外加电压反接时的情况完全相同,因此,这也是一种反接制动。

图 3.37 是他励直流电机带位能性负载反接制动时的电路图。当电机工作在电动机正转运行(提升重物)时,若希望重物稳定下放,可在电枢回路串入较大的电阻 R_Ω。此时,由于外串电阻较大,电枢电流减小,导致电磁转矩小于负载转矩。由动力学方程式可知,拖动系统必然减速,并在重物作用下反转。一旦电机反转运行,感应电势将反向,它与外加电枢电压顺向

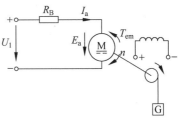

图 3.37　直流电机带位能性负载
反接制动时的电路图

串联,从而进入反接制动状态。此时,由于电枢电流加大,相应的电磁转矩增大,直至电磁转矩与负载转矩平衡,拖动系统进入稳态,重物平稳下放。在进入反接制动阶段,拖动系统的动力学方程式变为

$$T_{em} - T_L = \frac{GD^2}{375}\frac{\mathrm{d}n}{\mathrm{d}t} \leqslant 0$$

相应的电枢电流为

$$I_a = \frac{U_1 - (-E_a)}{R_a + R_B} > 0 \qquad (3\text{-}116)$$

电机的机械特性为

$$n = \frac{U_1}{C_e\Phi} - \frac{(R_a + R_\Omega)}{C_e C_T \Phi^2}T_{em} < 0 \quad (3\text{-}117)$$

式(3-117)可用图 3.38 所示曲线表示。

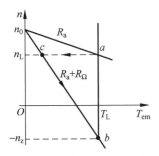

图 3.38　位能性负载反接制动
的机械特性

由式(3-116)可得位能性负载反接制动时的功率关系为

$$U_1 I_a + E_a I_a = I_a^2 (R_a + R_B) \qquad (3\text{-}118)$$

式(3-118)表明,对于位能性负载,反接制动过程中外部电源输入的电功率与由重物势能转换而来的电磁功率全部消耗在电枢回路的电阻上。

3.8.3　回馈制动

当他励直流电机的实际转速 $n = \dfrac{E_a}{C_e\Phi}$ 高于理想空载转速 $n_0 = \dfrac{U_1}{C_e\Phi}$,亦即感应电

势 E_a 超过电枢电压 U_1（$E_a > U_1$）时，电枢电流 I_a 将改变方向，电磁转矩由驱动性转变为制动性（$T_{em} < 0$），电机将向电网馈电，故这种运行状态又称为**回馈制动状态**（也称为再生制动状态，regeneration braking）。

回馈制动时电机的接线同电动机运行状态完全相同，其电枢电流和机械特性的表达式也完全相同，所不同的是电机的实际转速超过理想空载转速，导致 $E_a > U_1$。于是当电机正向运行时，其电枢电流和机械特性分别为

$$I_B = \frac{U_1 - E_a}{R_a + R_\Omega} < 0, \quad T_{em} = C_T \Phi I_B < 0 \tag{3-119}$$

$$n = \frac{U_1}{C_e \Phi} - \frac{(R_a + R_\Omega)}{C_e C_T \Phi^2} T_{em} > n_0 \tag{3-120}$$

当电机反向运行时，其电枢电流和机械特性分别为

$$I_B = \frac{-U_1 - (-E_a)}{R_a + R_\Omega} > 0, \quad T_{em} = C_T \Phi I_B > 0 \tag{3-121}$$

$$n = \frac{-U_1}{C_e \Phi} - \frac{(R_a + R_\Omega)}{C_e C_T \Phi^2} T_{em} < -n_0 \tag{3-122}$$

式中，R_Ω 为电枢回路的外接电阻。

根据式(3-120)和式(3-122)分别绘出正向回馈制动和反向回馈制动时直流电机的机械特性如图3.39所示。

由图3.39可以看出，正、反转回馈制动时的机械特性分别位于第Ⅱ、Ⅳ象限，它们分别是正、反转电动机运行时的机械特性（分别位于第Ⅰ、Ⅲ象限）的延伸。

回馈制动通常出现在下列三种情况下：①重物下放过程中；②降压调速过程中；③增磁减速过程中。下面分别给予介绍。

1. 重物下放时的回馈制动

图3.40为重物下放时直流电机拖动位能性负载反向回馈制动时的接线图及各物理量的实际方向，很显然，它属于直流电机反转运行的回馈制动，其机械特性可用式(3-122)表示。

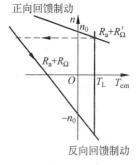

图3.39　直流电机回馈制动时的机械特性

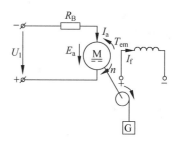

图3.40　重物下放时直流电机回馈制动时的接线图

在回馈制动过程中,由机械负载拖动电机运行所发出的电功率一部分消耗在电枢回路的电阻上,另一部分回馈至电网。根据式(3-121),上述功率之间的关系可表示为

$$E_a I_B = U_1 I_B + I_B^2 (R_a + R_B) \tag{3-123}$$

由于回馈制动将机械能转变为电能并回馈至电网,因此与其他两种制动方式相比,回馈制动是一种比较经济的制动方式。

2. 降压调速过程中的回馈制动

降压调速时电机的机械特性如图 3.41 所示,由图可见,当电枢电压突然降低时,由于机械惯性转子转速不会突然变化,工作点将由 a 点移至 b 点。在降速过程中,工作点由 b 点沿直线 bc 向 c 点移动。在这一阶段,由于实际转速高于降压后的理想空载转速 n_c,导致 $E_a > U_1$ 即感应电势大于外加电压,电枢电流 I_a 反向,电磁转矩变为制动性转矩。此时,来自转子的机械势能变为电能回馈至电网。一旦转速低于理想空载转速 n_c,则电机又恢复到电动机状态运行。其他降速过程与上述分析相同。

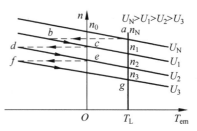

图 3.41 直流电动机降压时的回馈制动特性

3. 增磁减速过程中的回馈制动

回馈制动也同样发生在弱磁升速的逆过程中,当突然增加励磁时,同样由于转子转速的延缓变化导致降速过程的一段时间内(见图 3.42 中的 bc 段)出现实际转速高于降压后的理想空载转速 n_c 的情况。与降压调速类似,在这一阶段内,电机将把机械能转变为电能,电磁转矩变为制动性的,即进入所谓的回馈制动状态。

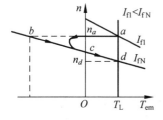

图 3.42 直流电动机增磁时的回馈制动特性

例 3-2 某他励直流电动机的数据为: $P_N = 15 \text{kW}, U_N = 220 \text{V}, I_N = 80 \text{A}, n_N = 1000 \text{r/min}, R_a = 0.2 \Omega$,电动机拖动位能性恒转矩负载,大小为 $0.8 T_N$,运行在固有机械特性上。

(1) 停车时采用反接制动,制动转矩为 $2 T_N$,求电枢需串入的电阻值;

(2) 反接制动到转速为 $0.3 n_N$ 时,为了使电动机不至于反转,改换成能耗制动,制动转矩仍为 $2 T_N$,求电枢需串入的电阻值;

(3) 绘出上述制动停车的机械特性;

(4) 绘出上述制动停车过程中电动机的 $n = f(t)$ 曲线。

解 (1) 由 $T_{em} = C_T \Phi I_a$ 得制动前电枢电流为

$$I_{a1} = \frac{0.8T_N}{T_N}I_N = 0.8 \times 80 = 64(A)$$

制动前电枢反电势为

$$E_{a1} = U_N - R_a I_{a1} = 220 - 64 \times 0.2 = 207.2(V)$$

反接制动开始时的电枢电流为

$$I_{a2} = \frac{-2T_N}{T_N}I_N = -2 \times 80 = -160(A)$$

又反接制动时：$-U_N = E_{a1} + (R_a + R_B)I_{a2}$，于是

反接制动电阻为

$$R_B = \frac{-U_{1N} - E_{a1}}{I_{a2}} - R_a = \frac{-220 - 207.2}{-160} - 0.2 = 2.47(\Omega)$$

（2）电动机的额定电枢电势为

$$E_{aN} = U_N - R_a I_N = 220 - 0.2 \times 80 = 204(V)$$

由 $E_a = C_{en}\Phi$ 得能耗制动前的电枢电势为

$$E_{a2} = \frac{0.3n_N}{n_N}E_{aN} = 0.3 \times 204 = 61.2(V)$$

又能耗制动时：$0 = E_{a2} + (R_a + R_B')I_{a2}$。

制动电阻为

$$R_B' = \frac{-E_{a2}}{I_{a2}} - R_a = \frac{-61.2}{-160} - 0.2 = 0.183(\Omega)$$

（3）上述停车过程中电机的机械特性如图 3.43(a)所示，其中，反接制动刚开始时的转速为

$$n_1 = \frac{U_N - R_a I_{a1}}{C_e \Phi_N} = \frac{220 - 0.2 \times 64}{0.204} = 1015(r/min)$$

其中，$C_e\Phi_N = \frac{E_{aN}}{n_N} = \frac{204}{1000} = 0.204$。反接制动时的稳态转速（虚稳定点）为

$$n_2 = \frac{-U_N - (R_a + R_B)I_{a1}}{C_e\Phi_N} = \frac{-220 - (0.2 + 2.47) \times 64}{0.204} = -1916(r/min)$$

能耗制动时的稳态转速（虚稳定点）为

$$n_3 = \frac{-(R_a + R_B')I_{a1}}{C_e\Phi_N} = \frac{-(0.2 + 0.183) \times 64}{0.204} = -120(r/min)$$

上述过程电动机的运行轨迹是：$A \to B \to E \to D \to O$，其中经过两个过渡过程，即反接制动过程 $A \to B \to E$ 与能耗制动过程 $E \to D \to O$。

（4）绘出过渡过程的 $n = f(t)$ 曲线如图 3.43(b)所示。

例 3-3 一台他励直流电动机的额定数据如下：$P_N = 5.6kW, U_N = 220V$，$I_N = 31A, n_N = 1000r/min$，电枢回路的总电阻为 0.45Ω，系统的飞轮矩 $GD^2 = 9.8N \cdot m^2$，负载转矩为 $T_L = 49N \cdot m$。若在额定转速下使电枢绕组反接，反接制动

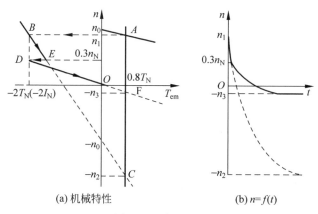

(a) 机械特性　　　　　　(b) $n=f(t)$

图 3.43　例 3-2 图

的起始电流为 $2I_N$，试就反抗性负载与位能性负载两种情况分别用 MATLAB 计算：

（1）反接制动使转速从额定转速降至零所需的时间；

（2）绘出整个反接制动过程（从制动开始至系统反转）的转速 $n=f(t)$ 与电流 $I_a=f(t)$ 曲线。

　　解　（1）反接制动使转速从额定转速降至零时所需的时间可参考式(3-109)。

　　（2）所绘出的整个制动过程（从制动开始至系统反转）的转速 $n=f(t)$ 与电流 $I_a=f(t)$ 曲线，如图 3.44 所示。以下为用 MATLAB 编写的源程序(M 文件)：

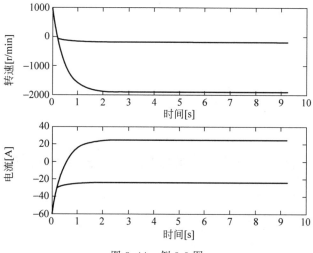

图 3.44　例 3-3 图

```
% Example3-3
%% Draw Transient Curve for DC Machine Drive System
clc
clear
%%% Rated Value and Parameters for Separately Excited DC Motor Drive System
Pn = 5.6 * 1e + 3; Un = 220; In = 31; Nn = 1000; ra = 0.4;
GD2 = 9.8; TL = 49;
% the flux and torque constants
```

```
Cefai = (Un-In * ra)/Nn;
Ctfai = 9.55 * Cefai;
% Calculate resistance value of the applied Resistor
EaN = Cefai * Nn;
Rb = (Un + EaN)/(2 * In);
% time constant of the mechanical-electrical driving system
TM = GD2 * (Rb + ra)/(375 * Cefai * Ctfai);
% Calculate steady-state velocity and current for the potential-energy Load
nz = -Un/Cefai-(Rb + ra) * TL/(Cefai * Ctfai);
Iz = TL/Ctfai;
% Calculate the steady-state velocity for opposed Load
nd = - Un/Cefai-(Rb + ra) * ( - TL)/(Cefai * Ctfai);
Id = - Iz;
% calculate the time duration and current from Nn to zero speed
tb = TM * log((Nn + abs(nz))/abs(nz))
ic = Iz + ( - 2 * In - Iz) * exp( - tb/TM)
% Drawing n = f(t)and Ia = f(t) Curve for Two types Load
 for i = 1: 400
     t(i) = 20 * TM * i/400;
% for potential-energy Load
     n1(i) = nz + (Nn - nz) * exp( - t(i)/TM);
     ia1(i) = Iz + ( - 2 * In - Iz) * exp( - t(i)/TM);
% for opposed Load
     if n 1(i)> = 0
         n2(i) = n1(i);
         ia2(i) = ia1(i);
     else
         n2(i) = nd * (1 - exp( - t(i)/TM));
         ia2(i) = Id + (ic - Id) * exp( - t(i)/TM);
     end
 end
subplot(2,1,1); plot(t,n1,'-',t,n2,'-')
xlabel('时间[s]'); ylabel('转速[r/min]');
hold on;
subplot(2,1,2); plot(t,ia1,'-',t,ia2,'-')
xlabel('时间[s]'); ylabel('电流[A]');
hold on;
disp('End');
```

3.9　直流电机的供电电源与各种类型的直流电力拖动系统

　　直流电机需要专门的可控直流电源供电,常用的可控直流电源可分别由直流发电机、相控变流器或直流斩波器构成,由此对应着三种不同类型的直流电力拖动系统:①直流发电机-电动机组成的直流拖动系统;②相控变流器-直流电机组成的直流电力拖动系统;③直流斩波器-直流电机组成的直流电力拖动系统。现分别对其介绍如下。

3.9.1　直流发电机-直流电动机组成的电力拖动系统

　　由直流发电机-直流电动机组成的直流电力拖动系统简称为 G-M(generator-

motor)系统,它是传统的直流拖动系统常见的结构形
式。该类系统由恒速运行的原动机(如柴油机、汽油
机以及感应电动机等)拖动直流发电机发电,将化学
能或电能转换为直流形式的电能输出,为直流电动机
供电。通过改变直流发电机的励磁改变直流电压,调
节直流电动机的转速。图 3.45 给出了采用三相感应
电动机作为原动机实现这一方案的原理图。

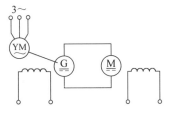

图 3.45 由直流发电机-直流
电动机组成的直流
拖动系统

图 3.45 中,三相感应电动机 YM 通过三相电网
供电,由其拖动直流发电机 G 恒速运行,直流发电机
G 作为电源为直流电动机 M 的电枢供电。通过调节发电机 G 的励磁电流改变输入
直流电动机 M 的电枢电压,实现调压调速。

若工作环境在野外,可以采用汽油机或柴油机作为动力源,取代图 3.45 中的感
应电动机,完成上述功能。

上述直流拖动系统的优点是发电机的输出电压平滑,调速系统的稳态性能高;
缺点是系统的运行效率低、响应慢,设备的体积大、维护成本高。

自 20 世纪 70 年代以来,随着电力电子器件与技术的迅猛发展,上述由旋转变流
机组组成的电力拖动系统方案逐步被由电力电子器件组成静止变流器的拖动系统
方案所取代,从而大大改善了系统的性能,降低了系统的体积和重量,提高了系统的
可靠性。

根据输入电源交、直流性质的不同,直流拖动系统所采用的静止式电力电子变
流器可以分为两大类,一类是由晶闸管组成的**相控变流器**;另一类是由自控型电力
电子器件(如功率三极管、IGBT、MOSFET 等)组成的**直流斩波器**(或 **DC/DC 变换
器**),相应的直流电力拖动系统分别介绍如下。

3.9.2 相控变流器-直流电机组成的电力拖动系统[※]

由相控变流器-直流电机组成的直流电力拖动系统简称为 T-M (Thyristor-
Motor)系统(又称为 Ward-Leonard 系统),它是目前工业界应用较为广泛的一类直
流电力拖动系统。T-M 系统开环结构的组成框图如图 3.46 所示。

图 3.46 中,VT 是由晶闸管组成的相控变流器,它将输入的交流整流成直流电

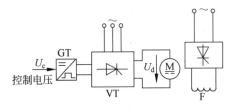

图 3.46 由相控变流器-直流电机组成
的直流拖动系统

源,为直流电机 M 的电枢绕组供电。GT
为移相触发单元,它将输入的控制电压转
变为晶闸管的移相触发脉冲,通过改变控
制电压的大小改变移相角(或控制角)α,从
而控制变流器的直流平均电压 U_d(相控变
流器由此而得名),由此调节直流电机的转
速。F 为直流电机的励磁绕组,其励磁电压

可由单相交流经可控晶闸管或不可控二极管整流器整流后提供。

有关晶闸管以及相控变流器的详细知识可参阅《电力电子技术》教材,下面仅就相控变流器的调压原理以及相控变流器供电下直流电机的机械特性及其特点作简单介绍。

1. 相控变流器的调压原理

根据电力电子技术,当直流侧电流连续且移相角为 α 时,相控变流器直流侧电压的平均值 U_d 可表示为

$$U_d = U_{d0} \cos\alpha \tag{3-124}$$

其中,$U_{d0} = U_m \dfrac{m}{\pi} \sin\dfrac{\pi}{m}$,$U_m$ 为 $\alpha = 0$ 时整流电压波形的峰值;m 为在交流电源一个周期内直流侧电压的脉波数。对单相全波变流器,$U_m = \sqrt{2}\,U_2$、$m = 2$;对三相半波变流器,$U_m = \sqrt{2}\,U_2$、$m = 3$;对三相全控桥变流器,$U_m = \sqrt{2}\,U_{2l} = \sqrt{6}\,U_2$、$m = 6$。

式(3-124)表明,当直流侧电流连续时,改变移相角 α,相控变流器直流侧的平均电压 U_d 便可按照余弦规律平滑改变。当 $0 < \alpha < \dfrac{\pi}{2}$ 时,$U_d > 0$,变流器的电功率由交流侧流向直流侧,变流器工作在整流状态;当

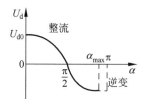

图 3.47 相控变流器的电压
控制曲线

$\dfrac{\pi}{2} < U_d < \alpha_{\max}$ 时,$U_d < 0$,变流器的电功率将改变流向,由直流侧流向交流侧,变流器工作在(有源)逆变状态。图 3.47 给出了相控变流器的电压控制曲线。图 3.47 中,有源逆变状态下的最大控制角 $\alpha_{\max}$(对应着最小逆变角 $\beta_{\min}$,$\beta = \pi - \alpha$)小于 π,以免逆变失败(或逆变颠覆)。

2. 相控变流器供电下直流电机的机械特性

对于相控变流器供电的直流电机,忽略晶闸管的管压降,根据 KVL 得直流侧回路的电压平衡方程式为

$$\begin{aligned} U_d &= E_a + (R_B + R_a + R_c)I_a \\ &= C_e n\Phi + R_\Sigma I_a \end{aligned} \tag{3-125}$$

式(3-125)中,$R_\Sigma = R_B + R_a + R_c$ 为整流回路的总电阻,包括整流变压器折合到二次侧的等效电阻 R_B、直流电机的电枢电阻 R_a 以及相控变流器换流压降所对应的等效电阻 $R_c = \dfrac{mX_B}{2\pi}$,X_B 为变压器折合到二次侧的等效漏抗。

根据式(3-124)、式(3-125)以及转矩表达式(式(2-16)),得相控变流器供电直流电机的机械特性为

$$n = \frac{U_{d0}\cos\alpha}{C_e\Phi} - \frac{R_\Sigma}{C_e C_T \Phi^2} T_{em} \tag{3-126}$$

根据式(3-126)便可绘出电流连续时不同控制角 α 下直流电机的机械特性。图 3.48 为 T-M 系统整流状态下电流连续时直流电机的典型机械特性曲线。由图 3.48 可见,相控变流器供电下直流电机的机械特性与直流发电机组供电时的机械特性类似。通过改变控制角 α,便可获得一组平行的机械特性,实现电动机的速度调节。

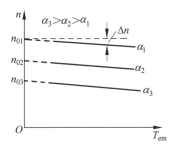

图 3.48　电流连续时 T-M 系统下直流电机的机械特性

值得说明的是,与直流发电机或蓄电池所产生的平滑直流电压不同,相控变流器所产生的直流电压和电流存在严重的脉动,由此带来一系列问题,如电机内部铁芯的涡流损耗增加、振动、噪音增大、换向恶化以及换向火花严重等现象。为了抑制脉动电流的影响,应该采取如下措施:①直流电机内部定、转子铁芯包括主极及轭部应采用冲片叠压而不是实心结构;②在相控变流器与直流电机电枢绕组之间的回路中串入附加的平波电抗器。

此外,对于 T-M 系统而言,当负载较轻、平波电抗器的储能电感较小时,电枢电流将出现断续(不同于直流发电机或蓄电池供电)。此时,T-M 系统整流状态下直流电机的机械特性也与图 3.48 中的虚线有所不同,呈现如下特点:①理想空载转速比假定电流连续时计算的转速高;②机械特性明显变软,如图 3.49 所示。鉴于篇幅和教学内容所限,本书不再对其进行解释(有兴趣的读者可参考本书第 1 版)。

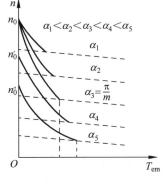

图 3.49　电流断续时 T-M 系统的机械特性

3.9.3　直流斩波器-直流电机组成的电力拖动系统※

与相控变流器采用交流电源供电不同,斩波器采用恒定的直流源(如蓄电池或经过二极管整流后的直流电源)供电,它通过对变流器通断时间的控制将固定直流电压源转换为平均值可调的直流电源,从而实现直流电机的调压调速。图 3.50 给出了由斩波器-直流电机组成的直流电力拖动系统的开环结构框图及相关波形。图 3.50(a)中,VT 是由高频开关器件(如功率三极管、IGBT 以及 MOSFET 等)构成的斩波器,它将输入的固定直流电源转换为可调的直流电源,为直流电机的电枢绕组供电;GT 为开关器件的驱动控制电路,它将输入控制电压 U_c 与三角波(或锯齿波)进行比较产生开关器件的控制脉冲,从而调节斩波器的占空比,改变输出电压的平均值(见图 3.50(b)),最终实现对直流电机的转速控制。

有关高频开关器件以及斩波器的详细知识可参阅《电力电子技术》教材。下面仅就斩波器的调压原理以及斩波器供电下直流电机的机械特性与特点作简单介绍。

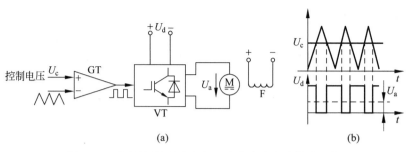

图 3.50　由斩波器-直流电机组成的直流电力拖动系统

1. 斩波器的调压原理

图 3.51(a)、(b)分别给出了直流斩波器的原理图、电流回路以及电枢电压与电枢电流的波形图。图 3.51 中,利用门极脉冲 u_c 控制开关器件的通断。设斩波器的导通时间为 t_{on},关断时间为 t_{off},则开关频率为

$$f_s = \frac{1}{t_{on} + t_{off}} = \frac{1}{T_s} \tag{3-127}$$

定义占空比为

$$\rho = \frac{t_{on}}{T_s} \tag{3-128}$$

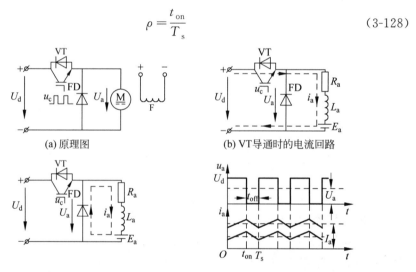

(a) 原理图　　　　　　　　(b) VT导通时的电流回路

(c) VT关断、续流二极管导通时的电流回路　　(d) 典型的电枢电压与电枢电流波形

图 3.51　直流斩波器的原理图、导通回路以及电枢电压与电枢电流波形

当主开关器件 VT 处于导通阶段时,若忽略器件的导通压降,则电源电压 U_d 全部加至电枢两端,此时,电枢电流的回路如图 3.51(b)中的虚线所示。当开关器件 VT 关断时,电枢绕组通过二极管 FD 续流,相应的电枢电流的回路如图 3.51(c)中的虚线所示,此时,电机电枢两端的电压为零。如此反复,所获得的输出电压的平均值为

$$U_a = \frac{t_{on}}{T_s}U_d = \rho U_d \qquad (3\text{-}129)$$

由式(3-129)可见,改变占空比 ρ 便可以改变电枢两端电压的平均值 U_a,占空比的改变则可通过控制脉冲 u_c 来实现。因此,斩波器相当于一个直流电压调压器,其调压比取决于占空比 ρ。

至于占空比 ρ 则具体可以通过如下两种方式加以改变:

(1) 定频调宽法,即保持开关频率不变,而仅改变导通时间,这种调制方式又称为 PWM(pulse width modulation,PWM)控制。

(2) 定宽调频法,即保持导通时间不变,仅改变开关频率。这种调制方式又称为 PFM(pulse frequency modulation,PFM)控制。

两者相比,前者的优点是开关损耗确定,便于变流器主回路的冷却设计,而且由于输出谐波分量一定,输入滤波器也容易实现优化设计。因此,斩波器多采用前者控制,相应的斩波器又称为**直流 PWM 变换器**。

下面进一步分析主开关器件通断过程中的电枢电压与电枢电流波形,图 3.51(d)中,电枢电压波形位于上部,而电枢电流波形位于下部。在电流波形中,上面的波形对应于负载较大的情况,而下面的电流波形则对应于负载较小的情况。两者的电流平均值均取决于负载的具体大小。

假若忽略电枢回路的电阻,由于上述两种情况下的电压平均值相同,因而两者的转速也将完全相同。除此之外,上述两种情况下的电流纹波也将完全相同。现解释如下:

由于忽略电枢回路的电阻,当主开关 VT 导通时,根据 KVL 电枢回路的电压方程为

$$U_d = L_a\frac{di_a}{dt} + E_a \quad 或 \quad \frac{di_a}{dt} = \frac{1}{L_a}(U_d - E_a) \qquad (3\text{-}130)$$

考虑到 U_d 大于 E_a,故 $di_a/dt > 0$,电流增加(图 3.51(d))。在此阶段,直流电源直接给电机供电,一方面将部分输入的电能转换为机械能输出;另一方面,还有一部分电能被转换为磁场能储藏在电枢电感中,电流增加越大,则磁场储能 $\frac{1}{2}L_a i_a^2$ 越多。

当主开关 VT 关断、续流二极管 FD 导通时,相应的电枢回路的电压方程为

$$0 = L_a\frac{di_a}{dt} + E_a, \quad 或 \quad \frac{di_a}{dt} = -\frac{1}{L_a}E_a \qquad (3\text{-}131)$$

考虑到 $di_a/dt < 0$,故电流减小(见图 3.51(d))。在此阶段,直流电机将电枢电感的储能转换为机械能输出。显然,随着电感储能的释放,电枢电流逐渐减小。

仔细观察式(3-130)、式(3-131)可以看出,电流随时间的变化率 di_a/dt 与电枢电感成反比,而与电枢电流平均值的大小无关。因此,斩波器供电的直流电机的电流纹波与负载大小无关,亦即相对而言轻载时电枢电流的纹波较大。此时,可以通过在斩波器与电枢绕组之间串联平波电感消除电流纹波,以减小转矩脉动。

需要说明的是,上述斩波器方案仅限于输出直流电压低于电源电压的 Buck 型电路。当直流电机的电压高于电源电压时,可采用利用中间电感储能的 Boost 型斩波器电路,具体内容可参阅《电力电子技术》。

2. 斩波器供电下直流电机的机械特性

假定直流电机的转速恒定,定子采用他励励磁方式,且激磁磁通保持额定值不变。当电枢电流连续时,在一个开关周期内电枢电压的平均值为 $U_a = \rho U_d$,电枢电流的平均值为 I_a,平均电磁转矩为 $T_{em} = C_T \Phi I_a$,则斩波器供电下直流电机的机械特性为

$$n = \frac{\rho U_d}{C_e \Phi} - \frac{R_\Sigma I_a}{C_e \Phi} = n_0 - \frac{R_\Sigma}{C_e C_T \Phi^2} T_{em} \qquad (3\text{-}132)$$

式中,理想空载转速 $n_0 = \rho U_d / (C_e \Phi)$,它与占空比 ρ 成正比。

根据式(3-132)便可绘出斩波器供电下直流电机的机械特性如图 3.52 所示。图 3.52 给出的是斩波器供电下直流电机在第Ⅰ、Ⅱ象限内的机械特性。当拖动系统轻载时,直流电机的电枢回路将会出现电枢电流断续的情况,此时,式(3-132)将不再成立,其实际机械特性较为复杂。有关轻载时机械特性的特征与相控变流器供电下电流断续时类似,亦即机械特性上翘,理想空载转速升高(见图 3.49)。为了减少电流断续的范围,可采用提高开关频率或在电枢回路中串联平波电感等措施。

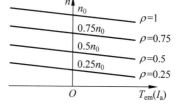

图 3.52　直流 PWM 变换器供电下直流电机的机械特性

总之,斩波器供电下直流电机的控制方案与结论与相控变流器供电情况类似,唯一不同的是斩波器是采用占空比改变输出电压,而相控变流器则是采用移相角控制。

3.10　直流电力拖动系统的四象限运行

在有些场合下,要求电力拖动系统能够提供正、反方向运行并能实现正、反方向上的快速制动,具有上述功能的系统,由于其对应电机的机械特性分别位于四个象限,故又称为**具有四象限运行的电力拖动系统**。

下面首先对具有四象限运行的他励直流电机的机械特性及其各种运行状态进行简要总结。在此基础上,对上一节给出的三类供电方式所对应的直流电力拖动系统在四象限运行时的工作状态作简要介绍。本节最后给出了直流电力拖动系统所能提供的一般机械特性与运行区。

3.10.1　他励直流电机四象限运行时的机械特性及其工作状态

图 3.53 给出了具有四象限运行功能他励直流电机的机械特性及其各种工作状

态。由图 3.53 可见,在四象限运行的直流电力拖动系统中,直流电机对应着四种不同的运行状态,即正转、反转、正转制动及反转制动。当电机处于电动机状态(无论正、反转)时,其电磁转矩 T_{em} 与转速 n 的方向相同,此时,电动机从电网吸收电能并转变为机械能,电磁转矩为驱动性的,从而拖动负载运行。当 $n>0$,$T_{em}>0$ 时,电动机正转运行,机械特性位于第 I 象限(其稳态工作点为 a、a');当 $n<0$,$T_{em}<0$ 时,电动机反转运行,机械特性位于第 III 象限(其稳态工作点为 c、c')。

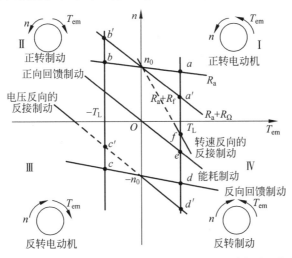

图 3.53　四象限运行的他励直流电机机械特性及其各种运行状态

当电机处于发电制动状态(无论正、反转)运行时,其电磁转矩 T_{em} 与转速 n 的方向相反。此时,电机从转子吸收机械能并转变为电能,电磁转矩为制动性的,旨在使系统快速停车。当 $n>0$,$T_{em}<0$ 时,电机处于正转制动状态,机械特性位于第 II 象限(其稳态工作点为 b、b');当 $n<0$,$T_{em}>0$ 时,电动机处于反转制动状态,机械特性位于第 IV 象限。相应的制动状态可以是回馈制动(其稳态工作点为 d、d')、反接制动以及能耗制动(其稳态工作点为 e),在回馈制动状态下,电机将吸收由机械能转变而来的电能并回馈至电网,而反接制动和能耗制动则将所获得的电能消耗在电枢回路的电阻(R_a+R_Ω)上,并最终转变为热能。

此外,图 3.53 还绘出了电枢回路串联大电阻 R_f,位能性负载工作在转速反向的反接制动时的机械特性,它贯穿于第 I、IV 象限,其稳态工作点为 f。

3.10.2　各类直流电力拖动系统四象限运行时的工作状态※

1. G-M 系统四象限运行时的工作状态

图 3.54 给出了由直流发电机-直流电动机组成的直流电力拖动系统(G-M 系统)作四象限运行时的工作状态以及功率流向。图 3.54 中,电机 G 作为直流电源为直流电机 M 供电,由直流电机 M 拖动机械负载运行。

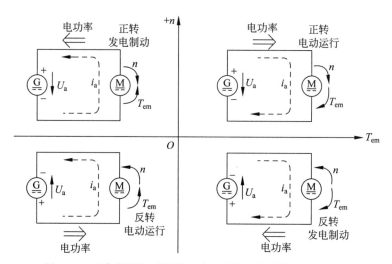

图 3.54   四象限运行时他励直流电机的运行状态及功率流向

对于他励直流电机,当保持励磁电流不变时,转子的转速将取决于外加电枢电压,而转矩则取决于电枢电流。因此,图 3.54 中,当拖动系统运行在上边两个象限时,外加电枢电压为正;当拖动系统运行在下边两个象限运行,则外加电枢电压为负。右边的两个象限对应于正向电流,则左边的两个象限对应于负向电流。当发电机 G 的供电电压 U_a 为正且大于直流电机 M 的反电势 E_a(即 $U_a > E_a$)时,正向电流流向直流电机 M。直流电机 M 的电磁转矩为驱动转矩,它工作在正向电动机状态,此时,系统运行于第 I 象限,电功率由发电机 G 流向 M(见图 3.54)。

当希望直流电机 M 正转制动或减速时,可调节发电机 G 的励磁以降低其输出电压 U_a,使得 $U_a < E_a$。于是,电枢电流反向,电磁转矩变为制动转矩,而转速由于惯性仍维持正转。此时,直流电机 M 工作在发电制动(或回馈制动)状态,系统运行于第 II 象限,从系统动能转变而来的电能由直流电机 M 流向发电机 G(见图 3.54)。

当希望直流电机 M 反转运行时,可改变发电机 G 的励磁方向或改变拖动其运行的原动机转向,并调节 G 的励磁,使得 $|U_a| > |E_a|$。此时,电流由发电机 G 流向直流电机 M,直流电机 M 的电磁转矩为驱动转矩,它工作在反向电动机状态,系统运行于第 III 象限,电功率由发电机 G 流向 M(见图 3.54)。

当希望直流电机 M 反转制动或减速时,可调节发电机 G 的励磁以降低其输出电压 U_a,使得 $|U_a| < |E_a|$。于是,电枢电流反向,电磁转矩变为制动转矩,而转速由于惯性仍维持反转。此时,直流电机 M 工作在发电制动(回馈制动)状态。系统运行于第 IV 象限,从系统动能转变而来的电能由直流电机 M 流向发电机 G(见图 3.54)。

值得说明的是,上述分析过程完全适用于蓄电池供电的直流电力拖动系统。

2. T-M 系统四象限运行时的工作状态

与 G-M 系统或蓄电池供电的直流电力拖动系统不同,仅靠单个相控变流器无法与直流电机构成具有四象限运行功能的系统,其原因是相控变流器所采用的晶闸管开关器件的单向导电性,单个相控变流器所提供的电流(亦即直流电机的电枢电流)只能是单方向的。考虑到对他励直流电机,当励磁电流保持不变时,电枢电流的方向决定了电磁转矩的正负,因此,相应的直流电机的机械特性也只能位于第 I、IV 象限。换句话说,仅靠单个相控变流器供电的直流电机只能实现正转与反转快速制动,无法完成由电动机运行状态到同一方向的发电制动状态的转换。

要确保在直流电机沿某一方向运行过程中实现该方向的快速制动或确保 T-M 拖动系统沿两个方向均实现快速制动功能(亦即具有四象限运行功能),就需要正、反两组变流器同时供电,使得一组工作在整流状态,同时另一组工作在逆变状态。由正、反两组变流器与直流电机组成的具有四象限运行功能的直流电力拖动系统(T-M 系统)如图 3.55 所示。

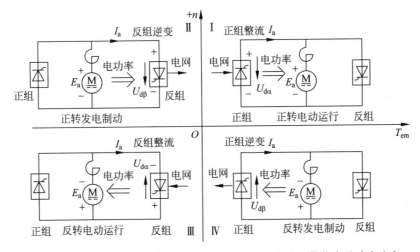

图 3.55　四象限运行时相控变流器与他励直流电机的工作状态及功率流向

图 3.55 中,两组变流器采用反向并联的方式连接。当希望直流电机 M 正转,可调整正组变流器的控制角 α_1 使得 $U_{d\alpha} > E_a$,则回路电流 I_a 由正组变流器流向 M;此时,正组变流器工作在整流状态,向直流电机 M 供电;直流电机 M 的电磁转矩为正向驱动转矩,电机工作在正向电动机状态,电力拖动系统运行在第 I 象限,电功率由电网经正组变流器流向 M,电能转变为动能输出。

当希望直流电机 M 正转制动或减速时,可调节反组变流器的逆变角 β_2 使得 $U_{d\beta} < E_a$。于是,电枢电流反向,电磁转矩变为制动转矩,而转速由于惯性仍维持正转,此时,反组变流器工作在逆变状态,直流电机 M 则工作在发电制动(或回馈制动)状态,系统运行于第 II 象限,从系统动能转变而来的电能由直流电机 M 经反组变流器流向电网(见图 3.55),系统的机械能转变为电能。

当希望直流电机 M 反转运行时,可改变反组变流器的控制角 α_2 使得 $|U_{d\alpha}| > |E_a|$,于是,反组变流器向直流电机 M 供电,电枢电流反向,直流电机 M 的电磁转矩为反向驱动转矩。此时,反组变流器工作在整流状态,直流电机工作在反向电动机状态,电力拖动系统运行于第 III 象限,电功率由电网经反组变流器流向 M,电能转变

为动能输出(见图 3.55)。

若希望直流电机 M 反转制动或减速时,可调节正组变流器的逆变角 β_1 使得 $|U_{d\beta}| < |E_a|$。于是,电枢电流反向,电磁转矩变为制动转矩,而转速由于惯性仍维持反转。此时,正组变流器工作在逆变状态,直流电机 M 则工作在发电制动(或回馈制动)状态,系统运行于第 Ⅳ 象限,从系统动能转变而来的电能由直流电机 M 经正组变流器流向电网,系统的机械能转变为电能(见图 3.55)。

至于正、反组变流器之间存在的环流问题及解决方案,限于篇幅,本书不作介绍,具体内容参阅《运动控制系统》。

3. 斩波器-直流电机系统四象限运行时的工作状态

斩波器-直流电机组成的直流电力拖动系统能否实现四象限运行取决于斩波器的具体结构。根据斩波器结构的不同,由斩波器-直流电机组成的电力拖动系统可分别实现单象限、两象限或四象限运行。

具有实现四象限运行能力的典型斩波器是 H 桥式 PWM 变换器(见图 3.56),由 H 桥式 PWM 变换器-直流电机组成的直流电力拖动系统的四象限运行状态如图 3.57 所示。

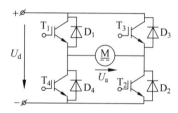

图 3.56　具有四象限运行能力的
H 桥式 PWM 变换器

若希望直流电机 M 正转,可控制主开关 T_1、T_2 同时导通,并维持 T_1、T_2 同时导通的时间为 t_{on},此时,直流电机电枢两端的输入电压 $U_a = U_d$,电枢电流 i_a 增加。然后关断 T_1、维持 T_2 继续导通,此时,在电枢电感的自感电势作用下,电枢回路通过二极管 D_4 与主开关 T_2 续流,电枢电流减小。一旦续流时间达到 $(T_s - t_{on})$,则使主开关 T_1 重新导通,导通时间仍为 t_{on}。然后再关断 T_1,电枢回路再一次通过二极管 D_4 与主开关 T_2 续流,……,重复上述过程,并维持开关周期 T_s 不变,调整占空比 $\left(\rho = \dfrac{t_{on}}{T_s} \right)$ 便可改变电枢两端电压的平均值(PWM 变换器由此而得名),实现直流电机 M 的调压调速。上述过程中,由于电枢电流的平均值为正,直流电机 M 的电磁转矩为正向驱动转矩,电机工作在正向电动机状态,电力拖动系统运行在第 Ⅰ 象限(见图 3.57),电功率由电源流向 M,电能转变为动能输出。

当希望直流电机 M 正转制动,可同时关断主开关 T_1、T_2,此时,二极管 D_3、D_4 将首先续流导通,并迅速降为零。为了使电枢电流反向,可控制 T_4 导通,在反电势 E_a 作用下,电流将通过 T_4 和 D_2 构成回路,并将电枢回路短路。此时,直流电机 M 进入能耗制动状态,系统的机械能将转变为电能并通过焦耳热消耗在电枢回路电阻上。一旦电枢电流达上限值,控制控制 T_4 关断,在电枢的自感电势和反电势的作用下,电枢电流将通过二极管 D_1、D_2 流回直流电源(见图 3.57 中的第 Ⅱ 象限)。此时,直流电机进入再生制动状态,系统的机械能将转变为电能回馈至电源。当电

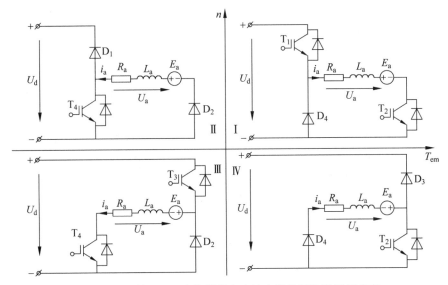

图 3.57　H 桥 PWM 变换器供电直流电机的四象限运行状态

枢电流下降至下限值时,控制 T_4 重新导通,为下一次回馈制动作准备。重复上述过程可以确保在直流侧电势 E_a 低于电源电压 U_a 时直流电机的动能仍能回馈至电源。在 DC/DC 变流器中,这种运行方式又称为 Boost 型升压方式。

若希望直流电机 M 反转,可控制主开关 T_3、T_4 同时导通,并维持 T_3、T_4 同时导通的时间为 t_{on},此时,直流电机电枢两端的输入电压 $U_a = -U_d$,电枢电流 i_a 反向增加。然后关断 T_3、维持 T_4 继续导通,此时,在电枢电感的自感电势作用下,电枢回路通过二极管 D_2 与主开关 T_4 续流,电枢电流减小。一旦续流时间达到 $(T_s - t_{on})$,则使主开关 T_3 重新导通,导通时间仍为 t_{on}。然后再关断 T_3,电枢回路再一次通过二极管 D_2 与主开关 T_4 续流……重复上述过程,并维持开关周期 T_s 不变,调整占空比 ρ 便可改变电枢电压的平均值,实现直流电机 M 的调压调速。上述过程中,由于电枢电流的平均值为负,直流电机 M 的电磁转矩为反向驱动转矩,电机工作在反向电动机状态。电力拖动系统运行在第Ⅲ象限(见图 3.57),电功率由电源流向 M,电能转变为动能输出。

若希望直流电机 M 反转制动或减速时,可同时关断主开关 T_3、T_4,此时,二极管 D_1、D_2 将首先续流导通,并迅速降为零。为了使电枢电流反向,可控制 T_2 导通。在反电势 E_a 作用下,电流将通过 T_2 和 D_4 构成回路,并将电枢回路短路,此时,直流电机 M 进入能耗制动状态,系统的机械能将转变为电能并通过焦耳热消耗在电枢回路电阻上。一旦电枢电流达上限值,控制 T_2 关断。在电枢的自感电势和反电势的作用下,电枢电流将通过二极管 D_3、D_4 流回直流电源(见图 3.57 中的第Ⅳ象限),此时,直流电机进入再生制动状态,系统的机械能将转变为电能回馈至电源。当电枢电流下降至下限值时,控制 T_2 重新导通,为下一次回馈制动作准备。重复上述过程可以确保在直流侧电势 E_a 低于电源电压 U_a 时直流电机的动能仍能回馈至电源。

3.10.3　直流电力拖动系统四象限运行时转矩与转速的能力曲线及安全运行区

对于他励直流电动机,众所周知,假定励磁电流保持恒定,转子转速则正比于感应电势,因而也就近似正比于电枢两端的外加电压,而电磁转矩则正比于电枢电流。于是,直流电机的机械特性与供电电源的伏安特性(或外特性)相对应,当由供电电源与直流电机两者结合构成具有四象限运行功能的直流电力拖动系统时,受供电电源最大输出电压和电流的限制以及直流电机额定值的限制,直流电力拖动系统存在安全运行区。图 3.58 给出了具有四象限运行能力的直流电力拖动系统的输出转矩与转速的能力曲线和安全运行区。

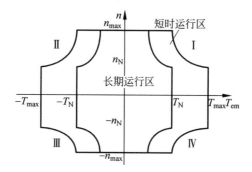

图 3.58　具有四象限运行能力的直流电力拖动系统的输出转矩与转速的能力曲线和安全运行区

图 3.58 反映了直流电力拖动系统的最大负载能力,它是由两组运行范围曲线构成,其中一组表示拖动系统长期工作在额定电流及以下时输出转矩与转速的运行范围曲线,另一组表示拖动系统短时或间歇运行时输出转矩与转速的运行范围曲线,短时运行区主要用于直流电机的加、减速过程。在短时运行区内,最大电流可达额定电流的 2～3 倍。

本章小结

电力拖动系统是指由电动机提供动力拖动生产机械运动的系统,它一般是由电动机、电力电子变流器、控制器以及生产机械等几部分组成,描述该系统运动规律的方程称为电力拖动系统的动力学方程。

在利用动力学方程式时,需注意两个问题:一是转速与转矩正方向的选取问题;二是对多轴运动系统的处理问题。对前者一般按下列正方向规则选取:首先规定转速的方向为正方向,电磁转矩与转速方向相同则为正,反之为负;负载转矩与转速方向相反则为正,反之为负。电磁转矩与负载转矩的代数和决定了 $\dfrac{GD^2}{375}\dfrac{\mathrm{d}n}{\mathrm{d}t}$ 的正负,从而决定了系统是加速还是减速。值得一提的是,上述转矩与转速符号的正负与机械特性的象限相对应,对于后者,一般需将多轴系统折算到单轴系统,该单轴通常是指电机的转子轴,折算原则是确保折算前后系统传递的功率(或储存的动能)保持不变,折算时需特别注意运动的动力来自何方。

对于电力拖动系统,除了动力学方程的正确使用之外,还需考虑运动规划曲线以及传动机构传动比的合理选择问题。

运动规划曲线不仅与驱动电机的定额相关,而且也与拖动系统的平稳性密切相关。常用的运动规划曲线包括梯形曲线和 S 曲线。前者实现简单;后者则运行平滑。

对电力拖动系统而言,不同惯量的生产机械应选取不同转子惯量的驱动电机。为了使生产机械获得最大加速度,驱动电机转子的惯量应与生产机械的惯量满足惯量匹配条件。这就要求作旋转运动时减速机构的传动比应接近最佳传动比,而作直线运动时丝杠的螺距则应尽可能达最佳螺距。

同电动机的机械特性一样,不同类型的负载其转速和转矩之间也存在一定的关系,称这一关系为负载的转矩特性,常见的负载可分为恒转矩性负载、通风机类负载以及恒功率性负载几大类,按照上述正方向规定,其负载转矩特性分别位于不同的象限。

在电力拖动系统中,电动机提供的机械特性和负载的转矩特性必须相互匹配,才能确保拖动系统稳定运行。所谓系统稳定是指当受到外部扰动(如供电电压的波动、负载的改变等)时,系统偏离原来工作点(即电动机的机械特性与负载转矩特性的交点),一旦外部扰动消除,系统将恢复到原来的稳态工作点,若无法恢复到原来的工作点,则系统将不能稳定运行。系统能否稳定是组成电力拖动系统的必要条件,根据电动机的机械特性和负载的转矩特性在稳态工作点 A 附近的变化率情况即

$$\frac{\partial T_{em}}{\partial n}\bigg|_{n_A} < \frac{\partial T_L}{\partial n}\bigg|_{n_A}$$ 便可以判别拖动系统是否稳定运行。

除了考虑系统的稳定外,对电力拖动系统特性的研究还包括对拖动系统的起动、制动以及调速等动态过程的分析计算。

为了对电力拖动系统动态过程进行描述,本章给出了直流电动机常用的三种形式的动态数学模型,即微分方程式(或等值电路)、传递函数以及状态空间模型;并利用其中的稳态微分方程对直流电力拖动系统的一般动态过程进行了讨论,分别给出了单独考虑机电时间常数和同时考虑电磁时间常数和机电时间常数两种情况下直流电力拖动系统一般动态过程的结论。

为了突出主要矛盾忽略次要问题,结合工程实际的需要,本章采用了稳态特性分别对直流电机拖动系统的起动、调速以及制动过渡过程的一般方法与结论进行了介绍。

当直流电机拖动负载直接起动时,由于起动瞬间转速为零,电枢电势 $E_a=0$,外加电压全部加至电枢电阻上,从而造成较大的起动电流。一方面有可能造成电网电压的下降,影响周围设备的正常运行;另一方面较大的起动电流也会引起直流电机自身过热并产生换向问题。为此,直流电动机一般采用电枢回路串电阻起动(或专用起动器)或采用专用供电电源直接降压两种方法进行起动。

由直流电机组成的调速系统称为直流调速系统,直流调速系统有两个很重要的指标值得关注,一个是调速范围,另一个是静差率。为了获得较大的调速范围,应尽

量提高调速系统在低速时的静差率(或机械特性的硬度)。常用的调速方法有：①降低电枢电压的降速；②降低励磁电流的弱磁升速。不同的调速方法具有不同的调速范围和静差率，如电枢回路串电阻的降压调速，由于其低速时的机械特性较软，调速范围较窄；而采用专门供电电源的降压调速方法则具有较宽的调速范围。

此外，在调速方案的选择过程中，应特别注意的是调速性质与负载类型的匹配问题。**为了确保调速过程中电动机不至于过热、负载能力得到充分发挥，恒转矩负载应选择恒转矩调速方式**(如改变电枢电压的调速方案)；**而恒功率负载则应选择恒功率调速方式**(如改变励磁的调速方案)。因此，对直流调速系统而言，一般情况下额定转速(基速)以下采用恒转矩调速，额定转速以上采用恒功率调速。如果调速性质与负载类型不匹配，则电动机的负载能力将得不到充分发挥，引起转矩和功率的很大浪费。

制动是指电机的电磁转矩与转速方向相反的一种运行状态，对于电力拖动系统，为了提高生产率和产品质量，可将电动机自身驱动性的电磁转矩变为制动性的电磁转矩，使电机由电动机运行状态变为发电机运行状态，从而将储藏在系统内部的机械动能或位能转变为电能，这些电能可借助于电阻消耗掉或回馈至电网，最终使拖动系统很快停车或反转。根据这些电能的处理方法不同，直流电机常用制动的方法可分为能耗制动、反接制动和回馈制动。

能耗制动是将电枢回路从电网断开，并将其投入至外接电阻上，这样直流电机的电枢电流反向，相应的电磁转矩自然也反向，由驱动性变为制动性转矩。直流电机由电动机状态运行变为发电机状态运行，将系统储存的动能转换为电能，这些电能被全部消耗在电枢回路的电阻上，相应的机械特性经过坐标原点，贯穿于第 II、IV 象限。

反接制动是将电枢回路反接或电枢电势反向，使得外加电压 U_1 与电枢电势 E_a 顺向串联，共同产生制动电流 I_a。由于直流电机工作在发电机运行状态，其电磁转矩自然为制动性的，这样，系统储藏的机械能便转换为电能，消耗在电枢回路的电阻上，相应的机械特性位于第 II、IV 象限，它们分别是位于第 I、III 象限电动机运行状态机械特性的延伸。

回馈制动仅发生在系统实际的转速高于理想空载转速的场合下，此时，尽管 E_a 方向不变，但由于 $|E_a| > |U_1|$，故电枢电流改变方向，造成电磁转矩由驱动性变为制动性转矩，直流电机由电动机状态运行变为发电机状态运行，并将来自系统储藏的机械能变为电能回馈至电网。相应的机械特性位于第 II、IV 象限，它们分别是位于第 I、III 象限电动机运行状态机械特性的延伸。应该讲，回馈制动是一种最经济节能的制动方法。

通过上述分析可以看出，在工程实际中，直流电机可以作电动机状态运行也可以作发电机状态运行，相应的机械特性也就分布于不同的象限。把能够提供正、反向运动并能实现正、反方向上的快速(再生)制动的电力拖动系统称为具有四象限运行功能的电力拖动系统。根据直流电机供电电源的不同，直流电力拖动系统可分为三大类，即 G-M 系统、T-M 系统以及斩波器供电的直流电力拖动系统，它们各自具有不同的特点。

最后需说明的是，尽管本章介绍的是直流电力拖动系统，但本章的内容具有一般性，其结论不仅适用于直流电力拖动系统，也适用于交流电力拖动系统。

思考题

3.1　图 3.59 中箭头表示转矩与转速的实际方向,试利用电力拖动系统的动力学方程式说明在图中所示的几种情况下,系统可能的运行状态(加速、减速或匀速)。

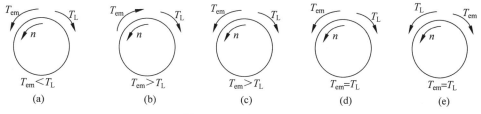

图 3.59　思考题 3.1 图

3.2　在起重机提升重物与下放重物过程中,传动机构的损耗分别是由电动机承担还是由重物势能承担? 提升与下放同一重物时其传动机构的效率一样高吗?

3.3　试指出图 3.60 中电动机的电磁转矩与负载转矩的实际方向(设顺时针方向为转速 n 的正方向)。

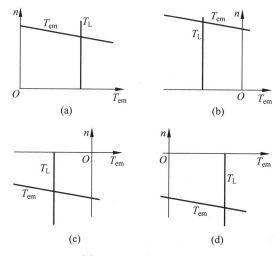

图 3.60　思考题 3.3 图

3.4　根据电力拖动系统的稳定运行条件,试判断图 3.61 中 A、B、C 三点是否为稳定运行点。

3.5　一般他励直流电动机为什么不能直接起动? 采用什么样的起动方法最好?

3.6　他励直流电动机拖动恒转矩负载调速,其机械特性和负载转矩特性如图 3.62 所示,试分析当工作点由 A_1 向 A 点运行过程中,电动机经过哪些不同的运行状态。

3.7　他励直流电动机弱磁升速时,其拖动系统的机电时间常数是否保持不变? 请说明理由。

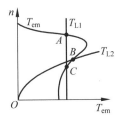

图 3.61　思考题 3.4 图

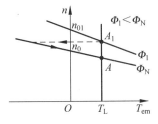

图 3.62　思考题 3.6 图

3.8　一台他励直流电动机拖动卷扬机运行,当电枢回路外接电源电压为额定电压且电枢回路外串电阻拖动重物匀速上升时,突然将外加电源电压的极性颠倒,电动机将最终稳定运行在什么状态?重物是提升还是下放?画出相应的机械特性曲线,并说明其间所经历的运行状态。

3.9　采用弱磁升速的他励直流电动机,为什么在负载转矩较大时不但不能实现弱磁升速,而且还出现弱磁降速的现象?试说明理由。

练习题

3.1　由电动机与卷扬机组成的拖动系统如图 3.4 所示。设重物 $G=4900\text{N}$,当电动机的转速为 $n=980\text{r/min}$ 时,重物的上升速度为 $V=1.5\text{m/s}$,电动机转子的转动惯量为 $J=2\text{kg} \cdot \text{m}^2$,卷筒直径 $D_\text{F}=0.4\text{m}$,卷筒的转动惯量 $J_\text{F}=1.9\text{kg} \cdot \text{m}^2$,减速机构的转动惯量和钢绳质量可以忽略不计,传动机构的效率 $\eta_\text{c}=0.95$。试求:

(1) 使重物匀速上升时电动机转子轴上的输出转矩;

(2) 整个系统折算到电动机转子轴上的总飞轮矩 GD_Σ^2;

(3) 使重物以 1m/s^2 的加速度上升时电动机转子轴上的输出转矩。

3.2　某他励直流电动机的额定数据为: $P_\text{N}=3\text{kW}$,$U_\text{N}=220\text{V}$,$I_\text{N}=18\text{A}$,$n_\text{N}=1000\text{r/min}$,电枢回路的总电阻为 0.8Ω。试求:

(1) 为使拖动系统在额定状态下能够能耗制动停机,要求最大制动电流不超过 $2I_\text{N}$,求制动电阻值;

(2) 若制动电阻与(1)相同,位能性负载转矩为 $T_\text{L}=0.8T_\text{N}$,求拖动系统能耗制动后的稳定转速。

3.3　某他励直流电动机,$U_\text{N}=220\text{V}$,电枢回路的总电阻为 0.032Ω,由该电机拖动起重机。当重物上升时,$U=U_\text{N}$,$I_\text{a}=350\text{A}$,$n_\text{N}=795\text{r/min}$。若希望将同一重物以 $n_\text{N}=300\text{r/min}$ 的转速下放,保持电枢电压和励磁电流不变,问此时电枢回路应串入多大的电阻?

3.4　一台他励直流电动机的额定数据如下: $P_\text{N}=30\text{kW}$,$U_\text{N}=440\text{V}$,$I_\text{N}=75\text{A}$,$n_\text{N}=1100\text{r/min}$,电枢回路的总电阻为 0.3Ω。

(1) 电动机拖动位能性负载在反接时做回馈制动下放,$I_\text{a}=50\text{A}$,下放转速为 1200r/min,问电枢回路应串联多大的电阻?

(2) 若串联同(1)一样的电阻,电动机拖动反抗性负载,负载电流的数值与(1)相同,求反接制动时,其下放的稳定速度为多少?

(3) 对位能性负载,采用能耗制动,若制动前电机在额定状态下运行,要确保最大制动电流不超过 $2I_N$,制动电阻应选多大? 转速为零时,若让拖动系统继续反转,其下放的稳定转速为多少?

3.5　某他励直流电动机的额定数据如下: $P_N=18.5\text{kW}$, $U_N=220\text{V}$, $I_N=103\text{A}$, $n_N=500\text{r/min}$,电枢回路的总电阻为 0.18Ω,最高转速应限制在 $n_{\max}=1500\text{r/min}$。电动机拖动生产机械,采用弱磁调速。试分析:

(1) 若拖动系统运行在恒转矩负载($T_L=T_N$)区,当磁通减少至 $\Phi=\dfrac{1}{3}\Phi_N$ 时,求电动机稳态运行的转速和电枢电流,并说明电动机能否长期运行。

(2) 若拖动系统运行在恒功率负载($P_L=P_N$)区,当磁通减少至 $\Phi=\dfrac{1}{3}\Phi_N$ 时,求电动机稳态运行的转速和电枢电流,并说明电动机能否长期运行。

3.6　他励直流电动机的数据为: $P_N=29\text{kW}$, $U_N=440\text{V}$, $I_N=76\text{A}$, $n_N=1000\text{r/min}$,电枢回路的总电阻为 0.376Ω,忽略空载转矩。

(1) 电动机以转速 500r/min 吊起 $T_L=0.8T_N$ 的重物,求此时电枢回路应外串的电阻值;

(2) 采用哪几种方法可使负载 $T_L=0.8T_N$ 以 500r/min 的速度下放? 求每种方法电枢回路应串入的电阻值;

(3) 在负载 $T_L=0.8T_N$ 以 500r/min 吊起时,突然将电枢反接,并使电枢电流不超过额定电流,求系统最终稳定的下放速度;

(4) 试用 MATLAB 绘出上述各种情况下直流电动机的机械特性。

3.7　试用 MATLAB 重新计算例 3.2 的结果,并绘出相应的机械特性和转速曲线。

3.8　一台并励直流电动机的数据为: $P_N=2.2\text{kW}$, $U_N=220\text{V}$, $n_N=1500\text{r/min}$, $\eta_N=81\%$,电枢回路的总电阻为 1.813Ω,额定励磁电流 $I_{fN}=0.414\text{A}$。当电动机运行在 1200r/min 时,系统转入能耗制动状态自动停车。

(1) 试问若保证起始制动电流不超过 $2I_N$,电枢回路应串入的电阻值为多少?

(2) 当负载为位能性负载,若负载的总阻力转矩为额定转矩的 0.9 倍。现采用能耗制动方法使电动机以 $n=220\text{r/min}$ 的转速匀速下放重物,试问所需制动电阻为多少?

3.9　T-M 系统中,已知他励直流电动机的额定转矩为: $P_N=10\text{kW}$, 220V, $n_N=1500\text{r/min}$, $\eta_N=85\%$, $r_a=0.3\Omega$。由三相桥式相控变流器供电,整流器二次侧的线电压为 220V。设 $I_{amin}=10\%I_N$ 为电流连续与断续的分界点。

(1) 试绘出当 $\alpha=\dfrac{\pi}{6}$ 时他励直流电动机的完整机械特性,要求算出理想的空载转速点以及电流连续与断续分界点的具体数据。

(2) 当 $\beta=\dfrac{\pi}{6}$ 时,重复(1)的过程。

第4章　变压器的建模与特性分析

内 容 简 介

　　本章首先介绍双绕组变压器的基本运行原理、基本结构以及选择变压器时所需的额定数据；其次，在此基础上，重点讨论变压器内部的电磁关系、电磁关系的数学描述——基本方程式、等值电路和相量图；最后，根据等值电路，对双绕组变压器的运行特性(外特性和效率特性)进行计算和讨论。对于三相变压器，重点讨论三相变压器的特殊问题如三相变压器的连接组问题以及三相变压器电路连接与磁路结构的配合问题。对拖动系统经常采用的特殊变压器如自耦变压器、电流互感器和电压互感器的工作原理和使用时的注意事项也将进行介绍。

　　顾名思义，变压器是通过磁路耦合来改变电压、电流或相位的装置。在电力系统中，借助于电力变压器可以实现电能的变换、传输和分配等功能。在一般工业和民用产品中，借助于变压器可以实现电源与负载的阻抗匹配、电路隔离、高压或大电流的测量等。除此之外，工业实际中还用到许多特殊用途的变压器如整流变压器、控制用变压器和自耦调压器等。对于电力变压器而言，根据内部绕组个数的不同，变压器可分为**双绕组变压器**和**三绕组变压器**。根据相数的不同，变压器又有**单相变压器**和**三相变压器**之分。

　　本章的内容安排如下：4.1节与4.2节简要介绍变压器的基本工作原理、结构和定额；4.3节～4.5节，以单相双绕组变压器为例，对空载与负载后变压器的电磁关系、电磁关系的数学描述即基本方程式、等效电路和相量图进行详细的介绍；4.6节介绍变压器等效电路参数的试验确定方法；4.7节根据上述数学模型对变压器的运行特性进行讨论与计算。上述结论既适用于单相变压器也适用于三相变压器。针对三相变压器的特殊问题，4.8节重点讨论三相变压器的连接组别以及三相变压器的绕组连接与磁路的配合问题。4.9节则对电力拖动系统中经常采用的特殊变压器如自耦变压器、电压互感器与电流互感器进行专门的讨论。

4.1　变压器的基本工作原理与结构

4.1.1　变压器的基本工作原理

图 4.1 给出了单相双绕组变压器的工作原理示意图。

图 4.1 中，与电网一侧相连的线圈称为原边(或一次绕组)，一次绕组的所有物理量用下标"1"表示；与负载一侧相连的线圈称为副边(或二次绕组)，二次绕组的所有物理量用下标"2"表示。

一旦原边绕组通电，绕组内就会有电流和磁势(或安匝数)产生。在原边磁势作用下，铁芯内产生主磁通，并与原、副边绕组相匝链，这一过程即所谓的电生磁过程。若外加电压为交流，所产生的磁通则为交变的，根据电磁感应原理知，交变的磁通分别要在原、副边绕组中感应电势，这一过程即所谓的磁生电过程。

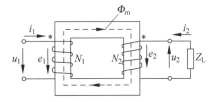

图 4.1　单相双绕组变压器的工作
原理示意图

鉴于一般情况下原、副边绕组的匝数不同(隔离变压器除外)，原副边绕组中的感应电势自然有所不同。对理想变压器而言(即一次侧和二次侧绕组完全耦合，且忽略绕组的阻抗压降)，由于绕组中的感应电势与端部电压近似相等，因此原、副绕组的端部电压自然也不相同，变压器由此而得名。就普通变压器而言，原、副边的绕组之间并没有直接电的联系，只有磁场耦合，正是通过磁场耦合才实现了电能的传递。

图 4.1 中，若规定正方向按如下惯例选取：①一次侧电流的正方向与电源电压的正方向一致(由于输入功率为正，故又称为**电动机惯例**)；二次侧电流的正方向与绕组的感应电势的正方向一致，二次侧端电压与输出电流同方向(由于输出功率为正，故又称为**发电机惯例**)；②磁势 $F = Ni$ 与磁通 Φ 之间符合右手螺旋关系；③感应电势 e 与磁通 Φ 之间符合右手螺旋关系。由此可见，e 与 i 的正方向相同(见图 1.2)。

在上述正方向假定下，理想变压器内部的电磁过程可用如下关系式来描述。根据电磁感应定律，交变的磁通在原、副边绕组中的感应电势和电压分别为

$$\begin{cases} u_1 = -e_1 = N_1 \dfrac{\mathrm{d}\Phi}{\mathrm{d}t} \\ u_2 = e_2 = -N_2 \dfrac{\mathrm{d}\Phi}{\mathrm{d}t} \end{cases} \tag{4-1}$$

式中，N_1、N_2 分别为原、副边绕组的匝数。

若原、副边绕组中的电压和感应电势均按正弦规律变化，则根据式(4-1)，各物理量的有效值满足下列关系

$$\frac{U_1}{U_2} = \frac{E_1}{E_2} = \frac{N_1}{N_2} \tag{4-2}$$

忽略绕组的电阻和铁芯损耗,则原、副边功率守恒,于是有

$$U_1 I_1 = U_2 I_2 \tag{4-3}$$

从而有

$$\frac{U_1}{U_2} = \frac{I_2}{I_1} = \frac{N_1}{N_2} \tag{4-4}$$

称 $k = \dfrac{N_1}{N_2}$ 为变压器的匝比或**变比**,$k = \dfrac{U_1}{U_2} = \dfrac{I_2}{I_1}$;称 $S = U_1 I_1 = U_2 I_2$ 为**视在容量**。

由此可见,变压器在实现变压的同时也实现了变流。当原边绕组通以恒值直流时,由于磁通为常量,变压器原、副边绕组不会感应电势,也就无法实现变压,因此变压器对直流起到隔离作用。当变压器原边绕组通以交流时,由于共同的磁通匝链原、副边绕组,磁通的交变频率即原、副边绕组感应电势的频率,因此,变压器无法实现变频。

图 4.1 中,二次侧的负载阻抗为

$$Z_L = \frac{U_2}{I_2}$$

如果从一次侧来看 Z_L,则其大小为

$$Z_L' = \frac{U_1}{I_1} = k^2 \frac{U_2}{I_2} = k^2 Z_L \tag{4-5}$$

由此可见,变压器还可以实现阻抗的变换。

值得一提的是:阻抗变换与阻抗的折算(将在 4.5.2 节介绍)是同一概念。

4.1.2 变压器的结构

变压器主要是由铁芯和绕组两部分组成。铁芯是变压器的磁路构成部分,为了减少铁芯内的磁滞和涡流损耗,通常铁芯采用 0.35mm 厚的硅钢片叠压而成,片与片间涂有绝缘漆。为了增加磁导率,硅钢片多采用冷轧工艺制成。按照铁芯的结构,变压器有心式和壳式变压器之分,图 4.2(a)、(b)分别给出了单相心式和单相壳式变压器的结构图。电力变压器多采用心式结构,壳式变压器主要用于小容量的电源变压器和电信变压器。对三相变压器而言,根据铁芯结构的不同,变压器又有组式和心式变压器之分。所谓**组式变压器**是指三相变压器是由三台单相变压器组成,如图 4.3(a)所示;而**三相心式变压器**的铁芯结构则如图 4.3(b)所示,每个铁芯柱上的绕组代表一相绕组。关于三相组式变压器和心式变压器的磁路结构与特点将在 4.8 节进行详细阐述。

绕组是变压器的电路构成部分,由表面带有绝缘漆的铜线或铝线组成,匝数多的一侧为高压绕组,匝数少的一侧为低压绕组。对单相双绕组变压器而言,绕组多采用同心式结构放置。通常,为便于绝缘处理,低压绕组一般放置靠近铁芯的内侧,高压绕组则放置在远离铁芯的外侧。为调节二次侧绕组的电压,一次侧绕组一般设

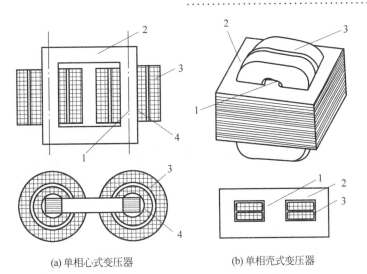

(a) 单相心式变压器　　　　　　　　(b) 单相壳式变压器

1—铁芯柱；2—铁轭；3—高压绕组；4—低压绕组。

图 4.2　单相变压器的结构

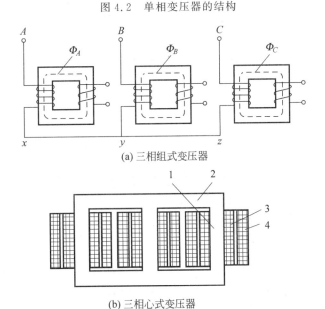

(a) 三相组式变压器

(b) 三相心式变压器

1—铁芯柱；2—铁轭；3—低压绕组；4—高压绕组。

图 4.3　三相变压器的结构

有分接头,如图 4.4 所示。

对于小容量的电力变压器,可依靠自然风冷来散热,相应的变压器又称为**干式变压器**。对于容量较大的变压器,其铁芯和绕组通常浸泡在变压器油中,这种变压器又称为**油浸式变压器**,其优点是铁芯和绕组便于散热,同时变压器油也起到了增强绕组绝缘的作用。图 4.5 给出了油浸式变压器的外形图。

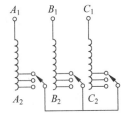

图 4.4　三相变压器高压绕组
的分接头

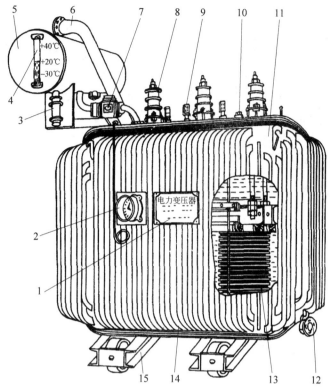

1—铭牌；2—温度计；3—吸湿器；4—油位计；5—储油柜；6—安全气道；
7—气体继电器；8—高压油管；9—低压油管；10—分接开关；11—油箱铁芯；
12—放油阀门；13—线圈；14—接地板；15—小车。

图 4.5　油浸式变压器的外形

4.2　变压器的额定值

变压器的额定值即铭牌值,它是设计和选择变压器的依据,变压器在额定值下运行可以获得较高的运行性能。变压器的额定数据主要包括：

(1) 额定容量,又称视在容量,用 S_N 表示,其单位为伏安(VA)或千伏安(kVA)。

(2) 额定电压,用 U_N 表示,其单位为伏(V)或千伏(kV)。对三相变压器而言,额定电压是指额定线电压。

(3) 额定电流,用 I_N 表示,其单位为安(A)或千安(kA)。对三相变压器而言,额定电流是指额定线电流。

(4) 额定频率,通常用 f_N 表示,我国规定标准供电频率即工频为 50Hz。

(5) 额定效率,用 η_N 表示,它表示额定运行条件下的输出功率与输入功率之比。一般电力变压器的额定运行效率较高,可达(95~99)%。

额定数据之间存在如下关系

$$S_N = m U_{1N\phi} I_{1N\phi}$$

式中，m 表示变压器的相数；$U_{1N\phi}$、$I_{1N\phi}$ 分别表示额定电压和额定电流的相值。对于单相变压器，$S_N = U_{1N} I_{1N} = U_{2N} I_{2N}$；对于三相变压器，$S_N = \sqrt{3} U_{1N} I_{1N} = \sqrt{3} U_{2N} I_{2N}$。

4.3　变压器的空载运行分析

变压器的空载是指一次绕组外加交流电压、二次绕组开路即副边电流为零的运行状态。图 4.6 给出了单相变压器空载运行的示意图。

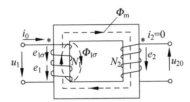

图 4.6　单相变压器空载运行的示意图

4.3.1　变压器空载运行时的电磁关系

当变压器一次绕组施加交流电压 u_1 时，原边流过的电流为 i_0，由于副边开路，故该电流又称为**空载电流**，空载电流产生空载磁势 $F_0 = N_1 i_0$（该磁势又称为激磁磁势用 $F_m = N_1 i_m$ 表示），并建立交变磁通。考虑到铁芯的磁导率比油或空气大得多，因此，绝大部分磁力线是通过铁芯闭合的，该部分磁力线同时匝链原、副边绕组，相应的磁通称为**主磁通**，用 Φ_m 表示。另有少量磁力线不经过铁芯而是通过变压器内部的油或空气闭合，由于这部分磁力线仅与一次绕组匝链，相应的磁通又称为原边**漏磁通**，用 $\Phi_{1\sigma}$ 表示。副边绕组由于开路，因而不存在副边漏磁通。一般情况下，漏磁通仅为主磁通的千分之一左右。主磁通 Φ_m 分别在原、副绕组中感应电势 e_1 和 e_2，而原边的漏磁通则在原边绕组中感应原边漏电势 $e_{1\sigma}$。考虑到一次绕组的电阻压降，上述电磁关系可用图 4.7 表示。

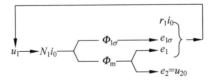

图 4.7　单相变压器空载运行时的电磁关系

根据图 4.6 的正方向假定，利用基尔霍夫电压定律（KVL）得一次侧和二次侧绕组的电压方程分别为

$$\begin{cases} u_1 = r_1 i_0 - e_1 - e_{1\sigma} \\ u_{20} = e_2 \end{cases} \tag{4-6}$$

式中，r_1 为一次绕组的电阻；u_{20} 为二次绕组的空载电压，或开路电压。

对于实际变压器，由于一次绕组的电阻压降 $r_1 i_0$ 以及漏电势 $e_{1\sigma}$ 均较小，故可认为 $u_1 \approx -e_1$。考虑到外加电压按正弦规律变化，因此，可认为感应电势和磁通也按正弦规律变化。

设 $\Phi(t) = \Phi_{\mathrm{m}} \sin\omega t$，则根据电磁感应定律有

$$e_1 = -N_1 \frac{\mathrm{d}\Phi(t)}{\mathrm{d}t}, \quad e_2 = -N_2 \frac{\mathrm{d}\Phi(t)}{\mathrm{d}t}$$

利用符号法，写成相量形式为

$$\dot{E}_1 = -\mathrm{j}\frac{\omega}{\sqrt{2}}N_1 \dot{\Phi}_{\mathrm{m}} = -\mathrm{j}\frac{2\pi f}{\sqrt{2}}N_1 \dot{\Phi}_{\mathrm{m}} = -\mathrm{j}4.44 f N_1 \dot{\Phi}_{\mathrm{m}} \tag{4-7}$$

$$\dot{E}_2 = -\mathrm{j}\frac{\omega}{\sqrt{2}}N_2 \dot{\Phi}_{\mathrm{m}} = -\mathrm{j}\frac{2\pi f}{\sqrt{2}}N_2 \dot{\Phi}_{\mathrm{m}} = -\mathrm{j}4.44 f N_2 \dot{\Phi}_{\mathrm{m}} \tag{4-8}$$

式(4-7)和式(4-8)表明，绕组内感应电势的大小分别正比于频率、绕组匝数以及磁通的幅值；在相位上，变压器绕组内的感应电势滞后于主磁通 $\dot{\Phi}_{\mathrm{m}}$ 90°。

当一次绕组施加额定电压 $U_1 = U_{1\mathrm{N}}$ 时，规定二次侧绕组的开路电压即为**二次侧的额定电压**即 $U_{20} = U_{2\mathrm{N}}$，这样便可获得变压器的变比为

$$k = \frac{N_1}{N_2} = \frac{E_1}{E_2} = \frac{U_{1\mathrm{N}}}{U_{2\mathrm{N}}} = \frac{U_{1\mathrm{N}}}{U_{20}} \tag{4-9}$$

4.3.2　磁路的电参数等效

变压器内部涉及电路和磁路问题，工程实际中，对变压器多采用等效电路进行分析，其一般方法是：对电路问题仍采用原电路的方法，而对有关磁路的问题通常是将其转换为电路问题，用等效电路参数来描述磁路的工作情况，然后按照统一的电路理论进行计算。鉴于主磁场和漏磁场所走的磁路不同，相应的等效电路参数也不尽相同，下面分别对其进行讨论。

对于漏磁通，由于磁力线走的是漏磁路，它是由变压器油或空气组成，其磁导率为 μ_0。漏磁路的磁阻可近似认为是常数，相应的磁路为线性磁路，故有 $\Psi_{1\sigma} = L_{1\sigma} i_0$，其中 $L_{1\sigma}$ 为常数。根据电磁感应定律，漏磁通感应的漏电势为

$$e_{1\sigma} = -\frac{\mathrm{d}\Psi_{1\sigma}}{\mathrm{d}t} = -L_{1\sigma} \frac{\mathrm{d}i_0}{\mathrm{d}t}$$

其相量形式为

$$\dot{E}_{1\sigma} = -\mathrm{j}\omega L_{1\sigma} \dot{I}_0 = -\mathrm{j}x_{1\sigma} \dot{I}_0 \tag{4-10}$$

其中，一次侧绕组的漏电抗为 $x_{1\sigma} = \omega L_{1\sigma} = 2\pi f L_{1\sigma}$，漏电感为

$$L_{1\sigma} = \frac{\Psi_{1\sigma}}{i_0} = \frac{N_1^2 \Phi_{1\sigma}}{N_1 i_0} = \frac{N_1^2}{R_\sigma} = N_1^2 \Lambda_\sigma = N_1^2 \frac{\mu_0 S}{l_{1\sigma}} \tag{4-11}$$

式中，S 为铁芯截面积；$l_{1\sigma}$ 为原边漏磁路的平均长度。

由式(4-11)可见，用漏电抗 $x_{1\sigma}$ 或漏电感 $L_{1\sigma}$ 可以反映漏磁路的构成情况。

对于主磁通，由于磁力线所走的主磁路是由铁磁材料组成的铁芯构成，因而存在饱和现象，其结果铁芯中的主磁通 Φ_m 与空载电流 i_0 之间呈非线性关系。由于铁芯饱和，当主磁通的波形为正弦时，其空载电流 i_0 为非正弦，如图 4.8 所示。为了建立变压器的等效电路，工程中通常引入**等效正弦波电流**的概念，用等效正弦波电流代替非正弦的空载电流，方法是：①确保等效前后空载电流的有效值和频率不变；②等效前后的有功(或平均)功率保持不变。这样等效后的空载电流便可以用符号法中的相量来描述。未加说明，本书以后所提到的空载电流 i_0 均指等效正弦波后的空载电流。

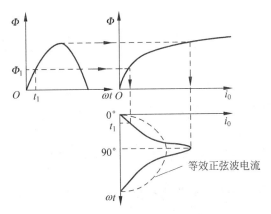

图 4.8　变压器空载电流的波形

对理想变压器而言，空载电流主要是用来产生主磁通 Φ_m 的，因此可认为空载电流 i_0 就是励磁电流 i_m。同漏磁路可用漏电抗来描述一样，主磁路也可用励磁电抗来描述，但考虑到实际铁芯内部存在磁滞和涡流损耗(总称为铁耗)，变压器空载时，除了一次侧绕组电阻的铜耗外，电源输入的电功率主要用来提供铁耗，此时的总损耗又称为**空载损耗**，用 p_0 表示。鉴于此，除了采用励磁电抗外，主磁路还需用描述铁耗的阻性参数来等效。这样，空载电流必然对应着建立主磁场的无功分量 $i_{0\mu}$(又称为磁化电流)和对应于铁耗的有功分量 i_{0a} 两部分，可用相量形式表示为

$$\dot{I}_0 = \dot{I}_m = \dot{I}_{0\mu} + \dot{I}_{0a} \tag{4-12}$$

图 4.9(a)给出了式(4-12)对应的相量图，其中的 α_{Fe} 称为铁耗角。根据式(4-12)和图 4.9(a)画出对应于主磁路的等效电路如图 4.9(b)所示。然后，进一步将其等效为图 4.9(c)。

由图 4.9(c)得

$$\dot{E}_1 = -(r_m + jx_m)\dot{I}_m = -z_m \dot{I}_m \tag{4-13}$$

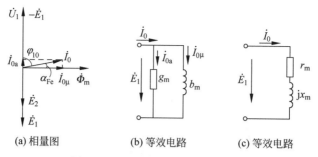

图 4.9　变压器主磁路的等效电路

式中，z_m 为励磁阻抗；r_m 为励磁电阻，它反映了铁芯内部的损耗，即 $p_{Fe} = I_m^2 r_m$；$x_m = \omega L_m$ 为励磁电抗，它表征了主磁路铁芯的磁化性能，其中，励磁电感 L_m 可由下式给出

$$L_m = \frac{\Psi_m}{i_m} = N_1^2 \Lambda_m = N_1^2 \frac{\mu_{Fe} S}{l_{Fe}} \tag{4-14}$$

随着输入电压的增加，铁芯的饱和程度也将增加，铁磁材料的磁导率 μ_{Fe} 将有所减小，x_m（或 L_m）随之减小。

值得一提的是，空载状态下的变压器相当于绕在铁芯上的单个线圈，因此，其等效电路也就是单个铁芯线圈的等效电路。

4.3.3　变压器的空载电压平衡方程式、相量图及等值电路图

将式(4-6)中的第 1 式首先转换为相量形式，然后将式(4-10)代入便可获得电压平衡方程式为

$$\dot{U}_1 = r_1 \dot{I}_0 - \dot{E}_{1\sigma} - \dot{E}_1 = (r_1 + jx_{1\sigma})\dot{I}_0 - \dot{E}_1 = z_1 \dot{I}_0 - \dot{E}_1$$

式中，$z_1 = r_1 + jx_{1\sigma}$ 为一次侧绕组的漏阻抗。

上式和式(4-6)中第 2 式的相量形式以及式(4-13)一同组成了变压器空载运行时的电压平衡方程式，即

$$\begin{cases} \dot{U}_1 = (r_1 + jx_{1\sigma})\dot{I}_0 - \dot{E}_1 = z_1 \dot{I}_0 - \dot{E}_1 \\ \dot{U}_{20} = \dot{E}_{20} \\ \dot{E}_1 = -(r_m + jx_m)\dot{I}_m = -z_m \dot{I}_m = -z_m \dot{I}_0 \end{cases} \tag{4-15}$$

根据式(4-15)可绘出变压器空载运行时的等值电路和相量图如图 4.10(a)、(b)所示。

由图 4.10(b)可见，变压器空载运行时的功率因数 $\cos\varphi_{10}$ 较低，它表明：尽管变压器不输出有功功率，但仍需由电网提供较大的无功功率来建立磁场，因此**变压器最好不要空载或轻载运行**。

值得说明的是，在图 4.10(a)所示的等值电路中，励磁阻抗 z_m 是随着外加电压的

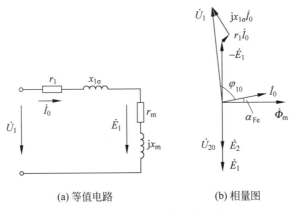

(a) 等值电路　　　　　(b) 相量图

图 4.10　变压器空载运行时的等值电路与相量图

改变而改变的,电压越高,铁芯饱和程度越大,z_m 越小。对一般电力变压器而言,考虑到电网电压变化较小,则主磁通 $\dot{\Phi}_m$ 基本保持不变,z_m 也可近似认为是一常数。

4.4　变压器的负载运行分析

变压器的负载运行是指变压器的一次侧接到交流电源上,二次侧连接电气负载 Z_L 时的运行情况。变压器负载后,二次侧的电流不再为零,从而导致铁芯内部的电磁过程与空载运行时有所不同。

4.4.1　变压器负载运行时的磁势平衡方程式

图 4.11 给出了变压器负载运行时的原理示意图,图中各物理量的假定正方向均按 4.1 节的惯例标注。

考虑到负载运行时,一次侧绕组的电压平衡方程式为

$$\dot{U}_1 = -\dot{E}_1 + z_1 \dot{I}_1 \tag{4-16}$$

与空载时的表达式(4-15)相比较可以看出,在输入电压一定的前提下,变压器由空载变为负载,一次侧电流由 I_0(或 I_m)增至 I_1,E_1 将略有下降。但考虑到一次侧绕组的漏阻抗 z_1 数值较小,相应的漏阻抗压降变化也较小,可近似认为 E_1 基本不变。由 $E_1 = 4.44 f N_1 \Phi_m$ 可见,负载前后主磁通 $\dot{\Phi}_m$ 可认为基本不变,这样,变压器铁芯内部的励磁磁势 $F_m (= N_1 i_m)$ 自然也不会发生变化,亦即变压器负载后的励磁磁势与空载时的励磁磁势 $N_1 i_0$ 相等。考虑到变压器负载后的主磁通是由一、二次侧绕组磁势 $F_1 = N_1 i_1$ 和 $F_2 = N_2 i_2$ 共同产生的,根据图 4.11 所示正方向,于是有

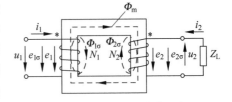

图 4.11　变压器的负载运行

$$N_1 i_1 + N_2 i_2 = N_1 i_m = N_1 i_0 \tag{4-17}$$

式(4-17)又称为变压器的**磁势平衡方程式**，该磁势平衡方程式也可以这样理解：变压器空载时磁路的磁势为 $F_0 = N_1 i_0$，负载后，二次侧绕组磁势 $N_2 i_2$ 的增加必然导致一次侧的去磁效应。考虑到负载前后主磁通基本不变，为维持这一磁通不变，一次侧绕组必须增加相应的励磁安匝(或电流)才能抵消二次侧磁势的增加，即

$$N_1 \Delta i_1 + N_2 i_2 = 0$$

上式两边同时加入 $N_1 i_0$，于是有

$$N_1 (i_0 + \Delta i_1) + N_2 i_2 = N_1 i_0$$

上式与式(4-17)比较可得 $i_1 = i_0 + \Delta i_1$，即变压器负载后，一次侧电流有所增加，二次侧所需的负载(电流)越大，一次侧供给的电流也就越大。因此，可以把变压器的工作机理看作为是一种供需平衡关系，需要的电流(或功率)越多则变压器所提供的电流(或功率)也越多，反之亦然。

式(4-17)写成相量形式为

$$N_1 \dot{I}_1 + N_2 \dot{I}_2 = N_1 \dot{I}_m \tag{4-18}$$

由式(4-18)得 $\dot{I}_m = \dot{I}_1 + \dfrac{N_2}{N_1} \dot{I}_2$，乍一看似乎 I_m 大于 I_1，造成这一假象的原因是将上式的矢量和误认为是代数和。对于实际变压器而言，通常，空载(或激磁)电流 I_m 较小(约为额定电流的 1/10)，故 I_m 可忽略不计，于是有：$\dot{I}_1 = -\dfrac{N_2}{N} \dot{I}_2$。结合图 4.11 可以看出：若电流 i_1 的实际方向为正(即从同名端流入变压器)，则电流 i_2 的实际方向为负，表明 i_2 的实际方向与假定方向相反(即从同名端流出变压器)。负载后，变压器二次侧流出的负载电流 i_2 越大，一次侧流入的电流 i_1 就越大。

4.4.2　变压器负载后副边漏磁路的电参数等效

变压器负载后，二次侧电流对应的磁势除了对主磁通有贡献外，还会在变压器副边产生漏磁通 $\Phi_{2\sigma}$，如图 4.11 所示。该漏磁通 $\Phi_{2\sigma}$ 仅与副边绕组相匝链，其磁力线走的是漏磁路(即变压器油或空气)，因而可认为该磁路为线性磁路，其处理方法与一次侧完全相同。现说明如下。

按图 4.11 所示的假定正方向，同时引入副边漏电感 $L_{2\sigma}$，则副边漏磁链所感应的电势为

$$\dot{E}_{2\sigma} = -\mathrm{j}\omega L_{2\sigma} \dot{I}_2 = -\mathrm{j}x_{2\sigma} \dot{I}_2 \tag{4-19}$$

其中，副边漏电抗为 $x_{2\sigma} = \omega L_{2\sigma} = 2\pi f L_{2\sigma}$，副边漏电感为

$$L_{2\sigma} = \frac{\Psi_{2\sigma}}{i_2} = \frac{N_2^2 \Phi_{2\sigma}}{N_2 i_2} = \frac{N_2^2}{R_{\sigma 2}} = N_2^2 \Lambda_\sigma = N_2^2 \frac{\mu_0 S}{l_{2\sigma}} \tag{4-20}$$

式中，$l_{2\sigma}$ 为副边漏磁路的平均长度。

由式(4-20)可见，漏电抗 $x_{2\sigma}$ 或漏电感 $L_{2\sigma}$ 反映了副边漏磁路的构成情况。

4.4.3　变压器负载运行时的电磁关系

综上所述,变压器负载后,除了一、二次侧绕组的磁势联合产生励磁磁势和主磁通外,一、二次侧绕组还各自产生一小部分仅与自身绕组匝链的漏磁通 $\Phi_{1\sigma}$ 和 $\Phi_{2\sigma}$,这些漏磁通又分别在各自交链的绕组中感应漏电势 $\dot{E}_{1\sigma}$ 和 $\dot{E}_{2\sigma}$。考虑到相互之间的关系,则变压器负载后的电磁关系可用图 4.12 来描述。

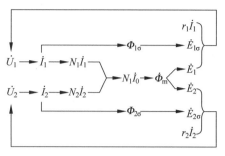

图 4.12　变压器负载后的电磁关系

4.5　变压器的基本方程式、等值电路与相量图

4.5.1　变压器负载运行时的基本方程式

根据图 4.11、图 4.12 以及正方向假定,利用基尔霍夫电压定律(KVL)便可获得原、副边绕组电压平衡方程式的相量形式为

$$\begin{cases} \dot{U}_1 = -\dot{E}_1 + (r_1 + \mathrm{j}x_{1\sigma})\dot{I}_1 = -\dot{E}_1 + z_1\dot{I}_1 \\ \dot{U}_2 = \dot{E}_2 - r_2\dot{I}_2 - \mathrm{j}x_{2\sigma}\dot{I}_2 = \dot{E}_2 - z_2\dot{I}_2 \end{cases} \tag{4-21}$$

式中,$z_2 = r_2 + \mathrm{j}x_{2\sigma}$ 为二次侧绕组的漏阻抗。

将式(4-9)、式(4-13)、式(4-18)和式(4-21)汇总得变压器负载后的基本方程式为

$$\begin{cases} \dot{U}_1 = -\dot{E}_1 + z_1\dot{I}_1 \\ \dot{U}_2 = \dot{E}_2 - z_2\dot{I}_2 \\ \dot{E}_1 = -z_{\mathrm{m}}\dot{I}_{\mathrm{m}} \\ N_1\dot{I}_1 + N_2\dot{I}_2 = N_1\dot{I}_{\mathrm{m}} \\ \dfrac{\dot{E}_1}{\dot{E}_2} = \dfrac{N_1}{N_2} = k \end{cases} \tag{4-22}$$

4.5.2　变压器负载运行时的等值电路

变压器的基本方程式是对其内部电磁关系的定量描述。原则上,利用基本方程式可以对变压器的各种性能进行分析计算,但工程实际中,若直接利用式(4-22)对变压器的性能进行计算,则计算过程繁琐。通常,工程上将基本方程式转换为等效电

路,用等效电路来代替具有电路、磁路和电磁相互作用的实际变压器,然后利用等效电路对变压器的运行性能进行计算。图 4.13(a)给出了根据式(4-22)所获得的变压器的等值电路。

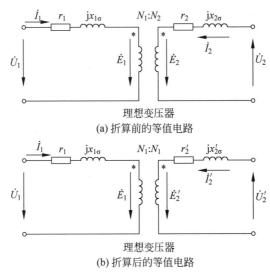

理想变压器

(a) 折算前的等值电路

理想变压器

(b) 折算后的等值电路

图 4.13　变压器的折算过程

很显然,除了磁耦合外,图 4.13(a)中的两个电气回路是相互独立的。为了简化计算,通常将副边的绕组匝数由 N_2 提升至 N_1,这样二次侧的各物理量均发生相应的变化,这一过程又称为**折算**。折算的原则是折算前后要保证电磁关系不变,具体来讲有两点:①折算前后磁势应保持不变;②折算前后电功率及损耗应保持不变。按照这一原则,折算后的计算可通过下列过程获得。

设折算后的各物理量用原物理量加上标"′"来表示,经过折算后的等值电路如图 4.13(b)所示。由于折算后副边的匝数 N_2 用原边的匝数 N_1 代替,因而有:

电压折算

$$E'_2 = \frac{N_1}{N_2}E_2 = kE_2 = E_1 \tag{4-23}$$

同理

$$E'_{2\sigma} = kE_{2\sigma} \tag{4-24}$$

$$U'_2 = kU_2 \tag{4-25}$$

电流折算,须确保折算前后磁势不变,于是

$$N_1 I'_2 = N_2 I_2$$

即

$$I'_2 = \frac{N_2 I_2}{N_1} = \frac{1}{k}I_2 \tag{4-26}$$

阻抗折算,须确保折算前后的有功功率和无功功率不变,于是

$$r'_2 I'^2_2 = r_2 I^2_2, \quad x'_{2\sigma} I'^2_2 = x_{2\sigma} I^2_2$$

即

$$r_2' = \frac{r_2 I_2^2}{I_2'^2} = k^2 r_2 \qquad (4\text{-}27)$$

$$x_2' = \frac{x_{2\sigma} I_2^2}{I_2'^2} = k^2 x_{2\sigma} \qquad (4\text{-}28)$$

同理

$$z_2' = k^2 z_2 \qquad (4\text{-}29)$$

　　上述折算是将副边折算至原边绕组,同样也可以将原边折算至副边绕组,亦即将原边绕组匝数 N_1 变换为副边绕组匝数 N_2。具体方法与上述过程相同,这里不再赘述。

　　经过折算后,变压器的基本方程式式(4-22)变为

$$\begin{cases} \dot{U}_1 = -\dot{E}_1 + z_1 \dot{I}_1 \\ \dot{U}_2' = \dot{E}_2' - z_2' \dot{I}_2' \\ \dot{I}_1 + \dot{I}_2' = \dot{I}_m \\ \dot{E}_1 = \dot{E}_2' = -z_m I_m \end{cases} \qquad (4\text{-}30)$$

利用式(4-30),并结合图 4.13(b)便可获得变压器的 **T 形等值电路**,如图 4.14 所示。

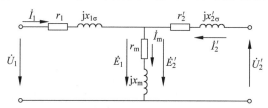

图 4.14　变压器的 T 形等值电路

　　T 形等值电路虽然比较准确地反映了变压器内部的电磁关系,但计算起来比较复杂。对于电力变压器,一般说来,一次绕组的漏阻抗压降仅占额定电压的百分之几。在外加电压一定的条件下,励磁电流基本不变,励磁电流远小于额定电流 I_{1N}。因此,可将 T 形等值电路中的励磁支路移至电源端,获得所谓的**近似 Γ 形等效电路**,如图 4.15 所示。Γ 形等效电路可大大简化计算过程。

　　若忽略励磁电流 I_m(即把励磁支路断开),近似 Γ 形等效电路可进一步进行简化,最终获得变压器的**简化等效电路**,如图 4.16 所示。

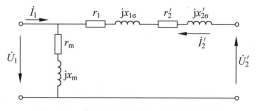

图 4.15　变压器的近似 Γ 形等效电路

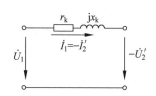

图 4.16　变压器的简化等效电路

在变压器的简化等效电路中,令

$$r_k = r_1 + r_2'$$
$$x_k = x_{1\sigma} + x_{2\sigma}'$$ \hfill (4-31)
$$z_k = r_k + j x_k$$

式中,z_k 表示变压器二次侧短路时的阻抗,故 r_k、x_k 和 z_k 分别称为变压器的**短路电阻**、**短路电抗**和**短路阻抗**,其数值可以通过 4.6 节介绍的短路试验获得。

4.5.3　变压器负载运行时的相量图

根据变压器的基本方程式(4-30)便可绘出变压器负载运行时的相量图,它可以很清晰地表明各物理量的大小和相位关系。

假定等效电路参数已知,且负载的大小和相位已给定,则变压器负载运行时的相量图可通过下列步骤获得。

(1) 根据负载的电压 $\dot{U}_2'$ 和电流 $\dot{I}_2'$ 以及两者之间的夹角 φ_2,并利用 $\dot{E}_2' = \dot{U}_2' + z_2' \dot{I}_2'$ 绘出二次侧绕组的相量 $\dot{E}_2'$;由于 $\dot{E}_1 = \dot{E}_2'$,因此也可以获得相量 $\dot{E}_1$;

(2) 考虑到主磁通 $\dot{\Phi}_m$ 超前 $\dot{E}_1$ 90°,励磁电流 $\dot{I}_m$ 又超前 $\dot{\Phi}_m$ 一铁耗角 $\alpha_{Fe} = \arctan \dfrac{r_m}{x_m}$,由此绘出主磁通 $\dot{\Phi}_m$ 和励磁电流 $\dot{I}_m$;

(3) 根据 $\dot{I}_1 = \dot{I}_m + (-\dot{I}_2')$ 便可求出 $\dot{I}_1$;

(4) 由一次侧绕组的电压平衡方程式 $\dot{U}_1 = -\dot{E}_1 + z_1 \dot{I}_1$ 可求出 $\dot{U}_1$,并可获得 $\dot{U}_1$ 和 $\dot{I}_1$ 之间的夹角,即变压器一次侧的功率因数角 φ_1。

图 4.17 给出了变压器带感性负载时的相量图。由相量图可见,与空载相比,负载后变压器一次侧的功率因数角减小,功率因数得以提高。

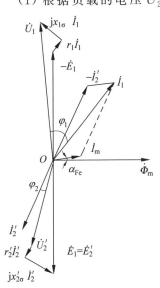

图 4.17　变压器的相量图

4.6　变压器等值电路参数的试验测定

要想利用等值电路对变压器的运行性能进行分析计算,就需预先知道等值电路的参数。变压器等值电路的参数可以通过空载和短路试验测得。

4.6.1　空载试验

通过空载试验可以确定变压器的变比 k、励磁电阻 r_m 和励磁电抗 x_m。具体的试验接线如图 4.18(a)、(b)所示,其中,图 4.18(a)为单相变压器的接线,图 4.18(b)则为三相变压器的接线,即变压器的一次侧外接电压,二次侧开路。

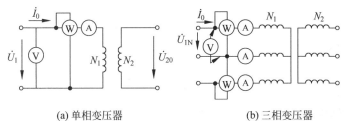

(a) 单相变压器　　　　　　　　　　(b) 三相变压器

图 4.18　变压器空载试验的接线图

考虑到一般电力变压器的空载电流较小,$I_0 = (0.02 \sim 0.10)I_{1N}$,图 4.18 中的电流表和功率表的电流线圈采用所谓的内表法接线(即电流表和功率表的电流线圈接到电压表与变压器之间的内侧)。

改变外加电压 U_1 的大小,记录相应的电压、电流和功率,便可获得变压器的空载特性。值得一提的是,变压器的励磁参数是根据外加电压为额定电压时的数据进行计算的,具体方法如下。

对于单相变压器,由变压器的空载等值电路(见图 4.10(a))可知,空载损耗 p_0包括一次绕组的铜耗和铁耗。鉴于实际变压器的空载电流较小,空载时的铜耗可以忽略不计,因此,空载损耗可近似为铁耗,即

$$p_0 = r_0 I_0^2 = (r_1 + r_m)I_0^2 \approx r_m I_0^2$$

由此可求出励磁电阻为

$$r_m = \frac{p_0}{I_0^2} \tag{4-32}$$

又

$$z_0 = \frac{U_0}{I_0} = |z_1 + z_m| = \sqrt{(r_1 + r_m)^2 + (x_{1\sigma} + x_m)^2} \tag{4-33}$$

考虑到 $z_m \gg z_1$,故有

$$z_0 \approx z_m \tag{4-34}$$

$$x_m = \sqrt{z_m^2 - r_m^2} \tag{4-35}$$

变压器的变比为

$$k = \frac{U_1}{U_{20}} \tag{4-36}$$

值得说明的是,由于励磁阻抗 z_m 与磁路的饱和程度有关,外加电压的数值不同会导致测量结果的差异。因此,应以额定电压下的数据为准,才能真实反映变压器运行时的磁路饱和情况。

对于三相变压器,等效电路是指一相的等效电路,因此,应用上述公式计算每相参数时,须注意首先将线电压、线电流以及三相功率转化为相电压、相电流以及每相的功率值,然后再计算变压器的参数。

原则上,空载试验既可在高压侧进行也可以在低压侧进行,为安全起见,空载实验通常是在低压侧进行,而高压侧开路,此时,若希望利用高压侧的等效电路,则应将测得的低压侧励磁阻抗 z_m 折算至高压侧,然后再进行计算。

4.6.2　短路试验

短路试验又称为负载试验,通过短路试验可以确定变压器的短路电阻 r_k 和短路电抗 x_k。具体的试验接线分别如图 4.19(a)、(b)所示,其中,图 4.19(a)表示单相变压器的接线,而图 4.19(b)则表示三相变压器的接线,即变压器的一次侧外接电压,二次侧短路。考虑到一般电力变压器的短路阻抗较小,短路电流较大,$I_k = (9.5 \sim 20)I_N$,因此,一次侧的外加电压一般不能达到额定值,否则会因电流过大、时间过长而烧坏绕组。通常,通过调节一次侧外加电压的大小,使得一次侧电流在额定值附近变化,然后记录相关数据。鉴于此,图 4.19 中的电流表和功率表的电流线圈采用外表法接线(即电流表和功率表的电流线圈接在电压表与变压器的外侧)。

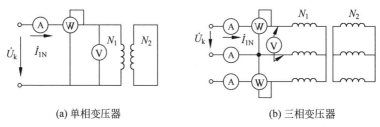

(a) 单相变压器　　　　　　　　　　(b) 三相变压器

图 4.19　变压器短路试验的接线图

调节外加电压 U_1 的大小,记录相应的电压、电流和功率,便可获得短路特性。值得一提的是,变压器的短路参数是根据额定电流时的数据进行计算的,具体方法如下:

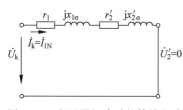

图 4.20　变压器短路时的等效电路

对于单相变压器,根据变压器短路时的等效电路(见图 4.20),得短路损耗为

$$p_k = r_k I_k^2 \tag{4-37}$$

由此求出短路电阻为

$$r_k = \frac{p_k}{I_k^2} \tag{4-38}$$

短路阻抗和短路电抗分别为

$$z_k = \frac{U_k}{I_k} \tag{4-39}$$

$$x_k = \sqrt{z_k^2 - r_k^2} \tag{4-40}$$

如果希望将一、二次侧绕组的电阻值分开,可采用电桥法首先测出一次侧绕组的直流电阻值 r_1,然后再利用式(4-41)求出二次侧绕组电阻的折算值 r_2'

$$r_k = r_1 + r_2' \tag{4-41}$$

对于一、二次侧绕组的漏电抗值，一般难以通过实验的方法将其分离，通常，假定一、二次侧绕组的漏电抗值折算到同一侧的数据相等，于是有

$$x_{1\sigma} = x'_{2\sigma} = \frac{x_k}{2} \tag{4-42}$$

考虑到绕组的电阻值随着环境温度的变化而变化，按照技术标准规定，绕组的电阻值应折算到标准温度 75℃，而漏电抗则与温度无关。于是有

$$r_{k75℃} = r_k \frac{T_0 + 75}{T_0 + \theta} \tag{4-43}$$

$$z_{k75℃} = \sqrt{r_{k75℃}^2 + x_k^2} \tag{4-44}$$

式中，θ 为试验时的室温；T_0 为与绕组材料有关的常数，对于铜线，$T_0 = 234.5℃$；对于铝线，$T_0 = 228℃$。

对三相变压器而言，上面的计算过程同样完全适用，但需要注意的是，所有物理量必须采用一相的数值，才能获得三相变压器每一相的等效电路参数。

短路试验既可以在高压侧进行也可以在低压侧进行，为方便起见，短路试验多在高压侧进行，低压侧短路。

在进行变压器短路试验时，当 $I_1 = I_{1N}$ 时，一次侧绕组的外加电压 $U_{kN} = z_{k75℃} I_{1N}$ 又称为**阻抗电压**或**短路电压**，短路电压是变压器的一个很重要的数据，经常将其标注在铭牌上。它共有两种表示方法，一是用其占额定电压的百分比来表示，称为**短路电压百分比**，其表示式为

$$u_k = \frac{U_{kN}}{U_{1N}} \times 100\% = \frac{z_{k75℃} I_{1N}}{U_{1N}} \times 100\% \tag{4-45}$$

另一种是采用其与额定电压的相对值（又称为**标幺值**(per unit value)）来表示，其具体表示式为

$$u_k^* = \frac{U_{kN}}{U_{1N}} = \frac{z_{k75℃} I_{1N}}{U_{1N}} = \frac{z_{k75℃}}{Z_{1N}} = z_k^* \tag{4-46}$$

式中，z_k^* 为短路阻抗的相对值（或标幺值），即 $z_{k75℃}$ 对于阻抗基值 Z_N 的相对值，其中，阻抗基值为 $Z_{1N} = \frac{U_{1N}}{I_{1N}}$。对一般电力变压器，$z_k^* = 0.05 \sim 0.105$。

实际应用中，短路阻抗 z_k^* 越大，即变压器的漏阻抗越大；漏阻抗越大意味着负载后二次侧的电压波动较大，但变压器的短路电流却较小。换句话说，为减小二次侧电压随负载的变化，希望 z_k^* 越小越好；但从减小短路电流的角度看，希望 z_k^* 越大越好。工程应用中应兼顾这两个因素，对该参数做出合理的选择。

4.7   变压器稳态运行特性的计算

变压器的主要运行指标有两个：一是变压器的电压变化率；二是变压器的运行效率。这两个运行指标分别体现在变压器的外特性和效率特性中。

4.7.1　变压器的外特性与电压变化率

变压器的外特性是指在额定电源电压和一定负载功率因数的条件下,变压器二次侧的端电压与二次侧负载电流之间的关系曲线 $U_2 = f(I_2)$。

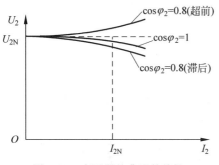

图 4.21　变压器的典型外特性

同直流发电机一样,变压器的外特性反映了变压器对负载的供电质量情况,图 4.21 给出了各类性质的负载下变压器的典型外特性。由图 4.21 可见,对于纯电阻负载($\cos\varphi_2 = 1$)和感性负载($\cos\varphi_2$(滞后)),随着负载电流的增加,变压器二次侧的端电压下降,且纯电阻负载时电压下降较小;而对于电容性负载($\cos\varphi_2$(超前)),随着负载电流的增加,变压器二次侧的端电压可能有所上升,这一现象将通过下面的分析加以解释。无论如何,随着负载的改变,变压器二次侧的端电压均将发生变化。

通常,把变压器在额定电源电压和一定负载功率因数的条件下,由空载到额定负载时二次侧端电压变化的百分比称为**电压变化率**,即

$$\Delta u = \frac{U_{20} - U_2}{U_{2N}} \times 100\% = \frac{U_{2N} - U_2}{U_{2N}} \times 100\% = \frac{U_{1N} - U_2'}{U_{1N}} \times 100\% \tag{4-47}$$

电压变化率 Δu 可以借助简化等效电路和其对应的相量图求出,具体推导过程如下:

根据简化等效电路(见图 4.22(a))和基尔霍夫电压定律(KVL)得

$$\dot{U}_{1N} = -\dot{U}_2' + \dot{I}_1(r_k + jx_k) \tag{4-48}$$

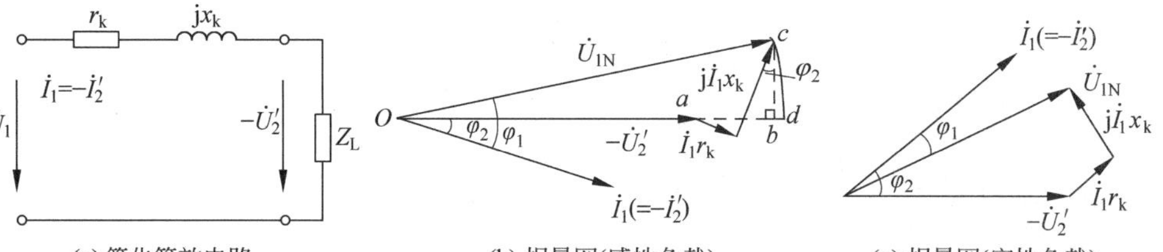

(a) 简化等效电路　　　　　(b) 相量图(感性负载)　　　　(c) 相量图(容性负载)

图 4.22　变压器的简化等效电路及其相量图

选择 $-\dot{U}_2'$ 作为参考相量,利用式(4-48)画出感性负载时简化等效电路所对应的相量图如图 4.22(b)所示。在图 4.22(b)中,延长 $-\dot{U}_2'$(即 $\overline{Oa}$ 线),并过 c 点作其垂线,与 $-\dot{U}_2'$ 的延长线交于 b 点;以 O 点为圆心,以 $\overline{Oc}$ 为半径画圆弧与 $\overline{Oa}$ 的延长线交于 d 点,则 $\overline{Od} = U_{1N}$。考虑到漏阻抗压降较小,可以近似认为 $U_{1N} = \overline{Od} \approx \overline{Ob}$,于是有

$$U_{1N} \approx U_2' + \overline{ab}$$

式中，$\overline{ab} = I_1(r_k\cos\varphi_2 + x_k\sin\varphi_2)$，故有

$$\Delta u = \frac{U_{1N} - U_2'}{U_{1N}} \times 100\% = \frac{\overline{ab}}{U_{1N}} \times 100\% = \frac{I_1(r_k\cos\varphi_2 + x_k\sin\varphi_2)}{U_{1N}} \times 100\%$$

$$= \beta\left(\frac{I_{1N}r_k\cos\varphi_2 + I_{1N}x_k\sin\varphi_2}{U_{1N}}\right) \times 100\% = \beta(r_k^*\cos\varphi_2 + x_k^*\sin\varphi_2) \quad (4\text{-}49)$$

其中，$\beta = \dfrac{I_1}{I_{1N}} = \dfrac{I_2}{I_{2N}}$ 为**负载系数**；$r_k^* = \dfrac{r_k}{z_{1N}}$、$x_k^* = \dfrac{x_k}{z_{1N}}$ 分别为 r_k 与 x_k 的标幺值。

由式(4-49)可见，**变压器的电压变化率 Δu 不仅取决于变压器自身的结构参数**（这里是指短路阻抗）（内因），**而且与变压器外部负载的大小和负载的性质（即 β 和 $\cos\varphi_2$）（外因）密切相关**。现讨论如下：

(1) 对于纯阻性负载，$\cos\varphi_2 = 1$，$\sin\varphi_2 = 0$，且 r_k^* 较 x_k^* 小得多，故其 Δu 较小；

(2) 对于感性负载，由于 $\varphi_2 > 0$，$\cos\varphi_2 > 0$，$\sin\varphi_2 > 0$，故 $\Delta u > 0$，说明随着负载电流 I_2 的增加，变压器二次侧的电压下降；

(3) 对于容性负载，$\varphi_2 < 0$，$\cos\varphi_2 > 0$，$\sin\varphi_2 < 0$，若 $|r_k^*\cos\varphi_2| < |x_k^*\sin\varphi_2|$，则 $\Delta u < 0$，说明随着负载电流 I_2 的增加，变压器二次侧的电压有可能升高。

上述分析解释了图 4.21 中所发生的现象，即阻感性负载随着负载电流的增加，变压器二次侧电压有所下降，且电阻性负载电压下降较小。对于容性负载，二次侧电压有可能随着负载电流的增加不但不下降，反而有所上升。

图 4.22(a) 中，当 Z_L 为容性负载时，绘出相应的相量图如图 4.22(c) 所示。由图 4.22(c) 可见，对于容性负载，其原边电流 $\dot{I}_1$ 有可能超前定子电压 $\dot{U}_1$，亦即变压器的功率因数是超前的。

在工程实际中，利用容性负载下变压器二次侧电压随着负载电流增加而有所上升的原理，在变压器的低压侧并联电容器，一方面可以达到补偿设备无功、改善电网功率因数、降低线损的目的，另一方面也可以提升工厂的电网电压，从而在一定程度上解决了因负荷大量增加而导致工厂电网电压下降的问题。这就是晶闸管开关电容(Thyristor-Switching Capacitor, TSC)无功补偿设备的工作原理。

4.7.2　变压器的效率特性

在电能的传递过程中，实际变压器由于自身存在损耗（铜耗和铁耗）而消耗一定的电能，导致输出的有功功率小于输入的有功功率，其比值可用效率来描述。具体表达式为

$$\eta = \frac{P_2}{P_1} \times 100\% = \frac{P_1 - \sum p}{P_1} \times 100\% = \left(1 - \frac{\sum p}{(P_2 + \sum p)}\right) \times 100\%$$

$$(4\text{-}50)$$

式中，P_1、P_2 分别代表变压器原边的输入有功功率和副边的输出有功功率；$\sum p$ 为

变压器的总损耗,主要包括铜耗和铁耗两大类,即 $\sum p = p_{\text{Fe}} + p_{\text{Cu}}$。

忽略负载时二次侧电压的变化,即认为 $U_2 \approx U_{2\text{N}}$,则变压器的输出有功功率 P_2 可按下式计算

$$P_2 = mU_{2\text{N}\phi}I_{2\phi}\cos\varphi_2 = \frac{I_{2\phi}}{I_{2\text{N}\phi}}mU_{2\text{N}\phi}I_{2\text{N}\phi}\cos\varphi_2 = \beta S_{\text{N}}\cos\varphi_2 \tag{4-51}$$

考虑到变压器无论是空载还是负载运行,只要原边施加额定电压,则主磁通与 B_{m} 就基本保持不变,而铁耗近似与 B_{m}^2 成正比,因此,变压器的铁耗基本保持不变,故铁耗又称为**不变损耗**。由空载等效电路知,变压器的铁耗近似等于变压器的空载损耗,即

$$p_{\text{Fe}} \approx p_0 \tag{4-52}$$

式中,p_0 为空载损耗,可由空载试验获得。

由简化等效电路(见图4.16)可知,变压器的绕组铜耗与负载电流的平方成正比,因此,随着负载的变化绕组铜耗是可变的,故又称为**可变损耗**。考虑到短路试验所测得的短路损耗为额定电流下的铜耗,一般负载下,变压器的铜耗可由下式给出

$$p_{\text{Cu}} = mI_1^2 r_{\text{k}} = \left(\frac{I_1}{I_{1\text{N}}}\right)^2 mI_{1\text{N}}^2 r_{\text{k}} = \beta^2 p_{\text{kN}} \tag{4-53}$$

式中,p_{kN} 为额定电流时的短路损耗,可由短路试验获得。

将式(4-51)、式(4-52)和式(4-53)代入式(4-50)得变压器的效率计算公式为

$$\eta = \left(1 - \frac{p_0 + \beta^2 p_{\text{kN}}}{\beta S_{\text{N}}\cos\varphi_2 + p_0 + \beta^2 p_{\text{kN}}}\right) \times 100\% \tag{4-54}$$

由式(4-54)可见,与电压变化率类似,**变压器的效率既取决于变压器自身的结构参数**(这里是指空载损耗 p_0 和短路损耗 p_{kN})(内因),**也与外部负载的大小和负载的性质**(即 β 和 $\cos\varphi_2$)(外因)**密切相关**。

通常,将在额定电压和一定负载功率因数条件下,效率与负载电流之间的关系曲线 $\eta = f(I_2)$(或 $\eta = f(\beta)$)定义为变压器的效率特性,根据式(4-54)可绘出变压器典型的效率曲线如图4.23所示。

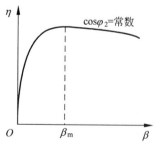

图 4.23　变压器典型的效率曲线

由图4.23可见,当输出电流为零(即空载)时,变压器的运行效率为零;随着负载电流的增加,输出功率增加,铜耗也将有所增加,但由于刚开始时 β 较小,铜耗较小,作为不变损耗的铁耗占的权重较大,因此,总损耗没有输出功率增加得快,结果效率逐渐提高。当负载增大至一定程度时,作为可变损耗的铜耗成为主要成分,最终导致随 β 的增大效率反而降低。这样,效率必然存在一个最大值 $\eta_{\max}$,该最大值可通过下面的推导获得。

令效率 η 对负载系数 β 的导数为零,即 $\dfrac{\mathrm{d}\eta}{\mathrm{d}\beta} = 0$,则根据式(4-54)可得

$$p_0 = \beta_m^2 p_{kN} \quad 或 \quad \beta_m = \sqrt{\frac{p_0}{p_{kN}}} \tag{4-55}$$

式(4-55)表明,当不变损耗 p_0 等于可变损耗 $\beta_m^2 p_{kN}$ 亦即铁耗等于铜耗时,变压器的效率最高。对于电力变压器,最大效率一般设计在 $\beta_m = 0.5 \sim 0.6$,而不是设计在额定负载附近。这主要是考虑到全年内变压器一直在线,且负荷经常处于变化之中,若按铁耗较铜耗小的原则设计,则可确保变压器在全年内的平均运行效率较高。

值得一提的是,上述分析仅是针对单相变压器进行的,对于对称运行的三相变压器,由于各相的电压、电流大小相等,相位互差 $120°$,因此,在运行特性的分析和计算时,可取三相变压器中的任意一相进行研究,从而将三相问题转换为单相问题。这样,前面介绍的基本方程式、等效电路以及性能计算方法等均可直接用来分析和计算三相对称变压器的运行问题。

例 4-1　有一台三相电力变压器,$S_N = 630\text{kVA}$,$U_{1N}/U_{2N} = 10\text{kV}/3.15\text{kV}$,$I_{1N}/I_{2N} = 36.4\text{A}/11.5\text{A}$,其连接组号为 Y,d11(见下一节),$f = 50\text{Hz}$,在 $10℃$ 时,三相变压器的空载和短路试验数据如下表所示:

试 验 名 称	电压/kV	电流/A	功率/kW	备注
空载	3.15	6.93	2.45	电压加在二次侧
短路	0.45	36.4	7.89	电压加在一次侧

试求:

(1) 折算到一次侧的励磁参数和短路参数;

(2) 阻抗电压及其分量的数值;

(3) 额定负载且分别对应 $\cos\varphi_2 = 0.8$(超前)、$\cos\varphi_2 = 0.8$(滞后)时变压器的效率和电压变化率以及二次侧的输出电压;

(4) $\cos\varphi_2 = 0.8$(滞后)时的最高效率 η_{max} 及其相应的负载系数 β_m。

解　(1) 折算到一次侧的参数为:额定相电压

$$U_{1N\phi} = \frac{10 \times 10^3}{\sqrt{3}} = 5774(\text{V})$$

$$U_{2N\phi} = U_{2N} = 3150(\text{V})$$

变压器的变比

$$k = \frac{U_{1N\phi}}{U_{2N\phi}} = \frac{5774}{3150} = 1.83$$

每相的空载损耗

$$p_{0\phi} = \frac{2450}{3} = 816.7(\text{W})$$

每相的空载电流

$$I_{20\phi} = \frac{6.93}{\sqrt{3}} = 4(\text{A})$$

励磁参数为

$$z_m' = \frac{U_{2N\phi}}{I_{20\phi}} = \frac{3150}{4} = 787.5(\Omega)$$

$$r_m' = \frac{p_{0\phi}}{I_{20\phi}^2} = \frac{816.7}{4^2} = 51(\Omega)$$

$$x_{\mathrm{m}}' = \sqrt{z_{\mathrm{m}}'^{2} - r_{\mathrm{m}}'^{2}} = \sqrt{787.5^{2} - 51^{2}} = 785.8(\Omega)$$

折算到一次侧的励磁参数　$z_{\mathrm{m}} = k^{2} z_{\mathrm{m}}' = 1.83^{2} \times 787.5 = 2637(\Omega)$

$$r_{\mathrm{m}} = k^{2} r_{\mathrm{m}}' = 1.83^{2} \times 51 = 170.8(\Omega)$$

$$x_{\mathrm{m}} = k^{2} x_{\mathrm{m}}' = 1.83^{2} \times 785.8 = 2632(\Omega)$$

短路相电压　　　　　　　$U_{\mathrm{k}\phi} = \dfrac{450}{\sqrt{3}} = 260(\mathrm{V})$

每相的短路损耗　　　　　$p_{\mathrm{k}\phi} = \dfrac{7890}{3} = 2630(\mathrm{W})$

短路参数　　　　　$z_{\mathrm{k}} = \dfrac{U_{\mathrm{k}\phi}}{I_{\mathrm{kN}}} = \dfrac{260}{36.4} = 7.14(\Omega)$

$$r_{\mathrm{k}} = \dfrac{p_{\mathrm{k}\phi}}{I_{\mathrm{kN}}^{2}} = \dfrac{2630}{36.4^{2}} = 1.99(\Omega)$$

$$x_{\mathrm{k}} = \sqrt{7.14^{2} - 1.99^{2}} = 6.86(\Omega)$$

换算到 75℃时的短路参数　$r_{\mathrm{k75℃}} = \dfrac{234.5 + 75}{234.5 + 10} \times 1.99 = 2.51(\Omega)$

$$z_{\mathrm{k75℃}} = \sqrt{(r_{\mathrm{k75℃}})^{2} + x_{\mathrm{k}}^{2}} = \sqrt{2.51^{2} + 6.86^{2}} = 7.3(\Omega)$$

额定短路损耗　$p_{\mathrm{kN}} = m I_{\mathrm{kN}}^{2} r_{\mathrm{k75℃}} = 3 \times 36.4^{2} \times 2.51 = 10000(\mathrm{W})$

(2) 阻抗电压及其分量的数值：短路电压的百分比

$$u_{\mathrm{k}} = \dfrac{I_{\mathrm{kN}} z_{\mathrm{k75℃}}}{U_{1\mathrm{N}\phi}} \times 100\% = \dfrac{36.4 \times 7.3}{5774} \times 100\% = 4.6\%$$

短路电压的有功分量

$$u_{\mathrm{ka}} = \dfrac{I_{\mathrm{kN}} r_{\mathrm{k75℃}}}{U_{1\mathrm{N}\phi}} \times 100\% = \dfrac{36.4 \times 2.51}{5774} \times 100\% = 1.58\%$$

短路电压的无功分量

$$u_{\mathrm{kr}} = \dfrac{I_{\mathrm{kN}} x_{\mathrm{k}}}{U_{1\mathrm{N}\phi}} \times 100\% = \dfrac{36.4 \times 6.86}{5774} \times 100\% = 4.32\%$$

(3) 当额定负载且 $\cos\varphi_2 = 0.8$(滞后)时，效率

$$\eta = \left(1 - \dfrac{p_0 + \beta^2 p_{\mathrm{kN}}}{\beta S_{\mathrm{N}} \cos\varphi_2 + p_0 + \beta^2 p_{\mathrm{kN}}}\right) \times 100\%$$

$$= \left(1 - \dfrac{2450 + 1^2 \times 10000}{1 \times 630 \times 10^3 \times 0.8 + 2450 + 1^2 \times 10000}\right) \times 100\%$$

$$= 97.59\%$$

电压变化率

$$\Delta u = \beta \left(\dfrac{I_{1\mathrm{N}\phi} r_{\mathrm{k75℃}} \cos\varphi_2 + I_{1\mathrm{N}\phi} x_{\mathrm{k}} \sin\varphi_2}{U_{1\mathrm{N}\phi}}\right) \times 100\%$$

$$= 1 \times \left(\frac{36.4 \times 2.51 \times 0.8 + 36.4 \times 6.85 \times 0.6}{5774} \right) \times 100\%$$

$$= 3.86\%$$

变压器二次侧的输出电压 $U_2 = U_{2N}(1-\Delta u) = 3150(1-0.0386) = 3028(\text{V})$

当额定负载且 $\cos\varphi_2 = 0.8$(超前)时,效率不变

$$\eta = 97.59\%$$

电压变化率

$$\Delta u = \beta \left(\frac{I_{1N\phi} r_k \cos\varphi_2 + I_{1N\phi} x_k \sin\varphi_2}{U_{1N\phi}} \right) \times 100\%$$

$$= 1 \times \left(\frac{36.4 \times 2.51 \times 0.8 - 36.4 \times 6.86 \times 0.6}{5774} \right) \times 100\%$$

$$= -1.33\%$$

变压器二次侧的输出电压 $\quad U_2 = U_{2N}(1-\Delta u) = 3150[1-(-0.0133)] = 3192(\text{V})$

可见当 $\cos\varphi_2 = 0.8$(超前)时变压器二次侧的电压有所升高。

(4) 当 $\cos\varphi_2 = 0.8$(滞后)时,对应最高效率 $\eta_{\max}$ 时的负载系数

$$\beta_m = \sqrt{\frac{p_0}{p_{kN}}} = \sqrt{\frac{2450}{10000}} = 0.495$$

最高效率

$$\eta_{\max} = \left(1 - \frac{p_0 + \beta_m^2 p_{kN}}{\beta_m S_N \cos\varphi_2 + p_0 + \beta_m^2 p_{kN}} \right) \times 100\%$$

$$= \left(1 - \frac{2450 + 0.495^2 \times 10000}{0.495 \times 630 \times 10^3 \times 0.8 + 2450 + 0.495^2 \times 10000} \right) \times 100\%$$

$$= 98.07\%$$

例 4-2 变压器的额定数据以及空载与短路试验的数据与例 4-1 相同,试根据这些数据用 MATLAB 计算:(1)变压器折算到一次侧的励磁参数和短路参数;(2)绘出当负载功率因数分别为 $\cos\varphi_2 = 0.8$(滞后)、$\cos\varphi_2 = 1.0$、$\cos\varphi_2 = 0.8$(超前)时的外特性曲线;(3)绘出上述三种情况下的效率特性曲线。

解 下面为用 MATLAB 编写的源程序(M 文件),相应的曲线如图 4.24 所示。

```
% Example 4-2
% Characteristics for the Transformer
clc
clear
% Rated Values and the experimental data for the Transformer with connection Y,d11
Sn = 630e + 3; U1n = 10e + 3; U2n = 3.15e + 3; I1n = 36.4; I2n = 11.5; f = 50; Tc = 10; mph = 3;
p20 = 2.45e + 3; U20 = 3.15e + 3; I20 = 6.93;
p1kn = 7.89e + 3; U1k = 450; I1k = I1n;
% Calculate the Parameters for No - load and Short - circuit Experimental Data
k = (U1n/sqrt(3))/U2n;
Zmp = U20/(I20/sqrt(3));
rmp = p20/3/(I20/sqrt(3))^2;
```

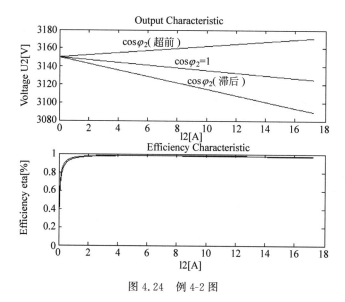

图 4.24　例 4-2 图

```
Xmp = sqrt(Zmp^2 - rmp^2);
Zm = k^2 * Zmp
rm = k^2 * rmp
Xm = k^2 * Xmp
Zk = (U1k/sqrt(3))/I1k;
rk = p1km/3/I1k^2;
Xk = sqrt(Zk^2 - rk^2)
rk75 = (234.5 + 75)/(234.5 + Tc) * rk
Zk75 = sqrt(rk75^2 + Xk^2)
pkn = mph * I1n^2 * rk75;
uk = I1n * Zk75/(U1n/sqrt(3));
uka = I1n * rk75/(U1n/sqrt(3));
ukr = I1n * Xk/(U1n/sqrt(3));
% Three frequency values
cosfai1 = 0.8; cosfai2 = 1; cosfai3 = 0.8; %% cosfai3 = 0.8(leading)
for m = 1:3
    if m == 1
        cosfai = cosfai1;
        sinfai = sqrt(1-cosfai^2);
        elseif m == 2
            cosfai = cosfai2;
            sinfai = 1-sqrt(cosfai);
            else
                cosfai = cosfai3;
                sinfai = -sqrt(1-cosfai^2);
    end
% Calculate the Output & Efficiency Characteristics for the Transformer
for i = 1:2000
    I2(i) = 1.5 * i/2000 * I2n;
    beta(i) = I2(i)/I2n;
    detaU = beta(i) * (I1n * rk75 * cosfai + I1n * Xk * sinfai)/U1n/sqrt(3);
```

```
    U2(i) = U2n * (1-detaU);
    eta(i) = 1-(p20 + beta(i)^2 * pkn)/(beta(i) * Sn * cosfai + p20 + beta(i)^2 * pkn);
end
subplot(2,1,1); plot(I2,U2,'-');
%% axis([0,2 * I2n,0,3500]);
xlabel('I2[A]'); ylabel('Voltage U2[V]');
title('Output Characteristic');
hold on;
subplot(2,1,2); plot(I2,eta,'-');
xlabel('I2[A]'); ylabel('Efficiency eta[ % ]');
title('Efficiency Characteristic');
hold on;
end
disp('End');
```

4.8　三相变压器的特殊问题

对于对称运行的三相变压器与单相变压器的共同问题如基本方程式、等效电路以及性能计算方法等前面已作了深入讨论,本节将主要介绍三相变压器的特殊问题,包括三相变压器的绕组连接方式和磁路结构以及两者之间如何正确配合的问题。

4.8.1　三相变压器的绕组连接方式与连接组

众所周知,三相绕组常用的连接方式有两种:①星形连接(Y 接法),用 Y(或 y)表示;②三角形连接(△接法),用 D(或 d)表示。星形连接是将三相绕组的三个首端 A、B、C(或 a、b、c)引出,三个尾端 X、Y、Z(或 x、y、z)连接在一起作为中性点 N(或 n),如图 4.25(a)所示。中性点 N(或 n)引出则为三相四线制,中性点 N(或 n)不引出则为三相三线制。这里大写字母表示高压侧,小写字母表示低压侧。三角形连接是指把一相绕组的尾端(或首端)与另一相绕组的首端(或尾端)依次相连,构成闭合回路,将三相绕组的三个首端 A、B、C(或 a、b、c)引出,如图 4.25(b)所示。

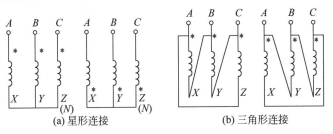

(a) 星形连接　　　　　　(b) 三角形连接

图 4.25　三相变压器的连接法

三相变压器原、副边绕组采用不同的连接方式以及各相绕组端子的不同选择导致了原、副边线电势之间的相位有所不同,使得三相变压器除了能够实现单相变压器的变压、变流和变阻抗之外,还可以改变原、副边线电势之间的相位。

　　在三相变压器中,原、副边绕组线电势之间的相位关系是用**连接组别**来表示的。在工业应用和电力系统的许多场合下,经常需要这种相位的改变,如在《电力电子技术》课程中所讲述的:工作在整流或有源逆变状态下的相控变流器,特别是三相相控变流器,须分别了解主变压器和同步变压器各自原、副边线电势之间的相位差(或连接组别),以确保触发脉冲与主回路电压之间同步;在两台以上的电力变压器并联运行时,也必须确保各台变压器之间的连接组别一致。

　　后面的分析将表明,尽管三相变压器高、低压绕组线电势之间的相位差(或连接组别)有所不同,但无论怎样连接,高、低压绕组线电势之间的相位差却总是 30° 的整数倍,而这恰好与机械式时钟钟面上小时之间的相位角一致,因此,国际电工技术委员会(International Electrotechnical Commission,IEC)规定,以**"时钟表示法"**表示三相变压器高、低压绕组线电势之间的相位关系即组别号。

　　时钟表示法的具体内容介绍如下:将高压侧线电势 $\dot{E}_{AB}$ 作为长针,指向钟面上的"12",低压侧线电势 $\dot{E}_{ab}$ 作为短针,它所指向的数字即为三相变压器的连接组别号。若短针也指向"12",则连接组为"0"号。三相变压器的连接组别可用如下形式表示:用大、小写英文字母分别表示高、低压绕组的接线方式,星形连接可用 Y 或 y 表示,中性线引出时可用 YN 或 yn 表示,三角形连接可用 D 或 d 表示,在英文字母之后写出连接组别号,如 Y,yn0,Y,d11 等。

　　三相变压器的连接组别不仅取决于三相绕组的连接方式,而且还与绕组的绕向以及每相绕组所处的铁芯柱有关。为了获得三相变压器的连接组别,首先应该了解同一铁芯柱上的两个线圈之间(即单相变压器原、副边相电势之间)的相位关系,然后再分析三相变压器的连接组别。

1. 单相变压器的连接组别

　　大家知道,为了反映同一铁芯上两个线圈之间的绕向关系,通常引入**"同名端"**的概念。同名端表示:同一铁芯上的两个线圈被同一磁通所匝链,当该磁通交变时,在某一瞬时,若每一线圈的一端所感应的电势相对同一线圈的另一端为正,则同为正的两个端子即为同名端,用"*"来表示。当然,同为负的两个端子也为同名端。对同名端可采用如下方法判断:当电流流过同名端时,励磁安匝所产生的磁通方向相同。图 4.26(a)、(b)分别给出了套在同一铁芯柱上两个线圈的同名端。

　　对于单相变压器,高压绕组的首端标记为 A、尾端标记为 X,低压绕组的首端标记为 a、尾端标记为 x,规定电势的正方向由首端指向尾端。

　　在变压器中,可以采用同名端标为首端,也可以采用非同名端标为首端。图 4.27(a)、(b)分别给出了这两种情况下原、副边电势之间的相位关系。

　　根据时钟表示法,将高压侧绕组的电势 $\dot{E}_A$ 作为时钟的长针,指向钟面的 12 点,低压侧绕组的电势 $\dot{E}_a$ 作为时钟的短针。很显然,若采用同名端标为首端的标识方法(见图 4.27(a)),则 $\dot{E}_a$ 指向钟面的 12 点(或 0 点),因此,该单相变压器的组别

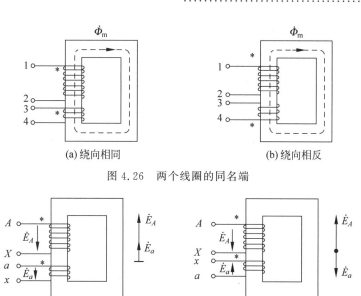

图 4.26 两个线圈的同名端

(a) 同名端标为首端   (b) 非同名端标为首端

图 4.27 单相变压器不同标注时线圈之间的相位关系

为 I,i0；若采用非同名端标为首端的标识方法(见图 4.27(b))，则 $\dot{E}_a$ 指向钟面的 6 点，则单相变压器的组别为 I,i6。

2. 三相变压器的连接组别

了解了单相变压器原、副边电势亦即三相变压器原、副边相电势之间的相位关系之后，就可以进一步确定三相变压器的连接组别，即高、低压绕组线电势之间的相位关系。

下面针对高、低压绕组为 Y/Y 连接和 Y/△ 连接的两种类型的变压器具体分析其连接组别。

（1）Y/Y 连接

假定 Y/Y 连接的三相变压器按图 4.28(a)接线，图中，位于上下同一直线上的高、低压绕组表示这两个绕组套在同一铁芯柱上，其高、低压绕组相电势相位要么相同要么相反，并且采用同名端标为首端的标注方法。

确定三相变压器组别的一般步骤是：①首先画出高压侧绕组的电势相量图(注意：ABC 相序与机械式时钟顺时针方向一致！)；②将 a 点和 A 点重合，根据同一铁芯柱上高、低压绕组的相位关系，画出低压绕组 ax 的相电势 $\dot{E}_a$；③根据低压绕组的接线方式，画出低压绕组其他两相的电势相量图；④由高、低压绕组的电势相量图确定出 $\dot{E}_{AB}$ 和 $\dot{E}_{ab}$ 之间的相位关系，并根据时钟表示法，将 $\dot{E}_{AB}$ 置于钟面的"12"点，由此确定出 $\dot{E}_{ab}$ 所指向的钟点数即为变压器的连接组号。

对于图 4.28(a)，采用同名端标为首端的标注方法，按照上述步骤便可绘出相应的相

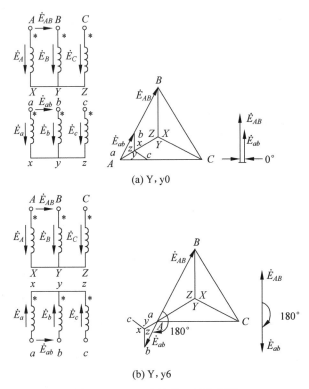

(a) Y,y0

(b) Y,y6

图 4.28　Y,y 连接的三相变压器

量图,由相量图可知二次侧的线电势 $\dot{E}_{ab}$ 与一次侧的线电势 $\dot{E}_{AB}$ 同相位,因此,该三相变压器的连接组号为 Y,y0。同理,若将非同名端标为首端,即按照图 4.28(b)接线,则由相量图知,二次侧的线电势 $\dot{E}_{ab}$ 与一次侧的线电势 $\dot{E}_{AB}$ 互成 180°,该变压器的连接组号为 Y,y6。

　　考虑到标志是人为的,若保持图 4.28(a)中的接线和一次侧标志不变,仅把二次侧的标志作如下变动:**相序保持不变**,将 a、b、c 三相的标志依次循环一次,即 b 相改为 a 相,c 相改为 b 相,a 相改为 c 相,则按照上述步骤可以得出更改后的各相电势滞后了 120°,相应的线电势也滞后了 120°,采用时钟表示法,更改后的连接组别应顺时针旋转 4 个组号。原来的连接组 Y,y0 将变为连接组 Y,y4,如图 4.29(a)所示;若将 a、b、c 三相的标志再依次循环一次,则可获得 Y,y8 连接组,如图 4.29(b)所示。

　　同样,若保持图 4.28(b)中的接线和一次侧标志不变,仅将二次侧标志按照 a、b、c 三相的顺序依次循环一次,则可依次获得 Y,y10 连接组和 Y,y2 连接组。

　　通过上述方法,便可获得 Y/Y 连接的所有偶数连接组。同样的方法也可以获得 △/△ 连接的所有偶数连接组。

　　(2) Y/△连接

　　三相变压器采用 Y/△接线时,二次侧△的接线方式有两种,分别如图 4.30(a)、(b)所示。对于图 4.30(a)所示接线,利用前面介绍的步骤绘出相量图并由相量图知二次

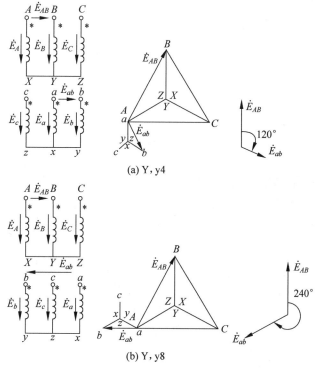

(a) Y, y4

(b) Y, y8

图 4.29　Y,y 连接的三相变压器

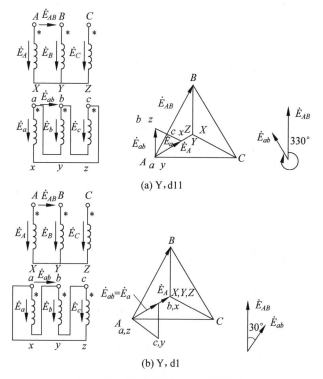

(a) Y, d11

(b) Y, d1

图 4.30　Y,△连接的三相变压器

侧的线电势 $\dot{E}_{ab}$ 超前一次侧线电势 $\dot{E}_{AB}$ 30°(或滞后 330°),其连接组为 Y,d11。同样,对于图 4.30(b)所示接线,由相量图知二次侧的线电势 $\dot{E}_{ab}$ 滞后一次侧线电势 $\dot{E}_{AB}$ 30°,因此其连接组为 Y,d1。

　　同理,保持图 4.30 的接线和一次侧标志不变,将二次侧标志按照 a、b、c 三相的顺序依次循环,便可获得 Y/△ 连接的其余组号:Y,d3、Y,d5、Y,d7、Y,d9。图 4.31(a)、(b)给出了 Y,d3 和 Y,d7 的接线和相量图。

　　变压器的连接组虽然很多,但为避免制造和使用的混乱,国家标准对单相双绕组电力变压器规定标准连接组为 I,i0;对三相双绕组电力变压器规定了如下五种标准连接组:Y,yn0、Y,d11、YN,d11、YN,y0、Y,y0,其中前三种较为常用。

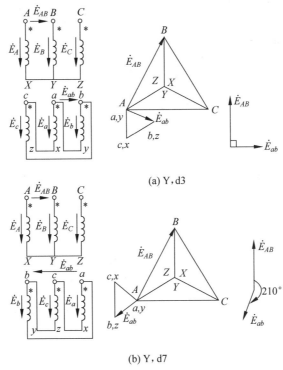

(a) Y,d3

(b) Y,d7

图 4.31　Y,△连接的三相变压器

4.8.2　三相变压器的磁路结构

　　常用的三相变压器可以由三台单相变压器组成,这种三相变压器又称为**组式变压器**,如图 4.32 所示。组式变压器的特点是各相磁路彼此独立,每相主磁通沿各自磁路流通,三相磁路的磁阻相同;当外加三相电压对称时,各相励磁电流也对称。

　　除此之外,三相变压器也可由三台单相变压器的铁芯合并在一起,组成如图 4.33(a)所示的结构。考虑到三相变压器对称运行时,三相主磁通也对称,于是有

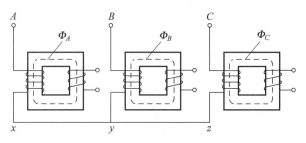

图 4.32　三相组式变压器的磁路

$\dot\Phi_A+\dot\Phi_B+\dot\Phi_C=0$,这样,中间铁芯柱中的磁通在任何瞬时均为零,因此,可将该铁芯柱省去,变为图 4.33(b)所示结构。利用这种结构,任何瞬间各相磁通可由其他两相的磁路构成回路,仍能满足三相对称的要求。为了制造的方便,实际制作的三相变压器常将三个铁芯柱排列在一个平面内,如图 4.33(c)所示,从而构成了所谓的**三相心式变压器**。很显然,三相心式变压器的各相磁路之间是彼此关联的;同时,由于中间相的磁路较短,当外加三相电压对称时,三相励磁电流并不完全对称,其中,中间一相的励磁电流较其余两相略为偏小。但考虑到励磁电流较负载电流小,当负载对称时,仍可认为三相电流是对称的。

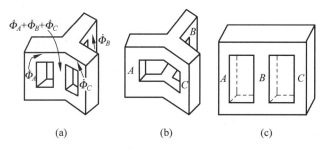

图 4.33　三相心式变压器的磁路

4.8.3　三相变压器的绕组连接与磁路结构的正确配合问题

三相变压器的绕组连接和磁路结构之间必须正确配合,否则相电势波形会发生严重畸变,引起电压尖峰过大,造成变压器内部绕组的绝缘击穿而损坏变压器。为了分析其中的原因,首先介绍与之有关的知识。

1. 预备知识

第 1 章曾提到过:在由铁磁材料组成的磁路中,励磁电流(或磁势)与所产生的磁通之间并不是线性关系。当励磁电流在一定数值基础上继续增加时,磁通增加较小甚至不变,这一现象即为饱和效应。正是因为这一非线性关系的存在,使得励磁电流和磁通不可能同为正弦波,由此带来了相电势波形的尖峰问题。现说明如下:

(1)当主磁通按正弦规律变化时,根据励磁电流与磁通之间的饱和关系,利用图解法可以绘出励磁电流的波形,如图 4.34 所示。由图 4.34 可见,**正弦波磁通对应着尖顶波电流**,对尖顶波电流,可以利用傅里叶级数方法,将其展成一系列正弦波分量之和,其中主要分量是基波电流 i_{10} 和三次谐波电流分量 i_{30},如图 4.34 中的虚线所示。正弦波主磁通可以确保相电势(即主磁通的导数)波形为正弦。

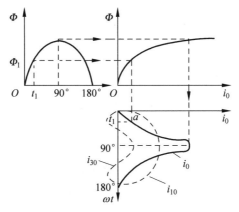

图 4.34 正弦磁通对应的励磁电流波形

(2) 当励磁电流按正弦规律变化时,利用图解法可以绘出磁通的波形,如图 4.35 所示。由图 4.35 可见,**正弦波电流对应着平顶波磁通**,对平顶波磁通,可以利用傅里叶级数方法,将其展成一系列正弦波分量之和。其中主要分量是基波磁通 Φ_1 和三次谐波磁通分量 Φ_3,如图 4.35 中的虚线所示。

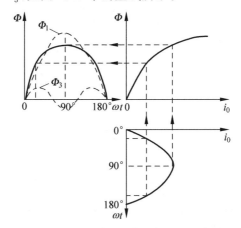

图 4.35 正弦励磁电流对应的磁通波形

上面提到了三次谐波电流和磁通,下面对有关三相对称绕组中三次谐波变量(如电势、电流以及磁通)的特点进行讨论。

对于三相对称绕组,大家知道,三相基波电势(或电流)大小相等、相位互差 $120°$,而三次谐波电势(或电流)却不尽其然,三相三次谐波变量具有大小相等、相位相同的特点。现以三相三次谐波电势为例说明如下。

对于三次谐波变量,考虑到其交变频率是基波频率的 3 倍(见图 4.34),于是,三

相对称绕组所感应的三次谐波电势可表示为

$$\begin{cases} e_{A3} = E_{3m}\cos 3\omega_1 t \\ e_{B3} = E_{3m}\cos 3(\omega_1 t - 120^\circ) = E_{3m}\cos 3\omega_1 t \\ e_{C3} = E_{3m}\cos 3(\omega_1 t - 240^\circ) = E_{3m}\cos 3\omega_1 t \end{cases} \tag{4-56}$$

由式(4-56)可见,对于三相对称绕组,其三次谐波电势大小相等、相位相同,其他三相三次谐波变量如电流、磁通也具有相同的特点。

上述分析表明,**为了保证相电势波形为正弦**,每相的主磁通应按正弦规律变化,此时,励磁电流必须为尖顶波,亦即**必须在电路连接上确保存在三次谐波电流的通路**。若每相的主磁通为平顶波,其对应的相电势(即主磁通的导数)为尖顶波,由于尖峰过大,有可能导致变压器内部绕组的绝缘击穿。

对单相变压器而言,三次谐波电流自然存在通路,外加电压为正弦波形决定了其主磁通的波形为正弦,励磁电流只能是尖顶波,其中包含了很强的三次谐波分量。对三相变压器则不然,是否存在三次谐波电流的通路取决于三相变压器的绕组连接方式(三相绕组 Y 连接则三次谐波电流不存在通路,而△连接则三次谐波电流存在通路)。当然,即使三次谐波电流无通路,通过选择合适的磁路(或铁芯)结构也可以在一定程度上确保相电势波形接近正弦。下面针对三相变压器两类绕组连接方式和两种磁路结构分别讨论如下。

2. Y/Y(或 Y/Y0)连接的三相变压器

考虑到三相对称绕组中所有三次谐波电流同相位的特点,当三相变压器一次侧采用 Y 连接时,由于三相绕组的电流之和为零,每相绕组的励磁电流中不可能含有三次谐波电流分量。忽略幅值较小的五次及五次以上的高次谐波,则励磁电流将接近正弦波。由前面介绍的预备知识可见:由于磁路的非线性,正弦波的励磁电流将产生平顶波的主磁通,其中包含三次谐波磁通分量,而三次谐波磁通的大小则取决于三相变压器的磁路结构。

对于三相组式变压器,由于其磁路彼此独立,互不关联,主磁通中所含的三次谐波磁通和基波磁通一样,在各相变压器的主磁路中流通,并分别在原、副边绕组中感应三次谐波电势,所感应三次谐波电势的幅值可达基波电势的 40%～60%。由于三次谐波电势的幅值较大,相电势波形则呈尖顶波(由平顶波磁通求导获得),造成相电势尖峰较大,如图 4.36 所示。虽然三相线电势的波形仍为正弦,但相电势的峰值仍将危及相绕组的绝缘。

对于三相心式变压器,由于磁路彼此是互相关联的,而三相平顶波主磁通中的三次谐波磁通相位相同,不可能在主铁芯磁路中流通,只能沿空气或油箱壁形成闭合磁路,如图 4.37 所示。由于磁路的磁阻很大,所产生的三次谐波磁通将大大削弱,所感应的三次谐波电势也变得较小,以至于相电势波形接近正弦波,不会出现相电压尖峰。当然,三次谐波磁通会通过油箱壁,在其中感应涡流,产生附加损耗,并引起局部过热,因此,应对 Y/Y 连接方式的三相心式变压器的容量加以限制。

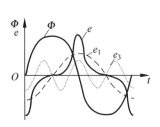

图 4.36　三相组式变压器 Y/Y 连接时
　　　　　的磁通和相电势波形

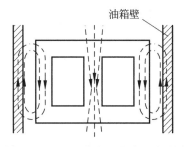

图 4.37　三相心式变压器中三次谐波
　　　　　磁通的磁路

综上所述，可得如下结论：**三相组式变压器不能采用 Y/Y 连接；三相心式变压器可以采用 Y/Y 连接，但容量不宜过大。**

3. △/Y（或 Y/△）连接的三相变压器

对于△/Y 连接的三相变压器，由于其一次侧绕组为三角形连接，三次谐波电流可以在一次侧绕组中流通，因此，励磁电流中含有三次谐波电流。由前面介绍的预备知识可知，此时主磁通的波形接近正弦，相应一、二次侧绕组所感应的相电势也接近正弦。因此，三相变压器无论是采用组式还是心式磁路结构，其三相绕组均可采用△/Y 连接。

对于 Y/△连接的三相变压器，由于其一次侧绕组为星形连接，三次谐波电流分量不能在其中流通，由前面介绍的预备知识可知，正弦波励磁电流将产生平顶波的主磁通，因而主磁通和一、二次侧的相电势中将出现三次谐波分量；但考虑到二次侧绕组采用三角形连接，同相位的三相三次谐波电势会在闭合的三角形绕组内产生三次谐波电流，如图 4.38 所示。鉴于主磁通是由一、二次侧绕组电流所对应的磁势共同作用产生的，因此，二次侧的三次谐波电流必然以励磁电流的身份产生三次谐波磁通。由于该磁通是由原边电势（或磁通）在副边感应产生的，在性质上是去磁的，因而几乎可以完全抵消来自原边的三次谐波磁通，最终，磁路的主磁通以及由其感应的相电势波形接近正弦。因此可以讲，二次侧绕组采用三角形连接，在效果上同一次侧绕组采用三角形连接完全相同。

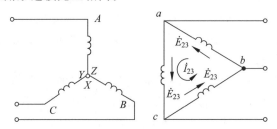

图 4.38　Y/△连接三相变压器的接线与二次侧的三次谐波电势与电流

综上所述，可得如下结论：**为保证相电势波形为正弦，三相变压器最好有一侧绕组采用三角形连接。**换句话说，对于有一侧绕组采用三角形连接的三相变压器，其磁路结构不受任何限制(无论磁路是采用组式还是心式结构),这也就是为什么在三相相控变流器(整流与逆变)或直流调速系统中,三相整流变压器必须采用△/Y(或Y/△)连接的原因(参见《电力电子技术》)。

4.9　电力拖动系统中的特殊变压器

除了前面介绍的普通电力变压器外,电力拖动系统中还经常采用一些特殊用途变压器如自耦变压器、电压和电流互感器等,这些变压器在原理上与普通的双绕组变压器无本质区别,但考虑到运行条件的不同,其电磁过程又具有各自的特点。本节重点介绍这些特殊变压器的工作原理以及使用过程中应注意的事项。

4.9.1　自耦变压器

自耦变压器指的是一次侧和二次侧具有公共绕组的变压器,这种变压器有单、三相之分,本节仅介绍单相自耦变压器,所得结论也适用于三相自耦变压器中的每一相绕组。

与普通双绕组变压器不同,自耦变压器的一、二次侧绕组之间不仅有磁的耦合,而且还有电的联系。图 4.39(a)、(b)分别给出了自耦变压器的结构示意图和绕组接线图,图 4.39(b)中,各物理量的正方向假定与前面介绍的双绕组变压器的正方向惯例相同。

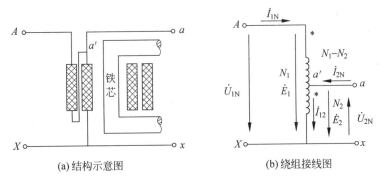

(a)结构示意图　　　　　　　(b)绕组接线图

图 4.39　自耦变压器

与普通双绕组变压器一样,自耦变压器也存在主磁通和漏磁通,主磁通在一、二次侧绕组中分别感应电势 $\dot{E}_1$ 和 $\dot{E}_2$。忽略绕组的漏阻抗压降,则自耦变压器的变比为

$$K_A = \frac{N_1}{N_2} = \frac{E_1}{E_2} \approx \frac{U_{1N}}{U_{2N}} > 1 \tag{4-57}$$

电力系统使用的自耦变压器变比一般为 $K_A = 1.5 \sim 2$。

由基尔霍夫电流定律(KCL)得

$$\dot{I}_{12} = \dot{I}_{1N} + \dot{I}_{2N} \tag{4-58}$$

同双绕组变压器一样,由于电源电压保持不变,则主磁通以及励磁磁势在负载前后将基本保持不变。由此获得自耦变压器的磁势平衡方程式为

$$(N_1 - N_2)\dot{I}_{1N} + N_2\dot{I}_{12} = N_1\dot{I}_0$$

忽略励磁电流 $\dot{I}_0$,则有

$$(N_1 - N_2)\dot{I}_{1N} + N_2\dot{I}_{12} = 0$$

将式(4-58)代入上式得

$$N_1\dot{I}_{1N} + N_2\dot{I}_{2N} = 0 \tag{4-59}$$

结合式(4-57),则式(4-59)变为

$$\dot{I}_{2N} = -K_A\dot{I}_{1N} < 0 \tag{4-60}$$

由式(4-60)可见, $\dot{I}_{1N}$ 与 $\dot{I}_{2N}$ 相位互差 180°。若 $\dot{I}_{1N}$ 的实际方向为正(即 $\dot{I}_{1N}$ 为流入同名端,则 $\dot{I}_{2N}$ 的实际方向与假定方向相反。将式(4-60)代入式(4-58)得

$$\dot{I}_{12} = (1 - K_A)\dot{I}_{1N} < 0 \tag{4-61}$$

式(4-61)表明, $\dot{I}_{12}$ 也与 $\dot{I}_{1N}$ 相位互差 180°。若 $\dot{I}_{1N}$ 的实际方向为正,则 $\dot{I}_{12}$ 的实际方向与假定方向相反。

根据上述结论,可将式(4-58)写成标量形式为

$$I_{1N} + I_{12} = I_{2N} \tag{4-62}$$

根据式(4-62)便可获得自耦变压器的额定容量为

$$S_{1N} = U_{1N}I_{1N} = U_{2N}I_{2N} = U_{2N}(I_{1N} + I_{12}) = U_{2N}I_{1N} + U_{2N}I_{12} \tag{4-63}$$

式(4-63)说明,自耦变压器的容量是由两部分组成的,一部分是**电磁功率** $U_{2N}I_{12}$,另一部分是**传导功率** $U_{2N}I_{1N}$,前者是通过绕组 Aa 与公共绕组 ax 之间的电磁作用即磁耦合传递到负载的功率,后者是通过公共绕组 ax 的直接电传导传递到负载的功率。正是由于这部分传导功率,使得自耦变压器所传递的功率比同体积的双绕组变压器大,换句话说,**在传递相同功率的情况下,自耦变压器的体积较小**,这是自耦变压器的主要特点。

自耦变压器除了作为电力变压器外,还经常将副边做成滑动触点形式,通过改变滑动触点的位置,便可改变副边的电压,这种自耦变压器又称为**自耦调压器**,自耦调压器通常用作实验室的调压装置。

4.9.2　互感器

在工业现场和电力系统中,考虑到安全需要,对高电压、大电流一般不采用高压电压表或大电流表直接测量,而是通过一种特殊变压器即互感器来完成高电压、大电流的间接测量。测量高电压用的互感器称为**电压互感器**,测量大电流用的互感器

称为**电流互感器**。

1. 电压互感器

电压互感器相当于一台处于空载运行状态的降压变压器,将被测量的电压接至一次侧绕组,利用原、副边匝数的不同,将一次侧的高电压变换为二次侧的低电压,然后再接至电压表或功率表的电压线圈进行测量。通常,电压互感器二次侧的额定电压为 100V。

图 4.40 给出了电压互感器使用时的接线图。设一次侧的被测电压为 U_1,二次侧接电压表,由于电压表的内阻抗较大,因此,二次侧相当于开路,于是有

$$\frac{U_1}{U_2} \approx \frac{E_1}{E_2} = \frac{N_1}{N_2} = k \tag{4-64}$$

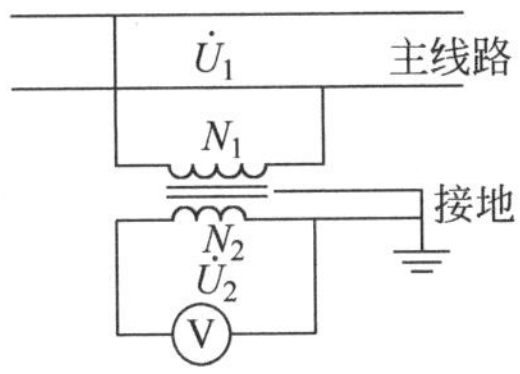

图 4.40　电压互感器接线图

根据式(4-64)可求出电压表的读数为 $U_2 = \dfrac{U_1}{k}$,这里变比 $k > 1$。

电压互感器在使用过程中需注意如下事项:①为确保安全,铁芯和二次侧必须一端接地;②二次侧绝不能短路,否则电压互感器将会被烧坏。

2. 电流互感器

电流互感器相当于一台处于短路状态的升压变压器,将被测大电流接在电流互感器的原边,其原边匝数较少,一般为一匝或几匝。利用原、副边匝数的不同,将一次侧的大电流变换为二次侧的小电流,然后再接至电流表或功率表的电流线圈进行测量。通常,电流互感器二次侧的额定电流为 5A 或 1A。

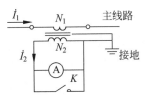

图 4.41　电流互感器接线图

图 4.41 给出了电流互感器使用时的接线图,设一次侧的被测电流为 I_1,二次侧接电流表,由于电流表的内阻抗较小,因此,二次侧相当于短路。忽略励磁电流,则由磁势平衡方程式得

$$N_1 \dot{I}_1 + N_2 \dot{I}_2 = N_1 \dot{I}_0 \approx 0 \tag{4-65}$$

根据式(4-65)可求出电流表的读数为 $I_2 = kI_1$,这里变比 $k < 1$。

电流互感器在使用过程中需注意如下事项:①为确保安全,铁芯和二次侧必须一端接地;②二次侧绝不能开路或处于空载状态,否则会由于二次侧匝数较多在副边感应出较高的电压尖峰,不但会击穿互感器的绕组绝缘,而且危及操作人员的人身安全。为此,一般电流互感器的二次侧都有一短路环,一旦串入电流表后,再将短路环断开;电流表未串入或更换电流表时应将短路环短接。

本章小结

变压器是通过磁路耦合实现电能传递的装置,借助于变压器可以完成诸如电压、电流或相位以及阻抗的改变等功能。从能量转换角度看,变压器并不能实现能量形式(如机电能量)的转换,仅能改变电量的大小;从电机学观点看,由于变压器的工作原理与交流电机类似,因此变压器又称为静止的交流电机,它的分析方法和结论可以推广至交流电机,尤其是异步电机。

除了采用电磁场的分析方法外,电机学中对变压器(或电机)的分析主要采用电路的方法。按照分类方法的不同,采用电路的分析方法主要分为两种:一种是按照绕组自感和互感的分类方法建立变压器(或电机)的基本方程式和等效电路;另一种是按照主磁通和漏磁通的分类方法获得变压器(或电机)的基本方程式与等效电路。前者主要用于不考虑铁芯饱和等非线性因素的动态性能分析,其内容已超出本书范围;后者则用于考虑铁芯饱和的变压器(或电机)稳态性能的分析,它是本书分析变压器或交流电机的主要分析方法。

按照磁通分类,变压器内部的磁通可分为主磁通和漏磁通。主磁通主要经过铁芯的主磁路与原、副边绕组同时匝链,其磁路特点是铁芯存在饱和现象,该磁路可用励磁电抗与考虑铁芯损耗的励磁电阻的组合来描述;而漏磁通则主要经过包括空气或变压器油在内的漏磁路与自身绕组匝链,其特点是磁路为线性的,该磁路可以通过一漏电抗来表示。通过上述过程便可以将变压器的电路与磁路问题全部转换为电路问题,最后,利用 KVL 电路定律和磁势平衡原则获得变压器的基本方程式。

按照循序渐进的步骤,本章首先分析了变压器空载时的电磁关系,采用上述分析方法引出了励磁阻抗和漏电抗等概念,获得了变压器空载时电磁关系的定量描述即空载时的基本方程式、等值电路和矢量图。然后,在此基础上讨论了变压器负载后的电磁关系。

考虑到**变压器的输入与输出之间存在一种自动供需平衡关系**,空载时,变压器副边不需要输出电功率。变压器的原边输入电流主要用来建立励磁磁通,因此原边空载电流为励磁电流,所对应的磁势为励磁磁势。随着负载的加入和增加,变压器副边所需功率增加,此时,原边的输入电流除了产生励磁磁势外,还要为副边输出功率的增加提供电流,该电流即原边电流的负载分量。负载越大,一次侧所提供的负载分量电流越大。鉴于负载前后原边电压保持不变,磁路的主磁通将基本保持不变,相应的励磁磁势自然也保持不变,由此便可获得磁势平衡方程式。它与由 KVL 电路定律获得的电压平衡方程式一起组成了变压器的基本方程式。根据基本方程式可以很容易地获得变压器的其他两种数学模型:等效电路和相量图。

利用变压器的基本方程式、等效电路以及相量图并根据由空载和短路试验所获得的励磁参数和漏参数,便可以对变压器的稳态性能进行分析和计算。

变压器的稳态性能主要用两条特性曲线来描述:一条是反映变压器供电质量的

外特性即 $U_1=U_{1N}$ 条件下 $U_2=f(I_2)$ 之间的关系；另一条是反映变压器在传输电能时自身所消耗功率的效率曲线即 $\eta=f(I_2)$。为了讨论变压器的性能，引入了对应上述特性的两个变压器的重要指标，电压变化率 Δu 和额定运行效率 η_N。

借助于变压器的等效电路和相量图分析可以得出如下结论：①**电压变化率 Δu 既取决于变压器自身的漏阻抗（结构）参数也与外部负载的大小和性质（感性、阻性和容性）密切相关。**②**变压器的运行效率与内、外因有关，亦即运行效率与空载、短路损耗以及负载的大小和性质有关。**对 Δu 的分析表明，随着负载的增加，变压器二次侧的输出电压可能减小，也可能增加，具体结果取决于负载大小和性质；而对运行效率的分析表明，变压器应尽可能工作在额定负载附近，而不要在空载或轻载状态下运行。

值得说明的是，尽管上述结论是通过单相变压器获得的，但对于对称运行的三相变压器的性能计算，上述结论仍然成立，只不过计算结果仅是三相变压器中的一相数值而已。在利用等效电路进行计算时，需注意的是将线值转换为相值，然后再进行计算，最后再将计算结果再转换为三相即可。

除了基本性能的计算同单相变压器相同外，三相变压器也有自身的特殊问题，诸如三相变压器各相绕组之间的连接方式与组别问题、绕组连接方式与磁路结构的配合问题等。

尽管三相变压器原、副边各相绕组之间主要采用两种连接方式，Y 连接或△连接，但由于各相绕组绕向（或同名端选取）的不同以及出线端子标号选取的不同，造成三相变压器的原、副方线电压之间存在相位差。鉴于该相位差均为 30°的倍数，恰好与钟表上的时针之间的角度相对应，因此，通常采用"时钟表示法"表示三相变压器中原、副边线电压之间的相位差。相应的相位差可用变压器的连接组别来描述，三相变压器共有 12 种连接组别。当原、副边绕组连接方式相同时，其对应偶数组别；两者相异时对应奇数组别。

在三相变压器的使用过程中，三相绕组的连接方式必须与三相变压器的磁路结构相配合，其配合原则是：①**若三相变压器原、副边绕组的一侧有三次谐波电流通路亦即有一侧采用△型连接，则可以采用任何一种磁路结构（组式或心式）；**②**若三相变压器原、副边绕组皆无三次谐波电流通路亦即原、副边皆采用 Y 型连接，则磁路结构可以采用心式结构，但绝对不能采用组式结构**，否则，三相变压器的绕组绝缘将有可能因过压而击穿，造成变压器的永久性损坏。

除了普通的电力变压器外，电力拖动系统中还经常采用一些特殊变压器如自耦变压器、电压和电流互感器等，这些变压器在原理上与普通双绕组变压器无本质区别，但考虑到运行条件的不同，其电磁过程又各有自己的特点。

自耦变压器的特点是一、二侧绕组之间不仅有磁的耦合，而且还存在电的联系，因而决定了其输出功率是由两部分组成：一部分是通过电磁作用耦合到二次侧的功率，这部分功率与普通双绕组变压器相同；另一部分是由一次侧绕组直接传递至二次侧的传导功率，这部分功率是普通双绕组变压器所没有的。因此，与普通变压器相比,自耦变压器具有体积小、效率高等优点。

　　电压互感器和电流互感器均是一种测量用变压器,它们分别相当于一台空载运行的变压器和一台短路运行的变压器。使用时需要注意的是,除了安全接地外,电压互感器不能短路,否则互感器有可能会被烧坏;而电流互感器不能开路,否则其绕组绝缘有可能会被击穿。

思考题

　　4.1　主磁通和漏磁通有何区别?它们在变压器的等效电路中是如何反映的?

　　4.2　为了获得正弦波的感应电势,单相变压器铁芯饱和与不饱和时,其空载电流各呈现什么样的波形?为什么?

　　4.3　在其他条件不变的情况下,变压器仅将原、副边线圈的匝数改变 $\pm10\%$,试问原边漏电抗 $x_{1\sigma}$ 与励磁电抗 x_m 如何变化?若外加电压改变 $\pm10\%$,两者又如何变化?若仅外加电压的频率改变 $\pm10\%$,情况又会怎样?

　　4.4　一台变压器,原来的设计频率为 50Hz,现将其接至 60Hz 的电网上运行,保持额定电压不变。试问其空载电流、铁耗、原副边漏抗以及电压变化率如何变化?

　　4.5　两台单相变压器, $U_{1N}/U_{2N}=220\text{V}/110\text{V}$,原边的匝数相等,但空载电流 $I_{0\,\text{I}}=I_{0\,\text{II}}$ 。今将两台变压器的原边线圈顺向串联起来,并外加 440V 的电压,试问两台变压器的副边空载电压是否相等?

　　4.6　实际应用场合下,经常需要高压输出如氩弧焊机中的引弧装置、电视机中的行输出变压器(俗称高压包)以及霓虹灯电源等。这些场合下的电源往往所需的电压较高,但所需的电流较小。试利用所学变压器的知识讨论这类电源可能是如何实现的?并调查一下实际又是如何实现的?

　　4.7　变压器空载时一次侧的功率因数很低,而负载后功率因数反而大大提高,试解释其原因。

　　4.8　变压器负载后,是否随着负载的增加二次侧的输出电压总是降低?试就阻感性负载和电容性负载分别加以讨论,并说明理由。

　　4.9　三相变压器是如何反映原、副边线电压之间的相位关系的?

　　4.10　一台三相心式变压器的端部接线标志已模糊不清,试讨论如何根据其端部判断其首尾端?且如何根据其端将其接成所需要的组号?

　　4.11　在三相变压器如三相整流变压器的使用过程中,为什么一般要求三相变压器的原、副边至少一侧要接成三角形?

　　4.12　三相变压器的三相绕组之间的连接为什么要考虑其三相磁路的结构?两者不配合会出现什么后果?

　　4.13　与一般双绕组变压器相比,自耦变压器存在哪些优缺点?

　　4.14　电压互感器、电流互感器在使用过程中需注意哪些问题?

练习题

4.1　有一台三相变压器,额定容量为 $S_N = 5000\text{kVA}$,额定电压为 $U_{1N}/U_{2N} = 10\text{kV}/6.3\text{kV}$,Y,d 连接,试求:

(1) 一、二侧绕组的额定电流;

(2) 一、二侧绕组的相电压与相电流。

4.2　单相变压器的额定电压为 220V/110V,如图 4.42 所示。设高压侧外加 220V 的电压,励磁电流为 I_m,主磁通为 Φ_m。若 X 与 a 连接在一起,在 Ax 端外加 330V 的电压,此时励磁电流、主磁通各为多少? 若 X 与 x 连接在一起,Aa 端外加 110V 的电压,则励磁电流、主磁通又各为多少?

4.3　变压器出厂前要进行“极性”实验,其接线如图 4.43 所示。在 AX 端外加电压,若将 $X\text{-}x$ 相连,用电压表测量 Aa 之间的电压。设变压器的额定电压为 220V/110V,若 A、a 为同名端(或同极性端),电压表的读数为多少? 若两者不为同名端,电压表的读数又为多少?

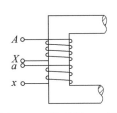
图 4.42　练习题 4.2 图

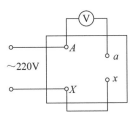
图 4.43　练习题 4.3 图

4.4　有一台 Y,d11 连接的三相变压器,$S_N = 8000\text{kVA}$,$f_N = 50\text{Hz}$,$U_{1N}/U_{2N} = 121\text{kV}/6.3\text{kV}$。空载试验在低压侧进行,当外加电压为额定值时,空载电流为 $I_0 = 8.06\text{A}$,空载损耗为 $p_0 = 11.6\text{kW}$;短路试验在高压侧进行,当短路电流为额定值时,短路电压 $U_k = 12705\text{V}$,短路损耗 $p_k = 64\text{kW}$。设折算到同一侧后,高、低压绕组的电阻和漏抗分别相等。试求:

(1) 变压器参数的实际值。

(2) 满载且 $\cos\varphi_2 = 0.8$(滞后)时的电压变化率和效率。

(3) 试编写 MATLAB 程序,绘出 $\cos\varphi_2 = 0.8$(滞后)以及 $\cos\varphi_2 = 0.8$(超前)时该变压器的外特性和效率曲线。

4.5　三相变压器的额定值为 1800kVA,$U_{1N}/U_{2N} = 6300\text{V}/3150\text{V}$,Y,d11 连接,空载损耗 $p_0 = 6.6\text{kW}$,短路损耗 $p_k = 21.2\text{kW}$。求:

(1) 当输出电流 $I_2 = I_{2N}$,$\cos\varphi_2 = 0.8$(滞后)时的效率;

(2) 效率最大时的负载系数 β_m。

4.6　已知三相变压器的连接组号分别为(1)Y,d3;(2)D,y1。试画出其绕组连接图。

4.7 设有一台 Y,d5 连接的三相心式变压器,原边线电压与副边线电压之比为 k。若把原线圈 A 点与副线圈的 a 点连在一起,然后加上电源。试证明:

$$U_{Bb} = U_{ab}\sqrt{1+\sqrt{3}k+k^2}$$

4.8 用相量图判别图 4.44 所示三相变压器的连接组号。

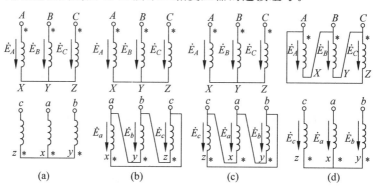

图 4.44 练习题 4.8 图

4.9 一台单相自耦变压器的数据为:$U_1=220\text{V}$,$U_2=180\text{V}$,$I_2=180\text{A}$,忽略各种损耗和漏抗压降,试求:

(1)自耦变压器的输入电流 I_1 和公共绕组电流 I_{12};

(2)输入输出功率、绕组的电磁功率、传导功率各为多少?

第 5 章

三相异步电机的建模与特性分析

内 容 简 介

本章首先介绍三相异步电动机的基本运行原理、结构以及额定数据，考虑到包括异步电机和同步电机在内的三相交流电机在定子绕组的结构、所感应的定子电势以及所产生的定子磁势与磁场方面存在许多共同点，为此，本章以三相异步电动机为例讨论了交流电机的这些共同问题，内容包括交流电机的定子绕组（即电路结构）、绕组所感应电势、绕组所产生定子磁势以及多相绕组所产生的综合矢量与同一综合矢量在不同坐标系下的分量之间关系的分析与计算。这部分内容既适用于三相异步电机也适用于后面要介绍的三相同步电机。在此基础上，重点对三相异步电动机内部的电磁关系、电磁关系的数学描述——基本方程式、等值电路和相量图进行详细地讨论。最后，利用上述基本方程式和等值电路，对三相异步电动机的稳态运行特性特别是机械特性进行了分析与计算。

交流电机可分为两大类，一类为**同步电机**，另一类为**异步电机**。同步电机转子的转速与电源的供电频率之间遵循严格的同步关系；而异步电机则不同，其转子转速不仅取决于电源的供电频率，而且与负载大小密切相关。**同步电机采用双边励磁，而异步电机仅提供定子（或单边）励磁，转子电流和磁势则是依靠定子磁场的感应来获得的**，从而使两者在转子转速以及性能方面存在较大的差异。

原则上，异步电机既可以作电动机运行也可以作发电机运行，但工程实际中，异步电机多作电动机运行，仅在某些特殊场合下如风力发电等，异步电机才工作在异步发电状态。此外，根据供电电源的相数不同，异步电机又有单相和三相之分。单相异步电机主要应用于功率小于 1 马力（735W）的小功率电机中，如冰箱、洗衣机和风扇等家用电器或木工机械等。有关单相电机的内容将在第 11 章中作专门介绍。考虑到电力部门的供电系统多采用三相制，且三相对称交流电机的功率和转矩平稳，因此，大部分应用场合都以三相异步电机作为驱动电机。

　　与直流电机相比,异步电机的调速性能较差。此外,异步电机本身需要从电网吸收滞后无功,使电网的功率因数恶化。尽管存在上述缺点,但由于异步电机具有结构简单、制造方便、运行可靠以及价格低廉(其价格仅为直流电动机的 1/3)等优点,因而在工农业、交通运输、国防等领域中仅需要恒速运行的场合下得到广泛应用。近几十年来,随着电力电子技术、微处理器以及基于坐标变换的矢量控制理论在异步电机中的应用和发展,异步电机的调速性能大幅度提高,越来越多的由直流电机组成的直流调速系统被由异步电机等组成的交流调速系统所取代,大有完全取而代之的趋势。因此,异步电机是电力拖动系统中的一种相当重要的机电能量转换装置和执行机构。

　　本章内容安排如下:5.1 节简要介绍三相异步电机的基本运行原理和三种运行状态;5.2 节对三相异步电机的结构和定额进行介绍;根据三相交流电机对定子绕组的要求,5.3 节分别给出三相交流单层分布绕组和双层分布绕组的构成;在此基础上,5.4 节讨论在旋转磁场的作用下定子一相绕组以及三相绕组各自感应电势的分析与计算,旨在阐述如何获得大小相等、相位互差 120° 的三相对称电势,并能确保电势波形接近正弦;5.5 节着重阐述"单相绕组通以单相交流电流产生脉振磁势和磁场"而"三相绕组通以三相对称电流却产生旋转磁势和磁场"的理论依据以及单、三相交流磁势的分析与计算。为了对变流器供电下的交流电机进行分析,5.6 节将从"m 相对称绕组通以 m 相对称电流产生圆形旋转磁势"的结论入手,引入综合矢量与坐标变换的知识。上述绕组的构成和电磁关系的分析与计算均是交流电机的共同问题,其分析方法和结论不仅适用于异步电机,也完全适用于同步电机以及各种类型的交流电机。在给出上述重要结论的基础上,5.7 节和 5.8 节分别讨论三相异步电机在空载、堵转以及负载后的电磁关系,推导定量描述电磁关系的基本方程式、等值电路与相量图;5.9 节将讨论三相异步电动机的功率分配和转矩平衡方程式;为了能够利用等值电路对三相异步电动机的运行性能进行计算,5.10 节给出确定等值电路参数的空载和短路(或堵转)试验方法。5.11 节将利用等值电路对三相异步电动机的工作特性特别是机械特性进行计算和分析。

5.1　三相异步电机的基本运行原理

　　鉴于异步电机多工作在电动机运行状态,为此,本章以介绍三相异步电动机为主。同直流电机一样,三相异步电动机也是由定、转子构成,其中定子主要包括定子铁芯和定子三相对称绕组,而转子则是由圆柱形的转子铁芯和转子绕组组成。通常,转子绕组是由浇铸在转子铁芯表面槽内的若干导条(鼠笼转子)构成,导条与导条之间通过两端的端环短路。当然,转子绕组也可由嵌放在转子铁芯表面槽内的三相对称绕组(绕线转子)组成,转子三相绕组的一端通过星形相接,而另一端则通过空心转轴引至集电环上,并通过电刷短路(详见 5.2.1 节)。总之,无论是鼠笼还是绕线转子,正常运行时转子绕组均是短路绕组。

在介绍三相异步电动机的基本运行原理之前,有必要对通电线圈在磁场内的受力情况以及直流电动机的运行原理作一简要回顾。2.1.1 节曾提到过:为了确保通电线圈产生单一方向(逆时针方向)的电磁转矩使转子持续运行,要求 N 极下导体中的电流方向总是流入的,而 S 极下导体中的电流方向总是流出的(见图 2.1(b))。通过电刷和换向器的换向便可满足对电流方向的要求,确保单一方向电磁转矩的产生。利用这一原理,便出现了大家所熟知的直流电动机。考虑到电刷和换向器所带来的诸多问题,可否另辟蹊径? 不通过电刷和换向器来改变转子绕组电流方向的方案,而是设法让定子磁场随转子一起旋转,不是依然也可以产生单一方向的电磁转矩吗? 有关这一思路的基本思想可通过图 5.1 加以说明之。

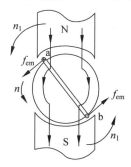

图 5.1　三相交流电动机的基本运行原理示意图

图 5.1 中,若定子磁场随转子一同旋转,转子绕组的电流方向保持不变。根据左手定则,在定子磁场和转子电流的相互作用下,转子将因产生单一方向的电磁转矩而逆时针方向旋转,异步电机、同步电机以及无刷直流电机等均是基于这一思想产生旋转运动的。上述思想得以实现的关键是如何在定子侧获得旋转磁场? 为此,本节将首先介绍有关旋转磁场的基本概念,在此基础上,再讨论三相异步电动机的基本运行原理。

5.1.1　旋转磁场的基本概念

一般三相交流电机的定子铁芯表面都开有齿槽,匝数相同的三相绕组均匀地分布在这些槽内,每相绕组经串、并联后的等效轴线在空间上互差 120°,符合上述条件的绕组即称为**三相对称绕组**。图 5.2 给出了一台由最简单的三相对称绕组组成的三相异步电机,该电机为两极电机,每相绕组仅由一个独立的整距线圈构成,三相绕组对应的线圈分别用首尾端表示为 A-X、B-Y 和 C-Z。规定电流从尾端(X、Y、Z)流入、从首端(A、B、C)流出为正;反之,为负。"$\otimes$"表示电流流入纸面,"$\odot$"表示电流流出纸面,由此画出三相绕组的轴线如图 5.2(a)所示。很显然,A 轴、B 轴和 C 轴在空间上互成 120°。

当三相对称绕组接至对称的三相交流电源上时,绕组内部便产生对称的三相电流,其瞬时表达式由下式给出

$$\begin{cases} i_A = I_{\mathrm{m}}\cos\omega t \\ i_B = I_{\mathrm{m}}\cos(\omega t - 120°) \\ i_C = I_{\mathrm{m}}\cos(\omega t - 240°) \end{cases} \tag{5-1}$$

三相对称电流随时间变化的曲线以及 $\omega t = 0$ 时刻的时间相量图如图 5.2(b)所示。

为了定性说明三相对称绕组通以三相对称电流所产生合成磁场的情况,图 5.3 分别绘出了对应 $\omega t = 0°(t=0)$、$\omega t = 120°(t=T/3)$、$\omega t = 240°(t=2T/3)$、$\omega t = 360°$

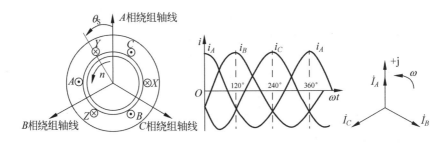

(a) 结构示意图　　　　　　　(b) 三相对称电流波形与相应的时间相量图

图 5.2　最简单的三相异步电机与三相对称电流的波形

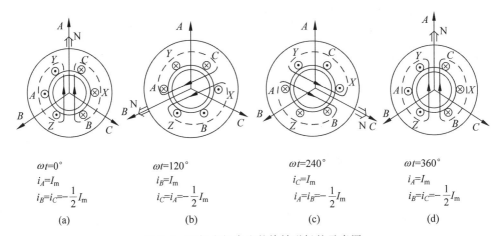

图 5.3　两极电机产生的旋转磁场的示意图

$(t = T)$ 四个瞬时的合成磁场情况。

由图 5.2(b) 可见, 在 $\omega t = 0°$ 瞬时, $i_A = I_m$, $i_B = i_C = -I_m/2$。按照实际电流的正负, 同时考虑到绕组中电流正方向的规定, 将各相电流分别绘制在图 5.3(a) 所示的各相绕组中。根据右手螺旋定则, 便可获得在 $\omega t = 0°$ 瞬时三相定子绕组的合成磁场, 如图 5.3(a) 所示。在 $\omega t = 120°$ 瞬时, $i_B = I_m$, $i_A = i_C = -I_m/2$, 将其分别绘制在图 5.3(b) 所示的各相绕组中, 便可获得在 $\omega t = 120°$ 瞬时三相定子绕组的合成磁场, 如图 5.3(b) 所示。同理可获得 $\omega t = 240°$、$\omega t = 360°$ 瞬时三相定子绕组的合成磁场, 分别如图 5.3(c)、(d) 所示。

仔细观察图 5.3 可以发现, 随着时间的推移, 定子三相绕组所产生的合成磁场是大小不变、转速恒定的旋转磁场。当某相电流达最大时, 定子合成磁场位于该相绕组的轴线上。由于三相定子电流的最大值是按照 A、B、C 的时间顺序依次交替变化的, 相应合成磁场的旋转方向也是按照 $A \rightarrow B \rightarrow C$ 逆时针方向旋转。

对图 5.3 所示的两极电机而言, 每相电流的最大值随时间变化一次(或经过一个周期), 则相应的合成磁场就旋转一周即移动两个极距。考虑到每相电流一秒内变化 f_1 次, 则相应的合成磁场一秒内将旋转 f_1 周或 f_1 对极距, 由此可以获得两极电机旋转磁场的转速为 $n_1 = 60 f_1 (\text{r/min})$。

若三相绕组为 p 对极,每相电流的最大值随时间变化一次,则相应的合成磁场将仍移动两个极距或 $1/p$ 周(图 5.4 给出了四极电机所产生的合成磁场情况)。考虑到每相电流一秒内变化 f_1 次,则相应的合成磁场一秒内将旋转 f_1/p 周,由此求得合成磁场的转速为

$$n_1 = \frac{60 f_1}{p} \text{(r/min)} \tag{5-2}$$

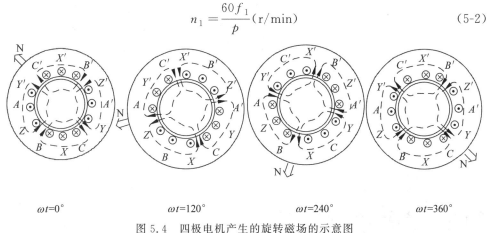

$$\omega t = 0° \qquad \omega t = 120° \qquad \omega t = 240° \qquad \omega t = 360°$$

图 5.4　四极电机产生的旋转磁场的示意图

对于极对数确定的电机,由于合成磁场的转速 n_1 与三相定子绕组的通电频率 f_1 之间符合严格的同步关系,频率 f_1 越高则转速 n_1 越高,因此,旋转磁场的转速又称为同步转速简称为**同步速**。根据式(5-2),对于工频为 50Hz 的供电系统,显然,两极电机($2p=2$)的同步速为 $n_1 = 3000$r/min;四极电机($2p=4$)的同步速为 $n_1 = 1500$r/min;六极电机($2p=6$)的同步速为 $n_1 = 1000$r/min;以此类推。

由上述分析可见,**三相对称绕组通以三相对称电流将产生旋转磁场,旋转磁场的转速为同步速**。至于旋转磁场(或磁势)的大小以及上述结论的定量推导,将在 5.5 节进行详细阐述。

5.1.2　三相异步电机的基本运行原理

根据上一节得到的有关旋转磁场的基本结论,我们知道:当在定子三相对称绕组中通以三相对称电流,电机内部便会产生以同步速 n_1 旋转的旋转磁势和磁场,该旋转磁场分别切割定、转子绕组并感应电势。对转子绕组来讲,由于其导条或转子绕组处于短路状态,转子绕组内便有电流产生。在定子旋转磁场和转子绕组电流的相互作用下,异步电动机的转子便会产生电磁力和电磁转矩;在电磁转矩的作用下,异步电动机的转子便以转速 n 旋转,从而实现了电能向机械能的转换。图 5.5 给出了描述两极异步电动机基本运行原理的示意图。

图 5.5 中,定子磁场以同步速 n_1 逆时针方向旋转。转子仅绘出了单个短路绕组的两个导体边。在定子旋转磁场的作用下,转子绕组内所感应的电势和电流的方向相同,其方向可由右手定则确定(“$\otimes$”表示电流流入纸面;“$\odot$”表示电流流出纸面)。

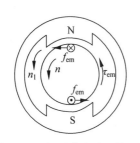

图 5.5　三相异步电动机的基本
运行原理示意图

然后,再根据左手定则确定出定子磁场与转子感应电流之间相互作用所产生的电磁力和电磁转矩的方向,如图 5.5 所示。在电磁转矩的作用下,转子转速 n 以逆时针方向逐渐升高。考虑到转子电势和电流是通过定子旋转磁场和转子绕组之间的相对切割而产生的,因此,转子转速 n 永远也不可能达到同步速 n_1,否则,定子旋转磁场和转子绕组之间便无相对运动,也就不会感应电势和电流,当然也就无法产生电磁转矩。正是因为转子转速与同步速之间存在转速差异,因此,这种电动机取名为**异步电动机**(asynchronous motor),它与同步电动机相对应。考虑到异步电机仅提供定子绕组的交流励磁(即单边励磁),而转子绕组中的电势、电流以及磁势是靠感应产生的,因此,异步电机又称为**感应电动机**(induction motor)。

5.1.3　三相异步电机的转差率与三种运行状态

异步电机的同步速 n_1 与转子转速 n 之间存在差异,这一差异 (n_1-n) 即代表旋转磁场切割转子绕组的相对速度,又称为转差速度,通常将转差速度与同步速 n_1 的比值定义为**转差率**,即

$$s = \frac{n_1 - n}{n_1} \tag{5-3}$$

转差率是反映异步电机运行状态的一个重要物理量,当异步电机工作在理想空载时,因无负载阻转矩,转子转速几乎接近同步速即 $n \approx n_1$,转差率 s 近似为零;**随着机械负载的增加,转子转速下降,转差率 s 升高**。

根据转差率 s 的大小和正负,异步电机可分为三种运行状态:(1)电动机运行状态;(2)发电机运行状态;(3)电磁制动状态。这三种运行状态分别介绍如下。

1. 电动机运行状态

当异步电机工作在电动机运行状态时,转子转速 n 总是低于同步速 n_1,即 $0 \leqslant n < n_1$,相应的转差率在 $0 < s \leqslant 1$ 范围内,根据右手定则和左手定则分别获得转子绕组所感应的电势(或电流)以及电磁转矩的方向,如图 5.6(b)所示;此时,电磁转矩为驱动性转矩,异步电机将输入的电能转换为转子轴上的机械能输出。

2. 发电机运行状态

当异步电机工作在发电机运行状态时,由原动机(如风力涡轮机、汽油机等)或其他外力(如惯性力或重力)拖动异步电机运行,使转子转速超过同步速,即 $n > n_1$,相应的转差率在 $s < 0$ 的范围内。根据右手定则和左手定则分别获得转子绕组所感

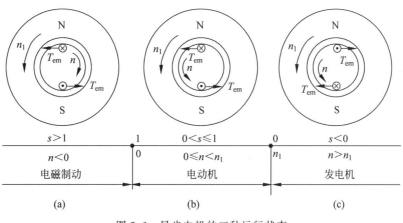

图 5.6　异步电机的三种运行状态

应的电势(或电流)以及电磁转矩的方向,如图 5.6(c)所示;此时,电磁转矩为制动性转矩,异步电机将原动机输入的机械能转换为电能输出。

3. 电磁制动状态

当异步电机工作在电磁制动状态时,存在两种可能:一种是因定子三相绕组的通电相序改变使得旋转磁场的同步速 n_1 改变方向(详见 5.5 节),而转子继续按原来的方向旋转;另一种是定子三相绕组的通电相序不变,亦即 n_1 的方向不变,在外力作用下转子的转向发生改变。这两种可能的共同点是同步速 n_1 与转子转速 n 方向相反。若同步速 n_1 的转向为逆时针,则转子转速 n 按顺时针方向旋转,如图 5.6(a)所示。此时,转子转速 $n<0$,相应的转差率在 $s>1$ 的范围内。根据右手定则和左手定则分别获得转子绕组所感应的电势(或电流)以及电磁转矩的方向如图 5.6(a)所示;此时,电磁转矩为制动性转矩,异步电机将转子轴上的机械能和定子绕组输入的电能一同转换为电机内部的损耗。这种运行状态常见于起重机设备,当起重机下放重物时,为避免重物加速下降,电机将工作在电磁制动状态,此时,在制动性电磁转矩的作用下,转子得以匀速下降。

例 5-1　一台三相异步电动机运行在 50Hz 的电源下,其额定转速为 $n_N=$ 730r/min,空载转差率为 0.003,试计算电动机的空载转速和额定负载时的转差率。

解　根据已知条件 $n_N=730$r/min,同时考虑到异步电动机的额定转速略低于同步速,于是可知,该电动机的同步转速为 $n_1=750$r/min,极数为 $2p=8$。

空载转速为
$$n_0=n_1(1-s_0)=750(1-0.003)=748(\text{r/min})$$
额定负载时的转差率为
$$s_N=\frac{n_1-n_N}{n_1}=\frac{750-730}{750}=0.0267$$

由例 5-1 的计算结果可见,随着负载的增加,转差率增大。

5.2　三相异步电机的结构与额定数据

5.2.1　三相异步电机的结构

同直流电机一样,异步电机也是由静止不动的定子、旋转的转子以及定、转子之间的气隙组成。图5.7给出了鼠笼式三相异步电机的接线示意图和结构图。

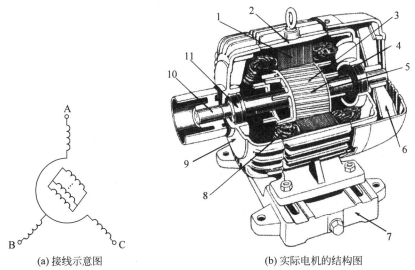

(a) 接线示意图　　　　　　　　　　(b) 实际电机的结构图

1—定子铁芯；2—定子外壳；3—转子铁芯；4—转子导条；5—端环；
6—冷却风扇；7—机座；8—定子绕组；9—轴承室；10—转子轴；11—轴承。

图5.7　鼠笼式三相异步电机的接线示意图和结构图

1. 定子

异步电机的定子是由空心圆柱形定子铁芯、嵌入定子铁芯表面槽内的三相对称分布的定子绕组以及机座组成。

考虑到定子旋转磁场以同步速相对定子旋转,定子铁芯内的磁通自然是交变的。为了减少由旋转磁场引起的涡流和磁滞损耗,定子铁芯多采用$0.35\sim0.5$mm厚且表面涂有绝缘漆的硅钢片叠压而成。

根据槽口的宽度,定子铁芯表面的槽形可分为三类,即半闭口槽、半开口槽和开口槽,如图5.8所示。半闭口槽槽口的宽度小于槽宽的一半；而半开口槽槽口的宽度等于或略大于槽宽的一半；开口槽槽口的宽度则等于槽宽。槽形与磁路的参数密切相关,它将直接影响电机的性能。一般来讲,半闭口槽的励磁电流较

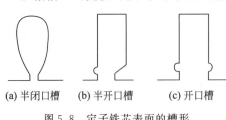

(a) 半闭口槽　　(b) 半开口槽　　(c) 开口槽

图5.8　定子铁芯表面的槽形

小,定子侧功率因数较高,但嵌线工艺复杂,多用于中小容量的低压电机;半开口槽多用于具有成型绕组的低压电机;而开口槽多用于 500V 以上的高压电机。

定子绕组有单层绕组和双层短距、分布绕组两种基本形式。大容量电机多采用双层绕组,即每个槽内的导体分为上、下两层,层与层之间有绝缘,导体与铁芯之间存在槽绝缘,槽内的导体则采用槽楔固定。

大中容量高压异步电动机的三相定子绕组多采用星形连接;而中小容量的低压三相异步电动机的定子三相绕组则视需要可接成星形或三角形。有关定子绕组的详情参见 5.3 节。

机座的作用主要是固定与支撑定子铁芯和端盖,中小型异步电机多采用铸铁端盖,而大型异步电机的端盖则采用钢板焊接而成。

2. 转子

异步电机的转子是由圆柱形转子铁芯、转子绕组和转轴等组成,转子铁芯是主磁路的一部分,它也是由 0.5mm 厚且表面涂有绝缘漆的硅钢片叠压而成,并固定在转轴或转子支架上;转子铁芯表面冲有转子槽,用于嵌放转子绕组。

根据结构形式的不同,转子绕组有鼠笼式和绕线式之分,鼠笼式绕组是由转子槽内的导条和连接这些导条的端环组成,小型异步电机的鼠笼式绕组是由熔化的铝水一次浇注而成,端环上铸有风扇叶片;如果去掉铁芯,则整个转子绕组就像一个装松鼠的笼子一样(见图 5.9(a)),鼠笼转子由此而得名。对于大型异步电机,鼠笼式绕组则是由插入转子槽内的铜条,两端焊成端环组成,如图 5.9(b)所示。

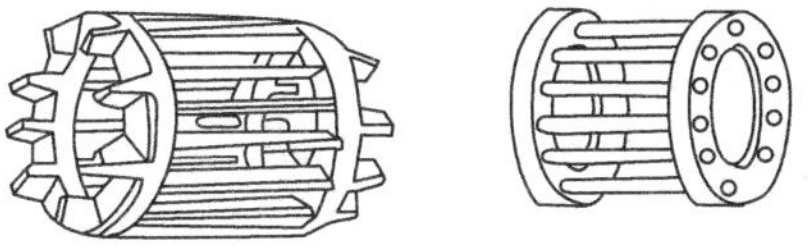

(a)铸铝笼形转子 　　(b)铜条笼形转子

图 5.9 鼠笼式转子绕组

绕线式转子的绕组结构与定子绕组相同,也是由对称的三相绕组组成,三相绕组接成星形,并通过空心转轴接到安装在转轴上的三个集电环上,然后再通过固定在定子上的三个电刷将转子三相绕组引出(见图 5.10),完成动、静之间的配合。正常运行时,绕线式异步电动机的转子三相绕组通过集电环短路,此时,其运行方式与鼠笼式异步电动机完全相同;起动或调速运行时,转子三相绕组则通过电刷外串三相电阻或通过三相变流器供电改善起动或调速性能。

3. 气隙

与直流电机相比,异步电机定、转子之间的气隙要小得多,中小型异步电机的气隙一般为 0.2~2mm。气隙的大小直接影响电动机的励磁电流和功率因数,一般情况下,气隙越小,定子绕组的励磁电流越小,定子侧的功率因数则越高;但气隙过小,会造成装配困难,且增加高次谐波损耗与附加损耗;实际电机的气隙选取应兼顾上述两方面的因素。

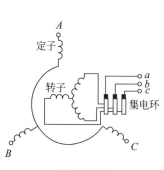
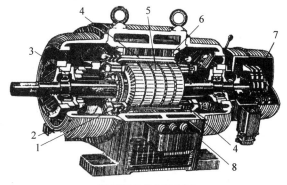

(a) 接线示意图　　　　　　　　　(b) 实际电机的结构图

1—转子绕组；2—端盖；3—轴承；4—定子绕组；5—转子铁芯；

6—定子铁芯；7—集电环；8—出线盒。

图 5.10　三相绕线式异步电动机

5.2.2　三相异步电动机的额定数据

　　三相异步电动机的额定数据即铭牌数据,它是选择三相异步电动机的重要依据。在额定状态下运行,三相异步电动机可以获得最佳的运行性能。三相异步电动机的额定数据主要包括:

　　(1) 额定功率。额定运行状态下轴上输出的机械功率,用 P_N 表示,单位为瓦(W)或千瓦(kW)。

　　(2) 额定电压。额定运行状态下定子绕组的线电压值,用 U_N 表示,单位为伏(V)或千伏(kV)。

　　(3) 额定电流。额定运行状态下定子绕组的线电流值,用 I_N 表示,单位为安(A)或千安(kA)。

　　(4) 额定转速。额定电压、额定频率以及额定功率输出下的转速,用 n_N 表示,单位为转/分(r/min)。

　　(5) 额定效率。额定条件下,电机的输出功率与输入功率之比,用 η_N 表示。

　　(6) 额定频率。我国规定标准工业供电频率即工频为 50Hz。

　　除此之外,铭牌上还标注绕组的相数与接线方式(星形或三角形)、绝缘等级及温升等。对绕线式异步电动机,还注明转子的额定电压与额定电流等。

　　对于三相异步电动机,额定数据之间存在如下关系

$$P_N = 3U_{N\phi}I_{N\phi}\cos\varphi_N \eta_N = \sqrt{3}U_N I_N \cos\varphi_N \eta_N \tag{5-4}$$

式中,$U_{N\phi}$、$I_{N\phi}$ 分别表示额定电压和额定电流的相值,$\cos\varphi_N$ 为定子侧额定功率因数。

5.3　三相交流电机的定子绕组

5.3.1　对三相交流电机绕组的基本要求

同直流电机一样,绕组是交流电机实现机电能量转换的枢纽,所不同的是,三相交流电机绕组的安排除了应尽可能使每相绕组产生较大的磁势和感应电势之外,对每相绕组所产生的磁势波形、感应电势波形以及三相绕组是否对称等还有进一步的要求。具体说明如下:

(1) 三相绕组的匝数必须相等,每相绕组所产生的磁势和感应电势必须对称,即大小相等、相位互差 120°;

(2) 三相绕组的合成磁势和每相绕组所感应电势的波形应尽量接近正弦;

(3) 绕组用铜量应尽可能少,以减少铜耗和成本;

(4) 绝缘可靠、机械强度高、散热条件好且制造方便。

交流电机绕组的种类较多,从相数上看,可分为单相和多相绕组;从槽内放置导体的层数看,交流绕组有单层和双层之分,单层绕组包括同心式、链式和交叉式绕组,而双层绕组则分为叠绕组和波绕组两大类。

尽管种类很多,但交流电机绕组的基本构成原则是一致的,设计方法也大致相同。本节主要以三相单层和双层绕组为例介绍交流绕组的构成方法与依据,从中了解交流电机内部的电路组成。

值得一提的是,本节所介绍的交流绕组的内容以及后续两节绕组电势和磁势的内容、分析方法与结论不仅适用于三相异步电机,而且也基本适用于三相同步电机,这些内容属于交流电机的共同问题。

5.3.2　交流绕组的几个术语

在介绍三相交流分布绕组之前,首先介绍有关交流绕组的几个术语。

1. 机械角度和电角度

几何上,绕电机一周为 360°,这一角度称为**机械角度**。感应电势(或电流)变化一个周期,相应的角度为 360°**电角度**。对两极电机,磁极转过一周,绕组内所感应的电势相应地也变化一个周期。因此,机械角度和电角度相等且皆为 360°。当电机的极对数为 p 时,转子转过一周,绕组内所感应的电势将变化 p 个周期,此时,机械角度仍为 360°,但相应的电角度却变为 $p \cdot 360°$,因此,电角度 α_e 和机械角度 θ 之间存在如下关系

$$\alpha_e = p\theta \tag{5-5}$$

2. 相带

为了确保三相绕组对称,在定子铁芯内圆上,每极每相绕组所占的区域应相等,这一区域称为**相带**(用电角度表示)。由于每极所对应的电角度 $180°$,对 m 相电机而言,每个相带则占有 $\dfrac{180°}{m}$ 电角度,具体到三相电机 $m=3$,其相带为 $60°$。

在有些场合下,相带也定义为每对极下每相绕组所占的区域。此时,对三相绕组而言,其相带为 $120°$。一般三相交流电机的绕组多采用 $60°$ 相带,少数特殊电机才采用 $120°$ 相带。

3. 槽距角

槽距角表示相邻两槽之间的电角度,通常用 α 来表示,可由下式给出

$$\alpha = \frac{p \cdot 360°}{Z_1} \tag{5-6}$$

4. 每极每相的槽数

每极每相的槽数即每极每相定子绕组所占的槽数,它指的是每个相带所对应的定子槽数,通常用 q 来表示。设定子总槽数为 Z_1,则有

$$q = \frac{Z_1}{2pm} \tag{5-7}$$

若 q 为整数,则相应的交流绕组为整数槽绕组;q 为分数,则相应的交流绕组为**分数槽绕组**,分数槽绕组多用于水轮同步电机及永磁同步电机中。

显然,相带与 q 之间的关系为:相带 $=q \cdot \alpha$(电角度),对于 $60°$ 相带,$q \cdot \alpha = \dfrac{Z_1}{2pm}$ $\dfrac{p \cdot 360°}{Z_1} = \dfrac{180°}{m}$。

5. 极距

极距是指相邻两磁极之间的圆周距离,若用弧长表示,则

$$\tau = \frac{\pi D}{2p} \tag{5-8}$$

式中,D 为定子内圆的直径。若用槽数表示,则

$$\tau = \frac{Z_1}{2p} \tag{5-9}$$

6. 元件(或线圈)

元件又称为线圈,它是由一匝或多匝绕组组成。

7. 节距

节距是指单个线圈的两个元件边所跨过定子圆周的距离或槽数,用 y_1 表示。若 $y_1=\tau$,则为整距线圈;$y_1<\tau$,则为短距线圈;$y_1>\tau$,则为长距线圈。

8. 槽电势星形图

由槽距角的定义可知,相邻两槽空间上互差 α 电角度。它实际表示相邻两槽中的导体电势在时间上相位互差 α 电角度。若将所有槽内的导体电势相量依次画出来,便获得槽电势星形图,图 5.11 给出了 $Z_1=24$、$2p=4$ 时的槽电势星形图。其中,内圈 1～12 号导体对应一对极,外圈 13～24 号导体则对应另一对极,其对应 2 对极($2p=4$)。

槽电势星形图反映了所有定子槽内导体所感应电势之间的相位关系,利用它可以很容易地对定子三相绕组进行分配。

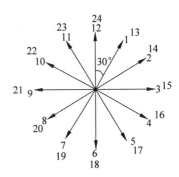

图 5.11　交流绕组的槽电势星形图
($Z_1=24,2p=4$)

5.3.3　三相单层分布绕组

所谓单层绕组是指一个槽内仅放置一个线圈边,单层绕组结构简单、嵌线方便,易于实现自动嵌线,但电势和磁势波形不如双层绕组,因此,单层绕组主要用于功率在 10kW 以下的小型三相异步电机和单相异步电机中。

按照线圈形状和端部连接方式的不同,**单层绕组**又分为**同心式绕组**、**链式绕组**和**交叉式绕组**,下面以一台 $2p=4$、$Z_1=24$ 槽的电机为例具体说明三相单层分布绕组的分配与连接规律,具体步骤如下:

(1)计算槽距角

$$\alpha=\frac{p\times360°}{Z_1}=\frac{2\times360°}{24}=30°$$

(2)画出槽电势星形图。根据槽距角画出槽电势星形图如图 5.12 所示。

(3)按 60°划分相带。极距和每极每相的槽数分别为

$$\tau=\frac{Z_1}{2p}=\frac{24}{4}=6$$

$$q=\frac{Z_1}{2pm}=\frac{24}{4\times3}=2$$

根据槽电势星形图和上述数值,将所有槽电势相量均匀分成 6 个相带,分别用 A、Z、B、X、C、Y 表示,如图 5.12 所示,其中,A、X 属于 A 相,B、Y 属于 B 相,C、Z

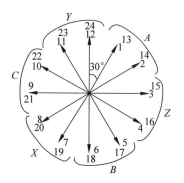

图 5.12 槽电势星形图相带的划分
$(Z_1 = 24, 2p = 4)$

属于 C 相。

（4）画出绕组展开图。按照槽电势相量的分配，很显然，1、2、7、8、13、14、19、20 号共 8 根导体属于 A 相绕组，可组成 4 个线圈。若取线圈的节距为整距，即 $y_1 = \tau = 6$，则这 4 个线圈分别为 1-7、2-8、13-19、14-20。通常称每极下的 q 个线圈为一个**线圈组**（这里 $q = 2$）。本例共有两个线圈组，即 1-7、2-8 两个线圈组成一个线圈组，13-19、14-20 两个线圈组成另一个线圈组。最后，将一相绕组的所有线圈组串联组成一相绕组。按这一方式所获得的单层绕组形式称为**交叉式绕组**，如图 5.13(a)所示。

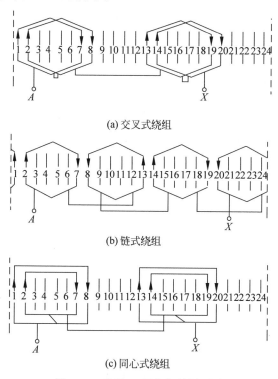

(a) 交叉式绕组

(b) 链式绕组

(c) 同心式绕组

图 5.13 定子 A 相绕组的展开图

很显然，对单层绕组而言，有几对极就对应几个线圈组。换句话说，单层绕组的**线圈组数等于极对数**。

考虑到 A 相所分配的导体是一定的，具体采用哪些导体组成线圈并不影响每相绕组的电势大小，因此，可将 2、7 号导体组成一个线圈，同时，8、13 号，14、19 号以及 20、1 号导体各自组成其他线圈。这样，不仅可以节省端部铜线而且制造方便，由此获得的单层绕组称为**链式绕组**，如图 5.13(b)所示。也可以将 1、8 号，2、7

号,13、20 号以及 14、19 号导体各自组成线圈,获得所谓的**同心式绕组**,如图 5.13(c)所示。

应该讲,无论采用何种形式的单层绕组,每相绕组的感应电势是相等的。因此,从总体上看,所有形式的单层绕组皆可认为与交叉式绕组等效。换句话说,**单层绕组可以看作是整距分布绕组,线圈组数等于极对数**。

(5) 确定绕组的并联支路数。图 5.13 中,每相绕组共有 2 个线圈组,这 2 个线圈组仅连接成 1 条支路。也可根据需要将它们串联或并联组成 2 条支路(适用于所有形式的绕组),甚至 4 条支路(仅适用于链式绕组)。对实际电机而言,具体支路数的多少取决于电流定额和所选择导体的线径。

图 5.13 仅给出了 A 相绕组的接线图,其他两相绕组可按照相同的方法绘出。

5.3.4   三相双层分布绕组

双层绕组是指定子铁芯的每个槽内放置两个线圈边,每个线圈边表示一层。鉴于一个线圈共有两个线圈边,所以双层绕组的定子线圈总数等于定子总槽数。双层绕组的优点是线圈可以任意选择节距,有利于改善定子绕组所产生的磁势和电势的波形,使其接近正弦。双层绕组主要用于功率在 10kW 以上的三相异步电动机。

按照线圈形状和端部连接方式的不同,双层绕组可分为**双层叠绕组**和**双层波绕组**,双层波绕组具有端部接线少的优点,广泛应用于绕线式异步电动机的转子绕组中。限于篇幅,本书仅以交流电机定子绕组经常采用的三相双层叠绕组为例说明双层分布绕组的分配与连接规律。

下面以一台 $2p=4, Z_1=36$ 槽的交流电机为例说明三相双层叠绕组的安排方法,具体步骤如下:

(1) 计算槽距角

$$\alpha = \frac{p \times 360°}{Z_1} = \frac{2 \times 360°}{36} = 20°$$

(2) 画出绕组电势星形图。需要说明的是,对双层绕组来讲,槽电势星形图已变为**绕组电势星形图**,即每个相量代表上层边位于该槽的短距线圈的电势,而不是槽内导体的电势。

根据槽距角画出绕组电势星形图如图 5.14 所示。

(3) 按 60°划分相带。极距和每极每相的槽数分别为

$$\tau = \frac{Z_1}{2p} = \frac{36}{4} = 9$$

$$q = \frac{Z_1}{2pm} = \frac{36}{4 \times 3} = 3$$

考虑到短距对谐波的削弱作用,可按下式选取绕组的节距(其理由见 5.4.4 节),即

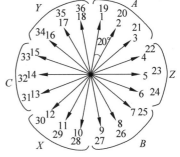

图 5.14   双层绕组的电势星形图
($Z_1=36, 2p=4$)

$$y_1 = \frac{5}{6}\tau = \frac{5}{6} \times 9 \approx 8$$

根据绕组电势星形图和上述数值,将所有绕组电势相量均匀分成 6 个相带,分别用 A、Z、B、X、C、Y 表示,如图 5.14 所示,其中,A、X 属于 A 相,B、Y 属于 B 相,C、Z 属于 C 相。

(4)画出绕组展开图。按照绕组电势相量的分配,将每极下的 q 个线圈连接在一起便组成一个线圈组(这里 $q=3$)。然后,把同一相的所有线圈组相互串联便可构成一相绕组,如图 5.15 所示。

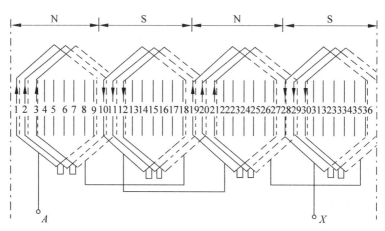

图 5.15　三相双层短距分布绕组的展开图

很显然,对双层绕组而言,有几个极就对应几个线圈组。换句话说,双层绕组的线圈组数等于极数,它是单层绕组的两倍。

图 5.15 中,36 对等长、等距的实线和虚线分别代表 36 个槽内线圈的上层边和下层边,根据线圈的节距 y_1,把属于同一线圈的上、下层线圈边连成线圈,如 1 号槽的上层边与 9 号槽的下层边相连,作为 1 号线圈;2 号槽的上层边与 10 号槽的下层边相连,作为 2 号线圈;以此类推。把同一相带的线圈连接成一个线圈组,最后根据线圈所处的磁极,将属于同一相的线圈组 1、2、3,10、11、12,19、20、21,28、29、30 串联便可获得 A 相绕组。需要说明的是,图 5.15 中,由于 N 极与 S 极下的线圈所感应的电势方向相反,故相应的线圈组应反向串联。至于 B、C 两相绕组的接线可按照同样的方法获得(图中未画出)。

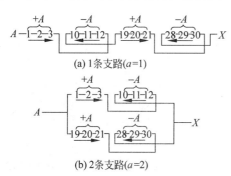

图 5.16　交流绕组的并联支路数

(5)确定绕组的并联支路数。图 5.15 中,每相绕组共有 4 个线圈组,可根据需要将它们串、并联;图 5.15 的展开图中仅绘出了 1 条支路,其接线示意图如图 5.16(a)所示;也可以根据需要获得 2 条支路或 4 条支路,图 5.16(b)给出了 2 条支路的接线示意图。

5.4　三相交流电机定子绕组感应电势的计算

为了介绍三相异步电动机的基本运行原理,5.1 节曾引入了旋转磁场的概念,并指出"三相对称定子绕组通以三相对称电流将产生旋转磁场,该旋转磁场以同步速 n_1 旋转"。在此基础上,本节将讨论旋转磁场切割定子绕组,在定子绕组内所感应电势的计算。

本节将先从单个导体和线圈入手对其所感应的电势进行计算。在此基础上,再对单个线圈组和一相绕组所感应的电势进行计算。最后,根据星形或三角形的连接得到三相绕组的线电势。同时,考虑到旋转磁场本质上是非正弦的,如何在非正弦磁场作用下,获得正弦或接近正弦的相电势或线电势也将是本节讨论的内容。

5.4.1　交流电机的磁场

为了形象直观起见,异步电机定子三相绕组通以三相电流所产生的旋转磁场可以用"以同步速 n_1 旋转的永久磁铁所产生的磁场"来模拟,如图 5.17(a)所示。

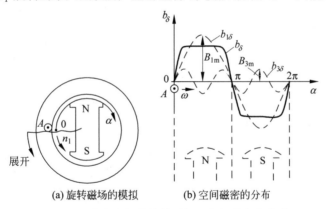

(a) 旋转磁场的模拟　　　(b) 空间磁密的分布

图 5.17　交流电机的旋转磁场和空间磁密的波形

假定转子以同步速 n_1 逆时针方向旋转,取坐标原点位于两个主极的中间点 A 处,横坐标用电角度 α 来表示,它表示转子的空间电角度。从 A 点开始沿轴向剖开,并将圆柱形定子表面拉直,便可获得空间气隙磁密波形如图 5.17(b)所示。图 5.17 中,若磁极不动,则相当于绕组相对磁极以同步速 n_1 顺时针方向旋转。

规定磁通从转子流出进入定子的方向为正,相应的磁密为正,反之为负。感应电势流出纸面为正,用"⊙"表示,反之为负。

按照上述正方向假定,同时考虑到气隙磁密波形为非正弦,由谐波分析法便可获得气隙磁密的表达式为

$$b_\delta = \sum_{\nu=1}^{\infty} B_{\nu m} \sin\nu\alpha \tag{5-10}$$

式(5-10)表明,非正弦的气隙磁密可以分解为一系列正弦奇次谐波磁密(由波形的奇对称性决定),其中,基波磁密可由下式给出

$$b_{1\delta} = B_{1m}\sin\frac{\pi}{\tau}x = B_{1m}\sin\alpha \tag{5-11}$$

式中,B_{1m} 为基波磁密的幅值;x 为定子内圆上任意一点的坐标值(弧长),其电角度为 $\alpha = \frac{\pi}{\tau}x$。

考虑到导体 A 相对磁极以同步速 $n_1 = \frac{60f_1}{p}$ 顺时针方向移动,于是 α 可由下式给出

$$\alpha = \omega_1 t = 2\pi p \frac{n_1}{60}t = 2\pi f_1 t \tag{5-12}$$

式中,$\omega_1 = 2\pi f_1 (\mathrm{rad/s})$ 为角频率,频率为 $f_1 = p\dfrac{n_1}{60}(\mathrm{Hz})$。将式(5-12)代入式(5-11)得

$$b_{1\delta} = B_{1m}\sin\alpha = B_{1m}\sin\omega_1 t \tag{5-13}$$

5.4.2　导体的感应电势

利用式(5-13)得 A 导体中的基波感应电势为

$$e_1 = b_{1\delta}lv_1 = B_{1m}lv_1\sin\omega_1 t = \sqrt{2}E_1\sin\omega_1 t \tag{5-14}$$

式中,导体基波电势的有效值为

$$E_1 = \frac{1}{\sqrt{2}}B_{1m}lv_1 = \frac{1}{\sqrt{2}}\frac{\pi}{2}\left(\frac{2}{\pi}B_{1m}\right)l2p\tau\frac{n_1}{60} = \frac{1}{\sqrt{2}}\frac{\pi}{2}B_{1av}l2\tau f_1$$

即

$$E_1 = \frac{\pi}{\sqrt{2}}f_1\Phi_1 = 2.22f_1\Phi_1 \tag{5-15}$$

式中,$B_{1av} = \dfrac{2}{\pi}B_{1m}$ 为气隙基波磁密的平均值;$\Phi_1 = B_{1av}l\tau$ 为每极基波磁通;l 为导体的有效长度;$v_1 = 2p\tau\dfrac{n_1}{60} = 2\tau f_1$ 为线速度。

按照同样的道理,可得 3 次谐波磁场所感应的导体电势为

$$e_3 = B_{3m}lv_1\sin3\alpha = B_{3m}lv_1\sin3\omega t = \sqrt{2}E_3\sin3\omega t \tag{5-16}$$

相应的三次谐波有效值为

$$E_3 = \frac{1}{\sqrt{2}}\frac{\pi}{2}\left(\frac{2}{\pi}B_{3m}\right)l2\tau f_1 = \frac{\pi}{\sqrt{2}}B_{3av}\frac{\tau}{3}l(3f_1) = 2.22(3f_1)\Phi_3$$

即

$$E_3 = 2.22(3f_1)\Phi_3 = 2.22f_3\Phi_3 \tag{5-17}$$

同理,5 次以及任意 ν 次谐波磁场所感应的导体电势分别为

$$E_5 = 2.22(5f_1)\Phi_5 = 2.22f_5\Phi_5 \tag{5-18}$$

$$E_\nu = 2.22(\nu f_1)\Phi_\nu = 2.22f_\nu\Phi_\nu \tag{5-19}$$

其中

$$f_\nu = p_\nu \frac{n_\nu}{60} = \nu p \frac{n_1}{60} = \nu f_1; \quad p_\nu = \nu p; \quad \tau_\nu = \frac{\tau}{\nu}; \quad n_\nu = n_1 \tag{5-20}$$

5.4.3　整距线圈的感应电势

整距线圈的节距 $y_1 = \tau$(见图 5.18(a)),亦即同一线圈的两个导体边 A、X 相距一个极距。当 A 处于 N 极下时,X 则处于 S 极下,所以感应的基波电势大小相等、相位互差 $180°$,其相量图如图 5.18(b)所示。

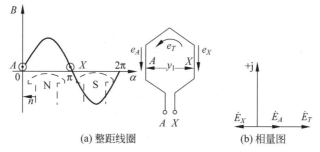

(a) 整距线圈　　　　　　(b) 相量图

图 5.18　整距线圈所感应的基波电势

根据电势正方向的假定,单匝整距线圈所感应的基波电势相量为

$$\dot{E}_T = \dot{E}_A - \dot{E}_X = 2\dot{E}_A$$

将式(5-15)代入上式得

$$E_T = 2E_A = 4.44f_1\Phi_1$$

考虑到每个线圈是由 N_y 匝组成,因此,整距线圈所感应的基波电势为

$$E_{k1} = 4.44f_1N_y\Phi_1 \tag{5-21}$$

同理,可得整距线圈所感应的 ν 次谐波电势为

$$E_{k\nu} = 4.44f_\nu N_y\Phi_\nu \quad (\nu = 3,5,7,\cdots) \tag{5-22}$$

5.4.4　短距线圈的感应电势

短距线圈的节距 $y_1 < \tau$,如图 5.19(a)所示。此时,同一线圈的两个导体边 A、X 上所感应的电势相位互差 $\beta = \dfrac{y_1}{\tau}\pi$,而不是 $180°$,其相量图如图 5.19(b)所示。

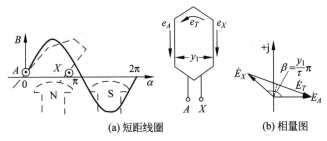

(a) 短距线圈　　　　(b) 相量图

图 5.19　短距线圈所感应的基波电势

根据电势正方向的假定,单匝短距线圈所感应的基波电势相量为

$$\dot{E}_T = \dot{E}_A - \dot{E}_X$$

借助于式(5-15),则上式变为

$$E_{T_1} = 2E_A \sin\frac{\beta}{2} = 2E_A \sin\frac{y_1}{\tau}90° = 4.44f_1\Phi_1 k_{y1} \tag{5-23}$$

式中,$k_{y_1} = \sin\frac{y_1}{\tau}90°$ 为交流绕组的**基波短距系数**。很显然,对于短距线圈 $y_1 < \tau$,则 $k_{y_1} < 1$;对于整距线圈 $y_1 = \tau$,则 $k_{y_1} = 1$。

鉴于每个线圈是由 N_y 匝组成,因此,短距线圈所感应的基波电势为

$$E_{k1} = 4.44f_1(N_y k_{y1})\Phi_1 \tag{5-24}$$

由此可见,**线圈短距使所感应的基波有效电势有所降低,相当于线圈的有效匝数由 N_y 降至 $N_y k_{y_1}$ 匝**。

对 ν 次谐波,短距线圈所感应的谐波电势为

$$E_{k\nu} = 4.44f_\nu(N_y k_{y\nu})\Phi_\nu \quad (\nu = 3, 5, 7, \cdots) \tag{5-25}$$

其中,$k_{y\nu} = \sin\nu\frac{y_1}{\tau}90°$ 为交流绕组的 **ν 次谐波短距系数**。

由 ν 次谐波的短距系数表达式可见,适当地选择线圈的节距,可使得某次谐波的短距系数为零或接近于零,从而达到消除或削弱该次谐波电势的目的。例如,要消除 ν 次谐波电势,可取线圈节距为 $y_1 = \left(1 - \dfrac{1}{\nu}\right)\tau$,即线圈节距比整距缩短 $\dfrac{1}{\nu}\tau$。考虑到 ν 一般为奇数,故有

$$k_{y\nu} = \sin\nu\left(1 - \frac{1}{\nu}\right)90° = 0$$

譬如要消除 5 次谐波电势,可取 $y_1 = \dfrac{4}{5}\tau$,相应的短距系数 $k_{\nu 5} = 0$。图 5.20 给出了这一结论的物理解释,由图可见,当采用短距线圈时,线圈的两导体边恰好位于 5 次谐波相同大小的磁场位置处,所

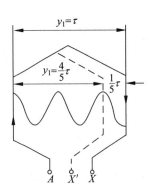

图 5.20　利用短距线圈可消除
5 次谐波电势

感应的 5 次谐波电势大小和相位均相等,对整个线圈来讲,两导体的谐波电势恰好相互抵消,从而使端部 5 次谐波电势为零。

对交流电机而言,一般低阶的高次谐波幅值较大,3 次、5 次以及 7 次谐波是影响电势波形是否为正弦的主要因素。由于三相绕组对称,线电压中不会出现 3 次谐波(见后面说明),所以选择线圈节距时,主要应考虑如何尽量削弱 5 次和 7 次谐波。为此,通常线圈节距取为 $y_1 = \dfrac{5}{6}\tau$。这样,部分降低了 5 次谐波电势,同时对 7 次谐波电势也起到一定的削弱作用,使电势波形接近正弦。

综上所述,可得出如下结论:**采用短距线圈尽管使线圈所感应的基波电势有所降低,但却大大削弱了高次谐波电势,使电势波形更接近正弦。**

5.4.5　线圈组的感应电势

在介绍三相交流绕组时曾提到过,每个线圈组是由 q 个均匀分布的线圈组成,这 q 个线圈空间依次互差槽距角 α 电角度(见图 5.21(a)),因此在旋转磁场作用下,各个线圈所感应的电势在时间上自然也互差 α 电角度。图 5.21(b)给出了 $q=3$ 时线圈组的感应电势相量图。

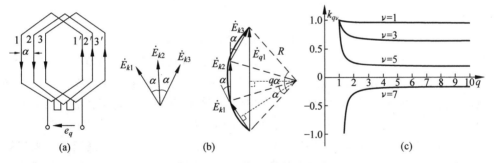

图 5.21　单个线圈组所感应的电势

推广至一般情况,则每个线圈组所感应的基波电势相量为

$$\dot{E}_{q1} = \dot{E}_{k1} + \dot{E}_{k2} + \cdots + \dot{E}_{kq}$$

由图 5.21(b)得

$$E_{q1} = 2R\sin\frac{q\alpha}{2}, \quad E_{k1} = 2R\sin\frac{\alpha}{2}$$

故有

$$E_{q1} = E_{k1}\frac{\sin\dfrac{q\alpha}{2}}{\sin\dfrac{\alpha}{2}} = qE_{k1}k_{q1} \tag{5-26}$$

式中,$k_{q1} = \dfrac{\sin\dfrac{q\alpha}{2}}{q\sin\dfrac{\alpha}{2}}$ 为交流绕组的**基波分布系数**。

式(5-26)表明,由于组成线圈组的各线圈采用分布而不是集中绕组,整个线圈组的电势不是代数和而是矢量和,导致线圈组所感应的基波电势有所降低,相当于线圈组的有效匝数由 qN_y 降至 qN_yk_{q1} 匝。

将式(5-24)代入式(5-26)得一个线圈组所感应电势的有效值为

$$E_{q1} = 4.44f_1(qN_y)k_{y1}k_{q1}\Phi_1 = 4.44f_1(qN_y)k_{w1}\Phi_1 \qquad (5\text{-}27)$$

其中,$k_{w1} = k_{y1}k_{q1}$ 为**基波绕组系数**。

式(5-27)表明,**由于交流绕组采用了短距和分布绕组,线圈组的有效匝数减少,由 qN_y 减少为 qN_yk_{w1} 匝**,故基波电势有所降低。

对于 ν 次谐波,一个线圈组所感应的谐波电势为

$$\dot{E}_{q\nu} = 4.44f_\nu(qN_yk_{w\nu})\Phi_\nu \quad (\nu = 3,5,7,\cdots) \qquad (5\text{-}28)$$

式中,$k_{w\nu} = k_{y\nu}k_{q\nu}$ 为 **ν 次谐波的绕组系数**。其中,ν 次谐波的分布系数为

$$k_{q\nu} = \dfrac{\sin\nu\dfrac{q\alpha}{2}}{q\sin\dfrac{\nu\alpha}{2}} \qquad (5\text{-}29)$$

根据式(5-29)绘出 $60°$ 相带(即 $q\alpha = 60°$)的绕组分布系数与 q 之间的关系曲线如图 5.21(c)所示。由图 5.21(c)可以看出:**采用分布绕组,尽管线圈组(乃至相绕组)基波($\nu = 1$)电势有所降低,但谐波电势却大大削弱,从而使线圈组乃至相绕组电势接近正弦**。一般来讲,q 越大,谐波电势的抑制效果越好,但要求定子铁芯上所开的总槽数也越多。一旦 $q > 6$ 时,则高次谐波的抑制效果便不明显,为此,一般取 $2 \leqslant q \leqslant 6$。

通过对式(5-27)和式(5-28)的具体分析计算可得出如下结论:**交流绕组采用短距和分布后,尽管所感应的基波电势有所降低,但谐波电势却会大大削弱,从而确保了整个交流绕组所感应的电势波形即使在非理想正弦磁场作用下也可以接近正弦波**。

5.4.6　相绕组的感应电势

5.3 节曾提到:对于单层绕组,交流电机的每相绕组是由 p 个线圈组组成;而对于双层绕组,每相绕组则是由 $2p$ 个线圈组组成,通过对线圈组的串、并联获得所需要的支路数。一相绕组所感应的电势代表的是每相每条支路所感应的电势。它是线圈组电势的倍数。现分别对单层绕组和双层绕组的相电势计算如下。

1. 单层绕组相电势的计算

假定每相绕组的并联支路数为 a,考虑到单层绕组每相共有 p 个线圈组,则根据

式(5-27)得基波相电势为

$$E_{\phi 1} = \frac{4.44 f_1 (q N_y p) k_{w1} \Phi_1}{a} = 4.44 f_1 N_1 k_{w1} \Phi_1 \tag{5-30}$$

式中，$N_1 = \dfrac{pqN_y}{a}$ 为每相绕组每条支路的线圈总匝数，该线圈总匝数也可以表示为 $N_1 = \dfrac{pqZ_s}{a}$，其中，Z_s 为每槽的导体数。很显然，对单层绕组，$Z_s = N_y$。

2. 双层绕组相电势的计算

考虑到双层绕组每相共有 $2p$ 个线圈组，则根据式(5-27)得基波相电势为

$$E_{\phi 1} = \frac{4.44 f_1 (q N_y 2p) k_{w1} \Phi_1}{a} = 4.44 f_1 N_1 k_{w1} \Phi_1 \tag{5-31}$$

式中，$N_1 = \dfrac{2pqN_y}{a} = \dfrac{pqZ_s}{a}$ 为每相每条支路的总匝数。很显然，对于双层绕组，$Z_s = 2N_y$。

同理，可求得 ν 次谐波的相电势为

$$E_{\phi \nu} = 4.44 f_\nu N_1 k_{w\nu} \Phi_\nu \tag{5-32}$$

5.4.7　三相绕组的连接与线电势

三相绕组可以采用星形(Y)或三角形(△)连接，如图 5.22(a)、(b)所示。当三相绕组采用 Y 接时，考虑到三相三次谐波电势的大小相等、相位相同(详见 4.8.3 节)，即 $\dot{E}_{A3} = \dot{E}_{B3} = \dot{E}_{C3}$，因此，其三次谐波线电势(或空载线电压)为

$$\dot{U}_{AB3} = \dot{E}_{AB3} = \dot{E}_{A3} - \dot{E}_{B3} = 0$$

当采用△接时，对于三次谐波电势有 $\dot{E}_{A3} = \dot{E}_{B3} = \dot{E}_{C3} = \dot{E}_3$，其中，相绕组之间的环流 $\dot{I}_3 = \dfrac{3\dot{E}_3}{3Z_3} = \dfrac{\dot{E}_3}{Z_3}$，这里 Z_3 为三次谐波阻抗。于是，三次谐波线电势为

$$\dot{U}_{AB3} = \dot{E}_{A3} - Z_3 \dot{I}_3 = 0$$

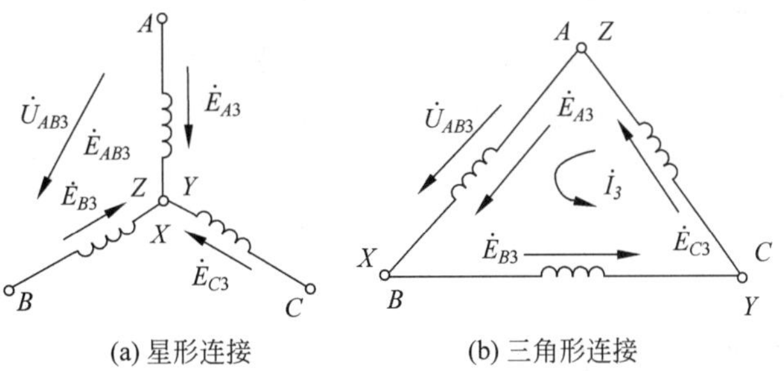

(a) 星形连接　　(b) 三角形连接

图 5.22　三相绕组的连接

　　由此可见,对于三相对称绕组,无论是采用 Y 接还是△接,线电压中都不会含有三次谐波电势以及三的倍数次谐波电势。

　　对于基波(包括其他谐波)线电势的计算,其线电势与相电势大小以及相位之间的关系同一般三相交流电路相同,这里不再赘述。

5.5　三相交流电机的定子磁势与磁场

　　5.1 节曾简要提到过"三相对称绕组通以三相对称电流将产生旋转磁场"的结论,在熟悉了三相异步电机定子绕组的组成之后,便可以从理论上进一步讨论三相交流对称绕组通以三相交流对称电流所产生磁势的详细情况。

　　考虑到三相交流绕组位于定子空间不同的位置,外加电流也随时间而发生变化,因此,外加电流在交流绕组中所产生的磁势既是空间的函数也是时间的函数,即磁势是时空函数。为了便于分析,通常所采取的办法是分别对某一瞬时三相合成磁势在空间的分布情况和某一空间特定位置下的合成磁势随时间的变化情况单独进行讨论。

　　单个线圈通以正弦交流电流所产生的磁势是非正弦的,如何通过绕组的短距和分布以及三相绕组的对称分布获得正弦波的旋转磁场也将是本节讨论的内容。

　　本节采用循序渐进的方法,先从单个线圈通以单相交流电所产生的磁势入手,进而分析单个线圈组、一相绕组所产生的磁势情况,最后给出三相对称绕组通以三相对称电流所产生的合成磁势和磁场的分析结果。

5.5.1　单个线圈所产生的磁势

1. 整距线圈所产生的磁势

　　图 5.23(a)中的 AX 表示匝数为 N_y 的整距线圈,当在线圈中通入电流 i_c 时,线圈所对应的磁势为 $N_y i_c$。由该磁势所产生的磁力线如图 5.23(a)中的虚线所示。为了便于描述,忽略铁芯的磁压降,认为线圈的磁势 $N_y i_c$ 全部消耗在两个气隙上,故每个气隙上所作用的磁势为 $N_y i_c/2$。

　　为了便于分析,将定子铁芯沿内表面拉直,取线圈 AX 的轴线为坐标原点,沿定子铁芯内表面的空间电角度 α 为横坐标,纵坐标则表示线圈磁势的大小。规定电流从 X 流入(用⊗表示)、A 端流出(用⊙表示)为正;磁势出转子进入定子的方向为正,则某一瞬时单个线圈所产生的磁势为偶对称矩形波,如图 5.23(b)所示。

　　设线圈内的电流为

$$i_c = \sqrt{2}\, I_c \cos\omega t$$

随着时间的推移,矩形波磁势的幅值 $N_y i_c/2 = \dfrac{1}{2} N_y \sqrt{2} I_c \cos\omega t$ 会随着余弦变化的电流而正负交替变化,但磁势的位置却不会发生变化。电机学中,把这种位置不变,

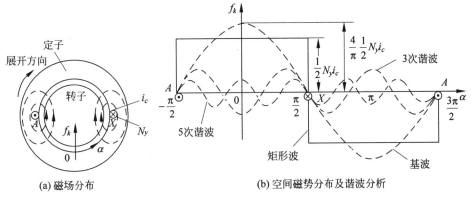

(a) 磁场分布　　　　　　(b) 空间磁势分布及谐波分析

图 5.23　单个整距线圈所产生的磁势

幅值正负交替变化的磁势称为**脉振磁势**,脉振磁势所产生的磁场称为**脉振磁场**。定子脉振磁场对转子的作用是将转子沿径向挤压和拉伸,且这两种现象周期性交替变化。

对于矩形波磁势,可采用傅里叶级数方法将其展成一系列正余弦谐波磁势,如图 5.23(b)所示。根据所选择的坐标系,磁势可表示为

$$f_k(\alpha,t) = \sum_{\nu=1,3,5,\cdots}^{\infty} C_\nu \cos\nu\alpha \qquad (5\text{-}33)$$

其中,$C_\nu = \dfrac{4}{\pi} \dfrac{1}{2} N_y \sqrt{2} I_c \cos\omega t \dfrac{1}{\nu} \sin\nu \dfrac{\pi}{2}$,将式(5-33)展开为

$$f_k(\alpha,t) = \frac{4}{\pi} \frac{1}{2} \sqrt{2} N_y I_c \cos\omega t \cos\alpha - \frac{4}{\pi} \frac{1}{2} \sqrt{2} N_y I_c \cos\omega t \frac{1}{3}\cos3\alpha$$

$$+ \frac{4}{\pi} \frac{1}{2} \sqrt{2} N_y I_c \cos\omega t \frac{1}{5}\cos5\alpha + \cdots$$

$$= f_{k1}(\alpha,t) + f_{k3}(\alpha,t) + f_{k5}(\alpha,t) + \cdots \qquad (5\text{-}34)$$

当 $\nu=1$ 时,相应的分量为基波磁势,它由下式给出

$$f_{k1}(\alpha,t) = \frac{4}{\pi} \frac{1}{2} \sqrt{2} N_y I_c \cos\omega t \cos\alpha = F_{K1} \cos\omega t \cos\alpha \qquad (5\text{-}35)$$

其中,基波磁势的幅值为

$$F_{K1} = \frac{4}{\pi} \frac{1}{2} \sqrt{2} N_y I_c = 0.9 N_y I_c \qquad (5\text{-}36)$$

对于 ν 次谐波

$$f_{k\nu}(\alpha,t) = \frac{4}{\pi} \frac{1}{2} \sqrt{2} N_y I_c \frac{1}{\nu} \cos\omega t \cos\nu\alpha = F_{K\nu} \cos\omega t \cos\nu\alpha \qquad (5\text{-}37)$$

其中,ν 次谐波磁势的幅值为

$$F_{K\nu} = \frac{4}{\pi} \frac{1}{2} \sqrt{2} N_y I_c \frac{1}{\nu} = 0.9 N_y I_c \frac{1}{\nu} \qquad (5\text{-}38)$$

2. 短距线圈所产生的磁势

双层绕组多采用短距线圈,通常,一对极下的双层绕组是由两个短距线圈组成,

如图 5.24(a)中的 1-1′,2-2′所示。这两个线圈通过尾尾相连反向串联在一起构成了一对极下的绕组(见图 5.24(b))。

若在图 5.24 所示短距线圈中加入瞬时值为 $i_c=\sqrt{2}\,I_c\cos\omega t$ 的交流电流,则由两个短距线圈单独作用所产生的磁势分布分别如图 5.24(c)中的实线与虚线所示。在一对极下,两个短距线圈所产生的合成磁势如图 5.24(d)所示。

顺便一提的是:两个短距线圈在一对极下所产生的磁势波形(图 5.24(d))与单个整距线圈在一对极下所产生的磁势波形(图 5.23(b))本质上是一致的,后者是前者的特例。只需将单个整距线圈看作是两个匝数分别为 $\frac{1}{2}N_y$ 匝的整距线圈,一个对应于 N 极;另一个对应于 S 极,再利用图 5.24(d)的结论,便可得到图 5.23 的结果。

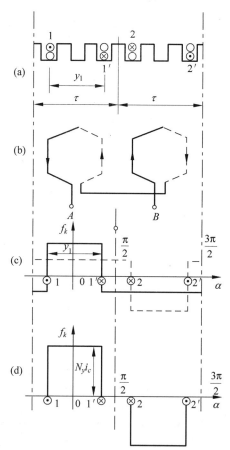

图 5.24　双层短距线圈在一对极下所产生的磁势

对图 5.24(d)所示的磁势波形,利用谐波分析法展成傅里叶级数可得

$$f_k(\alpha,t)=\sum_{\nu=1,3,5,\cdots}^{\infty}C_{\nu}\cos\nu\alpha \tag{5-39}$$

其中，$C_\nu = \dfrac{4}{\pi}\dfrac{1}{2}N_y\sqrt{2}I_c\cos\omega t\,\dfrac{1}{\nu}\sin\nu\dfrac{y_1}{\tau}90°$。考虑到短距系数的定义，则式(5-39)可

展开为

$$f_k(\alpha,t)=\frac{4}{\pi}\frac{1}{2}\sqrt{2}N_yk_{y1}I_c\cos\omega t\cos\alpha - \frac{4}{\pi}\frac{1}{2}\sqrt{2}N_yk_{y3}I_c\cos\omega t\,\frac{1}{3}\cos3\alpha$$
$$+\frac{4}{\pi}\frac{1}{2}\sqrt{2}N_yk_{y5}I_c\cos\omega t\,\frac{1}{5}\cos5\alpha + \cdots \tag{5-40}$$
$$=f_{k1}(\alpha,t)+f_{k3}(\alpha,t)+f_{k5}(\alpha,t)+\cdots$$

对于基波磁势

$$f_{k1}(\alpha,t)=\frac{4}{\pi}\frac{1}{2}\sqrt{2}N_yk_{y1}I_c\cos\omega t\cos\alpha = F_{K1}\cos\omega t\cos\alpha \tag{5-41}$$

其中，基波磁势的幅值为

$$F_{K1}=\frac{4}{\pi}\frac{1}{2}\sqrt{2}N_yk_{y1}I_c=0.9N_yk_{y1}I_c \tag{5-42}$$

对于 ν 次谐波

$$f_{k\nu}(\alpha,t)=\frac{4}{\pi}\frac{1}{2}\sqrt{2}N_yk_{y\nu}I_c\,\frac{1}{\nu}\cos\omega t\cos\nu\alpha = F_{K\nu}\cos\omega t\cos\nu\alpha \tag{5-43}$$

其中，ν 次谐波磁势的幅值为

$$F_{K\nu}=\frac{4}{\pi}\frac{1}{2}\sqrt{2}N_yk_{y\nu}I_c\,\frac{1}{\nu}=0.9N_yk_{y\nu}I_c\,\frac{1}{\nu} \tag{5-44}$$

5.5.2　单个线圈组所产生的磁势

考虑到交流电机的定子采用分布绕组，每个线圈组中相邻两个线圈的空间间隔为槽距角 α，各个线圈匝数相等，彼此间因相互串联而电流相等，因此，所产生的磁势大小相等，相位互差 α 角，如图 5.25 所示。

根据图 5.24 单个线圈所产生的磁势波形得到线圈组所产生的合成磁势波形为梯形波，如图 5.25(a)所示。由此可见，分布绕组组成的线圈组可以确保合成磁势波形接近正弦波，图 5.25(b)、(c)分别给出了单个线圈组基波合成磁势的波形和相量图。

采用 5.4.5 节线圈组电势计算完全相同的方法，可得线圈组所产生的基波磁势为

$$f_{q1}(\alpha,t)=qf_{k1}k_{q1}=\frac{4}{\pi}\frac{\sqrt{2}}{2}(qN_yk_{y1}k_{q1})I_c\cos\alpha\cos\omega t=F_{q1}\cos\alpha\cos\omega t \tag{5-45}$$

式中，$F_{q1}=\dfrac{4}{\pi}\dfrac{1}{2}\sqrt{2}qN_yk_{w1}I_c=0.9qN_yk_{w1}I_c$。

对于 ν 次谐波

$$f_{q\nu}(\alpha,t)=qf_{k\nu}k_{q\nu}=\frac{4}{\pi}\frac{1}{2}\sqrt{2}(qN_yk_{y\nu}k_{q\nu})I_c\,\frac{1}{\nu}\cos\omega t\cos\nu\alpha$$
$$=F_{q\nu}\cos\omega t\cos\nu\alpha \tag{5-46}$$

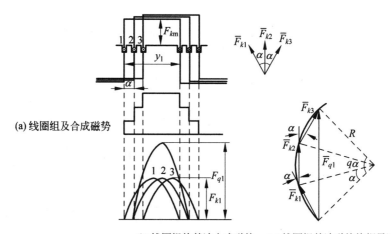

(a)线圈组及合成磁势

(b)线圈组的基波合成磁势　(c)线圈组基波磁势的相量图

图 5.25　单个线圈组的合成磁势

式中，$F_{q\nu} = \dfrac{4}{\pi}\dfrac{1}{2}\sqrt{2}(qN_y k_{w\nu})I_c\dfrac{1}{\nu} = 0.9(qN_y k_{w\nu})I_c\dfrac{1}{\nu}$。

根据基波和谐波绕组系数(见 5.4 节)，便可获得与绕组感应电势类似的结论，即**与集中绕组相比，交流绕组的短距和分布使基波磁势有所减小，但却使谐波磁势或磁场大大削弱，合成磁势或磁场的波形更接近于正弦。**

5.5.3　单相绕组在每对极下所产生的磁势

熟悉了线圈和线圈组的磁势后，便可进一步计算单相绕组所产生的合成磁势。需要说明的是，单相绕组所产生的合成磁势并不是指单相绕组的所有安匝数，考虑到单相绕组总的安匝数对每对极的磁场都有贡献，而各对极下均有独立的磁路和磁场，因此，**单相绕组的合成磁势指的是该相绕组在每对极下的磁势**。图 5.26 给出了四极电机定子一相绕组所产生的磁场和磁势波形。

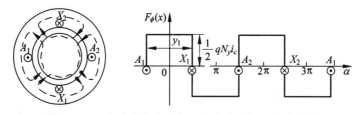

图 5.26　四极电机每相绕组所产生的磁场和磁势波形

对于单层绕组，由于每相共有 p 个线圈组，因此，每相每对极下的绕组匝数为 $qN_y p/p$。假定每相绕组的并联支路数为 a，则每个线圈(或支路)所流过的电流为 $I_{1\phi}/a$，这里，$I_{1\phi}$ 为每相绕组的电流有效值。据此，一相绕组的基波合成磁势可表示为

$$f_{\phi1}(\alpha,t) = \frac{4}{\pi}\frac{\sqrt{2}}{2}\left(\frac{qN_yp}{p}k_{w1}\right)\frac{I_{1\phi}}{a}\cos\alpha\cos\omega t$$

$$= \frac{4}{\pi}\frac{\sqrt{2}}{2}\left(\frac{aN_1}{p}k_{w1}\right)\frac{I_{1\phi}}{a}\cos\alpha\cos\omega t$$

$$= 0.9\frac{N_1k_{w1}}{p}I_{1\phi}\cos\alpha\cos\omega t$$

$$= F_{\phi1}\cos\alpha\cos\omega t \tag{5-47}$$

式中，$F_{\phi1} = 0.9\dfrac{N_1k_{w1}}{p}I_{1\phi}$ 为每相绕组所产生的基波磁势幅值，$N_1 = \dfrac{pqN_y}{a}$ 为每相绕组每条支路的匝数。

对于双层绕组，由于每相共有 $2p$ 个线圈组，则每相每对极下的绕组匝数为 $2pqN_y/p$。据此，每相绕组的基波合成磁势可表示为

$$f_{\phi1}(\alpha,t) = \frac{4}{\pi}\frac{\sqrt{2}}{2}\left(\frac{2pqN_y}{p}k_{w1}\right)\frac{I_{1\phi}}{a}\cos\alpha\cos\omega t$$

$$= \frac{4}{\pi}\frac{\sqrt{2}}{2}\left(\frac{aN_1}{p}k_{w1}\right)\frac{I_{1\phi}}{a}\cos\alpha\cos\omega t$$

$$= 0.9\frac{N_1k_{w1}}{p}I_{1\phi}\cos\alpha\cos\omega t$$

$$= F_{\phi1}\cos\alpha\cos\omega t \tag{5-48}$$

其中，$F_{\phi1} = 0.9\dfrac{N_1k_{w1}}{p}I_{1\phi}$ 为每相绕组所产生的基波磁势幅值，$N_1 = \dfrac{2pqN_y}{a}$ 为每相绕组每条支路的匝数。

对于 ν 次谐波，每相绕组的合成磁势为

$$f_{\phi\nu}(\alpha,t) = F_{\phi\nu}\cos\nu\alpha\cos\omega t \tag{5-49}$$

其中，每相绕组所产生的基波磁势幅值为 $F_{\phi\nu} = 0.9\dfrac{N_1k_{w\nu}}{\nu p}I_{1\phi}$。

由式(5-47)或式(5-48)可见：同单个线圈所产生的磁势一样，随着时间的推移，单相组所产生的基波合成磁势仅改变幅值而位置不动(见图 5.27)，亦即单相绕组通以单相交流电流所产生的基波合成磁势仍为脉振磁势。

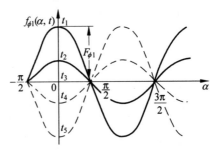

图 5.27 单相绕组通以单相电流在不同时刻所产生的基波合成磁势波形图

综上所述，可得出如下结论：

（1）单相绕组通以单相交流所产生的磁势为脉振磁势；

（2）随着谐波次数 ν 的增加，单相绕组所产生脉振磁势的幅值减小。

5.5.4   三相绕组所产生的基波合成磁势

在分析了单相绕组通以单相交流所产生脉振磁势的基础上,便可以讨论三相对称绕组通以三相对称电流所产生的合成磁势情况。下面分别用解析法和时空相量图法对其讨论。

1. 解析法

设 A、B、C 三相对称绕组分别通以下列三相对称电流

$$\begin{cases} i_A = I_m \cos\omega t \\ i_B = I_m \cos(\omega t - 120°) \\ i_C = I_m \cos(\omega t - 240°) \end{cases}$$

取 A 相绕组的轴线作为坐标原点,沿 $A \rightarrow B \rightarrow C$ 方向为空间电角度 α 的正方向。考虑到三相对称绕组空间互差 $120°$,根据式(5-48)得 A、B、C 三相绕组每相所产生的基波磁势分别为

$$\begin{cases} f_{A1}(\alpha, t) = F_{\phi 1} \cos\alpha \cos\omega t \\ f_{B1}(\alpha, t) = F_{\phi 1} \cos(\alpha - 120°)\cos(\omega t - 120°) \\ f_{C1}(\alpha, t) = F_{\phi 1} \cos(\alpha - 240°)\cos(\omega t - 240°) \end{cases} \tag{5-50}$$

利用式(5-50),并根据三角函数恒等式 $\cos\alpha\cos\beta = \dfrac{1}{2}[\cos(\alpha - \beta) + \cos(\alpha + \beta)]$ 得

$$\begin{cases} f_{A1}(\alpha, t) = \dfrac{1}{2}F_{\phi 1}\cos(\alpha - \omega t) + \dfrac{1}{2}F_{\phi 1}\cos(\alpha + \omega t) \\ f_{B1}(\alpha, t) = \dfrac{1}{2}F_{\phi 1}\cos(\alpha - \omega t) + \dfrac{1}{2}F_{\phi 1}\cos(\alpha + \omega t - 240°) \\ f_{C1}(\alpha, t) = \dfrac{1}{2}F_{\phi 1}\cos(\alpha - \omega t) + \dfrac{1}{2}F_{\phi 1}\cos(\alpha + \omega t - 120°) \end{cases} \tag{5-51}$$

由式(5-51)得三相基波的合成磁势为

$$f_1(\alpha, t) = f_{A1}(\alpha, t) + f_{B1}(\alpha, t) + f_{C1}(\alpha, t)$$

$$= \frac{3}{2}F_{\phi 1}\cos(\omega t - \alpha) = F_1\cos(\omega t - \alpha) \tag{5-52}$$

其中,$F_1 = \dfrac{3}{2}F_{\phi 1} = \dfrac{3}{2} \times 0.9\dfrac{N_1 k_{w1}}{p}I_{\phi 1} = 1.35\dfrac{N_1 k_{w1}}{p}I_{\phi 1}$。

根据式(5-52),可得三相基波合成磁势的波形如图 5.28 所示,图中实线和虚线分别表示 $\omega t = 0$、$\omega t = \beta$ 两个时刻的合成磁势波形图。

比较图 5.28 中的实线和虚线可以看出:合成磁势的幅值不变,而且经过一定时间 $\omega t = \beta$ 后,三相基波合成磁势的波形沿 $+\alpha$ 方向前移了 β 电角度,因此,三相基波合成磁势为一幅值恒定、正弦分布的行波,亦即其沿圆周为一旋转磁势。该旋转磁势的角

速度可通过波形上任一点的变化来得到,如取幅值点,则由式(5-52)得 $\cos(\omega t - \alpha) = 1$,亦即 $\omega t - \alpha = 0$,对该式两边同时求导,便可求得波幅的移动角速度为

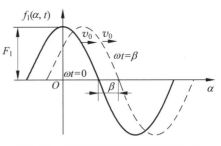

图 5.28　三相基波合成磁势的波形图

$$\frac{\mathrm{d}\alpha}{\mathrm{d}t} = \omega$$

可见,旋转磁势的角速度等于定子绕组的通电角频率,亦即 $\dfrac{\mathrm{d}\alpha}{\mathrm{d}t} = p2\pi\dfrac{n_1}{60} = \omega = 2\pi f_1$,于是有

$$n_1 = \frac{60 f_1}{p} \tag{5-53}$$

很显然,式(5-53)与式(5-2)完全相同,它表示三相基波合成磁势以同步速 n_1 沿 $+\alpha$ 方向旋转。

由式(5-52)还可以看出:三相基波合成磁势的幅值位置随时间而变化,出现在 $\omega t - \alpha = 0$ 处。当 $\omega t = 0$ 即 A 相电流达最大时,合成磁势幅值出现在 $\alpha = 0$ 处,即 A 相绕组的轴线上;当 $\omega t = 120°$ 即 B 相电流达最大时,合成磁势幅值出现在 $\alpha = 120°$ 处,即 B 相绕组的轴线上;同理,C 相电流达最大时的情况也一样。由此可以得出下列结论:**当某相电流达最大时,三相基波合成磁势的幅值恰好位于该相绕组的轴线上。**

若 B、C 两相的通电相序对调,即令

$$\begin{cases} i_A = I_m \cos\omega t \\ i_B = I_m \cos(\omega t - 240°) \\ i_C = I_m \cos(\omega t - 120°) \end{cases}$$

按照上述解析法,式(5-50)变为

$$\begin{cases} f_{A1}(\alpha, t) = F_{\phi 1}\cos\alpha\cos\omega t \\ f_{B1}(\alpha, t) = F_{\phi 1}\cos(\alpha - 120°)\cos(\omega t - 240°) \\ f_{C1}(\alpha, t) = F_{\phi 1}\cos(\alpha - 240°)\cos(\omega t - 120°) \end{cases} \tag{5-54}$$

三相基波合成磁势变为

$$f_1(\alpha, t) = \frac{3}{2}F_{\phi 1}\cos(\omega t + \alpha) = F_1\cos(\omega t + \alpha) \tag{5-55}$$

式(5-55)表明,相序改变后,三相基波合成磁势仍为旋转磁势,但其旋转方向变为沿 $-\alpha$ 方向,即沿 $A \to C \to B$ 方向,旋转磁势的转速为 $n_1 = -\dfrac{60 f_1}{p}$。由此可见,**改变绕组的通电相序,便可改变三相基波合成磁势的转向**,这就是为什么只要改变定子三相绕组的通电相序,三相异步电动机的转子便可以实现反转的理论依据。

2. 时空相量图法

上面用数学方法得出了有关三相基波合成磁势的结论,也可以通过直观的图解

法讨论上述结论。

图 5.29 给出了用时空相量图法描述的三相对称绕组通以三相对称电流所产生三相基波合成磁势的情况。图 5.29(a)、(b)、(c)中,左边分别表示不同瞬时三相定子电流相量在时间轴上的位置;右边分别表示定子 A、B、C 三相绕组的相轴(或空间轴)以及不同瞬时定子三相基波合成磁势的位置。

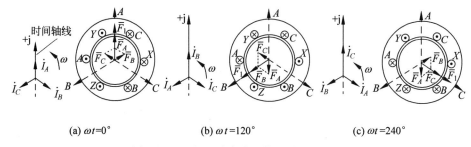

(a) $\omega t = 0°$　　　　　　(b) $\omega t = 120°$　　　　　　(c) $\omega t = 240°$

图 5.29　三相基波合成磁势的时空相量图

图 5.29 中,电流正方向的规定与 5.1.1 节相同,即尾进首出为正。将左边各相的时间相量绘到右边的空间相量轴上,便可获得三相基波合成磁势的时空相量图。图 5.29 仅给出了三个不同时刻即 $\omega t = 0°$、$\omega t = 120°$ 和 $\omega t = 240°$(相应的时间分别为 $t = 0$、$t = T/3$ 和 $t = 2T/3$(T 为外加电流的交变周期))的情况。由图 5.29 可见,三相基波合成磁势相量 $\overline{F}_1$ 是旋转的,其幅值不变,端点的轨迹是一个圆,因此,这种旋转磁势又称为**圆形旋转磁势**,相应的磁场又称为**圆形旋转磁场**。每当外加电流交变一次,基波合成磁势相量 $\overline{F}_1$ 则旋转 360°电角度。

图 5.30 给出了另一种图解描述三相基波合成磁势的方法。为了说明这种方法的由来,将式(5-50)、式(5-51)的第 1 式重新写为

$$
\begin{aligned}
f_{A1}(\alpha,t) &= F_{\phi1}\cos\alpha\cos\omega t \\
&= \frac{1}{2}F_{\phi1}\cos(\alpha - \omega t) + \frac{1}{2}F_{\phi1}\cos(\alpha + \omega t) \\
&= f_{A+}(\alpha,t) + f_{A-}(\alpha,t)
\end{aligned}
\tag{5-56}
$$

式(5-56)的物理意义是:**一个脉振磁势可以分解为两个大小相等、旋转方向相反的旋转磁势**。利用这一结论,便可将各相脉振磁势分别分解为两个不同旋转方向的旋转磁势 $\overline{F}_+$ 和 $\overline{F}_-$。然后分别将同一方向上的旋转磁势叠加,便可获得三相基波合成磁势。图 5.30 给出了 $\omega t = 0$ 瞬时三相基波合成磁势的情况。图 5.30 中,由于在 $\omega t = 0$ 瞬时 A 相电流达最大值(其相量位于时间轴线上),故 A 相脉振磁势所对应的两个分量 $\overline{F}_{A+}$、$\overline{F}_{A-}$ 位于 A 相轴线上;B 相电流差 120°达最大值(其相量 $\dot{I}_B$ 需 120°方可到达时间轴线),故 B 相脉振磁势所对应的两个分量 $\overline{F}_{B+}$、$\overline{F}_{B-}$ 沿各自的旋转方向 ω_+、ω_- 差 120°到达 B 相轴线;而 C 相电流则超前时间轴线 120°,故其脉振磁势所对应的两个分量 $\overline{F}_{C+}$、$\overline{F}_{C-}$ 分别沿各自旋转方向已超前 C 相轴线 120°。据此,便可得到三相绕组磁势各分量及合成磁势结果。

由图可见,无论任何时刻(图中虽然仅画出某一瞬时),三相反转的负序旋转磁

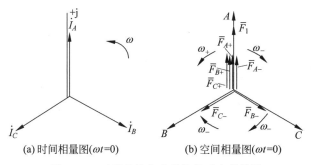

(a) 时间相量图($\omega t=0$)　　　(b) 空间相量图($\omega t=0$)

图 5.30　三相基波合成磁势的时空相量图

势总是大小相等、相位互差 $120°$ 电角度，因而可以相互抵消，其合成磁势为零；而正转的正序旋转磁势无论在任何时刻总是大小相等、相位相同，三相基波磁势的叠加结果为每相磁势幅值的 1.5 倍。很显然，这一基波合成磁势为圆形旋转磁势，转速与正序旋转磁势相同。

综上所述，可以得出有关三相基波合成磁势的结论如下：

（1）三相对称绕组通以三相对称电流会产生圆形基波旋转磁势 $\overline{F}_1$，旋转磁势的幅值为 $F_1=\dfrac{3}{2}F_{\phi 1}=\dfrac{3}{2}\times 0.9\,\dfrac{N_1 k_{w1}}{p}I_{\phi 1}=1.35\,\dfrac{N_1 k_{w1}}{p}I_{\phi 1}$。

（2）合成磁势 $\overline{F}_1$ 的转向取决于三相电流的相序，若 A、B、C 三相绕组的通电顺序为 $i_A \to i_B \to i_C$，则 $\overline{F}_1$ 将沿 $A \to B \to C$ 方向旋转；若三相电流的通电顺序为 $i_A \to i_C \to i_B$，则 $\overline{F}_1$ 将沿 $A \to C \to B$ 方向旋转。

（3）合成磁势 $\overline{F}_1$ 的转速为 $n_1=\dfrac{60 f_1}{p}$，即同步速。

（4）合成磁势 $\overline{F}_1$ 的瞬时位置取决于电流，当某相电流达最大时，三相基波合成磁势的幅值就恰好位于该相绕组的轴线上。

值得指出的是，上述结论可以推广至 m 相对称绕组通以 m 相对称电流的一般情况，此时上述结论变为：m 相对称绕组通以 m 相对称电流产生圆形旋转磁势，旋转磁势的幅值为每相脉振磁势幅值的 $m/2$ 倍，旋转磁势的转速为同步速。

多相对称绕组通以多相对称电流产生旋转磁势和磁场是多相旋转电机运行的关键，正是由于定子旋转磁场和转子感应电流的相互作用才产生电磁转矩，由其拖动转子旋转。

5.5.5　三相绕组所产生的高次谐波合成磁势

同样的方法可以分析三相合成磁势中高次谐波磁势的情况，利用解析法得三相 ν 次谐波的合成磁势为

$$
\begin{aligned}
f_\nu(\alpha,t) &= f_{A\nu}(\alpha,t)+f_{B\nu}(\alpha,t)+f_{C\nu}(\alpha,t)\\
&= F_{\phi\nu}\cos\nu\alpha\cos\omega t + F_{\phi\nu}\cos\nu(\alpha-120°)\cos(\omega t-120°)\\
&\quad + F_{\phi\nu}\cos\nu(\alpha-240°)\cos(\omega t-240°)
\end{aligned}
\tag{5-57}
$$

下面分三种情况进行讨论。

(1) 当 $\nu = 3k(k=1,3,5,\cdots)$ 时,即对于三次及三的倍数次谐波($\nu = 3,9,15,\cdots$),将 $\nu = 3k(k=1,3,5,\cdots)$ 代入式(5-57)得

$$f_\nu(\alpha,t)=0 \tag{5-58}$$

式(5-58)表明,**对称的三相合成磁势中不存在三次谐波以及三的倍数次谐波**。

(2) 当 $\nu = 6k+1(k=1,3,5,\cdots)$,即 $\nu = 7,13,19,\cdots$ 时,将 $\nu = 6k+1(k=1,3,5,\cdots)$ 代入式(5-57)得

$$f_\nu(\alpha,t)=\frac{3}{2}F_{\phi\nu}\cos(\omega t-\nu\alpha) \tag{5-59}$$

式(5-59)表明,三相 $\nu = 6k+1$ 次谐波合成磁势是一与基波合成磁势方向相同、转速为 $n_\nu = \dfrac{n_1}{\nu}$、幅值为 $\dfrac{3}{2}F_{\phi\nu}$ 的旋转磁势。

(3) 当 $\nu = 6k-1(k=1,3,5,\cdots)$,即 $\nu = 5,11,17,\cdots$ 时,将 $\nu = 6k-1(k=1,3,5,\cdots)$ 代入式(5-57)得

$$f_\nu(\alpha,t)=\frac{3}{2}F_{\phi\nu}\cos(\omega t+\nu\alpha) \tag{5-60}$$

式(5-60)表明,三相 $\nu = 6k-1$ 次谐波合成磁势是一与基波合成磁势方向相反、转速为 $n_\nu = \dfrac{n_1}{\nu}$、幅值为 $\dfrac{3}{2}F_{\phi\nu}$ 的旋转磁势。

综上所述,三相对称绕组通以三相对称电流除了产生以同步速 n_1 运行的圆形基波旋转磁势外,还会产生与基波旋转磁势方向相同或相反、转速为 $\dfrac{n_1}{\nu}$ 的谐波磁势。它表明,气隙内除了产生基波旋转磁场外,还会产生各种高次谐波旋转磁场。

5.6　三相交流电机的综合矢量与坐标变换※

在引入综合矢量之前,首先有必要讨论两相对称绕组通以两相对称电流所产生的磁势情况。

5.6.1　两相对称绕组所产生的基波合成磁势

所谓两相对称绕组指的是两相绕组的匝数相等、空间上互差 90°,如图 5.31 所示。

若在图 5.31 所示的 A、B 两相对称绕组中通以如下形式的两相对称电流

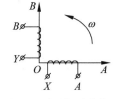

图 5.31　两相对称绕组

$$\begin{cases} i_A=\sqrt{2}\,I\cos\omega_1 t \\ i_B=\sqrt{2}\,I\cos(\omega_1 t-90°) \end{cases}$$

根据式(5-48)得每相绕组所产生的磁势分别为

$$
\begin{cases}
f_{A1}(\alpha,t) = F_{\phi 1}\cos\alpha\cos\omega_1 t \\
f_{B1}(\alpha,t) = F_{\phi 1}\cos(\alpha - 90°)\cos(\omega_1 t - 90°)
\end{cases}
\tag{5-61}
$$

式(5-61)中，$F_{\phi 1}$ 为每相绕组所产生基波磁势的幅值，$F_{\phi 1} = 0.9\dfrac{N_1 k_{w1}}{p}I$，$N_1$ 为每相绕组每条支路的串联匝数。

由式(5-61)并根据三角恒等式 $\cos\alpha\cos\beta = \dfrac{1}{2}\big[\cos(\alpha - \beta) + \cos(\alpha + \beta)\big]$ 得两相绕组的基波合成磁势为

$$
f_1(\alpha,t) = f_{A1}(\alpha,t) + f_{B1}(\alpha,t) = F_{\phi 1}\cos(\alpha - \omega_1 t)
\tag{5-62}
$$

同理，若改变 A、B 两相绕组的通电相序，则基波合成磁势将变为

$$
f_1(\alpha,t) = F_{\phi 1}\cos(\alpha + \omega_1 t)
\tag{5-63}
$$

上述式子的具体推导过程可作为练习题，这里不再赘述。

式(5-62)、式(5-63)表明，类似于三相交流绕组，**两相对称绕组通以两相对称电流将产生圆形旋转磁势。旋转磁势的幅值与每相绕组所产生的磁势幅值相等，旋转磁势的转速为同步速，转向取决于通电相序。**

5.6.2 三相交流电机的综合矢量与坐标变换

5.5 节曾得出 m 相对称绕组通以 m 相对称电流将产生圆形旋转磁势，显然，相数最小的绕组为两相绕组，即 $m = 2$。据此，可以利用磁势等效的概念，将三相绕组用空间上互差 $90°$ 的两相绕组来等效，只要确保后者通以时间上互差 $90°$ 的两相电流所产生的磁势与前者通以三相对称电流所产生的磁势相同即可。这样等效的好处是能够将三相绕组的三个变量等效为两个变量，进而可以简化交流电机的数学模型。上述等效在电机学理论上又称为**坐标变换**，其中，对应于三相绕组变量的坐标系称为 **ABC 坐标系**；对应于两相绕组的坐标系称为 **$\alpha\beta$ 坐标系**。图 5.32 给出了 ABC 坐标系下的三相绕组与 $\alpha\beta$ 坐标系下的两相绕组之间的等效关系，图中，取 $\alpha\beta$ 坐标系中的 α 轴线与 ABC 坐标系中的 A 相轴线同方向。

若将正交 $\alpha\beta$ 坐标系下的两相电流所产生的磁势分解到 ABC 三相坐标系上，便可得到下列磁势关系式

$$
\begin{cases}
f_A = f_\alpha \\
f_B = f_\alpha\cos120° + f_\beta\sin120° = -\dfrac{1}{2}f_\alpha + \dfrac{\sqrt{3}}{2}f_\beta \\
f_C = f_\alpha\cos240° + f_\beta\sin240° = -\dfrac{1}{2}f_\alpha - \dfrac{\sqrt{3}}{2}f_\beta
\end{cases}
\tag{5-64}
$$

式(5-64)中，两相电流 i_α、i_β 在 $\alpha\beta$ 两相绕组中所产生的合成磁势与三相电流 i_A、i_B、i_C 在 ABC 三相对称绕组中所产生的合成磁势大小相等且相位相同，即对应着同一

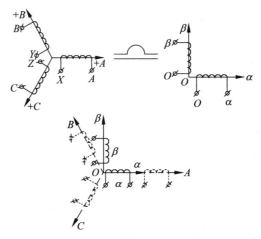

图 5.32　ABC 三相坐标系与 $\alpha\beta$ 两相坐标系之间的等效

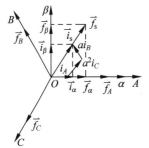

图 5.33　静止 3 相/静止 2 相
的坐标变换

磁势矢量,如图 5.33 所示。

考虑到电流与磁势成正比,于是,图 5.33 中的合成磁势 $\vec{f}_s = f_\alpha + jf_\beta$ 所对应的电流矢量 $\vec{i}_s$ 可表示为

$$\vec{i}_s = i_\alpha + ji_\beta \tag{5-65}$$

式(5-65)中的电流矢量又称为**电流综合矢量**。式(5-65)表示的是空间互成 90° 的两相对称绕组通以两相电流所产生合成磁势的情况,它与实际的三相交流电机对称绕组通以三相对称电流所产生的合成旋转磁势完全相同。既然**电流综合矢量反映的是合成磁势**,因而本身是时-空变量的函数,其瞬时值随着空间位置以及时刻的不同而改变。

考虑到电流正比于磁势,因此,式(5-64)中的所有磁势皆可用相应的各相电流来替换,于是有

$$\begin{cases} i_A = i_\alpha \\ i_B = i_\alpha \cos 120° + i_\beta \sin 120° = -\dfrac{1}{2} i_\alpha + \dfrac{\sqrt{3}}{2} i_\beta \\ i_C = i_\alpha \cos 240° + i_\beta \sin 240° = -\dfrac{1}{2} i_\alpha - \dfrac{\sqrt{3}}{2} i_\beta \end{cases} \tag{5-66}$$

式(5-66)的逆变换为

$$\begin{cases} i_\alpha = \dfrac{2}{3}(i_A + i_B \cos 120° + i_C \cos 240°) = \dfrac{2}{3} i_A - \dfrac{1}{3} i_B - \dfrac{1}{3} i_C = i_A \\ i_\beta = \dfrac{2}{3}(i_B \sin 120° + i_C \sin 240°) = \dfrac{1}{\sqrt{3}} i_B - \dfrac{1}{\sqrt{3}} i_C \end{cases} \tag{5-67}$$

将式(5-67)代入式(5-65),并利用尤拉公式 $e^{j\theta} = \cos\theta + j\sin\theta$ 得

$$\vec{i}_s = i_\alpha + ji_\beta = \frac{2}{3}(i_A + i_B e^{j120°} + i_C e^{j240°}) = \frac{2}{3}(i_A + ai_B + a^2 i_C) \quad (5\text{-}68)$$

式中，$a = e^{j120°}$，$a^2 = e^{j240°}$。a 和 a^2 可以理解为是沿电机 B 相轴线、C 相轴线的单位矢量，而参考轴对应于 A 相轴线。

式(5-68)给出了用静止的 ABC 坐标系下的变量表示的电流综合矢量表达式，该定子电流综合矢量实际代表的是三相合成磁势的结果，即若每相绕组外加的电流分别为 $\{i_A, i_B, i_C\}$，则每相绕组在各自轴线 $\{1, a, a^2\}$ 上所产生的磁势分别正比于 $\{i_A, ai_B, a^2 i_C\}$（见图 5.33）。若三相电流按正弦规律变化，则每相绕组的磁势为脉振磁势（同 5.5 节的结果），其三相的合成磁势可用式(5-68)表示，式中的系数 2/3 是由坐标变换过程中磁势保持不变而匝数改变造成的。对于三相交流电机而言，若利用电网供电或采用逆变器供电所获得的三相交流输出电压（或电流）均为正弦，则在交流电机定子内部便产生圆形旋转磁势或磁场，其对应于定子合成磁势的综合矢量矢点的轨迹为圆。

式(5-68)的逆变换为

$$\begin{cases} i_A = \mathrm{Re}(\vec{i}_s) \\ i_B = \mathrm{Re}(a^2 \vec{i}_s) \\ i_C = \mathrm{Re}(a \vec{i}_s) \end{cases} \quad (5\text{-}69)$$

式中，$\mathrm{Re}(\cdot)$ 表示对括号内的变量取实部。

需要特别指出的是，尽管上述综合矢量是以电流形式给出的，考虑到三相电压、磁链与电流之间的关系，可以引入相应的电压综合矢量以及磁链综合矢量来反映其与电流综合矢量之间的关系。电压综合矢量和定子磁链综合矢量的表达式同样可根据式(5-68)得到，其具体表达式分别为

$$\vec{u}_s = u_{s\alpha} + ju_{s\beta} = \frac{2}{3}(u_A + au_B + a^2 u_C) \quad (5\text{-}70)$$

$$\vec{\psi}_s = \psi_{s\alpha} + j\psi_{s\beta} = \frac{2}{3}(\psi_{sA} + a\psi_{sB} + a^2 \psi_{sC}) \quad (5\text{-}71)$$

上述定子电压综合矢量、定子磁链综合矢量同定子电流综合矢量一样，皆可由三相逆变器来产生。

前面已提到，静止的 ABC 三相对称绕组可以用静止的相互正交的两相 $\alpha\beta$ 绕组来等效，等效的原则是保持两者的磁势不变。事实上，还可以利用磁势等效的概念，进一步将 $\alpha\beta$ 坐标系下的两相静止绕组用按同步速旋转的两相 dq 绕组来等效，且保持两者的磁势不变。这样等效的好处是，当在 $\alpha\beta$ 两相静止绕组中通以时间上互差 $90°$ 的正弦交流时，经等效后在同步速旋转的 dq 绕组中的电流变为直流，即两相绕组以同步速旋转，而两相绕组中的电流为直流，则所产生的合成磁势仍为同步速旋转的磁势。理解了这一点，对于全面掌握磁场定向的矢量控制理论以及如何通过矢量控制将"交流电机进行直流化控制"，从而获得和直流调速系统相媲美的高性能交流调速系统必将大有裨益。

　　图 5.34 给出了 $\alpha\beta$ 坐标系下的两相绕组与 **dq 坐标系**下两相绕组之间的等效关系,图中,取 $\alpha\beta$ 坐标系中的 α 轴线作为 dq 坐标系中 d 轴的初始位置,故 $\theta_0 = 0$。

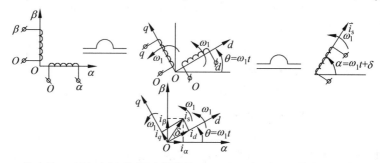

图 5.34　静止的 $\alpha\beta$ 两相坐标系、同步旋转的 dq 两相坐标系以及综合矢量轴之间的等效

　　考虑到两相电流 i_α、i_β 在静止的 $\alpha\beta$ 两相绕组中所产生的合成磁势与两相电流 i_d、i_q 在同步速旋转的两相 dq 绕组中所产生的磁势相等,因而两者对应的电流综合矢量也完全相同,见图 5.34 中的 $\vec{i}_s$。

　　按照前面类似的处理办法,将正交 $\alpha\beta$ 坐标系下的两相电流分解到 dq 坐标系上,便可得到下列关系式

$$\begin{cases} i_d = i_\alpha \cos\theta + i_\beta \sin\theta \\ i_q = -i_\alpha \sin\theta + i_\beta \cos\theta \end{cases} \tag{5-72}$$

式中,$\theta = \omega_1 t + \theta_0$,$\omega_1$ 为 dq 坐标轴的旋转角速度,即同步角速度。由于是以 α 轴作为 d 轴的初始位置,故 $\theta_0 = 0$。

　　式(5-72)的逆变换为

$$\begin{cases} i_\alpha = i_d \cos\theta - i_q \sin\theta \\ i_\beta = i_d \sin\theta + i_q \cos\theta \end{cases} \tag{5-73}$$

　　将式(5-73)代入式(5-65),并利用尤拉公式得

$$\vec{i}_s = i_\alpha + \mathrm{j}i_\beta = (i_d + \mathrm{j}i_q)\mathrm{e}^{\mathrm{j}\theta} \tag{5-74}$$

式中,$\mathrm{e}^{\mathrm{j}\theta}$ 为一矢量算子,它表示在同步速旋转的 dq 坐标系下所表示的矢量 $\vec{i}_s = i_d + \mathrm{j}i_q$ 与在静止 $\alpha\beta$ 坐标系下所表示矢量 $\vec{i}_s = i_\alpha + \mathrm{j}i_\beta$ 之间的变换关系。

　　对比图 5.33 与图 5.34 可见,上述三种坐标系所表示的合成磁势以及相应的电流综合矢量均分别代表同一矢量,不同坐标系下的电流分量只是该综合矢量在不同坐标系下的反映(或分解)。

　　值得特别指出的是,尽管上述不同坐标系下各分量之间的关系式(5-66)、式(5-67)、式(5-72)、式(5-73)是以电流形式给出的,但考虑到电压、磁链等变量与电流之间的关系,上述各关系式自然也适用于电压、磁链等变量。

　　上述内容是建立交流电机动态模型(又称为电机的统一理论)的理论基础,本节仅从物理概念入手讨论相关问题,旨在为后面要介绍的调速方案中的矢量控制做准

备。至于如何通过综合矢量来描述交流电机的动态数学模型等内容已超出了本教材范围,这里不再赘述,有关内容可参考《运动控制系统》有关教材。

例 5-2　一台三相交流电机,若在其对称的 ABC 定子三相绕组中分别加入下列三相对称电压:

$$\begin{cases} u_A = V_{\mathrm{m}}\cos(\omega_1 t + \phi) \\[2mm] u_B = V_{\mathrm{m}}\cos\left(\omega_1 t - \dfrac{2\pi}{3} + \phi\right) \\[2mm] u_C = V_{\mathrm{m}}\cos\left(\omega_1 t - \dfrac{4\pi}{3} + \phi\right) \end{cases}$$

试分别计算其在静止的 $\alpha\beta$ 坐标系下和同步旋转的 dq 坐标系下的电压分量以及上述三相定子电压的综合矢量,并用向量图表示之。

解　利用式(5-67),并将其中的电流用电压替换,则在静止的 $\alpha\beta$ 坐标系下电压分量变为

$$\begin{cases} u_\alpha = u_A = V_{\mathrm{m}}\cos(\omega_1 t + \phi) \\[2mm] u_\beta = \dfrac{1}{\sqrt{3}}(u_B - u_C) = V_{\mathrm{m}}\sin(\omega_1 t + \phi) \end{cases}$$

再利用式(5-72),将其中的电流用电压替换,则在以同步角速度 ω_1 旋转的 dq 坐标系下的电压分量为

$$\begin{cases} u_d = u_\alpha\cos\omega_1 t + u_\beta\sin\omega_1 t = V_{\mathrm{m}}\cos\phi \\[2mm] u_q = -u_\alpha\sin\omega_1 t + u_\beta\cos\omega_1 t = V_{\mathrm{m}}\sin\phi \end{cases}$$

上述结果表明,三相对称的正弦电压在静止的 $\alpha\beta$ 坐标系下变换为幅值相同、后者相位滞后于前者 90° 的两相对称的正弦电压;而在以同步角速度 ω_1 旋转的 dq 坐标系下,上述正弦电压又变换为直流量。

根据式(5-65),便可求得综合定子电压矢量为

$$\begin{aligned} \vec{u}_{\mathrm{s}} &= u_\alpha + \mathrm{j}u_\beta = V_{\mathrm{m}}\mathrm{e}^{\mathrm{j}(\omega t + \phi)} \\ &= V_{\mathrm{m}}\cos(\omega t + \phi) + \mathrm{j}V_{\mathrm{m}}\sin(\omega t + \phi) \end{aligned}$$

图 5.35 给出了对应于上式的相量图。

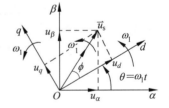

图 5.35　三相对称电压输入所对应的定子电压综合矢量

以上结果表明:在三相对称正弦电压供电下,交流电机定子电压综合矢量的幅值不变,并以电源角频率为 ω_1 的同步角速度恒速旋转。

上述讨论尽管是针对三相正弦交流激励时的情况,事实上,上述分析不仅适用于电压(或电流)为正弦的场合,而且也适用于电压(或电流)为非正弦的场合,尤其是适用于逆变器供电下交流电机的分析。例题 5-3 给出了定子电流除含有基波分量外,还分别含有 5 次谐波和 7 次谐波时定子电流综合矢量的情况。

例 5-3　一台交流电机,若三相定子绕组中的电流中含有 5 次谐波,其表达式为

$$\begin{cases} i_A = I_m \left[\cos\omega_1 t + \dfrac{1}{5}\cos5\omega_1 t \right] \\[2mm] i_B = I_m \left[\cos(\omega_1 t - 120°) + \dfrac{1}{5}\cos5(\omega_1 t - 120°) \right] \\[2mm] i_C = I_m \left[\cos(\omega_1 t - 240°) + \dfrac{1}{5}\cos5(\omega_1 t - 240°) \right] \end{cases}$$

绘出其定子电流综合矢量在复平面内的矢点轨迹。若三相电流中含有 7 次谐波,其表达式变为

$$\begin{cases} i_A = I_m \left[\cos\omega_1 t - \dfrac{1}{7}\cos7\omega_1 t \right] \\[2mm] i_B = I_m \left[\cos(\omega_1 t - 120°) - \dfrac{1}{7}\cos7(\omega_1 t - 120°) \right] \\[2mm] i_C = I_m \left[\cos(\omega_1 t - 240°) - \dfrac{1}{7}\cos7(\omega_1 t - 240°) \right] \end{cases}$$

结果又如何?

解　利用式(5-68),得定子电流的综合矢量为

$$\begin{aligned} \vec{i}_s &= \frac{2}{3}(i_A + ai_B + a^2 i_C) = \frac{2}{3}I_m\left[\cos\omega_1 t + \cos(\omega_1 t - 120°)e^{j120°}\right. \\ &\quad \left. + \cos(\omega_1 t - 240°)e^{j240°}\right] + \frac{2}{3}\times\frac{1}{5}I_m\left[\cos5\omega_1 t + \cos(5\omega_1 t - 240°)e^{j120°}\right. \\ &\quad \left. + \cos(5\omega_1 t - 120°)e^{j240°}\right] \\ &= I_m e^{j\omega_1 t} + \frac{1}{5}I_m e^{-j5\omega_1 t} \end{aligned}$$

上式计算过程中利用了公式 $\cos\theta = \dfrac{1}{2}(e^{j\theta} + e^{-j\theta})$。根据上式,绘出定子电流综合矢量在复平面内的矢点轨迹如图 5.36(b)所示。为便于比较,图 5.36(a)还绘出了仅有基波电流作用时定子电流综合矢量的矢点轨迹。

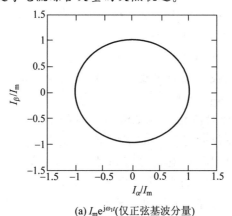

(a) $I_m e^{j\omega_1 t}$(仅正弦基波分量)

图 5.36　定子电流综合矢量在复平面上的矢点轨迹

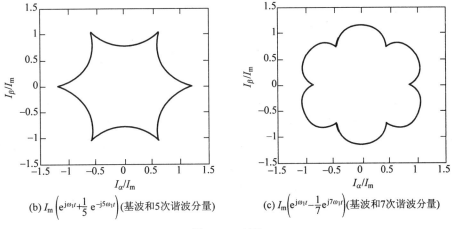

(b) $I_m\left(e^{j\omega_1 t} + \frac{1}{5}e^{-j5\omega_1 t}\right)$(基波和5次谐波分量)　　(c) $I_m\left(e^{j\omega_1 t} - \frac{1}{7}e^{j7\omega_1 t}\right)$(基波和7次谐波分量)

图 5.36　（续）

若三相电流中含有 7 次谐波，同理可得定子电流的综合矢量为

$$\vec{i}_s = \frac{2}{3}(i_A + ai_B + a^2 i_C)$$

$$= I_m e^{j\omega_1 t} - \frac{1}{7} I_m e^{j7\omega_1 t}$$

由此绘出定子电流综合矢量的矢点轨迹如图 5.36(c)所示。

图 5.36 表明：当三相定子绕组中外加电流为非正弦时，综合矢量仍然适用。这就为逆变器供电的交流电机分析提供了理论工具。不过此时，其综合矢量的矢点轨迹不再为圆形。

应该讲，本节的知识是全面掌握交流电机动态建模的关键，对于第 6 章要介绍的 SVPWM 技术、交流电机的矢量控制以及直接转矩控制的深入理解也至关重要。

5.7　三相异步电动机的电磁关系

在熟悉了交流电机的绕组构成、电势和磁势的有关知识后，便可以对三相异步电动机内部的电磁过程进行深入讨论。按照循序渐进的原则，本节首先介绍两种极端情况（即空载和转子堵转）下三相异步电动机内部的电磁关系。在此基础上，讨论三相异步电动机负载时的电磁关系。

5.7.1　三相异步电动机空载时的电磁关系

当将定子三相绕组接到三相对称电源上时，定子绕组内部便会产生三相对称电流 $\dot{I}_{1A}$、$\dot{I}_{1B}$ 和 $\dot{I}_{1C}$。在三相对称电流的作用下，定子三相绕组将形成按正弦分布，并以同步速 n_1 旋转的圆形旋转磁势 $\bar{F}_1$。根据 5.5 节，磁势 $\bar{F}_1$ 的幅值可表示

为 $F_1 = 1.35 \dfrac{N_1 k_{w1}}{p} I_{\phi 1}$，圆形旋转磁势 $\overline{F}_1$ 在气隙内便建立以同步速 n_1 旋转的圆

形旋转磁场 $\overline{B}_m$ 即主磁场，该旋转磁场切割定、转子绕组，分别在定、转子绕组中感

应电势 $\dot{E}_{1A}$、$\dot{E}_{1B}$ 和 $\dot{E}_{1C}$ 以及 $\dot{E}_{2a}$、$\dot{E}_{2b}$ 和 $\dot{E}_{2c}$。由于转子绕组闭合，转子回路便有

三相对称电流 $\dot{I}_{2a}$、$\dot{I}_{2b}$ 和 $\dot{I}_{2c}$ 产生。在气隙磁场和转子电流的作用下，三相异步

电动机产生电磁转矩，转子便沿旋转磁场的方向转动起来。但考虑到三相异步电

动机空载运行时，转子轴上无任何机械负载，所产生的电磁转矩仅用于克服风阻

和摩擦转矩，故电磁转矩很小，转子转速几乎接近同步速即 $n \approx n_1$，此时，转差率

$s \approx 0$。旋转磁场切割转子绕组的相对切割速度几乎为零，所以，转子绕组的感应电

势和电流均近似为零。因此，空载运行时的定子磁势 $\overline{F}_1$ 主要是用于产生主磁场

$\overline{B}_m$ 的励磁磁势 $\overline{F}_m$，相应的定子电流(即空载电流 $\dot{I}_{10}$)基本上等于励磁电流 $\dot{I}_m$。

　　同变压器一样，交流电机也把磁通分为**主磁通**和**漏磁通**两部分来处理，把定子电

流产生的对应于主磁场 $\overline{B}_m$ 且同时匝链定、转子绕组的磁通称为主磁通 Φ_m，这部分磁

通作为媒介参入电磁转矩的产生，完成机电能量转换的任务；而把由定子电流产生的

仅与定子绕组相匝链的磁通称为定子漏磁通 $\Phi_{1\sigma}$，这部分磁通不参与能量转换。

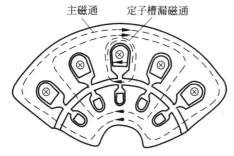

主磁通　　　定子槽漏磁通

图 5.37　三相异步电机的主磁通与主磁路

对于主磁通，$\dot{\Phi}_m$ 主要走主磁路(见
图 5.37)，其对应的铁芯磁路存在饱和效
应，因而受外加电压的影响较大。根据 5.4
节，主磁通 $\dot{\Phi}_m$ 旋转在定子每相绕组中所

感应的电势 $\dot{E}_1$ 为

$$\dot{E}_1 = -j4.44 f_1 N_1 k_{w1} \dot{\Phi}_m \qquad (5\text{-}75)$$

式中，$N_1 k_{w1}$ 为定子每相绕组每条支路的
有效匝数。

与变压器的空载处理办法一样，将异步电机主磁路的导磁情况用励磁电抗 x_m

表示，而铁耗用 r_m 表示，于是有

$$\dot{E}_1 = -\dot{I}_m z_m = -\dot{I}_m (r_m + j x_m) \qquad (5\text{-}76)$$

式中，励磁电抗 x_m 反映的是主磁路的结构参数，它与主磁路的饱和状态有关。x_m

可用下式表示为

$$x_m = \omega_1 L_m = 2\pi f_1 (N_1 k_{w1})^2 \Lambda_m$$

其中，磁导 Λ_m 与气隙的大小成反比，气隙越小，Λ_m 越大，相应的励磁电抗 x_m 也越

大，励磁电流(或空载电流)$\dot{I}_m$ 则越小。

　　值得说明的是，异步电机的励磁电抗 x_m 要远小于同等容量电力变压器的励磁

电抗。这主要是由于异步电机的主磁通所在的主磁路中存在一定的气隙，导致主磁

路的磁阻较大(磁导 Λ_m 较小)所致。因此，**与同等容量的变压器相比，异步电机的空**

载电流(或激磁电流)要大得多。

定子漏磁通 $\Phi_{1\sigma}$ 主要是通过漏磁路如空气等闭合(见图 5.37),基本不受铁芯饱和的影响。定子漏磁通包括**槽漏磁通**、**端部漏磁通**和**谐波漏磁通**三部分,图 5.38(a)、(b)分别给出了槽漏磁通和端部漏磁通的示意图,谐波漏磁通则主要是由气隙中的高次谐波磁场产生的。高次谐波磁场在定子绕组中所感应电势的频率为

$$f_\nu = \nu p \frac{\dfrac{n_1}{\nu}}{60} = p\frac{n_1}{60} = f_1$$

很显然,它与基波频率相同,故通常将其归类于定子漏磁通处理。

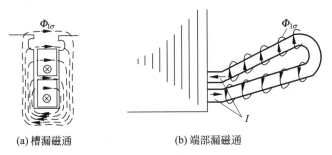

(a) 槽漏磁通   (b) 端部漏磁通

图 5.38 三相异步电机的定子漏磁通

与主磁通类似,交变的漏磁通 $\Phi_{1\sigma}$ 在定子每相绕组中所感应的漏电势 $\dot{E}_{1\sigma}$ 可表示为

$$\dot{E}_{1\sigma} = -\text{j}4.44 f_1 N_1 k_{w1} \dot{\Phi}_{1\sigma} \tag{5-77}$$

考虑到漏磁路是线性的,因此,漏磁通 $\Phi_{1\sigma}$ 与定子电流 $\dot{I}_1$ 之间呈线性关系。结合式(5-77)可知,漏电势 $\dot{E}_{1\sigma}$ 大小与定子电流 $\dot{I}_1$ 成正比,相位滞后 $\dot{I}_1$ $90°$,故可引入一漏电抗 $x_{1\sigma}$ 来描述这一关系,即

$$\dot{E}_{1\sigma} = -\text{j}x_{1\sigma}\dot{I}_1 \tag{5-78}$$

式中,**定子漏电抗** $x_{1\sigma} = \omega_1 L_{1\sigma} = 2\pi f_1 (N_1 k_{w1})^2 \Lambda_{1\sigma}$,其中,漏磁导 $\Lambda_{1\sigma}$ 表征的是定子漏磁路的情况,它与定子槽形有关,定子槽越深越窄,$\Lambda_{1\sigma}$ 越大,漏电抗 $x_{1\sigma}$ 越大。

综上所述,三相异步电动机空载运行时的电磁关系可用图 5.39 来描述。

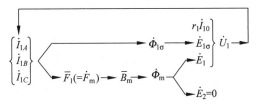

图 5.39 三相异步电动机空载运行时的电磁关系

5.7.2 三相异步电动机转子堵转时的电磁关系

转子堵转时,转速 $n=0$,转差率 $s=1$。当定子三相绕组通以三相对称电流时,便

在气隙内产生以同步速 n_1 旋转的圆形旋转磁势 $\overline{F}_1$ 和磁场 $\overline{B}_m$。根据 5.5 节,磁势 $\overline{F}_1$ 的幅值可表示为

$$F_1 = \frac{m_1}{2}0.9\frac{N_1 k_{w1}}{p}I_{\phi 1} \tag{5-79}$$

旋转磁场 $\overline{B}_m$ 分别切割定、转子绕组感应定、转子电势,由于定、转子绕组相对定子均处于静止状态,因此,旋转磁场切割定、转子绕组所感应定、转子电势的频率均为 f_1(这里 $f_2=f_1$)。根据 5.4 节,于是有

$$\dot{E}_1 = -\text{j}4.44 f_1 N_1 k_{w1}\dot{\Phi}_m \tag{5-75}$$

$$\dot{E}_2 = -\text{j}4.44 f_1 N_2 k_{w2}\dot{\Phi}_m \tag{5-80}$$

式中,$N_2 k_{w2}$ 为转子每相绕组每条支路的有效匝数。

考虑到转子绕组是闭合的,在转子电势 $\dot{E}_2$ 的作用下,转子回路便有电流 $\dot{I}_2$(这里是指转子多相电流)产生。此时,相当于转子 m_2 相对称绕组通以 m_2 相对称电流,必然会产生圆形旋转磁势 $\overline{F}_2$。根据 5.5 节,磁势 $\overline{F}_2$ 的幅值可表示为

$$F_2 = \frac{m_2}{2}0.9\frac{N_2 k_{w2}}{p}I_2 \tag{5-81}$$

考虑到 $f_2=f_1$,$\overline{F}_2$ 相对转子(或定子)的转速为 $n_2 = \frac{60 f_2}{p} = \frac{60 f_1}{p} = n_1$。因此,定、转子磁势相对静止,可以相互叠加,共同产生励磁磁势 $\overline{F}_m$,即

$$\overline{F}_1 + \overline{F}_2 = \overline{F}_m \tag{5-82}$$

励磁磁势 $\overline{F}_m$ 在气隙内产生每极主磁通 Φ_m,主磁通 Φ_m 分别在定、转子绕组内感应电势 $\dot{E}_1$ 和 $\dot{E}_2$。

此外,同定子电流一样,转子电流 $\dot{I}_2$ 也会产生转子漏磁通 $\dot{\Phi}_{2\sigma}$,该转子漏磁通仅与转子绕组相匝链。转子漏磁通 $\dot{\Phi}_{2\sigma}$ 交变也会在转子绕组中感应转子漏电势 $\dot{E}_{2\sigma}$,其表达式为

$$\dot{E}_{2\sigma} = -\text{j}4.44 f_1 N_2 k_{w2}\dot{\Phi}_{2\sigma} \tag{5-83}$$

考虑到漏磁路不存在饱和,转子漏磁通 $\Phi_{2\sigma}$ 与转子电流 I_2 呈线性关系,结合式(5-83)可知:$E_{2\sigma}$ 与 I_2 成正比,且相位滞后于 $\dot{I}_2 90°$,故可以引入漏抗 $x_{2\sigma}$ 来描述。于是有

$$\dot{E}_{2\sigma} = -\text{j}x_{2\sigma}\dot{I}_2 \tag{5-84}$$

式中,转子漏电抗 $x_{2\sigma}=\omega_1 L_{2\sigma}=2\pi f_1 (N_2 k_{w2})^2 \Lambda_{2\sigma}$,其中,漏磁导 $\Lambda_{2\sigma}$ 表征的是转子漏磁路的情况。

综上所述,三相异步电动机转子堵转时的电磁关系可用图 5.40 来描述。

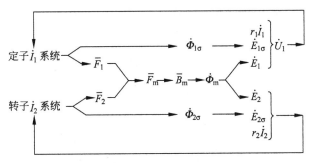

图 5.40　三相异步电动机转子堵转时的电磁关系

5.7.3　三相异步电动机负载时的电磁关系

与空载相比,异步电动机带上机械负载后,转子转速 n 有所降低,即 $n < n_1$。此时,定子旋转磁场切割转子绕组的相对转速 $\Delta n = n_1 - n = s n_1$ 加大,如图 5.41 所示。于是,转子绕组所感应电势和电流的频率为

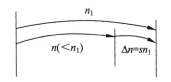

图 5.41　负载后定、转子磁势的转速

$$f_2 = p \frac{(n_1 - n)}{60} = s f_1 \tag{5-85}$$

转子电流在转子绕组中所产生的转子磁势 $\overline{F}_2$ 相对转子的速度为

$$n_2 = \frac{60 f_2}{p} = \frac{60 s f_1}{p} = s n_1$$

考虑到转子自身以转速 n 旋转,因此,转子磁势 $\overline{F}_2$ 相对于定子的速度为

$$n_2 + n = s n_1 + (1 - s) n_1 = n_1$$

上式表明,转子磁势 $\overline{F}_2$ 以同步速 n_1 相对定子旋转,因此,**定、转子磁势 $\overline{F}_1$ 和 $\overline{F}_2$ 相对静止,它们共同作用产生励磁磁势 $\overline{F}_m$**,即

$$\overline{F}_1 + \overline{F}_2 = \overline{F}_m \tag{5-86}$$

励磁磁势 $\overline{F}_m$ 在气隙内产生旋转磁场 $\overline{B}_m$。设每极主磁通为 Φ_m,根据 5.4 节,旋转磁场切割定、转子绕组所感应的电势分别为

$$\dot{E}_1 = -j 4.44 f_1 N_1 k_{w1} \dot{\Phi}_m \tag{5-87}$$

$$\dot{E}_{2s} = -j 4.44 f_2 N_2 k_{w2} \dot{\Phi}_m = -j 4.44 s f_1 N_2 k_{w2} \dot{\Phi}_m = s \dot{E}_2 \tag{5-88}$$

同样,由于转子绕组闭合,在转子感应电势 $\dot{E}_{2s}$ 的作用下,转子绕组必然有感应电流 $\dot{I}_{2s}$ 产生。

由转子电流 $\dot{I}_{2s}$ 产生的转子漏磁通 $\dot{\Phi}_{2\sigma}$ 在转子绕组中感应的漏电势 $\dot{E}_{2\sigma s}$ 为

$$\dot{E}_{2\sigma s} = -j 4.44 f_2 N_2 k_{w2} \dot{\Phi}_{2\sigma} \tag{5-89}$$

相应的转子漏磁通也可以用转子漏电抗 $x_{2\sigma s}$(其频率为 f_2)来描述,于是有

$$\dot{E}_{2\sigma s} = -\mathrm{j}x_{2\sigma s}\dot{I}_{2s} \tag{5-90}$$

式中,漏电抗 $x_{2\sigma s} = 2\pi f_2 L_{2\sigma} = 2\pi f_2(N_2 k_{w_2})^2 \Lambda_{2\sigma} = 2\pi s f_1(N_2 k_{w_2})^2 \Lambda_{2\sigma} = s x_{2\sigma}$,其中 $x_{2\sigma}$ 为转子频率等于 f_1 即转子堵转时的漏抗。

综上所述,三相异步电动机负载运行时的电磁关系可用图 5.42 来描述。

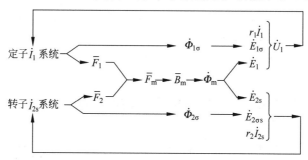

图 5.42　三相异步电动机负载运行时的电磁关系

5.8　三相异步电动机的基本方程式、等效电路与相量图

将 5.7 节介绍的三相异步电动机负载后的电磁关系定量描述出来,便可获得异步电机的数学模型——基本方程式、等值电路和相量图。

5.8.1　三相异步电动机的基本方程式

1. 磁势平衡方程式

负载后,由于定、转子磁势 $\overline{F}_1$ 和 $\overline{F}_2$ 相对静止,它们共同作用产生励磁磁势 $\overline{F}_m$。因此,异步电机的磁势平衡方程式为

$$\overline{F}_1 + \overline{F}_2 = \overline{F}_m \tag{5-91}$$

考虑到 $\overline{F}_1 = \dfrac{m_1}{2} 0.9 \dfrac{N_1 k_{w1}}{p} \dot{I}_1$,$\overline{F}_2 = \dfrac{m_2}{2} 0.9 \dfrac{N_2 k_{w2}}{p} \dot{I}_2$,$\overline{F}_m = \dfrac{m_1}{2} 0.9 \dfrac{N_1 k_{w1}}{p} \dot{I}_m$,则式(5-91)变为

$$\frac{m_1}{2} 0.9 \frac{N_1 k_{w1}}{p} \dot{I}_1 + \frac{m_2}{2} 0.9 \frac{N_2 k_{w2}}{p} \dot{I}_2 = \frac{m_1}{2} 0.9 \frac{N_1 k_{w1}}{p} \dot{I}_m$$

即

$$\dot{I}_1 + \frac{\dot{I}_2}{k_i} = \dot{I}_m \tag{5-92}$$

式中, $k_i = \dfrac{m_1 N_1 k_{w1}}{m_2 N_2 k_{w2}}$ 称为定、转子绕组的电流变比。

2. 电压平衡方程式

采用类似于变压器的正方向假定(参考图 4.11),亦即**定子侧采用电动机惯例假定正方向**,而**转子侧则采用发电机惯例假定正方向**。根据基尔霍夫电压定律并根据 5.7 节介绍的电磁关系,得三相异步电动机定、转子每相绕组的电压平衡方程式为

$$\begin{cases} \dot{U}_1 = -\dot{E}_1 - \dot{E}_{1\sigma} + \dot{I}_1 r_1 \\ 0 = -\dot{E}_{2s} - \dot{E}_{2\sigma s} + \dot{I}_{2s} r_2 \end{cases} \tag{5-93}$$

将式(5-78)和式(5-90)代入式(5-93)得

$$\begin{cases} \dot{U}_1 = -\dot{E}_1 + \dot{I}_1 (r_1 + \mathrm{j}x_{1\sigma}) = -\dot{E}_1 + \dot{I}_1 z_{1\sigma} \\ 0 = -\dot{E}_{2s} + \dot{I}_{2s}(r_2 + \mathrm{j}x_{2\sigma s}) = -\dot{E}_{2s} + \dot{I}_{2s}(r_2 + \mathrm{j}s x_{2\sigma}) \end{cases} \tag{5-94}$$

由式(5-75)、式(5-76)和式(5-88)得

$$\dot{E}_1 = -\mathrm{j}4.44 f_1 N_1 k_{w1} \dot{\Phi}_m = -\dot{I}_m (r_m + \mathrm{j}x_m) = -\dot{I}_m z_m \tag{5-95}$$

$$\dot{E}_{2s} = -\mathrm{j}4.44 f_2 N_2 k_{w2} \dot{\Phi}_m = s \dot{E}_2 \tag{5-96}$$

其中,转子堵转(或 $f_2 = f_1$)时的电势为

$$\dot{E}_2 = -\mathrm{j}4.44 f_1 N_2 k_{w2} \dot{\Phi}_m \tag{5-97}$$

于是有

$$\frac{\dot{E}_1}{\dot{E}_2} = \frac{N_1 k_{w1}}{N_2 k_{w2}} = k_e, \text{即 } \dot{E}_1 = k_e \dot{E}_2 \tag{5-98}$$

式中, $k_e = \dfrac{N_1 k_{w1}}{N_2 k_{w2}}$ 称为定、转子绕组的电压变比。

根据式(5-94)画出三相异步电动机每相的等值电路如图 5.43 所示。

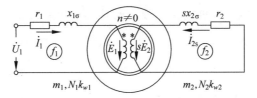

图 5.43 三相异步电动机每相的等值电路

5.8.2 转子侧各物理量的折算

在图 5.43 所示的等值电路中,定、转子绕组的相数、有效匝数以及频率均不相同,故定、转子电路无法连到一起。为了得到统一的等效电路,在不改变基本电磁关

系的前提下,可将转子频率"归算"为定子频率。转子绕组的相数、有效匝数"归算"为定子绕组的相数和有效匝数,这一过程分别被称为**频率折算**和**绕组折算**。

同变压器一样,折算的原则是确保折算前后的电磁关系不变,具体来讲有两点:①折算前后磁势应保持不变;②折算前后电功率及损耗应保持不变。

1. 频率折算

转子频率折算的目的是,在保证电磁关系不变(这里具体是指转子磁势 $\bar{F}_2$ 不变)的前提下,将转子的转差频率 $f_2 = sf_1$ 折算为定子频率 f_1。

通过前面的分析可知,转子频率 f_2 的改变仅影响转子磁势 $\bar{F}_2$ 相对转子的转速,却不影响其相对于定子的转速,亦即无论转子频率 f_2 是多少,转子磁势 $\bar{F}_2$ 相对定子的速度总是同步速 n_1。基于这一概念,可以将转子频率 f_2 折算至定子频率 f_1,具体方法是:结合式(5-96),将式(5-94)的第 2 式改写为

$$\dot{I}_{2s} = \frac{\dot{E}_{2s}}{r_2 + jx_{2\sigma s}} = \frac{s\dot{E}_2}{r_2 + jsx_{2\sigma}} = \frac{\dot{E}_2}{\dfrac{r_2}{s} + jx_{2\sigma}} = \dot{I}_2 \tag{5-99}$$

式(5-99)左右两边虽然仅将分子分母同除以 s,但所代表的物理意义却不尽相同。左边各物理量的频率为转差频率 f_2,而右边各物理量的频率却为定子频率 f_1(或转子堵转时的情况)。由于两种频率下的电流有效值相等,因而折算前后相应的空间磁势 $\bar{F}_2$ 保持不变。

转子绕组的频率折算相当于将旋转的转子折算为静止(或堵转)的转子。 经折算后,定、转子绕组的频率皆为 f_1,如图 5.44 所示。图中,转子绕组的电阻 $\dfrac{r_2}{s}$ 被分成两项

$$\frac{r_2}{s} = r_2 + \frac{1-s}{s}r_2 \tag{5-100}$$

式中,第一项 r_2 表示转子绕组本身的电阻;第二项则表示转子机械轴上总的机械输出功率所对应的等效电阻。机械轴上输出的总机械功率为 $m_2 I_2^2 \dfrac{(1-s)}{s}r_2$,由于机械轴上输出为有功功率,故用纯电阻来描述。该等效电阻为一可变电阻,其随着机械负载的变化而变化,当机械负载增大时,转子转速下降,s 增大,相应的电阻 $\dfrac{1-s}{s}r_2$ 减小,转子电流加大,这与实际情况一致。

2. 绕组折算

经过频率折算后,三相异步电动机每相的等效电路如图 5.44 所示。由图 5.44 可见,经频率折算后,定、转子绕组的电路尽管频率相同,但两者仍处于分离状态。为了将定、转子绕组所对应的电路连接在一起,还需进一步将转子绕组的相数 m_2 和有效匝数 $N_2 k_{w2}$ 变换为定子绕组的相数 m_1 和有效匝数 $N_1 k_{w1}$,这一过程又称为**转**

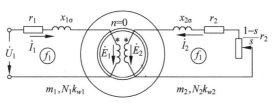

图 5.44　三相异步电机经频率折算后每相的等效电路

子的绕组折算。

假定折算后的各物理量用"′"表示,若把转子绕组的相数和有效匝数分别改变为 m_1 和 $N_1 k_{w1}$,保证主磁通 $\dot{\Phi}_{\mathrm{m}}$ 不变,则折算后的转子电势变为

$$\dot{E}'_2 = -\mathrm{j}4.44 f_1 N_1 k_{w1} \dot{\Phi}_{\mathrm{m}} = \dot{E}_1 \qquad (5\text{-}101)$$

又

$$\dot{E}_2 = -\mathrm{j}4.44 f_1 N_2 k_{w2} \dot{\Phi}_{\mathrm{m}}$$

于是有

$$\dot{E}'_2 = \frac{N_1 k_{w1}}{N_2 k_{w2}} \dot{E}_2 = k_{\mathrm{e}} \dot{E}_2 = \dot{E}_1 \qquad (5\text{-}102)$$

考虑到折算前后磁势保持不变,即 $\bar{F}'_2 = \bar{F}_2$,于是有

$$\frac{m_1}{2} 0.9 \frac{N_1 k_{w1}}{p} \dot{I}'_2 = \frac{m_2}{2} 0.9 \frac{N_2 k_{w2}}{p} \dot{I}_2$$

因此

$$\dot{I}'_2 = \frac{m_2 N_2 k_{w2}}{m_1 N_1 k_{w1}} \dot{I}_2 = \frac{1}{k_{\mathrm{i}}} \dot{I}_2 \qquad (5\text{-}103)$$

考虑到折算前后有功和无功功率保持不变,故有

$$\begin{cases} m_1 \dot{I}'^2_2 r'_2 = m_2 \dot{I}^2_2 r_2 \\ m_1 \dot{I}'^2_2 x'_{2\sigma} = m_2 \dot{I}^2_2 x_{2\sigma} \end{cases}$$

所以

$$r'_2 = \frac{m_2}{m_1} \left(\frac{m_1 N_1 k_{w1}}{m_2 N_2 k_{w2}} \right)^2 r_2 = \frac{N_1 k_{w1}}{N_2 k_{w2}} \frac{m_1 N_1 k_{w1}}{m_2 N_2 k_{w2}} r_2 = k_{\mathrm{e}} k_{\mathrm{i}} r_2 \qquad (5\text{-}104)$$

同理

$$x'_{2\sigma} = k_{\mathrm{e}} k_{\mathrm{i}} x_{2\sigma} \qquad (5\text{-}105)$$

经过频率和绕组折算后,三相异步电动机经折算后每相的等效电路变为图 5.45。

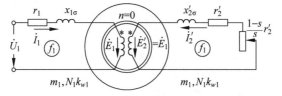

图 5.45　三相异步电机经折算后每相的等效电路

5.8.3　三相异步电机每相的等效电路和相量图

经过折算后,异步电动机的基本关系式可整理为

$$\begin{cases} \dot{I}_1 + \dot{I}_2' = \dot{I}_m \\ \dot{U}_1 = -\dot{E}_1 + \dot{I}_1(r_1 + \mathrm{j}x_{1\sigma}) \\ \dot{E}_2' = \dot{I}_2'\left(\dfrac{r_2'}{s} + \mathrm{j}x_{2\sigma}'\right) \\ \dot{E}_1 = \dot{E}_2' = -\dot{I}_m z_m = -\dot{I}_m(r_m + \mathrm{j}x_m) \end{cases} \tag{5-106}$$

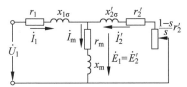

图 5.46　三相异步电机的 T 形等效电路

根据式(5-106)画出**异步电机的 T 形等效电路**,如图 5.46 所示。

由图 5.46 可以得出如下结论:

(1)异步电机空载时,$n \approx n_1$,$s = 0$,$\dfrac{r_2'}{s} \rightarrow \infty$,转子相当于开路。此时,转子电流接近于零,定子电流基本上是励磁电流,故空载时定子侧的功率因数较低。

(2)异步电机起动(或堵转)时,$n = 0$,$s = 1$,$\dfrac{r_2'}{s} = r_2'$,相当于电路处于短路状态,故定子的起动(或堵转)电流很大,定子侧的功率因数也较低。此时,由于定子绕组的漏阻抗压降较大,导致起动时的 $\dot{E}_1$ 及主磁通 $\dot{\Phi}_m$ 大为减小,几乎接近空载时的一半,故起动转矩有所降低。

(3)异步电机额定负载运行时,$s_N = 0.03 \sim 0.05$,此时,转子回路的总电阻 r_2'/s 较大,转子回路几乎为纯阻性质,故定子侧的功率因数较高,一般为 $0.8 \sim 0.85$。

(4)当异步电机工作在发电机状态时,$n > n_1$,$-\infty < s < 0$,代表机械功率的电阻 $\dfrac{(1-s)}{s}r_2' < 0$,意味着机械轴上不是输出机械功率而是输入机械功率,由异步机将原动机输入的机械功率转变为电功率并从定子侧输出。

(5)当异步电机工作在电磁制动状态时,$n < 0$,$1 < s < \infty$,代表机械功率的电阻 $\dfrac{(1-s)}{s}r_2' < 0$,同样表明,电机是吸收机械功率的;与此同时,电机还从定子侧吸收电功率。此时,转子侧所吸收的机械功率与定子所吸收的电功率共同转换为绕组的铜耗。

考虑到 T 形等效电路计算复杂,工程实际中,当计算精度要求不高时,可对其进行简化处理,简化的依据是:与励磁阻抗上的感应电势相比,定子漏阻抗压降较小,故将励磁阻抗回路前移,同时考虑到励磁电流在定子电流中所占的权重较小,则 T 形等效电路变为如图 5.47 所示的**简化 Γ 形**

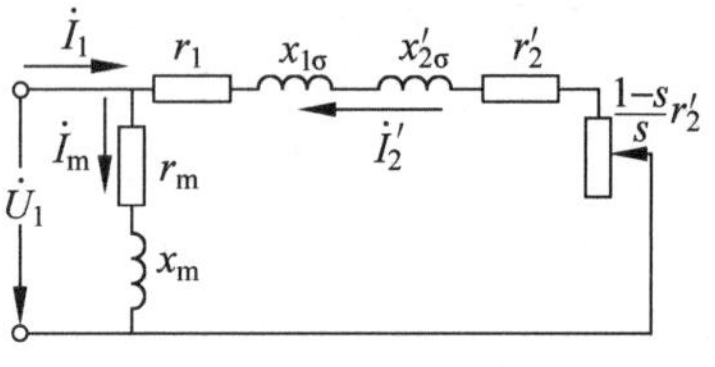

图 5.47　三相异步电机的简化 Γ 形
等效电路

等效电路。

　　根据基本方程式(5-106)可绘出三相异步电动机负载运行时的相量图如图 5.48 所示,该图可以很清晰地表明各物理量的大小和相位关系。相量图的具体绘制步骤同变压器一样,这里不再赘述。

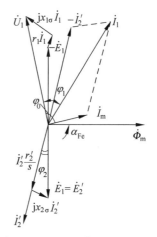

图 5.48　三相异步电机的相量图

　　由相量图 5.48 可见,与空载相比,负载后,异步电动机定子侧的功率因数角由 φ_0 减小至 φ_1,功率因数明显提高。但为了产生主磁场和定、转子漏磁通,异步电动机仍需由电网提供一定的滞后无功,因此,负载后,异步电动机定子侧的功率因数仍是滞后的。与同步电动机可以向电网提供滞后无功(见第 7 章)相比较,这是异步电动机的一大缺憾。

5.9　三相异步电动机的功率流程图与转矩平衡方程式

5.9.1　功率流程图

　　从能量角度看,异步电动机输入电能、输出机械能。借助于电磁感应定律和电磁力定律,通过磁场耦合完成电能向机械能的转换。在这一转换过程中,由于异步电动机自身存在绕组铜耗和铁芯损耗,因而输入的电能不可能完全转换为机械能输出。本节就机电能量转换过程中,异步电动机内部所涉及的功率分配情况进行讨论。

　　由等效电路可见,异步电动机输入的电功率 P_1 一部分消耗在定子绕组的电阻上而变成定子铜耗 p_{Cu1};另一部分消耗在定子铁芯上而变为铁耗 p_{Fe};剩余的大部分功率通过气隙传递到转子,通过气隙传递到转子的功率又称为**电磁功率** P_{em}。上述各部分功率之间的关系可由下式给出

$$P_{em} = P_1 - p_{Cu1} - p_{Fe} \tag{5-107}$$

其中

$$P_1 = m_1 U_1 I_1 \cos\varphi_1 \tag{5-108}$$

$$p_{Cu1} = m_1 I_1^2 r_1 \tag{5-109}$$

$$p_{Fe} = m_1 I_m^2 r_m \tag{5-110}$$

$$P_{em} = m_1 E_2' I_2' \cos\varphi_2 = m_2 E_2 I_2 \cos\varphi_2 \tag{5-111}$$

式中,转子功率因数角 $\varphi_2 = \arctan \dfrac{x_{2\sigma}}{r_2/s}$,如图 5.48 所示。

　　通过气隙传递到转子的电磁功率 P_{em},一部分消耗在转子绕组的电阻上而转变为转子铜耗 p_{Cu2},其余的大部分功率则传递到转子轴上,转换为电机轴上的机械功

率 P_{mec}。P_{mec} 对应于等效电路中的电阻 $\dfrac{1-s}{s}r'_2$ 所消耗的功率。上述各部分功率之间的关系可由下式给出

$$P_{mec} = P_{em} - p_{Cu2} \tag{5-112}$$

其中

$$P_{em} = m_1 E'_2 I'_2 \cos\varphi_2 = m_1 I'^2_2 \frac{r'_2}{s} \tag{5-113}$$

$$p_{Cu2} = m_1 I'^2_2 r'_2 \tag{5-114}$$

$$P_{mec} = m_1 I'^2_2 \frac{1-s}{s} r'_2 \tag{5-115}$$

由式(5-113)、式(5-114)和式(5-115)可得

$$P_{mec} = (1-s) P_{em} \tag{5-116}$$

$$p_{Cu2} = s P_{em} \tag{5-117}$$

式(5-117)表明,**随着负载的增加,转差率提高,转子铜耗加大,转子发热严重。** 此外,传递到电机轴上的机械功率 P_{mec} 扣除转子轴上由轴承摩擦、风扇阻力等造成的机械损耗 p_{mec} 以及由高次谐波等引起的附加(或杂散)损耗 p_{ad},最终才得到转子轴上输出的机械功率 P_2。这一功率关系可由下式给出

$$P_2 = P_{mec} - (p_{mec} + p_{ad}) \tag{5-118}$$

式中,对于小型异步电动机,满载时附加损耗 p_{ad} 可达 $(1\sim3)\%$;对于大型异步电动机,p_{ad} 可取为输出功率的 0.5%。

根据式(5-107)、式(5-112)以及式(5-118)便可画出异步电动机的功率分配及功率流程图如图 5.49 所示。

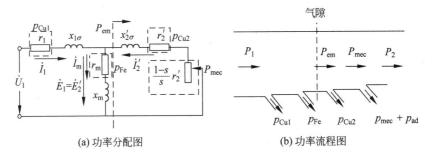

(a) 功率分配图   (b) 功率流程图

图 5.49　异步电动机的功率流程图

5.9.2　转矩平衡方程式

式(5-118)为异步电动机转子的机械功率方程,将该式两边同时除以转子的机械角速度 Ω,便可获得转矩平衡方程式为

$$\frac{P_2}{\Omega} = \frac{P_{mec}}{\Omega} - \frac{(p_{mec} + p_{ad})}{\Omega}$$

亦即

$$T_2 = T_{em} - T_0 \tag{5-119}$$

式中,电动机的输出转矩为 $T_2 = \dfrac{P_2}{\Omega}$;空载转矩为 $T_0 = \dfrac{p_{mec} + p_{ad}}{\Omega} = \dfrac{p_0}{\Omega}$。

电磁转矩可表示为

$$T_{em} = \frac{P_{mec}}{\Omega} = \frac{(1-s)P_{em}}{(1-s)\Omega_1} = \frac{P_{em}}{\Omega_1} \tag{5-120}$$

其中,同步角速度 $\Omega_1 = \dfrac{2\pi n_1}{60} = 2\pi \dfrac{f_1}{p}$;转子机械角速度 $\Omega = \dfrac{2\pi n}{60}$。

式(5-120)表明,电磁转矩 T_{em} 既可以用总的机械功率除以机械角速度 Ω 求出,也可以用电磁功率除以同步角速度 Ω_1 求出,前者表示电磁转矩是由一定角速度下的机械功率产生的,而后者则反映了电磁转矩是由以同步角速度 Ω_1 的旋转磁场所产生的。两者角度不同,在此统一起来了。

利用式(5-120)还可进一步获得电磁转矩 T_{em} 的物理表达式,方法如下。

由式(5-111)和式(5-80)可得

$$\begin{aligned} T_{em} &= \frac{P_{em}}{\Omega_1} = \frac{m_2 E_2 I_2 \cos\varphi_2}{\Omega_1} \\ &= \frac{m_2(\sqrt{2}\pi f_1 N_2 k_{w2}\Phi_m)I_2\cos\varphi_2}{2\pi f_1/p} \\ &= C_{T1}\Phi_m I_2\cos\varphi_2 \end{aligned} \tag{5-121}$$

式中,$C_{T1} = \dfrac{m_2 p N_2 k_{w2}}{\sqrt{2}}$ 为异步电机的转矩系数。

将式(5-121)与直流电机的转矩公式 $T_{em} = C_T\Phi I_a$ 相比较可以看出,异步电机的转矩公式与直流电机的转矩公式在形式上极为相似。对异步电机而言,由于只有电流的有功分量才能产生输出机械功率,所以其电磁转矩 T_{em} 除了正比于每极磁通 Φ_m 外,还与转子电流的有功分量 $I_2\cos\varphi_2$ 成正比。

式(5-121)表明,对异步电动机而言,主磁通和转子电流之间存在耦合,因此,异步电动机自身的调速性能不如直流电动机。尽管如此,借助于先进的控制策略,异步电动机同样可以获得与直流电动机相媲美的调速性能。事实上,目前在工业领域中得到广泛应用的基于转子磁链定向的矢量控制就是借助于坐标变换等手段实现异步电动机定子电流的磁通分量和转矩分量的解耦,从而获得了几乎和直流电机完全相同的调速性能。有关这部分的内容将在下一章介绍。

例 5-4　一台三相、四极异步电动机运行在频率为 50Hz 的电网上,其额定数据为:$P_N = 10$kW,$U_N = 380$V,$I_N = 20$A,转子铜耗为 $p_{Cu2} = 314$W,铁耗 $p_{Fe} = 276$W,机械损耗 $p_{mec} = 77$W,附加损耗 $p_{ad} = 200$W,试计算异步电动机的额定转速、负载转矩、空载转矩和电磁转矩。

解　同步速为

$$n_1 = \frac{60f_1}{p} = \frac{60 \times 50}{2} = 1500(\text{r/min})$$

总的机械功率为

$$P_{\text{mec}} = P_2 + p_{\text{mec}} + p_{\text{ad}} = 10000 + 77 + 200 = 10277(\text{W})$$

电磁功率为

$$P_{\text{em}} = P_{\text{mec}} + p_{\text{Cu2}} = 10277 + 314 = 10591(\text{W})$$

额定负载的转差率为

$$s_{\text{N}} = \frac{p_{\text{Cu2}}}{P_{\text{em}}} = \frac{314}{10591} = 0.0296$$

额定转速

$$n_{\text{N}} = n_1(1 - s_{\text{N}}) = 1500(1 - 0.0296) = 1456(\text{r/min})$$

负载转矩为

$$T_2 = \frac{P_{\text{N}}}{\Omega} = \frac{60P_{\text{N}}}{2\pi n_{\text{N}}} = \frac{60 \times 10 \times 10^3}{2\pi \times 1456} = 65.61(\text{N} \cdot \text{m})$$

空载转矩为

$$T_0 = \frac{p_{\text{mec}} + p_{\text{ad}}}{\Omega} = \frac{60 \times (77 + 200)}{2\pi \times 1456} = 1.817(\text{N} \cdot \text{m})$$

电磁转矩为

$$T_{\text{em}} = \frac{P_{\text{em}}}{\Omega_1} = \frac{60 \times 10591}{2\pi \times 1500} = 67.42(\text{N} \cdot \text{m})$$

或

$$T_{\text{em}} = \frac{P_{\text{mec}}}{\Omega} = \frac{60 \times 10277}{2\pi \times 1456} = 67.42(\text{N} \cdot \text{m})$$

5.10　三相异步电动机等效电路参数的试验测定

　　5.8 节给出了三相异步电机的等效电路,为了利用该等效电路对异步电动机的工作特性以及机械特性进行计算,就需首先知道该等效电路的参数。同变压器一样,三相异步电动机等效电路的参数是通过空载和短路(或堵转)试验来测定的。

5.10.1　空载试验

　　空载试验的目的是确定励磁参数 r_{m}、x_{m}、铁耗 p_{Fe} 以及机械损耗 p_{mec},具体试验方法为:将三相异步电动机定子绕组接到三相交流调压器上,电动机的转轴上不带任何机械负载,即电动机处于空载运行,此时,转子转速 $n \approx n_1$,$s \approx 0$。改变调压器的输出使得异步电机定子绕组的电压从$(1.1 \sim 1.3)U_{\text{N}}$ 开始逐渐降低,直至定子电流开始回升为止。记录该期间的定子电压 U_0、空载电流 I_0 以及空载功率 P_0,并绘

出相应的空载特性 I_0、$P_0 = f(U_0)$，如图 5.50 所示。

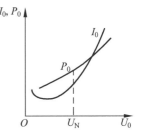

图 5.50　三相异步电动机的
空载特性

由等效电路可知，当异步电动机空载时(即 $s = 0$)，转子几乎相当于开路。因此，空载时三相定子绕组输入的功率主要用于定子铜耗、铁耗以及机械损耗，即

$$P_0 = m_1 I_0^2 r_1 + p_{Fe} + p_{mec} \qquad (5\text{-}122)$$

扣除定子铜耗，则式(5-122)变为

$$P_0' = P_0 - m_1 I_0^2 r_1 = p_{Fe} + p_{mec} \qquad (5\text{-}123)$$

考虑到铁耗正比于磁密的平方，亦即正比于端电压的平方，据此便可绘出 P_0' 与端电压的平方之间的关系曲线如图 5.51 所示。将曲线延长并与纵坐标交于 O' 点，过点 O' 作一水平虚线，从而将曲线的纵坐标分为两部分。由于机械耗仅与转速有关，考虑到空载时转速接近同步速且基本不变，故机械耗可认为是常值。因此，图 5.51 中虚线以下部分与电压无关，代表机械耗，虚线以上部分自然代表铁耗，这样便把机械耗和铁耗分离开来。

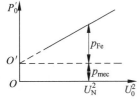

图 5.51　$P_0' = f(U_0^2)$ 的
关系曲线

根据定子电压 $U_0 = U_N$ 时的空载电流 I_0、空载损耗 P_0 和铁耗 p_{Fe}，并利用异步电动机空载时(即 $s = 0$)的等效电路可得

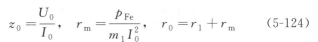

$$z_0 = \frac{U_0}{I_0}, \quad r_m = \frac{p_{Fe}}{m_1 I_0^2}, \quad r_0 = r_1 + r_m \qquad (5\text{-}124)$$

其中，r_1 可由电桥测得。于是有

$$x_0 = x_m + x_{1\sigma} = \sqrt{z_0^2 - r_0^2} \qquad (5\text{-}125)$$

$$x_m = x_0 - x_{1\sigma} \qquad (5\text{-}126)$$

式中，$x_{1\sigma}$ 可由短路试验获得。

5.10.2　堵转(或短路)试验

在进行堵转试验时，将异步电机的转子卡住不动，此时转子转速 $n = 0$，$s = 1$，故等效电路中对应于机械输出的等效电阻 $\frac{1-s}{s} r_2' = 0$，相当于转子短路。因此，堵转试验又称为短路试验。

堵转试验的目的是确定漏抗参数 $x_{1\sigma}$、$x_{2\sigma}$ 和转子电阻 r_2'，为了防止堵转时定子电流过大，一般是利用调压器调节异步电动机的定子电压，使定子电流达到 $1.25 I_N$ 左右，然后，降低定子电压直到定子电流降至 $0.3 I_N$ 为止。记录该期间的定子电压 U_k、短路电流 I_k 以及短路功率 P_k，并绘出相应的短路特性 I_k、$P_k = f(U_k)$ 如图 5.52 所示。

根据定子电流 $I_k = I_N$ 时的短路电压 U_k 和短路损耗 P_k，并利用异步电动机短路时(即 $s = 1$)的等效电路(见图 5.53)，可得

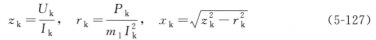

$$z_k = \frac{U_k}{I_k}, \quad r_k = \frac{P_k}{m_1 I_k^2}, \quad x_k = \sqrt{z_k^2 - r_k^2} \tag{5-127}$$

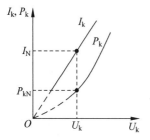

图 5.52　三相异步电动机的短路特性

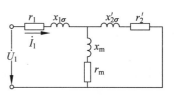

图 5.53　三相异步电动机转子堵转时的等效电路

若忽略励磁电流,即 $I_m \approx 0$,则有

$$r_k = r_1 + r_2', \quad x_k = x_{1\sigma} + x_{2\sigma}' \tag{5-128}$$

对于大中型异步电机,可认为

$$x_{1\sigma} \approx x_{2\sigma}' \approx \frac{x_k}{2} \tag{5-129}$$

5.11　三相异步电动机的运行特性

三相异步电动机的运行特性包括工作特性和机械特性两大类。本节首先简要介绍三相异步电动机稳态运行时的工作特性,然后,将重点讨论三相异步电动机的机械特性的计算与特点。

5.11.1　三相异步电动机的工作特性

三相异步电动机的工作特性是指在额定电压和额定频率下,电动机的转速 n、转矩 T_{em}、定子电流 I_1、定子功率因数 $\cos\varphi_1$ 以及效率 η 与输出功率 P_2 之间的关系。现分别介绍如下。

1. 转速特性

当 $U_1 = U_{1N}$,$f_1 = f_{1N}$ 时,$n = f(P_2)$ 的关系曲线称为**转速特性**。

根据式(5-3)和式(5-117)可知

$$n = n_1(1-s), \quad s = \frac{p_{Cu2}}{P_{em}} = \frac{m_2 I_2^2 r_2}{m_2 E_2 I_2 \cos\varphi_2} \tag{5-130}$$

当电机空载(即 $P_2 = 0$)时,转子电流 I_2 很小,转差率 $s \approx 0$,转子转速接近同步速。随着负载的增加,转子电流 I_2 加大,p_{Cu2} 和 P_{em} 相应的增大。但 p_{Cu2} 与 I_2 的平方成正比,而 P_{em} 仅与 I_2 的一次方近似成正比,其结果 p_{Cu2} 比 P_{em} 增加得快,导致随着负载的增加,转差率 s 增加,转速下降。图 5.54 给出了三相异步电动机典型的转速特性。

2. 定子电流特性

当 $U_1 = U_{1N}$, $f_1 = f_{1N}$ 时, $I_1 = f(P_2)$ 的关系曲线称为**定子电流特性**。

由异步电机定子电流的表达式知 $\dot{I}_1 = \dot{I}_m +$ $(-\dot{I}_2')$; 当电动机空载时, 转子电流 $\dot{I}_2 \approx 0$, 定子电流 $\dot{I}_1$ 等于励磁电流 $\dot{I}_m$。随着负载的增加, 转子转速下降, 转子电流 $\dot{I}_2$ 增加, 定子电流 $\dot{I}_1$ 也增加。图 5.54 给出了三相异步电动机典型的定子电流特性。

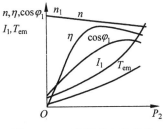

图 5.54　三相异步电动机的工作特性

3. 电磁转矩特性

当 $U_1 = U_{1N}$, $f_1 = f_{1N}$ 时, $T_{em} = f(P_2)$ 的关系曲线称为**电磁转矩特性**。

稳态运行时, 异步电动机的转矩方程为
$$T_{em} = T_2 + T_0$$
输出功率 $P_2 = T_2\Omega$, 所以
$$T_{em} = \frac{P_2}{\Omega} + T_0 \tag{5-131}$$

考虑到转子转速和机械角速度 Ω 变化不大, 故电磁转矩 T_{em} 随 P_2 近似线性变化, 如图 5.54 所示。

4. 功率因数特性

当 $U_1 = U_{1N}$, $f_1 = f_{1N}$ 时, $\cos\varphi_1 = f(P_2)$ 的关系曲线称为**功率因数特性**。

由等效电路可知, 三相异步电动机总的阻抗呈感性, 因此, 功率因数总是滞后的, 这一结论表明异步电机必须从电网吸收滞后无功功率。由图 5.48 可见, 空载时, 定子的功率因数较低, 为 $0.1 \sim 0.2$; 随着负载的增加, 转子电流增加, 定子电流的有功分量也随之增加, 使得定子功率因数提高; 接近额定负载时, 功率因数达最大。如果负载进一步增加, 转差率 s 将增大较快, 转子功率因数角 $\varphi_2 = \arctan\dfrac{sx_{2\sigma}}{r_2}$ 增大, 其结果 $\cos\varphi_1$ 又开始下降, 如图 5.54 所示。

5. 效率特性

当 $U_1 = U_{1N}$, $f_1 = f_{1N}$ 时, $\eta = f(P_2)$ 的关系曲线称为**效率特性**。

根据效率的定义
$$\eta = \frac{P_2}{P_1} \times 100\% = \left(1 - \frac{\sum p}{P_1}\right) \times 100\% \tag{5-132}$$

其中,总损耗为

$$\sum p = p_{Cu1} + p_{Cu2} + p_{Fe} + p_{mec} + p_{ad} \tag{5-133}$$

同变压器一样,异步电动机的总损耗也可分为两大类:一类是**不变损耗**($p_{Fe} + p_{mec}$),这部分损耗取决于主磁通和转子转速,因而随着负载的增加基本不变;另一类是**可变损耗**($p_{Cu1} + p_{Cu2} + p_{ad}$),这部分损耗与负载电流的平方成正比,故变化较大。空载时,$P_2 = 0$,$\eta = 0$。随着负载的增加,效率 η 增加,此时,以不变损耗为主,可变损耗随负载增加。当可变损耗等于不变损耗时,电动机的效率达最大。如果负载继续增加,可变损耗增加较快,此时,以可变损耗为主,可变损耗导致效率降低。图 5.54 给出了三相异步电动机典型的效率特性。

对中小型三相异步电动机,最大效率一般发生在 3/4 额定负载附近,且容量越大,电动机的效率越高。

在异步电动机选型时,**为了获得较高的运行效率和功率因数,应尽量避免"大马拉小车"的现象,使得异步电动机的容量与负载匹配**。对于已经出现"大马拉小车"现象的应用场合,可通过外加变频器的方案来调整电动机的运行状态,确保电动机的实际输出功率与负载匹配,使电动机运行在高效、节能状态。

5.11.2 三相异步电动机的机械特性

三相异步电动机的**机械特性**是指在定子电压、频率以及结构参数固定的条件下,机械轴上的转子转速 n 和电磁转矩 T_{em} 之间的关系 $n = f(T_{em})$,它反映了在不同转速下,电动机所能提供的出力(转矩)情况。利用等效电路可以很方便地获得各种形式的机械特性表达式。

1. 机械特性的参数表达式

由式(5-120)和式(5-113)得

$$T_{em} = \frac{P_{em}}{\Omega_1} = \frac{m_1}{\Omega_1} I_2'^2 \frac{r_2'}{s} \tag{5-134}$$

根据简化的 Γ 形等效电路(图 5.47)可知

$$I_2' = \frac{U_1}{\sqrt{\left(r_1 + \dfrac{r_2'}{s}\right)^2 + (x_{1\sigma} + x_{2\sigma}')^2}} \tag{5-135}$$

将式(5-135)代入式(5-134),同时,考虑到 $\Omega_1 = 2\pi f_1 / p$,于是有

$$T_{em} = \frac{m_1 p}{2\pi f_1} \cdot \frac{U_1^2 \dfrac{r_2'}{s}}{\left[\left(r_1 + \dfrac{r_2'}{s}\right)^2 + (x_{1\sigma} + x_{2\sigma}')^2\right]} \tag{5-136}$$

式(5-136)给出了电磁转矩 T_{em} 与转差率 s 之间的关系。在一定的定子电压、频

率以及电机结构参数的条件下,所对应的曲线称为**三相异步电动机的 *T-S* 曲线**,如图 5.55 所示。

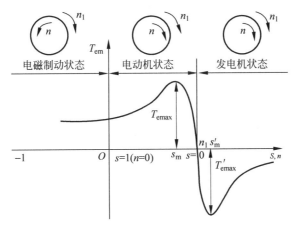

图 5.55　三相异步电动机的 *T-S* 曲线

很显然,*T-S* 曲线可以分为如下几部分:

(1) 当 $0 < s \leqslant 1$(即 $n_1 > n \geqslant 0$)时,*T-S* 曲线对应于电动机运行状态;

(2) 当 $s < 0$(即 $n > n_1$)时,*T-S* 曲线对应于发电机运行状态;

(3) 当 $s > 1$(即 $n < 0$)时,*T-S* 曲线对应于电磁制动状态。

若将电磁转矩 T_{em} 作为横坐标轴、转子转速 n 为纵坐标轴,并考虑到转子转速 $n = n_1(1-s)$,则 *T-S* 曲线可转换为三相异步电动机的机械特性曲线 $n = f(T_{em})$,如图 5.56 所示。由图 5.56 可以看出,三相异步电动机的机械特性曲线中存在如下几个特殊运行点。

(1) 起动状态点 $A(T_{st}, 0)$　对应于转速 $n = 0$(或 $s = 1$),该点对应的转矩 T_{st} 即为三相异步电动机的起动转矩(或堵转转矩)。将 $s = 1$(或 $n = 0$)代入式(5-136)便可求出起动转矩为

$$T_{st} = \frac{m_1 p}{2\pi f_1} \frac{U_1^2 r_2'}{\left[(r_1 + r_2')^2 + (x_{1\sigma} + x_{2\sigma}')^2\right]} \tag{5-137}$$

通常,将起动转矩 T_{st} 与额定转矩 T_N 的比值定义为**起动转矩倍数** λ_{st},即

$$\lambda_{st} = \frac{T_{st}}{T_N} \tag{5-138}$$

λ_{st} 一般由产品目录给出,三相异步电动机的典型数据为 $\lambda_{st} = 0.8 \sim 1.2$。

(2) 额定运行点 $B(T_N, n_N)$。

(3) 同步运行点 $C(0, n_1)$　对应于 $n = n_1$(或 $s = 0$),由于无相对切割,该点的电磁转矩 $T_{em} = 0$。

(4) 临界运行点 $D(T_{emax}, n_{cr})$　该点对应于最大电磁转矩 T_{emax},相应的转差率为 s_m,通过如下过程可求得该点的数值。

利用式(5-136),且令 $\dfrac{\mathrm{d}T_{em}}{\mathrm{d}s} = 0$,得

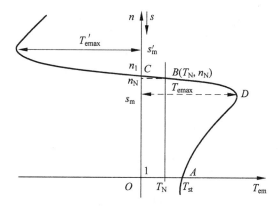

图 5.56　三相异步电动机的机械特性曲线

$$s_m = \pm \frac{r_2'}{\sqrt{r_1^2 + (x_{1\sigma} + x_{2\sigma}')^2}} \quad (5\text{-}139)$$

其中，s_m 称为**临界转差率**。显然，s_m 是由电机的结构参数组成，是变种的结构参数。
将式(5-139)代入式(5-136)得相应的**最大电磁转矩**为

$$T_{emax} = \pm \frac{m_1 p}{2\pi f_1} \frac{U_1^2}{2\left[\pm r_1 + \sqrt{r_1^2 + (x_{1\sigma} + x_{2\sigma}')^2}\right]} \quad (5\text{-}140)$$

式中，正号对应于电动机运行状态，负号对应于发电机运行状态。很显然，发电机运行状态所获得的最大电磁转矩稍大一些。

通常，将最大电磁转矩 T_{emax} 与额定转矩 T_N 的比值定义为**最大转矩倍数**（或**过载能力**），用 λ_M 表示，即

$$\lambda_M = \frac{T_{emax}}{T_N} \quad (5\text{-}141)$$

λ_M 一般由产品目录给出，三相异步电动机的典型数据为 $\lambda_M = 1.6 \sim 2.2$。

考虑到实际电机，$r_1 << (x_{1\sigma} + x_{2\sigma}')$，故式(5-139)和式(5-140)可进一步简化为

$$s_m \approx \pm \frac{r_2'}{x_{1\sigma} + x_{2\sigma}'} \quad (5\text{-}142)$$

$$T_{emax} \approx \frac{m_1 p U_1^2}{4\pi f_1 (x_{1\sigma} + x_{2\sigma}')} \quad (5\text{-}143)$$

由式(5-142)和式(5-143)可得出如下结论：

(1) 最大电磁转矩 T_{emax} 正比于电压 U_1 的平方；

(2) 最大电磁转矩 T_{emax} 反比于漏阻抗$(x_{1\sigma} + x_{2\sigma}')$；

(3) 最大电磁转矩 T_{emax} 的大小与转子电阻 r_2 无关，但对应于最大电磁转矩的**转差率**（即临界转差率）s_m 却与转子电阻 r_2 成正比。

此外，由图 5.56 还可以看出，以临界运行点为界，三相异步电动机的机械特性曲线可以分为两个运行区域：①稳定运行区域；②不稳定运行区域。**稳定运行区域**是指同步运行点到临界运行点之间的曲线，相应的转差率为 $0 < s \leqslant s_m$。在这一区域

内,由于机械特性向下倾斜,无论是对于恒转矩负载还是对于风机、泵类负载,各运行点均符合电力拖动系统的稳定性运行条件(见式(3-47)),因此,电力拖动系统可以稳定运行;**不稳定运行区域**是指临界运行点到起动运行点之间的曲线,相应的转差率为 $s_m < s \leqslant 1$。在这一区域内,对于恒转矩负载,各运行点均不符合电力拖动系统的稳定性运行条件,故系统无法稳定运行;而对于风机、泵类负载,各运行点处虽然满足 $\dfrac{\partial T_{em}}{\partial n} < \dfrac{\partial T_L}{\partial n}$ 的条件,但考虑到转速太低,转差率较大,又 $p_{Cu2} = sP_{em}$(见式(5-117)),转子铜耗较大,三相异步电动机将无法长期运行。所以,三相异步电动机一般只能稳定运行在 $0 < s \leqslant s_m$ 区间内。

2. 机械特性的实用表达式

工程实际中,要利用参数表达式计算异步电动机的机械特性,就需要预先已知定、转子的结构参数,但一般电动机的产品目录往往不提供这些结构参数。为了能够根据产品目录获得三相异步电动机的机械特性,往往采用机械特性的实用表达式进行近似计算。实用表达式的推导过程如下。

将式(5-136)除以式(5-140)得

$$\frac{T_{em}}{T_{emax}} = \frac{2r_2'\left[r_1 + \sqrt{r_1^2 + (x_{1\sigma} + x_{2\sigma}')^2}\right]}{s\left[\left(r_1 + \dfrac{r_2'}{s}\right)^2 + (x_{1\sigma} + x_{2\sigma}')^2\right]}$$

考虑到式(5-139),并忽略定子电阻 r_1 得

$$\frac{T_{em}}{T_{emax}} = \frac{2}{\dfrac{s}{s_m} + \dfrac{s_m}{s}} \tag{5-144}$$

上式就是三相异步电动机**机械特性的实用表达式**。

若由产品目录查得额定转速 n_N、额定功率 P_N 以及过载能力 λ_M,便可以根据式(5-144)获得三相异步电动机的机械特性。具体方法介绍如下。

根据式(5-141)得

$$T_{emax} = \lambda_M T_N \tag{5-145}$$

其中

$$T_N = \frac{P_N}{\Omega_N} = \frac{60P_N}{2\pi n_N} = 9.55\frac{P_N}{n_N}$$

上式中,额定功率 P_N 的单位为 W。若 P_N 给定的单位为 kW,则上式变为

$$T_N = 9550\frac{P_N}{n_N} \tag{5-146}$$

将式(5-145)以及额定点的数据代入式(5-144)得

$$\frac{1}{\lambda_M} = \frac{2}{\dfrac{s_m}{s_N} + \dfrac{s_N}{s_m}}$$

由此求得临界转差率为

$$s_m = s_N(\lambda_M \pm \sqrt{\lambda_M^2 - 1}) \qquad (5\text{-}147)$$

其中,额定转差率 $s_N = \dfrac{n_1 - n_N}{n_1}$。

将式(5-145)和式(5-147)代入式(5-144)便可获得三相异步电机的机械特性。

3. 机械特性的近似表达式

当转差率 s 较小即异步电动机工作在额定负载附近时,有 $s/s_m \ll s_m/s$,则机械特性的实用公式(5-144)可进一步简化为如下**近似线性表达式**

$$T_{em} = \frac{2T_{emax}}{s_m} s \qquad (5\text{-}148)$$

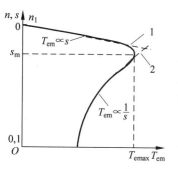

图 5.57　三相异步电动机的
机械特性

式(5-148)表明,当实际转差率 s 较小时,T_{em} 与 s 成正比,即机械特性为一直线,如图 5.57 中的虚线 1 所示。由图 5.57 可见,在 s 较小的范围内(如 $0 < s \leqslant s_N$),三相异步电动机的机械特性与他励直流电动机的机械特性类似。

当转差率 s 较大且接近于 1 时,$s/s_m \gg s_m/s$,则机械特性的实用公式(5-144)可简化为

$$T_{em} = \frac{2T_{emax}}{s} s_m \qquad (5\text{-}149)$$

式(5-149)表明,当实际转差率较大时,T_{em} 与 s 成反比,即机械特性为一条双曲线,如图 5.57 中的虚线 2 所示。

当转差率 s 介于上述中间值时,机械特性从直线段逐渐过渡到双曲线段,参见图 5.57。

5.11.3　三相异步电动机的人为机械特性

5.11.2 节曾推导了三相异步电动机额定电压、额定频率条件下定、转子回路未串任何阻抗时的机械特性。由于上述各控制量及参数均取自电机固有的量,因此,确切地讲,上述特性又称为**固有(或自然)机械特性**。而把通过人为改变控制量及参数所获得的机械特性称为**人为机械特性**。根据所改变的控制量及参数的不同,三相异步电动机的人为机械特性可分为如下几种类型。

1. 降低定子电压的人为机械特性

由式(5-136)可知,仅降低定子电压时,由于同步速 n_1 不变,故不同定子电压下的人为机械特性均通过同步运行点。考虑到最大电磁转矩 T_{emax} 和起动转矩 T_{st} 皆与定子电压的平方 U_1^2 成正比,而产生 T_{emax} 所对应的**临界转差率 s_m 与 U_1 无关**。

根据这些特点绘出不同定子电压 U_1 下的人为机械特性如图 5.58 所示。

图 5.58 中还同时给出了恒转矩的负载特性 $n = f(T_L)$。由图可见，对工作在额定点附近的恒转矩负载，当定子电压 U_1 降低时，转子转速下降，转差率 s 增加，由 $p_{Cu2} = sP_{em}$ 知，转子铜耗也相应地增加。若长期运行，有可能烧坏电动机。但当电动机工作在半载或轻载状态时，降低定子电压 U_1 可以使主磁通减小，从而降低电机铁耗，有利于电机节能。

2. 定子绕组串三相对称阻抗的人为机械特性

在其他各物理量不变仅定子回路外串三相对称阻抗 Z_1 时，同步速 n_1 不会受到影响。由式(5-136)、式(5-139)以及式(5-140)可知，最大电磁转矩 T_{emax}、起动转矩 T_{st} 和临界转差率 s_m 均不同程度地随外串定子阻抗 Z_1 的增加而有所降低，相应的人为机械特性如图 5.59 所示。

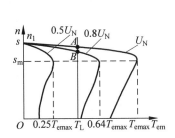

图 5.58　改变定子电压 U_1 时的人为机械特性

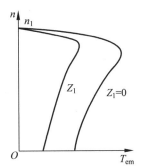

图 5.59　定子绕组串三相对称阻抗时的人为机械特性

3. 转子绕组串三相对称电阻的人为机械特性

转子回路串电阻的方案仅适应于三相绕线式异步电动机。在绕线式异步电动机中，外部三相对称电阻可以通过固定在转轴上的滑环和固定在定子上的电刷与转子绕组相串联，并可借助于提刷装置将转子短路。

当转子每相绕组的外串电阻为 R_Ω 时，由式(5-139)、式(5-140)可知，最大电磁转矩 T_{emax} 与转子电阻无关，即最大幅值 T_{emax} 不变，但对应于 T_{emax} 的临界转差率 s_m 却正比于 $(r_2 + R_\Omega)$，即 $s_m \propto (r_2 + R_\Omega)$。考虑到转子回路串电阻并不影响同步速 n_1，因此相应的人为机械特性如图 5.60 所示。

由图 5.60 可见，转子回路串联适当的电阻可以增大起动转矩 T_{st}。特别是当改变外

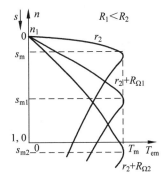

图 5.60　三相异步电动机转子回路串电阻时的人为机械特性

串电阻 R_Ω，使得 $s_m = 1$ 时，可以获得最大的起动转矩，即起动转矩 $T_{st} = T_{emax}$。此时，由式（5-142）可得

$$R'_\Omega + r'_2 = x_{1\sigma} + x'_{2\sigma} \tag{5-150}$$

式中，$R'_\Omega = k_e k_i R_\Omega$ 为转子外部串联电阻 R_Ω 折算到定子侧的电阻值。

由此可见，适当增大转子电阻可以改善起动性能，并有可能在起动时获得最大的电磁转矩。但需要说明的是，转子外串联电阻并不是越大越好，当外串电阻增加使得 $s_m = 1$，然后再进一步增加 R_Ω，则起动转矩将有所降低。

除了上述人为机械特性外，三相异步电动机在改变定子频率、改变极对数以及转子回路串频敏电抗等条件下也可以获得相应的人为机械特性，有关内容将在下一章详细介绍。

例 5-5　一台三相、四极绕线式异步电动机，已知其额定数据和每相参数为：$U_{1N} = 380\text{V}$，$f_{1N} = 50\text{Hz}$，$n_N = 1480\text{r/min}$，$r_1 = 1.03\Omega$，$r'_2 = 1.02\Omega$，$x_1 = 1.03\Omega$，$x'_2 = 4.4\Omega$，$r_m = 7\Omega$，$x_m = 90\Omega$，定子绕组为 Y 接。试用 MATLAB 绘出下列不同转子电阻值（$r'_2 = 1.02, 2.5, 6.5, 12.0$）时该三相异步电动机的机械特性。

解　下面为用 MATLAB 编写的源程序（M 文件），相应的曲线如图 5.61 所示。

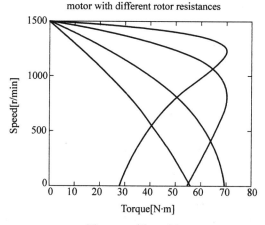

Mechanical characteristic for asynchronous motor with different rotor resistances

图 5.61　例 5-5 图

```
% Example 5-5
% Variable-speed by different rotor resistances
clc
clear
% Parameters for the asynchronous motor with 50-Hz frequency, Y-connection
U1n = 380/sqrt(3); Nph = 3; poles = 4; fe0 = 50; nn = 1480;
r1 = 1.03; r2p = 1.02; X10 = 1.03; X20p = 4.4; rm = 7; Xm0 = 90;
% Calculate the synchronous speed
U1 = U1n;
f1 = fe0;
```

```
ns = 120 * f1/poles;
 % Four rotor resistance values
r21 = 1.02; r22 = 2.5; r23 = 6.5; r24 = 12.0;
for m = 1:4
    if m == 1
        r2p = r21;
    elseif m == 2
        r2p = r22;
    elseif m == 3
        r2p = r23;
    else
        r2p = r24;
    end
 % Calculate the mechanical characteristic
    for I = 1:1:2000
        s = i/2000;
      nr1 = ns * (1 - s);
      Tem1 = Nph * poles/(4 * pi * f1) * U1^2 * (r2p/s)/((r1 + r2p/s)^2 + (X10 + X20p)^2);
      nr(i) = nr1;
      Tem(i) = Tem1;
    end
  plot(Tem,nr,'-');
 hold on;
end
xlabel('Torque[N·m]'); ylabel('Speed[r/min]');
title('Mechanical characteristic for asynchronous motor with different rotor resistances');
disp('End');
```

本章小结

　　交流电机分为两大类: 同步电机与异步电机。之所以称为同步电机是因为其转子转速与通电频率之间符合严格的同步关系, 亦即转子转速为同步速; 而异步电机则不同, 其转子转速低于同步速, 亦即两者之间存在一定的差异(或转差)。正因为这一差异, 使得以同步速旋转的定子磁场切割转子绕组, 并在转子绕组中感应电势和电流, 从而产生有效电磁转矩, 转子得以旋转。乍看上去, 同步电机与异步电机似乎是相互矛盾的, 但仔细考虑一下同步电机与异步电机的励磁方式的不同(前者为双边励磁, 后者为单边励磁)就不难理解这一现象。

　　根据转差率的不同, 异步电机主要有三种运行状态, 即电动机运行状态、发电机运行状态以及电磁制动状态。

　　就结构而言, 三相异步电动机比直流电动机简单, 其定子绕组是由三相对称绕组(即三相绕组匝数相等、空间互差120°)组成；转子绕组主要有两种结构形式,一种是鼠笼式结构,另一种为绕线式结构。根据转子结构的不同,三相异步电动机又有鼠笼式异步电动机和绕线式异步电动机之分。

交流电机的电路部分主要是指定、转子绕组部分,从槽内放置导体的层数看,交流绕组有单层和双层绕组之分。单层绕组又有同心式、链式和交叉式之分；双层绕组又有叠绕组和波绕组之分。为了确保定子三相绕组对称、每相绕组感应电势的波形接近正弦,交流电机的各相定子绕组可按照槽电势(或线圈电势)星形图和相带均匀划分,并采用短距和分布绕组消除或削弱高次谐波。

在熟悉了交流电机绕组结构与组成的基础上,采用谐波分析法对每相绕组在旋转磁场作用下的感应电势按照导体电势、线圈(整距或短距线圈)电势、线圈组电势和一相绕组电势的顺序进行了分析计算。

同交流绕组感应电势的计算类似,本章采用循序渐进的原则,先从单个线圈通以单相交流电产生磁势的分析入手,进而讨论了线圈组、一相绕组通以单相交流电所产生的磁势,最后给出三相对称绕组通以三相对称电流所产生合成磁势和磁场的情况。

通过分析计算可以得出如下结论：**单相绕组通以单相交流电所产生的磁势(或磁场)为脉振磁势(或磁场)**,即该磁势的空间位置不变,大小发生周期性变化。因此,单相电机仅靠一个绕组是无法产生有效电磁转矩的。而**三相对称绕组通以三相对称交流电流所产生的磁势为圆形旋转磁势**。该圆形旋转磁势的转速为同步速、**转向取决于通电相序**。改变通电相序,圆形旋转磁势的转向则会改变方向。这就是三相交流电机颠倒两相电源的连接便可实现转子反向的原因。

单相绕组通以单相交流电产生脉振磁势(驻波),而一旦三相对称绕组通以三相对称交流电流,尽管每相绕组所产生的磁势仍为脉振磁势,但三相合成磁势的性质却发生质的变化,而变为旋转磁势(行波)。其物理概念可以这样理解：尽管每一驻波在各自位置上幅值发生周期性变化,但由于各驻波在时间和空间上均存在一定的相位差,从而造成了"此起彼伏"的现象,好像幅值一直向前推移一样,因而对应的磁势和磁场波形变为行波。类似于这种电磁波现象的如"多米诺骨牌"：尽管每一骨牌仅向前摆动但并未离开原来位置移动,但总的效果却像所有骨牌皆向前移动一样。除此之外,"霓虹灯的闪烁""水波的移动"等皆存在类似的物理现象。

交流绕组采用短距和分布不仅可以消除或削弱电势的高次谐波,而且还可以消除或削弱磁势(或磁场)的高次谐波,从而确保合成磁势(或磁场)的波形接近正弦。

"m 相对称绕组通以 m 相对称电流产生圆形旋转磁势",该圆形旋转磁势可以通过综合矢量来描述。定子电压、电流的综合矢量即是产生旋转磁势的物理量,而定子磁链综合矢量则反映的是旋转磁势所产生的合成磁场情况,坐标变换体现的是同一综合矢量在不同坐标系下的变量之间的关系。

在了解了交流电机上述基本电磁关系的基础上,对异步电机的具体电磁过程进行了讨论。按照循序渐进的原则,本章首先介绍了两种极端情况下(空载和转子堵转)异步电机的电磁过程,然后才对异步电机负载后的电磁过程进行了讨论。

　　空载运行时,由于异步电动机的转子转速接近同步速,定子三相对称绕组通以三相对称电流所产生的同步旋转磁场将仅切割静止的定子绕组而感应电势,并产生定子电流。转子绕组则因无相对切割而不会感应转子电势和电流。此时,定子电流仅用于建立主磁场故称为励磁电流。

　　当转子堵转时,异步电动机的定、转子绕组皆处于静止状态,此时定子旋转磁场将以同步速分别切割定、转子绕组,感应定、转子电势和电流;由于定、转子绕组感应电流的频率皆为供电频率,因而定、转子多相绕组所产生的旋转磁场相对静止。定、转子磁势矢量直接叠加便可获得电机内部的气隙合成磁势。

　　转子负载后,异步电动机的转子转速有所下降,转差增大,此时,定子旋转磁势 $\bar{F}_1$ 将以同步速 n_1 切割定子绕组、以 (n_1-n) 的转差速度切割转子绕组,并分别在定、转子绕组中感应电势和电流。显然,定子绕组内感应电势或电流的频率为供电频率 f_1,而转子绕组所感应电势或电流的频率为转差频率 $f_2=sf_1$。这样,相当于转子多相绕组通以多相电流,同样也会产生转子旋转磁势 $\bar{F}_2$。该旋转磁势相对转子的转速为 $\Delta n=60f_2/p=sn_1$,转差频率 $f_2=sf_1$,而转子自身仍以转子转速 $n=n_1(1-s)$ 旋转,则 $\bar{F}_2$ 相对定子的转速为 $n+\Delta n=n_1$。因此,定子旋转磁势 $\bar{F}_1$ 与转子旋转磁势 $\bar{F}_2$ 相对静止,两者可以合成获得气隙磁势,即 $\bar{F}_\delta=\bar{F}_1+\bar{F}_2$。

　　上述结论不仅适用于异步电动机,而且也适用于后面要介绍的同步电机、无刷直流电机以及前面已介绍的直流电机。现说明如下:①**直流电机定子磁势(即励磁磁势)与转子磁势(即电枢磁势)均相对定子是静止的,两者之间自然相对静止**;②**异步电机虽然转子与同步速"异步",但定、转子磁势相对定子均以同步速运行,两者之间相对静止**;③**同步电机与异步电机类似,只不过转子为直流励磁且以同步速旋转,而定子磁势以同步速旋转,两者之间相对静止**;④后面要介绍的**无刷直流电机则是定子磁势受控于转子永磁磁势,两者自然相对静止**。因此,无刷直流电机又称为"自控式同步电机",其同步速相当于任意速度。具体内容将在第 9 章介绍。事实上,**所有以磁场作为媒介实现机电能量转换的装置,均需确保定、转子旋转磁势相对静止。只有这样,才能产生有效的电磁转矩**。这是理解电机内部电磁过程的关键。

　　同变压器的分析过程一样,在熟悉了电磁过程之后,下一步要做的工作就是:将异步电机的电磁过程进行定量描述,获得异步电机的数学模型。这些数学模型包括基本方程式、等效电路和相量图。

　　根据异步电机的电磁过程,可以很容易地获得包括定、转子电压平衡方程式、磁势平衡方程式在内的基本方程式;但异步电机等效电路的获得过程比较复杂。因为异步电机定、转子绕组感应电势和电流的频率不同(定子绕组为通电频率,转子绕组为转差频率),不同频率的物理量是无法用同一电路来描述的;而且,同变压器一样,异步电机的定、转子绕组匝数也不尽相同。为了将异步电机的定、转子回路用同一电路来描述,需要进行所谓的"折算"。异步电机需进行两方面的折算:首先需将转子的转差频率 $f_2=sf_1$ 折算为定子频率 f_1,其物理意义是,将旋转的转子折算为静止(或堵转状态下)的转子;其次,需改变转子绕组的相数和匝数,使得转子绕组的相数 m_2 以及有效匝数 $N_2 k_{w2}$ 与定子绕组相数 m_1 以及有效匝数 $N_1 k_{w1}$ 相等,以确保定、转子绕组的感应电势相等。折算原则是确保折算前后的电磁关系(即功率和磁势)不变。经过折算后,便可以获得异步电机的 T 形等效电路。值得说明的是,由于基本电磁关系类似,异步电机的等效电路与变压器基本上相同,唯一不同的是两者负载表示上的差异,即变压器的负载可以是感性、阻性甚至是容性的,而异步电机二次侧(或转子回路)的负载为纯阻性可变负载即相当于 $z_L = (1-s) r_2'/s$,其物理意义是:首先考虑到感应电动机实际输出的是机械功率,从电角度上看,它对应于有功功率,因而不能用无功元件如电感、电容来模拟;其次,由于感应电动机所拖动的机械负载有可能发生改变,此时,转差率将发生变化,从而引起定、转子回路的电流发生变化,采用可变电阻负载便可以描述这种变化。

利用等效电路便可分析异步电机在实现电能到机械能转变过程中的功率和转矩关系,进而获得异步电机的转矩平衡方程式。经过上述推导可以获得类似于直流电机的电磁转矩表达式 $T_{em} = C_{T1} \Phi_m I_2 \cos\varphi_2$。该式表明,异步电机的主磁通 Φ_m 和转子电流 I_2 是相互耦合的,其结果导致了普通异步电机的调速性能较差。好在矢量控制(vector control)的提出解决了这一难题,从而向交流电机调速性能的提高迈出了一大步。

通过等效电路和相量图对其性能的分析计算可以获得异步电动机的两个基本特点:①**异步电机由于采用"单边励磁",造成任何负载下定子功率因数均滞后,这就意味着异步电机同变压器一样必须从电网吸收滞后的无功功率**。这是异步电机的一大缺憾;②**异步电机空载、轻载运行时的功率因数和效率均较低**。除了在电动机选择时应尽量避免"大马拉小车"现象外,也可以采用后面将介绍的变频调速方案,实现"调速节能",以应对当前能源危机的挑战。

对于由异步电动机组成的交流拖动系统,最重要的曲线是异步电动机的机械特性 $n = f(T_{em})$(或 T-S 曲线),它反映了不同电磁转矩下异步电动机转子转速(或转差)的变化情况。异步电动机的机械特性主要有两种表达形式:一是结构参数表达式,其结构参数可通过空载与短路实验测得;二是工程应用的实用表达式。

从机械特性可以看出,随着机械负载的增加,异步电动机的转子转速下降,转差率增加,转子电流增加,导致输出电磁转矩以及输入电功率也增加(这一点同变压器类似)。需要指出的是,上述结论仅在一定范围内有效。一旦因负载增加工作点越过最大电磁转矩点,异步电动机将进入不稳定运行区。由于异步电动机通常均在稳定范围内运行,其转差率较小,故可以对异步电动机机械特性的实用公式进行简化,从而获得机械特性的简化计算公式。由简化公式所获得的机械特性可以看出,在小转差率条件下,异步电动机的机械特性与他励直流电动机类似。

除了额定电压、额定频率以及定、转子回路未串任何阻抗时固有(或自然)机械特性外,把三相异步电动机通过人为改变控制量及参数所获得的机械特性称为人为机械特性。本章分别介绍了异步电动机在改变定子电压、定子外串阻抗以及转子外串电阻条件下的人为机械特性,为下一章介绍感应电动机的电力拖动奠定基础。

思考题

5.1　为什么异步电动机只有在转子转速与旋转磁场的同步速存在差异(即不同)时才能产生有效的电磁转矩?而同步电动机却需要转子转速与旋转磁场的同步速完全相等才能产生有效的电磁转矩?

5.2　一台三相异步电动机铭牌上标明 $f_N = 50\,\mathrm{Hz}$,额定转速为 $n_N = 740\,\mathrm{r/min}$,试问这台电动机的极数是多少?额定转速下,转子绕组所感应电势(或电流)的实际频率为多少?

5.3　为什么采用短距和分布绕组可以削弱谐波电势,确保电势波形接近正弦?为了削弱 5 次和 7 次谐波电势,线圈节距应如何选取?

5.4　为什么单相绕组通以单相交流所产生的磁势是脉振的?而当三相绕组分别通以三相对称电流时,合成磁势却发生本质性变化,变为旋转磁势?如何理解这一物理概念?

5.5　若三相异步电动机的气隙加大,其空载电流以及定子功率因数将如何变化?

5.6　一台三相异步电动机,若将转子抽掉,而在三相定子绕组中加入三相对称电压,会产生什么后果?

5.7　三相异步电动机中的励磁电抗反映的是什么物理量?当外加电压改变时,励磁电抗如何变化?外加电压一定的情况下,三相异步电动机在空载和起动(或堵转)时的励磁电抗是否不变?

5.8　在推导三相异步电机的等效电路时,为什么要对转子侧进行折算?折算的依据是什么?折算有何物理意义?

5.9　三相异步电动机的等效电路中为什么采用 $\dfrac{1-s}{s}r_2'$ 来反映转子轴上的负载大小?而不是采用电感或电容?

5.10　对三相异步电机而言,为什么说无论转子转速多大,定、转子合成磁势均是相对静止的?试说明当三相异步电机分别运行在发电状态以及电磁制动状态时,其定、转子磁势是相对静止的?且相对于定子均以同步速旋转。

5.11　若将绕线式三相异步电动机的定子绕组短路,而将转子三相绕组接到三相交流电源上,若旋转磁场以同步速沿顺时针方向旋转,此时转子的转向如何?转差率应如何计算?

5.12　若在一台绕线式异步电动机的定子绕组上通以频率为 f_1 的三相对称电压,产生正向旋转磁场。在其转子绕组上通以频率为 f_2 的三相对称电压,产生反向旋转磁场。试问当电机稳定运行时其转子的转向如何?转速为多大?当负载增加时,转子的转速是否改变?

5.13　异步电动机定、转子绕组没有直接的联系,为什么机械负载增加时,定子电流和输入的电功率会自动增加? 试说明其物理过程。

5.14　三相异步电动机空载运行时其定子侧的功率因数很低,而带机械负载后功率因数反而大大提高,试用相量图解释其原因。

5.15　设三相异步电动机的各绕组参数已知,要确保起动时的电磁转矩最大,转子应外串多大的电阻?

5.16　轻载运行的三相异步电动机,若外加电源电压降低 15%,其转子转速、定子电流以及定子功率因数将如何变化?

5.17　同一台三相鼠笼式异步电动机,若将转子绕组由铜条改为铸铝转子,试问其对起动电流、效率、功率因数、转子转速以及定子电流各有什么影响(假定恒转矩负载且供电电压保持不变)?

5.18　一台进口的额定频率为 60Hz 的三相感应电动机,现运行在 50Hz 的电网上,其额定电压保持不变。试问:该电动机的空载励磁电流、定子功率因数以及最大电磁转矩将发生怎样的变化?

练习题

5.1　已知交流电机定子槽内分别放置了空间互差 90°电角度且匝数彼此相等的两相对称绕组 AX、BY,分别对其通以两相对称电流:$i_A = \sqrt{2}\,I\cos\omega t$ 和 $i_B = \sqrt{2}\,I\cos(\omega t - 90°)$,试求:

(1) 两相对称绕组所产生的合成基波磁势的性质、转速与转向;

(2) 两相对称绕组所产生的合成三次谐波磁势的性质、转速与转向;

(3) 若保持 A 相绕组中的电流不变,B 相绕组中的电流变为 $i_B = \sqrt{2}\,I\cos(\omega t + 90°)$,上述结论将发生怎样的变化?

5.2　一台三相六极异步电动机,额定数据为:$P_N = 7.5\text{kW}$,$U_N = 380\text{V}$,$n_N = 962\text{r/min}$,定子绕组采用△接,50Hz,$\cos\varphi_N = 0.827$,$p_{Cul} = 470\text{W}$,$p_{Fe} = 234\text{W}$,$p_{mec} = 45\text{W}$,$p_\triangle = 80\text{W}$。试求额定负载时的:(1)转差率;(2)转子电流的频率;(3)转子铜耗;(4)效率;(5)定子相电流。

5.3　一台三相六极异步电动机的额定数据为:$P_N = 10\text{kW}$,$U_N = 380\text{V}$,$n_N = 962\text{r/min}$,$I_N = 19.8\text{A}$,定子绕组为 Y 接,$r_1 = 0.5\Omega$。空载试验数据为:$U_1 = 380\text{V}$,$P_0 = 0.425\text{kW}$,$I_0 = 5.4\text{A}$,机械损耗 $p_{mec} = 0.08\text{kW}$,忽略附加损耗。短路试验的数据为:$U_k = 120\text{V}$,$P_k = 0.92\text{kW}$,$I_k = 18.1\text{A}$,且假定 $x_1 = x_2'$。试借助于 MATLAB 编程完成下列要求:

(1) 计算三相异步电动机的参数 r_2'、$x_{1\sigma}$、$x_{2\sigma}'$、r_m 和 x_m;

(2) 绘出三相异步电动机的固有机械特性。

5.4　某三相、四极、定子绕组采用 Y 接的绕线式异步电动机数据为:$P_N = 150\text{kW}$,$U_N = 380\text{V}$,$n_N = 1460\text{r/min}$,过载能力 $\lambda_M = 3.1$。试求:(1)额定转差率;

(2)临界转差率;(3)额定转矩;(4)最大电磁转矩;(5)试采用实用公式并借助于MATLAB,绘制电动机的固有机械特性。

5.5　有一台绕线式三相异步电动机,$f_N=50\text{Hz}$,$2p=4$,$n_N=1450\text{r/min}$,$r_2=0.02\Omega$。若负载转矩保持不变,转子转速下降至1000r/min。试求:

(1)转子回路应外串的电阻值;

(2)外串电阻后转子电流是原来的多少倍?

5.6　一台三相、六极、50Hz 的异步电动机,额定电压下的最大电磁转矩为6Nm,起动转矩为3Nm。最大电磁转矩对应的临界转差率为 0.25。若在三分之一的额定电压下的起动电流为 2A。试问:

(1)当异步电机在额定电压下运行,对应于最大电磁转矩时总的机械功率是多少?

(2)当异步电机在三分之一的额定电压下运行,其所能达到的最大电磁转矩有多大?

(3)额定电压下的起动电流有多大?

(4)若希望异步电机以最大电磁转矩起动,外串转子电阻是转子绕组电阻的多少倍?此时的起动电流是多少?

5.7　一台三相、六极、50Hz 的异步电动机采用△接,额定电压 $U_N=400\text{V}$ 时的等效电路参数为:$r_1=0.2\Omega$;$r_2'=0.18\Omega$;$x_{1\sigma}=x_{2\sigma}'=0.58\Omega$。

(1)在异步电动机运行过程中,供电电压和频率有时均会下降40%。为了确保异步电机在上述情况下不至于停转,所能拖动的最大负载转矩有多大?

(2)当异步电动机在额定频率、额定电压下拖动上述负载运行,其对应的稳态转速是多少?对应于最大电磁转矩下的转速又是多少?

(3)若定子电压和频率各降低一半,与在额定电压、额定频率下直接起动相比,起动转矩增加多少倍?

第6章 三相异步电机的电力拖动

>>>

内 容 简 介

本章主要介绍三相异步电动机的电力拖动,内容包括:由三相异步电动机组成交流电力拖动系统的各种起动、调速和制动方法,各种方法的工作原理与相应的机械特性。与直流电动机一样,本章也是以稳态等效电路和机械特性 $n=f(T_{em})$ 为手段,研究如何通过改变外加定、转子绕组的电压、频率、绕组参数、转差率、极对数等实现由三相异步电动机组成交流电力拖动系统的起动、调速和制动。

交流电力拖动系统是指以交流电机(即异步电动机和同步电动机)为原动机拖动各类生产机械的一类传动系统,由于交流电机具有结构简单、价格便宜以及运行可靠等优点,因而其拖动系统比直流电力拖动系统的应用更加广泛。随着技术的进步和性能的提高,交流拖动系统大有完全取代直流拖动系统的趋势。

同直流电力拖动系统一样,交流电力拖动系统的内容涉及交流电力拖动系统的起动、调速和制动,具体内容安排如下。6.1 节首先对三相鼠笼式异步电动机拖动系统的各种起动方法进行讨论,并引出软起动的概念,然后对三相绕线式异步电动机转子串电阻和频敏变阻器的两种起动方法进行介绍;6.2 节讨论三相异步电动机拖动系统的各种调速方法,内容包括鼠笼式异步电动机的变极调速、变频调速、滑差离合器调速以及绕线式异步电动机的转子串电阻调速、双馈调速和串级调速的原理与相应的机械特性;除此之外,本节还将重点讲述基于综合矢量的变频调速系统方案。同常规的变频调速方案(即标量控制方案)相比,基于综合矢量的变频调速系统方案不仅改变幅值、频率,而且还改变综合矢量的空间相位,因而有可能获得更高的调速性能。本节将对采用三相桥式逆变器获得定子电压综合矢量的 SVPWM 技术以及两种基于定子综合矢量的变频调速方案作详细地介绍。6.3 节首先介绍常规的电网供电下三相异步电动机的能耗制动、反接制动以及回馈制动的制动方法与相应的机械特性。然后,对变流器供电下三相异步电机的能耗制动和再生制动方案作深入地探讨。本章最后 6.4 节将对电网供电以及变流器供电的三相异步电动机的四象限运行状态进行讨论。

6.1　三相异步电动机的起动

类似于直流电动机,生产机械对三相异步电动机起动性能的要求主要包括:

(1) 起动转矩大,确保生产机械正常起动;

(2) 起动电流小,以避免因起动造成对电网的冲击;

(3) 起动时间尽量短;

(4) 起动设备简单,操作方便;

(5) 起动过程中能量消耗低。

考虑到异步电动机刚开始起动时,$n=0,s=1$,旋转磁场以同步速切割转子绕组,在转子绕组中感应较大的电势,产生较大的转子电流,结果造成定子绕组中的电流即起动电流增大,定子漏阻抗压降增加,定子电势 E_1 以及相应的主磁通 Φ_{m} 减小,由式(5-121)可知,相应的起动转矩有所降低。将 $s=1$ 代入式(5-135)和式(5-136),便可获得起动电流和起动转矩的表达式为

$$I_{\mathrm{st}}=\frac{U_1}{\sqrt{(r_1+r_2')^2+(x_{1\sigma}+x_{2\sigma}')^2}} \tag{6-1}$$

$$T_{\mathrm{st}}=\frac{m_1 p}{2\pi f_1}\frac{U_1^2 r_2'}{\left[(r_1+r_2')^2+(x_{1\sigma}+x_{2\sigma}')^2\right]} \tag{6-2}$$

根据上述结论及 5.8.3 节分析不难看出,对一般的三相异步电动机而言,若直接起动,则会产生较大的起动电流,而起动转矩却不会太大。通常起动电流 $I_{\mathrm{st}}=(4\sim 7)I_{\mathrm{N}}$,而起动转矩 $T_{\mathrm{st}}=(0.8\sim 1.2)T_{\mathrm{N}}$。过大的起动电流会造成电动机本身过热,影响寿命;同时,还会因供电变压器的容量限制,造成电网电压下降,影响周围设备的正常运行,甚至使电动机自身不能起动。因此,为了满足上述要求,确保在获得较大起动转矩的同时降低起动电流,除小容量或轻载运行的三相异步电动机可以采用直接起动外,大部分电动机均须采取相应的起动措施。

对于鼠笼式异步电动机,除直接起动外,还可以采用定子降压起动、选用特殊转子结构的高起动转矩鼠笼式异步电机以及采用软起动等措施。通过降低定子电压以减小起动电流;通过改进电动机自身转子结构,如增加转子导条电阻、改进转子槽形,采用所谓的深槽式或双鼠笼式结构的转子,可以达到减小起动电流,又同时提高起动转矩的目的;软起动则是目前较为流行的起动方案,它不仅可以满足起动性能的基本要求,同时还可以降低起动过程的能量消耗,因此特别适用于需要频繁起制动的应用场合。

对于绕线式异步电动机,可采用转子绕组外串电阻等措施达到减小起动电流的同时提高起动转矩的目的。

下面针对上述各种起动方法分别作一介绍。

6.1.1 三相鼠笼式异步电动机的直接起动

当自身容量不大或电动机拖动负载较轻时,三相异步电动机可以采用直接起动方案。

一般规定,额定功率低于 7.5kW 的异步电动机允许直接起动。对于额定功率超过 7.5kW 的异步电动机,可以根据下式来判断电动机是否可以直接起动。若下列条件满足

$$\frac{I_{st}}{I_N} \leqslant \frac{1}{4}\left[3 + \frac{\text{电源总容量(kVA)}}{\text{起动电动机容量(kW)}}\right] \tag{6-3}$$

则电动机可以采用直接起动;否则,必须采取其他措施。

6.1.2 三相鼠笼式异步电动机的降压起动

1. 定子串电阻或电抗的降压起动

定子绕组串电阻或电抗相当于降低定子绕组的外加电压。由式(6-1)可知,起动电流正比于定子绕组的电压,因而定子绕组串电阻或电抗可以达到减小起动电流的目的,但考虑到起动转矩与定子绕组电压的平方成正比,起动转矩会降低更多。因此,这种起动方法仅适用于轻载起动场合。

对容量较小的异步电动机,一般采用定子绕组串电阻降压的起动方案;但对于容量较大的异步电动机,考虑到定子绕组串电阻造成定子铜耗较大,故多采用定子绕组串电抗降压的起动方案。

2. 自耦变压器的降压起动

三相鼠笼式异步电动机采用自耦变压器降压起动的接线图如图 6.1 所示。图中,K 为三相单刀双掷开关,起动时,开关 K 掷到"起动"侧,三相定子绕组通过自耦变压器降压起动。一旦转子达到一定转速后,再将开关 K 掷到"运行"侧,电动机便直接接到三相电源上,进入正常运行状态。

图 6.2 给出了自耦变压器一相的电路原理图。与施加额定电压 U_{1N} 直接起动相比,自耦变压器降压起动时定子绕组的电压降为 U_x,根据式(6-1)有下列关系式

$$\frac{I_x}{I_{st}} = \frac{U_x}{U_{1N}} = \frac{N_2}{N_1} \tag{6-4}$$

其中,I_x 为定子绕组电压等于 U_x 时电机定子侧的起动电流;I_{st} 为定子绕组电压等于 U_{1N} 时的起动电流;N_1、N_2 分别为自耦变压器一、二侧绕组的匝数。

忽略励磁电流,由变压器的磁势平衡方程式得

$$(N_1 - N_2)\dot{I}_1 + N_2(\dot{I}_1 + \dot{I}_x) = N_1\dot{I}_m = 0$$

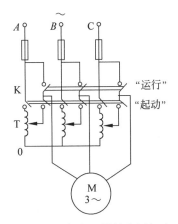

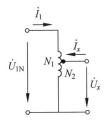

图 6.1　自耦变压器的降压起动　　　图 6.2　自耦变压器降压起动时的一相电路

即

$$N_1 \dot{I}_1 + N_2 \dot{I}_x = 0$$

其大小为

$$N_1 I_1 = N_2 I_x \tag{6-5}$$

式中，I_1 为起动时电网侧的电流。

将式(6-4)代入式(6-5)得

$$I_1 = \left(\frac{N_2}{N_1}\right)^2 I_{st} \tag{6-6}$$

考虑到起动转矩正比于定子绕组外加电压的平方(见式(6-2))，因此，降压前、后起动转矩的比值为

$$\frac{T_x}{T_{st}} = \left(\frac{U_x}{U_{1N}}\right)^2 = \left(\frac{N_2}{N_1}\right)^2$$

即

$$T_x = \left(\frac{N_2}{N_1}\right)^2 T_{st} \tag{6-7}$$

式(6-4)、式(6-6)和式(6-7)表明，**与直接起动相比，采用自耦变压器降压起动时，电压减低 N_2/N_1 倍，但电网所承担的起动电流和起动转矩均降低 $(N_2/N_1)^2$ 倍**。换句话说，当起动电流降低一半时，起动转矩也降低一半。考虑到定子串电阻或电抗降压起动，起动电流降低一半时，起动转矩将降至全压起动时的四分之一，而自耦变压器起动其起动转矩仅降低至一半。因此，与定子绕组串电阻或电抗降压起动相比，在起动电流相同的前提下，自耦变压器降压起动可以获得更大的起动转矩。

为了满足不同负载的要求，自耦变压器的二次绕组一般有三个抽头，它们分别为额定电压的 40%、60% 和 80%，供选择使用。

自耦变压器降压起动的优点是自耦变压器有几种抽头可供灵活选择，而且，与定子串阻抗降压相比，同样的起动电流下可以拖动较大的负载。缺点是设备的体积

大、价格高。

3. 星-三角(Y/△)降压起动

对于正常运行时采用△形连接的三相鼠笼式异步电动机,若起动时改接成Y形连接,则定子相电压可降为电源电压的 $1/\sqrt{3}$,从而实现降压起动,这种方法被称为 **Y/△起动**。

图 6.3(a)给出了 Y/△降压起动的接线图。图中,K_1 为三相单刀双掷开关。

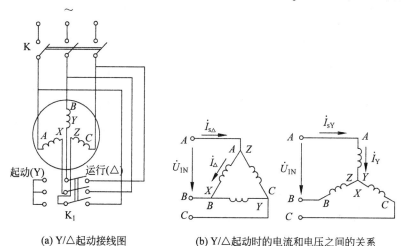

(a) Y/△起动接线图　　　　(b) Y/△起动时的电流和电压之间的关系

图 6.3　Y/△降压起动的接线图

起动时,开关 K_1 掷到"起动"侧,三相定子绕组接成 Y 接,降压起动。一旦转子达到一定转速后,再将开关 K_1 掷到"运行"侧,三相定子绕组恢复△接,电动机进入正常运行。

图 6.3(b)给出了△接和 Y 接起动时定子侧的电流和电压之间的关系,当三相定子绕组采用△接直接起动时,每相绕组的电压即电网线电压。设此时定子每相绕组的起动电流为 $I_\triangle$,则线电流为 $I_{s\triangle}=\sqrt{3}\,I_\triangle$;若采用 Y 接法,由于每相绕组的电压降为电网线电压的 $(1/\sqrt{3})$,相应的相电流也必然降为△接时的 $(1/\sqrt{3})$,于是有 $I_{sY}=I_Y=(1/\sqrt{3})I_\triangle$,因此有

$$\frac{I_{sY}}{I_{s\triangle}}=\frac{I_\triangle/\sqrt{3}}{\sqrt{3}\,I_\triangle}=\frac{1}{3} \tag{6-8}$$

可见,Y/△降压起动时,电网所承担的起动电流只有△接直接起动时的1/3。

考虑到起动转矩正比于定子每相绕组上的电压平方,因此,Y/△降压起动时的起动转矩仅为△接直接起动时的1/3。

很显然,**Y/△降压起动相当于自耦变压器降压起动抽头为 $(1/\sqrt{3})$ 时的情况**。与自耦变压器降压起动相比,Y/△降压起动方法简单,只需一套 Y-△ 转换开关(即 Y/△起动器),价格便宜、重量轻,因而特别适用于定子三相绕组的 6 个接线端都引

出的电动机轻载起动。

6.1.3　三相鼠笼式异步电动机的软起动

前面介绍了几种传统的降压起动方法,这些起动方法的缺点是:均需在转子升至一定转速时切换至全压正常运行。如果切换时刻把握不好不仅会造成起动过程的不平滑,而且也会在起动过程中引起两次电流冲击(见图 6.4 中的曲线 2),从而延长了起动过程。

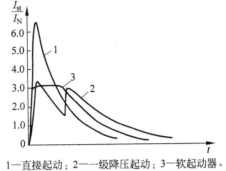

1—直接起动;2——级降压起动;3—软起动器。

图 6.4　异步电动机各种起动
方法下的电流波形

随着微处理器和电力电子技术的发展、控制策略在电力拖动领域中的广泛应用,上述起动问题早已迎刃而解。目前,在电力拖动领域内得到广泛应用的主要有两种方案,一种是采用变频器起动;另一种是采用所谓的**软起动器**(soft starter)方案起动。前者通过变频与调压(其工作原理见 6.2.2 节)来满足起动要求,因而性能优于后者,其缺点是价格较高,不经济;后者在起动过程中保持频率不变,仅通过改变定子电压满足起动要求,因而性能略逊于前者,但后者在价格上有一定的优势,而且后者还可以根据不同的应用场合选择合适的起动控制方案。除此之外,软起动器还可以实现软停车(又称为**软制动**)、轻载节能以及过流、过压、缺相等多种保护功能,因而有一定的市场空间。

软起动器有许多具体方案,这里仅介绍电子式软起动器的工作原理与系统组成。

电子式软起动器本质是一种由三相反并联晶闸管以及其他电子线路(包括单片机等)等组成的交流调压器,其工作原理是:在起动过程中,通过控制移相角 α 来调节定子电压,并采用系统闭环限制起动电流,确保起动过程中的定子电流、电压或转矩按预定函数关系(或目标函数)变化,直至起动过程结束。然后将软起动器切除,使得电动机与电源直接相连。图 6.5(a)、(b)分别给出了典型电子式软起动器的组成框图及定子调压的原理示意图。

图 6.5 中,由设定曲线单元提供所希望的电流、电压或转矩的目标参考值(即目标函数),由电流、电压检测单元获得目标的实际值。将目标参考值与实际值相比较,比较结果作为软起动控制器的输入,经软起动控制器处理后获得交流调压器所需移相角 α 的控制信号。然后,由移相角控制单元将移相角的控制信号转换为晶闸管所需要的触发脉冲。为了确保触发脉冲与电网电压同步,需由同步电路提供移相角的参考值。电子式软起动器最终由交流调压器提供三相异步电动机所需要的电压,从而满足设定曲线的要求。起动结束后,经接触器将软起动器切除,电动机与电源直接相连。

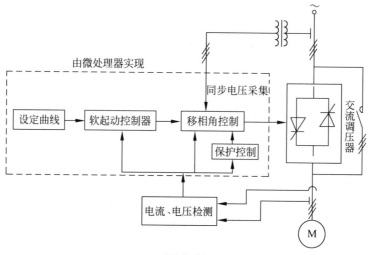

(a) 系统组成框图

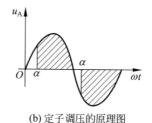

(b) 定子调压的原理图

图 6.5　异步电动机软起动器

目前,电子式软起动器的设定曲线主要采用如下几种形式:

(1) 斜坡电压起动;

(2) 斜坡电流起动;

(3) 阶跃起动;

(4) 脉冲冲击起动。

斜坡电压起动具有起动方式简单、无需电流闭环控制等特点,通过控制移相角 α 使得定子绕组的外加电压随时间按一定规律增加。由于不限流,起动过程中存在一定的冲击电流,有可能引起晶闸管损坏,并对电网造成一定影响,故实际已很少采用。

斜坡电流起动首先使起动电流随时间按预定规律变化,然后保持电流恒定,直至起动结束。起动过程中,电流变化率 di/dt 是按电动机负载的具体情况进行调整设定的。di/dt 越大,则起动转矩越大,起动时间越短。目前,这种起动方案应用最多,尤其是在风机和泵类负载场合下。

阶跃起动可以确保在最短时间内使起动电流达到设定值,通过调节起动电流的设定值,可以达到快速起动的效果。

脉冲冲击起动在起动之初,让晶闸管在较短的时间内以较大的电流导通一段时间后回落,再按照原设定值线性上升,进入恒流起动。这种方案尤其适用于需要克服较大静摩擦起动的场合。

上述各种软起动方案各有其优缺点,具体采用哪一种方案,可以根据负载的大小和类型来确定。

6.1.4 高起动性能的特殊鼠笼式异步电动机

前面介绍的起动方法皆着眼于从电动机外部采取措施来降低起动电流、提高起动转矩。实际上,也可以从电动机内部出发寻找改善鼠笼式异步电动机起动性能的办法,其基本思想是设法适当增大起动时转子导条的电阻。根据式(6-1)和 5.11.3 节的分析可知,适当增大转子的电阻不仅可以降低起动电流,而且可以同时提高起动转矩。下面介绍几种通过增加起动时转子导条电阻改善起动性能的特殊鼠笼式电动机。

1. 直接增大转子电阻的鼠笼式异步电动机

为了增大转子电阻,转子导条不是采用纯铝,而是改用电阻率较高的铝合金浇注。这种电动机在正常运行时的转差率比一般鼠笼式异步电动机高,故又称为**高转差率式鼠笼异步电动机**。由于转子电阻增大,起动转矩加大,起动电流减小。但正常运行时的损耗也相应增大,运行效率有所降低。

2. 深槽式鼠笼异步电动机

深槽式鼠笼异步电动机的转子采用深而窄的槽形,如图 6.6 所示。对于一般鼠笼式异步电动机,槽深与槽宽之比一般为 5 左右,而深槽式异步电机可达 10~20。

采用深槽式结构改善起动性能的基本思想是利用高频时的**集肤效应**。起动时,转子感应电流的频率较高($f_2 = f_1$),导条中由于深槽漏磁的分布不均匀,造成槽底比槽口的漏阻抗大,结果大部分电流将集中在槽口处,产生所谓的集肤效应。这样,转子导条等效的截面积减小(见图 6.6),转子电阻加大,既限制了起动电流,又增大了起动转矩。正常运行时,由于转子频率较低($f_2 = (1 \sim 3)\,\mathrm{Hz}$),集肤效应则基本消失。此时,导条中的电流分布趋于均匀,截面积恢复,于是转子电阻减小,正常运行时的转子铜耗也相应减小。

3. 双鼠笼式异步电动机

双鼠笼式异步电动机的转子绕组采用上、下鼠笼式结构,如图 6.7 所示。上笼采用电阻率较大的材料如黄铜,且截面积较小;下笼采用电阻率较小的材料如紫铜,且截面积较大。根据集肤效应,电机起动时,由于转子频率较高,转子电流主要集中在电阻较大的上笼中,故上笼又称为**起动笼**。由起动笼达到降低起动电流的同时提高起动转矩的目的。正常运行时,转子频率较低,转子电流则主要集中在电阻较小的下笼中,故下笼又称为**运行笼**。由运行笼确保异步电机正常运行时的效率。

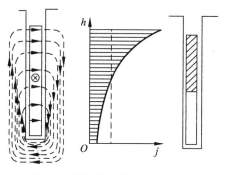
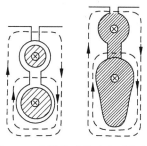

图 6.6　深槽式鼠笼异步电动机的　　　　　　图 6.7　双鼠笼式异步电动机的
　　　转子导条及电流分布　　　　　　　　　　转子导条及电流分布

与一般鼠笼式异步电动机相比,上述三种特殊鼠笼式异步电动机尽管可以大大改善起动性能,但因转子漏抗较大,额定功率因数相对较低,且转子导条用铜量大,制造工艺复杂。因此,一般仅适用于对起动有特殊要求的应用场合。

6.1.5　三相绕线式异步电动机的起动

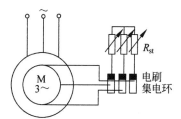

图 6.8　绕线式异步电动机转子
串电阻的起动接线图

三相绕线式异步电动机的转子绕组可以通过电刷和滑环外串三相对称电阻(见图 6.8),达到降低起动电流并同时提高起动转矩的目的。特别是当外串电阻适当时,电磁转矩可以在起动时($n=0,s=1$)达到最大值,即 $T_{st}=T_{emax}$。起动结束后,外串电阻被集电环短路,以确保电机的运行效率不受影响。

绕线式异步电动机主要有两种转子外串电阻的起动方法:一种是转子直接外串电阻的分级起动方法;另一种是通过外串频敏变阻器的起动方法。下面分别对其进行介绍。

1. 转子串电阻的分级起动

为了使起动过程中转子转速的变化尽可能平稳,传统的绕线式异步电动机多采用逐级切除外串转子电阻的方法进行起动。图 6.9(a)、(b)分别给出了转子外串三级电阻起动时的接线图与相应的机械特性。

图 6.9 中,通过接触器 K_3、K_2 和 K_1 依次闭合将外串转子电阻 $R_{\Omega3}$、$R_{\Omega2}$ 和 $R_{\Omega1}$ 依次短路切除,完成整个起动过程。具体起动过程介绍如下:刚开始起动时,接触器 K_3、K_2 和 K_1 均断开,此时,拖动系统的工作点位于 a 点。由于 a 点的电磁转矩(即起动转矩)$T_{(a)}=T_{st}=T_1>T_L$,由动力学方程式可知,拖动系统将沿 ab 加速。至 b 点时,K_3 闭合将 $R_{\Omega3}$ 切除。在 K_3 闭合瞬间,由于机械惯性,转速 n 来不及变化,运行点由 b 点移至 c 点,并沿 cd 加速。……重复上述类似过程,最终,拖动系统将沿

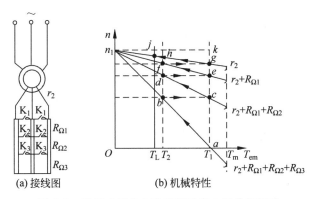

(a) 接线图　　　　　　　　　　(b) 机械特性

图 6.9　绕线式异步电动机转子串电阻分级起动

ghj 升速,并稳定运行在 j 点。此时,$T_{(j)} = T_L$,起动过程结束。

2. 转子串频敏变阻器的起动

转子串电阻分级起动方法的不足是,由于各级电阻逐段切除,电磁转矩变化较大,易对生产机械造成冲击。除此之外,这种起动方法耗能较大,不适宜于频繁起动场合。采用转子外串频敏变阻器来取代转子外串电阻的方法,可以克服上述不足,从而可以使绕线式异步电动机实现真正意义上的平滑起动。图 6.10(a)、(b)分别给出了频敏变阻器的结构和相应的单相等效电路图。

由图 6.10(a)可见,频敏变阻器实际上是一台三相心式铁芯线圈,相当于一台空载运行的三相变压器。与一般三相变压器的铁芯不同,频敏变阻器的铁芯采用厚钢板或铸铁叠压而成,具有较大的磁滞和涡流损耗。当电机起动时,转子电流的频率较高,铁芯内的涡流损耗与频率的平方成正比,等效铁耗电阻 r_m 自然较大。因而,既能限制起动电流,又达到了提高起动转矩的目的。随着转子转速的上升,转子电流的频率下降,铁芯内的涡流损耗以及相应的 r_m 也随之下降,从而确保了绕线式异步电动机的平滑起动。起动过程结束后,可通过集电环将频敏变阻器短接后切除。

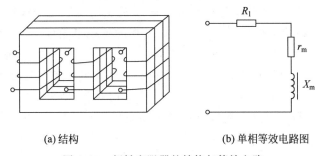

(a) 结构　　　　　　　　　　(b) 单相等效电路图

图 6.10　频敏变阻器的结构与等效电路

绕线式异步电动机转子串频敏变阻器起动,具有结构简单、价格便宜、运行可靠等优点,特别适用于大、中容量的绕线式异步电动机重载起动。

6.2 三相异步电动机的调速

三相异步电动机的转子转速可由下式给出

$$n = \frac{60f_1}{p}(1-s) \qquad (6-9)$$

根据式(6-9),三相异步电动机的调速方法大致分为如下几种:

(1) 变极调速;

(2) 变频调速;

(3) 改变转差率调速。

其中,改变转差率的调速方法又可以进一步采取如下几种措施:

① 改变定子电压的调压调速;

② 绕线式异步电动机的转子串电阻调速;

③ 电磁离合器调速;

④ 绕线式异步电动机的双馈调速与串级调速。

下面就上述各种调速方法分别进行介绍。

6.2.1 变极调速

变极调速是一种通过改变定子绕组极对数来实现转子转速调节的调速方式。在一定电源频率下,由于同步速 $n_1 = \frac{60f_1}{p}$ 与极对数成反比,因此,改变定子绕组极对数便可以改变转子转速。

原则上,定子可以通过两套独立的绕组实现极对数的改变。但实际应用中,定子绕组极对数的改变大都是通过一套定子绕组、几种不同的接线方式来实现的。下面仅就后一种情况下变极调速的基本工作原理与机械特性作一介绍。

图 6.11(a)、(b)、(c)分别为三相异步电动机变极前后定子绕组的接线图。其中,a_1x_1 代表 A 相的半相绕组,a_2x_2 代表 A 相的另一半相绕组。当将这两个半相绕组顺向串联(即首尾相接)时(见图 6.11(a)),根据瞬时电流的方向和右手螺旋定则可知,此时定子绕组具有 2 对极(即 4 极电机);当将两个半相绕组反向串联(即尾尾相接)时(见图 6.11(b)),或将两个半相绕组反向并联(即头尾相连后并联)时(见图 6.11(c)),定子绕组变为 1 对极(即 2 极电机)。与图 6.11(a)相比,由于这两种方法中半相绕组 a_2x_2 中的电流方向均发生改变,因此,定子绕组的极数降为一半。

由此可见,**要想实现极对数的改变,只要改变定子半相绕组的电流方向即可**。

考虑到变极调速只能成倍地改变极对数,转子转速也只能成倍地变化,因此,变极调速属于有级调速。

对于实际电机,要产生有效的电磁转矩,定、转子绕组的极对数就必须相等,这就要求在定子绕组极对数改变的同时,转子绕组的极对数必须做出相应的改变。

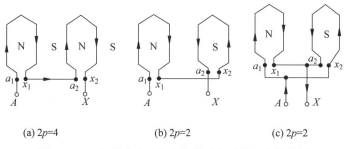

(a) 2p=4   (b) 2p=2   (c) 2p=2

图 6.11　三相异步电动机变极前后定子绕组的接线图

考虑到实现的方便性,一般情况下,变极调速仅适用于鼠笼式异步电动机。

需要说明的是,**就三相异步电动机而言,为了确保变极前后转子的转向不变,变极的同时必须改变三相定子绕组的通电相序**。这是因为,对 p 对极的电机,其电角度是机械角度的 p 倍。变极前,若极对数为 p 的三相绕组空间互差 120°电角度即 A、B、C 三相依次为 0°、120°、240°电角度,则变极后,极对数为 2p 的三相绕组空间互差 240°电角度,即 A、B、C 三相依次为 0°、240°、120°电角度。显然,变极前后相序发生改变。为了确保转子转向不变,在改变定子每相绕组接线的同时,必须改变三相绕组的通电相序,即首先将 B、C 绕组对调,然后再将三相定子绕组接至三相电源上。

三相异步电动机改变定子半相绕组的电流方向实现变极的具体方法很多,这里仅介绍两种典型的变极接线方法,并定性讨论其变极前后的调速性质和机械特性。

1. Y/YY 接变极调速

由 Y 接变为 YY 接的定子绕组接线如图 6.12 所示。其中,Y 接时每相定子组的半相绕组顺向串联,设其极对数为 2p,同步速为 n_1;YY 接时每相定子绕组的半相绕组反向并联(显然,定子半相绕组中的电流方向改变),同时,改变任意两相(如 B、C 两相)的通电相序,则极对数变为 p,同步速为 2n_1。

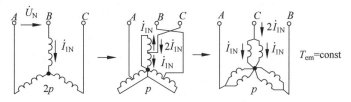

图 6.12　三相异步电动机 Y/YY 接变极调速的接线

下面讨论 Y/YY 接变极的调速性质,至于调速性质(或方式)的定义参见 3.7.3 节。假定变极调速前后电机的功率因数 $\cos\varphi_1$、效率 η 均不变,为了确保电动机得到充分利用,每半相绕组中的电流应均为额定值 I_{1N},于是变极前后电动机的输出功率和输出转矩分别满足下列关系

$$\frac{P_{\text{Y}}}{P_{\text{YY}}} = \frac{\sqrt{3}U_{\text{N}}I_{1\text{N}}\cos\varphi_1}{\sqrt{3}U_{\text{N}}(2I_{1\text{N}})\cos\varphi_1} = \frac{1}{2} \tag{6-10}$$

$$\frac{T_{\text{Y}}}{T_{\text{YY}}} \approx \left(\frac{9550P_{\text{Y}}}{n_1}\right)\bigg/\left(\frac{9550P_{\text{YY}}}{2n_1}\right) = 1 \tag{6-11}$$

式(6-11)表明，**Y/YY 接变极调速属于恒转矩调速方式**，这种调速方式多用于起重机或传送带等负载。

考虑到变极前后定子绕组参数的变化以及极对数的变化，机械特性也必然发生相应的变化。根据式(5-140)，可分别求出 Y 接、YY 接的最大电磁转矩分别为

$$T_{\text{Ym}} = \frac{1}{2}\frac{m_1 2p U_1^2}{2\pi f_1\left[r_1 + \sqrt{r_1^2 + (x_{1\sigma} + x'_{2\sigma})^2}\right]}$$

$$T_{\text{YYm}} = \frac{1}{2}\frac{m_1 p U_1^2}{2\pi f_1\left[\dfrac{r_1}{4} + \sqrt{\left[\left(\dfrac{r_1}{4}\right)^2 + \left(\dfrac{x_{1\sigma} + x'_{2\sigma}}{4}\right)^2\right]}\right]} = 2T_{\text{Ym}}$$

式中，$U_1 = \dfrac{U_{\text{N}}}{\sqrt{3}}$。

同样，可以得到 Y 接与 YY 接的起动转矩满足 $T_{\text{YYst}} = 2T_{\text{Yst}}$。由此可以大致画出 Y/YY 接变极调速的机械特性如图 6.13 所示。

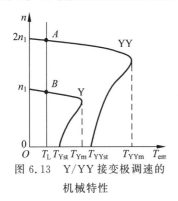

图 6.13　Y/YY 接变极调速的机械特性

2. △/YY 接变极调速

由△接变为 YY 接的定子绕组接线如图 6.14 所示。其中，△接时每相定子绕组的半相绕组顺向串联，设其极对数为 $2p$，同步速为 n_1；YY 接时每相定子绕组的半相绕组反向并联，同时，改变任意两相（如 B、C 两相）的通电相序，则极对数变为 p，同步速为 $2n_1$。

假定变极调速前后电机的功率因数 $\cos\varphi_1$、效率 η 均不变，并设每半相绕组中的电流均为额定值 $I_{1\text{N}}$，则△/YY 变极前后电动机的输出功率和输出转矩分别满足下列关系

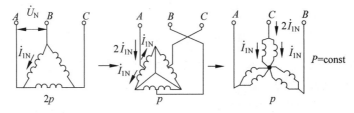

图 6.14　三相异步电动机△/YY 接变极调速的接线

$$\frac{P_{\triangle}}{P_{YY}} = \frac{\sqrt{3}\,U_N(\sqrt{3}\,I_{1N})\cos\varphi_1}{\sqrt{3}\,U_N(2I_{1N})\cos\varphi_1} = \frac{\sqrt{3}}{2} = 0.866 \qquad (6\text{-}12)$$

$$\frac{T_{\triangle}}{T_{YY}} \approx \left(\frac{9550P_{\triangle}}{n_1}\right) \Big/ \left(\frac{9550P_{YY}}{2n_1}\right) = \sqrt{3} \qquad (6\text{-}13)$$

式(6-13)表明,△/YY 接变极调速属于近似恒功率调速方式,这种调速方式多用于各种机床类负载的粗加工和精加工等。

考虑到变极前、后定子绕组参数以及极对数的变化,机械特性也自然发生相应的变化。根据式(5-140)可分别求出△接、YY 接的最大电磁转矩为

$$T_{\triangle m} = \frac{1}{2}\,\frac{m_1 2p U_N^2}{2\pi f_1\left[r_1 + \sqrt{r_1^2 + (x_{1\sigma} + x'_{2\sigma})^2}\right]}$$

$$T_{YYm} = \frac{1}{2}\,\frac{m_1 p \left(\dfrac{U_N}{\sqrt{3}}\right)^2}{2\pi f_1\left[\dfrac{r_1}{4} + \sqrt{\left(\dfrac{r_1}{4}\right)^2 + \left(\dfrac{x_{1\sigma} + x'_{2\sigma}}{4}\right)^2}\right]} = \frac{2}{3}\,T_{\triangle m}$$

同样,可以得到 YY 接与△接的起动转矩满足 $T_{YYst} = \frac{2}{3}\,T_{\triangle st}$。由此可以大致画出△/YY 接变极调速的机械特性如图 6.15 所示。

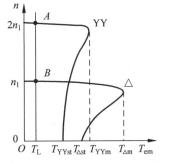

图 6.15 △/YY 接变极调速的机械特性

6.2.2 变频调速

变频调速是一种通过改变定子绕组供电频率来改变转子转速的调速方式。由于同步速 $n_1 = \dfrac{60f_1}{p}$ 与定子频率成正比,改变定子绕组的供电频率便可实现转子转速的平滑调节,并且可以获得较宽的调速范围和足够硬的机械特性。因而,在各种方法中,变频调速是一种高性能的调速方案。

变频调速可以在基频(即额定频率 f_N)以下进行,也可以在基频以上进行。但无论是何种形式的变频调速,都应尽可能满足下列两个约束条件:(1)主磁通 $\varPhi_m$ 不应超过额定运行时的数值;(2)电动机的过载能力(或最大电磁转矩 T_{emax})应尽量保持不变。对于前者,若条件不满足,即主磁通 $\varPhi_m$ 超过额定运行时的数值,则容易造成定子铁芯过饱和,励磁电流过大,甚至烧坏电机;后者则是电机可靠运行的必要条件。

当变频调速在基频以下进行时,根据三相异步电动机的定子电压方程(或等效电路)可知:$U_1 \approx E_1 = 4.44f_1 N_1 k_{w1} \varPhi_m$。**为了确保主磁通 $\varPhi_m$ 不变,定子电压和频率必须协调控制**,亦即在变频的同时必须调节定子电压 U_1,且满足 $U_1/f_1 =$ 常数;当变频调速在基频以上进行时,受电机绕组绝缘耐压的限制,定子电压 U_1 只能维持

额定值不变,故随着定子频率 f_1 的上升,主磁通 Φ_m 下降。下面就这两种情况分别进行讨论。

1. 基频以下的变频调速

由 $E_1 = 4.44 f_1 N_1 k_{w1} \Phi_m$ 可知,要想确保主磁通 Φ_m 不变即恒磁通 Φ_m 调速,在变频过程中,必须采用 $E_1/f_1 = $ 常数控制。

根据图 5.46 所示的 T 形等效电路,可以获得用感应电势 E_1 表示的电磁转矩的表达式为

$$T_{em} = \frac{P_{em}}{\Omega_1} = \frac{m_1 p (I_2')^2 \frac{r_2'}{s}}{2\pi f_1} = \frac{m_1 p}{2\pi} \left(\frac{E_1}{f_1}\right)^2 \frac{f_1 \frac{r_2'}{s}}{\left[\left(\frac{r_2'}{s}\right)^2 + (x_{2\sigma}')^2\right]} \quad (6\text{-}14)$$

利用 $\partial T_{em}/\partial s = 0$ 可以获得临界转差率 s_m 和最大电磁转矩 T_{emax} 分别为

$$s_m = \frac{r_2'}{x_{2\sigma}'} \quad (6\text{-}15)$$

$$T_{emax} = \frac{m_1 p}{2\pi} \left(\frac{E_1}{f_1}\right)^2 \frac{1}{4\pi L_{2\sigma}'} \quad (6\text{-}16)$$

式(6-16)表明,若采用 $E_1/f_1 = $ 常数控制,则最大转矩 T_{emax} 保持不变。

对应于最大转矩 T_{emax} 处的转速为

$$n_m = n_1(1 - s_m) = \frac{60 f_1}{p} - \frac{60 r_2'}{2\pi p L_{2\sigma}'} = n_1 - \Delta n_m \quad (6\text{-}17)$$

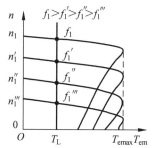

图 6.16 三相异步电动机变频调速时的机械特性 ($E_1/f_1 = $ 常数)

由式(6-17)可见,**最大转矩 T_{emax} 处的转速降 Δn_m 与频率无关**。该结论表明,变频调速过程中,若保持 $E_1/f_1 = $ **常数**,则机械特性的硬度保持不变。换句话说,**不同频率下的机械特性是平行的**。由此可以定性画出保持 $E_1/f_1 = $ 常数时变频调速的机械特性如图 6.16 所示。

考虑到三相异步电动机的定子电势 E_1 难以直接测量,物理上也就难以确保 $E_1/f_1 = $ 常数。因此,对于实际调速系统,通常采用 $U_1/f_1 = $ 常数代替 $E_1/f_1 = $ 常数实现变频调速。

下面就对保持 $U_1/f_1 = $ 常数时三相异步电动机变频调速的机械特性进行分析。

将式(5-136)稍加变形可得

$$T_{em} = \frac{m_1 p}{2\pi} \left(\frac{U_1}{f_1}\right)^2 \frac{f_1 \frac{r_2'}{s}}{\left[\left(r_1 + \frac{r_2'}{s}\right)^2 + (x_{1\sigma} + x_{2\sigma}')^2\right]} \quad (6\text{-}18)$$

式(5-140)稍加变形得最大电磁转矩 T_{emax} 为

$$T_{\mathrm{emax}} = \frac{m_1 p}{4\pi}\left(\frac{U_1}{f_1}\right)^2 \frac{f_1}{\left[r_1 + \sqrt{r_1^2 + (x_{1\sigma} + x'_{2\sigma})^2}\right]} \tag{6-19}$$

　　根据式(6-18)绘出保持 U_1/f_1＝常数时变频调速的典型机械特性如图 6.17 所示。为便于比较,图 6.17 还同时绘出了忽略定子绕组电阻时的机械特性,如图 6.17 中的虚线所示。

　　由图 6.17 可见,保持 U_1/f_1＝常数,当 f_1 减小时,最大电磁转矩 T_{emax} 将不再保持不变,而是有所降低。这主要是由于定子绕组电阻 r_1 的影响所致。现分析如下:

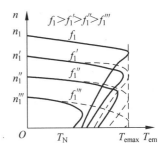

图 6.17　三相异步电动机变频调速时的机械特性 (U_1/f_1＝常数)

　　忽略定子绕组电阻即令 $r_1 = 0$,则式(6-19)变为

$$T_{\mathrm{emax}} = \frac{m_1 p}{4\pi}\left(\frac{U_1}{f_1}\right)^2 \frac{1}{2\pi(L_{1\sigma} + L'_{2\sigma})} = \text{常数}$$

　　当 f_1 接近于额定频率时,有 $r_1 \ll (x_{1\sigma} + x'_{2\sigma})$,故定子绕组电阻 r_1 可以忽略不计,T_{emax} 基本保持不变。一旦 f_1 降低,$(x_{1\sigma} + x'_{2\sigma})$ 将随之减小,当 f_1 小到使得 r_1 可以与 $(x_{1\sigma} + x'_{2\sigma})$ 相比较时,r_1 便不再忽略不计,从而导致 T_{emax} 降低。

　　为了使 U_1/f_1＝常数的变频调速效果上尽量接近 E_1/f_1＝常数,必须确保在低频时继续保持主磁通不变。最简单的方法就是对 U_1/f_1 的线性关系进行修正,提高低频时的 U_1/f_1,以补偿低频时定子绕组电阻 r_1 电压降的影响。此时,U_1 与 f_1 之间的关系曲线如图 6.18 中的虚线所示。

　　假定变频调速过程中电机的功率因数 $\cos\varphi_1$、效率 η 均不变,为了使电动机得到充分利用,每相绕组中的电流应保持额定值 I_{1N} 不变。此时,三相异步电动机的输出功率和输出转矩分别满足下列关系

$$P_2 = m_1 U_1 I_{1N}\cos\varphi_1 \eta_N \propto U_1 \propto \left(\frac{U_1}{f_1}\right) f_1 \tag{6-20}$$

$$T_2 = 9550\frac{P_2}{n} \propto \frac{U_1}{f_1} \tag{6-21}$$

　　由式(6-20)和式(6-21)可见,由于调速过程中**保持 U_1/f_1＝常数,基频以下的变频调速属于恒转矩调速**,其最大输出功率正比于定子频率(或转速),图 6.19 中的实线表明了这一关系。

　　上述分析表明:基频以下,T_{emax} 保持不变,即电机的过载能力保持不变。

2. 基频以上的变频调速

　　当定子频率超过基频时,受电机绕组绝缘耐压的限制,定子电压 U_1 无法进一步提高,只能维持额定值 U_N 不变。由 $U_1 \approx E_1 = 4.44 f_1 N_1 K_{w1}\Phi_m$ 可见:随着定子频率 f_1 的上升,主磁通 Φ_m 必然下降,因而这种调速方式是一种弱磁性质的调速,与他励直

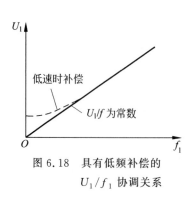

图 6.18　具有低频补偿的
U_1/f_1 协调关系

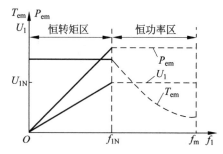

图 6.19　三相异步电动机变频调速时所允许的
输出转矩、输出功率与频率之间的关系

流电动机弱磁升速类似。

基频以上时,由于保持 $U_1=U_N$,三相异步电动机变频调速时的机械特性仍由式(5-136)给出,即

$$T_{em}=\frac{m_1 p}{2\pi}\left(\frac{U_N}{f_1}\right)^2 \frac{f_1\dfrac{r'_2}{s}}{\left[\left(r_1+\dfrac{r'_2}{s}\right)^2+(x_{1\sigma}+x'_{2\sigma})^2\right]} \tag{6-22}$$

最大电磁转矩 T_{emax} 由式(5-140)给出

$$T_{emax}=\frac{m_1 pU_N^2}{4\pi f_1\left[\pm r_1+\sqrt{r_1^2+(x_{1\sigma}+x'_{2\sigma})^2}\right]} \tag{6-23}$$

$$\approx \frac{m_1 pU_N^2}{4\pi f_1(x_{1\sigma}+x'_{2\sigma})}=\frac{m_1 pU_N^2}{8\pi^2 f_1^2(L_{1\sigma}+L'_{2\sigma})}\propto \frac{1}{f_1^2}$$

临界转差率 s_m 由式(5-139)给出

$$s_m=\frac{r'_2}{\sqrt{r_1^2+(x_{1\sigma}+x'_{2\sigma})^2}}$$

$$\approx \frac{r'_2}{x_{1\sigma}+x'_{2\sigma}}=\frac{r'_2}{2\pi f_1(L_{1\sigma}+L'_{2\sigma})}\propto \frac{1}{f_1} \tag{6-24}$$

由式(6-24)得对应于最大转矩 T_{emax} 时的转速为

$$n_m=n_1(1-s_m)\approx \frac{60f_1}{p}-\frac{60r'_2}{2\pi p(L_{1\sigma}+L'_{2\sigma})}=n_1-\Delta n_m \tag{6-25}$$

式(6-25)表明:最大转矩 T_{emax} 处的转速降 Δn_m 与频率无关,即机械特性的硬度保持不变。根据这一特点,并结合式(6-22),绘出基频以上变频调速的典型机械特性如图 6.20 所示。

假定基频以上变频调速过程中电机的功率因数 $\cos\varphi_1$、效率 η 均不变,每相绕组中的电流保持额定值 I_{1N} 不变,此时,三相异步电动机的输出功率和输出转矩分别满足下列关系

$$P_2 = m_1 U_1 I_{1N} \cos\varphi_1 \eta_N \propto U_1$$

$$T_2 = 9550 \frac{P_2}{n} \propto \frac{U_1}{f_1}$$

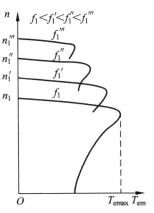

图 6.20　三相异步电动机基频以上变频调速时的机械特性$(U_1 = U_N)$

由上式可见,考虑到调速过程中保持 $U_1 = U_N$,因此,基频以上的变频调速属于恒功率调速,其最大输出转矩反比于定子绕组的供电频率(或转速)。亦即过载能力有所下降。图 6.19 中的虚线表明了这一关系。

综上所述,三相异步电动机的变频调速具有如下特点:

(1)基频以下为恒转矩调速;基频以上为恒功率调速。

(2)变频调速过程中,异步电动机机械特性的硬度保持不变,调速范围宽。

(3)频率连续可调,可以实现无级调速。

鉴于上述特点,三相异步电动机的变频调速广泛应用于轧钢机、球磨机、鼓风机以及纺织机等工业设备中。

例 6-1　一台三相、四极绕线式异步电动机,已知其额定数据和每相参数为:$U_{1N} = 380V$,$f_{1N} = 50Hz$,$n_N = 1480r/min$,$r_1 = 1.03\Omega$,$r_2' = 1.02\Omega$,$x_1 = 1.03\Omega$,$x_2' = 4.4\Omega$,$r_m = 7\Omega$,$x_m = 90\Omega$,定子绕组为 Y 接。(1)采用恒 E_1/f_1 控制,试通过 MATLAB 编程,绘出下列不同供电频率下$(f_1 = 50, 35, 25, 10Hz)$三相异步电动机的机械特性;(2)采用恒 U_1/f_1 控制,重新绘出下列不同供电频率下$(f_1 = 50, 35, 25, 10Hz)$三相异步电动机的机械特性;(3)采用恒定电压控制 $U_1 = U_{1N}$,试用 MATLAB 绘出下列不同供电频率下$(f_1 = 50, 60, 70, 80Hz)$三相异步电动机的机械特性。

解　下面为用 MATLAB 编写的源程序(M 文件),相应的曲线分别如图 6.21(a)、(b)、(c)所示。

(1)
```
% Example 6-1
% Variable-speed by variable-frequency for asynchronous motor with E1/f1 = const
clc
clear
% Parameters for the asynchronous motor with 50-Hz frequency, Y-connection
U1n = 380/sqrt(3); Nph = 3; poles = 4; fe0 = 50; nn = 1480;
r1 = 1.03; r2p = 1.02; X10 = 1.03; X20p = 4.4; rm = 7; Xm0 = 90;
% Calculate rated slip rate
ns0 = 120 * fe0/poles;
sn = (ns0-nn)/ns0;
% Calculate the rated E1n(or EMF)
Zeq1 = (rm + j * Xm0) * (r2p/sn + j * X20p)/((rm + j * Xm0) + (r2p/sn + j * X20p));
E1n = abs(U1n * Zeq1/(r1 + j * X10 + Zeq1));
% Four frequency values
fe1 = 50; fe2 = 35; fe3 = 20; fe4 = 10;
for m = 1: 4
```

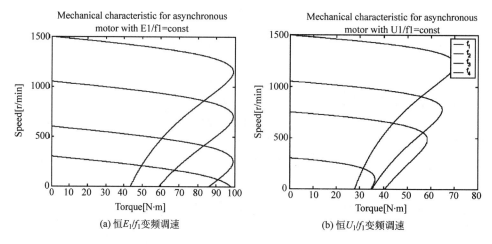

(a) 恒E_1/f_1变频调速　　　　　　　　(b) 恒U_1/f_1变频调速

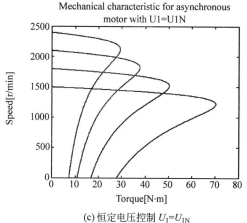

(c) 恒定电压控制 $U_1 = U_{1N}$

图 6.21　例 6-1 图

```
    if m == 1
        f1 = fe1;
    elseif m == 2
            f1 = fe2;
        elseif m == 3
                f1 = fe3;
                else
                    f1 = fe4;
    end
% Calculate the synchronous speed
ns = 120 * f1/poles;
% Calculate the reactances and the voltage
    x1 = X10 * (f1/fe0);
    x2p = X20p * (f1/fe0);
    xm = Xm0 * (f1/fe0);
    E1 = E1n * (f1/fe0);
% Calculate the mechanical characteristic
    for i = 1: 1: 2000
        s = i/2000;
        nr1 = ns * (1 - s);
```

```
        Tem1 = Nph * poles/(4 * pi) * (E1/f1)^2 * (f1 * r2p/s/((r2p/s)^2 + x2p^2));
        nr(i) = nr1;
        TemE(i) = Tem1;
    end
  plot(TemE,nr,'-');
  hold on;
end
xlabel('Torque[N·m]'); ylabel('Speed[r/min]');
title('Mechanical characteristic for asynchronous motor with E1/f1 = const');
disp('End');
```

（2）
```
% Example 6-1
% Variable-speed by variable-frequency for asynchronous motor with U1/f1 = const
clc
clear
% Parameters for the asynchronous motor with 50-Hz frequency,Y-connection
U1n = 380/sqrt(3); Nph = 3; poles = 4; fe0 = 50; nn = 1480;
r1 = 1.03; r2p = 1.02; X10 = 1.03; X20p = 4.4; rm = 7; Xm0 = 90;
% Four frequency values
fe1 = 50; fe2 = 35; fe3 = 25; fe4 = 10;
for m = 1: 4
    if m == 1
        f1 = fe1;
    elseif m == 2
            f1 = fe2;
        elseif m == 3
                f1 = fe3;
            else
                f1 = fe4;
    end
% Calculate the synchronous speed
ns = 120 * f1/poles;
% Calculate the reactances and the voltage
    x1 = X10 * (f1/fe0);
    x2p = X20p * (f1/fe0);
    xm = Xm0 * (f1/fe0);
    U1 = U1n * (f1/fe0);
% Calculate the mechanical characteristic
    for i = 1: 1: 2000
        s = i/2000;
        nr1 = ns * (1 - s);
        Tem1 = Nph * poles/(4 * pi) * (U1/f1)^2 * (f1 * r2p/s/((r1 + r2p/s)^2 +
        (x1 + x2p)^2));
        nr(i) = nr1;
        Tem(i) = Tem1;
    end
  plot(Tem,nr,'-');
  hold on;
end
xlabel('Torque[N·m]'); ylabel('Speed[r/min]');
title('Mechanical characteristic for asynchronous motor with U1/f1 = const');
legend('f_1','f_2','f_3','f_4')
disp('End');
```

（3）
```
% Example 6-1
% Variable-speed by variable-frequency for asynchronous motor with U1 = U1N
```

```
clc
clear
% Parameters for the asynchronous motor with 50-Hz frequency, Y-connection
U1n = 380/sqrt(3); Nph = 3; poles = 4; fe0 = 50; nn = 1480;
r1 = 1.03; r2p = 1.02; X10 = 1.03; X20p = 4.4; rm = 7; Xm0 = 90;
% Four frequency values
fe1 = 50; fe2 = 60; fe3 = 70; fe4 = 80;
for m = 1: 4
    if m == 1
        f1 = fe1;
    elseif m == 2
            f1 = fe2;
        elseif m == 3
                    f1 = fe3;
                else
                    f1 = fe4;
    end
% Calculate the synchronous speed
ns = 120 * f1/poles;
% Calculate the reactances and the voltage
    x1 = X10 * (f1/fe0);
    x2p = X20p * (f1/fe0);
    xm = Xm0 * (f1/fe0);
    U1 = U1n;
% Calculate the mechanical characteristic
    for i = 1: 1: 2000
        s = i/2000;
        nr1 = ns * (1 - s);
        Tem1 = Nph * poles/(4 * pi) * (U1/f1)^2 * (f1 * r2p/s/((r1 + r2p/s)^2 +
        (x1 + x2p)^2));
        nr(i) = nr1;
        Tem(i) = Tem1;
    end
    plot(Tem, nr, '-');
 hold on;
end
xlabel('Torque[N · m]'); ylabel('Speed[r/min]');
title('Mechanical characteristic for Asynchronous Motor with U1 = U1N');
disp('End');
```

3. 变频调速的供电变流器及其调制方案[*]

　　感应电机要实现变频调速,就需要由专门的变频电源供电,要求变频电源必须具有在实现变频的同时完成调压的功能。按实现方式不同,变频电源(俗称变频器)可分为两大类:一类为直接变频电源(又称为交-交变频器或周波变换器),它能够把电网工频 50Hz 的交流电(或来自于其他形式的交流电,如船用柴油发电机等)直接变换为交流电机所需要的电压、频率均可调的交流电(见图 6.22)。这种交-交变频器的特点是所需要的器件较多,频率只能由高频向低频方向改变。另一类为间接变频电源,这类电源采用了

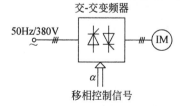

图 6.22　交-交变频器的结构示意图

交-直-交结构,增加了直流滤波环节。它首先将电网工频 50 Hz 的交流电经整流器转换为直流电,然后经直流滤波缓冲后再将直流经逆变器转换为感应电机所需要的交流电(见图 6.23)。按照直流侧是采用电解电容滤波还是大电感滤波,交-直-交变频器中的逆变器又有电流型和电压型之分(见图 6.23(a)、(b))。目前,常规的变频器多采用电容滤波的电压型逆变器。

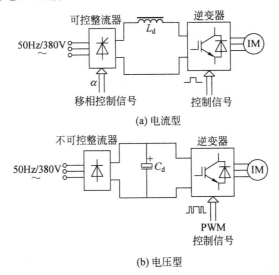

(a) 电流型

(b) 电压型

图 6.23　交-直-交变频器的结构示意图

　　变频器的频率和电压的改变可分别在整流环节、逆变环节实现,也可以由逆变器独立完成。早期的变频器多采用前一种方案,如图 6.24(a)所示,它是由晶闸管组成的相控整流器完成整流、变压,由逆变器实现调频功能。这种形式的变频器的缺点是低速运行时网侧电流波形中存在较强的谐波且功率因数低,系统的动态响应差。

　　随着自关断器件如 IGBT、MOSFET 及其相关智能功率模块(intelligent power modules,IPM)的广泛采用以及 PWM(pulse width modulation,PWM)脉宽调制技术的普及,目前的变频器多采用后一种方案。该方案的直流电压是由二极管组成的不可控整流器完成整流获得,其电压和频率调节则是由逆变器借助于 PWM 技术独立实现的,相应的变频器结构如图 6.24(b)所示;其中的逆变器则多采用三相桥式结构,如图 6.25 所示,图中,将直流侧电容一分为二(其中性点为 o),便于说明各桥臂的输出电压波形。

　　PWM 技术种类繁多,如 SPWM(sinusoidal PWM,SPWM)、SHE-PWM(selected harmonic elimination PWM,SHE-PWM)、SVPWM(space vector PWM,SVPWM)、滞环 PWM 等。这里仅简要介绍 SPWM 技术以及 SVPWM 技术,由此说明图 6.25 所示逆变器是如何借助于 PWM 技术实现电压和频率同时调节的。

(1) SPWM 技术

以 A 相为例,图 6.26 给出了产生 SPWM 波形的原理图,其中的等腰三角形载

波 ν_c 与所希望获得的正弦调制波 ν_a^* 相比较,两者的交点即为开关器件的开关时刻。由此获得逆变器(见图 6.25)中 A 相桥臂中上桥臂 T_1 的控制信号,如图 6.26 所示,而下桥臂 T_4 的控制信号则与 T_1 互补。

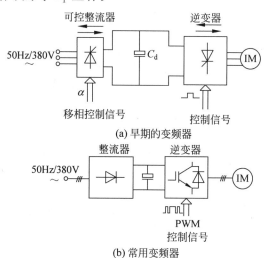

(a) 早期的变频器

(b) 常用变频器

图 6.24　变频器的变频调压方案示意图

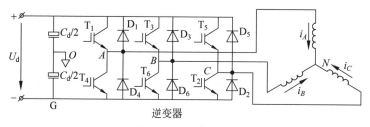

图 6.25　典型的电压型三相桥式逆变器的结构

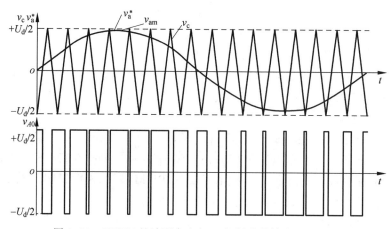

图 6.26　SPWM 的波形产生与 A 相桥臂的输出电压波形

至于其他两相桥臂的开关控制信号可参照类似的方法获得,它们所采用的三角载波与 A 相相同,其差别仅体现调制波上,即 B 相的正弦调制波 ν_b^* 在时间上滞后于 A 相 $120°$,C 相的调制波 ν_c^* 又滞后于 B 相 $120°$,由此获得 AB 之间的线电压波形如图 6.27 所示。

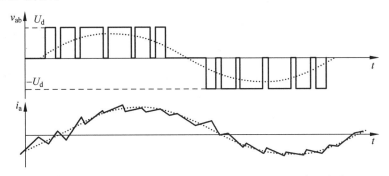

图 6.27　SPWM 逆变器输出的线电压、相电流波形及其基波分量

由图 6.27 可见,SPWM 技术是通过改变等幅不等宽的脉冲宽度,使之按正弦规律变化来确保逆变器的输出电压接近正弦的。此时,尽管逆变器的实际输出电压波形看起来并不是正弦,但其基波分量较大。同时考虑到三相异步电机绕组阻感的滤波作用以及在谐波电压作用下绕组的谐波阻抗较基波大等因素,其三相电压在开关周期(即载波周期)内的平均值尤其是三相电流的波形仍接近正弦(见图 6.27)。至于三相逆变器输出电压的基波频率以及幅值则完全由调制波电压来决定。通过调节调制波电压的频率和幅值,便可同时改变逆变器输出电压的幅值和频率,满足三相异步电机对磁通和过载能力的要求。

对于 SPWM 调制方案,通常,将所期望的定子相电压(即正弦调制波 ν_a^*)的幅值与三角载波的峰值之比定义为 **SPWM 的调制系数**,即

$$M = \frac{v_{am}}{v_{Tm}}$$

其中,v_{am} 为正弦调制波的幅值,v_{Tm} 为三角载波的幅值。当调制系数小于1(亦即正弦调制波的幅值低于三角载波幅值)时,相应的调制区称为**线性调制区(或欠调制区)**;一旦正弦调制波的幅值高于三角载波的幅值,相应的调制区则进入**非线性调制区(或过调制区)**。

由图 6.26 可见,在线性调制区内,SPWM 控制的三相桥式逆变器所能输出的正弦相电压幅值的最大值为 $U_d/2$,则线电压幅值的最大值为 $\sqrt{3}U_d/2$。

SPWM 方案控制下的三相桥式逆变器的优点是:①输出波形接近正弦;②每个采样周期内仅开关一次。这种方案明显的不足是**在线性调制区内,SPWM 的直流侧电压利用率较低**,换句话说,当直流侧电压固定时,三相桥式逆变器所能提供的最大基波电压的幅值较低。利用 SVPWM 方案可以有效地解决这一问题。

（2）SVPWM 技术与定子综合电压矢量的获得

SVPWM(space vector PWM,SVPWM)是一种基于定子电压综合矢量实现三相定子电压对称以及电压幅值、频率、初相角均可控制的调制方案。它将作用到三相对称绕组上的三相电压用综合矢量来描述,通过控制定子电压的综合矢量直接控制三相交流电机的定子旋转磁势(或磁场)的幅值、转速以及空间位置,进而实现对转子转速的调节。由于逆变器的输出是通过不同的电压空间矢量交替作用来实现的,所以 SVPWM 又称为**电压空间矢量的 PWM**。

为了详细地说明 SVPWM 的工作原理,首先简要回顾一下 5.6 节介绍的电压综合矢量。

假定要求图 6.25 所示逆变器输出的三相对称电压如下式所示

$$\begin{cases} u_A = U_m \cos(\omega_1 t + \phi) \\ u_B = U_m \cos\left(\omega_1 t - \dfrac{2\pi}{3} + \phi\right) \\ u_C = U_m \cos\left(\omega_1 t - \dfrac{4\pi}{3} + \phi\right) \end{cases}$$

根据式(5-70),得上述三相对称电压所对应的定子电压综合矢量为

$$\vec{u}_s^* = \frac{2}{3}(u_A + a u_B + a^2 u_C) = U_m e^{j(\omega_1 t + \phi)} \tag{6-26}$$

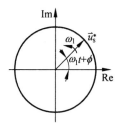

图 6.28　定子电压综合矢量的矢点轨迹

式(6-26)表明,在空间上对称的三相绕组中若通以时间上对称的三相电压,将产生圆形旋转的定子电压综合矢量。若每相外加电压的幅值为 U_m、角频率为 ω_1,则该圆的半径为 U_m,旋转角速度为 ω_1。图 6.28 给出了上述定子电压综合矢量在复平面上的矢点轨迹。

现在的问题是:利用常见的三相桥式逆变器(见图 6.25)能否获得具有上述特点的定子电压综合矢量? 为了回答这一问题,需要对三相桥式逆变器的开关规律以及其所有可能产生的定子电压综合矢量有所了解。

1）传统三相桥式逆变器的开关规律、综合电压矢量与 SVPWM 的引入

为方便起见,将图 6.25 所示三相电压型逆变器重新绘制到图 6.29 中,所不同的是图 6.29 中的开关器件用开关来表示,直流侧虚拟中性点为 O。

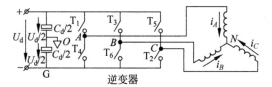

图 6.29　电压型三相桥式逆变器的结构

通常,为了获得时间上互差 $120°$ 的三相交流电压输出,传统的三相桥式逆变器多采用 "180 导通型" 的开关规律。即:①每隔 $60°$ 换流一次;②任何瞬时有三只开关器件同时导通;③每个开关器件导通 $180°$。按照上述开关规律,主开关的导通顺序依次为

$$(T_6、T_1、T_2)\rightarrow(T_1、T_2、T_3)\rightarrow(T_2、T_3、T_4)\rightarrow(T_3、T_4、T_5)\rightarrow(T_4、T_5、T_6)\rightarrow(T_5、T_6、T_1)\rightarrow$$

即开关器件之间的换流是在同一桥臂上的上、下两个开关器件之间进行的。

显然,上述 "180 导通型" 的开关规律总共对应着 6 种基本开关状态,这 6 种开关状态可用下列开关函数来表示。

设 S_A、S_B、S_C 分别表示 A、B、C 三相桥臂的开关状态,"1" 代表上桥臂的开关器件导通,下桥臂的开关器件关断;"0" 代表下桥臂的开关器件导通,上桥臂的开关器件关断;据此,便可得到当开关器件 $(T_6、T_1、T_2)$ 导通时,其对应的开关函数为 $S_A S_B S_C = \{100\}$。同理,可获得其他开关状态时所对应的开关函数。

三相桥式逆变器总共有 $2^3 = 8$ 种开关状态。除了上述 6 种基本开关状态外,三相桥式逆变器还存在另外 2 种开关状态,一种是所有上桥臂开关器件 $(T_1、T_3、T_5)$ 均导通,其对应的开关函数为 $S_A S_B S_C = \{111\}$;另一种是所有下桥臂开关器件 $(T_2、T_4、T_6)$ 均导通,其对应的开关函数为 $S_A S_B S_C = \{000\}$;由于在这两种开关状态下交流电机的三相定子绕组短路,三相逆变器的各相输出电压均为零,故这 2 种开关状态又称为**零状态**。

考虑到对应着每种开关状态三相逆变器将输出一组三相定子电压,这组电压作用到三相定子绕组上便产生一个电压综合矢量。譬如,当开关器件 $(T_6、T_1、T_2)$ 导通时,A 相与直流侧母线正极相接,B、C 两相与直流侧母线负极相接,由此简单电路得各相电压为 $v_{AN} = \frac{2}{3}U_d$,$v_{BN} = -\frac{1}{3}U_d$ 和 $v_{CN} = -\frac{1}{3}U_d$。将其代入式(5-70)得相应的定子电压综合矢量为

$$\vec{u}_s = \vec{V}_1(100) = \frac{2}{3}(u_A + au_B + a^2 u_C) = \frac{2}{3}U_d \tag{6-27}$$

采用类似的方法便可获得其他所有开关状态所对应的定子电压综合矢量。由于三相桥式逆变器总共有 8 种开关状态,因此,三相桥式逆变器总共可以输出 8 种电压综合矢量。其中,除了上述 6 种基本开关状态对应的**基本电压矢量**外,还包含 2 种零状态对应的**零电压矢量**。表 6.1 给出了所有的开关状态、各相的相电压、开关函数以及不同开关函数下的定子电压综合矢量。

根据表 6.1 最右边一列,绘出所有定子电压综合矢量如图 6.30 所示。其中,$\vec{V}_0(000)$、$\vec{V}_7(111)$ 位于坐标原点。

对于按照 "180 导通型" 开关规律工作的电压型三相桥式逆变器而言,在每个工作周期内,开关状态总共变化 6 次(这种开关方式又称为**六阶梯波模式**)。对应每种开

表 6.1　不同开关状态下的开关函数、相电压以及相应的综合矢量

序号	导通开关	A 相电压	B 相电压	C 相电压	开关函数 $(S_A S_B S_C)$	综合电压矢量
0	$T_2 T_4 T_6$	0	0	0	000	$\vec{V}_0(000) = 0$
1	$T_6 T_1 T_2$	$\frac{2}{3} U_d$	$-\frac{1}{3} U_d$	$-\frac{1}{3} U_d$	100	$\vec{V}_1(100) = \frac{2}{3} U_d$
2	$T_1 T_2 T_3$	$\frac{1}{3} U_d$	$\frac{1}{3} U_d$	$-\frac{2}{3} U_d$	110	$\vec{V}_2(110) = \frac{2}{3} U_d e^{j60°}$
3	$T_2 T_3 T_4$	$-\frac{1}{3} U_d$	$\frac{2}{3} U_d$	$-\frac{1}{3} U_d$	010	$\vec{V}_3(010) = \frac{2}{3} U_d e^{j120°}$
4	$T_3 T_4 T_5$	$-\frac{2}{3} U_d$	$\frac{1}{3} U_d$	$\frac{1}{3} U_d$	011	$\vec{V}_4(011) = \frac{2}{3} U_d e^{j180°}$
5	$T_4 T_5 T_6$	$-\frac{1}{3} U_d$	$-\frac{1}{3} U_d$	$\frac{2}{3} U_d$	001	$\vec{V}_5(001) = \frac{2}{3} U_d e^{j240°}$
6	$T_5 T_6 T_1$	$\frac{1}{3} U_d$	$-\frac{2}{3} U_d$	$\frac{1}{3} U_d$	101	$\vec{V}_6(101) = \frac{2}{3} U_d e^{j300°}$
7	$T_1 T_3 T_5$	**0**	**0**	**0**	**111**	$\vec{V}_7(111) = 0$

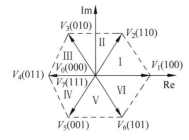

图 6.30　三相桥式逆变器所产生的
定子电压综合矢量

关状态下的电压综合矢量按照 $(\vec{V}_1 \rightarrow \vec{V}_2 \rightarrow \vec{V}_3 \rightarrow \vec{V}_4 \rightarrow \vec{V}_5 \rightarrow \vec{V}_6)$ 顺序(即)各作用一次。6 个电压综合矢量将整个空间分为 6 个扇区,每个电压综合矢量的作用时间为 1/6 周期(对应于 60°电角度),每个周期内零电压矢量不起作用。因此,六阶梯波模式所产生的定子电压综合矢量尽管为旋转矢量,但其矢点的轨迹却只能为正六边形。这种正六边形旋转矢量与希望的圆形旋转矢量相差甚远。因其所产生的定子合成磁势(或磁场)中存在较大的谐波分量,故易引起电机的转矩脉动并导致电机内部的高频损耗增加。

上面提到:按照六阶梯波模式工作的电压型三相桥式逆变器只能获得矢点轨迹为正六边形的旋转定子电压矢量,而无法得到圆形旋转的定子电压矢量。仔细分析可以发现,按照"180 导通型"开关规律工作的三相逆变器存在如下完善的余地:

① 三相桥式逆变器总共可以输出 8 种电压综合矢量,而六阶梯波模式却仅利用了其中的 6 种基本电压矢量,2 个零电压矢量的作用未得到充分发挥;

② 在一个电周期内,每个电压矢量仅作用一次。

SVPWM 就是在深入挖掘上述潜力的基础上,利用空间矢量的合成法则而得到的一种矢量交替作用的 PWM 方案。它继承了 SPWM 以增加开关频率换取正弦波形的特点,并在一个采样周期内通过相邻定子电压综合矢量之间的反复切换(空间矢量 PWM 由此而得名),从而形成矢点轨迹接近圆形的定子电压旋转矢量,最终获

得圆形旋转磁势和磁场。

值得强调的是：SVPWM 方案是通过选择同一扇区内相邻的定子电压综合矢量来合成所期望的定子电压矢量，但这不是矢量合成的唯一途径。之所以选择相邻的定子电压综合矢量来合成，主要考虑的是：相邻定子电压矢量之间相互切换时开关次数最少（仅切换一次），有利于降低逆变器中开关器件的开关损耗，提高变流器的效率。

2）空间电压矢量的合成与 SVPWM 的实现

空间电压矢量 PWM（即 SVPWM）的基本思想可借助于图 6.31 加以说明，该图是将图 6.28 叠加到图 6.30 上的结果，其中，圆形轨迹代表所期望的定子电压的矢点轨迹，8 个矢量表示图 6.29 所示三相电压型逆变器所能提供的所有有效电压综合矢量。对于图 6.31 中任意空间位置的电压综合矢量 $\vec{u}_s^*$，可根据矢量合成的平行四边形法则，并考虑到当前 $\vec{u}_s^*$ 所处的扇区，通过同一扇区两个相邻的基本电压矢量以及零矢量的共同作用得到。现以图 6.31 所示位置的电压综合矢量 $\vec{u}_s^*$ 为例说明如下：

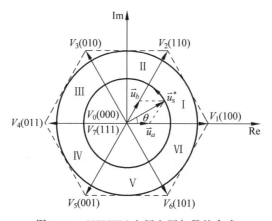

图 6.31　SVPWM 空间电压矢量的合成

图 6.31 中，$\vec{u}_s^*$ 位于第 I 扇区，其相邻的两个基本电压矢量是 $\vec{V_1}$ 和 $\vec{V_2}$。由矢量合成的平行四边形法则得 $\vec{u}_s^* = \vec{u}_a + \vec{u}_b$，其中 $\vec{u}_a$ 与 $\vec{u}_b$ 分别为 $\vec{u}_s^*$ 沿基本电压矢量 $\vec{V_1}$ 和 $\vec{V_2}$ 上的两个分量。考虑到 $\vec{u}_a$ 是 $\vec{V_1}$ 矢量的一部分，因而可以通过 $\vec{V_1}$ 在一个采样周期 T_s 内部分时间作用来实现。设 $\vec{V_1}$ 在采样周期 T_s 内的作用时间为 t_a，则从平均意义上看 $\vec{u}_a = \delta_a \vec{V_1} = \dfrac{t_a}{T_s} \vec{V_1}$。同理，若 $\vec{V_2}$ 在采样周期 T_s 内的作用时间为 t_b，则 $\vec{u}_b = \delta_b \vec{V_2} = \dfrac{t_b}{T_s} \vec{V_2}$。其中，$\delta_a$ 与 δ_b 分别是 $\vec{V_1}$ 和 $\vec{V_2}$ 的占空比。由此得

$$\vec{u}_s^* = \vec{u}_a + \vec{u}_b = \frac{t_a}{T_s} \vec{V_1} + \frac{t_b}{T_s} \vec{V_2} \tag{6-28}$$

根据表 6.1 中 $\vec{V}_1$ 和 $\vec{V}_2$ 的结果有 $|\vec{V}_1| = |\vec{V}_2| = 2/3U_d$，将其代入式（6-28）得

$$t_a = T_s \frac{u_a}{V_1} = T_s \frac{u_a}{(2/3U_d)}, \quad t_b = T_s \frac{u_b}{V_2} = T_s \frac{u_b}{(2/3U_d)} \tag{6-29}$$

其中，u_a 与 u_b 可结合图 6.31 并利用正弦定理求得，其结果为

$$\frac{u_a}{\sin(60° - \theta)} = \frac{u_b}{\sin\theta} = \frac{u_s^*}{\sin 60°}$$

即

$$u_a = \frac{2u_s^*}{\sqrt{3}} \sin(60° - \theta), \quad u_b = \frac{2u_s^*}{\sqrt{3}} \sin\theta \tag{6-30}$$

将式（6-30）代入式（6-29）得

$$\begin{cases} t_a = MT_s \sin(60° - \theta) \\ t_b = MT_s \sin\theta \end{cases} \tag{6-31}$$

其中，M 定义为 **SVPWM 的调制系数**，即 $M = \dfrac{u_s^*}{(U_d/\sqrt{3})}$。

考虑到 $t_a + t_b \leqslant T_s$，故在采样周期 T_s 内，除了 $\vec{V}_1$ 和 $\vec{V}_2$ 作用外，剩余时间由零矢量补充，即零电压矢量的作用时间为

$$t_0 = T_s - t_a - t_b \tag{6-32}$$

通常，将定子电压综合矢量 $\vec{u}_s^*$ 矢点轨迹为圆的调制方法称为**线性调制**，相应的区域又称为**线性调制区**（或**欠调制区**）。根据图 6.31，显然，线性调制时 u_s^* 所能达到的最大值对应于正六边形的内切圆半径，由几何关系得该定子电压矢量的最大幅值为

$$u_{s\max}^* = \frac{2}{3} U_d \cos 30° = \frac{U_d}{\sqrt{3}} \tag{6-33}$$

式（6-33）表明，**在线性调制区内，在 SVPWM 作用下，三相桥式逆变器所能输出的最大相电压的基波分量幅值为 $U_d/\sqrt{3}$**，或者说，**所能输出的最大基波线电压峰值为 U_d**。考虑到 $U_d/\sqrt{3}$ 为 SVPWM 调制系数定义式中的分母，因此，SVPWM 的调制比所表示的是所期望的定子电压矢量幅值与线性调制区内最大的正弦相电压幅值之比。

根据上述结论可以看出：在线性调制区内，与采用 SPWM 方案相比，采用 SVPWM 方案的三相桥式逆变器可以输出更大的基波电压峰值（SPWM 方案相电压峰值为 $U_d/2$；SVPWM 方案该值为 $U_d/\sqrt{3}$），因而可以讲，**采用 SVPWM 方案的三相逆变器直流侧的电压利用率比采用 SPWM 方案更高**。

当所期望的电压矢量 $\vec{u}_s^*$ 位于其他扇区 $k（k = 1, 2, 3, \cdots, 6）$时，则与 $\vec{u}_s^*$ 相邻的基本电压矢量为 $\vec{V}_k$ 和 $\vec{V}_{k+1}$，可采用类似的方法获得各电压矢量的作用时间分别为

$$\begin{cases} t_{ak} = MT_s \sin(60° - \gamma) \\ t_{bk} = MT_s \sin\gamma \\ t_0 = T_s - t_{ak} - t_{bk} \end{cases} \tag{6-34}$$

式中，$\gamma = \theta - (k-1) \times 60° \in [0°, 60°]$。

式(6-34)给出了一个采样周期 T_s 内两相邻电压矢量 $\vec{V}_k$ 和 $\vec{V}_{k+1}$ 的作用时间长短以及零电压矢量的作用时间，对于在一个采样周期内如何安排 $\vec{V}_k$ 与 $\vec{V}_{k+1}$ 的作用顺序以及零电压矢量 $\vec{V}_0$ 与 $\vec{V}_7$ 如何选取尚有余地，这就导致了 SVPWM 方案存在多种可能。

通常，SVPWM 方案是以谐波分量较小且逆变器中器件的开关损耗最小(亦即开关次数最少)为原则，在确保开关次数最少的前提下，SVPWM 的输出波形最好对称(波形对称可减小谐波分量)。下面以第 I 扇区为例，介绍两种常用的 SVPWM 方案的实现。

方案 1　该方案又称为"**五段法**"SVPWM，其特点是按照对称原则，将零矢量集中安排在采样周期的中间或两侧位置。除零矢量外，$\vec{u}_s^*$ 依次由 $\vec{V}_1$、$\vec{V}_2$、$\vec{V}_1$ 按多边形法则合成(见图 6.32(a))，或依次由 $\vec{V}_2$、$\vec{V}_1$、$\vec{V}_2$ 按多边形法则合成(见图 6.32(b))，或依次由 $\vec{V}_1$、$\vec{V}_2$、$\vec{V}_1$ 按多边形法则合成(见图 6.32(c))。$\vec{V}_1$ 与 $\vec{V}_2$ 的作用时间各自一分为二后放在零电压矢量两侧或之间位置，并按照开关次数最少原则选择零矢量。图 6.32 给出了各种"五段法"SVPWM 方案在一个采样周期内各桥臂的输出电压波形。其中，图 6.32(a)是按照 $\vec{V}_1(t_a/2) \rightarrow \vec{V}_2(t_b/2) \rightarrow \vec{V}_7(t_0) \rightarrow \vec{V}_2(t_a/2) \rightarrow \vec{V}_1(t_a/2)$ 的顺序排列的，选择零电压矢量为 $\vec{V}_7$；而图 6.32(b)则是按照 $\vec{V}_2(t_b/2) \rightarrow \vec{V}_1(t_a/2) \rightarrow \vec{V}_0(t_0) \rightarrow \vec{V}_1(t_a/2) \rightarrow \vec{V}_2(t_b/2)$ 的顺序输出的，选择零电压矢量为 $\vec{V}_0$。图 6.32(c)是按照 $\vec{V}_0(t_0/2) \rightarrow \vec{V}_1(t_a/2) \rightarrow \vec{V}_2(t_b) \rightarrow \vec{V}_1(t_a/2) \rightarrow \vec{V}_0(t_0/2)$ 的顺序排列的，选择零电压矢量为 $\vec{V}_0$。图 6.32 中，所有方案由于一个采样周期 T_s 内开关器件总共切换 5 次，"五段法"SVPWM 由此而得名。

方案 2　该方案又称为"**七段法**"SVPWM，其特点是按照对称原则，分别将零矢量均匀分布在采样周期的起、止点和中间位置。除零矢量外，与图 6.32(a)相同，$\vec{u}_s^*$ 依次由 $\vec{V}_1$、$\vec{V}_2$、$\vec{V}_1$ 按多边形法则合成(见图 6.33(a))。$\vec{V}_1$ 与 $\vec{V}_2$ 的作用时间各自一分为二后放在零电压矢量之间，并按照开关次数最少原则选择零矢量 $\vec{V}_0$ 均匀分布两侧，零矢量 $\vec{V}_7$ 位于中间。图 6.33(b)给出了"七段法"SVPWM 方案在一个采样周期内各桥臂的输出电压波形。

由图 6.33(b)可见，"七段法"SVPWM 是按照 $\vec{V}_0(t_0/4) \rightarrow \vec{V}_1(t_a/2) \rightarrow \vec{V}_2(t_b/2) \rightarrow \vec{V}_7(t_0/2) \rightarrow \vec{V}_2(t_a/2) \rightarrow \vec{V}_1(t_a/2) \rightarrow \vec{V}_0(t_0/4)$ 的顺序输出的，由于一个采样周期 T_s

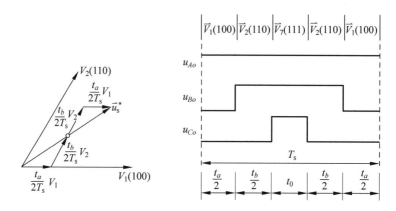

(a) 中间为零矢量$\vec{V}_7$的矢量合成图与波形图

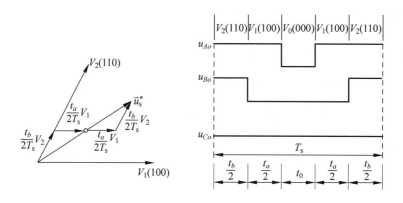

(b) 中间为零矢量$\vec{V}_0$的矢量合成图与波形图

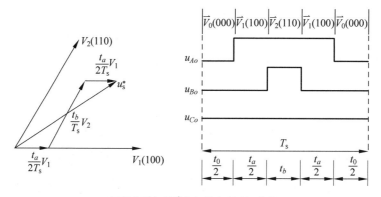

(c) 两侧为零矢量$\vec{V}_0$的矢量合成图与波形图

图 6.32　"五段法"SVPWM 方案的波形图

内开关器件总共切换 7 次,"七段法"SVPWM 由此而得名。图 6.34 给出了在"七段法"SVPWM 作用下三相逆变器输出经滤波(滤出大于或等于开关频率的信号)后的相电压与线电压的典型波形。图中,虚线为相电压的基波分量波形。显然,在 SVPWM 作用下,逆变器输出的相电压波形尽管偏离正弦(主要含有 3 次谐波分量),但线电压波形却接近正弦。

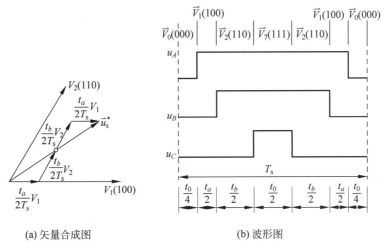

(a) 矢量合成图　　　　　　　(b) 波形图

图 6.33　"七段法"SVPWM 方案的波形图

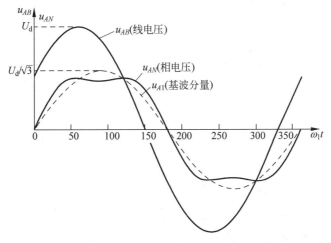

图 6.34　基于 SVPWM 的相电压和线电压波形

　　不同的 SVPWM 方案各有其优缺点。与"五段法"SVPWM 相比,"七段法"SVPWM 输出线电压中所含谐波较低、波形更接近正弦;但由于"五段法"的开关次数较少,故开关损耗较低,且算法简单。

　　需要说明的是,无论是"七段法"还是"五段法"SVPWM,均是线性调制区的调制方法。一旦 $\vec{u}_s^*$ 的矢点轨迹超出线性调制区(即 $\vec{u}_s^*$ 的模超过最大内切圆半径),则 SVPWM 进入**非线性调制区**(又称为**过调制区**)。在过调制区内,三相逆变器输出的线电压无法满足正弦波形输出要求。其线电压中除了基波分量外,还将含有大量谐波。**同线性调制区不同,在过调制区内,零电压矢量将不再起作用**。换句话说,在过调制区内,所需要的电压矢量只能由相邻两个基本非零电压矢量交替作用来获得。

经上述分析可得如下结论：**对于三相交流电机，所需要的定子电压综合矢量可以由经 SVPWM 调制下的三相逆变器来获得**。此时，三相逆变器相当于一台定子电压综合矢量发生器。广义上讲，借助于 SVPWM 调制技术，可以实现三相交流电机的变频调速。与常规变频方式不同，SVPWM 调制方案不仅能够调节三相定子电压的幅值和频率，而且还能改变其初始相角(各相定子电压的初始相角和角频率的信息体现在定子电压矢量的空间位置中，而幅值则由矢量的大小来反映)。

4. 变频调速系统的标量控制方案[*]

变频调速最经典的方案是标量控制下的变频调速方案。它是根据 6.2.2 节介绍的变频调速原理结合变频电源及相关调制技术来实现的。之所以称其为**标量控制**，顾名思义，是因为该方案仅对被控变量(这里是指三相定子电流(或定子电压)综合矢量)的大小(包括幅值和频率)进行控制。"标量控制"是相对后面要介绍的"**矢量控制**"而言。矢量控制除了需要控制定子电流综合矢量的大小(幅值和频率)之外，还需对其空间位置(即三相电流的初始相位)加以控制。虽然在标量控制下系统的动态性能明显不如矢量控制，但由于其简单、易于实现，因而特别适合风机、泵类等对速度精度要求不高的调速场合。

最常用的标量控制方案是基于"恒 U/f"(或频率与电压协调控制)的变频调速控制方案。图 6.35 给出了由"恒 U/f"控制方案实现的变频调速系统的框图。

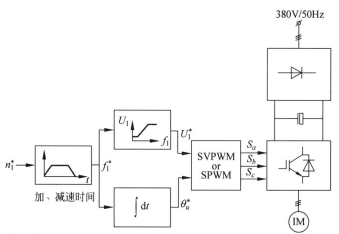

图 6.35   标量控制方案下的变频调速系统框图

图 6.35 中，主回路是由二极管组成的单相或三相不可控整流器、直流侧电容滤波和由 SPWM 或 SVPWM 调制的电压源逆变器组成。在控制回路中，转子转速 n_1^*(实际为同步速)作为指令值，其变化率经加、减速曲线限制(其原因随后说明)后得到逆变器实际输出电压的基波频率参考值 f_1^*。一方面，为确保定子主磁通不变，将 f_1^* 的信号输入至具有低速补偿功能的 U_1/f_1 函数发生器，由此得到三相定子电压(或定子电压综合矢量)幅值的期望值 U_1^*；另一方面，利用积分器对 f_1^* 信号积分，

以确定定子电压综合矢量的空间位置($\theta_u^* = \omega_1 t = 2\pi f_1^* t$)。根据上述定子电压综合矢量的信息,并借助于 SPWM 或 SVPWM 调制方案便可得到三相逆变器的开关控制信号 S_a、S_b、S_c,从而在逆变器的输出侧产生幅值和频率均可调的三相对称电压,最终实现感应电机的变频调速。

需要特别指出的是:**在"U/f"标量控制的变频调速过程中,必须对定子频率的变化率加以限制**,即定子频率不能增加太快,也不能减小太快。现借助于变频调速时异步电机的机械特性(见图 6.36)说明其原因。

由图 6.36 可见,刚开始时交流拖动系统稳定运行在 A 点。若希望系统的转速由 A 点升至 C 点,当定子频率由 f_1 突然增至 f_1'' 时,由于拖动系统的机械惯量转子转速来不及变化,系统的工作点由 A 突跳至 B 点。显然,B 点位于机械特性的不稳定运行区。由此可以得出这样的结论:**在"U/f"标量控制的变频调速过程中,若定子频率 f_1^* 增加过快,系统有可能会因感应电机的工作点进入不稳定区而变得不稳定**。解决的措施是

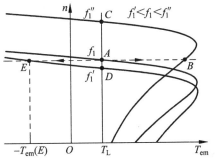

图 6.36 恒 U/f 控制下定子频率改变过快时的机械特性说明

限制 f_1 的变化率,使其不至于增加太快,从而使系统的工作点在升速过程中一直保持在机械特性的稳定运行区域内。

同理,若刚开始时交流拖动系统稳定运行在 A 点,现希望系统的转速由 A 点降至 D 点。当定子频率由 f_1 突然减至 f_1' 时,由于拖动系统的机械惯量转子转速来不及变化,系统的运行点由 A 突跳至 E 点。显然,E 点处于 f_1' 所对应机械特性的回馈制动区。此时,感应电机工作在发电状态,所发出的电能经供电变流器(正常状态时变流器工作在逆变状态,而此时变流器工作在整流状态!)整流变为直流,并向直流侧电容充电,导致直流侧电压升高,严重时会导致逆变器开关器件因直流侧过压而击穿。由此可以得出这样的结论:**在"U/f"标量控制的变频调速过程中,若定子频率 f_1^* 减小过快,系统会由于感应电机的工作点进入回馈制动状态而导致直流侧电压过高,危及逆变器开关器件的安全**。可以从两个方面解决上述问题:①限制 f_1 的变化率,使其不至于减小太快,从而限制回馈能量(或电流)的大小,达到限制直流侧电压的目的;②在直流侧增加能耗制动环节,通过能耗制动电阻产生焦耳热消耗因回馈所产生的电能,进而限制直流侧电压。有关内容详见 6.4.2 节。

标量控制尽管具有方案简单、易于实现等优点,但由于它无法从根本上解决异步电机单边激磁(其气隙(或激磁)磁场和电磁转矩均是由定子侧电流产生的)、自身存在耦合(即转矩和磁场均是电压(或电流)以及频率的函数)等问题,因而系统的动态响应较差,难以满足诸如高速数控机床、机器人、电动车等对动态响应要求较高的运动控制系统需求。

6.2.3　改变转差率的调速

三相异步电动机通过改变转差率 s 可以达到调节转子转速的目的,具体调速方法包括改变定子电压调速、转子绕组串电阻调速、利用滑差离合器调节转速以及双馈调速与串级调速等。这些调速方法的共同特点是低速时转子铜耗 $p_{Cu2}=sP_{em}$ 较大,造成转子发热严重。

对于改变转差率 s 实现调速的方案,其效率可由下式给出

$$\eta=\frac{P_2}{P_1}\approx\frac{P_{mec}}{P_{em}}=\frac{(1-s)P_{em}}{P_{em}}=1-s \tag{6-35}$$

式(6-35)表明,转子转速越低,转差率 s 越大,效率越低。因此,改变转差率 s 的调速方案其经济性较差(双馈调速与串级调速除外)。

下面分别对上述各种改变转差率的调速方案进行介绍。

1. 改变定子电压调速

三相异步电动机改变定子电压后的人为机械特性已在5.11.3节作了介绍,这里将其重画在图6.37(a)中。图6.37(a)还同时绘出了恒转矩负载的转矩特性(曲线1)以及风机类负载的转矩特性(曲线2)。

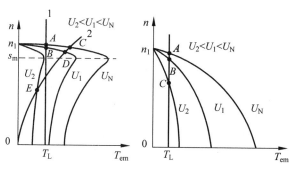

(a) 一般鼠笼式异步电动机　　(b) 高转差率鼠笼式异步电动机

图6.37　三相异步电动机的降压调速

由图6.37(a)可见,改变定子电压,可以改变转差率,调节转子转速。定子电压越低,转差率越大,转子转速越低。但考虑到最大电磁转矩与定子外加电压的平方成正比,随着定子电压的降低,过载能力将明显降低。因此,调压调速仅适用于轻载调速场合。

由图6.37(a)可见:对于风机、泵类负载,可以直接采用一般鼠笼式异步电动机进行调压调速。对于恒转矩负载,若采用一般鼠笼式异步电动机,则调速范围较窄。要想获得较宽的调速范围,可采用高转差率电机(如双鼠笼式或深槽式鼠笼异步电机)(见图6.37(b)所示),但其运行效率降低。

为了提高调压调速机械特性的硬度,增大鼠笼式异步电动机的调速范围,可采用如下两种方案:①采用转速闭环的方案,如图6.38(a)所示,相应的机械特性如

图 6.38(b)所示。显然,由于低速时机械特性变硬,调速范围也将明显改善。
②将调压调速与变极调速结合,可以进一步扩大调速范围。

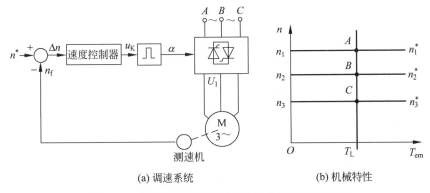

(a) 调速系统 　　　　　　　　　(b) 机械特性

图 6.38　具有速度反馈的异步电动机调压调速系统

根据电磁转矩的表达式 $T_{em}=P_{em}/\Omega_1=m_1 I_2'^2 r_2'/s\Omega_1$,调压调速时,电磁转矩 T_{em} 与转差率 s 成反比,因此,**调压调速既不属于恒转矩调速也非恒功率调速**。

2. 绕线式异步电动机的转子串电阻调速

同样,三相绕线式异步电动机转子串电阻的人为机械特性已在 5.11.3 节作了介绍,这里将其重画在图 6.39 中。

由图 6.39 可见,**对于三相绕线式异步电动机,外加转子电阻 R_Ω 越大,则转差率越大,转子转速越低**。通常,绕线式异步电动机转子外串电阻的调速范围可达 2～3 倍。

下面对绕线式异步电动机转子串电阻 R_Ω 的调速性质进行分析。

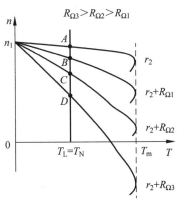

图 6.39　绕线式异步电动机转子串电阻的人为机械特性

考虑到 $T_{em}=C_T'\Phi_m I_2'\cos\varphi_2$,由于电源电压保持不变,故主磁通 Φ_m 为定值。调速过程中,为了使定子绕组得到充分利用,要求保持 $I_2=I_{2N}$,结合异步电机的等效电路(见图 5.46)得

$$I_{2N}=\frac{E_2}{\sqrt{\left(\dfrac{r_2}{s_N}\right)^2+x_{2\sigma}^2}}$$

$$I_2=\frac{E_2}{\sqrt{\left(\dfrac{r_2+R_\Omega}{s}\right)^2+x_{2\sigma}^2}}$$

考虑到 $I_2=I_{2N}$,于是有

$$\frac{r_2}{s_N}=\frac{r_2+R_\Omega}{s}=常数 \tag{6-36}$$

根据式(6-36)得转子回路的功率因数为

$$\cos\varphi_2 = \frac{(r_2 + R_\Omega)/s_1}{\sqrt{\left(\frac{r_2 + R_\Omega}{s_1}\right)^2 + x_{2\sigma}^2}} = \frac{r_2/s_N}{\sqrt{\left(\frac{r_2}{s_N}\right)^2 + x_{2\sigma}^2}} = \cos\varphi_{2N} = 常数$$

因此,电磁转矩为

$$T_{em} = C_T'\Phi_m I_2'\cos\varphi_2 = C_T'\Phi_m I_{2N}'\cos\varphi_{2N} = 常数$$

可见,**转子串电阻调速属于恒转矩调速**。

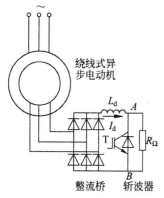

绕线异步电动机

整流桥　　斩波器

图 6.40　绕线式异步电动机转子回路串电阻的斩波调速

传统意义上,绕线式异步电动机转子串电阻的调速方案大多是采用机械式变阻器来实现的。这种方案的可靠性较差,同时,由于机械式变阻器的触点易引起火花,运行环境自然也受到一定限制。利用电力电子技术便可对上述方案加以改进,方法是:在转子回路中加入不可控二极管整流桥、直流斩波器和外加电阻,由其取代机械式变阻器,实现所谓的转子串电阻斩波调速方案,如图 6.40 所示。

绕线式异步电动机转子串电阻斩波调速的基本工作原理是:定子绕组仍直接接到电网上,而转子回路则首先通过由二极管组成的三相整流桥将转子的三相转差电势整成直流。然后,借助于大电感 L_d 将直流电压变为恒流源 I_d,最后送至由 IGBT 实现的直流斩波器和并联电阻上。斩波器工作在直流 PWM(pulse width modulation)方式,其占空比为 $\delta = \dfrac{t_{on}}{T}$。其中,$t_{on}$ 为 IGBT 开关器件的导通时间;T 为开关频率对应的周期。当 IGBT 关断时,电阻 R_Ω 接入转子绕组,流过该电阻的电流为 I_d;当 IGBT 开通,电阻 R_Ω 短路,电流 I_d 通过 IGBT 旁路。所以在 AB 两点的等效电阻可表示为 $R_{eq} = (1-\delta)R_\Omega$。这样,通过改变占空比 δ 便可改变绕线式异步机转子的等效电阻,达到调节转子转速的目的。

尽管绕线式异步电动机转子串电阻调速方案在低速时运行效率较低,但由于这种调速方式具有起动平滑、可以额定转矩起动、起动电流小、调速范围宽和投资小等优点,因而仍在起重机以及通风机类负载上得到应用。

3. 电磁滑差离合器调速

滑差离合器电动机又称为"**电磁调速电动机**",它是在鼠笼式异步电动机的转子机械轴上安装电磁滑差离合器,通过调节离合器的励磁电流调节离合器的输出转速,最终实现负载调速。滑差离合器电机的基本结构如图 6.41 所示。

由图 6.41 可见,滑差离合器电机是由鼠笼式异步电动机、电磁滑差离合器以及控制电源组成,其中,电磁滑差离合器是由电枢和磁极两部分组成。电枢与鼠笼式

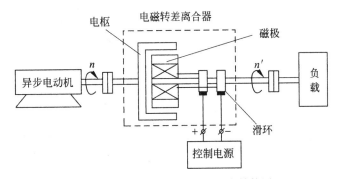

图 6.41　滑差离合器电机的基本结构图

异步电动机转子通过联轴器连接,作为主动部分;磁极通过联轴器与负载相连,作为从动部分。通常,电枢是由整块铸钢组成,相当于鼠笼式异步电动机的转子,可以认为是由无数根鼠笼导条并联而成,其内产生涡流;磁极上装有励磁绕组。外加电源通过滑环、电刷加至励磁绕组,由其控制直流励磁电流的大小,改变负载转速。

　　滑差离合器电机的具体调速原理介绍如下:当鼠笼式异步电动机旋转时,滑差离合器的电枢则随转子一同旋转,设其角速度为 Ω,转向为顺时针,如图 6.42 所示。当磁极上励磁绕组中的励磁电流 $I_f=0$ 时,离合器的电枢和磁极两部分无任何联系,此时,负载侧电磁转矩为零;当 $I_f \neq 0$ 时,离合器的电枢和磁极两部分通过磁场建立联系。由于相对运动,电枢内的鼠笼导条便

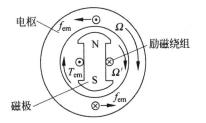

图 6.42　电磁滑差离合器的
工作原理

会感应电势、产生涡流,其方向可根据右手定则判定。涡流与磁极所产生的磁场相互作用所产生电磁转矩的方向可根据左手定则判定。图 6.42 中,电枢上所产生的电磁力或电磁转矩的方向为逆时针。根据作用与反作用原理,磁极上所产生的电磁转矩的方向则为顺时针。可见,离合器的电枢和磁极两部分转向相同。在电磁转矩的作用下,磁极带动负载一同加速旋转,最终到达稳定转速。设其角速度为 Ω',由于电枢内的涡流是靠电枢和磁极之间的相对运动产生的,因此,Ω' 不可能达到 Ω,即 $\Omega' < \Omega$,正是基于转差(或滑差)的工作原理,电磁滑差离合器由此而得名。

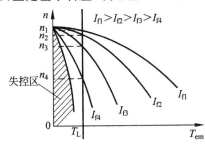

图 6.43　电磁滑差离合器的机械特性

　　电磁滑差离合器的工作原理与感应电动机很相似,其机械特性自然也类似于转子电阻较大时异步电动机的机械特性。图 6.43 给出了电磁滑差离合器的机械特性。其中,理想空载转速是指异步电动机转子的转速。

　　由图 6.43 可见:①随着直流励磁电流的增大,相同转速条件下滑差离合器输出的电磁转矩增大;②改变直流励磁电流 I_f 可以调节

负载侧的转速。

　　滑差离合器电机具有设备简单、控制方便、可实现平滑调速等优点。但由于其机械特性较软,因而调速范围较窄、运行效率较低。这种调速方案特别适用于风机与泵类负载。

　　以上各种改变转差率的调速方式如定子调压调速、转子串电阻调速以及采用滑差离合器调速有一个共同特点就是,转子的转差功率皆消耗到转子电阻上,通过损耗的改变,实现了调速,因此皆属于低效率的调速方式。如果能将这部分转差功率回收到电网上,则调速系统的效率便可以大大提高。这一思想可以通过双馈调速和串级调速方案加以实现。

4. 绕线式异步电动机的双馈调速与串级调速

　　所谓**双馈**是指绕线式异步电动机的定、转子绕组皆通过两个独立的三相对称电源供电,即**双边励磁**,这一点与鼠笼式异步电机的**单边励磁**有明显的不同。

　　就双馈电动机而言,通常,绕线式异步电动机的定子绕组接到固定频率的电网上,而转子绕组则借助于电力电子变流器接到一个幅值、频率和相位皆可调的三相交流电源上。通过改变转子绕组电源的幅值、频率和相位就可以调节异步电动机的转矩、转速和定子侧的功率因数,而且有可能使转子在同步速、甚至超同步速下运行。

　　如果转子绕组借助于电力电子变流器接到一幅值可调的直流电源上,通过改变直流电源电压的大小间接改变转子绕组外加交流电压的幅值,则双馈调速即变为串级调速。因此可以讲,**串级调速**是**双馈调速**的一个特例。

　　下面首先介绍双馈调速的基本工作原理。

　　假定绕线式异步电动机的定子绕组仍接到固定频率的电网上,转子回路的外加电源电压为 $\dot{U}_{2s}$,其频率与转子绕组感应电势 $\dot{E}_{2s}$ 的频率(即转差频率)相同。此时,三相异步电动机每相的等效电路如图 6.44 所示。由图 6.44 可求得转子绕组的电流为

$$\dot{I}_{2s} = \frac{\dot{E}_{2s} + \dot{U}_{2s}}{r_2 + \mathrm{j}sx_{2\sigma}} \tag{6-37}$$

式中,$\dot{E}_{2s} = s\dot{E}_2$。下面就几种情况分别进行讨论。

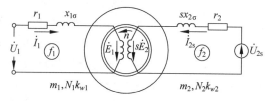

图 6.44　双馈供电下绕线式异步电机的等效电路

　　(1) 当 $\dot{U}_{2s}$ 与 $\dot{E}_{2s}$ 相位相同或相反时,由式(6-37)得转子电流的有功分量为

$$I_{2a} = \frac{(E_{2s} \pm U_{2s})}{\sqrt{r_2^2 + (sx_{2\sigma})^2}} \frac{r_2}{\sqrt{r_2^2 + (sx_{2\sigma})^2}} \tag{6-38}$$

考虑到实际运行时转差率 s 较小，$E_{2s} = sE_2$，于是，式(6-38)可简化为

$$I_{2a} = \frac{sE_2 \pm U_{2s}}{r_2} \tag{6-39}$$

设转子回路未加 $\dot{U}_{2s}$（即 $\dot{U}_{2s} = 0$）时的转差为 s_1，此时，转子电流的有功分量为

$$I'_{2a} = \frac{s_1 E_2}{r_2}$$

假定 $\dot{U}_{2s}$ 加入前后负载转矩保持不变（即恒转矩负载），由 $T_{em} = C_{T1}\Phi_m I_2 \cos\varphi_2 = C_{T1}\Phi_m I_{2a}$ 可知，转子电流的有功分量基本不变，即 $I_{2a} = I'_{2a}$。于是有

$$\frac{sE_2 \pm U_{2s}}{r_2} = \frac{s_1 E_2}{r_2}$$

即

$$s = s_1 \mp \frac{U_{2s}}{E_2} \tag{6-40}$$

式(6-40)表明，改变外加电压 $\dot{U}_{2s}$ 便可以改变转差率，实现转子调速。当外加电压 $\dot{U}_{2s}$ 与转子的感应电势 $\dot{E}_{2s}$ 同相时，$\dot{U}_{2s}$ 越大，转差率 s 越小，转子转速越高；当外加电压 $\dot{U}_{2s}$ 与 $\dot{E}_{2s}$ 反相时，$\dot{U}_{2s}$ 越大，转差率 s 越大，转子转速越低。

将式(6-38)代入转矩表达式 $T_{em} = C_{T1}\Phi_m I_2 \cos\varphi_2 = C_{T1}\Phi_m I_{2a}$ 得

$$T_{em} = C_{T1}\Phi_m E_{2s} \frac{r_2}{r_2^2 + (sx_{2\sigma})^2} \pm C_{T1}\Phi_m U_{2s} \frac{r_2}{r_2^2 + (sx_{2\sigma})^2} \tag{6-41}$$

很显然，式(6-41)中，等式右边的第一项为由 $\dot{E}_{2s}$ 单独作用所产生的电磁转矩 T_{em1}，其相应的机械特性曲线与普通三相异步电动机相同，如图 6.45(a)所示；第二项为由 $\dot{U}_{2s}$ 单独作用所产生的电磁转矩，相应的机械特性曲线如图 6.45(b)中的 $\pm T_{em2}$ 所示，很显然，T_{em2} 在 $s = 0(n = n_1)$ 时达最大。将两条机械特性曲线求代数和便可求得 $\dot{U}_{2s}$ 与 $\dot{E}_{2s}$ 同相或反相时双馈调速的机械特性曲线，如图 6.45(c)所示。为便于比较，图 6.45(c)中还给出了 $U_{2s} = 0$ 的机械特性曲线 $n = f(T_{em1})$。

由图 6.45(c)可见，当 $\dot{U}_{2s}$ 与 $\dot{E}_{2s}$ 相位相同时，机械特性曲线右移，相同负载转矩下转子转速升高。若 $\dot{U}_{2s}$ 合适，电机甚至可以在同步速运行；进一步增加 $\dot{U}_{2s}$ 的大小，电机可以在同步速以上运行，工作在所谓的**超同步运行状态**；当 $\dot{U}_{2s}$ 与 $\dot{E}_{2s}$ 相位相反时，机械特性曲线左移，相同负载转矩下转子转速降低，电机在同步速以下运行。

(2) 当 $\dot{U}_{2s}$ 超前 $\dot{E}_{2s}$ 90°时，根据式(6-37)，画出 $\dot{U}_{2s}$ 加入前后双馈电机的相量图

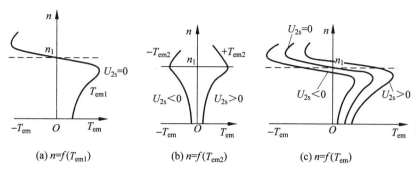

(a) $n=f(T_{em1})$　　　　(b) $n=f(T_{em2})$　　　　(c) $n=f(T_{em})$

图 6.45　双馈调速的机械特性曲线($\dot{U}_{2s}$ 与 $\dot{E}_{2s}$ 同相或反相时)

如图 6.46 所示。由图 6.46 可见,加入 $\dot{U}_{2s}$ 后,定子侧的功率因数角 φ_1 减小,功率因数 $\cos\varphi_1$ 明显提高。若进一步加大 $\dot{U}_{2s}$ 的大小,定子电流 $\dot{I}_1$ 有可能超前定子电压 $\dot{U}_1$,使得定子侧的功率因数 $\cos\varphi_1$ 超前,即向电网发送滞后无功,而不需像普通异步电机那样从电网吸收滞后的无功功率。

(3) 当 $\dot{U}_{2s}$ 与 $\dot{E}_{2s}$ 成任意夹角 θ 时,外加转差频率的电压 $\dot{U}_{2s}$ 既不与转子绕组感应电势 $\dot{E}_{2s}$ 同相或反相,也不与 $\dot{E}_{2s}$ 垂直,而是与 $\dot{E}_{2s}$ 成任意夹角 θ,相应的相量图如图 6.47 所示。此时,可将 $\dot{U}_{2s}$ 分解为两个分量,一个为与 $\dot{E}_{2s}=s\dot{E}_2$ 同相的分量 $U_{2s}\cos\theta$,另一个为超前 $\dot{E}_{2s}90°$ 的分量 $U_{2s}\sin\theta$。这两个分量确保电动机既可以实现调速,又可以改善定子侧的功率因数 $\cos\varphi_1$。

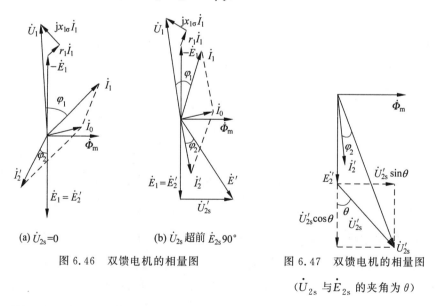

(a) $\dot{U}_{2s}=0$　　　　(b) $\dot{U}_{2s}$ 超前 $\dot{E}_{2s}90°$

图 6.46　双馈电机的相量图

图 6.47　双馈电机的相量图

($\dot{U}_{2s}$ 与 $\dot{E}_{2s}$ 的夹角为 θ)

双馈调速电动机除了定子绕组接到固定频率的电网上外,要求转子绕组采用一个幅值、频率以及相位均可调的三相交流电源供电。该电源具体可以由交-交变频器或交-直-交变频器实现,如图 6.48(a)、(b)所示,其详细内容见后续课程"交流调速系统"。

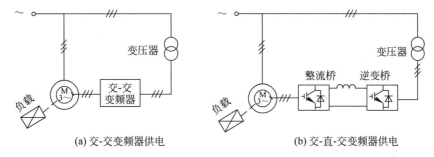

(a) 交-交变频器供电　　　　　　　(b) 交-直-交变频器供电

图 6.48　三相绕线式异步电动机双馈调速系统的组成

　　串级调速作为双馈调速的一个特例,它仅仅调节转子外加电压 $\dot{U}_{2s}$ 的大小。图 6.49 给出了绕线式异步电动机串级调速系统的主回路框图,其具体措施是:首先将转子的三相交流电势经整流后变为直流量,通过改变直流量的大小间接调整转子外加电压的大小。而直流侧电压(或电流)的改变则是通过逆变器和变压器来实现的。

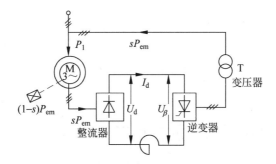

图 6.49　绕线式异步电动机的串级调速

　　串级调速的基本工作原理是:首先将转子转差频率的电势经整流变为直流量,然后借助于逆变器和变压器将直流功率逆变为交流功率并馈送至电网,所馈送的功率即为转差功率 sP_{em}。通过改变逆变角 β 的大小,便可以调节直流侧电压的大小以及馈送到电网上的转差功率的大小,因而也就间接地改变了转子回路外加电压 $\dot{U}_{2s}$ 的大小,达到了调节转子转速的目的,其调速原理分析如下。

　　设转子绕组的线电势为 $E_{2s} = sE_{20}$,E_{20} 为转子开路时的线电压;整流器直流侧的电压为 U_d;逆变器直流侧的电压为 U_β,逆变器交流侧(即变压器二次侧)的线电压为 U_{21},则有下列关系式

$$U_d = 1.35sE_{20} \tag{6-42}$$

$$U_\beta = 1.35U_{21}\cos\beta \tag{6-43}$$

电动机稳定运行时,$U_d = U_\beta$,即

$$1.35sE_{20} = 1.35U_{21}\cos\beta$$

于是有

$$s = \frac{U_{21}\cos\beta}{E_{20}} \tag{6-44}$$

由式(6-44)可见,改变逆变角 β 的大小,就能改变转差率 s,进而调节转子转速。β 越大,s 越小,转速越高。当 $\beta = \pi/2$ 时,$U_\beta = 0$,相当于转子短路,电动机工作在自然机械特性状态。

上述由双馈调速与串级调速组成的系统分别又称为 **Scherbius 系统**和 **Kramer 系统**,其主要区别在于转差功率 sP_{em} 是否可以在变流器中双向传递。能够实现转差功率双向传递的拖动系统称为 Scherbius 系统;仅能实现转差功率单向传递的拖动系统称为 Kramer 系统。这些系统的主要优点是:

(1) 效率高。由于转子的转差功率不是消耗在转子电阻上,而是馈送到电网上,因而系统的运行效率大大提高。

(2) 变流器的容量较小。由于变流器所传递的是转子的转差功率,其功率较小,因而所需变流器的容量小,从而降低了变流器的成本,起到了"以小控大"的目的,即用小变流器控制大电机的目的。

(3) 可以改善电网的功率因数(仅对双馈调速系统而言)。

鉴于上述优点,目前双馈调速与串级调速系统主要适用于高压、大容量的绕线式异步电动机带动风机、泵类负载。对于双馈调速系统,由于其可以在超同步速、同步速以下、甚至可以在同步速运行,并能改善电网的功率因数,因而在风力发电系统中也得到了广泛应用。

6.2.4 基于综合矢量控制的高性能交流调速系统方案※

6.2.2 节曾介绍了标量控制调速系统方案,鉴于标量控制仅对三相定子电压的幅值和频率进行控制,考虑到任何正弦交流量都是由三要素(幅值、频率、初相位)组成的,这三要素可以由统一相量来表示。而对逆变器供电的三相异步电机而言,其三相定子电流或定子磁链等均可以由统一的综合时空向量(即综合矢量)来表示。定子电流或定子磁链的综合矢量中既包含了三相电流幅值、频率的信息,也囊括了各相电压初始相位的信息。标量控制仅考虑了幅值和频率两个要素,故系统的动态性能自然要受到影响。只有对定子电流或定子磁链综合矢量的三要素进行全面控制,才能真正有效地控制动态转矩,获得高性能的动态响应。

为此,本节将介绍两类常见的基于定子综合矢量的高性能交流调速系统方案:一类是**基于定子电流综合矢量控制的调速方案——转子磁链定向的矢量控制方案**;另一类是**基于定子磁链综合矢量控制的调速方案——直接转矩控制方案**。这两类方案代表了当今运动控制领域内最流行的两大流派。这些方案的采用大大改善了包括异步电机和同步电机在内的交流电机性能,对于运动控制领域具有里程碑式的意义。

考虑到上述两类方案(**矢量控制与直接转矩控制**)的详细讨论涉及交流电机的动态模型,已经超出本课程的范围,为此,本节仅从物理概念出发,采用类比的方法,在利用前面所学知识的基础上,简要讨论这两种方案的基本思想和系统组成。

1. 基于定子电流综合矢量控制的调速方案——转子磁场定向的矢量控制方案

矢量控制(vector control,VC)是磁场定向的矢量控制(flux-oriented vector control,FOC)的简称。矢量控制是相对标量控制而言。顾名思义,矢量控制不仅要控制定子电流综合矢量的大小(幅值和频率),而且对定子电流综合矢量的空间位置(即三相电流的相位)也需严格控制。通过对定子电流综合矢量(幅值和空间相位)(亦即其两个正交电流分量的大小)的准确控制,达到对电磁转矩和磁链单独控制的目的(矢量控制由此而得名)。

从电机控制的角度看,矢量控制的目的是使交流电机获得类似于他励直流电机的性能。鉴于他励直流电机的主磁场是由定子侧的励磁电流产生的,而电磁转矩则是由主磁场和来自转子侧的电枢电流相互作用的结果,为了获得类似于他励直流电机解耦控制的效果,矢量控制将定子电流综合矢量分解为两个分量:转矩分量和磁链分量(与他励直流电机不同的是,这两个分量均来自定子侧)。通过这两个分量分别对交流电机的电磁转矩和磁链单独控制,从而获得了类似于他励直流电机的动态性能。

从控制理论角度看,矢量控制的基本思想是借助于坐标变换,将静止坐标系下描述三相电流的定子电流综合矢量变换至同步旋转坐标系;然后,在同步旋转坐标系下对定子电流综合矢量的两个分量(转矩分量和磁场分量)单独进行控制。事实上,正是因为采用了非线性的坐标变换,将非线性对象(这里是指交流电机)变换为线性对象(类似于直流电机),然后采用类似于线性对象的控制策略(如 PI 控制、极点配置等),才使得由交流电机组成的交流传动系统具有类似于直流传动系统的性能。

(1) 异步电机矢量控制基本思想的由来

在理想条件下,采用矢量控制的异步电机就如同一台他励直流电机,图 6.50 给出了两者之间的相似性解释。对于他励直流电机,若忽略电枢反应和磁路饱和,根据2.5 节,所产生的电磁转矩可由下式给出

$$\tau_{em} = G_{af} i_f i_a \tag{6-45}$$

考虑到由励磁电流 i_f 所产生的激磁磁势 $\vec{F}_f$ 以及激磁磁链 $\vec{\Psi}_f$ 与由电枢电流 i_a 所产生的电枢磁势 $\vec{F}_a$ 以及电枢磁链 $\vec{\Psi}_a$ 之间,由于换向器和电刷的作用,空间上相对静止且相互垂直(见图 6.50(a))。从控制角度上看,由于他励直流电机的结构,i_f 与 i_a 的控制是完全解耦的,或者说,与之相对应的激磁磁链和电磁转矩的控制也是解耦的。即电磁转矩可以单独由电枢电流 i_a 来控制,而不受励磁磁链 $\vec{\Psi}_f$ 的影响。而励磁磁链 $\vec{\Psi}_f$ 仅受励磁电流 i_f 支配,而与电枢磁链 $\vec{\Psi}_a$ 无关。电磁转矩是励磁磁链 $\vec{\Psi}_f$

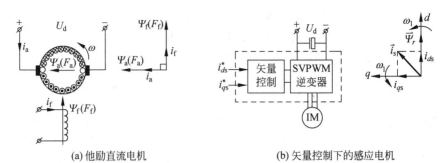

(a) 他励直流电机　　　　　　　(b) 矢量控制下的感应电机

图 6.50　他励直流电机与矢量控制下的感应电机之间的相似性

与电枢电流 i_a 相互作用的结果。若保持励磁磁链 $\vec{\Psi}_f$ 为额定值不变,则单位电流所产生的电磁转矩(即 τ_{em}/i_a)最大,通过控制 i_a 便可以线性调整电磁转矩,从而得到最快的动态响应。

　　上述分析表明,他励直流电机的结构特点很容易实现磁链和电磁转矩控制的解耦,但对异步电机则情况要复杂得多。对于鼠笼式异步电机,由于转子的鼠笼式结构,定子电流成为唯一的控制信号。此外,考虑到磁链与定子电流有关,磁链与电流相互作用所产生的电磁转矩自然与定子电流是非线性关系,因此,仅靠鼠笼式异步电机自身难以实现产生最大电磁转矩的线性控制。

　　为了获得类似于他励直流电机的解耦控制策略,首先,有必要构造分别产生励磁磁链和控制电磁转矩的两个电流控制量。既然定子电流是唯一的控制信号,这两个电流控制量自然包含在定子电流内。它们应该是定子电流综合矢量的两个分量 i_{ds} 与 i_{qs},如图 6.50(b)所示;其中,i_{ds} 用来控制磁链,i_{qs} 控制电磁转矩。在找到这两个控制量之后,如何实现旋转磁链和电磁转矩控制上的解耦则成为问题的关键。

　　在 5.6.2 节中,我们曾提到过,在空间位置对称的三相绕组中通以时间上对称的三相电流将产生矢点轨迹为圆形的旋转磁势和磁场。代表旋转磁势(或磁场)的定子电流综合矢量在同步旋转坐标系下的两个分量为直流量。通俗地讲就是,对于同一旋转磁势,若站在静止的三相坐标系下观察电流综合矢量,其三相电流的分量为三相时间对称的正弦交流;若站在同步旋转坐标系下观察同一电流综合矢量,其在正交的两相绕组中的两相电流则为直流。这两个直流电流分量即 i_{ds} 与 i_{qs},分别相当于他励直流电机中的励磁电流 i_f 和电枢电流 i_a。与他励直流电机是静止空间矢量不同,感应电机的综合矢量是以同步角速度 ω_1 旋转的。考虑到转子磁链就是以同步角速度旋转的,因此,可以将转子磁链的角速度作为同步旋转坐标系的角速度。同时,为了确保转子磁链是由 i_{ds} 单独控制,需将同步旋转坐标系的 d 轴定向在转子磁链 $\vec{\Psi}_r$ 所处的空间位置上(即将 d 轴沿 $\vec{\Psi}_r$ 的方向选取),而 q 轴则垂直于 d 轴且超前其 90°(见图 6.50(b)右侧的矢量图)。**转子磁场(或磁链)定向的矢量控制**(Field Oriented Control,FOC)由此而得名。

　　在图 6.50(b)中,既然定子电流综合矢量 $\vec{i}_s$ 沿 d、q 轴方向上的两个分量 i_{ds} 与

i_{qs} 是正交的,且所有转子磁链 $\vec{\Psi}_r$ 均集中在 d 轴上(即 $\Psi_{dr}=\bar{\psi}_r$,$\Psi_{qr}=0$),因此,i_{ds} 与 i_{qs} 是解耦的,相应的转子磁链(或磁场)和电磁转矩可以完全实现解耦控制。于是,类似于直流电机,矢量控制下的异步电机的电磁转矩可表示为

$$\tau_{em}=k_t\psi_r i_{qs}=K_t i_{ds} i_{qs} \tag{6-46}$$

以上介绍了矢量控制下的异步电机与他励直流电机的相似之处,两者的异同之处还体现在:

① 从供电电源看,他励直流电动机的电枢绕组是由电刷外部的直流电源供电,其内部绕组所感应的电势和流过的电流仍为交流(换句话说,扣除电刷和换向器,电机本体却为交流电机),电刷和换向器(又称为机械式逆变器)在其中起到了将外部直流转换至内部交流的作用。而对于由逆变器供电的异步电机也是由直流电源供电(见图 6.50(b)中的虚线框),只不过是由电机外部的电子式逆变器完成直流到交流的转换功能。

② 站在定子坐标系下看,他励直流电机的励磁磁势(或磁链)与电枢磁势(或磁链)是静止的,因而两者空间上自然是相对静止的;而对于矢量控制下的异步电机,上述两个磁势所对应的空间电流 i_{ds} 与 i_{qs} 却是以同步角速度旋转的,但两者空间上仍然是相对静止的。

③ 他励直流电机所产生的电磁转矩是由位于定子侧的磁场(或磁链)与转子侧的电枢电流相互作用的结果。对于矢量控制下的异步电机,根据式(6-46),从表面上看似乎电磁转矩是由来自定子侧的 d 轴电流 i_{ds}(由其产生磁场)与来自定子侧的 q 轴的电流 i_{qs} 相互作用而产生的,但本质上,电磁转矩也是由来自定子侧的 d 轴电流 i_{ds}(由其产生磁场)与来自转子侧的 q 轴的电流 i_{qr} 相互作用的结果。这一结论借助于矢量控制下异步电机稳态运行时的磁场及 d、q 轴电流的分布图(图 6.51)说明如下。

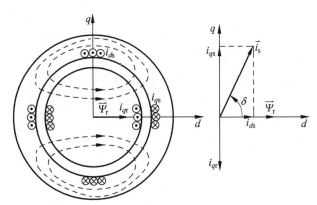

图 6.51 转子磁链定向条件下 d 轴与 q 轴的定、转子电流的分布及相应的时-空相量图

由图 6.51 可见,异步电机在矢量控制下稳态运行时,转子磁链 $\vec{\Psi}_r$ 全部是由定子侧 d 轴电流 i_{ds} 产生的;而对应于转矩分量的 q 轴电流似乎应该来自转子侧(类似于直流电机的电枢绕组)。但考虑到定、转子之间的磁场耦合作用,同时由于转子

磁链满足定向要求,导致 q 轴转子磁链为零,因此,转子的 q 轴电流 i_{qr} 所产生的磁链自然会由来自定子侧的 q 轴电流 i_{qs} 所产生的磁链迅速抵消(即 $0=\Psi_{qr}=L_r i_{qr}+L_m i_{qs}$,其中,$L_r$ 为转子自感,L_m 为激磁电感)。换句话说,尽管由于结构上的原因无法对转子侧 q 轴电流 i_{qr} 直接进行调节,但通过快速调整定子侧的 q 轴电流 i_{qs} 却可以使转子侧的 q 轴电流 i_{qr} 迅速做出改变,使电磁转矩得到及时的调整。正因为如此,矢量控制下的异步电机具有很好的动态性能。

此外,由图 6.51 还可以看出:当异步电机稳态运行时,为了获得最大的电磁转矩,要求由定子侧 d 轴电流 i_{ds} 所产生的转子磁链 $\vec{\Psi}_r = \vec{\Psi}_{dr}$ 保持额定不变,因此,转子侧的 d 轴不再感应电流,即 $i_{dr}=0$。

通过上述类比,可以得出如下结论:

① 逆变器供电为异步电机实现具有类似于他励直流电机的控制方案提供了外部供电条件;

② 异步电机在转子磁链(同步)坐标系下的电磁关系(以及描述这些电磁关系的动态数学模型)与他励直流电机的相似特点为异步电机在同步坐标系下采用他励直流电机的控制方案提供了理论依据;

③ 转子磁链的定向确保了定子电流综合矢量在同步坐标系下的两个分量 i_{ds} 和 i_{qs} 可以完全取代他励直流电机的励磁电流 i_f 和电枢电流 i_a,即磁链和电磁转矩可以完全实现解耦控制。具体而言,转子磁链的大小可以由 d 轴定子电流 i_{ds} 单独控制,而不受 i_{qs} 的影响;若保持 i_{ds} 不变且转子磁链为额定值,则电磁转矩完全由 q 轴定子电流 i_{qs} 独立控制;磁链和电磁转矩控制上的解耦,可大大改善交流拖动系统的动态性能。

需要进一步说明的是,根据同步旋转坐标系的 d 轴所定向的旋转磁链不同,矢量控制又有定子磁链定向、转子磁链定向以及气隙磁链定向的矢量控制之分。不同磁链定向的矢量控制具有不同的特点。其中,转子磁链定向的矢量控制由于能够自然实现转子磁链与电磁转矩的解耦控制而得到广泛应用。

(2) 转子磁场定向矢量控制的向量图与控制系统的实现

为了得到异步电机矢量控制的具体方案,首先,有必要对于异步电机在矢量控制下各物理量之间的空间位置关系加以讨论。图 6.52 给出了在转子磁链定向控制作用下感应电机的向量图。

图 6.52 中,转子磁链 $\vec{\Psi}_r$ 所在的轴线作为同步旋转坐标系的 d 轴,沿旋转方向超前 $90°$ 的位置为 q 轴。该坐标轴随转子磁链以同步角速度旋转,其旋转角速度等于外加电流的通电角频率。若取定子 A 相轴线(或 α 轴线)作为转子的初始时刻,则转子轴线与定子 A 相轴线之间的夹角为 $\theta_r = \omega_r t$。d 轴与定子 A 相轴线之间的夹角为 $\theta_1 = \omega_1 t$。三相异步电机定子电流的

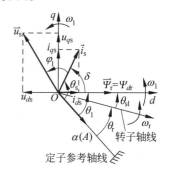

图 6.52　转子磁链定向矢量控制作用下感应电机的向量图

综合矢量 $\vec{i}_s$ 与转子磁链 $\vec{\Psi}_r$ (或 d 轴)之间的夹角为 δ。定子电流的综合矢量 $\vec{i}_s$ 沿同步坐标系的 d 轴与 q 轴上的两个分量 i_{ds} 和 i_{qs} 即反映了定子电流的综合矢量 $\vec{i}_s$ 的幅值和相位,其中,定子电流的综合矢量 $\vec{i}_s$ 与定子 A 相轴线(或 α 轴线)之间的夹角为

$$\theta_s = \theta_1 + \delta = \omega_1 t + \delta$$

通过控制定子电流的 d 轴分量 i_{ds} 便可控制转子磁链的大小,因此,i_{ds} 又称为**定子电流的磁链分量**,其作用相当于他励直流电机的励磁电流 i_f;通过控制定子电流的 q 轴分量 i_{qs} 便可控制电磁转矩,因此,i_{qs} 又称为**定子电流的转矩分量**,其作用相当于他励直流电机的电枢电流 i_a。

从矢量角度看,对 i_{ds} 与 i_{qs} 的改变意味着是对定子电流综合矢量 $\vec{i}_s$(包括其幅值和相位 δ 或 θ_s)的控制(矢量控制由此得名),最终反映的是三相定子电流所产生定子合成磁势的改变。在转子磁场定向条件下,一旦通过 i_{ds} 维持转子磁链 Ψ_r 的幅值为额定值不变,上述改变则是瞬间完成的,不受转子鼠笼时间常数的影响,从而给予了异步电机很好的动态性能。

为完整起见,图 6.52 还给出了为产生定子电流综合矢量所需要的定子电压综合矢量 $\vec{u}_s$ 以及其沿同步坐标系的 d 轴与 q 轴上的两个分量 u_{ds} 和 u_{qs}。定子电压综合矢量 $\vec{u}_s$ 与定子电流的综合矢量 $\vec{i}_s$ 之间的夹角 φ_1 即是异步电机定子侧的功率因数角。

在熟悉了异步电机矢量控制的基本思想以及各物理量之间的空间位置关系之后,下一步要解决的就是异步电机矢量控制的实现问题。

事实上,要实现异步电机转子磁链定向的矢量控制,关键是处理好下列两个问题:①如何确定转子磁链所在的空间位置?②如何通过对逆变器的控制产生所期望的定子电流综合矢量?

转子磁链的空间位置信息对转子磁链定向的矢量控制至关重要,只有获得了转子磁链的空间位置信息,才能确定同步旋转坐标系 d 轴的准确位置以及同步旋转坐标系的角速度。通常,转子磁链难以通过直接测量获得,为此,需要采用估计的方法间接获得转子磁链的信息。常用的转子磁链估计方法主要有两种:一种是根据定子三相电流以及定子电压的信息估计转子磁链(这种方案又称为**电压模型**方案);另一种是根据定子三相电流以及转子编码器的位置信息估计转子磁链(这种方案又称为**电流模型**方案)。前者受积分过程中直流偏置的影响,低速运行时转子磁链的估计精度不高;后者虽可应用于低速,但估计精度易受电机参数(特别是因温度变化和集肤效应等因素造成的转子参数)变化的影响。由于电压模型高速时估计精度较高,而电流模型适宜于低速场合,最好的方案是两者结合的混合模型。

6.2.2 节曾介绍过三相逆变器与定子电流综合矢量之间的关系,从某种意义上看,**三相逆变器可以看作是电压/或电流综合矢量的产生装置**(或综合矢量发生器)。通过适当的 PWM 调制方案,三相逆变器不仅仅可以改变定子电压/或电流空间向量的幅值和频率(即通常意义下的变频调速,相应的方案即前面介绍的标量控制方案),而且还可以对其相位进行准确的控制。

　　图 6.53 给出了异步电机转子磁链定向矢量控制下的调速系统框图,该系统类似于他励直流电机的直流传动系统。与直流传动系统不同的是,异步电机所有控制策略的设计均是在与转子磁链一起同步旋转的坐标系上进行的,而考虑到实际电机的坐标系是静止的坐标系,这就需要完成静止的坐标系与同步旋转坐标系变量之间的坐标变换。无论是根据实际静止的 ABC 三相坐标系下的三相实际电流或电压的测量值获得同步旋转坐标系下的交、直轴电流 i_{qs} 与 i_{ds} 的反馈值,还是根据同步旋转 dq 坐标系下的给定值 u_{qs}^* 与 u_{ds}^* 得到静止两相 $\alpha\beta$ 坐标系下的定子电压给定值 u_{α}^* 与 u_{β}^*(或静止 ABC 三相坐标系下的三相定子电压给定值 u_A^*、u_B^* 和 u_C^*,图中未绘出)均需要上述坐标变换。至于静止坐标系下的定子电压的给定值 u_{α}^* 与 u_{β}^* 可以根据 6.2.2 节的知识,由 SVPWM 控制下的三相逆变器来实现。这里,SVPWM 控制下的三相逆变器相当于定子电压综合矢量的产生单元。

　　事实上,**对定子电流综合矢量的控制是通过改变其在交、直轴上的两个分量 i_{qs} 与 i_{ds} 来实现的。通过对定子电压综合矢量的控制(借助于 SVPWM 控制下的三相逆变器)以及交、直轴电流 i_{qs} 与 i_{ds} 的闭环措施最终便可实现对定子电流综合矢量的控制,获得所期望的定子三相电流。**鉴于在同步旋转的坐标系下异步电机各物理量之间的关系与他励直流电机几乎完全相同,因此,交、直轴电流 i_{qs} 与 i_{ds} 的闭环控制系统的结构也就与直流调速系统双闭环串级结构类似,即转速外环,内环为转矩环。根据式(6-46),当 Ψ_r 保持常数不变时,电磁转矩正比于交轴电流 i_{qs}。因此,图 6.53 中用 i_{qs} 的电流环替代转矩环。又考虑到在同步旋转坐标系下交流电机的数学模型与他励直流电机相同,可以将同步旋转坐标系下的交流电机看作为线性被控对象,这样,相应地便可以采用 PI 等线性控制策略来获得所需要的动、静态性能。

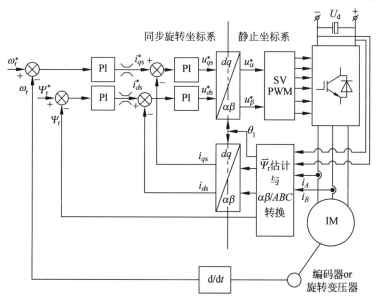

图 6.53　异步电机转子磁链定向矢量控制下的调速系统框图

以上分析仅从物理概念以及空间相量图出发,对转子磁场定向的矢量控制进行了直观、详细地描述。对于如何从交流电机动态数学模型入手,推导转子磁场定向的矢量控制表达式以及相应系统的结构等内容将在后续"运动控制系统"课中介绍,这里就不再赘述。有兴趣的读者可进一步阅读文献[35,36]。

2. 基于定子磁链综合矢量控制的调速方案——直接转矩控制方案

直接转矩控制(direct torque control,DTC)是对转矩与定子磁链幅值直接控制(direct torque and flux control,DTFC)的简称。顾名思义,**直接转矩控制就是借助于表格通过选择合适的定子电压矢量控制定子磁链综合矢量,实现对电磁转矩和定子磁链的直接控制**。由直接转矩控制方案所组成的调速系统是继矢量控制系统之后发展起来的另一种具有高动态性能的交流电机变频调速系统。

与矢量控制是通过两个电流闭环"间接"控制电磁转矩不同,DTC 方案是直接采用转矩闭环来控制电磁转矩,它利用转矩的给定值与反馈值(这里为估计值)的偏差以及定子磁链给定值与反馈值的偏差进行处理,并根据转矩和定子磁链偏差的处理结果以及定子磁链所处的空间位置得到所期望的定子电压综合矢量,由此决定三相逆变器的开关状态,最终达到对电磁转矩和定子磁链直接控制的目的。

(1) 异步电机 DTC 控制基本思想的由来

矢量控制首先是借助于转子磁链定向和同步旋转坐标系实现磁链与转矩的解耦,然后通过两个独立的子系统分别对磁链和转矩进行控制。矢量控制可以使异步电机得到类似于他励直流电机的动态性能。需要特别指出的是,要真正实现解耦控制,要求同步旋转坐标系的直轴必须严格定向在转子磁链上。一旦定向不准确,矢量控制下的异步电机所获得的动态性能将大打折扣。转子磁链定向的准确程度取决于异步电机的参数,尤其是转子参数。通常,由于异步电机的转子参数受电机内部的温度变化以及集肤效应等的影响,运行过程中所采用的转子参数很难与实际相符,最终结果会出现类似于他励直流电机电刷偏离物理中性线的情况,对矢量控制下的异步电机的动态性能影响较大。能否找到一种勿需对转矩、磁链解耦且系统的性能不受转子参数变化影响的控制方案呢? 答案是肯定的。基于定子磁链综合矢量控制的直接转矩控制就是其中的方案之一。

DTC 是以电磁转矩和定子磁链幅值作为状态变量,通过对转矩和定子磁链幅值的直接闭环控制获得较高的动静态性能。由于异步电机非线性的特点以及电磁转矩和定子磁链之间存在耦合,系统只能选择非线性控制器(通常选择 Bang-Bang 控制器或滞环控制器)作为控制策略。通常,基速以下以定子磁链的额定值作为设定值,因此,DTC 控制下的传动系统具有较快的动态响应。同时,由于对转矩直接闭环,因此,电磁转矩不会像转子磁场定向的矢量控制那样受电机参数以及负载变化的影响,从而确保了传动系统具有较强的鲁棒性。

(2) **电磁转矩的定、转子磁链表达式及时空向量图**

根据图 6.52,在转子磁链定向的同步坐标系下,取转子磁链矢量 $\vec{\Psi}_r = \psi_{dr}$ 作为

参考矢量,则定子电流综合矢量 $\vec{i}_s$ 可表示为

$$\vec{i}_s = i_{ds} + ji_{qs} = i_s \angle \delta$$

于是,式(6-46)可写成矢量的叉乘形式为

$$\tau_{em} = k_t \Psi_r i_{qs} = k_t \Psi_r i_s \sin\delta = k_t \vec{\Psi}_r \times \vec{i}_s \qquad (6\text{-}47)$$

式(6-47)表明,电磁转矩是转子磁链矢量与定子电流矢量相互作用的结果。**矢量控制是通过控制转子磁链幅值、定子电流的幅值以及改变两者之间的夹角来调整电磁转矩的**。根据式(6-47),可以进一步推导 DTC 对电磁转矩的控制方案。

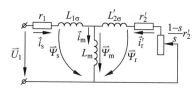

图 6.54　感应电机的等效电路

利用等效电路(图 5.46),忽略铁芯损耗(即认为 $r_m = 0$),重新绘出三相异步电机的等效电路如图 6.54 所示。与图 5.46 不同的是,图 6.54 中所有定、转子电抗皆用电感来表示,所有电压、电流相量均用空间矢量来表示(注:事实上,这里应该采用感应电机动态等效电路。鉴于其已经超出本课程范围,这里采取以稳态代替动态等效电路的方法,旨在说明定、转子磁链的表达式)。

根据图 6.54 并利用定、转子电流和磁链综合矢量的定义(式(5-68)、式(5-71)),定、转子磁链矢量可表示为

$$\begin{cases} \vec{\Psi}_s = L_{1\sigma}\vec{i}_s + L_m(\vec{i}_s + \vec{i}_r') = L_s\vec{i}_s + L_m\vec{i}_r' \\ \vec{\Psi}_r = L_{2\sigma}'\vec{i}_r' + L_m(\vec{i}_s + \vec{i}_r') = L_r\vec{i}_r' + L_m\vec{i}_s \end{cases} \qquad (6\text{-}48)$$

消去式(6-48)中的 $\vec{i}_r'$,则用定、转子磁链表示的定子电流矢量为

$$\vec{i}_s = \frac{1}{L_s'}\vec{\Psi}_s - \frac{1}{L_r L_s'}\vec{\Psi}_r \qquad (6\text{-}49)$$

将式(6-49)代入式(6-47)得

$$\tau_{em} = K_\tau \vec{\Psi}_r \times \vec{\Psi}_s = K_\tau \Psi_r \Psi_s \sin\gamma \qquad (6\text{-}50)$$

式中,γ 是定、转子磁链矢量之间的夹角。

图 6.55 给出了定、转子磁链矢量的时空相量图,其中,图 6.55(a)为根据感应电机等效电路图 6.54(或式(6-48))得到的各磁链矢量之间的空间相量图。图 6.55(b)为各物理量之间的空间相量图。

通常,对异步电机而言,由于转子时间常数较长,转子磁链 $\vec{\Psi}_r$ 变化较慢。在短时间内,转子磁链矢量(包括幅值和空间位置)可以为是固定不变的。若定子磁链的幅值保持不变,根据式(6-50)和图 6.55,电磁转矩则可以通过改变定子磁链矢量相对于转子磁链矢量的夹角 γ 而迅速改变。换句话说,通过引前、退后定子磁链矢量以及使定子磁链矢量停止旋转,便可控制电磁转矩的大小和正负。这就是 DTC 控制电磁转矩的基本思想。**在 DTC 控制系统中,为了使电机的铁芯得到充分利用,并**

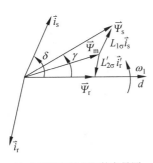

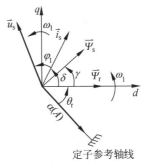

(a) 各磁链矢量之间的向量图   (b) 空间各物理量之间的向量图

图 6.55 定、转子磁链矢量的时空相量图

获得最快的动态响应,通常,定子磁链应尽量保持最大幅值(通常为额定值)不变,亦即使定子磁链矢量的矢点保持为圆形旋转轨迹。然后,通过改变定子磁链矢量的旋转速度调整磁链角 γ,达到快速控制瞬时电磁转矩的目的。简言之,通过对定子磁链综合矢量(包括幅值和其相对于转子磁链的角度)的控制,便可迅速调整电机的电磁转矩。

DTC 控制的关键是:①如何使定子磁链的幅值保持在目标范围内?②如何利用定子磁链矢量相对转子磁链矢量的夹角 γ 来控制电磁转矩?通常,这些任务的完成是依靠三相逆变器输出的定子电压矢量来实现的。

(3) 定子电压矢量对定子磁链矢量幅值以及电磁转矩的调整

忽略定子绕组的电阻,根据图 6.54 并结合综合矢量的定义有

$$\vec{V}_s = R_s \vec{i}_s + \frac{\mathrm{d}\vec{\Psi}_s}{\mathrm{d}t} \approx \frac{\mathrm{d}\vec{\Psi}_s}{\mathrm{d}t} \tag{6-51}$$

即

$$\Delta\vec{\Psi}_s = \vec{V}_s \Delta t \tag{6-52}$$

式(6-52)意味着短时间 Δt 内通过改变定子电压矢量,便可以改变定子磁链矢量的幅值以及其相对转子磁链矢量的角度。

6.2.2 节曾提到过:三相逆变器可以看作是交流电机定子电压综合矢量的产生单元(或综合矢量发生器)。通常,三相逆变器可以输出 6 个非零基本定子电压矢量和 2 个零矢量。根据式(6-52),这 6 个非零定子电压矢量和 2 个零矢量将引起定子磁链矢量 $\vec{\Psi}_s$ 的幅值和位置的变化。假设定子磁链矢量 $\vec{\Psi}_s$ 的初始位置如图 6.56 所示,在时间 Δt 内,若通过三相桥式逆变器从 6 个非零定子电压矢量之中选择其中之一作用,则将产生新的定子磁链矢量 $\vec{\Psi}'_s = \vec{\Psi}_s + \Delta\vec{\Psi}_i \, (i=1,2,\cdots,6)$。为了清晰起见,图中仅给出 $\vec{V}_5$ 单独作用时所产生的新的定子磁链 $\vec{\Psi}'_s = \vec{\Psi}_s + \Delta\vec{\Psi}_5$(见图中的虚线矢量),显然,在 $\vec{V}_5$ 作用下定子磁链幅值将有所减小。

同理,对于图 6.56 所示位置的定子磁链矢量 $\vec{\Psi}_s$,可得到在其他定子电压矢量作用下其幅值的变化情况。显然,若在三相感应电机的定子绕组中分别施加定子电

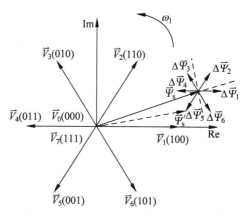

图 6.56　定子电压综合矢量及其所引起的定子磁链变化情况

压矢量 $\vec{V}_6$、$\vec{V}_1$ 以及 $\vec{V}_2$（位于垂直于 $\vec{\Psi}_s$ 的右方），则在时间 Δt 内定子磁链矢量的幅值将有所增加；反之，若施加定子电压矢量 $\vec{V}_3$、$\vec{V}_4$ 以及 $\vec{V}_5$（位于垂直于 $\vec{\Psi}_s$ 的左方），则定子磁链矢量的幅值将有所减小。当然，若选择两个零电压矢量作用，定子磁链幅值将不会发生变化。

　　为了将定子磁链的幅值约束在一定的目标范围内，对于定子磁链幅值可采用滞环控制，其基本思想是假定所期望的定子磁链矢量为 $\vec{\Psi}_s^*$，其矢点按圆形轨迹旋转（见图 6.57），定子磁链幅值的估计值为 $\hat{\Psi}_s$。将 $\hat{\Psi}_s$ 与定子磁链矢量的幅值 Ψ_s^* 比较，其偏差通过磁链滞环控制器进行处理。若 $\hat{\Psi}_s$ 到达 Ψ_s^* 的上界（即 $\hat{\Psi}_s \geqslant \Psi_s^* + HB_\Psi$）（$2HB_\Psi$ 为磁链控制器的滞环宽度），则通过选择合适的定子电压矢量减少定子磁链幅值；若 $\hat{\Psi}_s$ 到达 Ψ_s^* 的下界（即 $\hat{\Psi}_s \leqslant \Psi_s^* - HB_\Psi$），则通过选择合适的定子电压矢量增加定子磁链幅值。

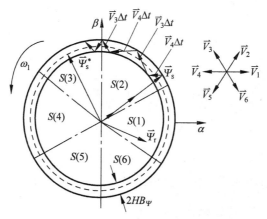

图 6.57　感应电机稳态运行时定子磁链矢量的轨迹

　　为了确保定子磁链矢量的幅值基本不变，不同空间位置的定子磁链矢量需要施加不同的定子电压矢量。为了区分定子磁链矢量所在的空间位置，通常将整个平面分为 6 个扇区，每个扇区为 60°。每一个扇区的中心线与非零基本定子电压矢量重合，如图 6.57 所示。根据定子磁链矢量所在的扇区以及定子磁链矢量的期望值与估计值的偏差便可选择合适的定子电压矢量。

对于电磁转矩，可以采用类似的处理方法，根据电磁转矩的期望值与估计值的偏差和定子磁链矢量所在的扇区满足其增加、减小或不变的要求。现说明如下：

鉴于定子磁链幅值已保持为常值不变，根据式(6-50)，只要调整定子磁链矢量与转子磁链矢量之间的夹角 γ，便可改变瞬时电磁转矩的大小和方向。假定定子磁链矢量 $\vec{\Psi}_s$ 位于图 6.57 所示位置，若在三相感应电机的定子绕组中分别施加定子电压矢量 $\vec{V}_2$、$\vec{V}_3$ 以及 $\vec{V}_4$（位于垂直于 $\vec{\Psi}_s$ 的上方），则定子磁链矢量相对于转子磁链的夹角 γ 将有所增加，电磁转矩将随之增加（设旋转方向为逆时针方向）；反之，若分别施加定子电压矢量 $\vec{V}_5$、$\vec{V}_6$ 以及 $\vec{V}_1$（位于垂直于 $\vec{\Psi}_s$ 的下方），定子磁链矢量相对于转子磁链的夹角 γ 将有所减小，电磁转矩也将随之减小。同样，选择两个零电压矢量，电磁转矩也将基本保持不变。

同定子磁链幅值的处理方法一样，为了获得所期望的瞬时转矩 τ_{em}^*，也需对电磁转矩的瞬时值进行估计。然后，计算 τ_{em}^* 与瞬时电磁转矩的估计值 $\hat{\tau}_{em}$ 的偏差，并将该偏差通过转矩滞环控制器进行处理。根据滞环控制器处理结果以及定子磁链矢量所在的扇区，选择合适的定子电压矢量，满足定子磁链矢量引前或退后的需要，最终达到控制电磁转矩的目的。

需要说明的是，为了同时满足定子磁链幅值和瞬时电磁转矩的要求，需要根据定子磁链矢量所在的扇区、磁链滞环控制器与转矩滞环控制器的处理结果并考虑逆变器开关次数最小的原则来选择最优的定子电压矢量。对于这些定子电压矢量，可制作成定子电压空间矢量表（又称为定子电压矢量表）预先存放在程序存储器中，供实际系统在线选择使用。

（4）DTC 控制系统的具体实现方案

根据上述知识所获得的 DTC 控制系统框图如图 6.58 所示，图中，定子磁链矢量幅值与电磁转矩分别通过滞环控制器进行控制，而滞环控制器所需要的定子磁链矢量幅值的估计值 $\hat{\Psi}_s$ 与电磁转矩的计算值 $\hat{\tau}_{em}$ 以及选择定子电压矢量所需要的定子磁链矢量所在的扇区 $S(k)$ 信息可通过检测感应电机定子侧的三相定子电压和三相定子电流的信息获得。根据定子磁链滞环控制器的输出 ε_Ψ、电磁转矩滞环控制器的输出 ε_T 以及定子磁链矢量所在的扇区 $S(k)$ 信息，通过对预先设定好的定子电压矢量表进行查表，便可获得所要施加的定子电压矢量以及三相桥式逆变器的开关状态。最后，借助于驱动电路以及三相桥式逆变器输出该定子电压矢量，便可实现对电磁转矩和定子磁链幅值的控制。

（5）DTC 控制与转子磁链定向的矢量控制的比较

从最终控制目标看，DTC 控制和矢量控制均是以控制电磁转矩和磁链幅值为目

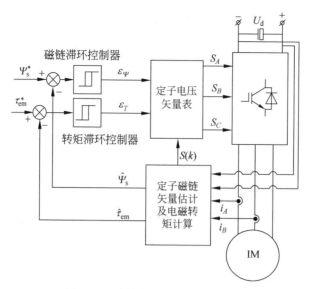

图 6.58　直接转矩控制的系统框图

的,两者都可以获得较高的动、静态性能。但在操控的变量以及具体控制方法上,两者有所不同,导致在最终性能上也存在一定的特点。

① DTC 方案采用的是对电磁转矩和定子磁链幅值直接闭环的控制方案,属于**转矩直接控制方案**,因而,系统的性能不受电机参数和负载变化的影响;而矢量控制则是通过控制定子电流矢量在转子磁链坐标系下的两个分量达到间接控制电磁转矩和转子磁链幅值的目的,相应的控制方案属于**转矩间接控制方案**,由于是对定子电流矢量的两个分量闭环,因而电机参数以及负载的变化必然会影响电磁转矩和转子磁链的幅值。

② 矢量控制是以定子电流综合矢量作为控制量,而 DTC 则是以定子磁链综合矢量作为控制量。前者,转子磁链的变化受转子时间常数影响,而后者定子磁链的变化仅受定子电阻的影响,故 DTC 方案动态响应较快。

③ 由于是在转子磁链矢量坐标系(即同步坐标系)下设计控制器,经过非线性坐标变换后,被控对象已由非线性对象变为类似于直流电机的线性对象,因而**矢量控制可以采用线性 PI 控制器作为控制策略**。而 DTC 方案则有所不同,由于是在静止的定子坐标系下设计控制策略,考虑到异步电机本质非线性的特点,**采用 DTC 方案的系统只能选择非线性控制器如滞环控制器作为控制策略**。

④ 无论是矢量控制还是 DTC 方案,最终都是通过三相逆变器产生所需要的定子电压矢量来完成的。所不同的是,在刷新周期内,对于矢量控制方案,定子电压矢量是通过相邻两个基本电压矢量共同作用来产生的;而对于 DTC 方案,在刷新周期内,定子电压矢量则是由 8 个基本矢量(包括 2 个零矢量)中的某一定子电压矢量单独作用来实现的。换句话说,**在 DTC 方案中,矢量控制中的 SVPWM 方案由定子电压矢量表取代**。不过,这一结论并不是绝对的,考虑到采用 SVPWM 调制技术的三

相逆变器开关频率固定,许多 DTC 新方案正在融合 SVPWM 技术。

6.3　三相异步电动机的制动

　　同直流电动机一样,所谓制动是指电磁转矩与转子转速方向相反的一种运行状态。通过制动可以使电力拖动系统快速停车,也可以使之保持重物匀速下放。在制动状态下,电机吸收轴上的机械能,并将其转变为电能。

　　三相异步电动机常用的制动方式有三种,即能耗制动、反接制动和回馈制动。现分别介绍如下。

6.3.1　能耗制动

　　考虑到他励直流电动机采用双边励磁,即定子励磁绕组和转子电枢绕组均外接电源,而三相异步电动机则采用的是单边励磁,即仅定子绕组通电。因此,异步电动机无法像他励直流电机那样将电枢绕组(对异步电机即为定子绕组)从电网上切除,然后串入外加电阻实现能耗制动。因为一旦定子绕组脱离电源,则气隙内将不再存在任何磁场,更谈不上产生制动性质的电磁转矩。因此,能耗制动时,对异步电动机需提供额外的励磁电源。

　　通常做法是将所要制动异步电动机的定子绕组迅速从电网上断开,同时将其切换至直流电源上,通过给定子绕组加入直流励磁电流建立恒定磁场。于是,旋转的转子和该恒定磁场之间相互作用,便产生具有制动性的电磁转矩,从而确保拖动系统快速停车或使位能性负载匀速下放。由于在制动过程中,大部分动能或势能均转变为电能消耗在转子回路的电阻上,因此,这种制动方式又称为**能耗制动**,其典型线路与物理解释分别如图 6.59(a)、(b)所示。图 6.59(a)仅给出了定子两相绕组加入直流电的情况,图 6.59(b)则给出了所产生的电磁转矩 T_{em} 与转速 n 方向相反的物理解释。图 6.59(b)中,静止的定子磁场 $\bar{B}_s$ 与以转速 n 逆时针方向旋转的转子可以看作为定子磁场以转速 n 顺时针方向旋转,而转子则静止不动。于是,转子产生与

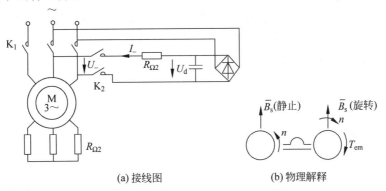

(a) 接线图　　　　　　　(b) 物理解释

图 6.59　三相异步电动机的能耗制动

旋转磁场方向相同的电磁转矩 T_{em}(类似于普通异步电动机)。很显然,T_{em} 与实际转子转速 n 方向相反,转子处于制动状态。

为了获得三相异步电动机能耗制动时的机械特性,可利用上述对三相异步电机能耗制动的物理解释,并引入**等效电流**的概念。具体做法是:将直流电流 I_- 等效为三相交流电流 $I_\sim$,并确保等效前后定子绕组所产生的旋转磁势不变。换句话说,等效前后,需确保磁势的幅值以及该磁势与转子之间的相对转速保持不变。等效以后,便可以直接利用三相异步电动机类似的方法获得能耗制动时三相异步电动机的机械特性,具体过程介绍如下。

图 6.60(a)、(b)分别给出了三相异步电动机定子两相绕组通以直流电的电路连接以及相应的定子磁势矢量图。图 6.60 中,定子绕组采用 Y 接,绕组所流过的直流电流为 I_-,则参考式(5-47)得定子合成磁势的大小为

$$F_- = 2F_A\cos30° = \sqrt{3}\,\frac{4}{\pi}\,\frac{1}{2}\,\frac{N_1 k_{w1}}{p}I_- \tag{6-53}$$

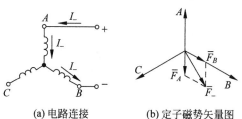

(a)电路连接   (b)定子磁势矢量图

图 6.60   异步电动机两相定子绕组通入直流时所产生的磁势

设将 $\overline{F}_-$ 等效为三相合成旋转磁势 $\overline{F}_\sim$ 后,定子每相电流的有效值为 $I_\sim$,则根据式(5-47)和式(5-52)有

$$F_\sim = \frac{3}{2}\,\frac{4}{\pi}\,\frac{\sqrt{2}}{2}\,\frac{N_1 k_{w1}}{p}I_\sim \tag{6-54}$$

考虑到等效前后 $F_\sim = F_-$,由式(6-53)、式(6-54)得

$$I_\sim = \sqrt{\frac{2}{3}}\,I_- \tag{6-55}$$

对于定子绕组采用其他连接方式(如将 B、C 相连,然后在 A 端与相连后的 BC 端加入直流电压等),则可采用类似的方法求得等效的交流电流 $I_\sim$。

考虑到等效前后磁势与转子的相对转速不变,即 $\overline{F}_\sim$ 相对转子的转速仍为 $(0-n)$,又由于同步速度为 $n_1 = 60f_1/p$,则能耗制动时的转差率为

$$\nu = \frac{-n}{n_1} \tag{6-56}$$

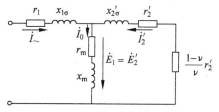

图 6.61   三相异步电动机能耗制动时的等效电路

由此画出能耗制动时的等效电路如图 6.61 所示。利用图 6.61 便可求得能耗制动时三相异步电动机的机械特性表达

式为

$$T_{em} = \frac{P_{em}}{\Omega_1} = \frac{m_1 I_2'^2 \dfrac{r_2'}{\nu}}{\Omega_1} = \frac{m_1 x_m^2 I_\sim^2 \dfrac{r_2'}{\nu}}{\Omega_1 \left[\left(\dfrac{r_2'}{\nu} \right)^2 + (x_m + x_{2\sigma}')^2 \right]} \qquad (6\text{-}57)$$

其中，I_2' 与 $I_\sim$ 之间的关系是利用等效电路且忽略铁耗(即 $r_m = 0$)，并根据下式求得的

$$\dot{I}_2' = \frac{-jx_m}{\dfrac{r_2'}{\nu} + j(x_m + x_{2\sigma}')} \dot{I}_\sim$$

对式(6-57)求导并使 $\dfrac{\partial T_{em}}{\partial \nu} = 0$，便可求得能耗制动时的最大电磁转矩和临界转差率分别为

$$T_{emax} = \frac{m_1 x_m^2 I_\sim^2}{2\Omega_1 (x_m + x_{2\sigma}')} \qquad (6\text{-}58)$$

$$\nu_m = \frac{r_2'}{x_m + x_{2\sigma}'} \qquad (6\text{-}59)$$

将式(6-57)除以式(6-58)并利用式(6-59)，便可获得能耗制动时机械特性的实用表达式为

$$T_{em} = \frac{2T_{emax}}{\dfrac{\nu}{\nu_m} + \dfrac{\nu_m}{\nu}} \qquad (6\text{-}60)$$

根据式(6-57)或式(6-60)绘出三相异步电动机能耗制动时的机械特性如图 6.62 所示。图 6.62 中，原点 O 对应于同步点，其转差率 $\nu = 0$，且电磁转矩为零，因为此时定子直流磁势与转子之间无相对运动。曲线 1 和曲线 2 分别为对应于两种定子直流励磁电流情况下的机械特性，曲线 3 为绕线式异步电动机转子串电阻能耗制动时的机械特性。很显然，能耗制动过程中，外加直流电压越高(或直流电流越大)，制动转矩越大，制动时间越短。但直流电流过大又会造成电机绕组过热。此外，对绕线式异步电动机而言，转子绕组中串入不同的电阻也可以改变制动转矩的大小。

能耗制动过程中，定子绕组中的外加直流电流可按下列数据选择：①对于鼠笼式异步电动机，可按 $I_\sim = (4 \sim 5)I_0$ 选取；②对于绕线式异步电动机，可按 $I_\sim = (2 \sim 3)I_0$ 选取，而且转子外串电阻按 $R_\Omega = (0.2 \sim 0.4)E_{2N}/I_{2N} - r_2$ 计算。

图 6.63 给出了三相异步电动机拖动反抗性负载运行时，采用能耗制动时的制动过程，即运行

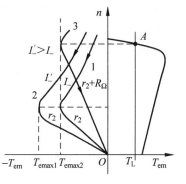

图 6.62　三相异步电动机能耗
制动时的机械特性

点由 $A \rightarrow B \rightarrow O$，最后停车。如果拖动的是位能性负载，则若在 $n=0$ 时不停车，则拖动系统将继续反转，并最终稳定运行在 C 点。

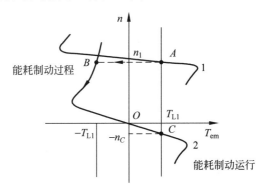

图 6.63 三相异步电动机能耗制动时的制动过程

6.3.2 反接制动

三相异步电动机的反接制动是指通过改变外加三相交流电源的相序或保持定子侧交流电源相序不变通过外部条件使转子反转，引起电磁转矩与转速方向相反的一种制动状态。对于三相异步电动机，外加交流电源相序的改变相当于他励直流电动机电枢绕组外加直流电源的反接。

对于反抗性负载，可直接通过定子绕组三相中的两相供电电源的对调，使定子旋转磁场反向实现反接制动。而对于位能性负载，当重物提升时，电机工作在电动机状态；当重物下降时，定子绕组接线不变，但由于转子转速的反向导致机械轴上的输出功率反向，此时电机的运行情况同反抗性负载定子两相绕组反接时的情况相同，因而也将其归类于反接制动。下面对这两种情况分别进行讨论。

1. 转速反向的反接制动

转速反向的反接制动可用图 6.64(a)、(b)说明。正常运行时，三相绕线式异步电动机拖动位能性负载正向(逆时针方向)旋转。一旦转子回路中串入较大的电阻 R_Ω，则转子有可能反向(顺时针方向)运行，其稳态运行点将由图中的 A 点经 B 点向 C 点移动，并最终稳定运行在 C 点。此时，电磁转矩仍按逆时针方向，但重物却以顺时针方向下放。相应的转差率为

$$s = \frac{n_1 - (-n)}{n_1} = \frac{n_1 + n}{n_1} > 1 \tag{6-61}$$

转子轴上输出的总机械功率为

$$P_{\text{mec}} = m_1 I_2'^2 \frac{(1-s)}{s}(r_2' + R_\Omega') < 0 \tag{6-62}$$

式(6-62)中的负号表示此时机械轴不是输出机械功率而是输入机械功率，该机械功

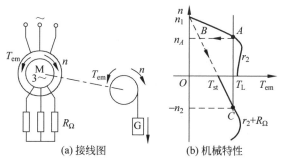

（a）接线图　　　　（b）机械特性

图 6.64　三相异步电动机转速反向的反接制动

率是由拖动系统的机械势能转变而来的。

定子通过气隙传递到转子的电磁功率为

$$P_{\text{em}} = m_1 I_2'^2 \frac{(r_2' + R_\Omega')}{s} > 0 \tag{6-63}$$

将式(6-62)与式(6-63)相加得

$$|P_{\text{mec}}| + P_{\text{em}} = m_1 I_2'^2 (r_2' + R_\Omega') \tag{6-64}$$

式(6-64)表明,反接制动过程中,三相异步电动机既从转子轴上输入机械功率,又从电网上吸收电磁功率,这两部分功率最终通过转子回路中的电阻转变为焦耳热而消耗掉。

2. 定子供电电源相序改变的反接制动

通过定子两相绕组的对调改变三相供电电源的相序,可以实现反接制动。图 6.65(a)、(b)分别给出了定子两相绕组对调后的接线图和相应的机械特性。由于定子相序改变,定子旋转磁场方向也随着改变,相应的同步速由 n_1 变为 $-n_1$。定子两相绕组对调后,由于转子转速仍维持原来方向不变,而电磁转矩反向,因此,电磁转矩为制动性的。

定子两相绕组对调反接制动的转差率为

$$s = \frac{-n_1 - n}{-n_1} = \frac{n_1 + n}{n_1} > 1 \tag{6-65}$$

可见,上式与转速反向反接制动的转差率表达式(6-61)完全相同。相应的功率关系和功率流程也必然完全相同,这里就不再重复。

定子两相对调反接制动的制动过程可借助于图 6.65(b)加以说明。正常运行时,电机稳定运行在 A 点,定子两相对调后,机械特性变为左边的曲线。对调后的瞬间,由于机械惯性运行点由 A 点移至 B 点,并沿 BC 降速。至 C 点,若断开电源,则电机停车。否则,转子将反向并继续运行。对于反抗性负载,电机将最终稳定运行在 D 点;而对于位能性负载,电机将越过同步速 $-n_1$,并最终稳定运行在 E 点。一旦越过同步速,意味着电机进入反向回馈制动状态(见 6.3.3 节介绍)。

对于绕线式异步电动机,可以通过转子绕组外串电阻 R_Ω 来限制制动电流并改

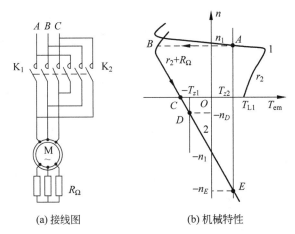

(a) 接线图　　　　(b) 机械特性

图 6.65　三相异步电动机定子两相对调的反接制动

变制动转矩的大小。

6.3.3　回馈制动

所谓回馈制动是指三相异步电动机转子实际转速超过同步速的一种制动状态，其中，三相异步电动机的同步速相当于直流电动机的理想空载转速。

图 6.66(a)、(b)分别给出了电机拖动位能性负载下放时的示意图和电机进入回馈制动时的机械特性，图 6.66(a)中，若在位能性负载(或重物)作用下，转子转速 n 超过同步速 n_1，则相应的转差率为

$$s = \frac{(-n_1) - (-n)}{(-n_1)} = \frac{n_1 - n}{n_1} < 0 \tag{6-66}$$

此时，转子轴上输出的总机械功率为

$$P_{\mathrm{mec}} = m_1 I_2'^2 \frac{(1-s)}{s}(r_2' + R_\Omega') < 0 \tag{6-67}$$

式(6-67)中的负号表明，此时电机将从机械轴输入机械功率，该机械功率是由拖动系统的机械势能转变而来的。

通过气隙传递到转子的电磁功率可由下式给出

$$P_{\mathrm{em}} = m_1 I_2'^2 \frac{(r_2' + R_\Omega')}{s} < 0 \tag{6-68}$$

式(6-67)、式(6-68)表明，在回馈制动过程中，电机轴上输入的机械势能被转换为电能，并由转子传递到定子侧。

对于转子侧的功率因数，由于 $s < 0$，于是有

$$\cos\varphi_2 = \frac{\dfrac{(r_2 + R_\Omega)}{s}}{\sqrt{\left(\dfrac{r_2 + R_\Omega}{s}\right)^2 + x_{2\sigma}^2}} < 0$$

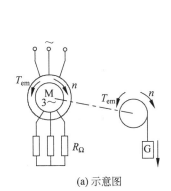
(a) 示意图

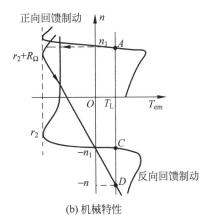
(b) 机械特性

图 6.66　三相异步电动机的回馈制动

故相应的电磁转矩为 $T_{em}=C_{T1}\Phi_m I_2\cos\varphi_2<0$,因此,电磁转矩为制动性的。同时,由于 $\cos\varphi_2<0(\varphi_2>90°)$,由此画出异步电机回馈制动时的相量图如图 6.67 所示。由图 6.67 可见,定子电压 $\dot{U}_1$ 与定子电流 $\dot{I}_1$ 之间的相位角,即定子功率因数角 $90°<\varphi_1<180°$,相应的定子侧输入功率为

$$P_1=m_1 U_1 I_1\cos\varphi_1<0 \qquad (6\text{-}69)$$

式(6-69)表明,由转子传递到定子侧的电功率最终被回馈至电网。此时,三相异步电机工作在三相异步发电状态,回馈制动由此而得名。

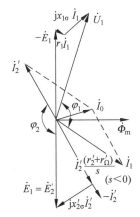

图 6.67　三相异步电动机回馈
制动时的相量图

　　反向回馈制动过程为位能性负载定子两相对调反接制动过程的一部分,这一部分对应于转速绝对值超过同步速的范围,如图 6.66(b)所示。此时,转速反向,电磁转矩仍为正向,相应的制动为反向回馈制动。若加大转子电阻,则转速绝对值将升高,如图 6.66(b)中的 D 点所示。

　　除了发生在位能性负载定子相序改变的反接制动过程中之外,回馈制动也发生在变极调速由少极向多极的转换过程中,或变频调速由高频向低频的转换过程中(参见 6.2.2 节中的第 4 部分),上述两种情况下,均可能造成转子的实际转速超过同步速,参见图 6.66(b)中的正向回馈制动曲线。

　　需要说明的是,回馈制动时电机尽管工作发电制动状态,但仍需从电网吸收滞后无功。因为尽管 $90°<\varphi_1<180°$,但定子侧输入的无功功率仍有

$$Q_1=m_1 U_1 I_1\sin\varphi_1>0 \qquad (6\text{-}70)$$

例 6-2　某三相异步电动机拖动起重机吊钩,电动机的额定数据为: $P_N=40kW$, $U_N=380V$, $n_N=1464r/min$, $f_N=50Hz$, $\lambda_M=2.2$,转子电阻 $r_2=0.06\Omega$,负载转矩为:重物提升时, $T_{L1}=T_1=T_N$;重物下放时, $T_{L2}=T_1=0.8T_N$。

（1）重物提升时，要求采用低速、高速双挡，且高速时的转速 n_A 位于固有机械特性上；低速时的转速 $n_B = 0.25 n_A$，并通过转子串电阻获得。试计算两挡的转速与转子回路所串的电阻值；

（2）重物下放时，也要求采用低速、高速双挡，且高速时的转速 n_C 位于负相序电源的固有机械特性上；低速时的转速 $n_D = -n_B$，并通过转子串电阻获得。试计算两挡的转速与转子回路所串的电阻值，并说明电机的运行状态。

解　根据题意画出电动机的机械特性如图6.68所示。点 A、B 分别对应重物提升时的两个运行点；点 C、D 分别对应重物下降时的两个运行点。

计算固有机械特性的有关数据：

额定转差率为

$$s_N = \frac{n_1 - n_N}{n_1} = \frac{1500 - 1464}{1500} = 0.024$$

对应固有机械特性的临界转差率为

$$s_m = s_N(\lambda_M + \sqrt{\lambda_M^2 - 1})$$
$$= 0.024 \times (2.2 + \sqrt{2.2^2 - 1}) = 0.1$$

额定转矩为

$$T_N = 9550 \frac{P_N}{n_N} = 9550 \times \frac{40}{1464} = 261(\text{N} \cdot \text{m})$$

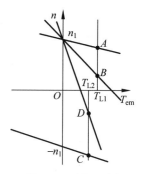

图 6.68　例 6-2 图

（1）重物提升时，$T_z = T_1 = T_N$，则

高速时的转速为

$$n_A = n_N = 1464(\text{r/min})$$

低速时的转速为

$$n_B = 0.25 n_N = 0.25 \times 1464 = 366(\text{r/min})$$

低速时 B 点的转差率为

$$s_B = \frac{n_1 - n_B}{n_1} = \frac{1500 - 366}{1500} = 0.756$$

对应于过 B 点机械特性的临界转差率为

$$s_{mB} = s_B(\lambda_M + \sqrt{\lambda_M^2 - 1}) = 0.756 \times (2.2 + \sqrt{2.2^2 - 1}) = 3.145$$

转子每相串入的电阻可由下式求得

$$\frac{s_m}{s_{mB}} = \frac{r_2}{r_2 + R_B}$$

$$R_B = \left(\frac{s_{mB}}{s_m} - 1\right) r_2 = \left(\frac{3.145}{0.1} - 1\right) \times 0.06 = 1.827(\Omega)$$

（2）重物下放时，$T_z = T_1 = 0.8 T_N$，则其对应于负序电源固有机械特性上的转差率可由下式求得

$$0.8T_{N} = \frac{2\lambda_{M}T_{N}}{\dfrac{(-s_{m})}{s} + \dfrac{s}{(-s_{m})}}$$

于是有

$$0.8 = \frac{2 \times 2.2}{\dfrac{(-0.1)}{s} + \dfrac{s}{(-0.1)}}$$

解之得

$$s = -0.0188 \quad (另一解\ s = -0.53\ 不合理舍去)$$

由于在负序电源供电高速下放重物时电机工作在反向回馈制动状态，因此其转速为

$$n_C = -n_1(1-s) = -1500(1+0.0188) = -1528(\text{r/min})$$

低速重物下放时，电动机工作在反转反接制动状态，重物的下放速度为

$$n_D = -n_B = -366(\text{r/min})$$

相应的转差率为

$$s_D = \frac{n_1 - n_D}{n_1} = \frac{1500 - (-366)}{1500} = 1.244$$

则对应过 D 点机械特性的临界转差率可由下式求得

$$0.8T_{N} = \frac{2\lambda_{M}T_{N}}{\dfrac{s_{mD}}{s_D} + \dfrac{s_D}{s_{mD}}}$$

即

$$s_{mD} = s_D\left(\frac{\lambda_M}{0.8} + \sqrt{\left(\frac{\lambda_M}{0.8}\right)^2 - 1}\right) = 1.244 \times \frac{2.2}{0.8} + \sqrt{\left(\frac{2.2}{0.8}\right)^2 - 1} = 6.608$$

转子每相应串入的电阻值由下式求得

$$\frac{s_m}{s_{mD}} = \frac{r_2}{r_2 + R_D}$$

$$R_D = \left(\frac{s_{mD}}{s_m} - 1\right)r_2 = \left(\frac{6.608}{0.1} - 1\right) \times 0.06 = 3.905(\Omega)$$

值得说明的是，上述计算同样也可以采用机械特性的近似直线表达式 $T_{em} = \dfrac{2T_{max}}{s_m}s$ 进行计算。这里仅以重物低速下放时为例加以说明，其余过程类似。

对应过 D 点机械特性的临界转差率可由下式求得

$$0.8T_{N} = \frac{2\lambda_{M}T_{N}}{s_{mD}}s_D$$

于是有

$$s_{mD} = \frac{2\lambda_M}{0.8}s_D = \frac{2 \times 2.2}{0.8} \times 1.244 = 6.842$$

相应的转子电阻为

$$R_D = \left(\frac{s_{mD}}{s_m} - 1 \right) r_2 = \left(\frac{6.842}{0.1} - 1 \right) \times 0.06 = 4.045(\Omega)$$

可见结果十分接近。

6.4　交流电力拖动系统的四象限运行

对于由异步电机组成的交流电力拖动系统,同直流拖动系统一样,有时也需要其具有正、反转和快速实现起、制动功能。由于对应异步电机的机械特性位于四个象限,故这种拖动系统又称为**具有四象限运行能力的交流电力拖动系统**。本节将简要总结电网供电下异步电机的四象限机械特性以及运行状态。在此基础上,将重点讨论变流器供电条件下三相异步电机的制动及具有四象限运行能力的交流拖动系统。

6.4.1　三相异步电机四象限运行时的机械特性及其工作状态

图6.69给出了工频电网供电时三相异步电机四象限运行时的运行状态及其相应的机械特性。由图6.69可见,各种运行状态下的机械特性分别处于不同的象限中。当电机正转时,特性1和1′以及特性3位于第Ⅰ、Ⅱ、Ⅳ象限,其中,第Ⅰ象限对应于电动机运行状态。第Ⅱ象限对应于回馈制动状态;第Ⅳ象限对应于转速反向的反接制动状态。当电机反转时,特性2和2′位于第Ⅲ、Ⅱ、Ⅳ象限,其中,第Ⅲ象限对应于电动运行状态;第Ⅱ象限对应于转速反向的反接制动状态;第Ⅳ象限对应于回馈制动状态。能耗制动时的机械特性位于第Ⅱ、Ⅳ象限,其中,第Ⅱ象限对应于电机正转运行情况,而第Ⅳ象限则对应于电机反转运行情况。图6.69中,特性1、2对应于转子未串联电阻时的情况,而特性1′、2′则对应于转子串电阻时的情况。

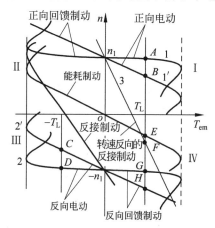

图6.69　三相异步电动机各种运行状态下的机械特性

若三相异步电动机工作在稳定运行区域(或线性区域),则其机械特性与他励直流电动机的机械特性几乎无任何区别。因此,此时,其机械特性的分析方法与他励直流电动机相似。

6.4.2　变流器供电下三相异步电机的制动与可四象限运行的变流器※

对于变流器(变频器或伺服系统)供电的交流电力拖动系统,为了加快系统的降速过程或使系统迅速停车,可以采用机械抱闸或电气方案制动。在电气方案的制动过程中,三相异步电机往往工作在发电运行状态,其电磁转矩为制动性的,此时,储存在系统惯量中的动能(或势能)将被转化为电能。

对于变流器供电的三相异步电机,电制动一般发生在电力拖动系统的降频降速过程中。在这一过程中,由于异步电机转子的实际转速有可能超过同步速(见图 6.36),因此,异步电机将处于发电制动状态。

根据对电力拖动系统由机械端转换而来的电能的处理方式不同,电制动方案可分为两类:能耗制动和再生(或回馈)制动。

1. 能耗制动(dynamic braking)

在能耗制动方案中,由机械端机械能转换而来的电能通过负载侧供电变流器(此时该变流器工作在整流状态)被转换为直流,并消耗在直流侧的电阻上,其原理示意图如图 6.70 所示。由于三相异步电机运行在发电状态,逆变器工作在整流状态(实际上起到整流器的作用),因此,直流侧的电流反向。考虑到网侧采用不可控的二极管整流器,其内部电流只能是单方向流动,因此,来自机械端的电能只能给直流侧的滤波电容 C_d 充电,导致直流侧的电压(又称为**泵升电压**)升高。直流侧电压的升高将危及负载侧变流器开关器件的安全。为了限制直流侧的电压,可以通过缩短减速时间(如通过放缓降频的速度)以限制回馈至直流侧能量的方法,但对于需要快速制动的传动系统,显然这种方案无法满足要求。

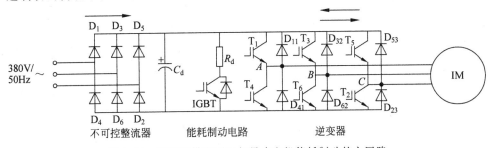

图 6.70　变流器供电下三相异步电机能耗制动的主回路

为了解决这一问题,可以在直流侧增加能耗制动电路(见图 6.70 中的 IGBT 和电阻 R_d,通常,该 IGBT 处于关断状态)。能耗制动电路的工作原理是:当直流侧电压超过预定值时,IGBT 开关器件导通。由制动电阻 R_d 消耗来自逆变器的电能,其结果直流侧电压将有所降低。当直流侧电压降至一定数值后 IGBT 又重新断开。……。重复上述过程,通过改变 IGBT 的通断时间(或占空比)便可调整直流侧电压。通常,为了维持直流侧电压在一定范围内变化,能耗制动回路多采用电压滞环控制策略。

与电网供电交流电机的能耗制动不同,变流器供电三相异步电机的能耗制动将机械能转变而来的交流形式的电能不是消耗在电机绕组内部,而是通过变流器转变为直流形式的电能,并通过制动电阻在电机外部消耗掉。考虑到采用电阻消耗制动过程中的能量有限,且会加重设备的发热,因此,这种能耗制动仅适合中小功率的交流拖动系统,如伺服系统、数控机床以及工业机器人的驱动等功率小于 10kW 的场合。

2. 再生(或回馈)制动(regenerative braking)

当伺服系统的功率超过 10kW 时,多采用再生制动方案。在再生制动方案中,来自机械侧的机械能通过三相异步电机和负载侧变流器(此时,该变流器工作在整流状态)被转换为直流侧的电能后不是被消耗在直流侧的电阻中,而是回馈至供电电源上。若拖动系统采用蓄电池等直流电源供电(如电动汽车等)时,经过再生制动,所转换而来的电能将被直接回馈至蓄电池中,并对蓄电池充电;当拖动系统采用交流电网供电时,网侧端变流器采用 **PWM 整流器**取代图 6.70 中的由二极管组成的不可控整流器,如图 6.71 所示。此时,被转换到直流侧的电能进一步可通过网侧端的 PWM 变流器(此时其工作在逆变状态)将其逆变为交流形式的电能,回馈至交流电网中。

需要指出的是,图 6.71 中,网侧端的 PWM 变流器与电网之间必须接有附加的三相电感。一方面,三相电感可以限制由 PWM 变流器的开关作用所引起的电网谐波;另一方面,三相电感与 PWM 调制方案相结合也起到了调整直流侧电压、确保网侧端变流器输入端的电流波形正弦以及实现单位功率因数等作用。

很显然,再生制动方案是一种高效节能的制动方式,特别适用于需要经常正反转、频繁起制动的大功率交流拖动系统,当然,其造价要比能耗制动方案高。

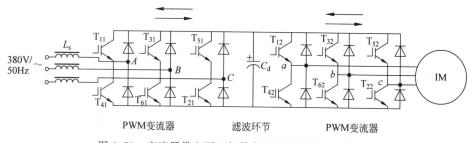

图 6.71　变流器供电下三相异步电机再生制动的主回路

3. 具有四象限运行能力的交流电力拖动系统

要确保变流器供电的三相异步电机具有四象限运行功能,不仅要求异步电机具

有电能到机械能之间的双向能量(或功率)转换功能(即异步电机既可运行在电动机
状态也可工作在发电机状态),而且要求变流器也具有双向电能转换功能(即变流器
既可工作在整流状态也可工作在逆变状态)。图 6.71 给出了具有四象限运行能力的
传动系统,相应的变流器系统又被称为**双端对称的 PWM 变流器系统**(double-sides
PWM converter system)。

　　对于上述具有四象限运行能力的变流器系统,一个很重要的优点是其功率可以
在电网和交流电机之间实现双向流动。当三相异步电机运行在电动机状态时,功率
由电网流向电机,此时,网侧端的变流器工作在整流状态,而负载侧的变流器则运行
在逆变状态。当三相异步电机运行在再生制动(或发电机)状态时,变流器的角色也
随之发生变化,此时,负载侧的变流器运行在整流状态,而网侧端的变流器则工作在
逆变状态。三相异步电机的正反转可通过直接改变负载侧变流器相序或通过矢量
控制方案、直接转矩控制方案间接改变相序来实现。整个系统也可以连续运行在发
电机状态,如风力发电系统。此时,三相异步电机的动力由风力涡轮机提供。

　　上述具有四象限能力的传动系统可以扩展至中高压、大功率(电压在 2～11kV、
额定功率超过 2MW)场合,此时,所采用的变流器可以是多电平拓扑结构或多重化
拓扑结构。具体内容鉴于篇幅这里就不再介绍,有关内容可参考《电力电子技术》
教材。

本章小结

　　本章利用三相异步电动机的稳态机械特性和各种类型负载的转矩特性对三相
异步电动机电力拖动的相关问题进行了讨论。内容包括三相感应电动机各种常用
的起动、调速和制动方法以及各种方法的工作原理与结论。本章最后,通过实例对
三相异步电机的四象限运行状态进行了讨论。

　　起动时,转子转速 $n=0$,转差率 $s=1$,从三相异步电动机的等效电路可以看出:
起动时转子的等效机械负载电阻 $(1-s)r_2'/s=0$,因此,起动瞬时三相异步电动机相
当于短路(或堵转)状态,一方面起动电流较大,另一方面由于堵转时转子侧的等效
阻抗减小导致主磁通 Φ_m 减小,引起起动转矩降低。前者对于容量较小的供电电源
来讲,易造成对电源的冲击,影响周围设备的正常运行;后者难以确保电动机拖动负
载正常起动。为此,三相异步电动机起动时应遵循在确保起动转矩的前提下尽可能
降低起动电流。

　　根据电动机容量的大小以及所拖动负载的类型不同,可以采取不同的起动措
施。对于鼠笼式三相异步电动机,常用的起动方法有直接起动法、降压起动法(包括
定子绕组串电阻或电抗起动、采用自耦变压器降压起动以及 Y/△起动)以及软起动
方法等。应该指出的是,在前面两种方法中,直接起动法仅适用于小容量的三相异
步电动机,而降压起动法则适用于电动机轻载或低于额定负载以下运行的场合,并
且视负载大小的不同和定子绕组的接线方式选择相应的降压起动方法。对于某些

特殊场合,也可以选择专为满足起动性能要求而特殊设计的三相鼠笼式异步电动机,如转子采用特殊材料的鼠笼式异步电动机、深槽式鼠笼异步电动机以及双鼠笼式异步电动机。这些电机通过直接或间接改变起动时转子绕组的电阻,确保了起动电流较低的同时获得较高的起动转矩。对于绕线式异步电动机,其起动比较容易,常用的起动方法包括转子串电阻的分级起动和转子串频敏电阻两种起动方法,这两种方法均可确保在起动电流较小的情况下获得较大的起动转矩。

三相异步电动机的调速方法大致可分为三大类,即变极调速、变频调速和改变转差率的调速方式。

变极调速是通过改变定子绕组的连接方法获得不同的极数和转速,它是一种有级调速方式,无法实现平滑调速。根据接线方式的不同,常用的变极调速有两种,一种是实现恒转矩调速的 Y/YY 调速方式;另一种是实现恒功率调速的△/YY 调速方式。不同性质的负载应选择合适的调速方式。

变频调速是目前应用最为广泛的调速方法,它归功于最近几十年来电力电子技术的迅猛发展。这种方法调速范围宽、平滑性好且连续可调,因而是一种高性能的调速方案。**在变频调速过程中,为了确保电动机内部的主磁通 Φ_m 保持不变,基频(额定频率)以下一般采用恒压频比 U_1/f_1 调速,即变频的同时必须调压**,这样,电动机输出的最大电磁转矩(或过载能力)基本保持不变,从而获得所谓的恒转矩调速。需要说明的是:从严格意义上看,只有保持 E_1/f_1 为常数才能确保主磁通 Φ_m 不变,而保持 U_1/f_1 为常数只能近似保证 Φ_m 不变。为了使 U_1/f_1 =常数的变频调速在效果上尽量接近 E_1/f_1 =常数,常用的方法是:对低速时 U_1/f_1 的线性关系进行补偿,以提高低速定子供电电源的输出电压 U_1,从而补偿因定子绕组电阻压降所造成主磁通 Φ_m 的减小。**对于基频以上的变频调速,可保持定子电压为额定值不变,仅改变定子绕组的供电频率进行调速**。随着速度的提高,最大电磁转矩降低,但输出功率基本恒定。因此,基频以上属于恒功率调速。变频调速可以通过采用 SPWM调制技术的三相桥式逆变器来实现,也可以利用 SVPWM 调制技术并通过三相桥式逆变器产生所需要的定子电压综合矢量来完成变频调速。

对于三相交流电机而言,若利用电网供电或采用逆变器供电所获得的三相交流输出电压均为正弦,则在交流电机定子内部便产生圆形旋转磁势或磁场,因而其对应合成磁势的综合矢量矢点的轨迹为圆。从这一意义上讲,三相逆变器相当于综合矢量的产生单元,通过控制三相逆变器的输出,便可改变综合矢量的大小和相位。反过来可以讲,只要逆变器能够产生上述圆形综合定子电压矢量,通过三相逆变器加在交流电机定子三相绕组上的三相电压就能满足对称、线电压波形接近正弦的要求。

目前,普遍采用的矢量控制调速方案和直接转矩控制调速方案大大提高了包括异步电机在内的交流电机的调速性能。上述两种方案均是基于综合矢量的调速方案,可将其归类于变频调速范畴。主要是因为综合矢量不仅包含幅值、频率的信息,而且还含有空间相位的信息。通过控制综合矢量的两个正交分量便可以达到控制综合矢量(幅值和相位)的目的,进而获得较常规变频调速方案(即标量控制)更好的动态性能。

改变转差率便可以改变三相异步电动机转子的转速,具体方法包括改变定子电压的调压调速、绕线式异步电动机的转子串电阻调速、采用电磁离合器的调速以及包括串级调速在内的绕线式异步电动机的双馈电机调速等。

所谓制动是指电磁转矩与转速方向相反的一种运行状态,通过制动可以使电力拖动系统快速停车,也可以保持重物匀速下降(对卷扬机而言)。在制动过程中,电机工作在发电运行状态,它吸收转子的机械能,将其转变为电能。与直流电动机类似,三相异步电动机常用的制动方式有三种,即能耗制动、反接制动和回馈制动。

直流电动机要想实现能耗制动,只需将电枢绕组从电网断开,然后将其与外接电阻相串联即可。此时,由于定子主磁通仍存在(励磁绕组继续通电),因而直流电机靠相对切割仍然可以在电枢绕组中产生电流和制动性的电磁转矩。三相异步电动机则不然,一旦定子绕组从电网断开,则气隙内将不再存在磁场,更谈不上产生制动性质的电磁转矩。因此,一般异步电动机能耗制动时需提供额外的励磁电源。通常,在将三相定子绕组从电网断开的同时,需将其中的任意两相切换至外加直流电源上。由直流电流在定子绕组中产生静止励磁磁场,然后,与转子绕组相对切割产生转子电流,并获得制动性的电磁转矩。能耗制动过程中的机械特性可利用等效电流的方法求得。具体方法是在确保等效前后磁势幅值不变,且定子磁势与转子之间相对速度不变的条件下,将直流励磁磁势等效为三相定子绕组的合成旋转磁势,并由此求出等效的交流电流。然后,再借助于三相异步电机的等效电路求出能耗制动时的机械特性。能耗制动时电机的机械特性曲线位于第Ⅱ、Ⅳ象限。改变外加直流励磁电流的大小便可以调整能耗制动的快慢。

反接制动则对应两种情况,一是通过直接改变外加三相交流电源的相序来改变定子旋转磁场的转向,从而获得制动性的电磁转矩;另一种情况是通过转子外串电阻使位能性负载的转速反向而获得制动性的电磁转矩。前者相当于直流电动机电枢绕组供电电源的反接;后者与直流电机电枢回路串电阻制动类似。反接制动时电机的机械特性曲线是电动机运行状态的机械特性(位于第Ⅰ、Ⅲ象限)在第Ⅳ、Ⅱ象限的延伸。反接制动时,异步电机工作在发电机运行状态,此时,来自电网的电功率与来自转子的机械功率全部被转换为转子回路上的电阻铜耗而消耗掉。

回馈制动发生在转子转速超过同步速(即 $n > n_1$)的过程中。此时,同步速相当于直流电机的理想空载转速。由于 $n > n_1$,转差率 $s < 0$,因此,与电动机运行状态相比,回馈制动时经过气隙的电磁功率和定子侧输入的电功率均将反向。一方面电磁转矩为制动性的;另一方面,异步电机将转子位能性负载输入的机械能转换为电能,并回馈至电网。由于回馈制动经常发生在位能性负载的反接制动过程中,因此,回馈制动时异步电机的机械特性是其作电动机运行的机械特性(位于第Ⅰ、Ⅲ象限)在第Ⅱ、Ⅳ象限的延伸。此外,回馈制动也发生在由少极向多极转换的变极调速过程中或高频向低频转换的变频调速过程中。在这两种情况下,转子转速均超过同步速。

除了上述常规的电网供电下三相异步电机的各种制动方案之外,采用变流器供电的三相异步电机的制动也具有明显的特点。根据由机械能转换而来的电能的处理方式不同,变流器供电的三相异步电机可以采用能耗制动和回馈制动两种方案制动。前者,将来自电机侧变流器的电能消耗在直流侧的制动电阻上;而后者则通过网侧变流器将其进一步回馈至电网,借助于具有回馈制动功能的网侧变流器便可得到具有四象限运行能力的交流电力拖动系统。

思考题

6.1　三相异步电动机分别采用定子串电抗器、Y-△起动和自耦调压器降压起动时,其起动电流、起动转矩与直接起动相比有何变化?

6.2　绕线式异步电动机转子回路外串电阻与没有外串电阻相比,其主磁通、定、转子电流、起动转矩如何变化?是否转子外串电阻越大,起动转矩越大?

6.3　为什么深槽式与双鼠笼式异步电动机既能降低起动电流又能同时增大起动转矩?

6.4　什么是软起动?试说明其基本思想。

6.5　三相异步电动机变极调速时,为什么变极的同时必须改变供电电源的相序?若保持相序不变,由低速到高速变极时,会发生什么现象?

6.6　三相异步电动机拖动恒转矩负载运行,在变频调速过程中,为什么变频的同时必须调压?若保持供电电压为额定值不变,仅改变三相定子绕组的供电频率会导致什么后果?

6.7　一台运行在额定状态下的三相异步电动机,若保持其供电电压的幅值不变,仅将定子的供电频率升高到 $1.5f_N$,假定其机械强度许可。试问:(1)若负载是恒转矩性质,电动机能长时间运行吗?为什么?(2)若负载为恒功率性质,情况又如何?

6.8　对恒功率负载,若采用变频调速,为了保持其调速前后的过载能力不变,定子端电压与定子频率之间符合什么样的协调关系最好?对通风机类负载情况又如何?试推导。

6.9　鼠笼式异步电动机和绕线式异步电动机各有哪些调速方法?这些调速方法各有何优缺点?分别适用于什么性质的负载?

6.10　滑差离合器电动机调速过程中,若增加离合器励磁绕组的直流励磁电流,负载侧的转速如何变化?

6.11　绕线式异步电动机采用转子回路串电阻调速,为什么其最适用于恒转矩负载?如果在其转子回路中串入三相电抗器,是否也可以达到同样的目的?为什么?

6.12　既然定子旋转磁场与转子绕组在同步速下无相对切割,为什么绕线式异步电动机采用双馈式调速可以在同步速下稳定运行?

6.13　为什么绕线式异步电动机在双馈调速方式下不仅不需从电网吸收滞后

无功,反而可以向电网提供滞后无功?试解释。

6.14　绕线式异步电动机采用串级调速,若减小逆变器的逆变角 β,其转子转速如何变化?

6.15　三相异步电动机采用能耗制动,可否与直流电动机一样将定子三相绕组直接接至三相电阻上?为什么?

6.16　试分析定子两相绕组对调反接制动过程中的功率流向情况。

6.17　一般在什么情况下三相异步电动机才采用回馈制动?此时的转差率以及定子侧的输入功率有何特点?

6.18　在回馈制动状态下,三相异步电动机将所拖动负载的动能或位能转变为电能回馈至电网,为什么还必须从电网获取滞后的无功功率?试解释。

练习题

6.1　某三相鼠笼式异步电动机的额定数据如下: $P_N = 300\text{kW}, U_N = 380\text{V}, I_N = 527\text{A}, n_N = 1450\text{r/min}$,起动电流倍数 $K_{st} = 6.7$(定义为起动电流与额定电流之比),起动转矩倍数 $\lambda_{st} = 1.5$,过载能力 $\lambda_M = 2.5$。定子绕组采用△接法。

(1)试求直接起动时的电流与转矩;

(2)如果采用 Y-△起动,能带动 1000N·m 的恒转矩负载起动吗?为什么?

(3)为使得起动时的最大电流不超过 1800A 且起动转矩不低于 1000N·m,采用自耦变压降压起动。已知起动用自耦变压器的抽头分别为 55%、64%、73%三档。试问应取哪一档抽头电压?在所取的这一档抽头电压下起动时的起动转矩和起动电流各为多少?

6.2　某三相绕线式异步电动机的额定数据如下: $P_N = 30\text{kW}, U_N = 380\text{V}, n_N = 720\text{r/min}, r_2' = 0.15\Omega, k_e = k_i = 1.5$。现用转子回路串电阻的方法使 $T_L = T_N$ 时的转速降为 $n = 500\text{r/min}$。

(1)试求应在每相转子绕组内串入的电阻值;

(2)试求定子每相绕组的电流(忽略励磁电流);

(3)试求电磁功率以及总机械功率;

(4)试用 MATLAB 编程,绘出异步电动机转子绕组串入电阻前、后的固有机械特性和人为机械特性。

6.3　一台三相绕线式异步电动机,转子绕组为 Y 接,其额定数据为: $P_N = 75\text{kW}, U_N = 380\text{V}, n_N = 720\text{r/min}, I_{1N} = 148\text{A}, E_{2N} = 213\text{V}, I_{2N} = 220\text{A}$,过载能力 $\lambda_M = 2.4$,拖动恒转矩负载 $T_L = 0.8T_N$ 时,要求电动机在 $n = 540\text{r/min}$ 转速下运行。

(1)若采用转子串接电阻调速,试求每相应串入的电阻值;

(2)若采用改变定子电压调速,可行吗?

(3)若采用变频调速,保持 $U/f =$ 常数,试求定子绕组所需的频率与电压;

(4) 试用 MATLAB 编程,绘出(3)条件下三相异步电动机的固有机械特性和人为机械特性。(提示:转子电阻可根据 $r_2 = \dfrac{s_N E_{2N}}{\sqrt{3} I_{2N}}$(转子绕组采用 Y 接)计算)

6.4 一台三相绕线式异步电动机,其额定数据为:$P_N = 22\text{kW}$,$U_N = 380\text{V}$,$n_N = 723\text{r/min}$,$r_2 = 0.058\Omega$。若负载转矩变为驱动性的,即 $T_L = -196\text{N} \cdot \text{m}$,要求电动机以 $n = 806\text{r/min}$ 的速度作正转回馈制动状态运行,求转子每相应串入的外加电阻值。

6.5 一台三相绕线式异步电动机,其额定数据为:$P_N = 75\text{kW}$,$U_N = 380\text{V}$,$n_N = 720\text{r/min}$,$I_{1N} = 148\text{A}$,$E_{2N} = 213\text{V}$,$I_{2N} = 220\text{A}$,定子绕组采用 Y 接,过载能力 $\lambda_M = 2.4$。

(1) 用该电动机拖动位能性负载,要求负载的下放速度为 $n = 300\text{r/min}$,负载转矩等于额定转矩,转子应串入多大的电阻?

(2) 电动机在额定状态下运行,拖动系统采用反接制动停车,若要求制动转矩在起始时为额定转矩的 2 倍,求转子每相应串入的外加电阻值。(提示:同习题 6.3)

6.6 某三相绕线式异步电动机的额定数据如下:$P_N = 55\text{kW}$,$U_N = 380\text{V}$,$n_N = 580\text{r/min}$,$I_{1N} = 121.1\text{A}$,$E_{2N} = 212\text{V}$,$I_{2N} = 159\text{A}$,过载能力 $\lambda_M = 2.3$,定子绕组采用 Y 接。

(1) 该电动机用于拖动起重机负载,设转子每转过 35.4 转,则主钩上升 1m。若要求额定负载下,重物以 8m/min 的速度上升,求转子回路应串入的电阻值。

(2) 为了减小起动时的机械冲击,转子回路一般串入预备级电阻。若要求串入预备级电阻后,电动机的起动转矩为额定转矩的 0.4 倍,求预备级电阻值。

(3) 用反接制动使位能性负载下放,若负载的转矩为 $T_L = 0.8T_N$,并利用预备级电阻值作为制动电阻,求负载下放时电动机的转速(提示:同习题 6.3)。

第7章

三相同步电机的建模与特性分析

内 容 简 介

本章首先介绍三相同步电机的基本运行原理、结构和额定数据；然后，对三相同步电机内部的电磁关系、电磁关系的数学描述——基本方程式、等值电路和相量图等进行详细讨论。在介绍三相同步电动机功率流程图的基础上，根据数学模型，重点对转子直流励磁三相同步电动机的矩角特性和 V 形曲线进行了讨论。本章最后简单介绍了三相磁阻式同步电动机的结构特点和矩角特性以及三相同步电动机的转速特性。

顾名思义，同步电机即转子运行在同步速的电机，换句话说，同步电机转子的转速与供电频率之间符合严格的同步关系。根据转子励磁方式的不同，同步电机有永磁式同步电机和转子直流绕组励磁的同步电机之分。受制造和加工工艺的约束，永磁式同步电机的单机容量多在几千瓦到几千千瓦的范围内，它既可以作电动机运行也可以发电机运行；而转子直流绕组励磁同步电机的单机容量则较大，常见汽轮同步发电机和水轮发电机的单机容量高达几百兆瓦甚至几千兆瓦，而转子直流绕组励磁同步电动机的容量一般也在兆瓦级的范围内。

与异步电机类似，同步电机既可以直接与电网相连，也可以通过电力电子变流器接到电网上。对于前者，同步机作为电动机多运行在恒速（同步速）状态；对于后者，亦即当同步电机通过变流器接至电网时，借助于变流器改变同步电动机定子绕组的供电频率或定子电压（电流）矢量，调节同步电动机的转速，从而实现交流拖动系统的变速运行。若作为发电机运行，当同步电机通过变流器接至电网时，变流器则起到了变频作用，由其完成变速恒频发电实现并网运行。由风力涡轮机作为原动机、永磁式同步电机作为发电机构成的风力发电系统即是根据这一原理进行工作的。

与异步电机不同的是，转子直流绕组励磁同步电机定子侧的功率因数可以通过转子直流励磁电流的调节加以改变。尤其是当转子工作在过励状态时，同步电机可以运行在超前功率因数状态，亦即同步电机可以向电网发出滞后无功功率,从而可以有效地改善电网的功率因数。对于永磁式同步电动机,适当的控制策略可以使其运行在单位功率因数状态下。与具有滞后功率因数的异步电动机相比,这就意味着在同等机械功率输出的前提下,为永磁同步电动机供电的变流器容量将小于为异步电动机供电的变流器。

鉴于上述优点,同步电机作为伺服驱动用电动机,在许多领域得到广泛应用,这些领域涉及航空航天、工业机器人以及数控机床、家用电器、各类电动汽车或电动自行车等;作为发电机,这些领域包括风力、核动力以及磁流体等各类新能源发电领域以及火力、水力及柴油机、汽油机发电等传统的发电领域。除此之外,永磁同步电机还广泛应用于各类车辆的起动/发电等场合。

与异步电机相比,同步电机除了在定子绕组结构以及定子多相绕组通以多相对称电流产生旋转磁场的机理上相同外,其转子结构、运行原理和运行特性等均具有明显的特点。为此,本章将对有关同步电机的运行原理、电磁过程和运行特性进行详细的讨论。

本章内容安排如下:7.1节首先简要介绍同步电机的基本运行原理,给出同步电机的基本结构和额定值。在此基础上,7.2节针对两种不同结构类型的转子分析同步电机空载和负载后的电磁关系。根据内部的电磁关系,7.3节将给出隐极式和凸极式同步电动机电磁过程的数学描述,即基本方程式、等值电路和相量图。利用所获得的数学模型,7.4节对同步电动机的性能曲线如矩角特性和V形曲线进行重点分析。与感应电动机相比,转子直流励磁同步电动机最大的优点是,在转子过励状态下,它能够在输出机械功率的同时,向电网发出滞后的无功功率。为此,7.4节在给出同步电动机V形曲线的同时,还将对同步电动机的功率因数调节问题进行讨论。7.5节将对转子无直流励磁绕组的特殊类型同步电动机——磁阻式同步电动机进行专门介绍。7.6节将对同步电动机的转速特性作简要说明。

7.1　三相同步电机的基本运行原理、结构与定额

7.1.1　三相同步电机的基本运行原理

图7.1(a)为同步电机的结构示意图。图中,A-X、B-Y、C-Z分别表示等效的定子三相绕组,通常用图7.1(b)所示的空间轴线表示之。转子采用永久磁铁或通过直流励磁绕组励磁产生磁场,其极对数与定子绕组相同。

根据5.5节介绍的知识,同步电动机的基本运行原理可分析如下。

若在同步电动机的定子ABC三相对称绕组中分别通以下列三相对称电流

$$\begin{cases} i_A = \sqrt{2}\,I\cos(\omega_1 t) \\ i_B = \sqrt{2}\,I\cos(\omega_1 t - 120°) \\ i_C = \sqrt{2}\,I\cos(\omega_1 t - 240°) \end{cases}$$

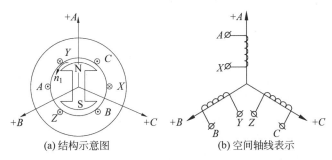

(a) 结构示意图   (b) 空间轴线表示

图 7.1 同步电机的结构示意图

式中, I 为三相对称电流的有效值, ω_1 为通电角频率, $\omega_1 = 2\pi f_1$, f_1 为定子绕组的通电频率。

在三相对称电流的作用下,定子三相对称绕组必然产生圆形旋转磁势和磁场。定子旋转磁场的转速(即同步速)为

$$n_1 = \frac{60 f_1}{p}$$

式中, p 为同步电动机的极对数。上式表明,同步速既取决于电机自身的极对数,又取决于外部通电频率。改变三相绕组的通电相序,定子旋转磁场将反向。

同步电动机的转子采用永久磁铁或通过在转子直流绕组中通以直流励磁电流产生磁场,其极对数与定子绕组相同。一旦同步电动机拖动机械负载稳定运行,则定子、转子旋转磁势因相对静止而叠加,从而形成以同步速旋转的气隙合成磁场,且转子磁极滞后气隙合成磁场一定角度。于是,转子磁极在同步速的气隙合成磁场拖动下,产生有效的电磁转矩并以同步速旋转。因此,同步电动机的转子转速与定子绕组的通电频率之间保持严格的同步关系,同步电动机由此而得名。

同步电动机是与异步电动机相对应的,异步电动机表现为转子转速只有与同步速之间存在差异(即转差)才能产生有效的电磁转矩,其根本原因在于,异步电机采用单边励磁,即仅靠定子三相绕组通以三相对称交流电流产生定子旋转磁势和磁场,转子绕组则是通过与定子旋转磁场的相对切割而感应转子电势和电流,并由转子感应电流产生转子旋转磁势和磁场。同步电机则不同,由于采用的是双边励磁,即不仅定子三相绕组通以三相交流电产生旋转磁势和磁场,而且转子绕组也通以直流励磁(或采用永磁体)产生磁势和磁场,从而要求转子转速必须与定子旋转磁场保持同步(其转差为零),才能产生有效的电磁转矩。正是因为励磁方式的不同,造成同步电动机与异步电动机在运行原理、电磁关系上的大相径庭。至于 6.2.3 节介绍的双馈式电机则兼顾了双边励磁和单边励磁的优点,因而,这种电机既可以在同步速以下运行,也可以在同步速甚至在同步速以上(即超同步速)运行。

以上介绍了同步电动机的基本运行原理。至于同步发电机的基本运行原理,则可以这样理解:在原动机作用下,转子磁极以同步速拖动气隙合成磁场旋转,因而在定子三相对称绕组中感应三相对称电势,并输出电功率,从而将原动机输入的机械功率转换为电功率输出,实现了机电能量转换。

7.1.2 同步电机的结构

同步电机定子的结构与异步电机基本相同,也是由定子三相对称分布绕组与定子铁芯组成,而转子则有所不同。按照转子励磁方式的不同,同步电机可分为**永磁式同步电机**和转子带直流励磁绕组的同步电机;按照转子结构的不同,同步电机又分为隐极式和凸极式同步电机。隐极式同步电机的特点是定、转子之间的气隙基本不变,而凸极式同步电机定、转子之间的气隙则随转子位置的不同交替变化。图 7.2(a)、(b)分别给出了转子带直流励磁绕组的**隐极式同步电机**和**凸极式同步电机**的结构示意图。

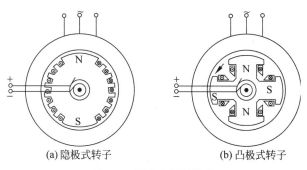

(a)隐极式转子　　　　　　　(b)凸极式转子

图 7.2　同步电机的结构

图 7.2 中,为了能够在旋转的转子绕组中加入直流励磁电流,与绕线式异步电机类似,转子必须采用动、静结合的滑环和电刷结构。当然,转子也可采用无刷励磁方案,但结构复杂。对于永磁式同步电机或永磁无刷直流电机,其转子采用永磁体励磁,无须再采用电刷和滑环结构。

需要指出的是,未加说明,本章讨论的所有内容均是针对转子带直流励磁绕组的同步电机进行的。

7.1.3 同步电机的三种运行状态

图 7.3(a)、(b)、(c)分别给出了三相同步电机的几种不同运行状态的示意图。原则上,同步电机的运行状态是可逆的,亦即同一台同步电机既可以运行在发电机状态,也可以运行在电动机状态,或同步调相机状态。现分别介绍如下。

1. 发电机运行状态

若同步电机的转子由原动机(汽轮机、水轮机、柴油机或汽油机等)拖动以同步速旋转,转子加入直流励磁电流。此时,原动机输入的机械功率将通过电机内部的电磁作用转换为电功率输出,同步电机运行在发电机状态,如图 7.3(a)所示。图中,i_a 表示定子绕组中的有功电流。

2. 电动机运行状态

若同步电机的定子三相绕组通入三相对称的正弦交流电流,转子加入直流励磁电流,则同步电机的转子将拖动机械负载以同步速旋转。此时,输入的电功率被转换为机械功率输出,同步电机运行在电动机状态,如图 7.3(b)所示。

3. 同步调相机状态

若同步电机的定子三相绕组通入三相对称的正弦交流电流,转子加入直流励磁电流,且转子上未带任何机械负载,则同步电机将工作在同步调相机状态,如图 7.3(c)所示。此时,同步电机的有功功率输出为零。通过改变同步调相机转子直流励磁电流的大小,便可以调节输出给电网的无功功率大小和性质。

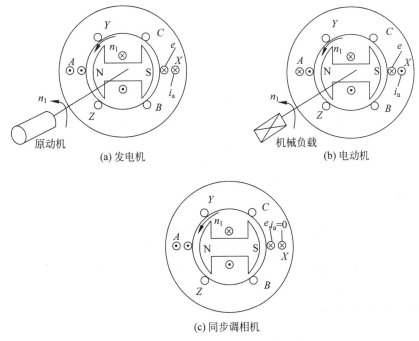

图 7.3　三相同步电机的运行状态示意图

7.1.4　同步电机的额定数据

额定数据又称为铭牌值,它是选择同步电机的依据。同步电机在额定状态下可以获得最佳的运行性能。同步电机的额定数据主要包括:

(1) 额定功率 $P_N(\mathrm{kW})$　对于同步电动机,额定功率是指额定状态下转子轴上输出的机械功率;对于同步发电机,额定功率则是指额定状态下从定子侧发出的有功电功率。

（2）额定电压 U_N(V 或 kV)　额定状态下定子绕组的线电压。

（3）额定电流 I_N(A 或 kA)　额定状态下定子绕组的线电流。

（4）额定功率因数 $\cos\varphi_N$　额定状态下定子侧的功率因数。

（5）额定频率 f_N(Hz)　我国的工作频率取为 50Hz。

（6）额定转速 n_N(r/min)　额定状态下转子的转速。对于同步电机转子转速即为同步速。

（7）额定效率 η_N　额定状态下同步电机的输出功率与输入功率之比。

此外，同步电机的铭牌数据还包括转子额定励磁功率 P_{fN}(W)、额定励磁电压 U_{fN}(V)以及额定温升(℃)等。

额定数据之间满足下列关系式：对于三相同步发电机

$$P_N = S_N\cos\varphi_N = \sqrt{3}U_N I_N\cos\varphi_N$$

对于三相同步电动机

$$P_N = \sqrt{3}U_N I_N\cos\varphi_N\eta_N$$

7.2　三相同步电机的电磁关系

同步电机负载后，内部存在两部分磁场：一部分是由转子直流励磁磁势所产生的主磁场；另一部分是由定子电枢绕组电流对应的电枢磁势所产生的电枢磁场。与直流电机类似，在分析电机内部的合成磁场（即气隙磁场）时，通常把由定子绕组所产生的电枢磁场对主磁场的影响称为**电枢反应**。下面就按循序渐进的原则分别讨论同步电机负载前后的电磁关系。

7.2.1　三相同步电机空载时的电磁关系

同步发电机空载是指原动机拖动转子以同步速旋转，转子励磁磁绕组通以直流，定子绕组开路（即 $I_a = 0$）。此时，电机内部磁场是由转子励磁磁势单独产生。设直流励磁电流为 I_f，则转子励磁磁势（或安匝数）为

$$F_f = N_f I_f \tag{7-1}$$

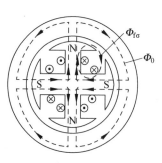

图 7.4　四极电机的主磁路结构

式中，N_f 为转子励磁绕组每极的匝数。由 F_f 产生的空载磁场分布如图 7.4 所示。图 7.4 中，Φ_0 表示由 F_f 所产生的主磁通，其对应的磁力线同时匝链定、转子绕组；$\Phi_{f\sigma}$ 表示由 F_f 所产生的漏磁通，其对应的磁力线仅与转子绕组相匝链。主磁通 Φ_0 以同步速分别切割定子三相绕组，并在定子三相绕组中感应三相对称电势 e_{OA}、e_{OB} 和 e_{OC}，三者在时间上互差 120°。其中，A 相定子绕组所感应的电势可

用相量形式表示为

$$\dot{E}_0 = -j4.44 f_1 N_1 k_{w1} \dot{\Phi}_0 \tag{7-2}$$

其中，$N_1 k_{w1}$ 为每相定子绕组的基波有效匝数；f_1 为定子绕组感应电势的频率，它由下式给出

$$f_1 = p \frac{n_1}{60} \tag{7-3}$$

保持同步速 $n_1 = n_N$ 不变，改变转子直流励磁电流 I_f 的大小，主磁通 Φ_0 将发生变化，定子绕组所感应的电势 E_0 也将随之改变。E_0 与 I_f 之间的关系曲线又称为**同步电机的空载特性**。典型同步电机的空载特性如图 7.5 所示，它反映的是同步电机主磁路的磁化情况。需要说明的是，对于同步电动机，其空载特性通常采用同步发电机运行方式测得。

图 7.6 给出了同步电机空载运行时的时空相量图，它反映了各物理量之间的相位关系。图中，$+A$ 表示 A 相绕组的轴线；$+j$ 表示时间轴。由式(7-2)可见，A 相定子绕组所感应的电势 $\dot{E}_0$ 滞后于主磁通 Φ_0 90°。

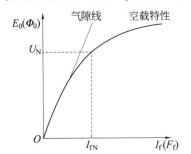

图 7.5　典型同步电机的空载特性

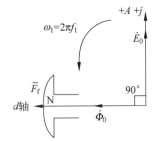

图 7.6　同步电机空载时的时空相量图

7.2.2　三相同步电机负载后的电枢反应

同步电机负载后，定子三相对称绕组中就有三相对称电流流过，从而在定子中产生以同步速旋转的电枢磁势 $\bar{F}_a$ 和磁场 $\bar{B}_a$，它与以同步速旋转的转子磁势 $\bar{F}_f$ 和主磁场 $\bar{B}_0$ 保持相对静止，因而两者可以叠加产生有效的气隙磁势 $\bar{F}_\delta$ 和磁场 $\bar{B}_\delta$。换句话说，与空载运行相比，同步电机负载后的气隙磁场将发生改变，这一变化是由电枢磁势引起的。通常，把电枢磁势对主磁场的影响称为**电枢反应**，相应的电枢磁势又称为**电枢反应磁势**，其大小可根据 5.5 节的知识表示为

$$F_a = \frac{m_1}{2} 0.9 \frac{N_1 k_{w1}}{p} I_a \tag{7-4}$$

既然转子励磁磁势 $\bar{F}_f$ 和电枢磁势 $\bar{F}_a$ 均以同步速旋转，两者相对静止，因而可以相互叠加共同产生气隙磁势 $\bar{F}_\delta$。于是，气隙磁势可以表示为

$$\bar{F}_\delta = \bar{F}_f + \bar{F}_a \tag{7-5}$$

式中,上画线表示空间矢量。

电枢磁势 $\bar{F}_a$ 对主磁势 $\bar{F}_f$ 的影响结果取决于 $\bar{F}_a$ 与 $\bar{F}_f$ 之间的空间相对位置,考虑到 $\bar{F}_a$ 与 $\dot{I}_a$ 之间以及 $\bar{F}_f$ 与 $\dot{E}_0$ 之间的关系,这一空间相对位置又与 $\dot{E}_0$ 与 $\dot{I}_a$ 之间的夹角 Ψ(又称为**内功率因数角**)密切相关。随着 Ψ 的不同,电枢反应所起的作用(助磁、去磁和交磁)也不尽相同。下面仅以同步发电机为例,对各种情况下电枢反应的作用分别予以讨论。

1. 当 $\dot{I}_a$ 与 $\dot{E}_0$ 同相时(即 $\Psi = 0°$)

图 7.7(a)、(b)、(c)分别给出了当 $\dot{I}_a$ 与 $\dot{E}_0$ 同相时的时间相量图、空间相量图以及时空相量图。通常定义转子轴线为 d 轴(direct-axis),电角度上与 d 轴垂直且滞后 $90°$ 的轴线(即两主极 N、S 之间的轴线)定义为 q 轴(quadrature-axis),它们与转子一起均以同步速旋转。

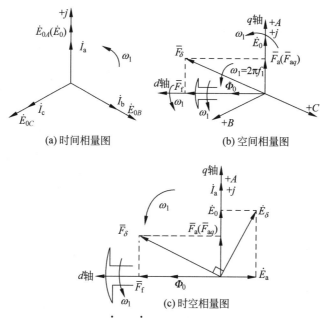

图 7.7 $\dot{I}_a$ 与 $\dot{E}_0$ 同相时的时空相量图

由图 7.7 可见,当 $\dot{I}_a$ 与 $\dot{E}_0$ 时间上同相位时,$\bar{F}_a$ 与 $\bar{F}_f$ 空间上相互垂直,类似于他励直线电动机的 $\bar{F}_a$ 与 $\bar{F}_f$ 之间的垂直关系,此时电枢反应表现为交磁作用。由于电枢磁势 $\bar{F}_a$ 沿交轴(即 q 轴)方向,相应的电枢反应又称为**交轴电枢反应**,此时,$\bar{F}_a$ 一般用 $\bar{F}_{aq}$ 来表示。交轴电枢反应使得气隙合成磁势 $\bar{F}_\delta$ 的轴线滞后于 $\bar{F}_f$ 一定角度,且幅值有所增加。

2. 当 $\dot{I}_a$ 滞后于 $\dot{E}_0$ $90°$时(即 $\Psi = 90°$)

图 7.8(a)、(b)分别给出了 $\dot{I}_a$ 滞后于 $\dot{E}_0$ $90°$时的时间相量图以及时空相量图。

由图 7.8 可见,此时,$\bar{F}_a$ 与 $\bar{F}_f$ 方向相反,导致合成气隙磁场削弱,电枢反应表现为去磁作用。由于电枢反应沿 d 轴方向,相应的电枢反应又称为**直轴电枢反应**。此时,$\bar{F}_a$ 一般用 $\bar{F}_{ad}$ 来表示。直轴电枢反应对同步电机的运行特性有较大影响。单机运行时,$\bar{F}_{ad}$ 的去磁作用会引起同步发电机的端电压下降、而对于同步电动机,其电磁转矩将有所减少。

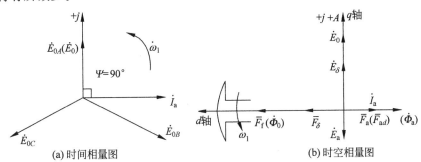

(a) 时间相量图　　　(b) 时空相量图

图 7.8　$\dot{I}_a$ 滞后于 $\dot{E}_0$ 90°时的时空相量图

3. 当 $\dot{I}_a$ 超前于 $\dot{E}_0$ 90°时(即 $\Psi = -90°$)

图 7.9(a)、(b)分别给出了 $\dot{I}_a$ 超前于 $\dot{E}_0$ 90°时的时间相量图以及时空相量图。由图 7.9 可见,此时 $\bar{F}_a$ 与 $\bar{F}_f$ 方向相同,导致合成气隙磁场加强。此时,电枢反应表现为助磁作用。由于电枢反应沿 d 轴方向,相应的电枢反应仍为**直轴电枢反应**。

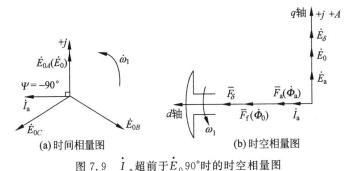

(a) 时间相量图　　　(b) 时空相量图

图 7.9　$\dot{I}_a$ 超前于 $\dot{E}_0$ 90°时的时空相量图

4. 当 $\dot{I}_a$ 滞后于 $\dot{E}_0$ Ψ 角时(即一般情况下)

图 7.10(a)、(b)分别给出了 $\dot{I}_a$ 滞后于 $\dot{E}_0$ Ψ 角时的时间相量图和时空向量图。由图 7.10(b)可见,此时的电枢反应磁势 $\bar{F}_a$ 既不处于直轴也不在交轴位置,相应的电枢反应既包括交轴的交磁作用又涉及直轴的去(或助)磁作用。

考虑到内功率因数角 Ψ 与同步发电机转子直流励磁电流、负载大小和性质密切相关,转子直流励磁电流的不同以及负载的改变均会将引起 Ψ 角的变化。

对于隐极式同步电机,内功率因数角 Ψ 的改变会导致电枢反应磁势 $\bar{F}_a$ 幅值所在的空间位置发生变化。但由于定、转子之间的气隙均匀,无论 $\bar{F}_a$ 的幅值所在的空

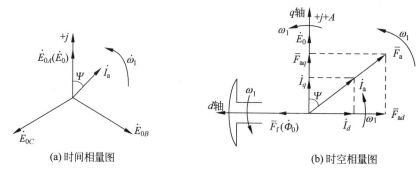

(a) 时间相量图　　　　　　　　　　　(b) 时空相量图

图 7.10　$\dot{I}_a$ 滞后于 $\dot{E}_0$ 任意角时的时空相量图

间位置如何变化,其对应磁路的磁导都不会因此而发生变化。

对于凸极同步电机则有所不同,由于定、转子之间的气隙交替变化,一旦电枢反应磁势 $\overline{F}_a$ 的幅值所处的空间位置因内功率因数角 Ψ 发生变化,所对应磁路的磁导也会因气隙的不同而改变,从而给磁路的分析带来困难。为了解决这一问题,Park 等提出了在电机理论中具有里程碑意义的**双反应理论**,其基本思想是当电枢反应磁势 $\overline{F}_a$ 的幅值既不位于直轴也不处于交轴空间位置时,可将电枢反应磁势矢量 $\overline{F}_a$ 分解为直轴电枢反应磁势 $\overline{F}_{ad}$ 和交轴电枢反应磁势 $\overline{F}_{aq}$ 两个分量,如图 7.10(b) 所示。由于电枢反应磁势矢量 $\overline{F}_a$ 相对定子以同步角速度 ω_1 旋转,其两个分量 $\overline{F}_{ad}$ 和 $\overline{F}_{aq}$ 自然也以同步角速度 ω_1 旋转,它们与转子保持相对静止。这样,无论电枢反应磁势矢量 $\overline{F}_a$ 位于任何空间位置,$\overline{F}_a$ 均可用两个正交的磁势分量 $\overline{F}_{ad}$ 和 $\overline{F}_{aq}$ 来等效。由于交轴电枢反应磁势 $\overline{F}_{aq}$ 与直轴电枢反应磁势 $\overline{F}_{ad}$ 各自所对应的磁路和气隙一直保持不变,因而为各自磁路的分析带来方便。图 7.11(a)、(b)、(c) 分别给出了采用双反应理论前后电枢反应磁势 $\overline{F}_a$ 和两个分量 $\overline{F}_{ad}$、$\overline{F}_{aq}$ 所对应的磁路和磁力线情况,具体到电枢反应磁势 $\overline{F}_a$ 所产生的磁场则可以通过上述两个分量 $\overline{F}_{ad}$ 和 $\overline{F}_{aq}$ 单独作用所产生的磁场叠加来获得。

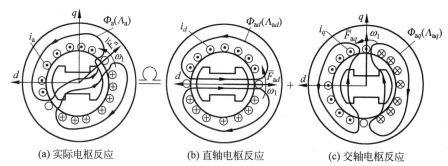

(a) 实际电枢反应　　　　　(b) 直轴电枢反应　　　　　(c) 交轴电枢反应

图 7.11　双反应理论的物理意义及交、直轴电枢反应的磁路与等效磁势

根据双反应理论并结合图 7.10,电枢反应磁势 $\overline{F}_a$ 可表示为

$$\overline{F}_a = \overline{F}_{ad} + \overline{F}_{aq} \tag{7-6}$$

其中

$$\begin{cases} F_{ad} = F_a \sin\Psi \\ F_{aq} = F_a \cos\Psi \end{cases} \tag{7-7}$$

根据 5.5 节,可将交、直轴电枢磁势的分量 $\overline{F}_{ad}$ 和 $\overline{F}_{aq}$ 分别表示为

$$\begin{cases} F_{ad} = \dfrac{m_1}{2} 0.9 \dfrac{N_1 k_{w1}}{p} I_d \\ F_{aq} = \dfrac{m_1}{2} 0.9 \dfrac{N_1 k_{w1}}{p} I_q \end{cases}$$

又

$$F_a = \frac{m_1}{2} 0.9 \frac{N_1 k_{w1}}{p} I_a$$

于是,由式(7-6)、式(7-7)得相应于交、直轴电枢磁势分量 $\overline{F}_{ad}$ 和 $\overline{F}_{aq}$ 的电流分量(见图 7.10(b))满足

$$\dot{I}_a = \dot{I}_d + \dot{I}_q \tag{7-8}$$

其中

$$\begin{cases} I_d = I_a \sin\Psi \\ I_q = I_a \cos\Psi \end{cases} \tag{7-9}$$

上述分析表明:在电枢反应方面,同步电机与直流电机大相径庭。直流电机通常的电枢磁势与励磁磁势是相互垂直的,故直流电机只有交轴电枢反应(见 2.4.3 节)。而同步电机不仅可能存在交轴电枢反应,而且还可能存在直轴电枢反应。直轴电枢反应也可能是去磁或助磁的。具体属于哪一种情况取决于内功率因数角 Ψ,而 Ψ 则与负载大小和性质以及转子直流励磁的大小密切相关。

以上采用同步发电机为例对电枢反应的性质及分析方法进行了介绍。至于同步电动机,可以先将电枢电流反向,由反向电流产生正向电枢反应磁势,然后再采取与上述过程完全相同的方法对电枢反应的性质进行讨论。限于篇幅,这里就不再赘述。

7.2.3　三相同步电机负载后的电磁关系

考虑到同步电机既可以作发电机运行也可以作电动机运行,其区别仅仅体现在电流方向的不同,而内部各物理量的电磁关系却完全相同,因此,本节仅以发电机为例,对同步电机负载后的电磁关系进行讨论。鉴于转子结构的不同,相应的电磁关系以及分析方法也有所不同,为此,本节对隐极式同步发电机和凸极式同步发电机的电磁关系分别加以讨论。

1. 隐极式同步发电机

根据上一节的分析,隐极式同步发电机负载后的电磁关系可总结为

转子　　　　　　　$I_f \rightarrow \bar{F}_f \rightarrow \dot{\Phi}_0 \rightarrow \dot{E}_0$

定子　　　　　　　$\dot{U} \rightarrow \dot{I}_a \rightarrow \bar{F}_a \rightarrow \dot{\Phi}_a \rightarrow \dot{E}_a$
　　　　　　　　　　　　　　　　　$\rightarrow \dot{\Phi}_\sigma \rightarrow \dot{E}_\sigma = -jx_\sigma \dot{I}_a$　$\Big\} \dot{U}$
　　　　　　　　　　　　　　　　　$\rightarrow -\dot{I}_a r_a$

上述关系中,r_a 为定子每相绕组的电阻;$\dot{\Phi}_a$、$\dot{\Phi}_\sigma$ 分别表示电枢反应磁通和定子漏磁通;$\dot{E}_a$、$\dot{E}_\sigma$ 分别为相应的磁通 $\dot{\Phi}_a$ 和 $\dot{\Phi}_\sigma$ 在定子绕组内所感应的相电势。当不计磁路饱和时,电枢反应电势 $\dot{E}_a$ 可表示为 $\dot{E}_a \propto \dot{\Phi}_a \propto F_a \propto \dot{I}_a$,且 $\dot{E}_a$ 滞后于 $\dot{\Phi}_a$(或 $\dot{I}_a$)90°。于是,$\dot{E}_a$ 可用下列关系表示为

$$\dot{E}_a = -jx_a \dot{I}_a \tag{7-10}$$

式中,x_a 为**电枢反应电抗**,它反映了电枢反应磁通 $\dot{\Phi}_a$ 所经过的磁路情况。x_a 可用下式表示为

$$x_a = \omega_1 L_a = 2\pi f_1 (N_1 k_{w1})^2 \Lambda_a$$

其中,磁导 Λ_a 与气隙的大小成反比。气隙越小,Λ_a 越大,相应的电枢反应电抗 x_a 也就越大。

同变压器(或异步电机)一样,漏磁通 $\dot{\Phi}_\sigma$ 所经过的漏磁路可用漏电抗来表示。参考变压器(或异步电机),漏电势 $\dot{E}_\sigma$ 可表示为 $\dot{E}_\sigma = -jx_\sigma \dot{I}_a$。

2. 凸极式同步发电机

根据上一节内容,凸极式同步发电机负载后的电磁关系可总结为

转子　　　　　　　$I_f \rightarrow \bar{F}_f \rightarrow \dot{\Phi}_0 \rightarrow \dot{E}_0$

定子　　　　　　　$\dot{U} \rightarrow \dot{I}_a \rightarrow \bar{F}_a \rightarrow \begin{cases} \bar{F}_{ad} \rightarrow \dot{\Phi}_{ad} \rightarrow \dot{E}_{ad} \\ \bar{F}_{aq} \rightarrow \dot{\Phi}_{aq} \rightarrow \dot{E}_{aq} \end{cases}$ $\Big\} \dot{U}$
　　　　　　　　　　　　　　　$\rightarrow \dot{\Phi}_\sigma \rightarrow \dot{E}_\sigma = -jx_\sigma \dot{I}_a$
　　　　　　　　　　　　　　　$\rightarrow -\dot{I}_a r_a$

上述关系中,$\dot{\Phi}_{ad}$、$\dot{\Phi}_{aq}$ 分别表示直轴电枢反应磁通和交轴电枢反应磁通(见图 7.11);$\dot{E}_{ad}$、$\dot{E}_{aq}$ 分别为相应的磁通 $\dot{\Phi}_{ad}$ 和 $\dot{\Phi}_{aq}$ 在定子绕组内所感应的电势。当不计磁路饱和时,直轴电枢反应电势 $\dot{E}_{ad}$ 可表示为 $\dot{E}_{ad} \propto \dot{\Phi}_{ad} \propto F_{ad} \propto \dot{I}_d$;交轴电枢反应电势 $\dot{E}_{aq}$ 可表示为 $\dot{E}_{aq} \propto \dot{\Phi}_{aq} \propto F_{aq} \propto \dot{I}_q$。于是 $\dot{E}_{ad}$ 和 $\dot{E}_{aq}$ 可分别用下式表示为

$$\begin{cases} \dot{E}_{ad} = -jx_{ad} \dot{I}_d \\ \dot{E}_{aq} = -jx_{aq} \dot{I}_q \end{cases} \tag{7-11}$$

式中,x_{ad} 为**直轴电枢反应电抗**;x_{aq} 为**交轴电枢反应电抗**。它们分别反映了直轴电

枢反应磁通 $\dot{\Phi}_{ad}$ 和交轴电枢反应磁通 $\dot{\Phi}_{aq}$ 所经过的磁路情况。根据图 7.11，直轴、交轴电枢反应电抗 x_{ad} 和 x_{aq} 可分别用下式表示为

$$\begin{cases} x_{ad} = \omega_1 L_{ad} = 2\pi f_1 (N_1 k_{w1})^2 \Lambda_{ad} \\ x_{aq} = \omega_1 L_{aq} = 2\pi f_1 (N_1 k_{w1})^2 \Lambda_{aq} \end{cases}$$

其中，直轴、交轴磁导 Λ_{ad}、Λ_{aq} 与各自对应的气隙大小成反比。由图 7.11 可见，$\Lambda_{ad} > \Lambda_{aq}$，因此，$x_{ad} > x_{aq}$。

7.3　三相同步电机的基本方程式、等值电路与相量图

将上一节介绍的电磁关系用数学表达式描述出来，便可获得同步电机的数学模型。考虑到隐极式同步电机和凸极式同步电机的数学模型有所不同，故分别对其讨论如下。

7.3.1　隐极式同步电机的基本方程式、等值电路与相量图

1. 隐极式同步发电机

当隐极式同步电机作发电机运行时，利用上一节所介绍的电磁关系，并根据图 7.12 中定子绕组各物理量的假定正方向（由于电功率趋向于流出电机，故又称为**发电机惯例**），由基尔霍夫电压定律（KVL）得

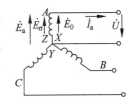

图 7.12　同步发电机各物理量正方向的假定

$$\dot{E}_0 + \dot{E}_a + \dot{E}_\sigma - \dot{I}_a r_a = \dot{U}$$

将式（7-10）和漏电势 $\dot{E}_\sigma$ 的表达式代入上式得

$$\begin{aligned} \dot{E}_0 &= \dot{U} + r_a \dot{I}_a + jx_\sigma \dot{I}_a + jx_a \dot{I}_a \\ &= \dot{U} + r_a \dot{I}_a + j(x_\sigma + x_a) \dot{I}_a \\ &= \dot{U} + r_a \dot{I}_a + jx_t \dot{I}_a \end{aligned} \qquad (7\text{-}12)$$

式中，$x_t = x_\sigma + x_a$ 又称为隐极式同步电机的**同步电抗**，它综合反映了电枢反应磁通和电枢漏磁通所经过的磁路情况。同步电抗 x_t 是隐极式同步电机的一个很重要的结构参数。当磁路不饱和时，它是一常量。

根据式（7-12），绘出隐极式同步发电机的相量图和每相定子绕组的等效电路如图 7.13 所示。

图 7.13 中，$\dot{E}_0$ 与 $\dot{U}$ 之间的夹角 θ 又称为**功率角**，它是同步电机中的一个很重要的物理量，其物理意义将在 7.4 节详细介绍。

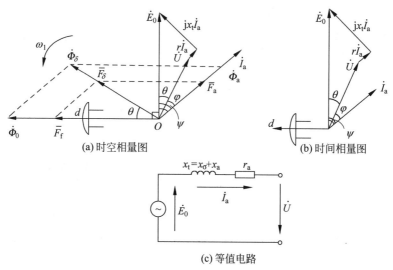

(a) 时空相量图 (b) 时间相量图

(c) 等值电路

图 7.13　隐极式同步发电机每相的相量图和等值电路

2. 隐极式同步电动机

对于隐极式同步电动机,各物理量的假定正方向如图 7.14 所示(由于电功率趋向于流入电机,故又称为**电动机惯例**)。很显然,与图 7.12 相比较,仅电枢电流方向发生改变。为此,只需改变同步发电机基本方程式(7-12)中电流 $\dot{I}_a$ 的方向便可获得隐极式同步电动机的基本电压平衡方程式。于是有

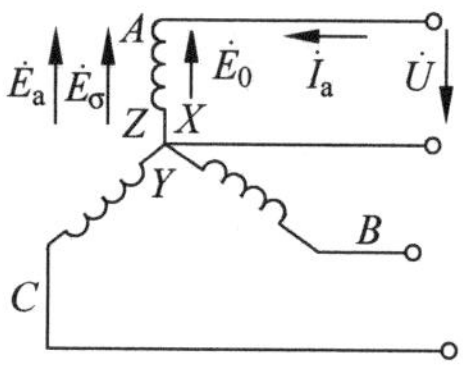

图 7.14　同步电动机各物理量正方向的假定

$$\dot{E}_0 = \dot{U} + r_a(-\dot{I}_a) + jx_t(-\dot{I}_a)$$

即

$$\dot{U} = \dot{E}_0 + r_a \dot{I}_a + jx_t \dot{I}_a \qquad (7\text{-}13)$$

根据式(7-13),绘出隐极式同步电动机的相量图和等效电路如图 7.15 所示。

综合图 7.13(c)与图 7.15(c)可见,隐极式同步电机的等值电路显然是其戴维南等效电路。亦即隐极式同步电机可用空载电势 $\dot{E}_0$(即 $\dot{I}_a = 0$ 时转子励磁在定子绕组中的感应电势)与电机的内部阻抗 $(r_a + jx_t)$ 的串联组合来表示。只不过这里的分析具体表明了 E_0 以及结构参数 x_t 与哪些因素有关。

值得指出的是,**对于同步发电机和同步电动机,其功率角 θ 有所不同。前者 $\dot{E}_0$ 超前于 $\dot{U}$ θ 角**(见图 7.13(b));**后者 $\dot{E}_0$ 滞后于 $\dot{U}$ θ 角**(见图 7.15(b))。这是一般结论,无论对隐极式同步电机还是凸极式同步电机,这一结论均正确。该结论的依据及有关 θ 角的物理意义将在 7.4 节介绍。

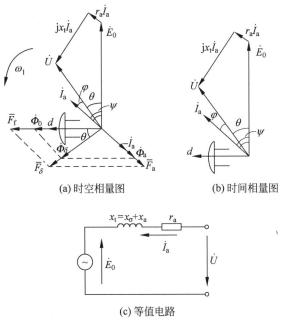

图 7.15 隐极式同步电动机的相量图和等值电路

7.3.2 凸极同步电机的基本方程式、等值电路和相量图

1. 凸极式同步发电机

当凸极式同步电机作发电机运行时,根据 7.2.3 节介绍的电磁关系,并参考图 7.12 所示的正方向假定,由基尔霍夫电压定律(KVL)得

$$\dot{E}_0 + \dot{E}_{ad} + \dot{E}_{aq} + \dot{E}_\sigma - \dot{I}_a r_a = \dot{U}$$

将式(7-8)、式(7-11)以及漏电势 $\dot{E}_\sigma$ 的表达式代入上式得

$$
\begin{aligned}
\dot{E}_0 &= \dot{U} + r_a \dot{I}_a + jx_\sigma(\dot{I}_d + \dot{I}_q) + jx_{ad}\dot{I}_d + jx_{aq}\dot{I}_q \\
&= \dot{U} + r_a \dot{I}_a + j(x_\sigma + x_{ad})\dot{I}_d + j(x_\sigma + x_{aq})\dot{I}_q \\
&= \dot{U} + r_a \dot{I}_a + jx_d \dot{I}_d + jx_q \dot{I}_q
\end{aligned}
\tag{7-14}
$$

式中, $x_d = x_\sigma + x_{ad}$ 又称为凸极式同步电机的**直轴同步电抗**; $x_q = x_\sigma + x_{aq}$ 又称为**交轴同步电抗**。它们分别综合反映了直轴、交轴电枢反应磁通和电枢漏磁通所经过的磁路情况。图 7.16 给出了反映交、直轴同步电抗物理意义的示意图。根据 7.2 节知: $x_{ad} > x_{aq}$,同时结合图 7.16 可得: $x_d > x_q$。

利用式(7-14)便可绘出凸极式同步发电机的相量图如图 7.17 所示。

2. 凸极式同步电动机

与隐极式同步电机一样,对于凸极式同步电动机,只需改变凸极式同步发电机

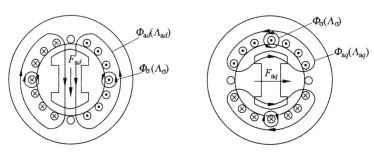

图 7.16　交、直轴同步电抗的物理意义

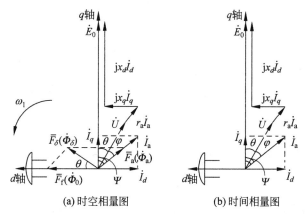

(a)时空相量图　　　　　　(b)时间相量图

图 7.17　凸极式同步发电机的相量图

基本方程式(7-14)中的相关电流方向便可获得凸极式同步电动机的基本方程式。于是有

$$\dot{E}_0 = \dot{U} + r_a(-\dot{I}_a) + \mathrm{j}x_d(-\dot{I}_d) + \mathrm{j}x_q(-\dot{I}_q)$$

即

$$\dot{U} = \dot{E}_0 + r_a\dot{I}_a + \mathrm{j}x_d\dot{I}_d + \mathrm{j}x_q\dot{I}_q \tag{7-15}$$

根据式(7-15)绘出凸极式同步电动机的相量图如图 7.18 所示。

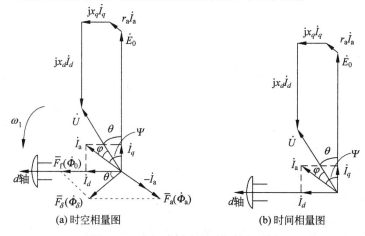

(a)时空相量图　　　　　　(b)时间相量图

图 7.18　凸极式同步电动机的相量图

7.4　三相同步电动机的矩角特性与 V 形曲线

同步电动机通常用矩角特性和 V 形曲线来反映其工作特性,下面分别对其进行介绍。

7.4.1　同步电动机的矩角特性

众所周知,对于电动机,最重要的特性是机械特性。机械特性反映了转子轴上输出的机械量(亦即转速与转矩)之间的关系。为此,本书在第 2 章和第 5 章中重点讨论了直流电动机和三相异步电动机的机械特性。对于同步电动机,人们自然会想到:可否继续采用机械特性来描述其输出行为呢? 答案是否定的。考虑到转子转速(亦即同步速)不随负载转矩的变化而改变,同步电动机的机械特性必然是一条平行于转矩轴(或横轴)的水平直线。换句话说,这样的机械特性仅能提供转子转速是同步速的信息。为了充分反映电磁转矩与机械负载之间的关系,对于同步电动机,通常采用矩角特性替代机械特性来描述其输出行为。在电机学中,矩角特性与机械特性具有同等重要的地位。

矩角特性定义为:定子电压 U 一定、转子外加直流励磁电流 I_f 一定的条件下电磁转矩 T_{em} 与功率角 θ 之间的关系曲线,即 $T_{em} = f(\theta)$。**矩角特性反映了不同负载下电磁转矩的变化情况,它相当于三相异步电动机的 $T_{em}\text{-}s$ 曲线(或机械特性)。** 在引入矩角特性之前,首先介绍一下同步电动机的功率流程图和转矩平衡方程式。

1. 同步电动机的功率流程图

由隐极式同步电动机的等效电路(见图 7.15)可见,定子侧输入的电功率 P_1 由两部分组成:一部分是由定子绕组电阻 r_a 所引起的铜耗 p_{Cu1} 和定子铁芯损耗(简称为铁耗)p_{Fe};另一部分则是经过气隙传递到转子的电磁功率 P_{em}。其中,电磁功率 P_{em}包括转子侧的输出功率 P_2、对应于风扇和轴承摩擦的机械耗 p_{mec} 以及包括高频损耗在内的附加损耗 p_{ad}。通常,机械耗以及附

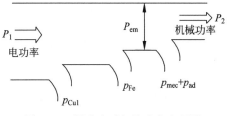

图 7.19　同步电动机的功率流程图

加损耗总称为**空载损耗**,用 p_0 表示。于是,同步电动机内部各部分功率之间的关系可用下列关系式表示为

$$P_1 = p_{Cu1} + p_{Fe} + P_{em} \tag{7-16}$$

$$P_{em} = P_2 + (p_{mec} + p_{ad}) = P_2 + p_0 \tag{7-17}$$

根据式(7-16)、式(7-17)绘出同步电动机的功率流程图如图 7.19 所示。

2. 同步电动机的转矩平衡方程式

式(7-17)两边同除以同步角速度 Ω_1 便可获得转矩平衡方程式为

$$\frac{P_{em}}{\Omega_1} = \frac{P_2}{\Omega_1} + \frac{p_0}{\Omega_1}$$

即

$$T_{em} = T_2 + T_0 \tag{7-18}$$

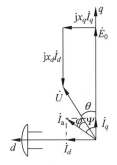

图 7.20　忽略定子电阻
时凸极同步电
动机的相量图

3. 同步电动机的矩角特性

上面曾提到,矩角特性定义为 $T_{em} = f(\theta) \Big|_{\substack{I_f=\text{const} \\ U=\text{const}}}$,其中

θ 为 $\dot{E}_0$ 与 $\dot{U}$ 之间的夹角,即**功率角**,它相当于感应电动机的
转差率 s。

对于凸极同步电动机,其矩角特性可以根据基本方程式
和相量图获得,现介绍如下。

考虑到实际同步电机的定子电枢电阻远小于同步电抗,
故定子电枢电阻可忽略不计。于是,凸极同步电动机的相量
图(见图 7.18)变为图 7.20。

忽略定子绕组铜耗和铁耗,则电磁功率与输入的电功率近似相等,于是有

$$\begin{aligned}
P_{em} \approx P_1 &= mUI_a\cos\varphi = mUI_a\cos(\Psi - \theta) \\
&= mUI_a\cos\Psi\cos\theta + mUI_a\sin\Psi\sin\theta \\
&= mU(I_q\cos\theta + I_d\sin\theta)
\end{aligned}$$

又由相量图 7.20 可得

$$\begin{cases} I_q x_q = U\sin\theta \\ I_d x_d = E_0 - U\cos\theta \end{cases} \Rightarrow \begin{cases} I_q = \dfrac{U\sin\theta}{x_q} \\ I_d = \dfrac{E_0 - U\cos\theta}{x_d} \end{cases}$$

于是,电磁功率变为

$$P_{em} = \frac{mE_0 U}{x_d}\sin\theta + \frac{1}{2}mU^2\left(\frac{1}{x_q} - \frac{1}{x_d}\right)\sin2\theta \tag{7-19}$$

式(7-19)又称为凸极式同步电动机的**功角特性**。将式(7-19)两边同除以同步角速度
Ω_1 便可获得相应的电磁转矩为

$$T_{em} = \frac{P_{em}}{\Omega_1} = \frac{mE_0 U}{x_d \Omega_1}\sin\theta + \frac{1}{2}\frac{mU^2}{\Omega_1}\left(\frac{1}{x_q} - \frac{1}{x_d}\right)\sin2\theta \tag{7-20}$$

式(7-20)又称为凸极式同步电动机的**矩角特性**,它可用图 7.21 所示曲线表示。

由式(7-20)可见,凸极式同步电动机的电磁转矩由两部分组成(见图 7.21):一部分为**基本电磁转矩** $T'_{em} = \dfrac{mE_0U}{x_d\Omega_1}\sin\theta$，基本电磁转矩是

由转子直流励磁磁势和定子气隙磁场相互作用产生的，它是电磁转矩的基本分量；另一部分为**电磁转矩的附加**

分量 $T''_{em} = \dfrac{1}{2}\dfrac{mU^2}{\Omega_1}\left(\dfrac{1}{x_q} - \dfrac{1}{x_d}\right)\sin 2\theta$，它是由 d 轴和 q 轴

磁阻不同（又称为**凸极效应**）而引起的，即使转子绕组不加直流励磁（即 $E_0 = 0$），凸极同步电动机仍然会产生凸极效应的电磁转矩 T''_{em}（又称为**反应转矩**）。

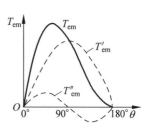

图 7.21　凸极式同步电动机的矩角特性

对于由凸极效应产生电磁转矩的物理意义可借助于图 7.22 解释如下。

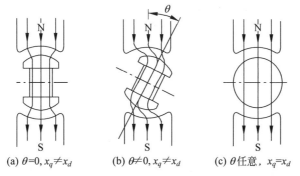

(a) $\theta = 0$, $x_q \ne x_d$　　(b) $\theta \ne 0$, $x_q \ne x_d$　　(c) θ 任意，$x_q = x_d$

图 7.22　凸极同步电动机的磁阻转矩

假定转子无直流励磁，当 $\theta = 0$ 时（见图 7.22(a)），很显然，磁路的磁阻最小，此时转子只受到沿径向的电磁力，而不会产生切向的电磁转矩；一旦在负载作用下转子的轴线偏离了定子磁极的轴线，即 $\theta \ne 0°$，则磁力线将发生扭曲（见图 7.22(b)）。类似于橡皮筋或弹簧，磁力线伸长后具有自身收缩的趋势，并且尽可能使定子磁路的磁阻最小。因此，转子自然要受到沿切线方向的电磁转矩即反应转矩的作用。在该电磁转矩的作用下，转子将随子旋转磁场以同步速旋转。当转子为隐极结构时（见图 7.22(c)），由于气隙均匀（$x_d = x_q = x_t$），磁场也分布均匀，转子自然不会产生沿切线方向的电磁转矩。

由图 7.21 可见，由于凸极效应，凸极式同步电动机的最大电磁转矩将发生在 $\theta < 90°$ 的位置。

值得说明的是，利用凸极效应原理可以制作成专门的凸极式同步电动机，即**磁阻式同步电动机**，其详细的运行原理将在 7.5 节专门介绍。

对于隐极式同步电动机，由于 d 轴和 q 轴磁阻相同，即 $x_d = x_q = x_t$，将其代入式(7-19)，便可获得隐极式同步电动机的功角特性为

$$P_{em} = \frac{mE_0U}{x_t}\sin\theta \tag{7-21}$$

将上式两边同除以同步角速度 Ω_1，便可获得隐极式同步电动机的矩角特性为

$$T_{\text{em}} = \frac{mE_0 U}{x_{\text{t}}\Omega_1}\sin\theta = T_{\text{emax}}\sin\theta \tag{7-22}$$

式(7-22)表明,隐极式同步电动机的电磁转矩正比
于励磁电势 E_0 和定子外加电压 U 的大小,反比于同步
电抗 x_{t}。

根据式(7-22)便可绘出隐极式同步电动机的矩角特
性曲线如图 7.23 所示。

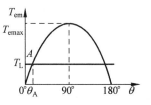

图 7.23 隐极式同步电动机的
矩角特性

4. 功率角 θ 的物理意义

**同步电动机的矩角特性类似于异步电动机的机械特性,其中的功率角 θ 相当于
异步电动机的转差率 s。** 大家知道,随着负载转矩的增加,异步电动机的转差率 s 将
有所增加。同样,对于同步电动机,随着负载转矩的增加,同步电动机的功率角 θ 将
有所增加,由矩角特性(式(7-22))可知,电磁转矩将相应地增加,最终电磁转矩与负
载转矩相平衡。需注意的是,最终稳态运行后转子转速并未发生变化,同步电动机
仍保持同步速运行。

值得说明的是,同步电机的功率角 θ 具有双重含义:从时间上看,功率角 θ 为定
子感应电势 $\dot{E}_0$ 与定子电压 $\dot{U}$ 之间的夹角;从空间上看,功率角 θ 为转子励磁磁势
$\bar{F}_{\text{f}}$ 和气隙合成磁势 $\bar{F}_\delta$($\bar{F}_\delta = \bar{F}_{\text{f}} + \bar{F}_{\text{a}}$)之间的夹角(见图 7.15 或图 7.18)。其中,$\dot{E}_0$
是由转子励磁磁势 $\bar{F}_{\text{f}}$ 在定子绕组中感应的电势,而 $\dot{U}$ 可近似看作由气隙合成磁势
$\bar{F}_\delta$ 在定子绕组中的感应电压。

若将所有磁势用等效磁极来表示,当同步电机作电动机运行时,由相量图
(见图 7.15 或图 7.18)可见,$\dot{U}$ 超前于 $\dot{E}_0$ 功率角 θ,于是气隙合成磁势 $\bar{F}_\delta$ 超前转子
励磁磁势 $\bar{F}_{\text{f}}$ 功率角 θ,在气隙合成磁势 $\bar{F}_\delta$ 所对应的磁极拖动下,转子磁极以同步速
旋转(见图 7.24(a)),从而拖动机械负载以同步速旋转,并将定子侧输入的电功率转
换为转子的机械功率输出。很显然,此时,电磁转矩为驱动性的转矩。

当同步电机作发电机运行时,由相量图(见图 7.13 或图 7.17)可见,$\dot{E}_0$ 超前于
$\dot{U}$ 功率角 θ,则转子励磁磁势 $\bar{F}_{\text{f}}$ 超前气隙合成磁势 $\bar{F}_\delta$ 功率角 θ,于是转子磁极在原
动机作用下拖动气隙合成磁势 $\bar{F}_\delta$ 所对应的磁极以同步速旋转(见图 7.24(b)),从而
将输入至转子的机械功率转换为定子侧的电功率输出。很显然,此时,电磁转矩为
制动性的转矩。

由此可见,**功率角 θ 的正、负是衡量同步电机运行状态的一个重要标志。当同
步电机作电动机运行时,$\dot{U}$ 超前于 $\dot{E}_0$ 功率角 θ,若规定此时的功率角 θ 为正,而当同
步电机作发电机运行时,$\dot{U}$ 滞后于 $\dot{E}_0$ 功率角 θ,此时,功率角 θ 则为负。**

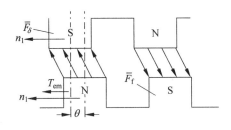
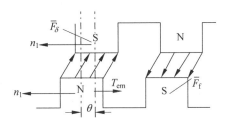

(a) 同步电动机运行($T_{em}>0$)　　　　　(b) 同步发电机运行($T_{em}<0$)

图 7.24　功率角 θ 的物理意义

5. 同步电动机的稳定运行与过载能力

与异步电动机一样,同步电动机也存在稳定运行问题。其定义是:处于某一运行点的电力拖动系统,若在外界的扰动(如供电电压的波动、负载的变化等)作用下,系统偏离原来的运行点,一旦扰动消除,系统若能够回到原来的运行点则称系统是**静态稳定**的。否则,系统是**静态不稳定**的,或称同步电动机处于"失步"状态。下面就以隐极式同步电动机为例来说明同步电动机的稳定运行问题。

图 7.25 给出了同步电动机静态稳定与"失步"概念的解释。由图 7.25 可见,若同步电动机最初在 A 点运行,其功率角为 θ_A,$0<\theta_A\leqslant90°$,电磁转矩 $T_{em(A)}=T_L$。若在外部扰动的作用下,负载转矩由 T_L 增至为 T_L',则由于 $T_{em(A)}<T_L'$,转子将减速,并使得功率角由 θ_A 增至为 $\theta_{A'}$,其结果是电磁转矩也由 $T_{em(A)}$ 增至为 $T_{em(A')}$。最终 $T_{em(A')}=T_L'$,系统将在新的工作点 A' 处运行。一旦外部负载扰动消除,负载转矩又降为 T_L,则由于 $T_{em(A')}>T_L$,转子将加速,使得功率角减小(见图 7.24(a)),最终系统将恢复到原来的 A 点运行。根据定义,拖动系统在 A 点是稳定的。

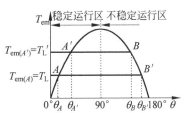

图 7.25　同步电动机静态稳定与"失步"概念的解释

若同步电动机最初在 B 点运行,其功率角为 θ_B,$90°<\theta_B\leqslant180°$,电磁转矩为 $T_{em(B)}$。一旦系统受到扰动使负载转矩有所增加,则功率角将增至为 $\theta_{B'}$,而对应 $\theta_{B'}$ 的电磁转矩 $T_{em(B')}$ 将有所降低,其结果是转子转速将进一步降低,功率角 θ 继续增加,电磁转矩进一步降低。最终即使负载扰动消除,转子也将**失去同步**。因此,拖动系统在 B 点是不稳定运行的。

对于同步电动机,其稳定性可采用 3.4 节介绍的稳定性判据进行判断。对于恒转矩负载$\left(即 \dfrac{\partial T_L}{\partial\theta}=0\right)$,若 $\dfrac{dT_{em}}{d\theta}>0$,则系统是稳定的;反之,若 $\dfrac{dT_{em}}{d\theta}<0$,则系统是不稳定的。显然,对于隐极式同步电动机,$\theta=90°$ 是稳定与不稳定运行的临界点。

为了能够确保由同步电动机组成的拖动系统稳定运行,最大电磁转矩必须大于额定负载转矩。通常把最大电磁转矩与额定转矩的比值称为同步电动机的**过载能**

力,用 λ_T 表示。对于隐极式同步电动机有

$$\lambda_T = \frac{T_{\mathrm{emax}}}{T_N} = \frac{1}{\sin\theta_N} \tag{7-23}$$

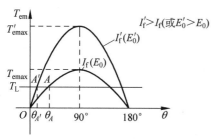

一般情况下,隐极式同步电动机额定负载运行的功率角 $\theta_N = 20°\sim30°$,此时 $\lambda_T = 2\sim3$。根据式(7-22),绘出转子直流励磁电流改变时隐极式同步电动机的矩角特性如图 7.26 所示。由图 7.26 可见,增大转子直流励磁电流(亦即增加 E_0)可以提高同步电动机的最大电磁转矩 T_{emax} 以及过载能力,进而提高拖动系统的稳定性。实际上,在由转子励磁同步电动机组成的拖动系统中,通常采用转子强励措施确保拖动系统稳定运行,其依据即来源于此。

图 7.26　隐极式同步电动机转子直流励磁改变时的矩角特性

综上所述,可以得出如下结论:

(1) **隐极式同步电动机的稳定运行范围是 $0°\leqslant\theta<90°$**。超过该范围,同步电动机将不会稳定运行。为确保同步电动机可靠运行,通常取 $0°\leqslant\theta<75°$。

(2) **增加转子直流励磁电流可以提高同步电动机的过载能力,进而提高电力拖动系统的稳定性**。

例 7-1　一台三相、四极隐极式同步电动机接到电网上运行,额定电压 $U_N = 380\mathrm{V}$,额定电流 $I_N = 26\mathrm{A}$,额定功率因数 $\cos\varphi_N = 0.9$(超前),定子绕组采用 Y 接,同步电抗 $x_t = 6.06\Omega$,忽略定子电阻。当同步电动机在额定负载下运行时,试求: (1)空载电势 E_0;(2)功率角 θ_N;(3)电磁转矩;(4)过载能力。

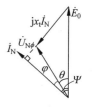

图 7.27　例 7-1 图

解　(1) 求空载电势 E_0。由于定子绕组采用 Y 接,故定子绕组的相电压为 $U_{N\phi} = \dfrac{U_N}{\sqrt{3}} = \dfrac{380}{\sqrt{3}} = 220\mathrm{V}$。根据 $\cos\varphi_N = 0.9$(超前)得 $\varphi_N = 25.84°$。由此绘出同步电动机的相量图如图 7.27 所示。

根据图 7.27 的几何关系可得

$$E_0 = \sqrt{(U_{N\phi}\cos\varphi_N)^2 + (U_{N\phi}\sin\varphi_N + x_t I_N)^2}$$
$$= \sqrt{(220\times0.9)^2 + (220\times0.44 + 6.06\times26)^2} = 322.34(\mathrm{V})$$

(2) 求功率角 θ_N。先求内功率因数角 ψ

$$\psi = \arctan\frac{U_{N\phi}\sin\varphi_N + x_t I_N}{U_{N\phi}\cos\varphi_N} = \arctan\frac{220\times0.44 + 6.06\times26}{220\times0.9} = 52.1°$$

故功率角　$\theta_N = \psi - \varphi_N = 52.1° - 25.84° = 26.26°$。

(3) 求电磁转矩

$$T_{\mathrm{em}} = \frac{m E_0 U_{N\phi}}{x_t \Omega_1}\sin\theta_N = \frac{3\times322.34\times220\times60}{6.06\times2\pi\times1500}\times\sin26.26° = 98.94(\mathrm{N\cdot m})$$

式中,同步角速度 $\Omega_1 = 2\pi n_1/60, n_1 = 1500 \text{r/min}$(四极)。

(4) 求过载能力

$$\lambda_T = \frac{1}{\sin\theta_N} = \frac{1}{\sin 26.26°} = 2.26$$

例 7-2 一台三相、四极凸极式同步电动机接到电网上运行,其额定数据和参数如下: $U_{1N} = 6000\text{V}, f_{1N} = 50\text{Hz}, n_N = 300\text{r/min}, I_N = 57.8\text{A}, \cos\varphi_N = 0.8$(超前), $x_d = 64.2\Omega, x_q = 40.8\Omega$,忽略定子绕组的电阻影响,试用 MATLAB 绘出凸极式同步电动机的功角特性。

解 以下为用 MATLAB 编写的源程序(M 文件),相应的曲线如图 7.28 所示。

```
% Example 7-2
%% Torque - angle Curve & U - type Curve for Synchronous Motor
clc
clear
% Parameters for the synchronous motor with 50-Hz frequency, Y-connection
U1n = 6000/sqrt(3); Nph = 3; fe0 = 50; nn = 300; In = 57.8; cosfain = 0.8; %% leading PF
Xd = 64.2; Xq = 40.8; ra = 0;
% Calculate the poles
poles = 120 * fe0/nn;
% Calculate The No-Load CEMF
sinfain = sqrt(1-cosfain^2);
fain = acos(cosfain);
psi = atan((U1n * sinfain + Xq * In)/(U1n * cosfain));
sitan = psi-fain;
Id = In * sin(psi) * exp(j * pi/2-psi);
Iq = In * cos(psi) * exp(-psi);
E0n = abs(U1n * exp(-j * fain)-j * Id * Xd-j * Iq * Xq);
% Calculate the Torque-angle Curve
for i = 1: 8000
    sita1 = pi * i/8000;
    Tem1(i) = Nph * poles/(4 * pi * fe0) * (E0n * U1n/Xd * sin(sita1) + 0.5 * U1n^2 * (1/Xq
-1/Xd) * sin(2 * sita1));
    Tem2(i) = Nph * poles/(4 * pi * fe0) * E0n * U1n/Xd * sin(sita1);
    Tem3(i) = Nph * poles/(4 * pi * fe0) * 0.5 * U1n^2 * (1/Xq - 1/Xd) * sin(2 * sita1);
    sita(i) = sita1 * 180/pi;
end
plot(sita,Tem1,'-',sita,Tem2,'--',sita,Tem3,'--');
hold on;
end
xlabel('Angle[°]'); ylabel('Torque[N • m]');
title('Torque-angle characteristic for synchronous motor ');
disp('End');
```

7.4.2 三相同步电动机的 V 形曲线与功率因数的调节

根据第 4 章和第 5 章,我们知道:无论变压器还是异步电机通常均需从电网吸收无功功率以建立电能传递或机电能量转换过程中起媒介作用的磁场。问题是:电网的无功功率又来自何处? 其无功功率的大小及功率因数又是如何调节的? V 形

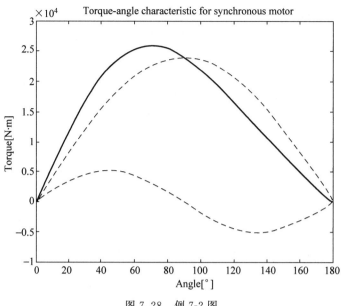

图 7.28　例 7-2 图

曲线以及本节的分析将有助于找到上述问题的答案。

　　在回答上述问题之前,先看一下 V 形曲线的定义。在 $U_1 = U_N$,$f_1 = f_N$ 以及电磁功率 P_{em}(或电磁转矩 T_{em})一定的条件下,定子电枢电流 I_a 与转子励磁电流 I_f 之间的关系曲线定义为同步电动机的 **V 形曲线**。它反映的是在输出有功功率(或电磁功率)一定的条件下,定子侧的电枢电流和功率因数随转子直流励磁电流的变化情况。下面仅以隐极式同步电动机为例对其进行说明。

　　忽略定子铜耗(即忽略定子绕组电阻)、铁耗以及转子机械耗,于是有

$$P_{em} = \frac{mE_0 U}{x_t} \sin\theta = m U I_a \cos\varphi = 常数$$

　　对于在无穷大电网下运行的同步电动机,即当电网的容量远远大于同步电动机的容量,且电压和频率均保持不变时,存在下列关系式

$$\begin{cases} E_0 \sin\theta = 常数\ 1 \\ I_a \cos\varphi = 常数\ 2 \end{cases}$$

　　根据上述条件以及忽略定子电阻时的式(7-13)(即 $\dot{U} = \dot{E}_0 + jx_t \dot{I}_a$)与式(7-22),绘出不同转子直流励磁电流下同步电动机的相量图及矩角特性分别如图 7.29(a)、(b)所示。

　　通常,将定子电枢电流与定子电压同相位时的励磁电流称为**正常励磁电流**,所对应的运行状态称为**正常励磁状态**;超过正常励磁电流的运行状态称为**过励状态**;低于正常励磁电流的运行状态称为**欠励状态**。图 7.29 分别给出的是上述三种状态下的相量图及矩角特性。

　　根据图 7.29 可以得出如下结论:

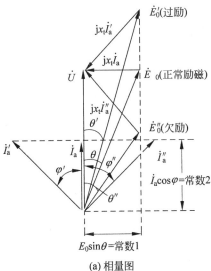

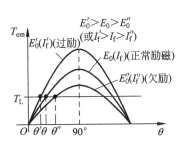

(a) 相量图　　　　　　　　　　　　(b) 矩角特性

图 7.29　转子直流励磁改变时同步电动机的相量图与矩角特性

（1）**调节同步电动机的励磁电流 I_f 可改变定子电流的无功分量和功率因数。正常励磁时,同步电动机从电网全部吸收有功；欠励时,同步电动机需从电网吸收滞后无功（或发出超前无功）；过励时,同步电动机从电网吸收超前无功（或发出滞后无功）。**

（2）**若调节同步电动机的励磁电流,使之工作在过励状态,则可以改善同步电动机的功率因数并使功率因数处于超前状态。**

（3）若同步电动机在空载状态（即不拖动任何机械负载）下运行,此时 $P_{em}=0$,根据式(7-21)可得：$\theta=0°$,由此绘出过励状态下同步电动机的相量图如图 7.30 所示。由图 7.30 可见,当转子处于过励状态时,同步电动机可以向电网发出滞后无功（或吸收超前无功）,有利于改善电网的功率因数。通常,将空载运行的同步电动机称为**"同步调相机"**（或同步补偿机）。

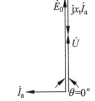

图 7.30　同步调相机的相量图（过励状态）

上述结论可以这样理解：由于同步电机采用双边激磁,建立气隙磁场所需的无功来自于定、转子两侧的绕组磁势（或安匝数）,而且以转子侧的直流励磁安匝为主。当处于正常励磁状态时,同步电机建立气隙磁场所需无功全部由转子侧提供,无需再从定子侧获得,此时,定子侧自然为单位功率因数；当同步电机处于过励状态时,由转子励磁磁势所发出的无功远超过同步电机自身建立气隙磁场所需的无功,因而有一部分无功从定子侧输出。此时,定子侧的功率因数呈超前状态；当同步电机处于欠励状态时,仅由转子励磁安匝所提供的无功难以满足建立气隙磁场的需要,因而需要由定子侧的电网加以补充。此时,同异步电机一样,定子侧的功率因数呈滞后状态。事实上,由于普通鼠笼式异步电机采用单边激磁,只能通过定子侧的电网提供建立气隙磁场所需的无功,定子侧的功率因数自然总是处于滞后状态。从这一角度上看：一台异步电机相当于工作在欠励状态下的同步电机。

此外,由图7.29(a)可见,当转子直流励磁电流 I_f 由小到大(即由欠励→正常励磁→过励)变化时,定子电枢电流首先由 I_a'' 逐渐减小,至正常励磁时降为最低 I_a。然后,电枢电流又逐渐增加至 I_a'。上述结论可用图7.31所示曲线表示。很显然,对于输出功率一定的同步电动机,其定子电枢电流随转子直流励磁电流的变化曲线呈"V"字形状,**V形曲线**由此而得名。

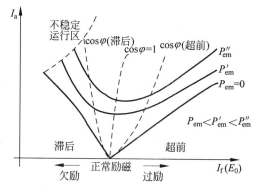

图7.31　同步电动机的 V 形曲线

图7.31还同时给出了不同输出功率(或电磁功率)条件下同步电动机的V形曲线。当 $P_{em}=0$ 时,所对应的V形曲线即为同步调相机的V形曲线。随着输出功率的增加,V形曲线将上移。

由图7.31可见,当同步电机处于欠励状态时,拖动系统有可能进入不稳定运行区,此时,定子侧功率因数 $\cos\varphi$ 处于滞后状态。这一现象解释如下:当同步电机处于欠励状态时,由图7.29可见,与过励和正常励磁相比,此时的功率角 θ 最大,更易接近静态稳定的临界点90°,故有可能引起拖动系统的不稳定运行。同时,由相量图图7.29(a)可知,欠励状态下 $\dot{I}_a$ 滞后于 $\dot{U}$,即定子侧功率因数滞后。

例 7-3　一台隐极式同步电动机,同步电抗的标幺值 $x_t^*=1$,忽略定子绕组电阻和磁路饱和。(1)当定子电压为额定电压,定子电流为额定电流,且功率因数等于1时,求定子绕组所感应的定子电势 E_0(标幺值)以及功率角 θ;(2)输出电磁转矩保持不变,仅将转子的直流励磁电流增加20%,求此时的定子电流和功率因数;(3)输出电磁转矩保持不变,将转子的直流励磁电流减少20%,求此时的定子电流和功率因数。

解　(1)根据已知条件,电压的标幺值 $U_N^*=1$,负载电流的标幺值 $I_N^*=1$,$\cos\varphi_1=1$,则相应的相量图如图7.29所示。由此得此时定子绕组所感应的电势为

$$E_{0N}^* = \sqrt{(U_N^*)^2 + (x_t I_N^*)^2} = \sqrt{1^2 + (1\times1)^2} = 1.41$$

相应的功率角为

$$\theta_N = \arctan\left(\frac{x_t^* I_N^*}{U_N^*}\right) = \arctan\left(\frac{1\times1}{1}\right) = 45°$$

（2）当转子的励磁电流增加 20% 时，相应的 $E_0^{\prime *} = 120\% E_0^* = 1.2 \times 1.41 = 1.69$。由于电磁转矩保持不变，根据 $T_{em} = \dfrac{m E_0 U_{N\phi}}{x_t \Omega_0} \sin\theta$ 可知，$E_0 \sin\theta =$ 常数。于是有 $E_0^{\prime *} \sin\theta^{\prime} = E_{0N}^* \sin\theta_N$，即

$$\theta^{\prime} = \arcsin\left(\frac{E_{0N}^* \sin\theta_N}{E_0^{\prime *}}\right) = \arcsin\left(\frac{1.41 \times \sin 45^\circ}{1.69}\right) = 36.15^\circ$$

参考图 7.29，并由余弦定理得

$$I_a^{\prime *} x_t^* = \sqrt{(E_0^{\prime *})^2 + (U_N^*)^2 - 2E_0^{\prime *} U_N^* \cos\theta^{\prime}}$$
$$= \sqrt{1.69^2 + 1^2 - 2 \times 1.69 \times 1 \times \cos 36.15^\circ} = 1.06$$

因此，$I_a^{\prime *} = \dfrac{1.06}{1} = 1.06$。

考虑到电磁转矩不变，即电磁功率保持不变，同时忽略定子绕组电阻，则 $P_{em} = P_1 = m U_1 I_a \cos\varphi =$ 常数，于是有

$$\cos\varphi^{\prime} = \frac{I_N^* \cos\varphi}{I_a^{\prime *}} = \frac{1 \times 1}{1.06} = 0.943$$

（3）当转子的励磁电流减少 20% 时，相应的 $E_0^{\prime\prime *} = 80\% E_0^* = 0.8 \times 1.41 = 1.13$。考虑到电磁转矩保持不变，于是有 $E_0^{\prime\prime *} \sin\theta^{\prime\prime} = E_{0N}^* \sin\theta_N$，即

$$\theta^{\prime\prime} = \arcsin\left(\frac{E_{0N}^* \sin\theta_N}{E_0^{\prime\prime *}}\right) = \arcsin\left(\frac{1.41 \times \sin 45^\circ}{1.13}\right) = 62.25^\circ$$

参考图 7.29，并由余弦定理得

$$I_a^{\prime\prime *} x_t^* = \sqrt{(E_0^{\prime\prime *})^2 + (U_N^*)^2 - 2E_0^{\prime\prime *} U_N^* \cos\theta^{\prime\prime}}$$
$$= \sqrt{1.13^2 + 1^2 - 2 \times 1.13 \times 1 \times \cos 62.25^\circ} = 1.11$$

因此，$I_a^{\prime *} = \dfrac{1.11}{1} = 1.11$。

考虑到电磁转矩不变，即电磁功率保持不变，于是有

$$\cos\varphi^{\prime\prime} = \frac{I_N^* \cos\varphi}{I_a^{\prime\prime *}} = \frac{1 \times 1}{1.11} = 0.90$$

例 7-4　一台三相、四极隐极式同步电动机的数据与例 7-1 相同，试用 MATLAB 绘制该同步电动机的 V 形曲线。

解　下面为用 MATLAB 编写的源程序（M 文件），相应的曲线如图 7.32 所示。

```
% Example 7-4
%% Torque-angle Curve & U-type Curve for Synchronous Motor
clc
clear
% Parameters for the synchronous motor with 50 – Hz frequency, Y – connection
U1n = 380/sqrt(3); mph = 3; fe0 = 50; poles = 4; In = 26; cosfain = 0.9; %% leading PF
Xt = 6.06; ra = 0;
% Calculate the synchronous speed
```

```
ns = 120 * fe0/poles;
%% Calculate Rated Value Of The Electro - magnetic Torque
Pemn = mph * U1n * In * cosfain;
%  Three Active Electro - magnetic Torque(or output Torque) values
Pem1 = 0; Pem2 = 0.3 * Pemn; Pem3 = 0.45 * Pemn;
% Pem1 = 0.3 * Pemn; Pem2 = 0.3 * Pemn; Pem3 = 0.3 * Pemn;
for m = 1 : 3
    if m == 1
        Pem = Pem1;
        elseif m == 2
                Pem = Pem2;
            else
                Pem = Pem3;
    end
% Calculate the U - type(or Ia Vs If) Curve
  for i = 1 : 1000
        fai = pi * (i - 500)/1200;
        Ia1 = Pem/(mph * U1n * cos(fai));
        E01 = abs(U1n - j * Xt * Ia1 * exp( - j * fai));
        if Ia1 == 0
            E01 = U1n * (i + 300)/800;
            Ia1 = abs((E01 - U1n)/Xt);
        end
        E0(i) = E01;
        Ia(i) = Ia1;
  end
  plot(E0,Ia,'-');
  hold on
end
hold on
xlabel('E0[V]'); ylabel('Ia[A]');
title('Ia vs If characteristic for synchronous motor ');
disp('End');
```

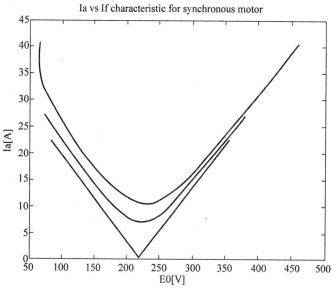

图 7.32   例 7-4 图

7.5　三相磁阻式同步电动机

与普通交流电机一样,磁阻式同步电动机的定子也采用三相对称交流绕组,而转子铁芯则采用凸极结构,且无励磁绕组。当在定子三相对称绕组中通以三相对称电流便会产生同步速的旋转磁势和磁场。考虑到转子具有沿定子磁场磁阻最小方向上移动的趋势(见图 7.22(b)),这样在定子旋转磁场的作用下,转子便会产生电磁转矩,从而拖动负载以同步速旋转。

对于转子采用直流励磁的同步电动机,其定子为电枢绕组,而转子为励磁绕组。而在磁阻式同步电动机中,由于转子无直流励磁绕组,气隙内只有定子绕组通电所产生的电枢反应磁场,因而磁阻式同步电动机又称为**反应式同步电动机**,相应的电磁转矩又称为**反应转矩**。

由于转子上无任何励磁,定子绕组内便不会由此感应电势,即 $E_0 = 0$。将其代入凸极式同步电动机的电压方程式(7-15),便可获得磁阻式同步电动机的电压方程为

$$\dot{U} = r_a \dot{I}_a + \mathrm{j}x_d \dot{I}_d + \mathrm{j}x_q \dot{I}_q \qquad (7\text{-}24)$$

根据上式,画出磁阻式同步电动机的相量图如图 7.33 所示。

由图 7.33 可见,**磁阻式同步电动机的定子电枢电流滞后于定子电压**,亦即定子侧的功率因数是滞后的。其原因是转子上无直流励磁,磁阻式同步电动机只能由定子绕组从电网获取滞后无功才能建立励磁磁场。

同样,令式(7-20)中的 $E_0 = 0$,便可获得磁阻式同步电动机的矩角特性为

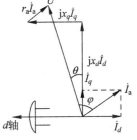

图 7.33　磁阻式同步电动机的相量图

$$T_{em} = \frac{1}{2}\, \frac{mU^2}{\Omega_1}\left(\frac{1}{x_q} - \frac{1}{x_d}\right)\sin 2\theta = T_m \sin 2\theta \quad (7\text{-}25)$$

根据式(7-25)便可绘出磁阻式同步电动机的矩角特性曲线如图 7.21 中的 $T''_{em} = f(\theta)$ 所示。由该曲线可见,磁阻式同步电动机的稳定运行范围为 $0 \leqslant \theta < 45°$。

由式(7-25)可见,为了获得较大的磁阻转矩,就应该设法增加 x_d/x_q 的比值。为此,实际应用中的磁阻式同步电动机往往采用图 7.34 所示的转子结构。

图 7.34 中,转子由矽钢片与非导磁性材料如铝或铜等镶嵌而成,由于采用了非导磁性材料,一方面,气隙磁场主要沿直轴磁路流通,流经交轴磁路的磁阻加大,从而增加了 x_d/x_q 的比值;另一方面,铝或铜等非导磁性材料的采用也起到了鼠笼绕组的作用,既能确保磁阻式同步电动机的顺利起动,又能在电动机振荡时起到阻尼作用。

与同等输出功率的三相异步电动机相比,磁阻式同步电动机略显重,而且功率因数也偏低(一般为 0.8 左右),但由于无转子铜耗,其运行效率较高。另外,由于结构简单、牢固、成本低廉,因而,磁阻式同步电动机在许多低功率场合如纤维缠绕设

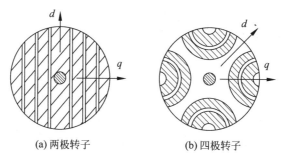

(a) 两极转子   (b) 四极转子

图 7.34 磁阻式同步电动机的转子结构

备、纺织机等得到广泛应用。

7.6 三相同步电动机的转速特性

在外加电压和定子频率一定的条件下,同步电动机转子转速与输出功率之间的关系 $n=f(P_2)$ 称为**转速特性**。

当电源频率一定,同步电动机稳定运行的转速必须为同步速。否则,同步电动机将不会产生有效的平均电磁转矩。换句话说,同步电动机的转速只能为同步速且与负载无关。因此,同步电动机的转速特性是一条直线,且特性较硬。上述结论可以借助于图 7.35 所示的物理模型加以解释。现说明如下。

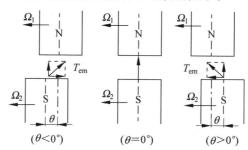

$(\theta<0°)$ $(\theta=0°)$ $(\theta>0°)$

图 7.35 当 $n\neq n_1$ 时,同步电动机产生电磁转矩的物理模型

若同步电动机的三相定子合成旋转磁场与转子磁场之间存在相对运动,则其功率角可由下式给出

$$\theta=(\Omega_1-\Omega_2)t+\theta_0$$

式中,Ω_1、Ω_2 分别为定子合成旋转磁场与转子的角速度,且 $\Omega_2=\dfrac{2\pi n}{60}$,$\Omega_1\neq\Omega_2$;$\theta_0$ 为初始功率角。将上式代入式(7-20)得同步电动机所产生的瞬时电磁转矩为

$$\tau_{em}=\frac{mE_0U_1}{x_d\Omega_1}\sin[(\Omega_1-\Omega_2)t+\theta_0]+\frac{1}{2}\frac{mU_1^2}{\Omega_1}\left(\frac{1}{x_q}-\frac{1}{x_d}\right)\sin2[(\Omega_1-\Omega_2)t+\theta_0]$$

$$(7\text{-}26)$$

对式(7-26)在一个周期 T 内积分,便可求得平均电磁转矩为

$$T_{\text{em}} = \frac{1}{T} \int_0^T \tau_{\text{em}} \, dt = 0 \qquad (7\text{-}27)$$

很显然,同步电动机不可能偏离同步速稳定运行。否则,所产生的平均电磁转矩为零。

本章小结

顾名思义,同步电机是指转子转速为同步速的电机。亦即对于一定极对数的同步电机而言,其转子转速与外加电源频率之间保持严格的同步关系,且与负载大小无关。

同其他任何类型的电机一样,同步电机也是由定子、转子和气隙组成,其定子与三相异步电动机完全相同,也是三相对称绕组通以三相对称电流产生旋转磁场;转子则对应着凸极式和隐极式转子两种结构,这两种结构的转子绕组均借助于滑环和电刷通以直流电产生直流励磁(永磁式同步电机则是通过转子永磁体产生恒定励磁),因此同步电机属于双边励磁。这是同步电机的一个很重要的特征。

从运行状态看,同步电机既可以作发电机运行也可以作电动机运行,甚至可以作同步调相机运行。下面借助于功率角 θ 对同步电机的各种运行状态作进一步的解释。

由于同步电机采用双边励磁,即转子绕组采用直流励磁,定子三相绕组采用交流励磁,当同步电机作发电机运行时,由原动机将转子拖至同步速,从而带动定子气隙磁势以同步速旋转(见图 7.36(a)),实现机械能向电能的转换。随着原动机输入机械功率的增加,气隙磁势 $\overline{F}_\delta$ 与转子磁势 $\overline{F}_f$ 之间的夹角(即功率角 θ)将加大,由转子经过气隙传递至定子侧的电磁功率以及由定子侧输出的电功率将会加大;由于原动机(或转子直流励磁磁势 $\overline{F}_f$)带动气隙磁势 $\overline{F}_\delta$ 旋转,因此,从空间角度上看磁势 $\overline{F}_f$ 超前 $\overline{F}_\delta$ 空间电角度 θ(见图 7.36(a));从时间电角度看由 $\overline{F}_f$ 在定子绕组内所感应的电势 $\dot{E}_0$ 时间上超前对应于气隙磁势 $\overline{F}_\delta$ 的定子电压 $\dot{U}$ 电角度 θ。

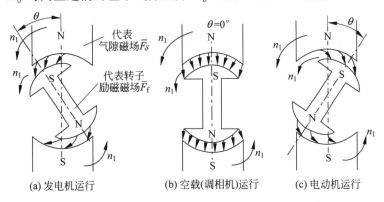

(a) 发电机运行　　　　(b) 空载(调相机)运行　　　　(c) 电动机运行

图 7.36　同步电机的各种运行状态与功率 θ 之间的关系

逐步减小原动机输入的机械功率,发电机的电磁功率以及发出的电功率将逐渐减小,相应的 θ 角也逐渐减小。当电磁功率(或电功率)为零时,$\theta=0°$(见图 7.36(b)),$T_{em}=0$,此时电势 $\dot{E}_0$ 与定子电压 $\dot{U}$ 同相,同步电机处于发电机与电动机的临界状态,即作同步调相机运行。

若将原动机从同步电机轴上脱开,则转子轴线(或转子磁势 $\bar{F}_f$ 的位置)空间上将滞后于 $\bar{F}_\delta$ 一个微小的 θ 角,电势 $\dot{E}_0$ 时间上滞后于定子电压 $\dot{U}$ 的角度也为 θ。此时同步电机将从电网吸收电功率并转变为机械功率。随着输出的机械负载功率增加,则 θ 角将加大(见图 7.36(c)),经过气隙向转子侧传递的电磁功率也将增加,相应的定子侧输入的电功率也将增加。此时,同步电机将以同步电动机状态运行。

与直流电机类似,同步电机也是采用双边励磁,其气隙磁场是由转子直流励磁磁势 $\bar{F}_f$ 和电枢反应磁势 $\bar{F}_a$ 共同作用产生的。由于两者相对静止(前者随转子以同步速旋转,后者为同步速的旋转磁势),**因而可以叠加在一起共同产生气隙磁势 $\bar{F}_\delta$。** 转子直流励磁磁势所产生的气隙磁场为主磁场;负载后,由电枢电流所产生的电枢磁势对主磁场的影响称为电枢反应,相应的磁场又称为电枢反应磁场。根据内功率因数角 Ψ($\dot{E}_0$ 与 $\dot{I}_a$ 之间的夹角)的不同,电枢反应对主磁场的影响分别呈现出交磁、去磁和助磁等不同性质。为了分析电枢反应对主磁场的影响,我们引进了同步电抗这一概念来表征电枢磁势所作用的磁路情况。考虑到凸极式同步电机的气隙不均匀,难以像隐极式同步电机那样用单一同步电抗 x_t 来表示,因此,通常采用所谓的"双反应理论"对同步电机的电枢磁势以及磁路情况进行分析。利用"双反应理论"分别将电枢磁势以及相应的电枢电流分解为沿转子励磁磁势的 d 轴(或直轴)分量和垂直于 d 轴的 q 轴(或交轴)分量。直轴电枢磁势分量 F_{ad} 所作用的磁路情况可用直轴同步电抗 x_d 来表征;交轴电枢磁势分量 F_{aq} 所作用的磁路情况可用交轴同步电抗 x_q 来表征。

根据同步电机的电磁关系,首先获得了同步电机的数学模型如基本方程式、等值电路和相量图;然后,利用这些数学模型对同步电动机的运行特性进行了分析计算。同步电动机的运行特性主要有两条,一条是相当于机械特性的矩角特性曲线,另一条是表征同步电动机无功功率调节的 V 形曲线,它反映了定子电枢电流与转子直流励磁电流之间的关系。

矩角特性定义为:一定定子输入电压和一定转子直流励磁条件下,同步电动机转子输出的电磁转矩 T_{em} 与功率角 θ 之间的关系。之所以采用矩角特性代替机械特性,是因为同步电动机的转子转速并不随转子机械负载转矩的改变而变化。考虑**到负载的变化可用功率角 θ 来反映,所拖动的机械负载越大,则同步电动机的功率角 θ 越大**(这一点与异步电动机转差率 s 的变化情况类似),因此,通常采用矩角特性来描述同步电动机输出的电磁转矩随负载的变化情况。与异步电动机类似,同步电动机也存在稳定运行区域和不稳定运行区域。由矩角特性可以看出:对于隐极式同步电动机,$0 \leqslant \theta < \dfrac{\pi}{2}$ 为稳定运行区域;而 $\dfrac{\pi}{2} < \theta \leqslant \pi$ 为不稳定运行区域;$\theta = \dfrac{\pi}{2}$ 为稳定

边界。一旦进入不稳定运行区域,同步电动机将会"失步"。

同步电动机的 V 形曲线定义为:一定电磁功率和一定定子输入电压条件下,定子电枢电流 I_a 与转子直流励磁电流 I_f 之间的关系曲线。分析表明,**改变转子直流励磁,便可调节同步电动机定子侧的功率因数,进而调节无功功率**。特别是当转子工作在过励状态时,同步电动机可以向电网发出滞后无功,从而改善电网的功率因数。极端情况是同步电动机工作在空载状态下的同步调相机状态,此时,只要转子过励,则同步调相机将仅发出滞后无功。**同步电动机之所以具有良好的功率因数特性,主要归因于同步电机采用的是双边励磁**。由于可以通过转子直流励磁建立主磁场,而不需像变压器或异步电动机那样由电网从原边或定子侧提供励磁并建立主磁场,因而其定子侧的功率因数可以超前。这也是同步电动机优于异步电动机的一个重要原因。

磁阻式同步电动机是一种特殊转子结构的同步电动机,其转子上无任何直流励磁绕组。它通过转子凸极效应与定子旋转磁场相互作用产生电磁转矩。这种电机具有结构简单、牢固等优点,缺点是同异步电动机一样,需从电网吸收滞后无功以建立磁场,因而其定子侧的功率因数是滞后的。

思考题

7.1 为什么同步电动机转子的转速与定子绕组的通电频率(或旋转磁场)之间保持严格的同步关系,而感应电机却存在"异步"现象? 试解释。

7.2 一台转枢式三相同步电动机,电枢以转速 n 逆时针方向旋转,对称负载运行时,电枢磁势对相对于电枢的转速和转向如何? 相对定子主磁极的转速又是多少? 主磁极绕组会感应电势吗?

7.3 三相同步电动机气隙中,电枢反应磁势对转子主磁场的影响主要取决于哪些因素? 试加以说明。

7.4 试解释交轴和直轴同步电抗的物理意义。同步电抗与电枢反应电抗有何关系? 下列因素对同步电抗有何影响? (1)电枢绕组的匝数增加;(2)铁芯饱和程度提高;(3)气隙加大;(4)励磁绕组匝数增大。

7.5 为什么要把凸极式同步电动机的电枢反应分解为直轴和交轴分量? 如何分解? 是否隐极式同步电动机不存在直轴和交轴分量?

7.6 在直流电机中,$E_a > U$ 还是 $E_a < U$ 是判别电机作为发电机还是电动机运行的主要依据之一。在同步电机中这个结论还正确吗? 为什么? 决定同步电机运行于发电机还是电动机状态的主要依据是什么?

7.7 同步电动机带额定负载运行时,其功率因数 $\cos\varphi_1 = 1$。若保持励磁电流不变,同步电动机运行在空载状态,其功率因数是否会改变?

7.8 从同步发电机过渡到电动机运行,功率角 θ、电流以及电磁转矩的大小和方向如何变化? 试画出相应状态的相量图。

7.9 一台同步电动机并联在无穷大电网上,并拖动一定大小的负载运行,当励磁电流由零到大逐渐增加时,定子侧的电枢电流如何变化? 功率因数以及功率角又如何变化?

7.10 隐极式同步电动机转子直流励磁电流为零时,转子能否运行? 凸极式同步电动机呢? 试说明理由。

7.11 是否转子直流励磁式同步电动机不需要从电网吸收滞后无功? 什么情况下同步电动机才能向电网发出滞后无功? 磁阻式同步电动机的情况又是如何? 试解释之。

练习题

7.1 有一台同步电动机在额定电压、额定频率、额定负载下运行时,其功率角 $\theta = 30°$,设在励磁电流保持不变的情况下,运行情况发生了下述变化,问功率角如何变化?(忽略定子绕组电阻和凸极效应)

(1) 供电电压下降 5%,负载转矩保持不变;

(2) 供电频率下降 5%,负载功率保持不变;

(3) 供电电压和频率均下降 5%,负载转矩保持不变。

7.2 三相隐极式同步发电机的额定容量 $S_N = 60\text{kVA}$,Y 接,电网电压 $U_N = 380\text{V}$,同步电抗 $x_t = 1.55\Omega$,忽略定子绕组电阻。当转子过励,$\cos\varphi_1 = 0.8$(滞后),$S = 37.5\text{kVA}$ 时,请

(1) 画出相量图,求 E_0 与功率角 θ;

(2) 移去原动机后,画出相量图,并求出定子电流(忽略各种损耗);

(3) 作同步电动机运行,电磁功率同(1),转子直流励磁电流保持不变,画出相量图;

(4) 机械功率保持不变,电磁功率同(1),使 $\cos\varphi_1 = 1$,画出相量图,并计算此时同步电动机的 E_0。

7.3 有一台凸极式同步电动机接到无穷大电网上,电动机的端电压为额定电压,直轴与交轴同步电抗的标幺值(其定义见 4.6 节)分别为 $x_d^* = 0.8$,$x_q^* = 0.5$,额定负载时电动机的功率角 $\theta_N = 25°$。试求:

(1) 额定负载时的励磁磁势(标幺值);

(2) 在额定励磁磁势下电动机的过载能力;

(3) 若保持负载转矩为额定转矩不变,求电动机保持同步运行时的最低励磁磁势(标幺值);

(4) 转子失去励磁时,电动机的最大输出功率(标幺值)(忽略定子绕组电阻和所有损耗)。

7.4 一台隐极式同步电动机,额定负载时的功率角 $\theta = 20°$,由于某种原因供电电压下降到 $80\%U_N$,试问:为使功率角 θ 保持在小于 $22°$ 范围内,应加大转子直流励磁电流,使 E_0 上升为原来的多少倍?

7.5 试画出凸极式同步电动机的相量图,并证明

$$\tan\psi = \frac{U\sin\varphi + I_a x_q}{U\cos\varphi - I_a r_a}$$

7.6　一台三相 Y 接的凸极同步电动机，$U_N = 6000\text{V}$，$f = 50\text{Hz}$，$n_N = 750\text{r/min}$，$I_N = 72.2\text{A}$，$\cos\varphi_N = 0.8$（超前），$x_d = 50.4\Omega$，$x_q = 31.5\Omega$，忽略定子绕组电阻。试求额定负载下的励磁电势 E_0、功率角 θ、电磁功率和电磁转矩。

7.7　设有一台凸极同步电动机在额定电压下运行，且自电网吸收功率因数为 0.8（超前）的额定电流，同步电抗的标幺值为 $x_d^* = 1.0$，$x_q^* = 0.6$。试求励磁电势的标幺值 E_0^* 和功率角 θ，并指出该同步电动机是工作在过励状态还是欠励状态？

7.8　设有一三相、Y 接、400V、50Hz、80kVA、1000r/min 的凸极同步电动机，其同步电抗的标幺值为 $x_d^* = 1.106$、$x_q^* = 0.76$，电枢绕组的电阻忽略不计，负载转矩为 600N·m。试求：

(1) 当 $U^* = 1.0$，$E_0^* = 1.2$ 时的输入电流标幺值以及功率因数；

(2) 当 $U^* = 1.0$，$E_0^* = 1.4$ 时的输入电流标幺值以及功率因数；

(3) 当 $U^* = 1.0$，$E_0^* = 0.9$ 时的输入电流标幺值以及功率因数；

(4) 试用 MATLAB 编程，绘出一般情况下凸极同步电动机的 V 形曲线；

(5) 试用 MATLAB 编程，绘出上述三种励磁条件下同步电动机的矩角特性。

7.9　三相隐极式同步电动机，过载能力为 2，该电动机拖动额定负载。忽略电枢电阻，并保持额定励磁不变，试问当外加电压降至多少时，电动机开始失步？

7.10　试利用 MATLAB 编程，重新计算例 7-1，并根据所提供的参数绘出隐极式同步电动机的矩角特性。

7.11　一台三相、四极隐极式同步电动机接到无穷大电网上，电网的额定电压为 $U_N = 380\text{V}$，定子绕组采用 Y 接，定子电流为 $I_a = 20\text{A}$，其定子侧的功率因数为 $\cos\varphi_1 = 0.8$（滞后），同步电抗 $x_t = 6\Omega$，忽略定子电阻，若希望保持负载转矩不变，并通过增加转子直流励磁电流的方法使得定子侧的功率因素变为 $\cos\varphi_1' = 0.8$（超前）。

(1) 忽略铁芯饱和，转子直流励磁电流需增加为原来的多少倍才能达到上述目的？

(2) 试计算上述两种情况下定子绕组的感应电势 E_0 和功率角 θ。

7.12　一台三相、六极 Y 接的隐极式同步电动机运行在无穷大电网上，电网的额定电压为 $U_N = 6600\text{V}$，定子额定电流为 $I_{aN} = 100\text{A}$，定子侧的额定功率因数为 $\cos\varphi_{1N} = 0.9$（超前），同步电抗 $x_t = 30\Omega$，忽略定子电阻及各种损耗，求：

(1) 定子绕组的感应电势 E_0、功率角 θ 以及额定负载转矩；

(2) 忽略铁芯饱和，转子直流励磁电流需增加至原来的多少倍才能确保负载转矩为 25000N·m 的负载不至于失步？

(3) 在新的直流励磁电流下，额定负载转矩下的定子电流、定子侧的功率因数又变为多少？

(4) 在新的直流励磁电流下，若要确保额定负载运行，电网电压最低可降至多少？

(5) 在新的直流励磁电流和额定电压下，若将同步电动机改为空载运行，其定子电流又将变为多少？

第 8 章　三相同步电机的电力拖动※ ⟫⟫⟫

内 容 简 介

本章主要介绍三相同步电机电力拖动的有关问题,内容包括三相同步电动机的起动、调速和制动所采用的方法与工作原理以及同步电动机两种常用的控制方式。

由同步电机组成的电力拖动系统属于交流拖动系统中的一种,其用途和应用范围正呈逐步扩大的趋势。尽管从价格上看,由同步电机组成的拖动系统普遍高于由感应电机组成的拖动系统,但同步电动机组成拖动系统的运行效率却很高,而且对于转子采用直流励磁的同步电动机在过励状态下还可以改善电网的功率因数。因而,过去许多采用感应电动机组成的拖动系统正在被同步电动机组成的拖动系统所取代。其主要表现在:大型兆瓦级的调速系统大多采用转子直流励磁同步电动机组成的拖动系统;中小容量的伺服系统大多采用由永磁同步电动机组成的拖动系统。

目前,由同步电机组成的交流电力拖动系统主要用在轧钢、水泥、化纤、轮船推动、电动汽车、磁悬浮火车、伺服与机器人驱动以及飞机发动机的起动/发电设备等。

本章主要介绍由同步电机组成拖动系统的起动、调速和制动原理与方法以及同步电机的各种控制方式。内容安排如下:8.1 节简要介绍三相同步电动机的各种起动方法;8.2 节将对三相同步电动机变频调速中的矩角特性以及机械特性进行讨论;8.3 节将介绍三相同步电动机能耗制动的概念与方法;本章最后的 8.4 节对同步电动机的两种常用的控制方式:他控方式和自控方式分别进行讨论,由此引出第 9 章的内容。

8.1　三相同步电动机的起动

对于希望起动的三相同步电动机,一旦将定子三相对称绕组接入三相对称电源,定子铁芯内会产生以同步速旋转的定子磁势和磁场,而转子则处于静止状态,由转子直流励磁磁势所产生的磁场为静止磁场,因而,定、转子磁势之间存在相对运动。7.6 节曾指出,同步电动机的转子只能在同步速下才能产生有效的电磁转矩。因此,在起动过程中,同步电动机将无法产生有效的电磁转矩,换句话说,同步电动机不可能自行起动。

为了解决同步电动机由静止到同步速运行的起动问题,必须采取一定措施。常用的起动方法有自耦调压器的降压起动、采用辅助电动机的起动方法以及变频起动。下面就这三种方法分别进行介绍。

8.1.1　自耦调压器的降压起动

为了避免起动过程中因起动电流过大可能对电网造成的冲击,三相同步电动机可以采用自耦调压器降压起动。自耦调压器的降压起动方法又称为**异步起动法**,它是借助于同步电动机转子主磁极极靴上嵌入的鼠笼绕组(该绕组又称**起动绕组**或**阻尼绕组**)(见图 8.1)来完成起动的。

起动时,首先将转子直流励磁绕组通过电阻短接,然后再将定子绕组投入三相电源上。依靠定子旋转磁场和起动绕组中所感应的电流产生类似于感应电机的异步电磁转矩,从而使转子起动。一旦转子接近同步速,再将转子励磁绕组切换至直流励磁电源上(见图 8.1)。利用定、转子之间的磁场相互作用所产生的**牵入同步转矩**(见图 8.2 中的 T_{pl}),将转子牵入同步,从而完成整个起动过程。当转子达到同步速以后,由于定子旋转磁场与转子起动绕组之间无相对运动,起动绕组将不再发挥作用,同步电动机则进入稳态运行。

需要注意的是:在三相同步电动机起动过程中,为了避免因转子直流励磁绕组匝数较多、感应电势较高而引起的转子绕组绝缘击穿,要求转子直流励磁绕组不能开路。同时,直流励磁绕组也不能直接短路,否则,定子旋转磁场与转子励磁绕组中的感应电流会相互作用产生所谓的"**单轴转矩**"(详见本节后面的分析)。最终,有可能造成转子仅运行在 $\frac{1}{2}n_1$ 附近,而不能达到同步速。为此,通常转子直流励磁绕组采用外接一定数值的电阻(其大小约为转子励磁绕组电阻的 5~10 倍),将其与直流励磁绕组串联后短接再进行起动。一旦接近同步速,再通过转子滑环和电刷加入直流励磁,将转子牵入同步。

现对三相同步电动机异步起动过程中所产生的电磁转矩分析如下。

图 8.2 给出了同步电动机异步起动时所产生的异步电磁转矩和单轴转矩曲线,其中,异步电磁

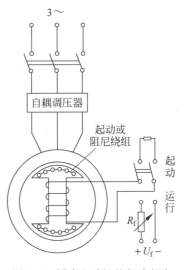

图 8.1　同步电动机的起动方法

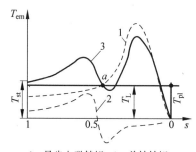

1—异步电磁转矩;2—单轴转矩;

3—合成电磁转矩。

图 8.2　同步电动机异步起动时的
转矩与转速曲线

转矩(曲线 1)与感应电动机类同,它是由定子旋转磁场与转子起动绕组所感应的电流相互作用产生的电磁转矩;而单轴转矩(曲线 2)则具有不同的特点,现说明如下:起动时,定子旋转磁场会在转子励磁绕组中感应转差频率 sf_1 的电势和电流。该转差频率的电流流过单相转子励磁绕组自然会产生脉振磁势(或磁场),按 5.5 节介绍的方法,该脉振磁势可以分解为两个相对转子转速为 sn_1、转向相反的正序和逆序旋转磁场,两者相对定子的转速分别为 $n+sn_1=n_1,n-sn_1=(1-2s)n_1$。前者与定子旋转磁场相互作用产生异步电磁转矩,它与起动绕组所产生电磁转矩的性质完全相同;后者则在定子绕组中感应如下频率的电势(或电流)

$$f_0=p\frac{(1-2s)n_1}{60}=(1-2s)f_1 \tag{8-1}$$

这个电流与转子逆序旋转磁场相互作用所产生的转矩即为“单轴转矩”,如图 8.2 中的曲线 2 所示。很显然,当 $n=n_1(1-s)=\frac{1}{2}n_1$(即 $s=0.5$)时,该旋转磁场在定子绕组所感应的电流为零,相应的单轴转矩自然为零。当 $n<\frac{1}{2}n_1$ 时,单轴转矩为驱动性的电磁转矩;当 $n>\frac{1}{2}n_1$ 时,单轴转矩为制动性的电磁转矩。

图 8.2 中,将异步电磁转矩与单轴转矩叠加便可以得到同步电动机异步起动时总的电磁转矩(曲线 3)。由图 8.2 可以很容易看出,同步电动机因“单轴转矩”有可能运行在 $\frac{1}{2}n_1$ 附近而达不到同步速。

8.1.2　辅助电动机的起动

对于大型同步电动机,可以采用辅助电动机方法起动。如可选用一台与同步电动机极数相同的感应电动机(其容量约为主机的 $10\%\sim15\%$)作为辅助电动机起动。一旦转子接近同步速,再在转子绕组中加入直流励磁电流,利用牵入同步转矩将转子牵入同步。

8.1.3　变频起动

在具有三相变流器供电的场合下,可以采用变频方法起动。起动前,首先将同步电动机的转子绕组通以直流励磁。起动过程中,通过逐渐增加供电变流器的输出频率,使得定子旋转磁场和转子转速随之逐渐升高,直至转子达到同步转速为止,再切换至电网供电,以完成起动过程。

8.2　三相同步电动机的调速

同步电动机的转子转速与供电电源的频率之间符合严格的同步关系,因此,要想改变同步电动机的转速,唯一的办法就是采用变频调速。同步电动机变频调速过程中,经常要用到两条特性曲线:一条是变频调速时的**矩角特性**,另一条是变频调速时的**机械特性**。为简单起见,下面以隐极式同步电动机为例分别对这两条特性曲线加以讨论。

8.2.1　三相同步电动机变频调速时的矩角特性

现分两种情况分别讨论如下。

1. 忽略定子绕组电阻的影响（$r_a = 0$）

忽略定子绕组电阻（$r_a = 0$）,根据 7.4 节,隐极式同步电动机的矩角特性可由下式给出

$$T_{em} = \frac{mE_0 U_1}{x_t \Omega_1} \sin\theta = T_{emax} \sin\theta \tag{8-2}$$

式中,$T_{emax} = \dfrac{mE_0 U_1}{x_t \Omega_1}$ 为最大电磁转矩。

当采用变频调速时,忽略磁路饱和,式(8-2)中转子直流励磁磁势在定子绕组中的感应电势 E_0 可表示为

$$E_0 = \frac{1}{\sqrt{2}} x_{af} I_f = \frac{\omega_1 L_{af} I_f}{\sqrt{2}} = \sqrt{2}\,\pi f_1 L_{af} I_f \tag{8-3}$$

式中,L_{af},x_{af} 分别表示转子直流励磁绕组与定子电枢绕组之间的互感和对应主磁路的电抗;I_f 为转子直流励磁电流。

式(8-2)中的同步电抗可表示为

$$x_t = \omega_1 L_s = 2\pi f_1 L_s \tag{8-4}$$

其中,L_s 为同步电感。

将式(8-3)、式(8-4)以及 $\Omega_1 = 2\pi n_1 / 60 = 2\pi f_1 / p$ 一并代入式(8-2)得

$$T_{em} = \frac{mp}{2\sqrt{2}\,\pi} \left(\frac{U_1}{f_1}\right) \left(\frac{L_{af}}{L_s}\right) I_f \sin\theta = T_{emax} \sin\theta \tag{8-5}$$

式(8-5)表明,**在转子直流励磁一定的条件下,若采用恒压频比控制即 $\dfrac{U_1}{f_1}$ = 常数,则同步电动机的最大电磁转矩 T_{emax}（或过载能力）保持不变**。此时,同步电动机变频后

的矩角特性与额定频率时完全相同,仅同步速发生相应的改变。

2. 考虑定子绕组电阻的影响($r_a \neq 0$)

与异步电动机一样,当同步电动机的运行频率较低时,其定子绕组电阻 r_a 的大小可以与同步电抗相比较,此时就必须考虑 r_a 的影响。

为分析方便起见,将隐极式同步电动机的等效电路和相量图(见图 7.15)重画为图 8.3。根据图 8.3,得隐极式同步电动机的电磁功率为

$$P_{em} = mE_0 I_a \cos\psi \tag{8-6}$$

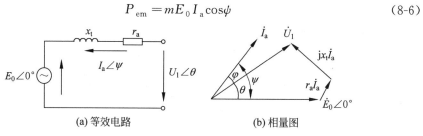

(a) 等效电路　　　　(b) 相量图

图 8.3　隐极式同步电动机的等效电路与相量图

设 $\dot{E}_0 = E_0 \angle 0°$ 为参考相位,根据图 8.3(b)可知 $\dot{U}_1 = U_1 \angle \theta$, $\dot{I}_a = I_a \angle \psi$。由图 8.3(a)得

$$I_a \angle \psi = \frac{U_1 \angle \theta - E_0 \angle 0°}{r_a + jx_t} = \frac{U_1}{z_t} \angle (\theta - \alpha) - \frac{E_0}{z_t} \angle -\alpha$$

其中,同步阻抗 $Z_t = r_a + jx_t = z_t \angle \alpha$,$z_t = \sqrt{r_a^2 + x_t^2}$,$\alpha$ 为阻抗角,$\alpha = \arctan\dfrac{x_t}{r_a}$。由上式得

$$I_a \cos\psi = \frac{U_1}{z_t}\cos(\theta - \alpha) - \frac{E_0}{z_t}\cos\alpha = \frac{U_1}{z_t}\cos(\theta - \alpha) - \frac{E_0 r_a}{z_t^2}$$

令 $\alpha = 90° - \beta$,并将上式代入式(8-6)可得

$$P_{em} = \frac{mE_0 U_1}{z_t}\sin(\theta + \beta) - \frac{mE_0^2 r_a}{z_t^2}$$

相应的电磁转矩为

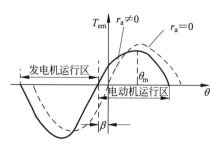

图 8.4　隐极式同步电动机的
矩角特性曲线

$$T_{em} = \frac{mE_0 U_1}{z_t \Omega_1}\sin(\theta + \beta) - \frac{mE_0^2 r_a}{z_t^2 \Omega_1} \tag{8-7}$$

显然,将 $r_a = 0$ 代入式(8-7)便可以获得式(8-2)。根据式(8-7)绘出三相隐极式同步电动机考虑定子绕组电阻时的矩角特性曲线如图 8.4 中的实线所示。为了便于比较,图 8.4 还同时绘出了同步电动机 $r_a = 0$ 时的矩角特性(见图 8.4 中的虚线)。由图 8.4 和

式(8-7)可见,与忽略定子绕组电阻相比,考虑定子绕组电阻时的矩角特性在横坐标轴上先向左平移了近似 β 角,然后再在纵坐标轴上向下减小了一段距离,其大小为 $\dfrac{mE_0^2 r_{\mathrm{a}}}{z_{\mathrm{t}}^2 \Omega_1}$。因此,**考虑定子绕组电阻后,最大转矩有所减小,最大电磁转矩出现时的临界功率角 θ_{m} 也将有所减小。**

综上所述,在采用 $\dfrac{U_1}{f_1}$＝常数的变频调速过程中,若不采取措施,同步电动机低频运行时的最大电磁转矩将有所减小。因此,与感应电动机一样,在实际应用中,通常应将低频时的压频比适当增加(见图 6.18),以补偿低频时因定子绕组电阻所引起的最大电磁转矩下降,确保过载能力保持不变。

例 8-1　一台三相、四极隐极式同步电动机的数据与例 7-1 基本相同,但需考虑定子绕组的电阻影响,其定子绕组的电阻 $r_{\mathrm{a}}＝1.8\Omega$,试用 MATLAB 绘出考虑定子绕组的电阻影响前、后隐极式同步电动机的矩角特性。

解　以下为用 MATLAB 编写的源程序(M 文件),相应的曲线如图 8.5 所示。

```
% Example 8-1
%% Torque-angle Curve & U-type Curve for Synchronous Motor Cosidering the effect of ra
clc
clear
% Parameters for the synchronous motor with 50-Hz frequency, Y-connection
U1n = 380/sqrt(3); mph = 3; fe0 = 50; poles = 4; I1n = 26; cosfain = 0.9;  %% leading PF
Xt = 6.06; ra = 1.8;
% Calculate the synchronous speed
ns = 120 * fe0/poles;
%% Calculate Rated Value Of The Electro-magnetic Torque and angular
%% velocity
Pemn = mph * U1n * I1n * cosfain;
omega1 = 4 * pi * fe0/poles;
Zt = sqrt(ra^2 + Xt^2);
% Calculate The No-Load CEMF
sinfain = sqrt(1-cosfain^2);
fain = acos(cosfain);
cosbita = Xt/sqrt(ra^2 + Xt^2);
beta = acos(cosbita);
Ia = I1n * exp(-j * fain);
E0n = abs(U1n-ra * Ia-j * Ia * Xt);
E0n1 = abs(U1n-j * Ia * Xt);
% Calculate the Torque-angle Curve
    for i = 1:8000
        sita1 = pi * (i-4000)/4000;
        Tem1(i) = mph * E0n * U1n * sin(sita1 + beta)/(Zt * omega1)...
                -mph * E0n^2 * ra/(Zt^2 * omega1);
        Tem2(i) = mph * E0n1 * U1n * sin(sita1)/(Xt * omega1);
        Tem3(i) = 0;
        sita(i) = sita1 * 180/pi;
    end
plot(sita,Tem1,'-',sita,Tem2,'--',sita,Tem3,'-');
hold on;
```

```
end
xlabel('Angle[°]'); ylabel('Torque[N·m]');
title('Torque-angle characteristic for synchronous motor ');
disp('End');
```

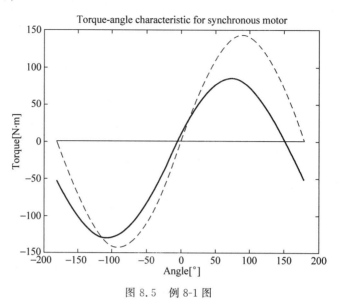

图 8.5　例 8-1 图

8.2.2　三相同步电动机变频调速时的机械特性

现分两种情况分别讨论如下。

1. 忽略定子绕组电阻的影响($r_a = 0$)

若忽略定子绕组电阻,即 $r_a = 0$,根据式(8-5)可知:若采用恒压频比控制即

$\dfrac{U_1}{f_1} = $常数,则最大电磁转矩 T_{emax}(或过载能力)保持不变。考虑到同步电动机的转

速与定子频率之间符合严格的同步关系,于是,隐极式同步电动机的机械特性可用图 8.6 表示。图中,虚线表示不同转速下同步电动机的最大电磁转矩线,其功率角为 $\theta = \pm 90°$。纵坐标轴右边的直线表示同步电机作电动机状态运行时的机械特性,左边的直线则表示作发电机状态运行时的机械特性。

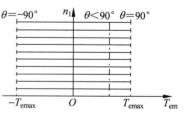

图 8.6　同步电动机变频调速时的机械特性($r_a = 0$)

2. 考虑定子绕组电阻的影响($r_a \neq 0$)

对于实际电机,当运行频率较低时,定子绕组电阻在数值上可以与同步电抗相互比较,此时就必须考虑 r_a 的影响。

根据式(8-7)可得

$$T_{em} = \left(\frac{mE_0U_1}{x_t\Omega_1}\right)\left(\frac{x_t}{z_t}\right)\sin(\theta+\beta) - \left(\frac{mE_0U_1}{x_t\Omega_1}\right)\left(\frac{E_0}{U_1}\right)\frac{r_ax_t}{z_t^2}$$

$$= T_{emax}\left(\frac{x_t}{z_t}\right)\sin(\theta+\beta) - T_{emax}\left(\frac{E_0}{U_1}\right)\frac{r_ax_t}{z_t^2}$$

$$= \frac{T_{emax}}{\sqrt{1+\left(\frac{r_a}{x_t}\right)^2}}\sin(\theta+\beta) - T_{emax}\left(\frac{E_0}{U_1}\right)\frac{\left(\frac{r_a}{x_t}\right)}{1+\left(\frac{r_a}{x_t}\right)^2} \qquad (8\text{-}8)$$

考虑到 $\dfrac{x_t}{r_a}=2\pi f_1\dfrac{L_s}{r_a}\propto f_1\propto n$，因此，根据式(8-8)便可以得到考虑定子绕组电阻

时隐极式同步电动机的机械特性曲线如图 8.7 所示。图中，取 $\dfrac{E_0}{U_1}$ 为参变量(实际上，

当 $\dfrac{U_1}{f_1}=$ 常数时，由式(8-3)可见，$\dfrac{E_0}{U_1}$ 为常量)，T_{em}/T_{emax} 为横坐标，$\dfrac{x_t}{r_a}$ 为纵坐标。其中，

$\dfrac{x_t}{r_a}=2\pi f_1\dfrac{L_s}{r_a}\propto f_1\propto n$，它反映了定子频率，因而也就反映了同步电动机的转子转速。

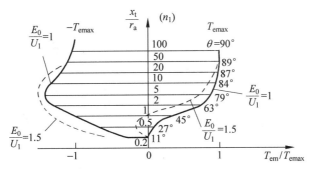

图 8.7　同步电动机变频调速时的机械特性($r_a\neq 0$)

由图 8.7 可见，对于实际同步电动机，低频(或低速)时，由于定子绕组电阻的影响，最大电磁转矩将有所降低。为了补偿这一影响，应在低频运行时适当增加压频比(见图 6.18)。

例 8-2　一台三相、四极隐极式同步电动机的数据与例 7-1 基本相同，但需考虑定子绕组的电阻影响，其定子绕组的电阻 $r_a=1.8\Omega$，试用 MATLAB 绘出隐极式同步电动机变频调速时的机械特性。

解　下面为用 MATLAB 编写的源程序(M 文件)，相应的曲线如图 8.8 所示。

```
% Example 8-2
%% Torque-angle Curve & U-type Curve for Synchronous Motor Cosidering the effect of ra
clc
clear
% Parameters for the synchronous motor with 50-Hz frequency,Y-connection
```

```
Uln = 380/sqrt(3); mph = 3; fe0 = 50; poles = 4; Iln = 26; cosfain = 0.9; %% leading PF
Xt10 = 6.06; ra = 1.8;
% Calculate the synchronous speed
ns = 120 * fe0/poles;
% Calculate The No-Load CEMF
sinfain = sqrt(1-cosfain^2);
fain = acos(cosfain);
cosbita = Xt10/sqrt(ra^2 + Xt10^2);
beta = acos(cosbita);
Ia = Iln * exp(-j * fain);
E0n = abs(Uln-ra * Ia-j * Ia * Xt10);
% Calculate the maximum Torque
omega1n = 4 * pi * fe0/poles;
Temax = mph * E0n * Uln/(Xt10 * omega1n); %% Temax = constant
% Various frequency values
for f1 = 0.2:1:100
% Calculate the reactances and the voltage
Xt = Xt10 * (f1/fe0);
Zt = sqrt(ra^2 + Xt10^2);
U1 = Uln * (f1/fe0);
E0 = 1.0 * U1;
cosbita = Xt/sqrt(ra^2 + Xt^2);
bita = acos(cosbita);
% Calculate the Torque-angle Curve
    for i = 1:8000
      sita1 = pi * (i-4000)/4000;
      x1 = ra/Xt;
      Tem1 = Temax * sin(sita1 + bita)/sqrt(1 + x1^2)-Temax * (E0/U1) * x1/(1 + x1^2);
      Tem(i) = Tem1/Temax;
      y1(i) = 1/x1;
    end
 plot(Tem,y1,'-');
 hold on;
end
xlabel('Tem/Temax[ % ]'); ylabel('Xt/ra[r/min]');
title('Mechanical characteristic for synchronous motor ');
disp('End');
```

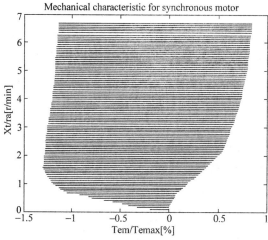

图 8.8　例 8-2 图

8.3　三相同步电动机的制动

在交流电动机的三种制动方式中,同步电动机最常用的制动方式为能耗制动。

当同步电动机采用能耗制动时,可将其定子三相绕组从供电电源中断开,然后接到外接电阻或频敏变阻器上。而且在转子励磁绕组中仍继续保持一定的励磁电流。此时,同步电动机相当于一台变速运行的发电机。通过外接电阻或频敏变阻器将由转子机械能所转换而来的电能消耗掉。

图 8.9(a)、(b)分别给出了同步电动机三相定子绕组外接电阻和频敏变阻器进行能耗制动时的接线图。图中,在同步电动机正常运行时,利用单刀双掷开关 K 将定子三相绕组接至三相电网上。制动时,再将三相定子绕组切换至三相制动电阻或频敏变阻器上。图 8.10 给出了同步电动机能耗制动时的机械特性。由图 8.10 可以看出,改变转子直流励磁电流的大小可以改变制动性电磁转矩的大小,进而调整制动时间的长短。

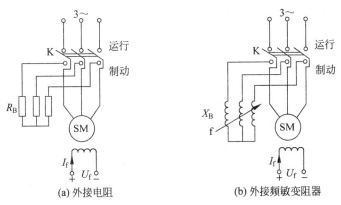

(a) 外接电阻　　　　　　　　(b) 外接频敏变阻器

图 8.9　同步电动机能耗制动时的接线图

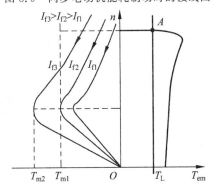

图 8.10　同步电动机能耗制动时的机械特性

以上介绍的是电网供电下同步电机的制动方式。至于变流器供电的同步电机,其制动方式同三相异步电机完全相同。具体内容可参见 6.4.2 节。

8.4　三相同步电动机的控制方式

三相同步电动机主要有两种控制方式:一种是**他控式**(又称为频率开环的控制方式),另一种是**自控式**(又称为频率闭环的控制方式)。下面分别对其进行介绍。

8.4.1　他控式同步电动机

顾名思义,他控式同步电动机是通过独立控制外部供电变流器的频率来控制同步电动机转子转速的,不需要转子的位置信息。鉴于同步电动机的转速与供电变流器的频率之间存在严格的同步关系,因此,通过控制同步电动机的定子频率就可以实现对转子转速的准确控制。

由于不需要任何转子转速信息,因此从系统角度看,**他控式同步电动机是一种频率开环的控制方式**。

对于他控式同步电动机,为确保定子磁链保持不变,经常采用恒压频比控制即 $\dfrac{U_1}{f_1}$ = 常数的开环控制方案。图 8.11 给出了他控式同步电动机的组成框图。图 8.11 中,在转速参考信号 n^* 之后采用一阶滤波器,旨在限制加、减速(包括起、制动)过程中的加(或减)速度。否则,会造成他控式同步电动机在加、减速过程中引起失步或振荡。经滤波后的转速参考信号被转换为与频率成正比的频率参考信号 f_1^*。同样,电压信号也被转换为与转速(或频率)信号成正比的信号,确保 U_1/f_1 = 常数,且低频时对定子绕组漏阻抗压降进行补偿。变流器主回路可由交-直-交结构的变频器(见图 6.70)或交-交变频器来实现,由其向同步电动机 SM 提供幅值和频率均可调的交流电压。图 8.12 给出了他控式同步电动机的转矩-转速负载能力曲线。由图 8.12 可见,与三相感应电动机一样,为了确保铁芯不至于过饱和,并保证过载能力不变,

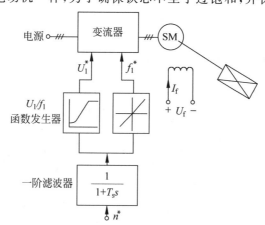

图 8.11　他控式同步电动机的(或开环 U_1/f_1 控制)组成框图

同步电动机的变频调速一般也是基频(额定频率)以下采用恒压频比的恒转矩调速方式;当运行频率超过额定频率时,则采用电压保持不变的恒功率调速方式,此时,最大电磁转矩将随频率的升高而减小。

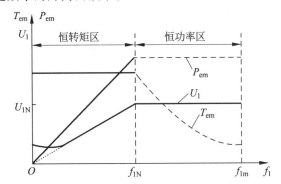

图 8.12　采用电压/频率比控制的他控式同步电动机的转矩-转速负载能力曲线

他控式同步电动机的优点是结构简单且同一台电压型逆变器可以拖动多台同步电动机运行。除此之外,转子直流励磁电流还可独立调节,以确保定子侧的功率因数达到期望的数值。

8.4.2　自控式同步电动机

自控式永磁同步电动机的一般组成框图如图 8.13(a)所示。图中,自控式同步电动机的定子三相绕组也是采用逆变器供电,与他控式同步电动机不同的是,该逆变器的频率不是由外部电路独立进行控制,而是通过安装在转子轴上的位置编码器来获得自身转子位置的信息,然后根据转子位置的信息控制定子各相绕组的通电频率以及各相绕组电流的大小。

由此可见,**自控式同步电动机采用的是一种严格意义上的频率闭环控制形式,其定子各相绕组电流的通断以及各相绕组电流的大小受控于自身转子的位置**。转子转速越高,则定子通电频率越高。**定子绕组的通电频率与转子转速之间保持严格的同步关系**。至于转子转速,则可以通过调节定子绕组外加电压(或电流)的大小进行调节。

自控式同步电动机与直流电动机无论在运行原理还是特性方面均十分相似,为了说明这一相似性,首先需要深入了解直流电动机中电枢反应磁势与直流励磁(或永磁)磁势之间的相互关系,并从控制角度上分析直流电动机中电刷与换向器的作用,在此基础上讨论自控式同步电动机与直流电动机之间的异同。现分析如下。

图 8.13(b)给出了永磁式直流电动机的结构示意图与相应的磁势,图中,励磁磁势 $\overline{F}_f$ 是由定子永磁体产生的,而电枢反应磁势 $\overline{F}_a$ 则是由外加电源通过转子电枢绕组中的电流所产生的。由第 2 章可知,励磁磁势 $\overline{F}_f$ 和电枢反应磁势 $\overline{F}_a$ 两者皆相对定子静止不动,且空间上互相垂直(见图 8.13(b))。

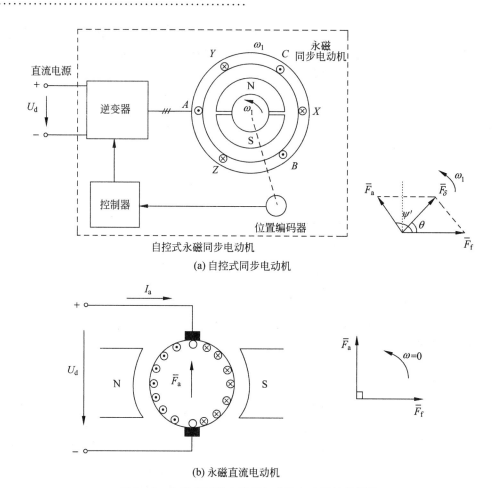

(a) 自控式同步电动机

(b) 永磁直流电动机

图 8.13　自控式同步电动机与直流电动机的相似性

　　第 2 章曾提到过,直流电动机中,电刷和换向器起到了将外部直流转换为内部交流即机械式逆变器的作用。除此之外,大家知道,一旦与转子电枢绕组相连的换向片旋转至电刷所在位置,相应的电枢绕组便进行换流(即电流改变方向)。由此可见,电刷与换向器配合还起到了检测转子位置的作用。正是利用了换向片检测到转子位置,才实现了各电枢绕组的正确换流,从而确保了直流电动机产生有效的平均电磁转矩,转子得以沿单一方向旋转。

　　与直流电动机相比,自控式同步电动机的不同主要表现在如下几方面:

　　(1) 电枢绕组位于定子,而在转子上安装永磁体。很显然,**自控式同步电动机相当于一台定、转子交换的反装式永磁直流电动机。**

　　(2) **转子位置的检测采用的是位置编码器**(或旋转变压器,见 11.5 节),**而定子电枢绕组的换流则是通过电子式逆变器来实现的,从而取代了机械式逆变器。**

　　(3) **励磁磁势 $\overline{F}_f$ 和电枢反应磁势 $\overline{F}_a$ 不是静止不动,而是均以同步速旋转。这就决定了励磁磁势 $\overline{F}_f$ 和电枢反应磁势 $\overline{F}_a$ 仍保持相对静止,从而保证了有效电磁转矩的产生。唯一不同的是,$\overline{F}_f$ 与 $\overline{F}_a$ 之间不再相互垂直,而是呈一定角度,如图 8.13(a)**

所示。

综上所述,自控式同步电动机与直流电动机具有类似的运行机理和电磁关系,因而机械特性也较为类同。换句话说,**自控式同步电动机采用位置传感器与电子式逆变器取代了直流电动机的机械换向器与电刷,从而获得了类似于直流电动机的性能**。故此,自控式永磁同步电动机又有无刷直流电动机之称。

考虑到转子的不同,自控式同步电动机可分为两大类:一类是电机本体采用转子直流励磁绕组的自控式同步电动机(又称为**无换向器电动机**),另一类是采用永磁转子的自控式同步电动机。根据定子绕组感应电势波形的不同,**自控式永磁同步电动机**又包括**正弦波永磁同步电动机**和**梯形波永磁同步电动机**。由于不采用滑环和电刷,上述自控式永磁同步电动机皆称为无刷(永磁)结构。但由于后者在定子感应电势波形上更接近直流电动机,因此,商业产品中所指的无刷直流电动机均是指梯形波自控式永磁同步电动机。鉴于无换向器电动机主要用于大型同步电动机,有关文献已对其进行过详细的描述,限于篇幅本书不再赘述;而对目前应用范围和数量正在逐步扩大的自控式同步电动机——(正弦波)永磁同步电动机和(梯形波)永磁无刷直流电动机,本书将在第 9 章对其进行专门介绍。

自控式同步电动机定子绕组的通电频率以及由此产生的定子旋转磁场受控于转子转速。这一特点决定了自控式同步电动机不存在他控式同步电动机的失步和振荡问题。此外,由于无电刷与换向器,且具有直流电动机的性能,因此,自控式同步电动机不仅转子的惯量低,而且可靠性也大大提高。鉴于上述优点,大部分同步电动机均采用自控方式。

目前,自控式同步电动机广泛应用于要求生产机械具有四象限运行功能的伺服系统如机器人、数控机床等拖动系统中。

本章小结

由同步电动机组成的交流拖动系统具有一系列优点,这些优点包括:(1)永磁同步电动机的运行效率高、转子惯量小,系统响应快;(2)自控式永磁同步电动机可以实现无刷结构,并且可以获得类似于直流电动机的运行性能;(3)采用转子直流励磁同步电动机在过励状态下可以改善功率因数等。这一系列优点使得由同步电动机组成的交流拖动系统正在成为由异步电动机组成交流拖动系统的有力竞争对手。

与其他电动机一样,由三相同步电动机组成的电力拖动系统也涉及起动、调速和制动等问题。

与三相异步电动机相比,同步电动机的起动过程较为复杂。由于只有在转子转速与定子通电频率之间保持严格同步时才能产生有效的电磁转矩,因此,同步电动机的起动必须采取专门的措施。常用的起动方法包括:(1)采用转子起动(或阻尼)绕组进行起动的直接起动法;(2)采用辅助异步电动机的起动方法;(3)采用电力电子变流器的变频起动方法。上述三种起动方法中,方法(1)最为简单和经济,但所涉及的起动问题也最为复杂。在起动过程中,除了包括最基本的异步起动转矩和同步牵入转矩外,同步电动机的起动转矩中还包括由定子旋转磁场与转子单相励磁绕组中的感应电流相互作用所产生的"单轴转矩"。单轴转矩有可能造成同步电动机最终运行在 $\frac{1}{2}n_1$ 附近,而不能达到同步速。为此,应该适当选择转子直流励磁绕组所串入的电阻数值;方法(2)的设备投资较大、占地面积也较大;方法(3)最为先进,起动性能优良且经济可靠,它借助于三相变流器供电,通过逐步提高三相定子绕组的通电频率,最终使同步电动机平稳地进入同步速运行。

　　三相同步电动机最常用的调速办法是变频调速。**同感应电动机一样,三相同步电动机的变频调速也是采用基频以下的恒转矩控制和基频以上的恒功率控制。** 在基频以下,三相同步电动机运行在高速时,**定子绕组可以忽略不计。** 此时,根据三相同步电动机变频调速时的矩角特性和机械特性可知,只要维持 $\frac{U_1}{f_1}$＝常数,便可以确保最大电磁转矩(或过载能力)保持不变。当三相同步电动机运行在低速(或低频)时,由于在数值上定子绕组的电阻可以与同步电抗相比较,定子绕组的电阻不能忽略不计。此时,由同步电动机的矩角特性或变频调速时的机械特性可以看出,同步电动机的最大转矩有所降低,且产生最大电磁转矩的临界角也有所减小。为此,**与感应电动机一样,同步电动机在低频时也应适当增加压频比,以补偿因定子绕组电阻所引起的最大电磁转矩的下降。**

　　对于三相同步电动机的制动,主要分两种情况,一种是恒定电网供电下同步电动机的能耗制动,另一种是电力电子变流器供电下同步电动机的能耗制动和再生(或回馈)制动。前一种情况同三相异步电动机基本类似,所不同的是,三相同步电动机可直接利用转子直流励磁产生气隙磁势和磁场,定子三相绕组直接串联制动电阻或频敏变阻器,通过转子磁场与定子绕组中所感应的电流相互作用获得制动转矩,而不需要像异步电动机那样再在定子绕组中加入直流电流。后一种情况主要发生在变流器供电同步电动机的降频降速过程中。根据降速过程中由机械能转换而来的电能的处理方式不同,同步电动机的制动方式可分为**能耗制动**和**再生(或回馈)制动。** 其具体方案同变流器供电的三相异步电机相同。

　　三相同步电动机主要采用两种控制方式:一种是**他控式**(又称**频率开环的控制方式**),另一种是**自控式**(又称**频率闭环的控制方式**)。他控式同步电动机定子三相绕组的通电频率是由供电变流器独立确定的,一般工作在开环 $\frac{U_1}{f_1}$＝常数的控制方式下。使用时需注意的是加、减速不能太快,否则会造成同步电动机的不稳定或失步。

　　自控式同步电动机供电变流器的频率(或定子绕组的通电频率)严格受控于自身转子的位置和转速, 因而采用的是一种严格意义上的频率闭环控制方式。换句话说,自控式同步电动机必须在转轴上安装位置传感器,以获得转子位置的信息;然后,根据转子位置的信息控制变流器的通断频率以及同步电动机各相定子绕组电流的大小。

自控式同步电动机与直流电动机具有类似的特性,主要是因为**自控式同步电动机具有和直流电动机几乎完全相同的电磁过程和运行机理**。它采用位置传感器和电子式逆变器取代了直流电动机的机械式换向器和电刷,从而实现了无刷结构,并完成了换向片的位置检测以及电刷外部直流到内部绕组交流的转换。与此同时,自控式同步电动机通过利用转子位置的信息对供电变流器的控制,获得了与转子磁势或磁场保持相对静止的定子电枢旋转磁势和磁场,从而产生了有效的电磁转矩。与直流电动机不同的是,同步电动机的电枢磁势与转子磁势并不完全垂直或解耦,这就决定了自控式同步电动机控制的复杂性。好在目前矢量变换控制的同步电动机已将这一问题解决,相信由同步电动机特别是由永磁式同步电动机组成的拖动系统会有更辉煌的未来。

思考题

8.1 为什么同步电动机本身无起动能力?同步电动机采用异步法起动,试分析从开始起动到牵入同步运行的全过程,说明其中有哪些转矩存在?它们各自起到什么作用?

8.2 同步电动机可采用哪些起动方法?试比较其优缺点。

8.3 计及定子绕组电阻的影响,隐极式同步电动机的矩角特性将发生怎样的变化?试说明。

8.4 同步电动机变频调速过程中,为保证主磁通和过载能力不变,必须保证 $U_1/f_1 =$ 常数控制,试说明理由。为什么低速运行时必需适当增大压频比?

8.5 同步电动机采用能耗制动,为什么不需要像异步电动机那样在定子绕组内外加直流电流?

8.6 同步电动机可以采用他控方式和自控方式,这两种控制方式在实现手段有何区别?哪种方案在性能指标上更优越?

8.7 自控式同步电动机是如何确保定转子磁势是相对静止的?为什么自控式同步电动机有无刷直流电动机之称?

8.8 试综合分析自控式同步电动机与直流电动机的异同点。

8.9 为什么说他控式同步电动机可能存在不稳定运行(或"失步")问题,而自控式同步电动机却不存在这一问题?试说明。

练习题

8.1 试推导计及定子电枢电阻影响时凸极式同步电动机矩角特性的表达式,并分析考虑定子电枢电阻前、后同步电动机矩角特性的差异。

8.2 一台三相凸极式同步电动机的有关数据如下: $U_N = 6000\text{V}$, $f = 50\text{Hz}$,

$n_N = 750\text{r/min}, I_N = 72.2\text{A}, \cos\varphi_N = 0.8(\text{超前}), r_a = 1.8\Omega, x_d = 50.4\Omega, x_q = 31.5\Omega$,试根据练习题 8.1 的推导结果,并采用 MATLAB 编程,绘出考虑定子电枢电阻前、后同步电动机的矩角特性。

8.3　一台三相 45kVA,6 极,220V,50Hz,Y 接隐极式同步电动机,同步电抗的标幺值为 $x_t^* = 0.836$。由采用 $U_1/f_1 = $ 常数控制的逆变器供电,逆变器 50Hz 时对应的输出电压为 220V。同步电动机在励磁电流为 2.84A 时,开路电压达额定值。试计算:

(1) 电动机运行在 60Hz,200V、额定功率输出且定子侧为单位功率因数时的转子转速以及转子励磁电流;

(2) 若将逆变器的频率减小至 50Hz,电动机保持额定转矩和单位功率因数不变,转子的转速和转子励磁电流又变为多少?

第9章

三相永磁同步电机的
建模与分析※

内 容 简 介

本章主要讨论两类常用的永磁同步电机：正弦波永磁同步电机和梯形波永磁同步电机(永磁无刷直流电机)，内容包括两类永磁同步电机的基本运行原理、绕组及磁路的结构特点、电磁关系、数学模型、运行特性以及系统组成。

对于转子直流励磁的同步电机，若采用永磁体取代其转子直流励磁绕组则相应的同步电机就成为永磁同步电机。永磁同步电机具有功率密度高、转子转动惯量小、电枢电感小、运行效率高以及转轴上无滑环和电刷等优点，因而广泛应用于中小功率范围内($\leqslant 100\text{kW}$)的高性能运动控制领域，如工业机器人、CNC 数控机床等。目前，永磁同步电机的应用范围正呈迅速上升趋势。永磁同步电机的不足主要体现在：①转子励磁无法灵活控制；②定子绕组的电枢反应会引起永磁体失磁；③永磁体所产生的磁势(或磁场)受环境温度等因素的影响而变化；④电机自身的造价较同容量的异步电动机高。

永磁同步电机的种类繁多，按照转子永磁体结构的不同，一般可分为两大类：一类是**表贴式永磁同步电机**，另一类是**内置式永磁同步电机**。按照定子绕组感应电势波形的不同，永磁同步电机可分为正弦波永磁同步电机和梯形波永磁同步电机，正弦波永磁同步电机即通常所说的**永磁同步电机**(permanent magnet synchronous machine，PMSM)；梯形波永磁同步电机又称为**无刷永磁直流电机**(brushless DC machine，BLDCM)。

正弦波 PMSM 和 BLDCM 的发展主要归因于如下几方面的因素：①永磁材料的问世与发展，特别是高能量密度的永磁材料如钕-铁-硼(Nd-Fe-B)、钴-钐等稀土永磁的出现(有关内容参见 1.4.4 节)；②电力电子器件与技术的迅猛发展。电力电子器件与技术的发展为永磁同步电机的灵活供电提供了可能；③电机控制理论如磁场定向的矢量控制(vector control，VC)、直接转矩控制(direct-torque-control，DTC)等的提出与完善；④微处理器特别是 DSP(digital signal processing)等器件与技术的发展为控制策略的实现提供了手段。

本章将分别就正弦波 PMSM 和 BLDCM 的结构特点、数学模型、运行特性以及相关问题进行详细讨论。本章内容安排如下：9.1 节首先介绍正弦波 PMSM 的基本运行原理，在此基础上，针对两种常用的正弦波 PMSM——表贴式 PMSM 和内置式 PMSM，结合各自定子绕组及转子的结构特点，对其相应的电压平衡方程式、相量图以及矩角特性分别进行介绍。本节最后，利用相量图对这两种类型永磁同步电机的控制策略分别进行分析，并给出典型的调速系统框图。9.2 节将对 BLDCM 进行详细介绍，内容包括 BLDCM 的基本运行原理、定子绕组及转子的结构特点、电磁关系、各种控制方式、BLDCM 的稳态模型与动态模型、机械特性以及调速系统的组成。本章最后，将对上述两种类型的永磁电机进行全面比较。

9.1　正弦波永磁同步电机的建模与分析

9.1.1　正弦波 PMSM 的基本运行原理

同一般同步电机一样，正弦波 PMSM 的定子绕组通常采用三相对称的正弦分布绕组，或转子采用特殊形状的永磁体以确保气隙磁密沿空间呈正弦分布。这样，当电机恒速运行时，定子三相绕组所感应的电势为正弦波，正弦波永磁同步电机由此而得名。

应该讲，正弦波 PMSM 是一种典型的机电一体化电机。它不仅包括电机本体，而且还涉及位置传感器、电力电子变流器以及驱动电路等。图 9.1 给出了典型正弦波 PMSM 的基本组成框图。

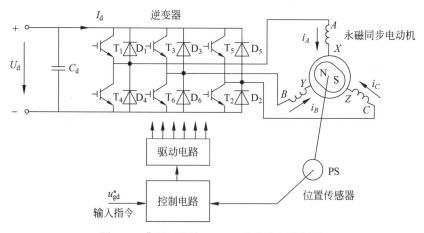

图 9.1　典型正弦波 PMSM 的基本组成框图

图 9.1 中，正弦波 PMSM 的定子三相对称绕组由电力电子逆变器供电。该逆变器所输出定子三相绕组电流的大小取决于负载，而频率则取决于转子的实际位置与

转速。转子转速越高,则逆变器的输出频率越高;转子越慢,则逆变器的输出频率越低。

通常,正弦波 PMSM 转子的位置及转速是通过高精度位置传感器连续测量获得的。位置传感器可以由光电式编码器或旋转变压器(见 11.5 节)来实现。位置传感器输出的转子位置信号经控制电路处理、放大后,按一定顺序驱动三相桥式逆变器中主开关器件的通断,使得 PMSM 在定子三相绕组中产生同步速的定子圆形旋转磁势和磁场,该旋转磁势或磁场拖动永磁体转子以同步速旋转,于是转子便拖动机械负载以同步速旋转。

由此可见,正弦波 PMSM 定子三相绕组中电流的通断受控于转子位置,亦即定子电流的通断频率与转子转速同步。因此,正弦波 PMSM 属于自控式同步电机。

9.1.2　正弦波 PMSM 的定子绕组形式

对于 PMSM 而言,为了确保所感应相电势的波形接近正弦,其定子绕组通常采用下列两类绕组形式,一类是短距、分布绕组,另一类为分数槽集中绕组。后一种绕组主要应用在转子永磁体的极数较多,且定子铁芯所开槽数受限的中小型 PMSM 中(如电动车用轮毂电机,其采用内定子、外永磁转子的结构)。对于前者,5.3 节已对其进行了详细的介绍,为此,本节将重点介绍有关分数槽集中绕组的基本知识及其分配和连接规律。

1. 分数槽绕组的基本知识

5.3 节曾提到过:除了采用短距线圈外,交流电机可以通过分布绕组满足感应电势波形正弦的要求。对采用整数槽分布绕组的交流电机而言,一般情况是,每极每相的槽数 q 越大,则相绕组感应电势的波形越接近正弦。对有些交流电机,如水轮发电机以及中小容量的低速 PMSM 等,由于极数较多,同时因工艺以及结构等约束定子槽数受限,定子绕组无法通过增加 q 的方法来满足相电势波形正弦的要求。在这种情况下,可采用分数槽绕组得到类似于上述整数槽绕组增大 q 的效果。

分数槽绕组,顾名思义,就是指每极每相槽数 q 是分数的绕组。对于分数槽绕组,每极每相的槽数可表示为

$$q = \frac{Z_1}{2pm} = b + \frac{c}{d} \tag{9-1}$$

式中,b 为整数;$\frac{c}{d}$ 为不可约的真分数。

分数槽绕组是通过多对极下的线圈串联得到整数槽绕组在每对极下多线圈串联的分布效果,最终确保相电势波形为正弦的。既然如此,**可将分数槽绕组等效为整数槽绕组,确保两者在绕组的分布系数上相同**。利用这一概念,便可求得分数槽绕组的分布系数。具体过程说明如下。

为了将分数槽绕组等效为整数槽绕组，可将式(9-1)两边同乘以 d，便可求得等效后的每极每相槽数（又称为**每极每相的虚槽数**）为

$$q' = qd = bd + c \qquad (9-2)$$

考虑到三相绕组对称的要求，分数槽绕组与等效后的整数槽绕组之间相带应保持不变，于是有

$$q\alpha = q'\alpha' = \frac{Z_1}{2pm} \times p\,\frac{360°}{Z_1} = \frac{180°}{m} = 60°$$

由此求得等效后的槽距角（又称为**虚槽距角**）为

$$\alpha' = \frac{60°}{q'} \qquad (9-3)$$

利用上述等效结果，并根据整距绕组分布系数的表达式（式（5-26）、式(5-29)），便可求得分数槽绕组的基波和谐波分布系数分别为

$$k_{q1} = \frac{\sin\dfrac{q'\alpha'}{2}}{q'\sin\dfrac{\alpha'}{2}} \qquad (9-4)$$

$$k_{q\nu} = \frac{\sin\nu\dfrac{q'\alpha'}{2}}{q'\sin\nu\dfrac{\alpha'}{2}} \qquad (9-5)$$

至于分数槽绕组的短距系数，由于线圈本身未发生任何变化，仍可采用沿用过去的方法按等效前的数据计算（即式(5-23)）。

2. 分数槽集中绕组的分配及连接规律

中小型 PMSM 多采用**分数槽集中绕组**，分数槽集中绕组有两层含义：一层是所采用绕组为分数槽绕组，另一层是单个线圈采用节距 $y_1 = 1$（槽）（相当于每个定子齿上绕有一个集中线圈）的绕组。其目的是减小端部尺寸，降低用铜量，便于嵌线。

下面以一台 $2p=10$、$Z_1=12$ 槽的常用 PMSM 电机为例，说明上述分数槽绕组的分配和连接规律。具体步骤如下：

① 计算槽距角

$$\alpha = \frac{p \times 360°}{Z_1} = \frac{5 \times 360°}{12} = 150°$$

② 画出绕组电势相量星形图。利用槽距角绘出定子绕组电势相量星形图如图 9.2(a)所示。

③ 计算极距和每极每相的槽数

$$\tau = \frac{Z_1}{2p} = \frac{12}{10} = \frac{6}{5}（槽）$$

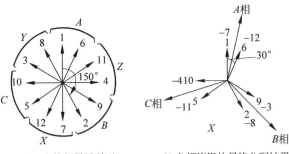

(a) 绕组电势相量星形图　　　(b) 各相绕组的最终分配结果

图 9.2　PMSM 的绕组电势相量星形图及各相绕组的最终分配结果($Z_1/2p=12/10$)

$$q=\frac{Z_1}{2pm}=\frac{12}{10\times3}=\frac{2}{5}=\frac{c}{d}$$

显然,定子绕组为分数槽绕组。

④ 根据三相绕组的对称原则,将定子绕组均匀分配至三相并确保三相相电势的合成向量互成 120°(电角度),最终分配结果如图 9.2(b)所示。

⑤ 画出绕组展开图。取绕组节距 $y_1=1$(槽),利用图 9.2(b)的分配结果便可得到各相的所有线圈。将属于同一相的所有线圈相互串联(或并联)便可得到各相绕组。图 9.3 画出了支路数 $a=1$ 的 A 相绕组展开图。其他两相绕组的连接方式与 A 相绕组完全相同,为清晰起见,图 9.3 中未绘出。

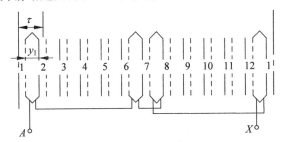

图 9.3　A 相定子绕组的展开图($Z_1/2p=12/10$)

⑥ 计算基波绕组系数。考虑到线圈的节距 $y_1=1$(槽),亦即同一线圈的两个导体边相差 150°(电角度)(见图 9.2(a)),根据基波短距系数的定义,有

$$k_{y1}=\sin\left(\frac{y_1}{\tau}90°\right)=\sin\left(\frac{150°}{180°}90°\right)=\sin75°=\cos15°$$

将分数槽绕组等效为整数槽绕组后,每极每相的虚槽数为

$$q'=qd=2$$

虚槽距角为

$$\alpha'=\frac{60°}{q'}=\frac{60°}{2}=30°$$

由此得基波分布系数为

$$k_{q1} = \frac{\sin \dfrac{q'\alpha'}{2}}{q' \sin \dfrac{\alpha'}{2}} = \frac{\sin 30°}{2\sin 15°} = \frac{1}{4\sin 15°}$$

于是,分数槽绕组的基波绕组系数为

$$k_{w1} = k_{y1}k_{q1} = \frac{\cos 15°}{4\sin 15°} = \frac{1}{4\tan 15°} = 0.933$$

上述分析和基波绕组系数的结果表明,$q = \dfrac{2}{5}$ 的分数槽绕组相当于 $q'=2$ 的整数槽分布绕组,因而其定子绕组感应电势的波形接近正弦。由此可以得出如下结论:**借助于分数槽集中绕组,可以实现感应相电势的波形接近正弦。但分数槽绕组需满足等效后每极每相的虚槽数 $q' \geqslant 2$。**

9.1.3　正弦波 PMSM 的转子结构特点与矩角特性

　　按照转子结构的不同,正弦波 PMSM 可以分为**表贴式 PMSM** 和**内置式 PMSM** 两大类。由于这两种类型同步电机的永磁体结构以及放置的位置有所不同,相应 PMSM 的矩角特性也存在很大差异。为此,本节首先介绍这两种同步电机的结构特点,在此基础上,分别讨论这两种 PMSM 的相量图与矩角特性。

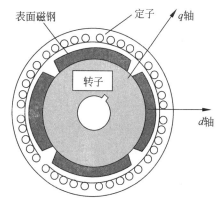

图 9.4　表贴式 PMSM 的结构

1. 正弦波表贴式 PMSM

（1）转子结构特点

　　转子表贴式 PMSM 的结构如图 9.4 所示,其中,定子绕组采用 9.1.2 节所介绍的绕组形式,由三相定子绕组产生同步速的定子旋转磁势和磁场;转子则通过环氧树脂将永磁体牢牢地粘接在转子铁芯表面上。

　　转子表贴式 PMSM 具有如下特点:

　　① 考虑到转子的牢固性,表贴永磁同步电动机一般仅用于低速同步运行的场合,转速通常不超过 3000r/min。但若采取其他措施,转子也可以在更高速下运行。

　　② 考虑到永磁材料的相对磁导率较低(大于或等于1),永磁体又粘接在转子表面上,因此表贴式 **PMSM** 的有效气隙较大。而且,由于气隙均匀,转子为隐极式结构,其 d 轴和 q 轴同步电抗几乎相等,于是有 $L_d = L_q = L_s$。由此可见,**正弦波表贴式 PMSM 呈现隐极式同步电机的特点。**

　　③ 由于有效气隙较大,d 轴和 q 轴的同步电抗较小,则相应的电枢反应也较小。

（2）相量图与矩角特性

　　根据上述结构特点可以得出如下结论:正弦波表贴式 PMSM 的电磁过程与一

般隐极式同步电机基本相同。

于是,根据式(7-13)得正弦波表贴式 PMSM 的电压平衡方程式为

$$\dot{U} = \dot{E}_0 + r_a \dot{I}_a + jx_t \dot{I}_a \tag{9-6}$$

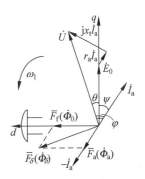

利用式(9-6)(或参考图 7.15),绘出时空相量图如图 9.5 所示。

参考式(7-21),写出正弦波表贴式 PMSM 的矩角特性为

$$T_{em} = \frac{mE_0 U}{x_t \Omega_1} \sin\theta = \frac{mpE_0 U}{x_t \omega_1} \sin\theta$$

$$= \frac{mp\Psi_f U}{x_t} \sin\theta \tag{9-7}$$

图 9.5　正弦波表贴式 PMSM 的时空相量图

式中,$\omega_1 = p\Omega_1$;Ψ_f 为转子永磁磁场在定子绕组内所匝链的磁链,且 $E_0 = \omega_1 \Psi_f$。对永磁同步电机,Ψ_f = 常数。

鉴于上述特点,表贴式 PMSM 基本运行在恒励磁状态,相应的电机运行在恒转矩区域,其弱磁调速范围很小。并且一旦电机与供电变流器的输出电压和电流的定额确定,其定子侧的功率因数或转子磁势几乎不可能改变。

2. 正弦波内置式 PMSM

(1)结构特点

与表贴式 PMSM 相同,内置式 PMSM 的定子绕组仍采用 9.1.2 节所介绍的绕组形式,以形成同步速的定子旋转磁势和磁场;而转子则与表贴式 PMSM 有所不同,其永磁体被牢牢地镶嵌在转子铁芯内部。

在内置永磁 PMSM 中,转子永磁体的结构和形状是经过专门设计的,以确保转子磁势和磁场空间呈正弦分布。到目前为止,内置式 PMSM 转子永磁体的结构种类较多,图 9.6 给出了其中一种典型结构的永磁体转子示意图。

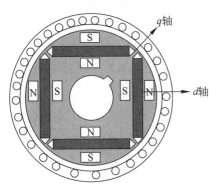

图 9.6　内置式 PMSM 的转子结构示意图

内置式 PMSM 具有如下特点:

① 与表贴式 PMSM 相比,内置式 PMSM 结构较为复杂、运行可靠,可以在高速场合下运行。

② 由于内置式 PMSM 的气隙较小,d 轴和 q 轴的同步电抗均较大,电枢反应磁势较大,因而存在相当大的弱磁空间。但去磁电枢反应磁势不易过大,以免永磁体发生永久性退磁。

③ 与转子直流励磁凸极式同步电机不同的是,由于内置式 PMSM 直轴的有效气隙比交轴的大(一般直轴的有效气隙是交轴的几倍),

因此,直轴同步电抗小于交轴同步电抗,即 $x_d < x_q$(或电感 $L_d < L_q$)。

(2) 相量图与矩角特性

根据上述结构特点可以得出如下结论:**正弦波内置式 PMSM 的电磁过程与一般凸极式同步电动机基本相同。**

于是,根据式(7-15),得正弦波内置式 PMSM 的电压平衡方程式为

$$\dot{U} = \dot{E}_0 + r_a\dot{I}_a + jx_d\dot{I}_d + jx_q\dot{I}_q \tag{9-8}$$

利用式(9-8)(或参考图 7.18),绘出正弦波内置式 PMSM 的时空相量图如图 9.7 所示。

参考式(7-20),写出正弦波内置式 PMSM 的矩角特性为

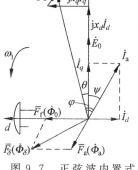

$$
\begin{aligned}
T_{em} &= \frac{mE_0U}{x_d\Omega_1}\sin\theta + \frac{1}{2}\frac{mU^2}{\Omega_1}\left(\frac{1}{x_q} - \frac{1}{x_d}\right)\sin2\theta \\
&= \frac{mpE_0U}{x_d\omega_1}\sin\theta + \frac{1}{2}\frac{mpU^2}{\omega_1}\left(\frac{1}{x_q} - \frac{1}{x_d}\right)\sin2\theta \\
&= \frac{mp\Psi_f U}{x_d}\sin\theta + \frac{1}{2}\frac{mpU^2}{\omega_1}\left(\frac{1}{x_q} - \frac{1}{x_d}\right)\sin2\theta
\end{aligned}
\tag{9-9}
$$

图 9.7　正弦波内置式 PMSM 的时空相量图

式中,Ψ_f = 常数。

与转子直流励磁凸极式同步电动机类似,内置式 PMSM 的电磁转矩也是由两部分组成:一部分为基本电磁转矩 $T'_{em} = \dfrac{mp\Psi_f U}{x_d}\sin\theta$,它是由转子永磁体所产生的磁场与定子磁场相互作用所产生的;另一部分是由凸极效应所产生的磁阻转矩 $T''_{em} = \dfrac{1}{2}\dfrac{mpU^2}{\omega_1}\left(\dfrac{1}{x_q} - \dfrac{1}{x_d}\right)\sin2\theta$。由于内置式 PMSM 的直轴同步电抗小于交轴同步电抗,因此,由凸极效应所引起的磁阻转矩 T''_{em} 小于零。在设计内置式 PMSM 伺服系统或调速系统时,应特别注意这一点。

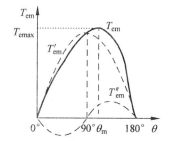

根据式(9-9),绘出内置式 PMSM 的矩角特性曲线如图 9.8 所示。由图 9.8 可见,内置式 PMSM 的最大功率角 θ_m 较转子直流励磁凸极式同步电动机大。在同样负载转矩的条件下,内置式 PMSM 的功率角也要比转子直流励磁凸极式同步电动机大。

图 9.8　内置式 PMSM 的矩角特性曲线

9.1.4　正弦波 PMSM 的控制

鉴于正弦波表贴式 PMSM 和内置式 PMSM 的差别,本节分别对这两种 PMSM 的控制策略介绍如下。

1. 正弦波表贴式 PMSM

为了说明正弦波表贴式 PMSM 的控制方式,首先利用相量图推导这种 PMSM 所产生电磁转矩的另一种表达形式,其推导过程如下。

根据相量图(图 9.5),可以获得表贴式 PMSM 定子侧的输入电功率为

$$P_1 = mUI_a\cos\varphi = mI_a(E_0\cos\Psi + r_a I_a) \tag{9-10}$$

式中,Ψ 和 θ 角如图 9.5 所示。

利用式(9-10)求出电磁功率为

$$P_{em} = P_1 - p_{Cua} = P_1 - mI_a^2 r_a$$
$$= mE_0 I_a\cos\Psi$$

相应的电磁转矩为

$$T_{em} = \frac{P_{em}}{\Omega_1} = \frac{mpE_0}{\omega_1}I_a\cos\Psi = mp\Psi_f I_a\cos\Psi \tag{9-11}$$

式(9-11)表明,表贴式 PMSM 所产生的电磁转矩与转子永磁体在定子绕组中所匝链的磁链 Ψ_f、电枢电流的幅值(或有效值 I_a)以及内功率因数角 Ψ 的余弦均成正比。

考虑到转子由永磁体提供励磁,对具体电机而言,Ψ_f = 常数,因此,当保持内功率因数角 Ψ 固定不变时,通过调整定子绕组相电流的幅值便可以对表贴式 PMSM 的电磁转矩进行控制。

需要特别说明的是,当 $\Psi = 0°$(亦即 $\dot{E}_0$ 与 $\dot{I}_a$ 同相)时,正弦波表贴式 PMSM 的转矩表达式(式(9-11))与直流电动机转矩表达式完全相同。换句话说,此时,正弦波表贴式 PMSM 可以获得与直流电动机完全相同的转矩特性。从这种意义上看,自控式正弦波表贴式 PMSM 也是一种无刷直流电机(具体见 9.2 节)。

除了上述特征外,由式(9-11)还可以看出,当 $\Psi = 0°$ 时,正弦波表贴式 PMSM 单位电枢电流所产生的电磁转矩最大。因此,当转子运行在额定转速(基速)以下时,正弦波表贴式 PMSM 多采用内功率因数角 $\Psi = 0°$ 的控制方式,以获得恒转矩性质的调速特性。图 9.9 给出了 $\Psi = 0°$ 时正弦波表贴式 PMSM 的相量图。

当然,正弦波表贴式 PMSM 也可以运行在额定转速(基速)以上,此时 PMSM 工作在弱磁调速范围内。但考虑到这种类型同步电机的电枢反应磁势以及同步电抗通常较小(见 9.1.3 节),因此其弱磁调速范围较窄。借助于相量图 9.10 以及相应的转矩-转速曲线图 9.11 便可以对这一结论进行解释。现分析如下。

忽略定子阻抗压降,定子绕组的最大感应电势 E_0 将主要由逆变器直流侧的电压所决定。当定子电压随着转子转速的升高达到恒转矩区的边沿时,受直流侧电压以及绕组绝缘的限制,外加定子电压不可能再进一步提高,此时,只能对转子主磁场进行弱磁控制才能使外加电压高于定子绕组的感应电势,以确保定子电流不会失控。在弱磁过程中,定子绕组的电压保持额定值不变。

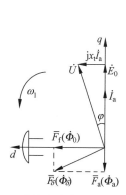

图 9.9　正弦波表贴式 PMSM 的相量图
（当 $\Psi = 0°$时）

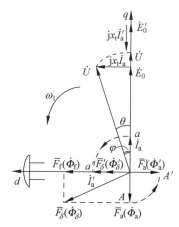

图 9.10　正弦波表贴式 PMSM 的
相量图（弱磁控制时）

对于 PMSM 而言,考虑到弱磁只能通过电枢反应磁势来实现,亦即要求电枢电流所产生的电枢磁势必须具有去磁作用,鉴于正弦波表贴式 PMSM 的电枢反应较小,要获得较大的去磁作用,就必须施加较大的电枢电流。而电枢电流不可能超过额定值,因此正弦波表贴式 PMSM 的去磁作用较小,相应的弱磁调速范围自然也较窄。

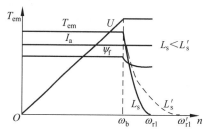

图 9.11　基速以上弱磁控制时的转矩-
转速的负载能力曲线

现利用相量图（图 9.10）和转矩-转速的负载能力曲线（图 9.11）对上述过程作进一步分析。

图 9.10 中,保持额定电流大小不变,若采用电枢反应进行弱磁,在弱磁过程中,定子电枢电流相量 $\dot{I}_a$ 按逆时针方向旋转,其相应的轨迹如图中的 $a-a'$ 所示,定子磁链的轨迹如图中的 $A-A'$ 所示。当电枢电流相量 $\dot{I}_a$

的端点转至 a' 点时,电枢磁势全部变为去磁作用。此时,功率因数角变为 90°,定子侧的功率因数为零,相应的电磁转矩也变为零,其对应于转矩-转速曲线（见图 9.11）中的 ω_{r1} 点。很显然,在额定定子电流范围内,增大同步电抗 x_t（或同步电感 L_s）,可以增大 E_0 的大小,进而扩大弱磁的调速范围。

值得指出的是,对正弦波表贴式 PMSM 而言,只有保持内功率因数角 Ψ 固定,亦即确保定子三相绕组外加的正弦波电流与三相正弦波感应电势同步,才能产生恒定的电磁转矩,并最终获得类似于直流电动机的转矩特性。这是设计正弦波表贴式 PMSM 调速或伺服系统时需注意的问题。

2. 正弦波内置式 PMSM

同表贴式 PMSM 一样,为了说明正弦波内置式 PMSM 的控制方式,也需要首先利用相量图推导相应 PMSM 所产生电磁转矩的另一种表达形式,其推导过程如下。

根据相量图(图 9.7),可以获得内置式 PMSM 定子侧的输入电功率为

$$
\begin{aligned}
P_1 &= mUI_a\cos\varphi = mUI_a\cos(\theta + \Psi) \\
&= mU(I_q\cos\theta - I_d\sin\theta) \\
&= m\big[(E_0 + r_a I_q + x_d I_d)I_q - (x_q I_q - r_a I_d)I_d\big]
\end{aligned}
\tag{9-12}
$$

式中,Ψ 和 θ 角如图 9.7 所示,且 $I_d = I_a\sin\Psi$,$I_q = I_a\cos\Psi$。

利用式(9-12)可求出电磁功率为

$$
\begin{aligned}
P_{em} &= P_1 - p_{Cua} = P_1 - mI_a^2 r_a = P_1 - m(I_d^2 + I_q^2)r_a \\
&= m\big[E_0 I_q + I_d I_q (x_d - x_q)\big]
\end{aligned}
$$

相应的电磁转矩为

$$
\begin{aligned}
T_{em} &= \frac{P_{em}}{\Omega_1} = mp\big[\Psi_f I_q + (L_d - L_q)I_d I_q\big] \\
&= mp\big[\Psi_f I_q + (L_d - L_q)I_d I_q\big]
\end{aligned}
\tag{9-13}
$$

很显然,当 $L_d = L_q$ 时,式(9-13)与表贴式 PMSM 的电磁转矩表达式相同,亦即表贴式 PMSM 可以作为内置式 PMSM 的一个特例进行分析。对于正弦表贴式 PMSM,只需控制电枢电流 I_a(这里相当于 I_q)即可。

对于正弦内置式 PMSM,由于 $L_d < L_q$,因此,必须对 I_d 和 I_q 同时进行控制,以获得所需的电磁转矩。下面利用式(9-13)分析三种常用的控制方案。

(1) $I_d = 0$ 的控制

当 $I_d = 0$ 时,$\dot{I}_a = \dot{I}_q$。由图 9.7 可见,此时内功率因数角 $\Psi = 0°$。式(9-13)中的第 2 项,即由凸极效应所产生的磁阻转矩 $T''_{em} = mp I_d I_q (L_d - L_q) = 0$。此时,正弦波内置式 PMSM 的转矩表达式与表贴式 PMSM 完全相同,亦即通过控制电枢电流的幅值便可以调整永磁同步电机的电磁转矩,从而获得类似于直流电动机的调速性能。因此,在这种控制方式下,自控式正弦波内置式 PMSM 也是一种无刷直流电机,故这种方案得到广泛采用。当 $\Psi = 0°$ 时,正弦波内置式 PMSM 的相量图与表贴式 PMSM 完全相同(见图 9.9)。

需要指出的是,对于内置式 PMSM,采用 $I_d = 0$ 方案的优点是控制简单、易于实现;但也存在明显的不足,具体表现在:①磁阻转矩未得到充分发挥。由式(9-13)可见,由于 $L_d < L_q$,若采用 $I_d < 0$ 的控制方案,磁阻转矩部分将由零变为驱动性的转矩,从而有可能产生更大的电磁转矩。②功率因数可以进一步优化。根据相量图(图 9.7),与 $I_d = 0$ 相比,若采用 $I_d < 0$ 的控制方案,则定子侧的功率因数角 φ 将减小,定子功率因数可进一步提高。此外,在满足 $I_a = \sqrt{I_d^2 + I_q^2} \leqslant I_{amax}$ 的约束条件下,通过优化 I_d 与 I_q 两个分量之间的关系,有助于降低定子绕组的铜耗,改善电机的效率。

(2) 最大(T_{em}/I_a)(即 Maximum torque per ampere,MTPA)的控制

通过 MTPA 控制,一方面可以确保电机的电气损耗最小,整个拖动系统的效率运行在最佳状态;另一方面也使得供电变流器的定额最小。

为了获得 MTPA 的控制准则,最好将电磁转矩表达式归一化,亦即将电磁转矩用标幺值表示,并将电磁转矩表示为归一化电枢电流分量的函数。

电磁转矩的基值定义为

$$T_{emB} = mp\Psi_f I_{aB} \tag{9-14}$$

其中,电流的基值 I_{aB} 定义为

$$I_{aB} = \frac{\Psi_f}{L_q - L_d} = I_f \frac{L_{af}}{L_q - L_d} \tag{9-15}$$

式中,假想的转子励磁电流 I_f 可作为常数处理;L_{af} 表示转子直流励磁绕组与定子电枢绕组之间的互感。

上述电磁转矩与电枢电流基值的定义与同步电动机实际的额定值或最大值无关,之所以这样选取,纯粹是为了计算方便。

将式(9-14)、式(9-15)代入式(9-13)得

$$T_{em}^* = \frac{T_{em}}{T_{emB}} = \frac{I_q}{I_{aB}} - \frac{I_d}{I_{aB}} \frac{I_q}{I_{aB}} \tag{9-16}$$

式(9-16)又可写为

$$T_{em}^* = I_q^* (1 - I_d^*) \tag{9-17}$$

式中,$I_q^* = I_q / I_{aB}$ 而 $I_d^* = I_d / I_{aB}$。

根据式(9-17),绘出恒转矩条件下直轴定子电流分量与交轴定子电流分量之间的关系如图 9.12 所示。

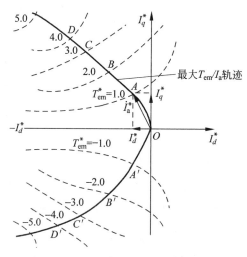

图 9.12   MTPA 控制时的轨迹曲线

图 9.12 中,观察 $T_{em}^* = 1$ 在第Ⅱ象限的轨迹,其中,从坐标原点到轨迹的径向距离表示定子电枢电流的大小,即 $I_a = \sqrt{I_d^2 + I_q^2}$。轨迹中的 A 点表示电枢电流的最小值,换句话说,在 $T_{em}^* = 1$ 时,定子电流 OA 即满足最大 (T_{em}/I_a) 的准则。当 T_{em}^* 进一步增加时,相应的最佳运行点变为 B、C、D 点等。对于正向电磁转矩,I_q 为正,而

I_d 为负。由式(9-13)可见,负的 I_d 可以产生正的磁阻转矩分量。通过改变 I_q 的方向,便可以改变电磁转矩的极性。为此,图 9.12 还同时给出了电磁转矩为负时相应电枢电流的轨迹。很显然,电枢电流在第Ⅱ、第Ⅲ象限是对称的。

根据图 9.12,便可绘出在确保 MTPA 准则下,定子电枢电流的直轴分量 I_d 和交轴分量 I_q 与电磁转矩之间的关系曲线如图 9.13 所示。利用这一曲线便可以获得 MTPA 的控制策略。

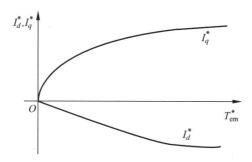

图 9.13　在 MTPA 控制方式下,定子电枢电流分量与电磁转矩之间的关系曲线

(3) 弱磁控制

当运行在额定转速(基速)以上时,正弦波 PMSM 一般工作在弱磁控制方式。此时,要求外加定子电压不能超过最大值(一般为额定值),由此获得下列关系式

$$U^2 = U_d^2 + U_q^2 \leqslant U_{\max}^2 \qquad (9\text{-}18)$$

式中,$U_d = U\sin\theta$,$U_q = U\cos\theta$。

参考内置式 PMSM 的相量图(图 9.7),且忽略定子绕组电阻 r_a,则有

$$\begin{cases} U_q = E_0 + x_d I_d \\ U_d = x_q I_q \end{cases} \qquad (9\text{-}19)$$

将式(9-19)以及 $E_0 = \omega_1 \Psi_f$ 代入式(9-18)得

$$(L_d I_d + \Psi_f)^2 + (L_q I_q)^2 \leqslant \left(\frac{U_{\max}}{\omega_1}\right)^2$$

即

$$\frac{\left(I_d + \dfrac{\Psi_f}{L_d}\right)^2}{\left(\dfrac{U_{\max}}{\omega_1 L_d}\right)^2} + \frac{I_q^2}{\left(\dfrac{U_{\max}}{\omega_1 L_q}\right)^2} = 1 \qquad (9\text{-}20)$$

式(9-20)表明,在弱磁控制方式下,若外加定子电压不超过最大值,则电枢电流的交、直轴分量 I_d 与 I_q 之间按椭圆轨迹变化,其中,椭圆的半长轴和半短轴分别为 $A = \dfrac{U_{\max}}{\omega_1 L_d}$、$B = \dfrac{U_{\max}}{\omega_1 L_q}$(这里,由于 $L_d < L_q$,故 $A > B$);椭圆中心在长轴(或 I_d 轴)上相对原点的偏离量为 $C = -\dfrac{\Psi_f}{L_d}$。

根据式(9-20)以及上述分析,绘出在外加电压恒定约束条件下弱磁升速时 I_d 与 I_q 的极限方程曲线如图 9.14 所示。由图可见,随着转速的增加,椭圆将收缩。除此之外,图 9.14 还给出了最大电枢电流 $I_a = \sqrt{I_d^2 + I_q^2} \leqslant I_{amax}$ 的极限轨迹。

在定子电压极限圆和定子电流极限圆的约束下,PMSM 的负载能力曲线如图 9.15 所示。

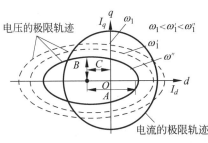

图 9.14　在外加电压和最大电枢电流的
约束条件下 I_d 与 I_q 的极限方
程曲线

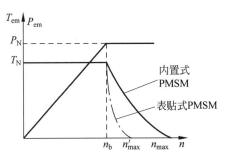

图 9.15　PMSM 的负载能力曲线

图 9.15 表明:在基速以下,PMSM 可以采用 SVPWM 调制方案(或 SPWM 调制方案),并通过定子电流的矢量控制保持最大转矩不变。随着转子转速的提高,永磁转子在定子绕组中的感应电势也逐渐提高,当转子转速超过基速时,定子绕组中的感应电势大于外加电压,定子电流将失去控制。为了确保定子电流控制,必须采用弱磁方案。此时,三相桥式逆变器进入六阶梯波工作方式(见 6.2.2 节),定子绕组的外加电压将保持不变。由于正弦波内置式 PMSM 的直轴电感较正弦波表贴式 PMSM 大,在同样的定子电流作用下,电枢反应磁势的去磁作用也较大,因此,正弦波内置式 PMSM 的弱磁调速范围宽于正弦波表贴式 PMSM,相应的最高转速与基速之比也较大(见图 9.15)。正弦波内置式 PMSM 特别适用于高速电动车。

9.1.5　正弦波 PMSM 控制系统的组成

图 9.16 给出了正弦波 PMSM 的典型控制系统框图。

与异步电机不同的是,由于永磁同步电机转子磁链所在的空间位置即是转子位置,因此,通过转子位置编码器或旋转变压器(有关内容见 11.5 节)便可以直接获得转子永磁磁链矢量 $\vec{\psi}_f$ 所在的空间位置 θ_r。将同步旋转坐标系 dqo 的 d 轴定向到 $\vec{\psi}_f$ 上,便可以在 dqo 坐标系上设计如图 9.16 所示的基于转子磁链定向的矢量控制方案。

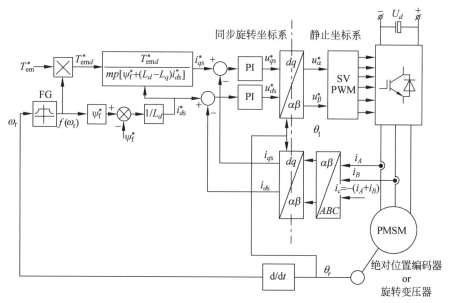

图 9.16　正弦波 PMSM 的典型控制系统框图

为了扩大正弦波 PMSM 的调速范围,基速以下采用了定子电流直轴分量为零(即 $i_{ds}^*=0$)的控制方案;一旦转子转速超过基速,则采用定子电流直轴分量呈去磁作用的弱磁控制方案。上述方案是通过图 9.16 中的函数发生器 FG 及其相关单元完成的。

函数发生器 FG 单元的具体表达式为

$$f(\omega_{\mathrm{r}})=\begin{cases}1, & 0\leqslant\omega_{\mathrm{r}}\leqslant\omega_{\mathrm{b}}\\ \omega_{\mathrm{b}}/\omega_{\mathrm{r}}, & \omega_{\mathrm{b}}\leqslant\omega_{\mathrm{r}}\leqslant\omega_{\max}\end{cases} \tag{9-21}$$

相应的定子电流直轴分量的给定值为

$$i_{ds}^*=\frac{(f(\omega_{\mathrm{r}})-1)\psi_{\mathrm{f}}^*}{L_d} \tag{9-22}$$

式(9-22)表明,当 $\omega_{\mathrm{r}}\leqslant\omega_{\mathrm{b}}$ 时,$i_{ds}^*=0$。一旦 $\omega_{\mathrm{r}}>\omega_{\mathrm{b}}$,则 $i_{ds}^*<0$。上述控制方案可以确保系统在基速以下具有恒转矩输出能力,而基速以上则具有恒功率输出能力。

定子电流交轴分量的给定值可由下式给出

$$T_{\mathrm{em}d}^*=T_{\mathrm{em}}^*f(\omega_{\mathrm{r}}) \tag{9-23}$$

$$i_{qs}^*=\frac{T_{\mathrm{em}d}^*}{mp[\psi_{\mathrm{f}}^*+(L_d-L_q)i_{ds}^*]} \tag{9-24}$$

定子电流交、直轴分量的实际值(或反馈值)i_{qs}、i_{ds} 是通过对 PMSM 的 A、B 两相定子电流 i_A 和 i_B 的测量获得的。根据定子三相绕组的接线方式以及基尔霍夫电流定律(KCL),得 C 相电流为:$i_C=-(i_A+i_B)$。将定子 ABC 三相坐标系下三相定子电流的实际值 i_A、i_B 和 i_C 经 3 相/2 相变换(又称为 Clark 变换)和 $\alpha\beta/dq$ 变换

(又称为 Park 变换)转换为同步旋转坐标系 dqo 的两个分量,便可得到定子电流分量的反馈值 i_{qs} 和 i_{ds}。将定子电流交、直轴分量的给定值与反馈值相比较,其偏差信号经 PI 电流控制器处理,由此可以获得在同步坐标系 dqo 下满足定子电流矢量要求的两个定子电压矢量分量的给定值 u_{qs}^* 和 u_{ds}^*。将定子电压矢量在同步坐标系 dqo 下的两个分量转换为静止 $\alpha\beta o$ 坐标系下的两个分量 u_α^* 和 u_β^*,然后,根据 6.2.2 节的知识,由 SVPWM 控制下的三相逆变器产生所需要的定子电压矢量。

图 9.16 是以张力(或牵引)控制系统形式给出的,如果增加转速外环(或位置外环)可以很容易地得到由永磁 PMSM 组成的调速系统(或伺服系统)框图。

9.2　无刷永磁直流电机的建模与分析

直流电动机以其良好的调速性能,较宽的调速范围以及简单的调速方式被广泛应用于高性能的调速系统中。但直流电动机由于存在电刷和机械式换向器,不可避免地存在换向火花、机械噪声、可维护性差、速度和功率定额受限以及难以在恶劣环境下使用等缺点。BLDCM 的出现很好地弥补了传统直流电动机的不足,而且性能上也可以与直流电动机相媲美,因而被越来越多地应用在高性能的伺服系统以及家用电器中,如数控机床、载人飞船、高档洗衣机、变频空调以及电动自行车中。

9.2.1　BLDCM 的组成与基本运行原理

BLDCM 是一种典型的机电一体化电机,它不仅包括电机本体(实际是一台交流永磁同步电机),而且还涉及位置传感器、电力电子变流器以及驱动电路等。图 9.17 给出了典型三相桥式结构 BLDCM 的组成示意图。

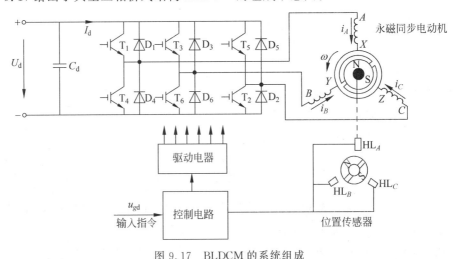

图 9.17　BLDCM 的系统组成

图 9.17 中,与正弦波表贴式 PMSM 相同,BLDCM 也是将永磁体粘接到转子铁芯表面。因此,BLDCM 相当于一台隐极式同步电机。空载时,转子永磁体在气隙内沿定子铁芯表面所产生主磁场的理想分布如图 9.18 所示。

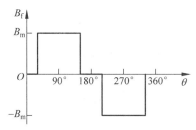

在图 9.18 中,最大磁密的宽度取决于永磁体极弧的宽度(或弧度),通常,该宽度应大于 120°(电角度)。与采用短距、分布绕组(旨在确保每相绕组所产生的磁势和感应电势波形接近正弦)的传统三相交流电机(包括正弦波表贴式 PMSM 在内)不同的是,BLDCM 多采用集中绕组(整距集中绕组或分数槽集中绕组)。这样,当转子以恒定的转速旋转时,主磁场将切割定子绕组,在三相定子绕组中感应电势,而每相绕

图 9.18　BLDCM 空载时主磁场磁密的理想分布图

组所感应电势的波形则是由绕组系数以及主磁场的形状共同决定的。为简化起见,通常可将其视为梯形波,梯形波的平顶宽度约为 120°(电角度),如图 9.19 所示。

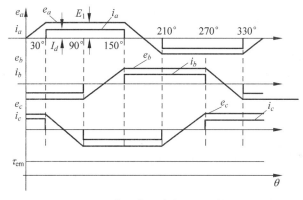

图 9.19　BLDCM 定子绕组感应的相电势和电流波形

后面的分析将表明:若在定子绕组中通以如图 9.19 所示的三相方波电流,且保持方波电流的导通时间为 120°(电角度),方波电流的中心与梯形波电势中心重合,则产生恒定的电磁转矩(见图 9.19),且电磁转矩为最大值。考虑到转子主磁场在定子绕组中所感应梯形波电势的波形与转子位置密切相关,根据图 9.19 中定子各相感应电势与电流的关系,为了获得定子绕组各相电流的换流时刻,就必须检测转子位置。

通常,转子位置的信息是通过固定在定子上的三个位置传感器(HL_A、HL_B 和 HL_C)检测转子磁极来得到的。利用这三个位置传感器,便可获得 6 个特定的转子位置信息(图 9.19 表明,在一个电周期内,只要知道 6 个特定位置,便可确定各相电流的换流时刻)。对于图 9.17 所示的 BLDCM 系统,将由三个位置传感器所获得的转子位置信息与来自控制回路的控制信号相互作用,便产生 6 路驱动信号。这 6 路开关信号经放大后作用到三相逆变器中的 6 个开关器件,最终便可得到如图 9.19 所示的三相方波电流。在三相方波定子电流作用下,BLDCM 的三相定子绕组将产生

跳变的定子旋转磁势(或磁场)。定子旋转磁势(或磁场)每 60°(电角度)跳变一次,一个电周期内跳变 6 次。尽管如此,定子旋转磁势(或磁场)的平均转速却与转子永磁磁势(或磁场)的转速相等,从而保持两者同步,确保了有效电磁转矩的产生。

上述分析表明,**BLDCM 定子三相绕组中电流的通断受控于转子位置**,换句话说,**BLDCM 定子三相电流的通电频率取决于转子转速**。因此,从这种意义上看,**BLDCM 属于自控式永磁同步电机**。

9.2.2　BLDCM 的定子绕组形式

上一节我们曾提到过,为了确保每相定子绕组所感应电势的波形为梯形波,BLDCM 的定子绕组多采用**整距集中绕组**(即每极每相的槽数 $q=1$)或**分数槽集中绕组**。下面将对这两种类型绕组的特点作详细介绍。

1. 整距集中绕组

与传统交流电机的短距、分布绕组不同,BLDCM 多采用整距、集中绕组(即 $y_1=\tau$,$q=1$)。这种绕组的分配方法和绕组的连接方式可根据 5.3 节所介绍的绕组电势(相量)星形图来确定。下面以一台 $2p=4$、$Z_1=12$ 槽的电机为例,说明整距、集中绕组的分配和连接规律。具体步骤如下。

(1) 计算槽距角

$$\alpha = \frac{p \times 360^\circ}{Z_1} = \frac{2 \times 360^\circ}{12} = 60^\circ$$

(2) 画出绕组电势向量星形图。利用槽距角绘出定子绕组电势相量星形图如图 9.20(a)所示。

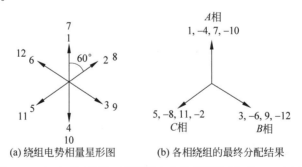

(a)绕组电势相量星形图　　(b)各相绕组的最终分配结果

图 9.20　BLDCM 定子三相绕组电势的星形图($Z_1/2p = 12/4$)

(3) 计算极距和每极每相的槽数

$$\tau = \frac{Z_1}{2p} = \frac{12}{4} = 3(槽)$$

$$q = \frac{Z_1}{2pm} = \frac{12}{4 \times 3} = 1$$

（4）根据三相绕组的对称原则，将定子绕组均匀分配至三相，并确保三相相电势的合成相量互成 120°（电角度），最终分配结果如图 9.20(b)所示。

（5）画出绕组展开图。考虑到 BLDCM 多选择整距线圈，即 $y_1 = \tau = 3$，利用图 9.20(b)，便可得到各相的所有线圈。将属于同一相的所有线圈相互串联（或并联）便可得到每相绕组。图 9.21 画出了支路数 $a = 1$ 的 A 相绕组展开图。至于其他两相绕组展开图，可按同样的方法绘出。为清晰起见，这里就不再赘述。

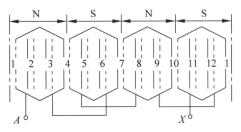

图 9.21　BLDCM A 相定子绕组的展开图（$Z_1/2p = 12/4$）

工程实际中，为了减小定子绕组的端部重叠，也可将图 9.21 所示的整距、集中绕组等效为如图 9.22 所示的单层整距、集中绕组形式，其中的线圈是根据图 9.20 将 1 与 4 号导体组成一个线圈、7 与 10 号组成另一个线圈，由此构成 A 相绕组。B、C 相的绕组可按同样的方法获得。

显然，上述整距、集中绕组的基波绕组系数 $k_{w1} = 1$。此时，空载时定子绕组所感应电势的波形（即梯形波）主要取决于转子主磁场的空间分布（见图 9.18）。

整距、集中绕组多用于无齿槽（slotless）的 BLDCM。对于一般永磁 BLDCM 而言，在定子绕组不通电的情况下，永磁转子所产生的主磁场往往会与定子齿槽之间相互作用产生所谓的**齿槽转矩**（cogging torque）。可见，

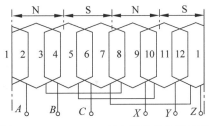

图 9.22　BLDCM A 相定子绕组的展开图（$Z_1/2p = 12/4$）（单层形式）

采用无齿槽定子铁芯的好处是可以完全消除由齿槽转矩所带来的不利影响。

整距、集中绕组的缺点是端部尺寸较长，且对有齿槽的永磁 BLDCM 存在齿槽转矩。为此，可以采用分数槽集中绕组来解决这一问题。

2. 分数槽集中绕组

9.1.2 节曾介绍过分数槽集中绕组，并得出如下结论：借助于分数槽集中绕组，可以确保 PMSM 定子每相绕组所感应的电势接近正弦。事实上，借助于分数槽绕组同样也能够确保 BLDCM 定子每相绕组所感应的电势波形为梯形波。两者的主要差别体现在：对于 **PMSM**，为了确保相电势波形接近正弦，要求等效后每极每相的虚槽数 $q' \geqslant 2$；而对于 **BLDCM**，为了确保相电势波形为梯形波，要求等效后每极每相的虚槽数 $q' = 1$。

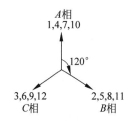

图 9.23 BLDCM 的绕组电势相量星形图及各相绕组的最终分配结果($Z_1/2p=12/8$)

下面以一台 $2p=8$、$Z_1=12$ 槽的常用 BLDCM 电机为例,说明上述分数槽集中绕组的分配和连接规律。具体步骤如下:

(1)计算槽距角

$$\alpha = \frac{p \times 360°}{Z_1} = \frac{4 \times 360°}{12} = 120°$$

(2)画出绕组电势相量星形图。利用槽距角绘出定子绕组电势相量星形图如图 9.23 所示。

(3)计算每极每相的槽数

$$q = \frac{Z_1}{2pm} = \frac{12}{8 \times 3} = \frac{1}{2} = \frac{c}{d}$$

(4)根据三相绕组的对称原则,将定子绕组均匀分配至三相并确保三相相电势的合成相量互成 120°(电角度),最终分配结果如图 9.23 所示。

(5)画出绕组展开图。取绕组节距 $y_1=1$(槽),利用图 9.23 的分配结果便可得到各相的所有线圈。将属于同一相的所有线圈相互串联(或并联)便可得到各相绕组。图 9.24 仅画出了支路数 $a=1$ 的 A 相绕组展开图,其他两相绕组的连接方式与 A 相绕组完全相同,为清晰起见,图 9.24 中未绘出。

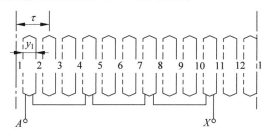

图 9.24 BLDCM A 相定子绕组的展开图($Z_1/2p=12/8$)

(6)计算基波绕组系数。考虑到线圈的节距 $y_1=1$(槽),亦即同一线圈的两个导体边相差 120°(电角度)(见图 9.23),根据基波短距系数的定义,有

$$k_{y1} = \sin\left(\frac{y_1}{\tau}90°\right) = \sin\left(\frac{120°}{180°}90°\right) = \sin60° = 0.866$$

将分数槽绕组等效为整数槽绕组后,每极每相的虚槽数为

$$q' = qd = 1$$

虚槽距角为

$$\alpha' = \frac{60°}{q'} = \frac{60°}{1} = 60°$$

由此得基波分布系数为

$$k_{q1} = \frac{\sin\dfrac{q'\alpha'}{2}}{q'\sin\dfrac{\alpha'}{2}} = \frac{\sin30°}{\sin30°} = 1$$

于是,分数槽集中绕组的基波绕组系数为

$$k_{w1} = k_{y1}k_{q1} = 0.866$$

上述绕组系数的结果表明,空载时定子绕组所感应电势的波形为梯形波。与整距集中绕组感应电势的波形取决于转子磁场分布不同,上述分数槽集中绕组感应电势的波形主要是由定子绕组的结构形式决定的。上述整距集中绕组和分数槽集中绕组的共同特点是:前者是每极每相的槽数 $q=1$;而后者是等效后每极每相的槽数 $q'=1$,两者所产生的相电势波形皆为梯形波。

鉴于分数槽集中绕组中各个线圈之间没有重叠,故又称为**非重叠绕组**(non-overlapping winding)。同 PMSM 一样,BLDCM 采用分数槽集中绕组的好处是,一方面可以缩短线圈周长和端部长度,降低用铜量,便于嵌线;另一方面,又起到了有效地降低齿槽转矩的作用。

9.2.3　BLDCM 的电磁关系

1. BLDCM 的引入及与直流电机的异同性比较

在讨论 BLDCM 的电磁关系之前,有必要回顾一下直流电机的电磁关系。

对于直流电机,有两点需要特别关注:一是电刷和机械式换向器的真正作用;二是定子侧直流励磁磁势 $\overline{F}_f$ 和转子侧电枢磁势 $\overline{F}_a$ 之间的相互关系。下面就这两点分别作一讨论。

2.4 节曾提到过:直流电动机采用双边激磁,由定子直流励磁绕组通以直流励磁电流产生静止的励磁磁势 $\overline{F}_f$;转子(或电枢)侧电刷外部由直流电源供电(故称为直流电动机)。电刷内部电枢绕组的电流以及所感应的电势实际上是交变的即交流,电刷外部直流向内部交流的转换(即逆变过程)则是通过电刷和机械换向器来完成的,其中,组成换向器的各换向片与转子一同旋转,由它与定子电刷配合决定了与其相连的各线圈电枢电流的切换(或换流)时刻。因此,换向片与电刷配合实际上起到了检测转子位置的作用。综上所述,**在直流电动机中,电刷和换向器起到了与转子位置有关的机械式逆变器的作用。**

由 2.4 节可知,对于直流电动机来讲,尽管转子处于不停地旋转状态,但由于定子侧所产生的直流励磁磁势 $\overline{F}_f$ 和转子侧所产生的电枢磁势 $\overline{F}_a$ 均处于静止状态,$\overline{F}_f$ 与 $\overline{F}_a$ 自然相对静止。并且由于这两个磁势在空间上互相垂直,确保了直流电动机能够产生最大的电磁转矩并具有良好的调速性能。这一点为交流电机提高调速性能提供了努力方向。

本节开始时曾提到过:直流电动机存在一系列缺点,为了克服这些缺点,关键的问题是如何取消电刷和换向器? BLDCM 采取的是:在转轴上安装位置传感器以检测转子位置,实现电刷与换向片配合的位置检测功能。采用电力电子开关器件(本身为无触点)组成逆变器来完成直流到交流的转换即逆变过程,最终,将逆变后的交流加至电枢绕组上,并由此获得直流电动机的运行性能。按照上述思路,所获得的 BLDCM 如图 9.17 所示。

在图 9.17 中,考虑到实现的方便性,将永磁体移至转子侧,而电枢绕组移至定子侧。定子侧三相电枢绕组由电子式逆变器供电,组成所谓的定转子反装式直流电机。由于定子绕组的供电频率取决于转子位置的信息,即定子的供电频率与转子转速同步,因此,**定子绕组所产生的电枢磁势 $\overline{F}_a$ 与转子侧永磁体所产生的励磁磁势 $\overline{F}_f$ 相对静止,两者均以同步速相对定子旋转**。这一点与传统直流电动机有所不同,但并未改变电机内部电磁关系的实质,即两者仍保持相对静止。除此之外,**电机本体已由直流电机演变为交流同步电机**。因此,BLDCM 又有自控式同步电机之称。但考虑到其性能上类似于直流电机,故这种电机又称为永磁无刷直流电机。商用无刷直流电机均指梯形波永磁同步电机。

至此,我们可以看到:BLDCM 在结构上的确可以取代传统的直流电机,并且在定、转子磁势关系上 $\overline{F}_a$ 与 $\overline{F}_f$ 保持相对静止,能够产生有效的电磁转矩。但对于 BLDCM 能否也和直流电动机一样确保电枢磁势 $\overline{F}_a$ 与永磁磁势 $\overline{F}_f$ 相互垂直并没有提到过,而这一点恰是 BLDCM 获得类似直流电动机调速性能的关键。现利用图 9.17 对这一问题说明如下。

假设三相桥式逆变器采用"120°导通型"通断规律,其具体内容是:①开关器件每隔 60° 换流一次;②任何瞬时只有两只开关器件同时导通;③每个开关器件导通 120°。按照上述开关规律,主开关的导通顺序依次为

$$(T_6 、 T_1) \rightarrow (T_1 、 T_2) \rightarrow (T_2 、 T_3) \rightarrow (T_3 、 T_4) \rightarrow (T_4 、 T_5) \rightarrow (T_5 、 T_6) \rightarrow$$

即开关器件换流分别是在上桥臂的各器件(T_1、T_3、T_5)之间和下桥臂的各器件(T_2、T_4、T_6)之间进行的。

假定电枢电流的正方向如图 9.17 所示(即假定电流首进尾出为正)、转子逆时针旋转为正方向,根据上述开关器件的通断规律,绘出一个周期内三相定子绕组在不同导通时刻三相电流所产生的定子合成磁势 $\overline{F}_a$ 与转子磁势 $\overline{F}_f$($\overline{F}_f$ 与转子位置一致)之间的空间相位关系,如图 9.25 所示。

由图 9.25 可见,三相定子绕组在一个周期内共产生 6 个空间位置不同的定子合成磁势。转子每转过 60°电角度,定子绕组换流一次,定子合成磁势就跳变一次。每个定子合成磁势在时间上持续 1/6 周期(60°电角度)。在这 6 个跳变的定子合成磁势作用下,转子永磁磁势随转子旋转。**尽管定子合成磁势是跳变的,但其平均转速却与转子转速相等,亦即在平均意义上 $\overline{F}_a$ 与 $\overline{F}_f$ 相对静止,从而保证了有效电磁转矩的产生**,此时,转子转速即为同步速。

在图 9.25 中,定子合成磁势 $\overline{F}_a$ 的跳变是通过开关器件的通断来实现的,而开关器件的通断则是由来自转子位置检测信号经整形处理后获得的。由直流电动机的知识可知:只有当转子磁势 $\overline{F}_f$ 的轴线(即转子磁极位置)与电枢磁势 $\overline{F}_a$ 的轴线相互垂直时,转子才能获得最大的电磁转矩。考虑到转子磁势的轴线是连续变化

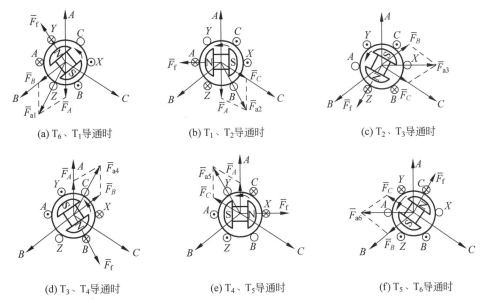

(a) T_6、T_1导通时   (b) T_1、T_2导通时   (c) T_2、T_3导通时

(d) T_3、T_4导通时   (e) T_4、T_5导通时   (f) T_5、T_6导通时

图 9.25 定子绕组的合成磁势 $\overline{F}_a$ 与转子磁势 $\overline{F}_f$ 之间的空间相位关系

的,而电枢磁势的轴线每隔 60°电角度跳变一次,两者不可能一直保持垂直。受直流**电机启发,为了获得最大的电磁转矩,电枢磁势 $\overline{F}_a$ 与转子磁极轴线 $\overline{F}_f$ 之间的夹角应在 60°~120°的范围内变化,从而确保 $\overline{F}_a$ 与 $\overline{F}_f$ 之间的夹角在平均意义上接近 90°(即互相垂直)。**下面就以(T_6、T_1)导通过程以及(T_6、T_1)向(T_1、T_2)换流为例说明这一过程。

设(T_6、T_1)刚开始导通,定子 A、B 两相绕组流过的电流为直流 I_d,则这两相绕组将分别产生恒定的电枢磁势 $\overline{F}_A$、$\overline{F}_B$。$\overline{F}_A$、$\overline{F}_B$ 的合成定子磁势即电枢磁势 $\overline{F}_a$,如图 9.26(a)所示。由图 9.26(a)可见,此时,定子合成磁势 $\overline{F}_a$ 超前永磁磁势 $\overline{F}_f$(或转子)120°(电角度)。此后,转子继续旋转,但 $\overline{F}_a$ 的大小恒定、空间位置却保持不变。经过 60°电角度后导通过程结束,此时,转子转至图 9.26(b)所示位置。由图 9.26(b)可见,此时,$\overline{F}_a$ 超前 $\overline{F}_f$60°(电角度)。上述结果表明,在导通过程中,$\overline{F}_a$ 与 $\overline{F}_f$ 的平均夹角为 90°。

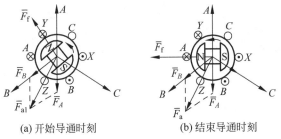

(a) 开始导通时刻   (b) 结束导通时刻

图 9.26 (T_6,T_1)由开始导通到向(T_1、T_2)换流前定、
转子磁势之间的空间位置关系

一旦转子转过 $60°$ 电角度后导通过程结束,开关器件将由 $(T_6、T_1)$ 向 $(T_1、T_2)$ 换流。在换流过程中,$\overline{F}_a$ 由超前 $\overline{F}_f$ $60°$ 的位置(见图 9.26(b))突跳至超前 $\overline{F}_f$ $120°$ 电角度的位置(见图 9.25(b))。由此可见,换流过程中 $\overline{F}_a$ 与 $\overline{F}_f$ 的平均夹角也为 $90°$。随后,$(T_1、T_2)$ 将保持导通状态,随着转子的继续旋转,定子合成磁势 $\overline{F}_a$ 与永磁磁势 $\overline{F}_f$ 之间的夹角变化将重复上述过程。

综上所述,BLDCM 具有和直流电动机完全相同的电磁关系,从而决定了其机械特性和调速性能与直流电动机的相似性。唯一不同的是 BLDCM 的定子(或电枢)仅有三相绕组,相当于具有三个电枢绕组和三个换向片的直流电动机。因此,由其产生的电磁转矩不如直流电动机平稳,即 BLDCM 存在转矩脉动问题,尤其是低速运行时。这是 BLDCM 需要专门解决的问题。

2. BLDCM 负载后的电枢反应磁势与磁场

同直流电机(或同步电机)一样,当 BLDCM 空载时,气隙主磁场是由永磁转子磁势单独产生的。一旦负载后,气隙磁场将由永磁转子磁势与定子电枢绕组磁势共同作用产生。通常,将电枢电流所产生的电枢磁势对主磁场的影响称为**电枢反应**,相应的电枢磁势又称为**电枢反应磁势**。对于直流电机而言,通常,电刷处于主极的中性线上。考虑到电刷是电流的分界线,因此,尽管转子在不停地旋转,但电枢反应磁场与主磁场之间却一直相互正交,导致电枢反应一直呈现为交磁作用不变。与直流电机不同,由于 BLDCM 永磁转子主磁势 $\overline{F}_f$ 与电枢反应磁势 $\overline{F}_a$ 之间的夹角在运行过程中不断变化,其电枢反应也将呈现完全不一样的特点。下面仅以 $(T_6、T_1)$ 整个导通阶段为例说明 BLDCM 电枢反应磁势和磁场的特点。

由图 9.26(a)可知,当 $(T_6、T_1)$ 刚开始导通时,定子绕组的电枢反应磁势 $\overline{F}_a$ 超前转子永磁磁势 $\overline{F}_f$ $120°$(电角度)。为分析方便起见,将其重新绘制在图 9.27(a)中,并将电枢反应磁势 $\overline{F}_a$ 沿转子 d 轴和 q 轴方向分解为 $\overline{F}_{ad}$ 和 $\overline{F}_{aq}$。同样,当 $(T_6、T_1)$ 导通结束时,由图 9.26(b)可知,此时,$\overline{F}_a$ 超前转子永磁磁势 $\overline{F}_f$ $60°$(电角度),将 $\overline{F}_a$ 沿转子 d 轴和 q 轴分解为 $\overline{F}_{ad}$ 和 $\overline{F}_{aq}$ 的结果如图 9.27(b)所示。

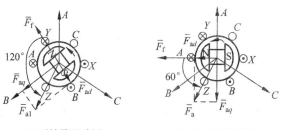

(a) 开始导通时刻　　　　　　(b) 结束导通时刻

图 9.27　开关器件不同导通阶段电枢磁势的变化情况及其分解

由图 9.27 两个极端时刻的分析结果可以看出,当 $(T_6、T_1)$ 刚开始导通时,电枢

磁势 $\overline{F}_a$ 的直轴分量 $\overline{F}_{ad}$ 对转子主磁场产生最大去磁作用。此后，随着转子的旋转，去磁作用逐渐减弱。当转子运行在两个极端时刻的中间位置时，电枢磁势 $\overline{F}_a$ 全部呈交磁作用；随后，电枢磁势 $\overline{F}_a$ 的直轴分量 $\overline{F}_{ad}$ 对转子主磁场产生助磁作用，并逐渐增大，直至 $(T_6、T_1)$ 结束导通时刻（见图 9.27（b）），$\overline{F}_{ad}$ 对转子主磁场的助磁作用变为最大。由此可见，**电枢磁势 $\overline{F}_a$ 对转子主磁场的电枢反应是变化的，一会儿去磁，一会儿助磁，但从平均意义上看，电枢磁势 $\overline{F}_a$ 呈交磁作用**。若磁路线性，则去、助磁作用相互抵消，气隙磁通将不会受到影响；若磁路饱和，则情况将有所不同，$\overline{F}_{ad}$ 的助磁作用将导致气隙磁场畸变，其结果是去、助磁所引起的气隙磁通变化将不再相同，最终气隙磁通将有所减少。尤其是当 BLDCM 处于起动或重载运行状态时，由于电枢电流较大，$\overline{F}_{ad}$ 较强，上述气隙磁场的畸变以及去磁作用会更加明显。

9.2.4　BLDCM 转子位置的检测与正反转四象限运行

1. 霍尔位置传感器及其安装位置的确定

对于 BLDCM，只需三个离散点的实际转子位置信息便可确定六个开关器件所需要的控制信号。这三个转子位置的信息可以通过位置传感器如光电式位置传感器或磁敏式位置传感器检测获得。在 BLDCM 中，以由霍尔元件或霍尔集成电路构成的磁敏式位置传感器应用较多。

霍尔式传感器是根据半导体薄片的霍尔效应来工作的，当将通以恒定电流的半导体薄片置于外磁场中时，由于半导体中的电子受到洛伦兹力作用，在半导体两侧将产生电势。考虑到该电势的大小正比于磁密，因此，通过对该电势大小的处理便可检测磁场。由于霍尔电势较小，一般将霍尔元件与附加的放大、驱动电路一起构成霍尔集成电路。霍尔集成电路又有开关型和线性型两大类。对于 BLDCM，通常采用开关型霍尔集成电路作为位置传感器检测转子位置。具体可利用如下两种方案。

方案 1　将三个开关型霍尔传感器连同处理电路一起粘贴在电机端盖的内表面，在与霍尔传感器处于同心圆的转轴位置处安装与转子同极数的永磁磁环。这样，利用霍尔传感器检测永磁磁环的磁场变化，便可判断转子所在的位置。

方案 2　将三个开关型霍尔传感器连同处理电路一起直接粘贴在定子铁芯表面，利用霍尔传感器检测永磁转子主磁场的变化，便可判断转子所在的位置。

值得说明的是，后一种方案成本较低，但所检测的转子位置信号的精度易受电枢反应的影响。负载越大，影响越大。

对于采用"120°导通型"开关规律的 BLDCM，假定转子按逆时针方向旋转，则霍尔传感器的安装位置应满足图 9.19 中定子绕组各相电流与各相电势之间的相位要求。为方便起见，将图 9.19 中的相电势与相电流波形重新绘制至图 9.28（a）中。由图 9.28（a）可见，在一个电周期内，只需确定 6 个离散点的位置即可满足电流换相要求。若将 $e_A = 0$ 作为初始时刻，则这 6 个离散点的位置分别对应 $\theta = \int_0^t \omega_1 \mathrm{d}t = 30°, 90°, 150°,$

$210°,270°,330°$(电角度)(见图 9.28(a))。

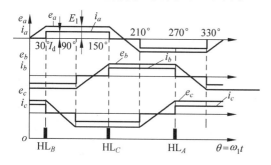
(a)定子绕组的相电势与相电流之间的相位关系

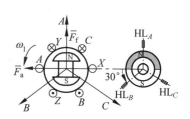
(b)霍尔传感器的定子位置及对应
于$t=0$时刻转子的位置

图 9.28 霍尔传感器的位置与各相绕组轴线、转子位置(或各相反电势)之间的相位关系

考虑到正、反转对称要求以及霍尔位置传感器所产生信号的特点,实际 BLDCM 中只需在其中的 3 个位置处安装霍尔传感器即可。根据这 3 个位置处的霍尔传感器依次间隔是 $120°$ 还是 $60°$(电角度),实际方案又分为两类:一类是"$120°$型霍尔传感器"的放置方案(见图 9.28(a)),另一类是"$60°$型霍尔传感器"的放置方案,其中,以前一类放置方案据多。"$120°$型霍尔传感器"方案的基本原则是:①三个霍尔传感器 HL_A、HL_B 以及 HL_C 依次空间间隔 $120°$(电角度);②三个霍尔传感器依次放置在三相绕组的轴线上(方案不唯一)。下面就以"$120°$型霍尔传感器"方案为例,说明霍尔传感器的具体放置位置。

对于 BLDCM,我们知道,定子每相绕组所感应的电势滞后于转子永磁磁势 $90°$。具体到图 9.28(a),当 $t=0$ 时,$e_A=0$,此时转子的位置如图 9.28(b)所示。又由图 9.28(a)可见,A 相绕组电流应该在此后的 $30°$ 位置处换流,因此,为确保电流的正确换相,应该在沿逆时针方向距转子 N 极前边缘 $30°$、$150°$ 以及 $270°$ 位置处分别放置 3 个霍尔传感器。这 3 个霍尔传感器空间依次间隔 $120°$(电角度)。通常,将这 3 个霍尔传感器依次放置在三相绕组轴线上。若 ABC 三相绕组轴线上的霍尔传感器依次为 HL_A、HL_B 和 HL_C(见图 9.28(b)),则在图 9.28(a)中它们将分别位于 $270°$(或$-90°$)、$30°$ 和 $150°$ 角度处。

为清晰起见,图 9.28(b)中的右图还给出了表贴式永磁转子的磁极(方案 2)以及与转子磁极同轴的永磁磁环的安装位置(方案 1)。显然,对于方案 1,要求后者永磁磁环与转子磁极位置完全对应。

根据 3 个霍尔传感器的位置,同时考虑到一个电周期内永磁转子 N 极与 S 极各作用 $180°$(电角度),由此画出转子逆时针旋转时 3 个霍尔传感器所产生的位置信号波形如图 9.29 所示。

2. BLDCM 的正、反转及四象限运行

对于 BLDCM 组成的运动控制系统,要想实现具有正、反转以及正、反转快速制动的四象限运行功能,逆变器功率开关器件的通断逻辑必须根据霍尔传感器所产生

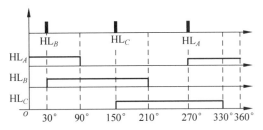

图 9.29　逆时针旋转时三个霍尔传感器的输出信号

的位置信号做出相应的调整。下面以"120°导通型"开关规律的 BLDCM 为例,说明实现不同运行状态(包括正、反转及其制动)的方法以及相应的霍尔传感器信号与功率开关器件的驱动信号之间的关系。

　　在讨论上述关系之前,首先有必要将一个电周期内转子旋转 360°(电角度)所对应的不同的定子位置进行扇区划分及编码。根据图 9.28(a)、(b)两图中霍尔传感器所放置位置的对应关系,画出扇区的分配结果如图 9.30(a)、(b)所示。

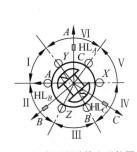

(a) 扇区所处的定子位置

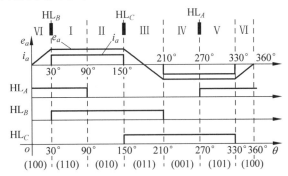

(b) 扇区与 A 相感应电势之间的关系

图 9.30　各相绕组电势之间的相位关系

　　由图 9.30 可见,扇区的划分是以永磁转子的轴线转至图 9.30 所示位置(或 HL_B 产生的位置信号开始为高电平)为起点,每间隔 60°作为一个扇区,总共有 6 个扇区。这 6 个扇区分别是通过 3 个霍尔位置传感器输出信号的编码来区分的,它们依次为 $HL_A HL_B HL_C$=110,010,011,001,101,100,见图 9.30(b)。这样,利用霍尔传感器输出信号的编码便可唯一地确定转子目前所在的位置。下一步的任务是,如何根据霍尔传感器输出信号的编码确定逆变器 6 个开关器件的驱动信号,以满足 BLDCM 的正、反转电动机运行状态以及制动状态的要求,确保系统四象限运行? 现就这一问题分别讨论如下:

　　(1) 电机正向(逆时针方向)旋转

　　当 BLDCM 处于正转电动机运行状态(即第Ⅰ象限)时,假定转子轴线处于第Ⅰ扇区(此时,$HL_A HL_B HL_C$=110)开始位置(见图 9.25(a)),根据 9.2.3 节的分析可知,要求此时电枢绕组所产生的磁势 $\overline{F}_a$ 应超前转子磁势 $\overline{F}_f$120°(电角度)。由图 9.25(a)可见,此时,AB 两相绕组应导通,电流的方向由 $A \to B$,相应逆变器的开通器件为 (T_6, T_1)。此后,转子以及转子磁势 $\overline{F}_f$ 将继续逆时针前移,但由于转子仍然位于第 I 扇区,霍尔传感器输出信号的编码保持 $HL_A HL_B HL_C = 110$ 不变,电枢磁势 $\overline{F}_a$ 以及逆变器的开通器件 (T_6, T_1) 仍将保持不变。

一旦转过 $60°$(电角度),转子轴线进入第 II 象限,霍尔传感器输出信号的编码变为 $HL_A HL_B HL_C = 010$。由图 9.25(b)可知,此时,AC 两相绕组导通,电流的方向由 $A \rightarrow C$,相应逆变器的开通器件为 (T_1, T_2)。随后,转子继续旋转,只要转子位置处于第 II 扇区,电枢磁势 $\overline{F}_a$ 以及逆变器的开通器件 (T_1, T_2) 将保持不变。

采用相同的方法可以得到其他扇区的情况,其最终结果可归纳至表 9.1 中。

表 9.1　正转运行时霍尔传感器信号的编码与功率开关器件之间的关系

转子位置与编码 运行状态		扇区	I	II	III	IV	V	VI
		霍尔元件编码 $(HL_A HL_B HL_C)$	110	010	011	001	101	100
正转	电动	导通器件	(T_6, T_1)	(T_1, T_2)	(T_2, T_3)	(T_3, T_4)	(T_4, T_5)	(T_5, T_6)
		导通相	AB	AC	BC	BA	CA	CB
	制动	导通器件	(T_3, T_4)	(T_4, T_5)	(T_5, T_6)	(T_6, T_1)	(T_1, T_2)	(T_2, T_3)
		导通相	BA	CA	CB	AB	AC	BC

当 BLDCM 处于正转制动状态(即第 II 象限)时,可以采用类似分析电动机状态时的方法进行分析。假定转子轴线处于第 I 扇区(此时,$HL_A HL_B HL_C = 110$)开始位置(见图 9.31(a)),根据 9.2.3 节的分析可知,为了产生最大的正向制动转矩,在导通阶段需确保电枢磁势 $\overline{F}_a$ 在平均意义上滞后转子磁势 $\overline{F}_f$ $90°$(电角度),为此,要求此时电枢绕组所产生的磁势 $\overline{F}_a$ 应滞后转子磁势 $\overline{F}_f$ $60°$(电角度)。此后,转子继续沿逆时针方向旋转,霍尔传感器的位置编码以及电枢磁势 $\overline{F}_a$ 保持不变,直至 $\overline{F}_a$ 应滞后 $\overline{F}_f$ $120°$(电角度)(见图 9.31(b))。显然,在上述阶段,BA 两相绕组导通,电流的方向由 $B \rightarrow A$,相应逆变器的开通器件为 (T_3, T_4)。

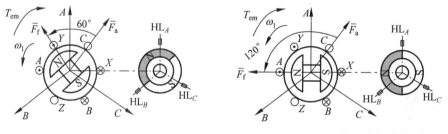

(a) 刚开始导通时刻　　　　　　　　(b) 导通结束时刻

图 9.31　正转制动状态时转子位置编码与导通相之间的关系(第 I 扇区)

一旦转子转过 $60°$(电角度)后,转子轴线进入第 II 扇区,扇区编码变为 $HL_A HL_B HL_C = 010$。采用类似的方法,画出从转子进入第 II 扇区开始到第 II 扇区结束两个极端位置时,磁势 $\overline{F}_a$、$\overline{F}_f$ 以及霍尔位置传感器的编码之间的关系如图 9.32(a)、(b)所示。

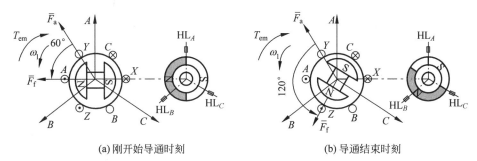

(a) 刚开始导通时刻　　　　　　　　　　(b) 导通结束时刻

图 9.32　正转制动状态时转子位置编码与导通相之间的关系(第Ⅱ扇区)

由图 9.32 可知,此时,CA 两相绕组导通,电流的方向由 $C{\rightarrow}A$,相应逆变器的开通器为(T_4,T_5)。其他扇区可按类似的过程分析,其最终结果可归纳于表 9.1。

由表 9.1 可见,**当 BLDCM 由正转电动机状态运行转至制动状态运行时,相应的导通相电流前移 180°(电角度)**。此时,A 相绕组的电流如图 9.33 中的虚线所示。

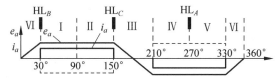

图 9.33　BLDCM 由正转电动机状态向制动状态转换时相电流的变化情况

(2) 电机反向(顺时针方向)旋转

当 BLDCM 反向(顺时针方向)运行时,转子角 θ 的定义则有所不同。当转子逆时针正向运行时,从 $t=0$ 初始零位置开始,角 θ 是沿逆时针方向($A{\rightarrow}B{\rightarrow}C$)方向增加;而当转子顺时针反向运行时,从 $t=0$ 初始零位置开始,角 θ 是沿顺时针方向($A{\rightarrow}C{\rightarrow}B$)方向增加。为了方便起见,假定 BLDCM 反转运行时扇区以及霍尔位置传感器的编码定义仍与正转运行时相同。图 9.34 给出了 BLDCM 反转电动机运行时不同转子位置角下 A 相的电势、电流波形以及相应的扇区分配情况。

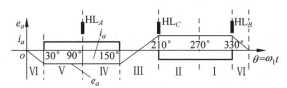

图 9.34　反转时 BLDCM 的扇区分配与 A 相反电势以及转子角之间的关系

下面进一步分析当 BLDCM 运行在反转电动机状态(即第Ⅲ象限)时霍尔位置传感器编码与导通相以及导通功率开关器件之间的关系。当转子轴线刚刚进入第Ⅴ扇区(对应的编码 $HL_A\,HL_B\,HL_C=101$)到第Ⅴ扇区结束两个极端位置处,磁势 $\overline{F}_a$、$\overline{F}_f$ 以及霍尔位置传感器的编码之间的相位关系如图 9.35(a)、(b)所示。显然,在上述阶段,AC 两相绕组导通,电流的方向由 $A{\rightarrow}C$,相应逆变器的开通器为(T_1,T_2)。

一旦转子转过 60°(电角度)后,转子轴线进入第Ⅳ扇区,扇区编码变为 $HL_A\,HL_B\,HL_C=001$。采用类似的方法,画出从转子进入第Ⅳ扇区开始到第Ⅳ扇区

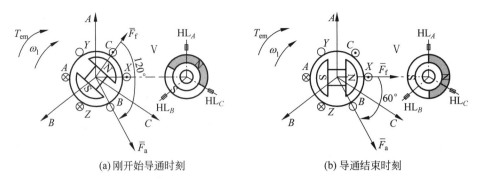

(a)刚开始导通时刻　　　　　　　　　　(b)导通结束时刻

图9.35　反转电动机状态时转子位置编码与导通相之间的关系(第Ⅴ扇区)

结束两个极端位置时,磁势 $\overline{F}_a$、$\overline{F}_f$ 以及霍尔位置传感器的编码之间的关系如图9.36(a)、(b)所示。

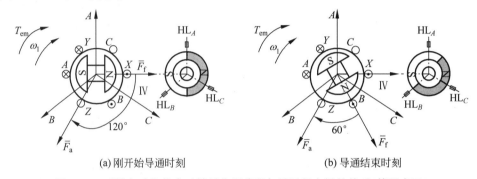

(a)刚开始导通时刻　　　　　　　　　　(b)导通结束时刻

图9.36　反转电动机状态时转子位置编码与导通相之间的关系(第Ⅳ扇区)

　　由图9.36可见,当转子轴线转过第Ⅳ扇区时,AB 两相绕组导通,电流的方向由 $A{\rightarrow}B$,相应逆变器的开通器件为(T_6,T_1)。

　　采用相同的方法可以得到其他扇区的情况,其最终结果可归纳至表9.2中。

　　当BLDCM处于反转制动状态(即第Ⅳ象限)时,可采用类似于正转制动相同的方法加以分析。假定转子轴线处于第Ⅴ扇区(此时,$HL_A\,HL_B\,HL_C=101$),则对应着第Ⅴ扇区开始和结束时刻的磁势 $\overline{F}_a$、$\overline{F}_f$ 以及霍尔位置传感器的编码之间的相位关系如图9.37(a)、(b)所示。显然,在上述阶段,CA 两相绕组导通,电流的方向由 $C{\rightarrow}A$,相应逆变器的开通器件为(T_4,T_5)。

表9.2　反转运行时霍尔传感器信号的编码与功率开关器件之间的关系

转子位置与编码		扇区	Ⅰ	Ⅱ	Ⅲ	Ⅳ	Ⅴ	Ⅵ
		霍尔元件编码 ($HL_A\,HL_B\,HL_C$)	**110**	**010**	**011**	**001**	**101**	**100**
运行状态								
反转	电动	导通器件	(T_3,T_4)	(T_4,T_5)	(T_5,T_6)	(T_6,T_1)	(T_1,T_2)	(T_2,T_3)
		导通相	BA	CA	CB	AB	AC	BC
	制动	导通器件	(T_6,T_1)	(T_1,T_2)	(T_2,T_3)	(T_3,T_4)	(T_4,T_5)	(T_5,T_6)
		导通相	AB	AC	BC	BA	CA	CB

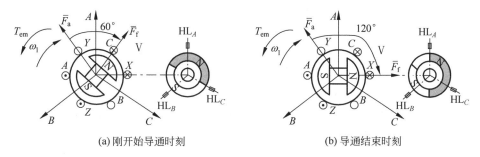

图 9.37　反转制动状态时转子位置编码与导通相之间的关系(第 V 扇区)

一旦转子转过 $60°$（电角度）后，转子轴线进入第 Ⅳ 扇区，扇区编码变为 $HL_A\,HL_B\,HL_C = 001$。采用类似的方法，画出从转子进入第 Ⅱ 扇区开始到第 Ⅱ 扇区结束两个极端位置时，磁势 $\overline{F}_a$、$\overline{F}_f$ 以及霍尔位置传感器的编码之间的关系如图 9.38(a)、(b)所示。由图可见，在上述阶段，BA 两相绕组导通，电流的方向由 $B \to A$，相应逆变器的开通器件为 (T_3, T_4)。

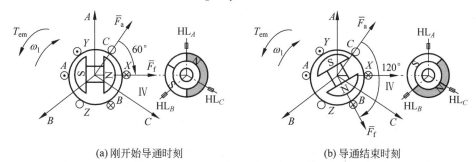

图 9.38　反转制动状态时转子位置编码与导通相之间的关系(第 Ⅳ 扇区)

其他扇区可按类似的方法分析，其最终结果可归纳于表 9.2。

对比表 9.1 和表 9.2 可以得出如下结论：**对于 BLDCM 而言，同一转子位置下正转电动机状态下导通的开关器件与反转制动状态完全相同；而反转电动机运行状态下导通的开关器件与正转制动状态完全相同。**

利用表 9.1 和表 9.2，便可以根据系统对运行状态(正、反转、电动与制动)的要求以及转子位置传感器信号的编码信息确定逆变器需要导通的开关器件，由此获得具有四象限运行能力的 BLDC 运动控制系统。

9.2.5　BLDCM 的数学模型与机械特性

1. BLDCM 的稳态数学模型

这里仅以"$120°$导通型"开关方式为例加以分析。

定子三相绕组的电磁功率与所产生的电磁转矩之间满足下列关系式(见图 9.19)

$$P_1 = e_a i_a + e_b i_b + e_c i_c = 2E_1 I_d = T_{em}\Omega_m \qquad (9\text{-}25)$$

即

$$T_{em} = \frac{2E_1 I_d}{\Omega_m} = \frac{2pE_1 I_d}{\omega_r} \qquad (9\text{-}26)$$

式中,i_a、i_b、i_c 分别表示每相绕组的瞬时电流;I_d 表示逆变器直流侧的电流;$\Omega_m = \omega_r/p$ 为转子的机械角速度;ω_r 为转子的电角速度;E_1 表示每相绕组反电势的幅值;e_a、e_b、e_c 分别表示每相绕组的瞬时电势。对于 BLCDM,各相绕组的瞬时电势为梯形波,它们是转子位置和角速度的函数(见图 9.19),其具体表达式为

$$\begin{cases} e_a = K_e f_a(\theta)\omega_r = K_e f(\theta)\omega_r \\ e_b = K_e f_b(\theta)\omega_r = K_e f(\theta - 2\pi/3)\omega_r \\ e_c = K_e f_c(\theta)\omega_r = K_e f\left(\theta + \dfrac{2\pi}{3}\right)\omega_r \end{cases} \qquad (9\text{-}27)$$

将上式代入式(9-25)得

$$T_{em} = \frac{e_a i_a + e_b i_c + e_c i_c}{\Omega_m} = pK_e[f_a(\theta)i_a + f_b(\theta)i_c + f_c(\theta)i_c] \qquad (9\text{-}28)$$

式中,K_e 为电势常数;$f(\theta)$ 为 A 相电势的波形函数,其形状与 e_a 相同,且最大幅值为 ± 1。根据图 9.19,$f(\theta)$ 的具体表达式可用下列分段函数描述为

$$f(\theta) = \begin{cases} \theta/\pi/6, & 0 \leqslant \theta < \pi/6 \\ 1, & \pi/6 \leqslant \theta < 5\pi/6 \\ 6 - 6\theta/\pi, & 5\pi/6 \leqslant \theta < 7\pi/6 \\ -1, & 7\pi/6 \leqslant \theta < 11\pi/6 \\ 6\theta/\pi - 12, & 11\pi/6 \leqslant \theta < 2\pi \end{cases}$$

　　式(9-25)表明,BLDCM 的电磁转矩取决于相绕组电势与相电流的乘积之和。考虑到任何时刻均有两相绕组导通,尽管每相绕组电势为梯形波,相电流为矩形波,但由于任何时刻两相绕组中组电势与相电流的乘积之和保持不变,因而所产生的瞬时电磁转矩也保持不变(见图 9.19)。

　　考虑到定子每相绕组的反电势幅值正比于转子角速度,即

$$E_1 = K_e \omega_r \qquad (9\text{-}29)$$

根据基尔霍夫电压定律(KVL),得直流回路的电压方程为

$$U_d = 2r_1 I_d + 2E_1 = 2r_1 I_d + 2K_e \omega_r \qquad (9\text{-}30)$$

式中,r_1 为定子每相绕组的电阻;U_d 为直流侧的电压。

2. BLDCM 的机械特性

将式(9-29)代入式(9-26)得

$$T_{em} = 2pK_e I_d = K_T I_d \qquad (9\text{-}31)$$

其中,转矩常数 $K_T = 2pK_e$。

将式(9-31)代入(9-30)得

$$\omega_r = \frac{U_d - 2r_1 I_d}{2K_e} = \frac{U_d}{2K_e} - \frac{r_1}{K_e K_T} T_{em}$$

$$= \frac{U_d}{2K_e}\left[1 - \frac{1}{K_T(U_d/2r_1)}T_{em}\right]$$

$$= \omega_b\left[1 - \frac{T_{em}}{T_b}\right] \tag{9-32}$$

其中，$\omega_b = \dfrac{U_d}{2K_e}$ 为基准角速度，它代表转子的理想空载角速度；$T_b = K_T \dfrac{U_d}{2r_1}$ 为基准转矩，它代表转子的堵转转矩。

考虑到 $\omega_r = 2\pi\dfrac{n}{60}$，于是得机械特性为

$$n = n_b\left[1 - \frac{T_{em}}{T_b}\right] \tag{9-33}$$

其中，$n_b = \dfrac{60\omega_b}{2\pi}$ 为基准转速，它代表转子的理想空载转速。

对于 BLDCM，通常采用 PWM 斩波控制方式调节施加到定子绕组上的电压。若施加到定子两相绕组上的平均电压为 U_d'，且 $U_d' = \rho U_d$，其中，ρ 表示 PWM 的占空比，则式(9-32)中的 U_d 将由 U_d' 取代，于是有

$$\omega_r = \frac{U_d' - 2r_1 I_d}{2K_e} = \omega_b\left[\rho - \frac{T_{em}}{T_b}\right]$$

相应的机械特性变为

$$n = n_b\left[\rho - \frac{T_{em}}{T_b}\right] \tag{9-34}$$

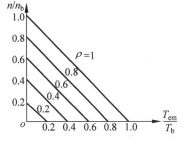

式(9-34)表明，**改变 PWM 的占空比 ρ，便可以调节 BLDCM 的转速**。根据式(9-34)或式(9-33)可绘出 BLDCM 在不同占空比 ρ 下的机械特性如图 9.39 所示。

图 9.39　BLDCM 在不同占空比下的机械特性

3. BLDCM 的动态数学模型

由于定子各相绕组感应电势的波形为梯形波，电流为方波，因此，BLDCM 不能采用相量法(或符号法)进行分析，只能按瞬时值建立动态数学模型。

假定磁路不饱和，利用图 9.17，并根据基尔霍夫电压定律(KVL)得定子各相绕组的电压方程为

$$\begin{bmatrix} u_a \\ u_b \\ u_c \end{bmatrix} = \begin{bmatrix} r_1 & 0 & 0 \\ 0 & r_1 & 0 \\ 0 & 0 & r_1 \end{bmatrix}\begin{bmatrix} i_a \\ i_b \\ i_c \end{bmatrix} + \frac{\mathrm{d}}{\mathrm{d}t}\begin{bmatrix} L_s & L_m & L_m \\ L_m & L_s & L_m \\ L_m & L_m & L_s \end{bmatrix}\begin{bmatrix} i_a \\ i_b \\ i_c \end{bmatrix} + \begin{bmatrix} e_a \\ e_b \\ e_c \end{bmatrix} \tag{9-35}$$

其中，L_s 为定子每相绕组的自感；L_m 为定子任意两相绕组之间的互感。

由于定子绕组采用 Y 接，且无中线，故有

$$i_a + i_b + i_c = 0 \tag{9-36}$$

于是有

$$L_m i_b + L_m i_c = -L_m i_a \qquad (9\text{-}37)$$

将式(9-37)代入式(9-35)得

$$\begin{bmatrix} \dfrac{\mathrm{d}i_a}{\mathrm{d}t} \\[2mm] \dfrac{\mathrm{d}i_b}{\mathrm{d}t} \\[2mm] \dfrac{\mathrm{d}i_c}{\mathrm{d}t} \end{bmatrix} = \begin{bmatrix} -\dfrac{r_1}{L_\sigma} & 0 & 0 \\[2mm] 0 & -\dfrac{r_1}{L_\sigma} & 0 \\[2mm] 0 & 0 & -\dfrac{r_1}{L_\sigma} \end{bmatrix} \begin{bmatrix} i_a \\ i_b \\ i_c \end{bmatrix} + \dfrac{1}{L_\sigma}\left\{ \begin{bmatrix} u_a \\ u_b \\ u_c \end{bmatrix} - \begin{bmatrix} e_a \\ e_b \\ e_c \end{bmatrix} \right\} \qquad (9\text{-}38)$$

其中，$L_\sigma = L_s - L_m$。根据式(9-38)，绘出 BLDCM 的等效电路如图 9.40 所示。

根据式(9-25)，得 BLDCM 的电磁转矩的表达式和拖动系统的动力学方程式分别为

$$T_{em} = p\,\frac{e_a i_a + e_b i_b + e_c i_c}{\omega_r} \qquad (9\text{-}39)$$

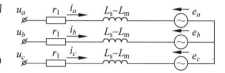

图 9.40　BLDCM 的动态等效电路

$$\frac{J}{p}\,\frac{\mathrm{d}\omega_r}{\mathrm{d}t} = T_{em} - T_L \qquad (9\text{-}40)$$

9.2.6　BLDCM 的调速方式与负载能力曲线

1. 基速以下的 PWM 斩波调速方案

对于采用"120°导通型"通断控制方式的 BLDCM 而言，可以通过下列两种方案调节转子速度。

(1)通过改变逆变器直流侧的输入电压来实现调压，并利用来自位置传感器的转子信息控制逆变器的频率，最终达到调节转子转速的目的；

(2)保持逆变器直流侧输入电压不变，利用来自转子位置传感器的转子信息和 PWM 斩波控制同时调节逆变器的频率和电压，达到调节转子转速的目的。

其中，以后一种 PWM 调速方案应用较多。为此，下面将重点讨论各种 PWM 斩波控制调速方案的具体实现形式。

对于图 9.17 所示三相逆变器，通常可采用下列 3 种 PWM 调制方式：

(1)H_PWM-L_PWM 型。其特点是，三相逆变器的上、下桥臂功率开关器件同时实行 PWM 斩控。图 9.41(a)给出了在这一调制方案作用下 6 个功率开关器件的驱动信号波形。

(2)H_PWM-L_ON 型。其特点是，仅三相逆变器的上桥臂功率开关器件实行 PWM 斩控。图 9.41(b)给出了在这一调制方案作用下 6 个功率开关器件的驱动信号波形。

(3)H_ON-L_PWM 型。其特点是，仅三相逆变器的下桥臂功率开关器件实行 PWM 斩控。图 9.41(c)给出了在这一调制方案作用下 6 个功率开关器件的驱动信

号波形。

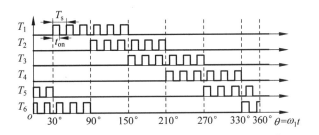

(a) H_PWM-L_PWM型

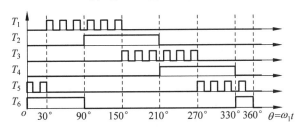

(b) H_PWM-L_ON型

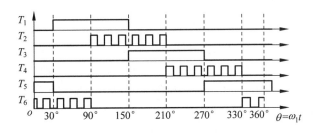

(c) H_ON-L_PWM型

图 9.41　不同 PWM 斩控方案下三相逆变器功率开关器件的驱动波形

　　显然，在三相逆变器中，H_PWM-L_ON 型与 H_ON-L_PWM 型 PWM 调制方案的总开关次数是 H_PWM-L_PWM 型方案的一半，因而其开关损耗较小。

2. 基速以上的调速方案

　　在上述 PWM 斩控方案中，为了产生最大的电磁转矩，通常，相电流与该相绕组感应电势同相位，如图 9.42(a) 所示。通过改变 PWM 的占空比 $\rho = \dfrac{t_{on}}{T_s}$（见图 9.41(a)）调节外加电压在半个周期内的平均值便可控制定子相电流的幅值，达到改变转速的目的。考虑到转子永磁在定子绕组中的感应电势幅值 E_1 正比于转速，随着转子转速的升高，E_1 将会增加。为了对定子相电流幅值加以控制，必须通过增大占空比 ρ 来满足下列条件，即 $U'_d = \rho U_d > 2E_1$。一旦转子转速超过基速（对应于

$\rho=1$),$U'_d=U_d=2E_1$,上述条件将不再成立,定子电流幅值将急剧下降。为了继续保持对定子绕组电流的控制,通常,采用引前角控制方案,即让相电流超前相电势一定角度,所超前的角度又称为**换流引前角**(advanced commutation angle)γ(见图 9.42(b)),其变化范围为 $0° \leqslant \gamma \leqslant 60°$。

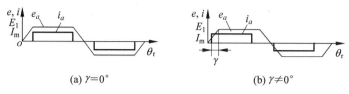

(a) $\gamma = 0°$ (b) $\gamma \neq 0°$

图 9.42　定子绕组相电势与相电流之间的相位关系

对于 BLDCM 而言,当电枢电流超前定子绕组相电电势 γ 角时,利用图 9.27 作同样的分析可知,在换流开始到换流结束的 60° 电角度范围内,电枢反应去磁作用的时间将大于助磁作用的时间。从平均意义上看,电枢反应磁势呈去磁作用。因此,若站在控制角度上看,换流引前角控制方案从效果上类似于表贴式 PMSM 电机的弱磁升速方案;若站在他励直流电动机角度看,改变换流引前角类似于沿逆旋转方向将电刷移动 γ 角(见图 2.52(b)),最终起到弱磁升速的效果。

3. BLDCM 的负载能力曲线

以上全面分析了 BLDCM 在整个转速范围内的调速方式,即基速以下的 PWM 斩控方案和基速以上的引前角控制方案。前者通过改变 PWM 的占空比调节定子绕组电压直至占空比 ρ 等于 1;后者则在保持占空比 ρ 等于 1 的前提下,利用引前角 γ 的增大来升高转速。图 9.43 给出了 BLDCM 在整个转速范围内的负载能力曲线。

图 9.43 表明,基速以下 BLDCM 采用恒转矩调速方案;而基速以上则采用恒功率调速方案。

值得指出的是,对于表贴式 BLDCM,由于其同步电感较小(类似于正弦表贴式 PMSM),受电枢电流的限制,电枢磁势所产生的去磁作用较小,相应的弱磁调速范围(即恒功率区)较窄,最高转速与基速的比值不大。

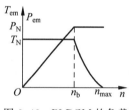

图 9.43　BLDCM 的负载能力曲线

9.2.7　BLDCM 调速系统的组成

BLDCM 采用 PWM 反馈控制方式的典型闭环调速系统如图 9.44 所示。图 9.44 中,由转速参考值 n^* 与实际转速的反馈值 n 相比较,其偏差送至转速调节器处理,转速调节器的输出 I^*_{dc} 作为电流的给定值。对于电动机运行状态,电流给定值为正;对于发电机运行状态,电流给定值为负。将电流给定值与直流侧的母线电流 I_{dc} 相比较,经电流调节器处理后,送至 PWM 控制器。PWM 控制器通过经处理后的转子位置信号使能,产生三相桥式逆变器主开关的控制信号。然后,由主开关完成对永磁无刷直流电动机定子电流的通断,并产生平均意义上旋转的定子电枢合成磁势。由定子电枢合成磁势带动永磁体转子旋转,实现了永磁无刷直流电动机的自同步控制。

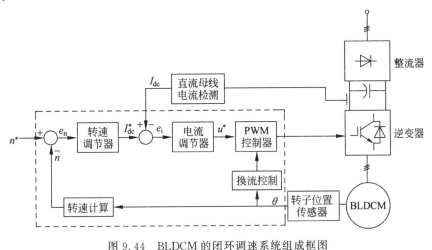

图 9.44　BLDCM 的闭环调速系统组成框图

9.3　BLDCM 与 PMSM 的比较

前面分别介绍了正弦波 PMSM 和方波 PMSM(即 BLDCM)这两种形式的永磁同步电机。应该讲,这两种类型的永磁同步电机均可组成高性能的调速或伺服系统。但在工程实际中,这两种类型的电机还是存在一定的差别,主要表现在如下四方面:

(1) 从结构上看,两者无论是在定子还是转子上均有所不同。对于 BLDCM,其定子三相采用集中、整矩绕组或等效为集中绕组的分数槽绕组,而转子永磁体则采用表面瓦片式结构,永磁体厚度均匀;对于正弦波 PMSM,其定子三相则采用分布、正弦绕组或等效为正弦分布绕组的分数槽绕组,转子永磁体主要有两种:一种为表面永磁体结构;另一种为内置永磁体结构,这两种结构均可确保气隙磁密的波形接近正弦。结构的不同,导致了两者在驱动、控制策略以及性能上存在很大差异。

(2) 从位置传感器上看,两者均需要转子位置的反馈信息来驱动逆变器,以获得定子三相绕组所需的电流,产生与转子永磁磁势同步的定子旋转磁势,但两者所需的位置信息不同。对于 BLDCM,由于定子每相绕组仅导通 120°(电角度),然后,60°不导通,且各相绕组电流每隔 60°换流一次。因此,仅需要每隔 60°提供一次转子位置实现定子绕组换流即可,亦即仅需提供六个(通常为三个)离散的转子位置反馈信息即可。而正弦波 PMSM 则不同,它需要提供连续的转子位置反馈信息,并根据瞬时转子位置的信息,决定三相定子绕组所需正弦电流的大小。此时,逆变器的所有各相均处于同时导通状态。

(3) 从所产生电磁转矩的角度看,BLDCM 存在一定的转矩脉动,而正弦波

PMSM 所产生的电磁转矩基本上是恒定的。其原因分析如下：

对于 BLDCM，考虑到定子三相绕组所感应的电势波形为梯形波。为了产生恒定的电磁转矩或功率，定子三相绕组必须通过逆变器加入 120° 电角度宽的六阶梯波电流（或方波），（见图 9.17）。由于实际定子绕组电感的作用，定子绕组中的电流不可能瞬时通断，因此，BLDCM 存在功率或转矩的脉动，从而大大影响到了传动系统的低速性能，尤其是组成位置伺服系统时，低速的位置以及可重复精度均受到一定影响。而正弦波 PMSM 则不会存在这一问题，由于正弦波 PMSM 的三相定子绕组所感应的电势为正弦波，定子三相绕组所加入的电流波形基本上是正弦，因此，正弦波 PMSM 所产生的电磁转矩是恒定的，从而可以确保低速时稳定运行。

（4）从体积和重量角度看，BLDCM 的功率密度要比正弦波 PMSM 高，其功率密度一般是 PMSM 功率密度的 1.15 倍。这主要归因于 BLDCM 的磁密有效值与幅值的比值要比 PMSM 高。现分析如下：

设 BLDCM 与正弦波 PMSM 的电流幅值分别为 I_d 和 I_{ps}。根据有效值的定义以及图 9.17 中的电流波形，BLDCM 与正弦波 PMSM 定子绕组电流的有效值 I_B 和 I_S 分别为

$$I_B = I_d \sqrt{\frac{2}{3}} \tag{9-41}$$

$$I_S = \frac{I_{ps}}{\sqrt{2}} \tag{9-42}$$

假定三相定子绕组的铜耗相等，则这两类电机的定子电流有效值相等。利用式（9-41）、式（9-42）得

$$I_d = \frac{\sqrt{3}}{2} I_{ps} \tag{9-43}$$

设这两类永磁同步电动机均采用单位功率因数，则其输出功率的比值为

$$\frac{P_{0(\text{BLDC})}}{P_{0(\text{PM})}} = \frac{2E_1 I_d}{3 \dfrac{E_1}{\sqrt{2}} \dfrac{I_{ps}}{\sqrt{2}}} = \frac{2}{\sqrt{3}} = 1.155 \tag{9-44}$$

上述分析可以看出：由于 BLDCM 的功率密度较大，单位峰值电流所产生的电磁转矩（或输出功率）自然也较大，因而特别适用于体积、重量受限、所提供的电能有限的场合。同时，考虑到其所采用的位置传感器比较简单、精度要求不高，但低速时所产生的电磁转矩存在一定程度的脉动，因此，对于转矩要求不是特别高的调速系统，最好采用 BLDCM。而正弦波 PMSM 则不同，即使是一般的调速系统，仍然需要高精度的转子位置传感器来实现定子三相绕组换流，因此，正弦波 PMSM 最好不要用于组成调速系统。但对于位置伺服系统，正弦波 PMSM 则具有明显的优势，由于所产生的电磁转矩恒定，特别是低速时转子运行平稳。同时，由高精度的转子位置传感器可以间接获得转子的转速信息，因此，正弦波 PMSM 特别适合组成高精度的位置伺服系统，无论是高速还是低速场合。

本章小结

在中小型伺服领域中,目前应用较多的是 PMSM 和 BLDCM。由于采用永久磁铁提供转子励磁,不仅简化了转子结构(无滑环、电刷),电动机运行可靠,而且因为无转子铜耗,电动机的运行效率也得以提高。

PMSM 和 BLDCM 的区别主要体现在:(1)两者定子绕组的结构不同。前者采用正弦分布式绕组(同一般交流电机相同)或采用正弦波分数槽集中绕组,而后者则采用整距集中绕组或梯形波分数槽集中绕组。其结果是,前者感应电势的波形接近正弦,后者感应电势的波形为梯形波。因此,PMSM 又称为正弦波永磁式同步电机,而 BLDCM 又称为梯形波永磁式同步电机。(2)两者供电变流器的控制方式有所不同。前者可以采用开环 U/f = 常值的他控方式进行控制,对高性能的伺服系统则可采用频率闭环即自控方式进行控制。**正弦波永磁式同步电机利用旋转变压器**(见11.5节)**或旋转编码器连续检测转子位置**,并根据转子的转速调整定子侧变流器的控制频率,以确保定子旋转磁场(或磁势)的转速与转子(或转子磁势)同步。而**BLDCM 则仅需检测转子的三个位置即可**,根据这三个位置便可决定定子侧变流器的通断时刻,从而保证定子旋转磁场(或磁势)在平均意义上与转子(或转子磁势)同步。这也是无刷直流电机有"同步电机"之称的原因。从直流电机角度看,由于定子侧仅有三相绕组(相当于电枢绕组),相当于 BLDCM 是一台仅有三个绕组、三个换向片的直流电机,并由位置传感器和电力电子逆变器通断控制的配合取代直流电机的机械式换向器和电刷,从而实现了"无刷"(和"无换向器"),同时在性能上获得了类似于直流电机的性能。(3)两者的性能有所区别。**从功率密度上看,BLDCM 的功率密度比 PMSM 的高,一般是 PMSM 功率密度的 1.15 倍。从运行性能上看,由于BLDCM 的定子仅有三相绕组和利用三个转子位置的信息来控制定子磁势的旋转速度,其控制精度只能是平均意义上的,故输出的电磁转矩存在脉动。而 PMSM 则利用了几乎全部转子位置的信息来控制定子磁势的瞬时位置。因此,PMSM 的性能要比 BLDCM 高**,但代价是控制策略复杂、成本高。应该讲,PMSM 和 BLDCM 均属于"自控式同步电机"。

正弦波 PMSM 主要包括表贴式 PMSM 和内置式 PMSM。由于这两种类型电机的转子永磁体结构以及永磁体放置的位置不同,导致 PMSM 的矩角特性以及相应的控制策略均存在较大差异。

表贴式 PMSM 的永磁体牢牢地黏接在转子铁芯表面,因而其矩角特性类似于隐极式同步电机。内置式 PMSM 则将永磁体镶嵌在转子铁芯内部,由于其结构特点,其矩角特性类似于凸极式同步电机。与传统意义上的凸极式同步电机不同的是:其交轴同步电抗大于直轴同步电抗即 $x_q > x_d$,导致了由磁阻效应部分所产生的电磁转矩为负,其相应的矩角特性自然也发生变化。

鉴于上述特点,本节利用相量图对这两种类型永磁同步电机的控制策略分别进行了详细地分析和讨论,并介绍了这两种类型永磁同步电机的不同控制方案,给出了其典型的调速系统框图。

应该讲,在一定条件下,正弦波表贴式 PMSM 和内置式 PMSM 均可接近于直流电机的转矩特性,因而可以获得类似于直流电机的调速性能。

工程实际中,在选择永磁同步电机组成传动系统时,应该根据应用场合如体积或重量的要求,电源的限制、价格和成本、性能指标等综合因素决定是采用永磁同步电机还是选择无刷直流电机作为驱动电机。

思考题

9.1　正弦波表贴式 PMSM 有何结构特点?

9.2　为什么正弦波内置式 PMSM 的直轴同步电抗 x_d 小于交轴同步电抗 x_q?相应的矩角特性将发生怎样的变化?

9.3　正弦波 PMSM 的定子功率因数是否超前?试用相量图说明。

9.4　对于正弦波表贴式 PMSM,为什么加大同步电抗(或同步电感)可以增大弱磁调速范围?

9.5　为什么说永磁无刷直流电机有时认为是一种无刷直流电机,有时又认为是一种自控式同步电机?试解释。

9.6　从永磁无刷直流电机角度看,传统的直流电机是如何检测转子位置的?其机械式电刷和换向器各起什么作用?

9.7　BLDCM 是如何从平均意义上保证定子电枢磁势 $\overline{F}_a$ 与转子永磁磁势 $\overline{F}_f$ 相对静止的?且又是如何从平均意义上实现 $\overline{F}_a$ 与 $\overline{F}_f$ 空间上互差 90° 的?试以"120°导通型"通断规律为例解释。

9.8　BLDCM 是如何实现转子调速的?可以采用哪几种调速方案?

9.9　为 BLDCM 的供电的三相桥式逆变器,通常采用哪几种控制方式?各有什么特点?

9.10　在 BLDCM 中,三个转子位置传感器的放置位置应遵循什么原则?如何根据转子位置传感器的信息获得三相桥式逆变器的控制信号?

9.11　BLDCM 是如何实现转子反转的?

9.12　在由 BLDCM 组成的交流伺服系统中,三个转子位置传感器与构成位置闭环所需的位置编码器(或旋转变压器)所起的作用有何不同?试解释。

9.13　BLDCM 与正弦波 PMSM 相比,各有什么优缺点?试比较。

练习题

9.1　一台三相、Y 接的永磁同步电机,其额定电压为 220V,同步电抗 $x_d = x_q = 1.1\Omega$。若电机在 $\theta = 45°$ 功率角下运行,电枢绕组所感应的空载相电势

$E_0＝127$V,忽略电枢绕组的电阻和铁耗。

(1) 计算电机所输出的电磁功率;

(2) 若电枢电阻为 0.2Ω,重新计算问题(1)。

9.2　假定定子三相绕组所感应的电势以及三相绕组的外加电流均为正弦,试从瞬时值角度,推导正弦波表贴永磁同步电机所产生电磁转矩的计算公式。并进一步说明在定子电流幅值以及内功率因数角一定的条件下,正弦波表贴永磁同步电机所产生的电磁转矩为恒定值。

9.3　一台隐极式永磁三相同步电机的同步电抗为 $x_t＝0.9$Ω。当作为发电机运行时,空载端电压为 60V。若作为电动机运行且供电电压为 60V 时,电动机将输出 3kW 的电磁功率,试计算功率角和最大电磁功率。

9.4　一台 BLDCM 的数据如下:电势常数 $K_e＝0.8$V/rad・s^{-1},$2p＝2$,定子绕组的电阻 $r_1＝2$Ω。逆变器直流侧的输入电压为 $U_d＝500$V,直流侧平均电流 $I_d＝10$A。

(1) 试求桥式逆变器采用"120°导通型"通断规律时的电磁转矩;

(2) 试求理想空载转速;

(3) 绘出电机的机械特性。

第10章

变磁阻(双凸极)电机的建模与分析※

内 容 简 介

本章首先介绍开关磁阻电机和步进电机两种变磁阻电机的基本运行原理、电磁过程、基本方程式和等值电路。在此基础上,分别就这两种变磁阻电机的供电变流器以及变流器的控制方式加以介绍。

变磁阻电机(variable-reluctance machine,VRM)是由装有励磁绕组的定子和具有凸极的转子构成,其转子上无任何绕组。变磁阻电机的运行原理是:利用转子凸极轴线总是趋向于与定子所产生的磁通轴线对齐,最终确保在给定定子励磁的条件下获得最大的定子磁链。正是这一"对齐"趋势,才使得变磁阻电机产生有效的电磁转矩。根据这一原理,广义上讲,变磁阻电机主要涉及三种类型电机:开关磁阻电机、步进电机以及磁阻式同步电机。鉴于磁阻式同步电机属于单边凸极式结构,其内容已放至第7章中介绍,本章仅就双边凸极的两类电机,即开关磁阻电机(switched-reluctance-machine,SRM)和步进电机(stepped-motor)进行重点讨论。

变磁阻电机具有结构简单、牢固等优点,但控制较为复杂。与上一章介绍过的永磁无刷直流电机一样,若希望获得高性能的电力拖动系统,变磁阻电机就必须检测转子位置,并根据转子位置决定定子各相励磁绕组的通电时刻。因此,确切地讲,变磁阻电机属于自控式同步电机。其中,开关磁阻电机多采用这种控制方式。

对于性能要求不是很高的变磁阻电机可以采用开环控制,如步进电机,它将定子绕组按照一定的顺序通电,定子绕组每输入一个脉冲,转子就相应地移动一定角度。

此外,类似于凸极式永磁同步电机,变磁阻电机也可以在转子中安装少量永磁体,以提高电磁转矩的大小。由于转子存在永磁体,电磁转矩则由两部分组成:一部分为来自凸极效应的磁阻转矩;另一部分则是由永磁体与定子交流励磁所产生的电磁转矩。

本章内容安排如下:10.1节首先介绍有关变磁阻电机的预备知识,内容涉及机电系统的能量守恒定律以及如何利用磁场能和磁共能计算电磁转矩的知识;在了解这些知识的基础上,10.2 节对开关磁阻电机的基本运行原理、电磁关系、基本方程式和等效电路进行详细讨论,对驱动开关磁阻电机所采用的变流器类型、控制方式与不同的运行区以及调速系统的组成进行简要介绍;10.3 节则重点讨论步进电机的基本运行原理、结构与类型、运行特性与主要参数以及步进电机常用的驱动电路。

10.1 预备知识

在介绍变磁阻电机的基本运行原理和电磁过程之前,首先简要回顾一下有关变磁阻电机电磁转矩计算的基本知识。

对于以磁场作为媒介实现机电能量转换的装置,当内部电磁过程和工作机理较复杂时,可以采用能量法来计算电磁力或电磁转矩。下面分别就能量法的理论依据以及如何根据磁场储能和磁共能确定电磁转矩(或电磁力)的方法作一简要介绍。

10.1.1 机电系统的能量守恒定律

能量守恒定律是物理学中的一条基本定律,它指出,对于一个质量不变的系统,能量既不能产生也不能被消亡,只能发生形式上的转换。

对于以磁场作为媒介的机电系统,根据能量守恒定律,可以得到如下关系式

$$(电源输入的电能)=(磁场储能的增量)+(输出的机械能)$$
$$+(转换为热的能量) \tag{10-1}$$

式(10-1)中,对于电动机而言,电能和机械能均为正值;而对于发电机,式(10-1)中的电能和机械能均变为负值。对于一般机电系统,转换为热的能量包括通电线圈的电阻发热、机械部件的摩擦损耗和通风损耗等。若将这些损耗从机电系统中分离出来,并用外部元件表示,即用电阻与电端口的连接表示电损耗,而用机械阻尼与机械端口的连接表示机械损耗,则实际机电系统便可表示为无损耗磁场储能系统与各部分损耗的组合,如图 10.1 所示。

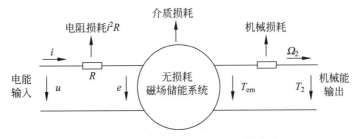

图 10.1 基于磁场耦合的机电能量转换装置

对于图 10.1 中的无损耗磁场储能系统,利用式(10-1)便可以写出某一时间 dt 内各部分能量的微分(或增量)之间的关系式为

$$dW_e = dW_m + dW_{mec} \tag{10-2}$$

式中,dW_e 为输入电能的微分;dW_m 为磁场储能的微分;dW_{mec} 为输出机械能的总能量微分。

10.1.2　利用磁场储能和磁共能对电磁转矩的计算

1. 利用磁场储能计算电磁转矩

对于无损耗磁场储能系统,根据法拉第电磁感应定律,可以得到图 10.1 中输入电能的微分 dW_e 为

$$u = -e = \frac{d\Psi}{dt} \tag{10-3}$$

$$dW_e = ui\,dt = i\,d\Psi \tag{10-4}$$

机械能的微分 dW_{mec} 可由下列式子给出。对于具有旋转运动的机电系统,其输出机械能的微分为

$$dW_{mec} = T_{em}\,d\theta \tag{10-5}$$

将式(10-4)、式(10-5)代入式(10-2)便可获得能量法的基本关系式为

$$dW_m = i\,d\Psi - T_{em}\,d\theta \tag{10-6}$$

式(10-6)表明,机电系统的能量转换是由耦合磁场的变化而引起的。**对于电气系统,正是由于耦合磁场的变化**(表现为磁链的变化)**才引起线圈内的感应电势,**使得电能得以输入或输出;**对于机械系统,正是由于磁场储能的变化才导致电磁转矩(或电磁力)的产生,**使得机械能得以输出或输入。

感应电势和电磁转矩是机电能量转换过程中的一对重要耦合项,其中,所产生的感应电势可以通过法拉第电磁感应定律求得,电磁转矩则可以利用式(10-6)求得。其具体方法介绍如下。

考虑到磁场储能是磁链 Ψ、电流 i 以及角位移 θ 的函数,而 Ψ 和 i 之间是相互关联的,因此对于无损耗磁场储能系统,磁场储能可以由独立的状态变量 Ψ 和 θ 唯一决定,即 $W_m = W_m(\Psi, \theta)$。根据全微分,于是有

$$dW_m = \frac{\partial W_m}{\partial \Psi}\bigg|_{\theta} d\Psi + \frac{\partial W_m}{\partial \theta}\bigg|_{\Psi} d\theta \tag{10-7}$$

对比式(10-6)和式(10-7)得

$$i = \frac{\partial W_m(\Psi, \theta)}{\partial \Psi}\bigg|_{\theta} \tag{10-8}$$

$$T_{em} = -\frac{\partial W_m(\Psi, \theta)}{\partial \theta}\bigg|_{\Psi} \tag{10-9}$$

式(10-9)给出了**利用磁场储能计算电磁转矩的一般表达式。**

2. 利用磁共能计算电磁转矩

考虑到 SRM 的磁路多处于深度饱和状态,相应的磁路是非线性的。对于非线

性磁路,磁链和电流之间的关系可用图 10.2 所示的饱和曲线来描述,其中,饱和曲线 Ψ-i 以上部分的面积表示**磁场储能** W_m,其以下部分的面积则表示**磁共能** W_{mc}(magnetic co-energy)。原则上,根据式(10-9)便可以通过磁场能量计算电磁转矩。但从计算的方便性上考虑,一般采用磁共能(co-energy)对电磁转矩进行计算。其具体过程介绍如下。

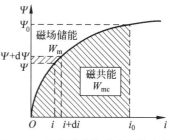

图 10.2　磁场储能和磁共能的定义

图 10.2 中,磁场储能和磁共能可分别用下式来描述

$$W_m = \int_0^\Psi i(\Psi', \theta) \mathrm{d}\Psi' \tag{10-10}$$

$$W_{mc} = \int_0^i \Psi(i', \theta) \mathrm{d}i' = i\Psi - \int_0^\Psi i(\Psi', \theta) \mathrm{d}\Psi' = i\Psi - W_m \tag{10-11}$$

即磁场储能和磁共能互为共轭。对式(10-11)取微分得

$$\mathrm{d}W_{mc} = \mathrm{d}(i\Psi) - \mathrm{d}W_m \tag{10-12}$$

将式(10-6)代入式(10-12),便可获得用磁共能表示的关系式为

$$\mathrm{d}W_{mc} = \Psi \mathrm{d}i + T_{em} \mathrm{d}\theta \tag{10-13}$$

与磁场储能类似,磁共能也可以看作是由状态变量 i 和 θ 唯一决定的函数,即 $W_{mc} = W_{mc}(i, \theta)$。利用全微分,有下列关系式

$$\mathrm{d}W_{mc} = \left.\frac{\partial W_{mc}}{\partial i}\right|_\theta \mathrm{d}i + \left.\frac{\partial W_{mc}}{\partial \theta}\right|_i \mathrm{d}\theta \tag{10-14}$$

对比式(10-13)和式(10-14)得

$$\Psi = \left.\frac{\partial W_{mc}(\Psi, \theta)}{\partial i}\right|_\theta \tag{10-15}$$

$$T_{em} = \left.\frac{\partial W_{mc}(\Psi, \theta)}{\partial \theta}\right|_i \tag{10-16}$$

式(10-16)给出了**利用磁共能计算电磁转矩的一般表达式**。

在不了解内部电磁过程的情况下,利用式(10-9)和式(10-16)便可以通过磁场储能或磁共能直接计算出复杂机电能量转换系统的电磁转矩。

当磁路为线性时,磁链和电流之间的关系变为 $\Psi = L(\theta)i$。相应的磁场储能为

$$W_m = \int_0^\Psi i(\Psi', \theta) \mathrm{d}\Psi' = \frac{1}{2} \frac{\Psi^2}{L(\theta)} = \frac{1}{2}L(\theta)i^2 \tag{10-17}$$

而磁共能为

$$W_{mc} = \int_0^\Psi \Psi(i', \theta) \mathrm{d}i' = \frac{1}{2}L(\theta)i^2 \tag{10-18}$$

显然,对于线性磁路,其磁场储能和磁共能相等。

将式(10-18)代入式(10-16)得

$$T_{em} = \frac{1}{2} \frac{\partial L(\theta)}{\partial \theta}i^2 \tag{10-19}$$

式(10-19)也可通过式(10-17)代入式(10-9)获得,结论相同。

式(10-19)是开关磁阻电机(SRM)电磁转矩的基本表达式,它表明 **SRM 所产生的瞬时电磁转矩正比于电感的导数以及电流的平方**。

若电感随着转角 θ 的增加而增加,且绕组内有电流流过,则所产生的电磁转矩为正,即电磁转矩为驱动性的,此时,电机运行在电动机状态;若电感随着转角 θ 的增加而减小,且绕组内有电流流过,则所产生的电磁转矩为负,即电磁转矩为制动性的,此时,电机将运行在发电机状态(或回馈制动状态)。

根据式(10-19)还可以看出,**由于电磁转矩与电流的平方成正比,电磁转矩的正、负与电流的方向无关,因此,每相绕组可以通过单方向的电流供电**。这样,每相绕组的电流可以采用一个开关器件进行控制,不仅避免了一般逆变器上、下桥臂的直通,提高了系统的可靠性,而且也使得整个变流器所用器件减半。

3. 多端励磁系统的电磁转矩计算

图 10.1 所给出的机电系统仅有一个电气端口,即所谓的**单端励磁系统**。在有些场合下,开关磁阻电机需要定子两相绕组或多相绕组同时导通,这类系统又称为**多端励磁系统**。

多端励磁系统的能量法表达式可参考单端励磁系统的表达式获得,具体过程介绍如下。

对于多端励磁系统,式(10-6)可修改为

$$\mathrm{d}W_{\mathrm{m}} = \sum_{k=1}^{n} i_k \,\mathrm{d}\Psi_k - T_{\mathrm{em}}\mathrm{d}\theta \tag{10-20}$$

式中,n 为同时导通的定子绕组数。

类似于单端励磁系统,多端励磁系统满足下列关系式

$$i_k = \frac{\partial W_{\mathrm{m}}(\Psi_1,\Psi_2,\cdots,\Psi_n,\theta)}{\partial \Psi_k}\bigg|_{\Psi_1,\Psi_2,\cdots,\Psi_{k-1},\Psi_{k+1},\cdots,\Psi_n,\theta} \tag{10-21}$$

$$T_{\mathrm{em}} = -\frac{\partial W_{\mathrm{m}}(\Psi_1,\Psi_2,\cdots,\Psi_n,\theta)}{\partial \theta}\bigg|_{\Psi_1,\Psi_2,\cdots,\Psi_n} \tag{10-22}$$

相应的式(10-11)中的磁共能可修改为

$$W_{\mathrm{mc}} = \sum_{k=1}^{n} i_k \Psi_k - W_{\mathrm{m}} \tag{10-23}$$

而用磁共能表示的多端励磁系统的磁链和电磁转矩由下式给出

$$\Psi_k = \frac{\partial W_{\mathrm{mc}}(i_1,i_2,\cdots,i_n,\theta)}{\partial i_k}\bigg|_{i_1,i_2,\cdots,i_{k-1},i_{k+1},\cdots,i_n,\theta} \tag{10-24}$$

$$T_{\mathrm{em}} = \frac{\partial W_{\mathrm{mc}}(i_1,i_2,\cdots,i_n,\theta)}{\partial \theta}\bigg|_{i_1,i_2,\cdots,i_n} \tag{10-25}$$

对于线性磁路,若定子两相绕组同时通电,则磁共能变为

$$W_{\mathrm{mc}} = \frac{1}{2}L_{11}(\theta)i_1^2 + \frac{1}{2}L_{22}(\theta)i_2^2 + L_{12}(\theta)i_1 i_2 \tag{10-26}$$

代入式(10-25)得电磁转矩为

$$T_{em} = \frac{\partial W_{mc}}{\partial \theta} = \frac{i_1^2}{2} \frac{\partial L_{11}(\theta)}{\partial \theta} + \frac{i_2^2}{2} \frac{\partial L_{22}(\theta)}{\partial \theta} + i_1 i_2 \frac{\partial L_{12}(\theta)}{\partial \theta} \qquad (10\text{-}27)$$

具体到开关磁阻电机,由于结构的对称性,其定子绕组之间的互感一般很小,即 $L_{12}(\theta)$ 可以忽略不计。因此,每相定子绕组所产生的电磁转矩仍与对应相电流的平方成正比。

10.2　开关磁阻电机的建模与分析

顾名思义,开关磁阻电机(switched reluctance machine,SRM)包含两层含义: ①磁阻性。SRM 采用双凸极结构,每相定子绕组的磁阻(或定子电感)是随转子位置而改变的,属于变磁阻电机;②开关性。SRM 是通过定子各相绕组依次工作的开关模式运行的,各相绕组由电力电子开关变流器提供激磁。

一方面,SRM 与传统电机(包括直流电机、感应电机以及同步电机等)的运行原理大相径庭。作为单边激磁的电机,SRM 是根据定子绕组的磁阻随转子位置的变化,并利用转子位置趋向于与激磁相的定子绕组轴线“对齐”(或磁阻最小的原则)产生电磁转矩。传统的电机则主要是依据定、转子磁势(或磁场)之间相互作用产生电磁转矩,因而,要求定、转子两侧要么双边激磁,要么一侧激磁,另一侧感应电流并产生磁势。一般情况下,由于气隙是均匀的,因此,当转子旋转时,定子绕组的磁阻(或定子电感)保持不变,即使对于气隙不均匀的凸极式同步电机,主要电磁转矩也是来自于定、转子磁势(或磁场)之间的相互作用。而且,对于不均匀气隙问题,可利用双反应理论将凸极电机等效为气隙不随转子位置改变的虚拟电机加以解决。

另一方面,对于 SRM 而言,定子绕组的激磁来自于电力电子变流器,而变流器中开关器件的换流(或换向)则是由转子位置决定的。这一含义表明 SRM 只有通过变流器供电才能运行,因此,SRM 是一种典型的机电一体化电机,相应的传动系统框图如图 10.3 所示。

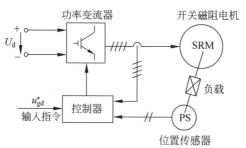

图 10.3　SRM 传动系统的组成

由图 10.3 可见,SRM 主要包含四大部分,即开关磁阻电机本体、电力电子变流器、转子位置传感器以及控制器,其中,电机本体采用定、转子双凸极结构、单边激磁,即仅定子凸极采用集中绕组激磁,而转子凸极上无须任何绕组或永磁体。利用转子位置传感器的信息和电力电子变流器依次控制各相定子绕组的电流,使转子凸极沿激磁相的定子绕组轴线对齐,从而产生单方向的电磁转矩,驱动转子连续旋转。

从电机本体结构看,由于转子无绕组或永磁体,SRM 结构简单、转子牢固、易于冷却,可以在高温以及恶劣环境下运行。此外,SRM 还具有转动惯量小、成本低、动态响应快等特点。它不仅可以在低速运行,而且还可以高速运行,最高转速可达100000r/min。高速运行有助于提高电机的功率密度,降低自身的体积和重量。此外,SRM 的功率范围也较宽,其容量可以从几百瓦到几兆瓦不等。

从供电变流器角度来看,考虑到所产生的电磁转矩与定子电流的平方成正比,因此,SRM 的供电变流器仅需提供单方向电流即可,这有利于变流器拓扑结构的灵活选择。通常,SRM 的供电变流器多采用开关器件与每相定子绕组串联的结构,这种结构不存在交流电机采用通用桥式变流器供电所存在的“直通”现象。同时,考虑到常规的 SRM 各相定子绕组之间不存在耦合(或互感),各相定子绕组的供电变流器可以彼此独立。即使一相绕组发生断路故障,在其他相绕组作用下,SRM 也可以照常运行。上述特点表明,SRM 在可靠性和冗余等方面明显优于感应电机、同步电机以及无刷直流电机。

SRM 的主要缺点是:①传动系统的转矩控制策略复杂,这主要是由于在正常状态下 SRM 磁路工作在饱和非线性状态造成的。②输出转矩存在脉动。③噪声较大。

随着控制策略的不断完善和电力电子技术、DSP 技术等的不断进步,上述问题正在逐步得到解决。鉴于此,SRM 有望在通用工业传动领域、家电领域、高性能无刷伺服驱动领域如工业机器人、数控机床、电动汽车的传动系统以及航空、航天等领域占有一席之地。

10.2.1　SRM 的结构与基本运行原理

1. SRM 的结构

通常,SRM 的电路是由绕制在定子齿上的集中绕组组成,定子绕组由变流器供电,实现**单边激磁**。转子无永磁体或任何绕组,由定、转子齿构成所谓的**双凸极结构**。与单边凸极磁路结构相比,双凸极结构的磁路所对应的定子电感变化更大。根据式(10-19)可知,此类电机所产生的电磁转矩也就更大。

考虑到双凸极结构的电机可能存在死点(即电磁转矩为零的转子位置),为了确保 SRM 在任意转子位置下均能起动,要求定、转子齿数有所不同。对于常规的SRM,其定、转子齿数多按下式关系选择

$$Z_r = Z_s \mp 2p \tag{10-28}$$

式中,Z_r、Z_s 分别表示定、转子的齿数;$2p$ 表示磁路的极数。若设定子绕组的相数为 m,则定子齿数 Z_s 与定子绕组的相数 m 以及磁路的极数 $2p$ 之间满足下列关系式

$$Z_s = 2pm \tag{10-29}$$

　　后面的分析将表明,为了降低铁芯损耗和供电变流器的开关损耗,提高整个传动系统的效率,通常选择转子的齿数 Z_r 低于定子齿数 Z_s。表 10.1 列出了典型 SRM 的齿配合以及相应的相数、磁路极数等方案。

表 10.1　SRM 典型的定、转子齿配合以及相数与极数的关系

m	2		3			4			5		6	
Z_s	4	8	6	12	18	8	16	24	10	20	12	24
Z_r	2	4	4	8	12	6	12	18	8	16	10	20
$2p$	2	4	2	4	6	2	4	6	2	4	2	4

　　在定、转子齿数已知的条件下,SRM 定、转子的齿距用机械角度可分别表示为

$$\theta_{s\tau}=\frac{360°}{Z_s},\quad \theta_{r\tau}=\frac{360°}{Z_r} \tag{10-30}$$

　　下面以一台 6/4 齿配合的 SRM 为例进一步说明 SRM 的基本结构。图 10.4(a)、(b) 分别给出了这种电机的转子在两个平衡位置下的内部结构示意图,图 10.4(a) 对应于转子槽的中心线与 A 相定子齿中心线 $A-A'$ 重合的位置,该位置又称为转子的**非对齐位置**(unaligned position),此时,磁路的磁阻(或气隙)最大,A 相定子绕组的电感最小;图 10.4(b) 对应于转子齿的中心线与 A 相定子齿中心线重合的位置,该位置又称为转子的**对齐位置**(aligned position),此时,磁路的磁阻(或气隙)最小,A 相定子绕组的电感最大。当转子处于其他非平衡位置时,磁路的磁阻以及电感则介于上述两个平衡位置之间。当忽略磁路饱和(即磁路为线性)时,定子每相绕组的电感与转子位置之间的关系如图 10.5 所示。

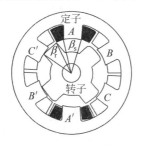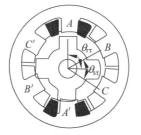

(a) 非对齐位置(A相)　　　　　(b) 对齐位置(A相)

图 10.4　SRM 的结构(3 相,6/4 极配合)

　　图 10.5 是根据实际转子的极弧宽度 β_r 大于定子的极弧宽度 β_s(见图 10.4)情况下绘制而成的,很显然,定子相绕组的电感随转子位置的不同呈梯形波、周期性变化。当转子处于非对齐位置时,相应的电感最小,对应于图中的 d 区;当转子处于对齐位置时,相应的电感最大,对应于图中的 b 区;当转子齿与定子 A 相齿从开始重叠、逐渐重叠直至完全重叠时,相应的电感由最小逐渐变为最大,对应于图中的 a 区;当转子齿与定子 A 相齿从完全重叠、逐渐离开直至完全离开定子 A 相齿时,相应的电感由最大逐渐变为最小,对应于图中的 c 区。由于 $\beta_r>\beta_s$,因此,当转子齿与

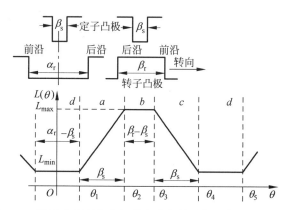

图10.5　SRM定子每相绕组的电感与转子位置之间的关系曲线

A 相定子齿重叠时(见图10.4(a)),b 区存在宽度为$(\beta_r-\beta_s)$的平台,平台对应的磁阻最小,相应的电感保持为 $L_{\max}$。同理,当转子槽与 A 相定子齿重叠时(见图10.4(b)),d 区存在宽度为$(\alpha_r-\beta_s)$的平台,平台对应的磁阻最大,相应的电感保持为 $L_{\min}$。

2. SRM 的基本运行原理

下面以图10.4所示的 6/4 齿配合的 SRM 为例说明其基本运行原理。对于图10.4所示 SRM,当转子齿与定子 A 相齿沿逆时针方向开始重叠时,若通过变流器给 A 相绕组(即 $A-A'$ 上的绕组)通电,则磁力线发生扭曲。由于转子总是趋向于向激磁绕组磁阻最小(或电感最大)的位置运动,由此产生电磁转矩。在该电磁转矩作用下,转子将沿逆时针方向转过一定角度(该角度又称为行程角(stroke angle)或步距角。显然,行程角 $\theta_{\text{step}}=\dfrac{360°}{mZ_r}$。对于本例,$\theta_{\text{step}}=\dfrac{360°}{3\times4}=30°$)至对齐位置(见图10.4(b))。一旦定、转子齿对齐,A 相绕组断电。考虑到 B 相绕组又开始与定子 B 相齿重叠,若此时再通过变流器给 B 相绕组(即 $B-B'$ 上的绕组)通电,则磁力线又发生扭曲,必将产生新的"对齐"趋势的电磁转矩,使转子又沿逆时针方向继续前进一行程角。紧接着,给 C 相绕组通电,……,以此类推。沿顺时针方向依次根据转子位置给所有定子三相绕组通电、断电,保持定子三相绕组的通电频率与转子位置同步,则转子将获得沿逆时针方向的电磁转矩,转子得以连续运行。

由上述过程可以获得 SRM 定子绕组中的电流通断规律,即转子每转过一个行程角,定子各绕组之间的电流换流一次;转子每转过一个齿距角,定子每相绕组中的电流循环通断一次。换句话说,在一个齿距角内,每相绕组中的电流通断一次(导通间隔为一个行程角)。因此,定子相绕组的通电频率为

$$f_1=Z_r\frac{n}{60} \tag{10-31}$$

式中,n 表示转子转速,单位为 r/min。

式(10-31)表明,对于转速一定的 SRM 而言,转子齿数 Z_r 越多,则定子绕组的激磁频率越高,定子铁芯中的铁耗以及供电变流器的开关损耗将进一步增大。因

此,在利用式(10-28)选择定、转子齿配合时,**为了降低电机的铁耗和供电变流器的开关损耗,通常,要求转子齿数 Z_r 小于定子齿数 Z_s。**

此外,式(10-31)还表明,SRM 相当于转子极数为转子齿数 Z_r 的同步电机,其定子绕组的通电频率与转子转速同步。

值得注意的是,对于常规的 SRM,其转子齿数 Z_r 小于定子齿数 Z_s(或转子极距大于定子极距),此时,定子各相绕组的激磁相序与转子的旋转方向相反(参见上述分析)。若希望 SRM 转子反向(即沿顺时针方向旋转),则定子绕组的激磁相序需由 $A \rightarrow B \rightarrow C$ 变为 $A \rightarrow C \rightarrow B$,即定子绕组沿逆时针方向激磁。对于转子齿数 Z_r 大于定子齿数 Z_s 的特殊 SRM,定子各相绕组的激磁相序与转子的旋转方向相同。

最后需要说明的是,就定子各相绕组的激磁方式而言,SRM 类似于步进电机,它相当于大步距角的步进电机(见 10.3 节)。但与步进电机不同的是,SRM 转子的运行是连续的。

SRM 的基本运行原理也可以借助于定子每相绕组的电感与转子位置之间的关系曲线图 10.5 进一步说明。

由式(10-19)可知,电磁转矩的正、负和定子相绕组中的电流方向无关,而仅取决于 $\partial L_s / \partial \theta$ 的符号。因此,要想产生正的(或驱动性的)电磁转矩,就必须在电感随转角 θ 增加时(即 a 区)给定子相绕组提供电流,亦即沿旋转方向在转子齿逐渐与定子齿重叠过程中给所在定子相绕组提供励磁。同理,若希望产生负的(或制动性的)电磁转矩,则需要在电感随转角 θ 减小时(即 c 区)给定子相绕组提供电流,亦即沿旋转方向在转子齿逐渐离开定子齿过程中给所在定子相绕组提供励磁。在其他区域(如 d 区和 b 区),由于在此区域内定子绕组电感不随转子位置改变,根据式(10-19)可知,即使给定子绕组提供励磁电流,SRM 也不会产生电磁转矩。图 10.6 给出了单相定子绕组的电感与对应于各个区域内的定子电流以及所产生的电磁转矩之间的关系。

图 10.6 表明,通过控制定子绕组电流的通、断时刻 θ_{on} 和 θ_{off}(θ_{on} 又称为**开通角**,θ_{off} 又称为**关断角**)以及电流的形状(或幅值),便可控制每相绕组所产生电磁转矩的大小和正负。

从能量角度看,当定子相绕组在电感增加过程中通电,电源输入给 SRM 定子绕组中的电能将部分转换为磁场储能、部分转换为机械能,产生驱动性的电磁转矩。定子绕组若在电感减小过程中仍维持通电状态,则 SRM 将产生制动性的电磁转矩。此时,磁场储能和负载的机械能将转换为电能回馈至电源或消耗在定子绕组的电阻上(具体形式取决于变流器的开关方式)。

图 10.6 仅给出了 SRM 单相绕组所产生电磁转矩的情况,实际 SRM 所产生的电磁转矩是由多绕组共同作用的结果。为此,下面仍以一台 6/4 极配合的 SRM 为例对多相电机所产生的总电磁转矩情况作进一步分析。

图 10.7 给出了理想情况下三相定子绕组共同作用下所产生的总的电磁转矩与各相定子绕组电感之间的关系。图 10.7 中假定 SRM 的结构确保电机具有自起动

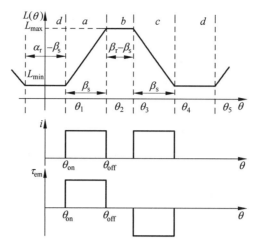

图 10.6　线性电感时 SRM 定子绕组各相电感与对应区域的激磁电流、
电磁转矩之间的关系

能力,亦即转子在任何位置点均能产生单方向的非零电磁转矩,且 SRM 工作在正向电动机状态,即每相定子绕组均在自身电感增加时通电。

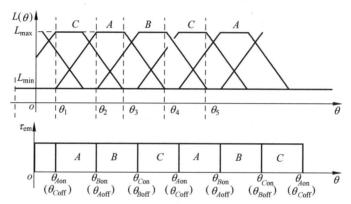

图 10.7　典型 6/4 配合的 SRM 三相定子绕组的电感与电磁转矩之间的关系

由图 10.7 可见,SRM 所产生的电磁转矩是这样组成的:刚开始若 A 相导通,则在 A 相电磁转矩的作用下,转子转过一个行程角($\theta_{\text{step}} = 360°/mZ_r = 30°$)。紧接着,$B$ 相导通,同样,在 B 相电磁转矩的作用下,转子又转过一个行程角 $30°$;然后,C 相导通,在 C 相电磁转矩的作用下,转子又转过一个行程角 $30°$。至此,转子共转过一个极距角 $\theta_{\text{r}\tau} = \dfrac{360°}{Z_r} = 90°$。重复上述过程,转子连续旋转。

以上是针对理想情况(磁路不饱和,电感为线性、电流波形为理想矩形波、各相绕组电流的换向瞬间完成等)进行分析的。实际上,上述电感、电流以及电磁转矩波形要远比上述分析复杂得多,这就需要采用专门的数值计算才能获得准确的结果。

3. SRM 的三种运行状态

经过上述分析可知:与自控式永磁同步电机一样,SRM 转子的转向取决于定子绕组激磁电流的相序,而每相定子绕组中的激磁电流则是转子位置的函数。根据每相定子绕组输入电流的位置区间($\theta_{on} \sim \theta_{off}$)的不同,SRM 可以工作在如下三种状态:

（1）**电动机运行状态**。当每相定子绕组仅在转子齿与定子齿开始重叠过程中(即定子相绕组电感随转子位置的增加而增加时)通电,则所产生的电磁转矩与转子的旋转方向相同(驱动性的电磁转矩)。此时,SRM 工作在电动机状态,输入的电能转变为机械能输出(见图 10.6)。

（2）**发电机运行状态**。若由原动机(如汽油机、柴油机、风力涡轮机等)拖动 SRM 的转子旋转,每相定子绕组仅在转子齿离开定子齿过程中(即定子相绕组电感随转子位置的增加而减少时)通电,则所产生的电磁转矩与转子的旋转方向相反(制动性的电磁转矩)(见图 10.6)。此时,SRM 工作在发电机状态,原动机输入的机械能将转变为电能输出。在 SRM 作发电机运行时,定子相绕组由主开关提供无功励磁,由续流二极管输出电流发电。

（3）**电磁制动状态**。在 SRM 作电动机运行过程中,若希望电机及其拖动负载快速制动,则可仅在转子齿与每相定子齿开始脱离重叠过程中(或定子相绕组电感随转子位置的增加而减小时)通电,此时,所产生的电磁转矩与运动方向相反(制动性的电磁转矩),SRM 工作在电磁制动状态。在电磁制动状态下,转子及其拖动机械负载的动能将转换为电能回馈至电源(又称为**再生制动**状态)或消耗在定子绕组的电阻上(又称为**能耗制动**状态)。

10.2.2　SRM 的供电变流器及其类型

根据式(10.19)可知,SRM 的电磁转矩与每相绕组中的电流方向无关。为了获得有效的电磁转矩,要求定子相电流脉冲应与转子位置同步(若 SRM 作电动机运行,要求每相定子电流与该相电感随转子位置增加而增加的区域同步;若 SRM 作发电机运行,则要求每相定子电流与该相电感随转子位置增加而减少的区域同步),为此,需要专门的变流器供电。理想的变流器须满足如下条件:

(1) 每相所采用的电力电子器件尽可能少;

(2) 能够独立地控制各相绕组中的电流;

(3) 额定输出功率下的伏-安数低,效率高;

(4) 能够四象限运行;

(5) 噪声和转矩脉动尽可能小。

常用的变流器类型为不对称桥式结构,其三相电路拓扑如图 10.8 所示。图 10.8 中,每相变流器是由两个主开关器件和两个二极管组成。视场合的不同,主开关器件可采用 IGBT 或功率 MOSFET。

下面以 A 相变流器为例说明不对称半桥型变流器的工作原理。图 10.8 中,A 相变流器共有三种开关状态:①当两个主开关 S_1、S_2 同时导通时,A 相绕组的端

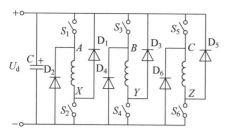

图 10.8　三相 SRM 的不对称桥式供电变流器

部电压为电源电压 U_d；此时，A 相绕组将输入的电能转变为机械能和磁场储能。②当主开关 S_1 关断、S_2 继续导通时，A 相绕组中的电流通过 S_2 与二极管 D_2 续流；此时，A 相绕组的端部电压为零，输入电源与 SRM 隔离。需要说明的是，这一开关状态也可以由主开关 S_1 继续导通、S_2 关断，S_1 与二极管 D_1 续流来实现。③当主开关 S_1、S_2 同时关断时，A 相绕组中的电流通过二极管 D_1、D_2 续流，将磁场储能回馈至电源和负载。此时，A 相绕组的端部电压为负电源电压 $-U_d$。表 10.2 给出了不对称半桥型变流器的所有开关状态和相应的输出电压。

表 10.2　不对称半桥型变流器的开关状态及相应的输出电压
（其中：1 表示导通，0 表示关断）

状态　　开关	S_1	S_2	D_1	D_2	u_{AX}
a	1	1	0	0	U_d
b	0	1	0	1	0
c	1	0	1	0	0
d	0	0	1	1	$-U_d$

　　不对称半桥型变流器具有各相独立控制、磁场能量回馈、四象限运行功能以及易于模块化设计等优点，因而在 SRM 的驱动器中得到广泛应用。除此之外，SRM 也可以采用其他类型的变流器供电。图 10.9 列出了几种具有代表性的电路拓扑结构。图 10.9(a)为开关器件数量最少的两种变流器拓扑结构，其主开关器件共(m+1)个。这种类型的变流器要么所有相共用一个开关器件和二极管，要么相邻两相共用一个开关器件和二极管，其缺点是两相绕组无法同时工作。为了解决这一问题，可通过每对非相邻相的开关器件共享的拓扑结构，如图 10.9(b)所示。这种拓扑结构所采用的开关器件数量为 $1.5m$ 个，仅适用于相数 m 为偶数的 SRM。另一种常用的变流器拓扑结构为电容转储型的变流器，如图 10.9(c)所示。电容转储型结构的变流器开关器件较少，每相电流可以独立控制。在主开关关断期间，SRM 定子相绕组的磁场储能会对电容 C_d 充电。当电容电压达到一定数值后，电容 C_d 所储存的电能可通过开关器件 S_f 传递给电源。实际上，由电容 C_d、开关器件 S_f、电感线圈 L_c 以及二极管 D_f 组成 Buck 型 DC/DC 变换器，完成电容 C_d 的电能到电源能量的变换。这种拓扑结构的主要缺点是当相绕组承受负电压时，相绕组两端的电压较小，仅为电容 C_d 的电压与电源电压的差值。

10.2.3　SRM 的控制方案

　　同其他类型的电机一样，电磁转矩的控制是通过电流的调节来实现的，SRM 也

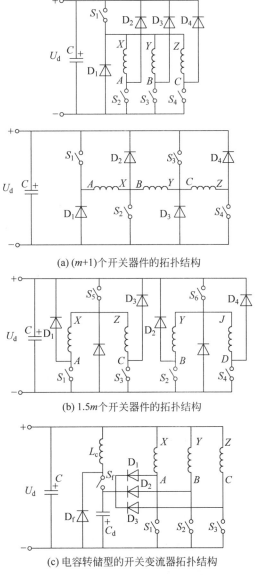

(a) (m+1)个开关器件的拓扑结构

(b) 1.5m个开关器件的拓扑结构

(c) 电容转储型的开关变流器拓扑结构

图 10.9 各种 SRM 供电变流器的电路拓扑结构

不例外。后面的分析(见式(10-35)或图 10.14)将表明,定子每相绕组所产生的速度电势正比于转子转速。当 SRM 运行于低速时,定子每相绕组所产生的速度电势低于直流侧的外加电源电压。因此,在每个行程角内,定子电流的形状和大小可以借助于变流器的 PWM 方案,通过改变加至绕组端部的电压进行控制。一旦进入高速区,速度电势将高于或等于直流侧的外加电源电压,通过 PWM 方案将无法改变定子电流的幅值。此时,直流侧的电源电压将全部加至定子绕组,定子电流的形状只能通过调整开通角 θ_{on} 和关断角 θ_{off} 加以控制,这种控制方式通常又称为**单脉冲控制方式**。由于单脉冲控制方式仅取决于电流脉冲的开通区间长短,而导通区间的长短可以通过改变开通角 θ_{on} 和关断角 θ_{off} 来调整,故又称为**角度位置控制**(angular position control,APC)。下面以 SRM 作电动机运行状态为例对上述两类控制方案分别加以介绍。

1. 低速运行时的控制方案

根据式(10-19)可知,电磁转矩与电流的平方成正比,因此,每相定子绕组可以通过单方向的电流脉冲供电。为了产生理想的电磁转矩,在电感增加的区间内,变流器应为每相定子绕组提供理想的方波电流脉冲(见图 10.6)。通过控制脉冲电流的幅值并保持脉冲电流的开通区间不变,便可以实现对 SRM 所产生的电磁转矩进行控制。对于实际的 SRM 电机,由于定子绕组电阻、电感以及速度电势的作用,脉冲电流的上升和下降不是瞬间完成的,而是存在一定的时间延迟。因此,理想的方波脉冲电流一般很难实现。

为了控制转子低速运行时 SRM 的定子电流幅值,对每相绕组供电变流器的控制最好满足下列要求:

(1) 行程角开始时,定子相绕组以最大正向电压激磁,旨在缩短开通时间;

(2) 在电感变化区域内采用恒流控制,电流的幅值取决于转矩的期望值;

(3) 行程角结束时,定子相绕组以最大负向电压去磁,旨在缩短关断时间。

对于 SRM 的供电变流器,低速运行的控制方案主要有两种:**电流滞环控制**(又称为**电流斩波控制**(current-chopped control,CCC))与**电压 PWM 控制**。现以常用的不对称桥式变流器(见图 10.8)中的 A 相为例分别对这两种控制方案介绍如下。

(1) 电流滞环控制方案

电流滞环控制系统方案以及相应的输出波形分别如图 10.10 和图 10.11 所示。

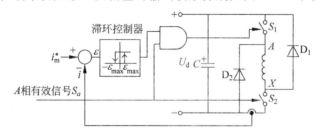

图 10.10　电流滞环控制的不对称桥式变流器的结构示意图

图 10.10 中,根据电流期望值 i_m^* 与相绕组实际电流 i 的偏差 ε,滞环控制器输出主开关 S_1 的驱动信号,借助于 S_1 通断确保相电流 i 的实际值在电流期望值 i_m^* 的附近(容差范围内)变化。主开关 S_2 的驱动信号来自于 A 相的换流信号(即 A 相作用的控制信号),它是根据转子位置传感器的信息来确定的。现结合图 10.11 对图 10.10 的工作过程介绍如下。

在行程角开始即 $\theta_m = \theta_{on}$ 时,控制主开关 S_1、S_2 导通,则定子绕组的相电压为 U_d。考虑到此时定子电感最小(转子处于非对齐位置),相电流迅速增加。当实际电流升至该区间内电流的最大值 i_{max} 时,控制 S_1 关断,而 S_2 的状态保持不变,则定子

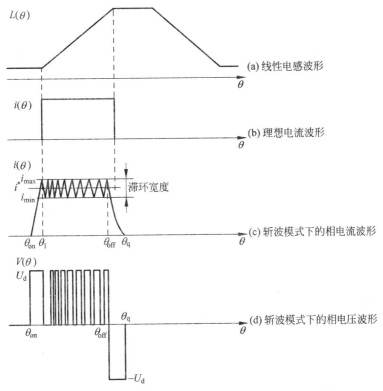

图 10.11 电流滞环控制模式下相绕组的电流与电压波形

绕组电流将通过 S_2、D_2 续流,此时,定子绕组的相电压为 0,相电流将有所减小。一旦实际电流减小至最小值 i_{min},主开关 S_1 又恢复导通,外加相电压变为 U_d。重复上述过程,直至转子转至 $\theta_m = \theta_{off}$ 时,控制主开关 S_1、S_2 全部关断。此时,定子绕组电流将通过 D_1 和 D_2 续流,定子绕组的相电压为 $-U_d$。对应于 A 相导通全过程的电压波形如图 10.11(d)所示。由图 10.11(c)可以看出,由于电流滞环控制的作用,定子相电流的幅值在整个行程角范围内不会超过期望值 i_m^* 的容差带(该容差带是由滞环控制器决定的,其大小为 $2\varepsilon_{max} = i_{max} - i_{min}$),确保了在行程角内 A 相电流的平均值与期望值 i_m^* 相等。

一般情况下,定义**开通区间角**为 $\Delta\theta_d = \theta_{off} - \theta_{on}$。开通区间通常选在产生正向电磁转矩的电感增加区间内。在斩波控制模式下,开通区间角保持不变。通常,脉冲电流的开通角 θ_{on} 选在电感增加区域之前的位置(见图 10.11(c)),以确保在电感增加之前的最小电感区域内电流迅速上升至所要求的数值 i_{max},即

$$i_{max} = \frac{U_d}{L_{min}} t_{on} = \frac{U_d}{L_{min}\omega_m}(\theta_1 - \theta_{on}) \tag{10-32}$$

同理,关断角 θ_{off} 应选在最大电感区结束之前的位置,以确保电流在达到负电磁转矩或电感下降区之前尽可能衰减为零(见图 10.11(c))。设电流完全衰减到零的角度为 θ_q,则关断过程各物理量之间的关系可表示为

$$- i_{\max} = \frac{-U_d}{L_{\max}} t_{off} = \frac{-U_d}{L_{\max} \omega_m} (\theta_q - \theta_{off}) \qquad (10\text{-}33)$$

需要指出的是,关断角 θ_{off}(或断流角 θ_q)应加以限制,以确保相绕组的电流在负电感区内尽可能为零,旨在避免负电感区内的电流造成的制动性电磁转矩和总电磁转矩的降低。

仔细观察图 10.11 可以看出,主开关 S_1 导通的时间间隔是不尽相等的。由于相绕组电感的变化,导致器件的开关频率也随之发生变化。在低电感区时,电流变化快,斩波频率较高;而在高电感区时,电流变化缓慢,斩波频率降低。除此之外,器件的开关频率还取决于滞环控制器的滞环宽度 $2\varepsilon_{\max}$。滞环控制器的滞环宽度越窄即控制精度越高,则开关频率越高。器件开关频率的提高势必导致器件的开关损耗增加和整个系统的效率降低。而且,开关频率的不固定也会带来控制的复杂性。借助于电压 PWM 控制便可以克服这一缺陷。

(2) 电压 PWM 控制方案

电压 PWM 控制方案所采用的变流器主回路与滞环电流控制方案完全相同,与滞环电流控制方案不同的是电压 PWM 控制方案采用固定的开关频率。借助于图 10.10 对电压 PWM 控制方案的工作过程说明如下。

在电压 PWM 控制方案中,主开关 S_1 的开关频率固定,主开关 S_2 的通断仍来自于 A 相的换流信号。A 相绕组的输出电压是通过主开关 S_1 的 PWM 控制来实现的,通过控制 S_1 在开关周期内的占空比 $\delta = \frac{t_{on}}{T_s}$,使 A 相绕组在作用区间内的端部平均电压为 δU_d。一旦 A 相换流结束,主开关 S_1、S_2 全部关断。此时,若 A 相绕组电流大于零,则 A 相绕组的电流将通过 D_1 和 D_2 续流,此时,A 相绕组的端部电压变为 $-U_d$。对应于 A 相绕组导通过程中的电压、电流波形如图 10.12 所示。

与电流滞环控制相比,电压 PWM 控制的开关频率基本固定,而电流滞环控制的开关频率不固定,因而两者所产生的噪音明显不同。电压 PWM 控制方案的噪音以及电磁干扰易于处理,而电流滞环控制方案则难以控制。此外,开关频率的固定与否也会引起变流器开关损耗的不同,最终导致系统效率的变化。因此,从这个意义上看,电压 PWM 控制方案具有明显的优势;但其在系统的动态性能方面却明显逊于电流滞环控制方案。在实际方案确定中,应在两者之间折衷选择。

需要指出的是,在电压 PWM 控制方案中,相电流波形按相电压的调制情况"自然"变化(见图 10.12),而电流滞环控制方案则采用的是瞬时电流闭环控制(见图 10.11)。由于未采用电流闭环控制,电压 PWM 控制方案中的瞬时相电流有可能超过器件的允许值。为了安全起见,实际系统必须采取限流保护措施,确保瞬时相电流不超过最大值。一旦相电流瞬时值超过最大值,则令主开关 S_1、S_2 至少有一个关断。

2. 高速运行时的控制方案

前面曾提到过,随着转速的增加,速度电势相应的增加。一旦速度电势高于或

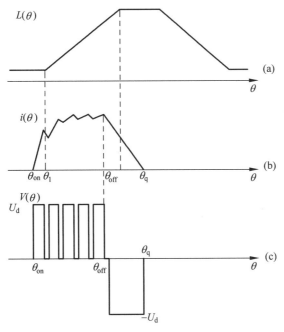

图 10.12　电压 PWM 控制模式下相绕组的电流与电压波形

等于直流侧的外加电源电压,相绕组电流或电压将无法通过上述 PWM 方案斩控。此时,直流侧的电压将全部加至定子相绕组,电磁转矩只能借助于定子电流的形状,通过改变开通角 θ_{on} 和关断角 θ_{off} 加以控制,相应的控制方式又称为**单脉冲控制方式**。图 10.13 给出了单脉冲控制方式下 SRM 定子相绕组的典型电压和电流波形。

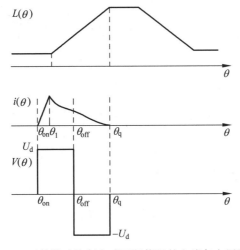

图 10.13　单脉冲控制方式下相绕组的电流与电压波形

　　与斩波控制类似,为了尽快获得所需电流的数值,单脉冲控制模式下的开通角 θ_{on} 应设置在进入电感增长区之前的最小电感区内;关断角 θ_{off} 也应设置在最大电感区结束之前的位置,以确保电流衰减到零的角度 θ_{q} 尽可能在电感下降区之前。

10.2.4 SRM 的数学模型

根据 KVL,每相定子绕组的电压方程表示为

$$u_1 = r_s i + \frac{\mathrm{d}\Psi_s(i,\theta_m)}{\mathrm{d}t} \tag{10-34}$$

式(10-34)可进一步展开为

$$u_1 = r_s i + \frac{\partial \Psi_s}{\partial i}\frac{\mathrm{d}i}{\mathrm{d}t} + \frac{\partial \Psi_s}{\partial \theta_m}\frac{\mathrm{d}\theta_m}{\mathrm{d}t}$$

$$= r_s i + L_s(\theta_m,i)\frac{\mathrm{d}i}{\mathrm{d}t} + \frac{\partial \Psi_s(\theta_m,i)}{\partial \theta_m}\omega_m$$

$$= r_s i + L_s(\theta_m,i)\frac{\mathrm{d}i}{\mathrm{d}t} + e_1(\theta_m,\omega_m,i) \tag{10-35}$$

其中,瞬时电感为 $L_1 = \dfrac{\partial \Psi_1}{\partial i_1}$;定子绕组的速度电势为 $e_1 = \dfrac{\partial \Psi_s(\theta_m,i)}{\partial \theta_m}\omega_m$。定子电压方程式(10-35)可用图 10.14 所示的等效电路表示。

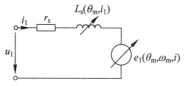

图 10.14　SRM 的单相等效电路

SRM 的动力学方程式可以表示为

$$J\frac{\mathrm{d}\omega_m}{\mathrm{d}t} = T_{em}(\theta_m,i) - T_L \tag{10-36}$$

$$\omega_m = \frac{\mathrm{d}\theta_m}{\mathrm{d}t} \tag{10-37}$$

鉴于结构的对称性,SRM 定子各相绕组之间的互感较小,故可忽略不计,因此,若 m 相定子绕组同时导通,则 SRM 所产生的总电磁转矩可由下式给出

$$T_{em} = \sum_{i=1}^{m} T_{emi}(\theta_m,i_i), \quad T_{emi} = \frac{\partial}{\partial \theta}\int_0^{i_i} \Psi_i(\theta,i_i)\mathrm{d}i_i \tag{10-38}$$

其中,T_{emi} 为每相定子绕组所产生的电磁转矩,它是根据式(10-11)和式(10-16)获得的。

式(10-35)、式(10-38)表明,要想利用数学模型计算 SRM 的性能,首先需要对 $\Psi_s(\theta_m,i)$,$\tau_{em}(\theta_m,i)$ 进行深入了解。

10.2.5 SRM 的定子磁链与电磁转矩

深入了解定子绕组的磁链和电磁转矩是分析 SRM 性能的基础。对于实际 SRM 而言,定子相绕组的磁链和电磁转矩均是转子位置和定子激磁电流的函数,即 $\Psi_s(\theta_m,i)$,$\tau_{em}(\theta_m,i)$。

下面针对磁路线性和磁路饱和两种情况下每相定子绕组的磁链和该相定子绕组所产生的电磁转矩情况分别加以说明。

1. 线性磁路时的定子磁链和电磁转矩

忽略磁路饱和,定子每相绕组的磁链 Ψ_s 可表示为

$$\Psi_\text{s}=L_\text{s}(\theta_\text{m})i \tag{10-39}$$

式(10-39)表明,当转子处于不同位置时,定子每相绕组的磁链 Ψ_s 与定子激磁电流之间呈线性关系。该关系可用图 10.15 所示曲线族表示。

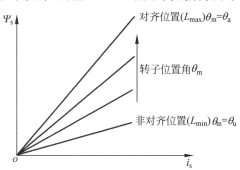

图 10.15　线性磁路时不同转子位置下定子磁链与定子激磁电流之间的关系

图 10.15 中,$\theta_\text{m}=\theta_\text{u}$ 对应于非对齐位置(即图 10.5 的 d 区)。此时,磁路的磁阻最大,电感最小,直线的斜率即代表相应的最小电感值 L_min;$\theta_\text{m}=\theta_\text{a}$ 对应于对齐位置(即图 10.5 的 b 区)。此时,磁路的磁阻最小,电感最大,直线的斜率即代表相应的最大电感值 L_max。对于其他转子位置(即图 10.5 的 a 区和 c 区),也可得到相应的直线,它们介于上述两种极限情况之间。

在以上分析过程中,转子位置皆是采用机械角 θ_m 表示的。转子每转过一周对应一个周期,相应的机械角度为 $360°$。考虑到 SRM 内部结构的对称性以及各相的相似性,为简化分析,通常采用电角度取代机械角度来描述转子位置。电角度对应于电周期,定子绕组中的电流每循环导通一次即对应一个电周期,相应的电角度为 $360°$。因此,**电角度** θ_e 与**机械角度** θ_m 之间的关系为

$$\theta_\text{e}=Z_\text{r}\theta_\text{m} \tag{10-40}$$

对于线性磁路,SRM 每相定子绕组的电磁转矩的表达式已由式(10-19)给出。若用电角度表示,则电磁转矩的表达式变为

$$T_\text{em}=\frac{1}{2}Z_\text{r}\frac{\partial L_\text{s}(\theta_\text{e})}{\partial\theta_\text{e}}i^2 \tag{10-41}$$

2. 饱和磁路时的定子磁链

当考虑磁路饱和时,定子每相绕组的磁链 Ψ_s 显然是转子位置和定子激磁电流的函数,即 $\Psi_\text{s}(\theta_\text{m},i)$。此时,当转子处于非对齐位置时,由于气隙较大,此时的磁路仍可被认为是处于线性状态。随着转子齿与定子齿重合、气隙的减小,磁路的铁芯处于饱和状态,定子磁链与定子电流之间呈非线性关系。一旦转子齿与定子齿完全重合、转子处于对齐位置时,磁路的饱和程度最高。图 10.16 清晰地反映了磁路饱和

时不同转子位置下定子磁链与定子电流之间的这一关系。

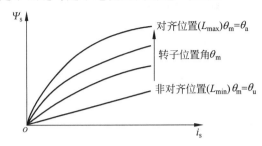

图 10.16　饱和磁路时不同转子位置下定子磁链与定子激磁电流之间的关系

　　显然,磁路饱和后,定子磁链与定子电流、转子位置之间的关系复杂,难以用具体的解析表达式表示。至于电磁转矩也同样如此,需要结合控制方式与能量法进行计算,有关内容将在下一节介绍。

10.2.6　SRM 的能量转换与定子磁链-电流图

　　本节将结合 SRM 的控制方式与定子磁链-电流图,从能量角度对一个行程角内每相绕组所产生的平均电磁转矩以及电机内部的能量转换过程进行深入讨论。

1. 线性磁路时的定子磁链-电流图与能量转换

　　当磁路为线性时,SRM 在不同转子位置下的磁化曲线已在上一节作了介绍(见图 10.15)。利用 10.1.2 节介绍的磁场储能、磁共能的概念,结合该磁化曲线便可讨论一个行程角内 SRM 每相绕组各部分能量之间的转换关系。

　　若定子每相绕组在一个行程角内采用理想的矩形电流脉冲激磁,并假设电流脉冲作用的起点和终点分别对应着电感增加开始时刻和电感增加结束时刻(见图 10.11(b)),则相应的磁链-电流图可用图 10.17 表示。

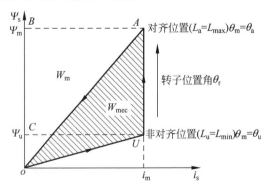

图 10.17　磁路线性时的定子磁链-电流图

　　图 10.17 中,非对齐位置所对应的磁化曲线可用斜率为非对齐位置电感 $L_u(=L_{min})$ 的直线 OU 表示,对齐位置所对应的磁化曲线用斜率为对齐位置的电感

$L_a(=L_{max})$的直线 OA 表示。处于两者之间位置所对应的磁化曲线的斜率介于 L_u 与 L_a 之间。当转子齿与定子齿开始重叠(对应于 U 点)时,忽略边缘效应,并假定在此时刻定子电流迅速由零上升至最大值 i_m(假定转子在此阶段位于非对齐位置且移动的角度可忽略不计),则外加电源通过变流器为定子 A 相绕组所提供的磁场储能可表示为 $S_{OUC}=\dfrac{1}{2}L_u i_m^2$。根据式(10-19)(或式(10-16)),当保持定子相绕组瞬时电流 $i_s=i_m$ 不变且转子由非对齐位置移至对齐位置(对应于图 10.17 中的轨迹 UA)时,SRM 由电能所转换的机械能为

$$W_{mec}=T_{em}\Delta\theta=\frac{1}{2}\frac{(L_a-L_u)}{\Delta\theta}i_m^2\Delta\theta$$
$$=\frac{1}{2}L_a i_m^2-\frac{1}{2}L_u i_m^2=S_{OUA} \tag{10-42}$$

根据式(10-35),忽略定子绕组电阻,当转子沿轨迹 UA 由 U 至 A 时,定子 A 相绕组所吸收的电能为

$$W_{in}=P_{in}\Delta t=e_1 i_s\Delta t=\frac{\Delta\Psi_s}{\Delta\theta_m}\omega_m i_m\Delta t=(\Psi_m-\Psi_u)i_m$$
$$=S_{ABCU}=(L_a-L_u)i_m^2 \tag{10-43}$$

式中,$\Delta\theta_m=\omega_m\Delta t$。

根据初始阶段 A 相绕组的磁场储能和式(10-43),外加电源通过变流器在一个行程内输入至定子绕组的总电能为

$$S_{OUAB}=S_{ABCU}+S_{OUC}=(L_a-L_u)i_m^2+\frac{1}{2}L_u i_m^2 \tag{10-44}$$

对于 SRM,为了表征类似于交流电机功率因数的概念,即输出给负载的机械能(或机械输出功率)与变流器所提供的总能量(或 SRM 的视在容量)之间的关系,引入了能量转换系数(energy conversion factor)的概念。

能量转换系数定义为:SRM 输出给负载的机械能(或功率)占变流器所提供的总能量(或功率)的百分比,即

$$K_E=\frac{输出的机械能}{变流器提供的总能量}=\frac{W_{mec}}{W_{mec}+W_m}$$
$$=\frac{S_{OUA}}{S_{OUAB}}=\frac{W_{mec}}{W_{mec}+W_m}\times100\% \tag{10-45}$$

式(10-45)也可以用输出给负载的机械功率与变流器所提供的总功率之比来表示。

当电机不饱和(或磁化曲线为线性)时,根据式(10-42)、式(10-44),能量转换系数可表示为

$$K_E=\frac{(L_a-L_u)}{2(L_a-L_u)+L_u}=\frac{(\lambda-1)}{(2\lambda-1)}\times100\% \tag{10-46}$$

式中,$\lambda=L_a/L_u$。由式(10-46)可以看出,能量转换系数 $K_E<0.5$(根据定义(式(10-45))并观察图 10.17 也可得到同样的结论)。

实际上,整个行程角范围内,在转子由 U 到 A 对外做功过程中,输出的机械能与此阶段的磁场储能是相等的(由式(10-42)、式(10-43)(或 S_{OUA}/S_{ABCU})可以看出),此阶段的能量转换系数为 0.5。但考虑到对外做功之前,A 相绕组预先建立磁场需要消耗一定的能量(即 S_{OUC}),因此,整个行程角内的能量转换系数小于 0.5。这一结论意味着:**当磁路为线性时,即使忽略电阻损耗,传动系统输入给 SRM 的能量仅有不到一半被转换为机械能输出。**换句话说,当磁路为线性时,为了输出一定的机械功率,供电变流器需要提供两倍以上的电功率(或伏安数)。显然,变流器的利用率不高。

2. 饱和磁路时的定子磁链-电流图与能量转换

通过上述分析我们已经看到,线性磁路的 SRM 电机的能量转换系数较低,变流器的利用率较差。因此,实际的 SRM 远非工作在线性磁路状态。下面我们将采用与上一节类似的方法,对磁路饱和状态时每相绕组所产生的机械能(或电磁转矩)以及各部分能量之间的关系进行讨论。

与线性磁路时的假设相同,假定定子每相绕组在一个行程角内采用理想的矩形电流脉冲激磁,电流脉冲的起、止点分别对应着电感增加起始与终止时刻(见图 10.11(b)),则相应的定子磁链-电流图如图 10.18 所示。

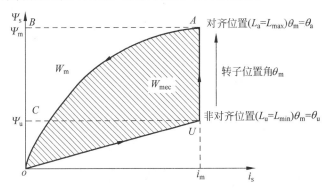

图 10.18　磁路饱和时的定子磁链-电流图

图 10.18 中,若忽略边缘效应,考虑到非对齐位置所对应的磁化曲线仍可用直线 OU 表示,直线 OU 的斜率为非对齐位置的电感 $L_u(=L_{min})$。当转子处于对齐位置时,由于定、转子之间的气隙较小,磁路处于深度饱和状态。处于两者之间的其他位置时,所对应的磁化曲线介于两者之间。

当转子齿与定子齿开始重叠(对应于 U 点)时,忽略边缘效应,并假定在此时刻定子电流迅速由零上升至最大值 i_m,则 A 相定子绕组的磁场储能为 $S_{OUC} = \dfrac{1}{2} L_u i_m^2$。根据式(10-16),当保持定子相绕组电流 $i_s = i_m$ 不变且转子由非对齐位置移至对齐位置(对应于图 10.18 中的轨迹 UA)时,SRM 由电能所转换的机械能为

$$W_{mec} = T_{em}\Delta\theta = \frac{\Delta W_{mc}}{\Delta\theta}\Delta\theta = S_{OUA} \tag{10-47}$$

根据式(10-35),忽略定子绕组电阻,当转子沿轨迹 UA 由 U 至 A 时,定子 A 相绕组所吸收的电能为

$$W_{in} = P_{in}\Delta t = e_1 i_s \Delta t = \frac{\Delta \Psi_s}{\Delta \theta_m}\omega_m i_m \Delta t$$
$$= (\Psi_m - \Psi_u)i_m = S_{ABCU} \tag{10-48}$$

根据初始阶段 A 相绕组的磁场储能和式(10-48),电源在一个行程内输入至定子绕组的总电能为

$$S_{OUAB} = S_{ABCU} + S_{OUC} = (\Psi_m - \Psi_u)i_m + \frac{1}{2}L_u i_m^2 \tag{10-49}$$

根据式(10-45)、式(10-47)以及式(10-49),电机饱和时的能量转换系数可表示为

$$K_E = \frac{S_{OUA}}{S_{OUA} + S_{OAB}} = \frac{S_{OUA}}{S_{OUAB}} \tag{10-50}$$

根据式(10-50)并结合图 10.18 可以看出,当电机饱和时,能量转换系数 $K_E >$ 0.5。而且,饱和深度越深,能量转换系数越大。这就意味着,在输出功率一定的情况下,磁路的饱和程度越高,所需变流器的视在容量(或伏安数)越小,变流器的利用率越高。因此,**为了降低变流器的伏-安数,通常要求 SRM 工作在深饱和状态**。当然,磁路的饱和会限制磁通密度的进一步提高,直接影响电机的输出转矩(或功率)。为了确保相同的输出功率,必须加大 SRM 电机本体的尺寸。对于实际的 SRM 系统,应根据 SRM 的尺寸、变流器的成本以及运行效率综合确定 SRM 的额定运行点。

以上分析的是理想情况下,定子相绕组在电感增加的起、止点通以最大激磁电流时的能量转换过程。它表示 SRM 在一个行程角内所能输出的最大机械能(或最大电磁转矩)。实际情况下,定子相绕组通电的起、止点(或开通角与关断角)将根据需要发生变化,定子相绕组的激磁电流也会按照 10.2.3 节所介绍的 PWM 控制方式进行斩控或单脉冲方式加以控制。此时,定子磁链-电流图也需做出相应地调整。

图 10.19 给出了一个行程内定子激磁电流仍在电感增加的起始点开通、关断角提前至 $\theta_D < \theta_a$(为防止负转矩产生)(即在 D 点换流)以及电流幅值低于最大值($i_s < i_m$)且基本保持不变情况下的定子磁链-电流图。

图 10.19(a)表示主开关导通阶段的定子磁链-电流图。其中的 D 点为主开关的换流点,定子绕组从该点开始端部电压反向,激磁电流经二极管续流。至此,电源输入至定子绕组的总能量为 $S_{ODB} = W_{Bmec} + W_{Bm}$,其中,磁场储能为 W_{Bm},主开关导通阶段所转换的机械能为 W_{Bmec}。显然,两者大致相等,意味着有近似一半的输入电能转变为机械能。图 10.19(b)表示主开关关断后,进入二极管续流阶段,电源电压反向时的定子磁链-电流图。在此阶段,有 W_d 的能量回馈至电源,有 $W_{md}(= W_{Bm} - W_d)$ 的能量被转换为机械能。很明显,W_{md} 小于 W_{Bm} 的一半。结合图 10.19(a)、(b)可以看出,在一个行程角范围内,由于饱和因素,输出的机械能超过输入电能的 50%,相应的定子磁链-电流图如图 10.19(c)所示。

由图 10.19(c)可见,在这一行程角内,输入的电能所转变的总机械能为 W_{mec},回馈至电源的磁场储能为 W_m,变流器需所提供的总能量为 $S_{ODB} = W_m + W_{mec}$,显然,能量转换系数大于 50%。

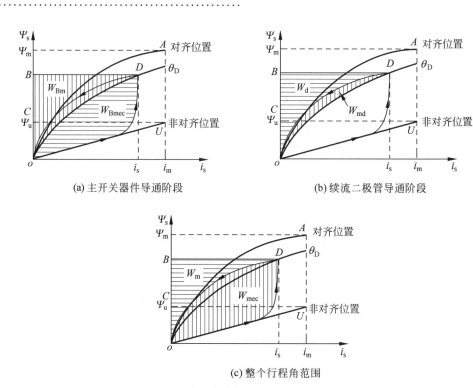

(a) 主开关器件导通阶段   (b) 续流二极管导通阶段

(c) 整个行程角范围

图 10.19 关断角提前情况下的定子磁链-电流图

图 10.20(a)、(b)进一步给出了在一个行程角内采用电流滞环控制和单脉冲控制方式下的定子磁链-电流图。

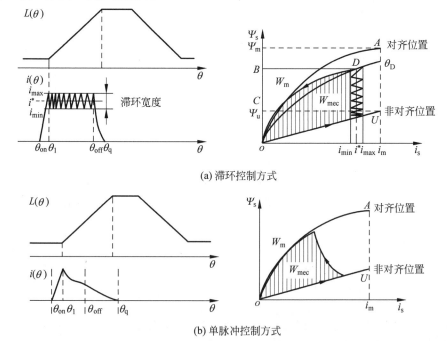

(a) 滞环控制方式

(b) 单脉冲控制方式

图 10.20 不同控制方式下的定子磁链-电流图

由图 10.20(b)可以看出,高速运行时,由于电流难以维持幅值不变,输出的机械能(或电磁转矩)明显减少。这种情况类似于直流电机或交流电机的弱磁控制。随着转速的提高,定子磁链-电流图中所对应的机械能部分的面积将进一步缩小。图 10.21 给出了两种高速场合下定子磁链-电流图的对比结果。

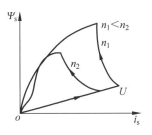

图 10.21　高速运行时的定子磁链-电流图

根据定子磁链-电流图便可以求出在一个行程角内的平均电磁转矩为

$$T_{\mathrm{em(av)}} = \frac{W_{\mathrm{mec}}}{\theta_{\mathrm{step}}} \tag{10-51}$$

由此求出一周内的平均电磁转矩为

$$T_{\mathrm{em(av)}} = \frac{m Z_{\mathrm{r}} W_{\mathrm{mec}}}{\theta_{\mathrm{step}}} \tag{10-52}$$

10.2.7　SRM 的机械特性与各种运行区

同传统电机一样,SRM 的主要性能也是通过描述电磁转矩(或电磁功率)与转速关系的机械特性来表示的。鉴于 SRM 的机械特性与供电变流器的拓扑结构、电流幅值的控制方案以及控制角(开通角 θ_{on} 和关断角 θ_{off})的选择等密切相关,因此,通常根据上述因素将 SRM 的机械特性划分为三个区域,即恒转矩运行区、恒功率运行区以及串励特性区(类似于串励直流电动机的特性),相应的机械特性的包络线如图 10.22 所示。

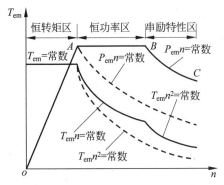

图 10.22　SRM 的机械特性与负载能力

图 10.22 所示的机械特性包络线反映了 SRM 在上述三个不同运行区的负载能力。显然,不同运行区内的机械特性有显著不同,现对其分别介绍如下:

1. 恒转矩运行区

当 SRM 在低速区内运行时,若开通角 θ_{on} 与关断角 θ_{off} 分别保持在 0 与 $\tau_{\mathrm{rp}}/2$ (相应的电角度分别为:0°与180°)不变,考虑到定子每相绕组所感应的速度电势低于直流侧电源电压 U_{d},因此,定子绕组中的相电流可以通过滞环电流控制或电压 PWM 控制加以调整。在此区域内,若维持定子脉冲电流的幅值不超过额定值,其输出的最大转矩可基本保持不变。

随着转速的升高,定子相绕组所感应的速度电势也逐渐增大。当转速升高至一定程度且速度电势与直流侧电源电压 U_d 相等时,定子相绕组的外加电压将无法通过电流滞环或电压 PWM 实现斩控,相绕组脉冲电流的幅值将无法再调整。此时,定子绕组的电流将达最大值,则该运行点对应的转速即为**基速**(对应于图 10.22 中的 A 点)。显然,基速以下的系统可保持恒转矩运行,其对应于图 10.22 中的恒转矩区。

在恒转矩运行区内,转子轴上输出的最大机械功率正比于转速。当传动系统的运行点到达 A 点时,输出的机械功率达最大。最大机械功率与 SRM 的铁耗、变流器的开关损耗以及机械损耗一起决定了变流器及电源所要求的最小功率。

2. 恒功率运行区

当转速超过基速时,相绕组所感应的速度电势将大于直流侧的电源电压 U_d,此时,定子绕组外加相电压保持额定值(即直流侧电压 U_d)(占空比已变为 1)不变,定子相电流可以通过改变控制角(θ_{on} 与 θ_{off})来控制。在此阶段,每个行程角范围内的定子磁链峰值由下式给出

$$\Psi_{sm} = U_d \Delta\theta_d / \omega_m = U_d(\theta_{off} - \theta_{on}) / \omega_m \tag{10-53}$$

其中,$\Delta\theta_d = (\theta_{off} - \theta_{on})$ 为主开关器件的导通角即开通区间角。式(10-53)表明,在基速以上,要想保持定子磁链峰值不变,只需使导通角随转速的增加而线性增加即可,而导通角的增加可以通过开通角 θ_{on} 引前(即减小开通角)来实现。

上述分析表明,通过控制角的合理选择便可维持定子磁链峰值不变并确保定子相绕组电流的最大值不超过额定值,从而保证了机械功率的最大值基本不变,传动系统将运行在恒功率区(见图 10.22 中的 A-B 区间)。在恒功率区范围内,最大电磁转矩与转速成反比。

3. 串励特性区

一旦转速进一步升高,控制角(θ_{on} 与 θ_{off})将达到极限值。此时,开通区间角 $\Delta\theta_d = (\theta_{off} - \theta_{on})$ 将增至转子极距角 τ_{rp} 的一半。开通与关断区间之和(也即定子相绕组激磁与去磁作用区间角之和)将达到转子极距(对应于电角度超过 360°)(包括正、负转矩区),控制角已没有任何调节余地。此时,运行点位于图 10.22 中的 B 点。之后,传动系统将进入串励特性区。在串励特性区,系统的特性呈现出类似于串励直流电动机的机械特性。在此阶段,定子相绕组电流将难以维持额定值,输出功率与转速成反比,最大输出转矩与转子转速的平方成反比。相应的运行点位于图 10.22 中的 B-C 区间。

需要说明的是,在恒功率区,若控制角(θ_{on} 与 θ_{off})保持不变,随着转速的增加,实际输出的最大功率将与转速成反比例下降,则实际输出的电磁转矩将与转速的平方成反比例下降,相应的曲线如图 10.22 中的虚线所示。该特性的变化规律与串励特性区完全相同。

10.2.8　SRM 组成的传动系统

1. SRM 的位置传感器及其信号处理

为了准确控制定子各相绕组的通电时刻,确保每相定子电流脉冲与转子位置同步,就需要安装转子位置传感器。对于 SRM 而言,常用的转子位置传感器可分为两类:一类是光电式;另一类是电磁式。光电式转子位置传感器利用透光与遮光原理,由安装在与转子同轴上的遮光盘以及安装在定子侧起发光与受光作用的光电二极管组成。要求安装在转子轴上的遮光盘齿宽、槽宽等距且总的齿槽数与转子齿槽数(或等于 $2Z_r$)相等,而安装在定子侧的光电二极管的对数则取决于定子相数。通常,若定子相数为奇数,则光电二极管的对数等于定子相数 m;若定子相数为偶数,则光电二极管的对数等于定子相数 m 的一半。相邻两个发光(或受光)二极管的间距按下式选择

$$\theta_b = \left(K + \frac{1}{m}\right)\theta_{r\tau} \tag{10-54}$$

式中,K 为包括零在内的正整数。

现以一台 3 相 6/4 极 SRM 为例说明光电二极管的安装位置及其输出信号以及该输出信号与变流器开关的驱动信号之间的关系。显然,总共需要 3 对光电二极管。通常,第一对发光(或受光)二极管安装在对应于某相绕组中心线的位置,其他相邻 2 对发光(或受光)二极管的间距为 30°(参考式(10-54))。图 10.23 的左侧给出了安装在定子侧的 3 对光电管的位置与定子相绕组轴线之间的对应关系以及安装在转子轴上的遮光盘,右侧则给出了每对光电管的供电与整形电路及 3 对光电管经过整形电路后的输出信号波形。图中,将不对齐位置(即转子槽中心线与定子 A 相齿中心线对齐位置)作为角度的参考零点。根据光电管经过整形后位置信号的波形便可得到 SRM 供电变流器各相开关器件的驱动信号如图 10.24 所示。

至于电磁式位置传感器,它是由安装在与转子同轴上的环形永磁体与安装在定子侧的霍尔元件组成。要求环形永磁体的 N 极、S 极的极数与转子齿槽数(或等于 $2Z_r$)相等,而安装在定子侧的霍尔元件个数则取决于定子相数,其选取规则、安装位置以及供电、整形电路以及处理方法与光电二极管类似,这里就不再赘述。

2. 转子初始位置的检测

对于 SRM 传动系统,当转子静止时,为了在期望的位置上获得足够的起动转矩,首先需要确定初始激磁时哪一相先导通。一旦初始导通相确定,其他各相的通断情况便可根据旋转方向(或定子相序)依次决定。商用增量式编码器一般不提供初始转子的参考位置信息。对于 SRM,初始转子位置可通过给任意相定子绕组通以足够大的电流并维持一定时间间隔以使转子与该相绕组轴线对齐来获得,但这种方案的缺点是转子在运行前需要转过一定角度,而在有些场合下,这种方案是不允许

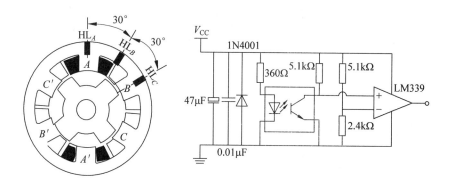

(a) 光电管定子侧的安装位置及整形电路

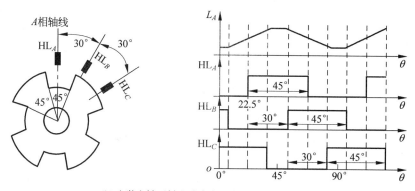

(b) 安装在转子轴上遮光盘和光电管电路输出的波形

图 10.23　3 相 6/4 极 SRM 光电式位置传感器的安装位置、整形电路及其位置信号

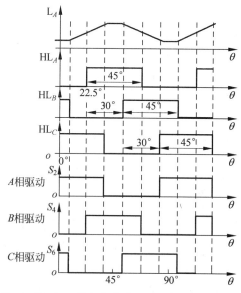

图 10.24　3 相 6/4 极 SRM 供电变流器开关器件的驱动信号(顺时针旋转)

的。为此,可寻求其他无位置传感器方案解决这一问题。下面将介绍一种通过检测直流侧电压、各相绕组电流来确定初始转子位置的无位置传感器方案,具体步骤如下。

首先通过供电变流器给定子所有相绕组均注入脉宽固定的电压诊断脉冲,通过检测各相绕组电流的峰值并进行比较便可判断转子所在的区间。为了保证外加电压脉冲信号不至于使转子发生转动,要求外加电压脉冲的作用时间足够短。根据转子所在区间以及旋转方向、起动转矩与起动电流便可选择最适合导通的相。

图 10.25 给出了一台三相、12/8 极 SRM 典型的各相定子电感曲线以及在上述电压脉冲作用下各相电流的峰值曲线。图 10.25 考虑了铁芯的饱和效应对定子相电感的影响。按照定子电感的大小,一个行程角(或一个电周期)内的机械角度被均匀分为 6 个区域。由于转子静止,定子绕组中无速度电势;同时,考虑到定子激磁电流较小,则定子各相电流的大小满足下列关系

$$I_{s(ABC)} = \frac{U_d \Delta T}{L_{s(ABC)}} \tag{10-55}$$

式中,ΔT 为电压脉冲的作用时间;$L_{s(ABC)}$ 为对应相的定子电感。

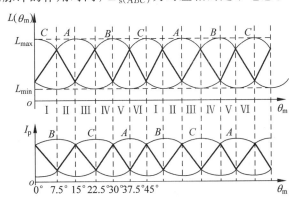

图 10.25 12/8 极 SRM 的定子各相电感及各相电流峰值曲线

利用式(10-55)并结合图 10.25 便可获得各相电流峰值与各相定子绕组电感、转子位置之间的关系。表 10.3 总结了 12/8 极 SRM 各相电流峰值与各相定子绕组电感、转子位置之间关系的所有情况。

根据所检测的各相定子绕组电流峰值之间的关系,结合表 10.3,转子初始位置所处的区域以及定子初始激磁相便可由此确定。鉴于各个区域内总有一相电感处于线性区(见图 10.25),利用该线性区电感,并通过线性插值方法还可进一步估算出转子的具体位置角,从而实现起动转矩(或起动电流)的准确控制。

表 10.3 定子相电流峰值、定子电感以及转子位置角之间的关系表

区域	各相电流峰值	各相定子电感	所处的转子位置角范围
I	$I_C < I_A < I_B$	$L_C > L_A > L_B$	$0 < \theta < 7.5°$
II	$I_A < I_C < I_B$	$L_A > L_C > L_B$	$7.5° < \theta < 15°$

续表

区域	各相电流峰值	各相定子电感	所处的转子位置角范围
Ⅲ	$I_A < I_B > I_C$	$L_A > L_B > L_C$	$15° < \theta < 22.5°$
Ⅳ	$I_B < I_A < I_C$	$L_B > L_A > L_C$	$22.5° < \theta < 30°$
Ⅴ	$I_B < I_C < I_A$	$L_B > L_C > L_A$	$30° < \theta < 37.5°$
Ⅵ	$I_C < I_B < I_A$	$L_C > L_B > L_A$	$37.5° < \theta < 45°$

3. SRM 多相之间的换流过程与转矩分配函数

类似于步进电机,SRM 是由各相定子绕组按照一定顺序依次通电运行的。亦即 SRM 所产生的电磁转矩是由各相定子绕组共同作用产生的。通常,任意时刻 SRM 仅有一相定子绕组工作,该相绕组在其相电感增加时通电产生正向电磁转矩,而在相电感减小时通电则产生负向电磁转矩。这就意味着,若希望 SRM 工作在电动机运行状态或发电制动状态,定子每相绕组在一个定子电感变化周期内仅通电半个周期,相应的转子角区间又称为**定子相绕组的作用区**。理想情况下,一旦转子进入某相定子绕组的作用区,则其定子相电流应瞬时增至所要求的数值,以满足电磁转矩要求。同样,一旦脱离作用区,则其相电流应瞬时降为零。与此同时,由于转子进入相邻相定子绕组的作用区,该绕组电流应再瞬时增至所要求的数值,……以此类推。

但实际情况并非如此,考虑到直流侧母线电压有限,且定子相绕组存在一定电感和电阻,定子相绕组电流的上升和下降不可能瞬间完成。换句话说,相邻两相定子绕组之间相电流和所产生的电磁转矩之间的切换存在一定时间,相应的过程又称为**换流过程**。在换流过程中,相邻两相的电流和所产生的电磁转矩存在一定的重叠区。重叠区内所需的总电磁转矩是由相邻两相定子绕组共同承担的,可用下式表示为

$$T_{em}^* = T_{dec}^* + T_{inc}^* \tag{10-56}$$

式中,T_{em}^* 为总电磁转矩的期望值;T_{dec}^*、T_{inc}^* 则分别为关断相(或电流减小相)、导通相(或电流增加相)所承担电磁转矩的期望值,它们可用下列表达式表示为

$$T_{dec}^* = f_{dec}(\theta) T_{em}^* \tag{10-57a}$$

$$T_{inc}^* = f_{inc}(\theta) T_{em}^* \tag{10-57b}$$

$$f_{dec} + f_{inc}(\theta) = 1 \tag{10-57c}$$

式中,$f_{dec}(\theta)$、$f_{inc}(\theta)$ 均为与转子位置有关的函数,通常定义其为**转矩分配函数**(torque distribution function,TDF)。其中,$f_{dec}(\theta)$ 为关断相的转矩分配函数,它反映的是关断相在总的电磁转矩中所需承担的转矩比例与转子位置之间的关系;而 $f_{inc}(\theta)$ 则为开通相的转矩分配函数,它反映的是开通相在总的电磁转矩中所需承担的转矩比例与转子位置之间的关系。转矩分配函数的选取并不唯一,它取决于直流侧的电压、传动系统的调速范围、系统的电流控制能力以及 SRM 的性能。转矩分配

函数选取直接影响转矩控制的质量并与转矩脉动和振动与噪音等密切相关。下面将分别对两种常用的转矩分配函数(TDF)加以介绍。

（1）TDF Ⅰ

$$f_{\text{dec}}(\theta)=\begin{cases}1, & 0°\leqslant\theta\leqslant\theta_{\text{on}}\\(1+\cos k(\theta-\theta_{\text{on}}))/2, & \theta_{\text{on}}\leqslant\theta\leqslant\theta_{\text{off}}\\0, & \theta_{\text{off}}\leqslant\theta\leqslant\tau_{\text{step}}\end{cases}\tag{10-58a}$$

$$f_{\text{inc}}(\theta)=\begin{cases}0, & 0°\leqslant\theta\leqslant\theta_{\text{on}}\\(1-\cos k(\theta-\theta_{\text{on}}))/2, & \theta_{\text{on}}\leqslant\theta\leqslant\theta_{\text{off}}\\1, & \theta_{\text{off}}\leqslant\theta\leqslant\tau_{\text{step}}\end{cases}\tag{10-58b}$$

式中，系数 $k=180°/(\theta_{\text{off}}-\theta_{\text{on}})$。

（2）TDF Ⅱ

$$f_{\text{dec}}(\theta)=\begin{cases}1, & 0°\leqslant\theta\leqslant\theta_{\text{on}}\\1-f(\theta), & \theta_{\text{on}}\leqslant\theta\leqslant\theta_{\text{off}}\\0, & \theta_{\text{off}}\leqslant\theta\leqslant\tau_{\text{step}}\end{cases}\tag{10-58c}$$

$$f_{\text{inc}}(\theta)=\begin{cases}0, & 0°\leqslant\theta\leqslant\theta_{\text{on}}\\f(\theta), & \theta_{\text{on}}\leqslant\theta\leqslant\theta_{\text{off}}\\1, & \theta_{\text{off}}\leqslant\theta\leqslant\tau_{\text{step}}\end{cases}\tag{10-58d}$$

式中，$f(\theta)=A+B(\theta-\theta_{\text{on}})+C(\theta-\theta_{\text{on}})^2+D(\theta-\theta_{\text{on}})^3$ 为多项式形式，其中的 4 个系数可由下列约束条件确定

$$f(\theta)=\begin{cases}0, & \theta=\theta_{\text{on}}\\1, & \theta=\theta_{\text{off}}\end{cases}\tag{10-59a}$$

$$\frac{\mathrm{d}f(\theta)}{\mathrm{d}\theta}=\begin{cases}0, & \theta=\theta_{\text{on}}\\1, & \theta=\theta_{\text{off}}\end{cases}\tag{10-59b}$$

以上仅给出了一相转矩分配函数的解析表达式，其他各相的转矩分配函数则与该相的表达式相同，仅空间上沿转子运行方向上依次推移 θ_{step} 角。对于一台 3 相、12/8 极 SRM，上述转矩分配函数的形状示意图如图 10.26 所示。与 TDF Ⅱ 相比，TDF Ⅰ 的相电流和每相转矩的上升和下降时间要大得多。对于确定的导通角 θ_{on} 和关断角 θ_{off} 而言，实际的电流控制器更容易满足换流过程对转矩的要求。

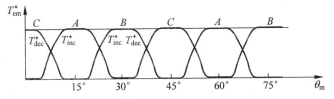

图 10.26　转矩分配函数的典型形状示意图

4. SRM 组成的传动系统

对于他励直流电机,由于电磁转矩与电枢电流成正比,转矩的期望值可以直接通过电流闭环控制来实现。对于交流电机(无论是感应电机还是永磁同步电机),借助于坐标变换可将静止 ABC 坐标系的定子三相电流转换为同步旋转 dqo 坐标系下的两相电流分量,磁链分量 i_d 和转矩分量 i_q。若保持定子电流的磁链分量 i_d 一定,则电磁转矩则正比于定子电流的转矩分量 i_q。于是可采用类似于他励直流电机的控制方案,将转矩控制转换为转矩电流分量 i_q 的闭环控制来实现(有关内容可参考6.2.4节)。对于 SRM,情况迥然不同。考虑到电磁转矩与定子激磁电流成非线性关系,且电磁转矩还与导通角、关断角密切相关,电磁转矩的给定难以通过上述电流闭环的控制方案加以实现,使得由 SRM 组成传动系统的控制方案复杂化。根据转矩控制方式的不同,由 SRM 组成的传动控制系统可分为两大类:一类是间接转矩控制;另一类是直接转矩控制。图 10.27(a)、(b)分别给出了目前两类常用的典型调速系统框图。

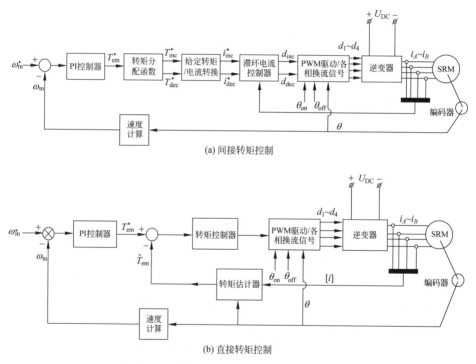

(a) 间接转矩控制

(b) 直接转矩控制

图 10.27　由 SRM 组成的典型调速系统框图

图 10.27(a)所示调速系统是由转速外环、转矩前馈以及电流内环组成的。由于内环为电流环而不是转矩环,换句话说,转矩的控制是通过电流控制来实现的,因而又称为**间接转矩控制**。在间接转矩控制方案中,转子位置信息和速度反馈信息是通过编码器和计算获取的。转速给定与转速反馈的偏差信号经 PI 控制器处理得到 SRM 总的转矩给定信号。然后,由转矩分配函数将转矩给定分配到导通相和关断

相,从而得到这两相所需的转矩指令(这里假定正常工作时 SRM 采用单相导通方式;换流过程中,两相同时导通)。给定转矩/电流转换单元将两相转矩指令转换为两相定子绕组电流的给定,并由滞环电流控制器确保两相定子绕组的实际电流与两相定子绕组电流的指令相等。滞环电流控制器的输出、转子位置信息以及开通和关断角一同决定逆变器各开关器件所需要的 PWM 驱动信号。由其驱动逆变器并输出定子绕组的激磁电流,产生所需要的电磁转矩和传动系统的转速。

与图 10.27(a)不同,图 10.27(b)所示调速系统是由转速外环、转矩内环组成的,故又称为**直接转矩控制**。在 SRM 的直接转矩控制方案中,转子位置信息和速度反馈信息同样是通过编码器和计算获取的。转速给定与转速反馈的偏差信号经 PI 控制器处理得到转矩给定信号。电磁转矩的反馈信息(或电磁转矩的估计值)$\hat{T}_{em}$ 是通过定子激磁电流和转子位置信息计算或查表得到。电磁转矩的给定与电磁转矩的估计值的偏差信号经转矩控制器处理后,与转子位置信息以及开通和关断角一同决定逆变器各开关器件的驱动信号,获得所需要的输出电流,从而产生期望的电磁转矩和转速。与间接转矩控制方案相比,直接转矩控制方案所组成的传动系统可大大改善系统的动、静态性能。

10.3　步进电动机的建模与分析

步进电动机是一种将电脉冲信号转换为角位移或直线位移的电动机。定子绕组若输入一个电脉冲,转子则移动一步(相应的角度称为**步距角**),步进电动机由此而得名。

从结构上看,步进电机与开关磁阻电机基本相同,皆为凸极、变磁阻电机。所不同的是,步进电动机可以是定、转子双边皆为凸极结构或转子单边凸极结构,且其定、转子主极上一般开有若干个齿槽。步进电动机正是利用这些齿槽才实现小步距角运行。因此,**步进电机输出步距角的精度主要取决于自身的结构**。

同开关磁阻电动机一样,步进电动机也是通过控制定子各相绕组的电流通断,使得转子齿与定子齿对齐、磁路磁阻最小,从而获得单方向的电磁转矩,并驱动转子步进或连续运行的。转子步进或连续运行的快慢取决于定子绕组的通电频率。改变通电频率,转子转角或转速也会作出相应的变化,即转子与定子通电频率同步。因此,从这种意义上看,步进电动机可以看作是一种按脉冲方式工作的同步电动机。

步进电动机的转角或转速仅受控于定子绕组的通电频率,与负载以及电压的变化无关,也不受环境等因素的影响。通过改变定子脉冲频率的高低,便可在很大范围内调节转子转速,并能快速实现起、制动和正、反转运行。鉴于此,步进电机广泛应用于数控机床、航天领域、打印机、X-Y 平台等领域。

常用的步进电动机主要有三大类,即**反应式步进电动机**(或变磁阻式步进电机)、**永磁式步进电动机**以及**混合式步进电动机**(或感应子式永磁步进电机)。这三类步进电机的运行原理基本相同。下面仅以反应式步进电动机为例,说明步进电动机的基本运行原理。

10.3.1　步进电动机的基本运行原理

1. 基本运行原理

图 10.28 给出了三相六极反应式步进电动机的运行原理示意图,图中,定子有六个磁极,每个磁极上均装有集中绕组作为控制绕组。相对的定子磁极绕组串联构成一相绕组,由专门的驱动电源供电。转子铁芯是由软磁材料构成,其上均匀分布了四个齿,齿上无任何转子绕组。

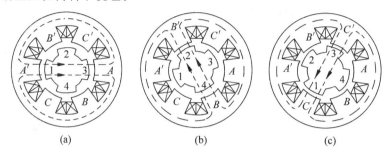

图 10.28　反应式步进电动机的运行原理示意图

当 A 相绕组通电时,由于磁力线力图通过磁阻最小的路径,结果转子在磁阻转矩的作用下,1-3 号齿与定子 A 相绕组轴线重合,如图 10.28(a)所示;当 A 相断电、B 相定子绕组通电时,同样的机理,转子按逆时针方向转过 30°机械角,此时,转子的 2-4 号齿与定子 B 相绕组轴线重合,如图 10.28(b)所示;同样,当 B 相断电、C 相定子绕组通电时,转子再转过 30°机械角,1-3 号齿与定子 C 相绕组轴线重合,如图 10.28(c)所示。可见,定子绕组按照 $A{\rightarrow}B{\rightarrow}C{\rightarrow}A$ 顺序通电,转子一步步沿逆时针方向旋转。若改变通电顺序,使之按 $A{\rightarrow}C{\rightarrow}B{\rightarrow}A$ 顺序通电,则转子将一步步沿顺时针方向旋转。

2. 定子绕组的通电控制方式

上述 A、B、C 三相绕组轮流通电方式,又称为三相**单三拍通电方式**,其中,"单"是指任何时刻仅一相绕组通电。通电状态每改变一次称为一拍,三拍意味着一个周期内通电状态共改变三次。每拍转子转过的机械角度称为**步距角** θ_{s}。对于图 10.28,其步距角 $\theta_{\mathrm{s}}=30°$。

除了三相单三拍运行方式外,三相定子绕组也可以采用三相**双三拍通电方式**以及三相**单、双六拍通电方式**。

所谓三相双三拍通电方式是指任何时刻均有两相定子绕组通电,其通电顺序为 $AB{\rightarrow}BC{\rightarrow}CA{\rightarrow}AB$,此时转子逆时针运行;若希望转子顺时针运行,则通电顺序变为 $AC{\rightarrow}CB{\rightarrow}BA{\rightarrow}AC$。三相双三拍通电方式下,转子的步距角与单三拍相同,即对于图 10.28 所示的三相六极步进电动机,步距角仍为 $\theta_s = 30°$。双三拍通电方式因转子受到两个相反方向上的转矩而平衡,故转子振动小、运行稳定。

三相单、双六拍通电方式是指单相、两相定子绕组轮流通电,其两相顺序为 $A \rightarrow AB \rightarrow B \rightarrow BC \rightarrow C \rightarrow CA \rightarrow A$,此时转子逆时针运行;若希望转子顺时针运行,则通电顺序变为 $A \rightarrow AC \rightarrow C \rightarrow CB \rightarrow B \rightarrow BA \rightarrow A$。由于六拍为一通电循环周期,因此,每一拍转子转过的步距角变为单三拍的一半,即 $\theta_s = 15°$。

以上介绍的步进电动机只是一种模型,其明显的不足是步距角太大。为了减小步距角,实际步进电动机的定、转子皆采用多齿结构,如图 10.29(a)所示。由图可见,实际步进电机与上面介绍的模型电机(图 10.28)基本相同,定子仍采用三对磁极,相对极上的绕组构成一相。所不同的是转子采用圆柱形铁芯结构,定子极靴与转子圆柱铁芯上均开有多个小齿槽,且定、转子的齿宽与槽宽均相等。图 10.29(a)中,转子齿数 $Z_r = 40$。为清楚起见,图 10.29(b)还绘出了相应步进电动机的部分展开图。

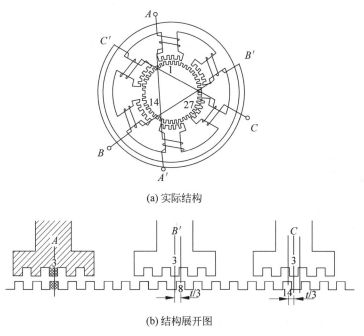

(a) 实际结构

(b) 结构展开图

图 10.29　三相步进电动机的典型结构与展开图

就反应式步进电动机来讲,其转子齿数不是任意设计的,因而相应的步距角也不可能是任意值。转子齿数一般是按如下规则设计的:①位于同一直径上的相对磁极为一相,这两个磁极上定、转子齿槽相对位置完全相同;②当某一相对极下定、转子齿槽完全对齐时,要求相邻磁极下定、转子齿的轴线应错开 $1/m$ 个转子齿距(参考图 10.29(b))。只有这样,才能确保经过一个通电周期后,转子转过一个齿距。由此可以得到转子齿数 Z_r 须满足的条件

$$Z_r = 2p\left(K \pm \frac{1}{m}\right) \tag{10-60}$$

式中,$2p$ 为反应式步进电动机定子的极数;m 为定子相数;K 为任意正整数。式(10-60)可以通过左右两边分别同乘以转子(或定子)齿距加以理解。

既然经过一个通电周期后转子转过一个齿距,同时考虑到每个电脉冲周期是由 N 拍组成,则每个电脉冲(或每拍)作用下转子所转过的角位移即步距角为

$$\theta_s = \frac{360°}{Z_r N} \tag{10-61}$$

式(10-61)表明,**步距角 θ_s 与转子齿数和拍数 N 有关**,而拍数 N 又进一步与步进电动机定子绕组的相数和通电方式有关。要想减小 θ_s,除了在步进电机本体选择时尽量考虑使用定子相数和转子齿数 Z_r 较多的步进电动机外,通过增加拍数 N 也可以达到减小步距角的目的。

综上所述,步进电动机转子的转角(或转速)与定子绕组的输入脉冲保持严格的比例(或同步)关系。若通电脉冲的频率为 f(拍/秒),则经过一个通电周期(即 N 个电脉冲)后转子转过一个齿距。相应的转子转过一个齿距所用的时间为 $\frac{N}{f}$ 秒,转子每转过一周所用的时间为 $\frac{Z_r N}{f}$ 秒。因此,转子转速为

$$n = \frac{60f}{Z_r N} \text{(r/min)} \tag{10-62}$$

而定子步进磁场的转速为

$$n_1 = \frac{60f}{p} = \frac{60f}{m} \tag{10-63}$$

这里,对于反应步进电动机,$2p = 2m$。于是得反应式步进电机定子步进磁场与转子的转速之比为

$$\frac{n_1}{n} = \frac{Z_r N}{m} \tag{10-64}$$

若采用单拍通电方式,则 $N = m$,从而 $\frac{n_1}{n} = Z_r$;若采用双拍通电方式,则 $N = 2m$,从而 $\frac{n_1}{n} = 2Z_r$。由此可见,**步进电动机相当于一个速比为 Z_r 或 $2Z_r$ 的齿轮减速机构**。通过改变通电脉冲顺序,便可实现转子(相当于从动齿轮)的反转。

10.3.2 步进电动机的类型与结构

步进电动机的种类繁多,按照结构的不同,步进电动机可分为三大类,即反应式步进电动机、永磁式步进电动机和混合式步进电动机。其中,反应式步进电动机自

身又有单段式和多段式之分。上面介绍的反应式步进电动机只是单段式结构。下面对除单段反应式步进电动机以外的各类步进电动机的结构与特点分别作一简单介绍。

1. 多段反应式步进电动机

对于多段反应式步进电动机,其定、转子铁芯沿着轴向被分成几段,各段磁路独立。每段铁芯沿圆周方向开有数量、形状相同的齿槽,并且各段定子(或转子)铁芯沿圆周方向依次错开 $1/m$ 齿距。每一段都有绕组励磁,组成单独一相,m 段则组成 m 相步进电动机。因此,多段反应式步进电动机又称为轴向分相式步进电动机。

多段反应式步进电动机制造方便,步距角较小,故起动和运行频率较高。其缺点是铁芯错位工艺复杂,精度不易保证,且功率消耗较大,断电时无定位转矩。

2. 永磁式步进电动机

永磁式步进电动机的转子采用永久磁钢,永久磁钢的极数与定子每相的极数相同。图 10.30 给出了永磁式步进电动机的典型结构。图中,定子采用两相绕组,每相包括两对磁极。转子则采用两对极的星形磁钢。由该图不难看出,当采用二相四拍通电方式,定子绕组按照 $A \rightarrow B \rightarrow (-A) \rightarrow (-B) \rightarrow A \rightarrow$ 顺序轮流通电时,转子将按顺时针方向旋转,步距角为 $\theta_s = 45°$。

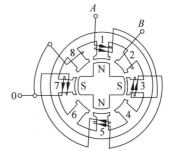

图 10.30　永磁式步进电动机的典型结构

永磁式步进电动机的结构与永磁同步电动机相同,只是两者的用途不同。前者用来实现位置控制,后者用来驱动负载。事实上,任何一台永磁同步电动机均可作为永磁式步进电动机运行,其定子绕组可以采用集中绕组也可以采用短距、分布绕组。转子除了采用上述星形磁钢结构外,也可以采用爪极结构。

永磁式步进电动机的缺点是步距角大,起动和运行频率较低,需要正、负脉冲供电。但这种步进电机消耗的功率小,断电时具有自定位转矩。

3. 混合式步进电动机

混合式步进电动机结合了反应式和永磁式步进电动机的特点。其定子结构与单段反应式步进电动机相同,转子则由环形磁铁和两段铁芯组成。每段铁芯沿外圆周方向开有小齿,两段铁芯上的小齿彼此错开 $1/2$ 齿距。图 10.31 给出了混合式步进电动机的结构示意图。

混合式步进电动机的步距角较小,起动和运行频率较高,消耗的功率也较小,且断电时具有自定位转矩,因而兼有反应式和永磁式步进电动机的优点。缺点是需正、负脉冲供电,制造复杂。

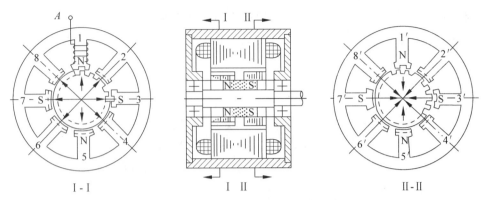

图 10.31　混合式步进电动机的结构示意图

10.3.3　步进电动机的运行特性与主要参数

1. 步进电动机的运行特性

步进电动机的运行性能包括静态运行性能和动态运行性能。静态运行性能主要是用矩角特性来描述的,而动态运行性能则是通过矩频特性来反映的。下面分别对步进电动机的矩角特性和矩频特性进行讨论。

(1) 矩角特性与静稳定区

所谓**矩角特性**是指在不改变定子绕组通电状态,亦即在定子绕组电流保持不变的情况下,电磁转矩 T_{em} 与失调角 θ 之间的关系 $T_{em}=f(\theta)$。

步进电动机空载运行,当定子一相绕组通电且一相极靴下的定子齿轴线与转子齿轴线重合时,电磁转矩为零,规定此时的转子位置为**初始平衡位置**或零位,如图 10.32(a)所示。若在外力作用下,转子偏离初始平衡位置或零位,相应的角度称为**失调角**,失调角一般用电角度 θ 来表示。

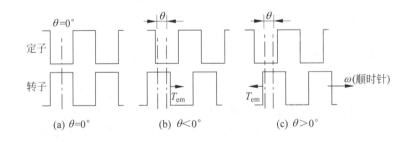

图 10.32　步进电机的失调角与电磁转矩

当外力(或负载)作用使转子齿轴线逆时针偏离定子齿轴线 θ 时,转子上所产生的电磁转矩为顺时针方向(即转子角速度 ω 的方向),如图 10.32(b)所示;当外力

(或负载)使转子齿轴线顺时针偏离定子齿轴线 θ 时,则转子上所产生的电磁转矩为逆时针方向,如图 10.32(c)所示。电磁转矩 T_{em} 与失调角 θ 之间的关系即矩角特性可以借助于 10.1 节介绍的磁共能方法求得。具体方法介绍如下。

规定:①电磁转矩顺时针方向为正;②转子齿顺时针领先定子齿轴线时的失调角为正;③转子相邻一对齿距所占的空间电角度为 2π。

设仅定子一相绕组通电,且忽略磁路的饱和效应。当定、转子齿轴线重合(即 $\theta=0°$)时,磁路的磁导最大,相应的电感也最大;当转子齿轴线与定子槽轴线重合(即 $\theta=180°$)时,磁路的磁导最小,相应的电感也最小。根据上述结论,同时考虑到电感随失调角 θ 按周期性变化并具有对称性,于是定、转子齿之间的电感可用傅里叶级数表示为

$$L(\theta)=L_0+\sum_{k=1}^{n}L_{km}\cos k\theta \tag{10-65}$$

式中,L_0 为定、转子齿之间的平均电感;L_{km} 为 k 次谐波的电感幅值。

将式(10-65)代入式(10-19),并考虑到电角度与机械角的不同,于是便可求得电磁转矩为

$$T_{em}=-\frac{1}{2}Z_r i^2\sum_{k=1}^{n}kL_{km}\sin k\theta$$

忽略高次谐波电感,同时考虑到一般情况下步进电机每相定子绕组是由一对磁极组成,则每相绕组所产生的静态电磁转矩为

$$\begin{aligned}T_{em}&=-Z_r i^2 L_{1m}\sin\theta\\&=-T_{sm}\sin\theta\end{aligned} \tag{10-66}$$

式中,$T_{sm}=Z_r i^2 L_{1m}$ 为定子每相绕组通电时静态电磁转矩的最大值。

若多相定子绕组同时通电,则总的静态电磁转矩可通过每相绕组单独通电时所产生电磁转矩的瞬时值叠加(或矢量和)求得。其幅值将变为 $T_{sm}=-KZ_r i^2 L_{1m}$,其中,系数 K 与定子同时通电相数 m 有关。若定子两相绕组同时通电,则 $K=2\cos\pi/m$;若定子三相绕组同时通电,则 $K=1+2\cos\pi/m$。

根据式(10-66),可绘出步进电机的**矩角特性曲线**如图 10.33 所示。

值得一提的是,式(10-66)仅适用于线性磁路的情况。若考虑铁芯饱和,则矩角特性的表达式较为复杂。

同交流电动机一样,步进电动机也存在着稳定运行区域问题。现根据图 10.33 分析如下。

假定步进电机空载运行,即负载转矩 $T_L=0$,定子一相绕组通电且维持通电状态不变,则步进电机在初始零位处稳定运行。若在外部扰动作用下转子齿轴线偏离定子齿轴线 θ 角(即失调角),很显然,一旦外力

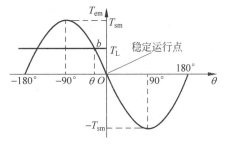

图 10.33 步进电机的矩角特性

消除,在电磁转矩的作用下,转子会回到初始平衡位置点 $\theta = 0°$ 处,根据定义,系统自然是稳定的。坐标原点 O 即为稳定运行点。

若负载转矩 $T_L \neq 0$,相应的运行点将位于图 10.33 中的 b 点。在外部扰动作用下运行点将偏离 b 点。可以断定,一旦扰动消除后,转子仍能回到 b 点。根据定义,b 点也为稳定运行点。

通常,在矩角特性中,把所有稳定点所在区间定义为**静稳定区域**,用失调角 θ 表示。对图 10.33 而言,静稳定区为 $(-180°,180°)$,即转子齿轴线位于相邻两个定子槽轴线之间的区域为静稳定运行区,在此范围内,转子均将稳定运行。一旦受到扰动,系统能够最终返回平衡点。若 θ 超过此范围,则电磁转矩将改变方向,失调角 θ 将进一步增大,最终电机将不稳定运行。

(2) 矩频特性与动稳定区

步进电动机可以在单脉冲方式下运行,也可以在多脉冲方式下运行。但大部分时间步进电动机是在多脉冲方式下连续运行的,相应的电磁转矩也变为动态电磁转矩。电磁转矩与脉冲频率之间的关系 $T_{em} = f(f_1)$ 即为**矩频特性**。

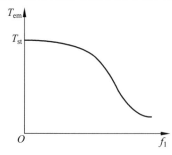

图 10.34 典型步进电动机的矩频特性

图 10.34 给出了典型步进电动机的矩频特性。由矩频特性可见,当步进电动机连续运行时,随着定子通电脉冲频率的提高,动态电磁转矩减小。这主要是由于定子绕组电感引起定子绕组电流按指数规律上升所造成的。当定子通电脉冲频率较低时,定子绕组电流可以达到稳定值,步进电动机的动态电磁转矩与静态时相同。当定子通电脉冲频率高到一定程度时,由于多个脉冲作用,定子绕组电流在每个周期内不可能达到稳定值,结果,步进电动机的动态电磁转矩小于静态转矩。频率越高,动态电磁转矩越小。

为了改善步进电动机的动态性能,除了尽量减小定子回路的电气时间常数外,最有效的解决办法是采用双电源供电,即在定子绕组电流上升阶段由高压电源供电,以缩短电流到达稳定值的时间;一旦达到稳定值之后,再由低压电源维持其稳定电流值不变。

与交流电动机不同,步进电动机不仅处于一种供电状态,而是经常处于两种或两种以上供电状态的切换过程中。如何在供电状态切换过程中保持转子稳定运行而不至于引起失步则是步进电动机动态稳定所研究的问题。与此相对应的是,前面所介绍的一相单独供电下的稳定问题则属于静态稳定问题。

为了说明**动态稳定**和静态稳定的概念,图 10.35 分别画出了 A、B、C 三相绕组单独通电时的矩角特性,两者相差一个步距角 θ_s。假定步进电动机处于空载状态,即负载转矩 $T_L = 0$,刚开始时仅 A 相定子绕组通电,则 A 相绕组的矩角特性即为步进电机的矩角特性。显然,转子稳定运行在原点 O(或 a 点)。当由 A 相绕组通电切

换至 B 相绕组通电时,步进电机的矩角特性变为 B 相绕组的矩角特性。由于切换瞬间 θ 角不能突变,故运行点由 a 点跳至 a' 点,显然 a' 点处于 B 相绕组单独通电时的稳定运行区域 $(-180°+\theta_s, 180°+\theta_s)$ 内。此时,由于 $T_{em} > T_L$,转子将顺时针加速运行至 b 点,并在 b 点稳定运行。

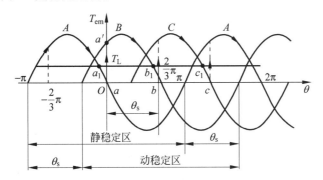

图 10.35　步进电动机动态稳定和静态稳定的概念

同样,若负载转矩 $T_L \neq 0$,通电状态切换前,相应的运行点位于如图 10.35 中的 a_1 点。通电状态切换后,转子稳定运行点的轨迹为 $a_1 \rightarrow b_1$,在 C 相绕组通电前,转子稳定运行在 b_1 点。

通常,把切换过程中步进电动机不至于引起失步的区域称为**动稳定区**,用失调角 θ 表示。很显然,图 10.35 中,动稳定区为 $(-180°+\theta_s, 180°+\theta_s)$。由此可见,步距角 θ_s 越小,动稳定区越接近静稳定区,步进电动机稳定性越好。因此,**三相单、双六拍通电方式要比单三拍或双三拍更稳定**。

此外,由图 10.35 还可以看出,为了保持转子动态稳定运行,步进电动机所能带动的最大负载转矩 T_L 不能超过 A、B 两相矩角特性交点处的静转矩;否则,转子将无法切换到新的平衡点。因此,两条矩角特性交点处的静转矩又称为**步进电动机的最大转矩**。

2. 步进电动机的主要参数

步进电动机的主要参数包括步距角、运行频率、起动频率和最大负载转矩等。下面分别对其进行介绍。

(1) 步距角与静态步距角误差

步距角 θ_s 定义为每个电脉冲(或每拍)作用下,转子所转过的角位移,通常用机械角度来表示。式(10-61)给出了步距角与转子齿数以及拍数之间的关系。其中,拍数取决于定子的相数和通电方式。

步距角一般是固定的,国内步进电动机的步距角范围一般从 $0.375° \sim 90°$ 不等,常用的有 $1.2°/0.6°$, $1.5°/0.75°$, $1.8°/0.9°$, $2°/1°$, $3°/1.5°$, $4.5°/2.25°$等。通常,由于加工工艺等因素会造成实际步距角与理论值之间存在一定偏差,这一偏差又称为静态步距角误差。

（2）起动频率

起动频率是指空载情况下步进电动机能够不引起失步起动的最大脉冲频率。随着负载转矩和转动惯量的增加，起动频率有所下降。此外，起动频率还与步距角有关。步距角越小，起动频率越高。

（3）运行频率

运行频率又称为连续工作频率，它是指起动后，步进电动机正常运行（或不失步）时的最高脉冲频率。

一般情况下，运行频率要比起动频率高得多，这主要是由于转动惯量造成的加速转矩 $J\dfrac{\mathrm{d}\Omega}{\mathrm{d}t}$，使得步进电机起动时要比其正常运行时需克服更大的阻转矩。若起动频率过高，转子转速有可能跟不上，造成起动过程中发生失步或振荡。

（4）最大转矩

最大转矩又称为起动转矩，它是指转子正常（不失步）运行时的最大输出转矩。前面曾提到过，为了确保转子动态稳定运行，步进电动机的负载能力存在一上限，这一上限即相邻两矩角特性交点处的静转矩，该静转矩即为步进电动机的最大转矩。由图 10.35 可见，步距角 θ_s 越小，最大转矩越大。

（5）最大保持转矩

最大保持转矩又称为静转矩，它是指定子绕组通电、转子保持不转时的最大电磁转矩。由定义可见，该转矩即为矩角特性中静态电磁转矩的最大值 T_{sm}（见图 10.33）。

10.3.4　步进电机的驱动

与开关磁阻电机相同，步进电机的性能也是电机本体和驱动电源两者配合的结果，其系统结构框图如图 10.36 所示。要确保电动机性能，步进电动机的驱动是至关重要的。根据输出电压极性的不同，驱动电路可分为两大类：一类是单极性驱动电路，它适用于电磁转矩与电流极性无关的反应式步进电动机；另一类是双极性驱动电路，它适用于电磁转矩与电流极性有关的永磁式或混合式步进电动机。

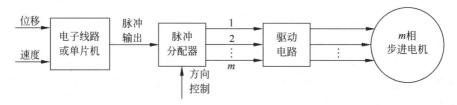

图 10.36　步进电动机与驱动电路组成的开环系统

常见的驱动电路有单极性驱动电路、双极性驱动电路、高低压驱动电路、斩波恒流驱动电路、双绕组电动机的驱动电路、调频调压型驱动电路、细分（或微步进）控制电路等。下面分别对其进行介绍。

1. 单极性驱动电路

步进电机一相绕组的单极性驱动电路如图 10.37 所示。图中，主开关 T 通过滞环或 PWM 电流控制器控制。续流二极管 D 为 T 关断时提供电流通路。

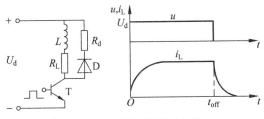

图 10.37　单极性驱动电路

2. 双极性驱动电路

双极性驱动电路采用 H 桥结构，如图 10.38 所示。图中，开关器件 T_1、T_4 同时导通，获得正向电流激励；反之，开关器件 T_2、T_3 同时导通，获得负向电流激励。与主开关并联的四个二极管 $D_1 \sim D_4$ 可以在主开关关断时释放绕组电流所储存的能量，实现能量回馈。因此，双极性驱动电路效率高，特别适用于大功率步进电机(1kW)。

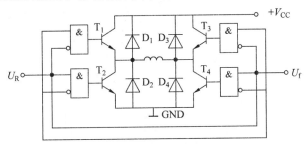

图 10.38　双极性驱动电路

3. 高低压驱动电路

高低压驱动电路中，需提供两种电源电压。在开通或关断时使用高电压，以缩短电流的上升和下降时间，而导通期间则采用低电压，以维持绕组电流。典型高低压驱动电路如图 10.39(a)所示。图中，当主开关 T_1、T_2 同时导通时，由高压电源 U_H 为定子每相绕组供电，则相绕组电流迅速增加。此时，二极管 D_1、D_2 因反偏而截止；一旦相绕组电流达到希望的数值，T_1 关断，相绕组电流通过低压电源 U_L、D_1 以及 T_2 导通，维持绕组电流；当主开关 T_1、T_2 同时关断时，相电流则经过二极管 D_1、D_2 导通。由于与整个电源相连，相电流迅速衰减，并实现能量回馈，相应的波形如图 10.39(b)所示。

4. 斩波恒流驱动电路

斩波恒流驱动电路如图 10.40 所示。图中，主开关 T_2 的发射极与地之间接一

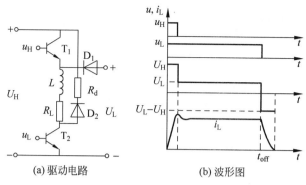

(a) 驱动电路　　　　(b) 波形图

图 10.39　高低压驱动电路与波形

取样电阻 R。通过取样电阻 R 检测相绕组中的电流大小。将给定电压 u_c 与取样电阻上的电压相比较。一旦 u_c 高于取样电阻上的电压,则比较器输出高电平。若此时控制脉冲 u_i 为高电平,主开关 T_1、T_2 同时导通,电源向相绕组供电。绕组电流增加,电阻 R 上的电压也相应升高。当 R 上的电压超过 u_c 时,比较器输出低电平。在与门的作用下,T_1 截止。相绕组中通过 D_1、D_2 续流,电流减小,电阻 R 上的电压也相应地减小。一旦电阻 R 上的电压低于 u_c,则比较器重新输出高电平。主开关 T_1、T_2 又恢复导通,电源又向相绕组供电。这样反复循环,直至 u_i 为低电平为止。此时,T_1、T_2 均截止。

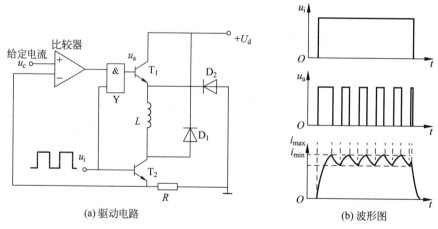

(a) 驱动电路　　　　(b) 波形图

图 10.40　斩波恒流驱动电路与波形

5. 双绕组电动机的驱动电路

混合式步进电动机可以采用双绕组结构,如图 10.41(a) 所示。由图可见,这种电机定子每极上的两个绕组紧密耦合,且绕向相反。双绕组结构的好处是可以采用单极性电源供电,通过切换绕组便可以实现磁极极性的反向。图 10.41(b) 给出了这种电机的驱动电路。由图可见,这种驱动电路比较简单,但电机体积较大。

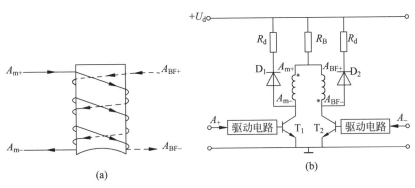

图 10.41　双绕组驱动电路

6. 调频调压型驱动电路

调频调压型驱动电路的特点是随着输入脉冲频率的提高,输入电压按一定的函数关系增加,从而改善了步进电动机的效率和运行特性。

与一般驱动电路相比,这套方案增加了随脉冲频率变化的调压电路,其框图如图 10.42(a)所示。其中,直流电压的调整是通过 PWM 控制的 DC/DC 变流器来实现的。图 10.42(b)给出了其中的频率与电压之间的转换关系。图 10.42(c)给出了框图中各部分对应的波形图。

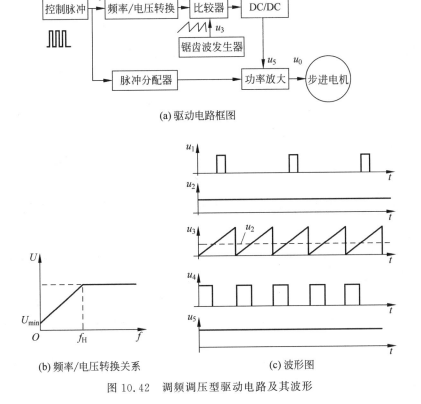

图 10.42　调频调压型驱动电路及其波形

7. 细分(或微步进)驱动控制电路

　　细分控制又称微步进控制,它是步进电机开环控制的新技术之一。细分控制的基本目的是在不改变电机本体结构和参数的前提下,通过改变驱动电路的控制方式使原来的步距角细分成几十甚至数百份,原来的一步细分为若干步,并能在任何细分步距角下停步,从而使步进电动机的实际步距角大大减小,控制精度得以提高,且转子运行更加平稳。

　　细分控制的基本思想是,在各相电流的切换过程中,增加多相绕组同时导通的时间间隔,并通过控制该时间内各相绕组中的电流分配比例,获得不同空间位置的定子合成磁势。在定子合成磁势的作用下,转子将随着定子合成磁势位置的变化而移动。若各相电流连续变化,则定子合成磁势连续旋转,相应的转子便连续运行。此时,步进电机相当于一台伺服电动机(即步距角为零的情况)。若各相电流按阶梯波形变化,则定子合成磁势因存在多个中间状态(即零到最大相电流中间对应的磁势状态)而步进旋转,转子则因这些中间状态而微步距运行。电流阶梯波的阶次越多,则定子合成磁势在不同空间位置的稳定状态越多,转子的步距角越小。

　　下面以三相单、双六拍通电方式下的反应式步进电机为例进一步说明细分控制的基本思想。

　　大家知道,三相反应式步进电机可以在两种不同控制方式下运行:一种是单三拍通电方式,其定子绕组通电顺序为 $A \rightarrow B \rightarrow C \rightarrow A$;另一种是单、双六拍通电方式,其定子绕组通电顺序为 $A \rightarrow AB \rightarrow B \rightarrow BC \rightarrow C \rightarrow CA \rightarrow A$。这两种情况下定子绕组电流以及所产生的定子合成磁势相量分别如图 10.43(a)、(b)所示。

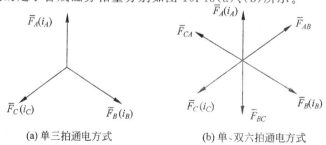

(a) 单三拍通电方式　　　　　(b) 单、双六拍通电方式

图 10.43　三相单三拍和单、双六拍通电方式下定子电流与旋转磁势的相量图

　　由图 10.43 可见,在单三拍通电方式下,定子绕组电流每切换一次,则定子合成磁势将沿空间跳变 120°电角度。在定子合成磁势的作用下,步进电机的转子则转过一个步距角(120°电角度)。

　　当采用单、双六拍通电方式时,由于增加了两相同时通电时刻,使得定子绕组电流每切换一次,定子合成磁势沿空间跳变 60°电角度。在定子合成磁势的作用下,步进电机的转子则转过一个步距角(60°电角度)。

　　事实上,由单三拍到单、双六拍已包含了细分控制的基本思想。由于在两相(如 A 相到 B 相)电流的切换过程中,增加了两相绕组同时通电(即 AB 相)的时间间隔,使步进电机的步距角减半。

将上述思想进一步拓展,若在两相电流的切换过程中保持两相电流同时通电,并设法控制两相电流的大小和比例,以获得更多位置的定子合成磁势,便可以进一步降低步距角。

图 10.44 给出了步进电机采用三相单、双六拍通电方式进行细分控制时两相电流之间的比例分配与定子合成磁势的步进旋转情况。在由 $A \rightarrow AB$ 的切换过程中,若 B 相电流不是由零直接突变为额定值,而是将额定值分为 4 步,每一步增加 $1/4$,且 A 相绕组中的电流保持额定值不变,则定子合成磁势将由 $\overline{F}_1$ 逐步切换至 $\overline{F}_4$(或 $\overline{F}_{AB}$),每切换一次,定子合成磁势转过原来角度的 $1/4$。相应的转子步距角也转过原来步距角的 $1/4$。

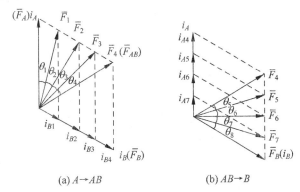

(a) $A \rightarrow AB$ 　　　　(b) $AB \rightarrow B$

图 10.44 两相绕组电流的比例分配与定子合成磁势矢量位置之间的关系

同样,在由 $AB \rightarrow B$ 的切换过程中,A 相电流也不是由额定值直接突变至零的,而是逐步减小 $1/4$,且同时 B 相绕组中的电流保持额定值不变,则定子合成磁势将由 $\overline{F}_4$ 逐步过渡至 $\overline{F}_8$(或 $\overline{F}_B$),每切换一次,定子合成磁势转过原来角度的 $1/4$。相应的转子步距角也转过原来步距角的 $1/4$。

图 10.45 给出了步进电动机采用三相单、双六拍通电方式 4 步细分时的电流波形图。当电流增加时,各相电流由零经过 4 个均匀宽度和幅度的阶梯上升至稳定值;当电流下降时,各相电流又以同样的阶梯从稳定值下降为零。这和传统驱动方法中,各相电流从零迅速上升至稳定值或由稳定值迅速下降为零不同。由于中间存在多个稳定的电流状态,决定了步进电动机微步距运行。

传统的细分控制电路是由细分环行脉冲分配器、放大器以及合成器组成,相绕组中的梯形波电流可以通过多个能够实现移位功能的环行脉冲分配器获得,然后将梯形波电流作为参考值,对步进电机进行细分驱动,这种方法的缺点是灵活性差。微处理器技术的发展为细分控制的实现提供了手段,从而使细分控制成为一种很有发展前途的控制策略。

步进电动机细分控制的关键是根据细分精度的要求,决定所需要的最佳细分电流波形。具体步骤如下:

(1)首先根据细分精度(即细分步数 N)的要求,确定所希望的细分平衡位置

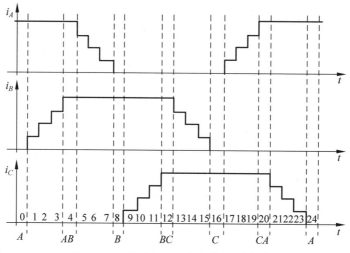

图 10.45　步进电动机的细分电流波形图

$k(\theta_s/N)$,亦即各相绕组同时通电所产生的合成转矩为零的位置,其中 k 为正整数,N 为步距角 θ_s 的细分步数。

(2)写出合成电磁转矩的表达式。分析如下:根据前面的矩角特性可知,每相绕组的电磁转矩 $T_{em(k)}$ 是相电流和位置角的函数即 $T_{em(k)}=f(i_k,\theta)$,则合成转矩可表示为

$$T_{em}=\sum_{k=1}^{n}T_{em(k)}=\sum_{k=1}^{n}f(i_k,\theta)$$

其中,各相绕组的电磁转矩特性之间相位依次互差步距角 θ_s。

(3)令合成电磁转矩即上式为零,求出在细分平衡位置处各相绕组参考电流的比例关系。

(4)将各相绕组的参考电流作为给定值,实际电流作为反馈值,组成电流闭环,以确保各相绕组中的实际电流按参考值电流变化。

图 10.46 给出了步进电动机细分控制的典型电路框图。图中,将细分平衡位置所要求的各相电流的数字代码按表格形式预先存于单片机系统的存储器 EPROM(或 FLASH)单元中。工作时,由单片机或计数器电路按正、反转要求以及脉冲给定对存储器寻址,获得各相电流的数字量。然后,经 D/A 转换,将数字量转换为模拟给定。各相绕组电流的模拟给定与实际电流比较,偏差经电流控制器处理获得控制电压输出。控制电压与三角形载波比较产生步进电机的控制信号。该信号经环形分配器及驱动、放大电路输出步进电机的驱动电压并产生各相绕组所需的电流,最终驱动步进电机微步距运行。

对斩波恒流驱动电路(见图 10.40(a))加以改进便可获得典型的斩波恒频细分驱动电路,如图 10.47 所示。与恒流控制唯一不同的是,细分控制要求各相定子绕组电流是可变的。为此电路中增加了微处理器,以获得各相所需的参考电流值。

图 10.47 中,按细分要求,微处理器经查表输出相绕组电流的参考值。该参考电

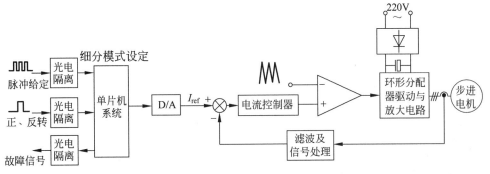

图 10.46 步进电动机细分控制的典型电路框图

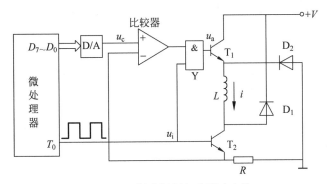

图 10.47 斩波恒频细分驱动电路

流经 D/A 转换器得到相应的模拟参考电压 u_c,由 u_c 控制相绕组电流的实际值。其具体反馈控制原理已在对图 10.40 的描述中做过介绍,这里就不再重复。至于电路中的 u_i 端则由微处理器内部的时钟电路进行控制,旨在获得恒频信号。图 10.48 给出了采用细分控制时对应各点的波形图。

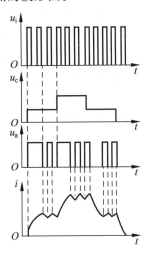

图 10.48 恒频斩波细分驱动的波形图

本章小结

变磁阻电机(或双凸极电机)具有两大特征:一是电机内部的定、转子采用双凸极结构;二是采用单边励磁,即定子凸极采用集中绕组励磁,而转子凸极上无任何绕组。变磁阻电机主要涉及开关磁阻电机(SRM)和步进电机。

SRM 电机是由磁阻电机本体、电力电子变流器、转子位置传感器以及控制器等四部分组成。利用转子位置传感器的信息和电力电子开关变流器依次控制各相定子绕组电流的通断,便可产生使转子凸极与定子磁场轴线对齐的单方向电磁转矩,从而驱动转子连续旋转。SRM 电机的定子励磁绕组可以是单相、两相、三相或四相,目前应用较多的主要是三相 6/4 极结构、四相 8/6 极结构以及三相 12/8 极结构。

对于 SRM 电机,根据机电能量守恒定律和电磁转矩与磁共能(或磁场储能)之间的关系,我们知道,若不计铁芯饱和,则电磁转矩与电流的平方以及定子电感的导数成正比,即 $T_{em} = \dfrac{1}{2} \dfrac{\partial L(\theta)}{\partial \theta} i^2$。该式一方面表明,SRM 电机所产生的电磁转矩与每相绕组中的电流方向无关。因此,为 SRM 供电的变流器仅需提供单方向电流即可。上式另一方面还表明,电磁转矩的方向与 $\partial L/\partial \theta$ 的符号有关,由此可以很容易地控制电磁转矩的方向,实现包括正、反转在内的四象限运行状态。当磁路饱和时,SRM 所产生的电磁转矩仍然可以按照磁共能(或磁场储能)求得。

对于 SRM 电机,随着转子的旋转,每相定子绕组的电感与转角 θ 之间呈梯形波(或三角波)规律变化。要想使 SRM 工作在电动机状态,就必须在定子电感随转角 θ 增加时给定子相绕组提供脉冲电流,亦即在转子齿沿旋转方向逐渐与定子齿对齐过程中给所在定子相绕组施加励磁电流。此时,转子产生正的(或驱动性的)电磁转矩。若希望 SRM 工作在发电机或再生制动状态,则可以在定子电感随转角 θ 减小时给定子相绕组施加脉冲电流,亦即在转子齿沿旋转方向逐渐脱离定子齿过程中给所在定子相绕组提供励磁电流。此时,转子产生负的(或制动性的)电磁转矩。

SRM 的电磁关系可以借助于线性模型和非线性模型进行描述。其中,线性模型反映的是 SRM 的基本特性与各参数之间的关系,这种模型物理概念清晰,可以为各种控制方案提供依据,其缺点是计算精度低。

对于由 SRM 电机组成的电力拖动系统,低速时一般采用滞环或斩波电流控制(CCC);高速时则只能采用单脉冲的角度位置控制(APC)。通过这两种控制方式,可以获得基速以下的恒转矩特性和基速以上的恒功率特性以及恒定通断角的串励直流电动机特性(即电磁转矩与转速的平方成反比)。

为了准确控制 SRM 电机定子各相绕组的通电时刻,确保每相的电流脉冲与转子位置同步,需要在转子轴上安装位置传感器,以检测转子位置。转子位置传感器可以采用光电或霍尔传感器来实现。

步进电动机是一种将电脉冲信号转换为角位移或直线位移的电动机,其定子相绕组每输入一个电脉冲,转子则转过一个步距角。由于步进电机的转子按严格的比例关系随定子磁场旋转,所以从这种意义上讲,步进电机也属于同步电机。

同开关磁阻电动机一样,步进电动机也是建立在力图使定子磁链磁阻最小的原理上工作的。通过控制定子各相绕组的电流通断,使得转子齿与定子齿对齐,确保磁路的磁阻最小,从而产生单方向的电磁转矩,驱动转子步进或连续运行。转子步进或连续运行的快慢取决于定子绕组的通电频率。

从结构上看,步进电机与开关磁阻电动机基本相同,所不同的是步进电动机的定、转子主极上一般开有若干个齿槽,步进电动机正是利用这些齿槽才得以实现小步距角运行。

根据结构的不同,步进电动机主要分为三大类,即反应式步进电动机、永磁式步进电动机和混合式步进电动机。

与其他机电一体化电机类似,步进电动机也需要专门的驱动电源进行供电。驱动电源对步进电动机的性能是至关重要的。根据驱动电源输出电压的极性,驱动电源可分为单极性驱动电源和双极性驱动电源两大类,单极性驱动电源主要适应于电磁转矩与电流极性无关的反应式步进电动机,而双极性驱动电源则适应于电磁转矩与极性有关的永磁和混合式步进电动机。步进电动机驱动电源常用的驱动电路包括单极性驱动电路、双极性驱动电路、高低压驱动电路、斩波恒流驱动电路、双绕组电动机驱动电路、调频调压型驱动电路以及细分驱动电路等。本章对各类典型的驱动电路,特别是细分控制电路的基本思想进行了讨论。

思考题

10.1　磁场储能和磁共能是怎样定义的?如何根据磁场储能和磁共能计算电机所产生的电磁转矩?

10.2　对于单端励磁系统,当磁路不饱和时,如何利用电感的变化率以及电流计算电机所产生的电磁转矩?对于多端系统情况又如何?

10.3　为什么说开关磁阻电机从原理上看属于自控式同步电动机?它与步进电机有何本质区别?

10.4　当开关磁阻电机定子齿宽 β_s 与转子齿宽 β_r 相等时,试绘出其定子绕组的电感随转角 θ 的变化规律,并说明在哪一阶段定子绕组通电可以产生驱动性的电磁转矩?在哪一阶段定子绕组通电可以产生制动性的电磁转矩?

10.5　开关磁阻电机的转速是如何调节的?试解释。改变定子绕组的励磁电流方向,转子会反转吗?为什么?

10.6　为什么开关磁阻电机在低速区和高速区下运行时所采用的电流控制方式有所不同?由此获得的机械特性有何特点?

10.7　与磁路线性相比,深度饱和后的开关磁阻电机输出的电磁转矩是增加还是减小?相应的变流器的视在容量(或伏安数)应该增加还是应该减小?

10.8　开关磁阻电机是如何改变转子转向的?

10.9　在三相步进电动机中,通常采用(1)三相单三拍通电方式;(2)三相双三拍通电方式;(3)三相单、双六拍通电方式。它们各有何特点?

10.10　试比较步进电动机和同步电动机的运行原理与运行特点,并指出它们各自的异同点。

10.11　如何计算步进电机的转速?它与负载大小有关吗?

10.12　试写出四相反应式步进电机的所有可能的通电方式。

10.13　为什么步进电机的起动频率一般低于运行频率?试解释。

10.14　为什么随着驱动频率的升高步进电机所输出的电磁转矩下降?

10.15　步进电机是如何改变转子转向的?

10.16　对于步进电机而言,动态稳定和静态稳定有何区别?其稳定区域是否相同?

10.17　步进电机采用高低压驱动电路有何优点?

10.18　在不改变步进电机结构的条件下,可以通过细分控制提高步进电动机的控制精度。试说明其基本工作原理与实现方法。

练习题

10.1　试确定 3 相、12/8 极 SRM 的光电传感器的安装位置、位置输出信号以及供电变流器开关器件的驱动信号。

10.2　步距角为 $1.5°/0.75°$ 的反应式三相六极步进电动机的转子齿数为多少?若频率为 2kHz,电动机的转速为多少?

第11章 驱动与控制用微特电机

>>>>

内 容 简 介

本章简要介绍电力拖动系统中几种常用的微型驱动电机和控制电机的结构、工作原理与运行特性。这些电机包括单相异步电动机，交、直流伺服电动机，交、直流测速发电机，旋转变压器，自整角机以及各种类型的直线电动机等。

在电力拖动系统中，除了普通的用于拖动生产机械的电动机外，还有许多功率小、重量轻、运行原理独特的微型电机，这类电机统称为**微特电机**。微特电机包括**驱动微电机**和**控制电机**两大类，其中，驱动微电机的功率范围一般小于一马力(750W 以下)，这类电动机在电力拖动系统中主要作为执行机构使用，如单相异步电动机、伺服电动机、力矩电机、直线电机以及超声波电动机等。同一般旋转电机一样，驱动电机的主要作用是为了实现机电能量转换，因而对它们的力能指标有较高的要求；而控制电机的主要作用是完成控制信号的转换和传递，其主要指标体现在响应快、精度高等方面，这类电机包括测速发电机、自整角机以及旋转变压器等。

本章内容安排如下：11.1 节～11.4 节分别对单相异步电动机，直流、两相交流伺服电动机与力矩电动机，直流与交流测速发电机以及力矩式与控制式自整角机的结构、工作原理以及运行特性加以介绍；11.5 节将涉及在电力拖动系统中用于连续位置检测的旋转变压器及其相关内容；11.6 节则为关于直线电动机的内容，涉及直线直流、直线交流异步、直线步进电动机以及直线永磁同步电动机。本节重点将对目前应用热点的永磁同步电动机相关内容及其控制方案进行阐述。

11.1 单相异步电动机

单相异步电动机是单相电源供电异步电动机的通称，它一般是由定子两相绕组和转子鼠笼绕组组成。因此，本质上单相异步电动机属于两相电机。

　　单相异步电动机具有结构简单、成本低等优点。由于采用单相电源供电,因而单相异步电动机被广泛应用于家用电器、医疗器械等,如空调、电冰箱、洗衣机以及空压机,其功率从几瓦到几百瓦不等。

　　单相异步电动机的运行原理与三相异步电动机基本类似,但又具有其自身特点。本节首先分析单相异步电动机定子一相绕组通电时的电磁过程,给出相应的等效电路和 T_{em}-s 曲线(或机械特性)。在此基础上,引出单相异步电动机的起动问题以及满足起动要求的几种常用类型的单相异步电动机。

11.1.1　单相绕组通电时异步电动机的磁场与机械特性

　　单相异步电动机的结构如图 11.1(a)所示。其中,定子包括两相绕组:一相为**主绕组**(又称为**工作绕组**);另一相为**起动绕组**(又称为**副绕组**),这两相定子绕组空间互差 $90°$。转子为鼠笼式结构。下面将分析主绕组通电、起动绕组开路时异步电动机所产生的电磁转矩。

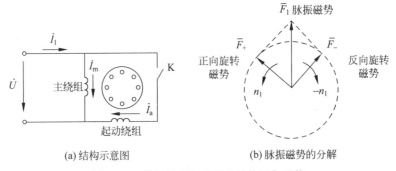

(a) 结构示意图　　　　　　　　(b) 脉振磁势的分解

图 11.1　单相异步电动机的结构图与磁势

　　5.5 节曾给出这样一个结论,单相绕组通以单相正弦交流电流将产生脉振磁势,该脉振磁势可分解为两个幅值相等(大小为脉振磁势幅值的一半)、转速相同(均为同步速)且转向相反的旋转磁势(见图 11.1(b)),其解析表达式可由式(5-56)给出,即

$$f_1(\alpha,t) = F_{\phi 1}\cos\alpha\cos\omega t = \frac{1}{2}F_{\phi 1}\cos(\alpha-\omega t) + \frac{1}{2}F_{\phi 1}\cos(\alpha+\omega t)$$

$$= f_+(\alpha,t) + f_-(\alpha,t)$$

式中,两个旋转磁势 $f_+(\alpha,t)$、$f_-(\alpha,t)$ 将分别产生两个转向相反的旋转磁场,旋转磁场分别切割转子绕组,在转子绕组中感应电势和电流。定子旋转磁场与转子感应电流相互作用分别在转子上产生正、反转的电磁转矩 T_{em+} 和 T_{em-}。其中,对正向旋转磁场而言,转子的转差率为

$$s_+ = \frac{n_1-n}{n_1} = s \tag{11-1}$$

对反向旋转磁场而言,转子的转差率为

$$s_- = \frac{n_1 - (-n)}{n_1} = \frac{2n_1 - (n_1 - n)}{n_1} = 2 - s \tag{11-2}$$

考虑到正、反转旋转磁势的幅值相等且其幅值均为脉振磁势幅值的一半,因此相应的励磁电抗、漏电抗以及转子绕组电阻均可平均分配。这样,借助于三相异步电机的等效电路便可得到单相异步电动机的等效电路,如图 11.2 所示。

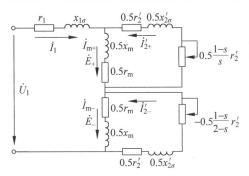

图 11.2 单相异步电动机的等效电路

根据图 11.2 所示的等效电路,同时忽略励磁电流,则单相异步电动机的电磁转矩可通过下式求得

$$T_{em} = T_{em+} + T_{em-} = \frac{P_{em+}}{\Omega_1} - \frac{P_{em-}}{\Omega_1}$$

$$= \frac{p}{2\pi f_1} I_{2+}'^2 \frac{r_2'}{s} - \frac{p}{2\pi f_1} I_{2-}'^2 \frac{r_2'}{2-s} \tag{11-3}$$

其中,转子电流为

$$I_2' = I_{2+} = I_{2-} = \frac{U_1}{\sqrt{\left[r_1 + \dfrac{r_2'}{2s} + \dfrac{r_2'}{2(2-s)} \right]^2 + \left[x_{1\sigma} + x_{2\sigma}' \right]^2}} \tag{11-4}$$

图 11.3 分别给出了正向旋转磁场所产生的电磁转矩 T_{em+} 与转差率 s_+ 之间的关系 $T_{em+} = f(s_+)$ 和反向旋转磁场所产生的电磁转矩 T_{em-} 与转差率 s_- 之间的关系 $T_{em-} = f(s_-)$ 以及上述两条曲线的合成结果即单相绕组异步电动机总的电磁转矩 T_{em} 与转差率 s 之间的关系。纵、横坐标颠倒即得到单相绕组异步电动机的机械特性 $n = f(T_{em})$,如图 11.3(b) 所示。

对于单相绕组异步电动机,根据图 11.3,可归纳结论如下:

(1) 当单相绕组电机转子处于静止状态时,定子正、反转磁势大小相等、方向相反,因此,**单绕组电机在静止状态时不会产生起动转矩。**

(2) **一旦在外力作用下转子沿某一方向开始旋转,则沿该方向上的磁场将加强,沿相反方向上的磁场将削弱,故沿该旋转方向上将产生较大的电磁转矩。**因此,转子的转向取决于刚开始施加外力的方向。

(3) 理想空载转速低于同步速,即 $n_0 < n_1$,表明单相绕组异步电动机的额定转差率要比普通三相异步电动机高。

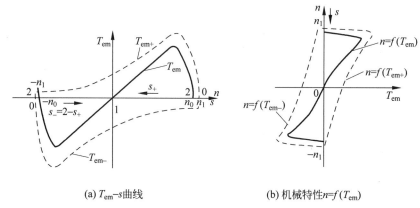

(a) T_{em}-s曲线　　　　　　　(b) 机械特性$n=f(T_{em})$

图 11.3　单相绕组异步电动机的 T_{em}-s 曲线与机械特性 $n=f(T_{em})$

现对上述结论分析如下:

起动时,由于 $s=s_+=s_-=1$,由等效电路(见图 11.2)可见,正、反转旋转磁场在定子绕组中所感应的电势 $\dot{E}_+$ 和 $\dot{E}_-$ 相等,于是所产生的电磁转矩 T_{em+} 和 T_{em-} 大小相等、方向相反,故起动转矩为零。

当转子正转后,由于转差率 s 减小,正向旋转磁场对应的转子电阻 $0.5r_2'/s$ 增大,而反向旋转磁场对应的转子电阻 $0.5r_2'/(2-s)$ 减小,造成正向旋转磁场以及由其感应的电势 $\dot{E}_+$ 加强,而反向旋转磁场以及由其感应的电势 $\dot{E}_-$ 削弱。相应的正向电磁转矩 T_{em+} 加强,而反向 T_{em-} 削弱,因而合成电磁转矩为正,转子将继续保持正向旋转。反之,若转子反转,则反向旋转磁场所感应的电势 $\dot{E}_-$ 加强,而正向旋转磁场所感应的电势 $\dot{E}_+$ 削弱。相应的电磁转矩 T_{em-} 加强,而 T_{em+} 削弱,因而合成电磁转矩为负,转子将继续保持反向旋转。

由机械特性曲线(见图 11.3)可以看出,除原点外,由于合成转矩 T_{em} 为零的转速发生在同步速之前,因此,单相绕组异步电动机的理想空载转速 n_0 低于同步速 n_1。

例 11-1　一台四极 50Hz 单相异步电动机,额定电压 $U_{1N}=220$V,电机参数 $r_1=5\Omega,x_{1\sigma}=10\Omega,r_m=10\Omega,x_m=200\Omega,r_2'=8\Omega,x_{2\sigma}'=12\Omega$,试用 MATLAB 编程,绘出该单相异步电动机的机械特性。

解　下面为用 MATLAB 编写的源程序(M 文件),相应的曲线如图 11.4 所示。

```
% Example 11-1
% Variable-speed by variable-frequency for asynchronous motor with U1 = U1N
clc
clear
% Parameters for the single-phase asynchronous motor with 50-Hz frequency, Y-connection
U1n = 220; poles = 4; fe0 = 50;
r1 = 5; X1 = 10; r2p = 8; X10 = 1.03; X2p = 12; rm = 10; Xm = 200;
% Calculate the synchronous speed
ns = 120 * fe0/poles;
% Calculate the mechanical characteristic
    for i = 1:1999
```

```
        s = (2000-i)/1000;
        nr1 = ns * (1-s);
        I2p = U1n/sqrt((r1 + r2p/(2 * s) + r2p/(2 * (2-s)))^2 + (X1 + X2p)^2);
        Tem11 = poles/(4 * pi * fe0) * I2p^2 * r2p/s;
        Tem12 = -poles/(4 * pi * fe0) * I2p^2 * r2p/(2-s);
        Tem1 = Tem11 + Tem12;
        nr(i) = nr1;
        Tem(i) = Tem1;
        Temp(i) = Tem11;
        Temn(i) = Tem12;
        Tem0(i) = 0;
    end
    plot(nr,Tem,'-',nr,Temp,'--',nr,Temn,'--',nr,Tem0,'-');
    hold on;
xlabel('Torque[N·m]'); ylabel('Speed[r/min]');
title('Mechanical characteristic for single-phase asynchronous motor ');
disp('End');
```

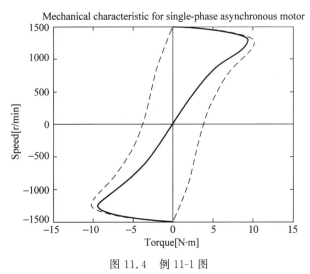

图 11.4　例 11-1 图

11.1.2　两相绕组通电时异步电动机的磁场与机械特性

　　既然单相绕组的异步电动机不能产生起动转矩,单相异步电动机就必须寻找其他方法进行起动。单相异步电动机常用的起动方法是定子采用两相绕组,这两相绕组空间上互成 90°电角度,且分别通以时间上互差 90°的两相电流。通过这一措施,确保起动时定子所产生的磁势为旋转磁势。现对两相绕组异步电动机的旋转磁场理论与相应的机械特性分析如下。

1. 两相绕组通电时异步电动机的旋转磁场

　　设单相异步电动机主、副绕组(见图 11.1(a))空间互成 90°,其有效匝数分别为 $N_{\mathrm{M}}k_{\mathrm{w1(M)}}$、$N_{\mathrm{A}}k_{\mathrm{w1(A)}}$,主、副绕组分别通入如下电流

$$\begin{cases} i_{\mathrm{M}} = \sqrt{2}\, I_{\mathrm{M}} \cos \omega t \\ i_{\mathrm{A}} = \sqrt{2}\, I_{\mathrm{A}} \cos(\omega t - 90°) \end{cases} \tag{11-5}$$

现对定子两相绕组所产生的磁势情况分析如下。

根据 5.5 节,主、副绕组所产生的定子基波磁势可分别表示为

$$f_{\mathrm{M}}(\alpha,t) = F_{\mathrm{M}} \cos \omega t \cos \alpha = \frac{F_{\mathrm{M}}}{2} \cos(\alpha - \omega t) + \frac{F_{\mathrm{M}}}{2} \cos(\alpha + \omega t) \tag{11-6}$$

$$f_{\mathrm{A}}(\alpha,t) = F_{\mathrm{A}} \cos(\omega t - 90°) \cos(\alpha - 90°) = \frac{F_{\mathrm{A}}}{2} \cos(\alpha - \omega t) - \frac{F_{\mathrm{A}}}{2} \cos(\alpha + \omega t) \tag{11-7}$$

式中,主、副绕组脉振磁势的基波幅值分别为

$$F_{\mathrm{M}} = 0.9\, \frac{N_{\mathrm{M}} k_{\mathrm{w1(M)}}}{p} I_{\mathrm{M}}, \quad F_{\mathrm{A}} = 0.9\, \frac{N_{\mathrm{A}} k_{\mathrm{w1(A)}}}{p} I_{\mathrm{A}}$$

则定子基波合成磁势为

$$f_1(\alpha,t) = f_{\mathrm{M}}(\alpha,t) + f_{\mathrm{A}}(\alpha,t) = F_+ \cos(\alpha - \omega t) + F_- \cos(\alpha + \omega t) \tag{11-8}$$

式中,正向旋转磁势的幅值为 $F_+ = \dfrac{1}{2}(F_{\mathrm{M}} + F_{\mathrm{A}})$;反向旋转磁势的幅值为 $F_- = \dfrac{1}{2}(F_{\mathrm{M}} - F_{\mathrm{A}})$。由于两种旋转磁势的幅值不相等,且转向相反,其合成磁势为一幅值变化的椭圆形旋转磁势,如图 11.5 所示。

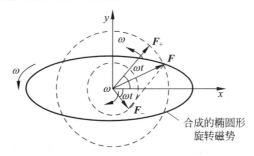

图 11.5　定子电流产生的椭圆形旋转磁势

图 11.5 中,正、反向旋转磁势分别用矢量 $\boldsymbol{F}_+$、$\boldsymbol{F}_-$ 表示,取 $\boldsymbol{F}_+$ 与 $\boldsymbol{F}_-$ 同相时的方向作为 x 轴的正方向,沿逆时针且垂直于 x 轴的方向为 y 轴。取 x 轴的正方向作为计时起点($t = 0$)。经过一段时间 t 后,$\boldsymbol{F}_+$ 沿逆时针方向转过 ωt,$\boldsymbol{F}_-$ 则沿顺时针方向转过 ωt。于是定子基波合成磁势 $\boldsymbol{F}$ 沿 x 轴、y 轴的分量分别为

$$\begin{cases} x = F_+ \cos \omega t + F_- \cos \omega t = (F_+ + F_-) \cos \omega t \\ y = F_+ \sin \omega t - F_- \sin \omega t = (F_+ - F_-) \sin \omega t \end{cases} \tag{11-9}$$

则定子基波合成磁势 $\boldsymbol{F}$ 的轨迹为

$$\frac{x^2}{(F_+ + F_-)^2} + \frac{y^2}{(F_+ - F_-)^2} = 1 \tag{11-10}$$

上式表明,定子基波合成磁势矢量 F 端点的轨迹为一椭圆。亦即**两相定子绕组通以两相对称电流所产生的定子基波合成磁势为椭圆形旋转磁势**。

式(11-10)具有一般性,当正向旋转磁势 F_+ 和反向旋转磁势 F_- 任一个为零时,则基波合成磁势 F 为圆形旋转磁势;当 $F_+ = F_-$ 时,合成磁势 F 为脉振磁势(见图 11.1(b))。当 $F_+ \neq F_-$ 时,基波合成磁势 F 为椭圆形旋转磁势,F 的转向视 F_+ 和 F_- 的强弱而定。

2. 两相绕组异步电动机的机械特性

根据上述椭圆形旋转磁场的结论并采用类似于 11.1.1 节的方法便可以获得两相绕组异步电动机的机械特性。

图 11.6 给出了两相绕组异步电动机当主、副绕组分别通以幅值不同(或相位不同)的电流,且 $F_+ >$ F_- 时的机械特性。

图 11.6 中,F_+ 作用于鼠笼转子产生正向电磁转矩 $T_{\text{em}+}$,相应的机械特性为 $n = f(T_{\text{em}+})$;F_- 作用于鼠笼转子产生反向电磁转矩 $T_{\text{em}-}$,相应的机械特性为 $n = f(T_{\text{em}-})$。两相绕组异步电动机的合成机械特性为 $n = f(T_{\text{em}})$。

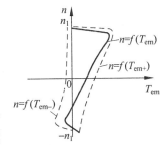

图 11.6　两相绕组异步电动机的机械特性

由图 11.6 可见,由于 $F_+ > F_-$,因此,$n = f(T_{\text{em}})$ 不经过坐标原点。它表明,**当主、副绕组分别通以幅值不同(或相位不同)的电流时,两相绕组异步电动机则产生起动转矩**。

11.1.3　单相异步电动机的类型

根据获得起动转矩的方法不同,单相异步电动机可分为电阻分相(或裂相)式电动机、电容起动式电动机、电容起动与运转式电动机以及罩极式电动机。下面简要介绍它们的特点与机械特性。

1. 电阻分相式单相电动机

图 11.7(a)给出了单相电阻分相式异步电动机的接线图,图中,主、副绕组(或起动绕组)空间互差 90°,且副绕组的电阻与电抗的比值比主绕组高(一般通过减小副绕组线径以及匝数获得),以使得在同一电压作用下两相绕组所流过的电流相位不同,其相量图如图 11.7(b)所示。

当单相异步电动机接至单相交流电源时,主绕组与电源并联,而副绕组则通过具有常闭触点的离心开关 K 与电源并联。由于两相绕组分别通以两相不对称电流,电动机会因椭圆形旋转磁场而产生起动转矩。当转子转速达 75%～80%额定转速时,在离心力的作用下,离心开关 K 断开,副绕组脱离电源,仅主绕组工作。图 11.8

给出了电阻分相式单相异步电动机的典型机械特性曲线。

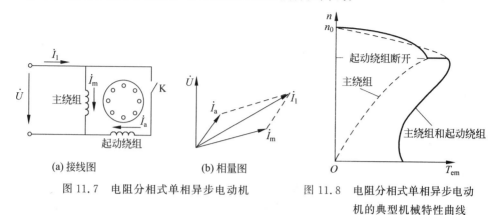

图 11.7　电阻分相式单相异步电动机

图 11.8　电阻分相式单相异步电动
机的典型机械特性曲线

电阻分相式异步电动机转向的改变可以通过主绕组(或副绕组)端部接线的对调来获得。由于接线对调,旋转磁场的方向改变,转子转向也随着改变。

2. 电容起动式单相电动机

电容起动式异步电动机的接线如图 11.9 所示,与电阻分相式异步电动机不同的是,电容起动式异步电动机副绕组的匝数不受限制,且副绕组是通过与电容 C 串联后再通过离心开关 K 与电源并联的。由于电容的作用,副绕组中的电流 $\dot{I}_a$ 超前主绕组中的电流 $\dot{I}_m$ 接近 $90°$,从而使得定子旋转磁势接近圆形,可以获得较大的起动转矩。同时,由于 $\dot{I}_a$ 与 $\dot{I}_m$ 接近 $90°$,合成线电流 $\dot{I}_1$ 较小,因此电容起动式电动机的起动电流较小。图 11.10 给出了单相电容起动式异步电动机的典型机械特性曲线。

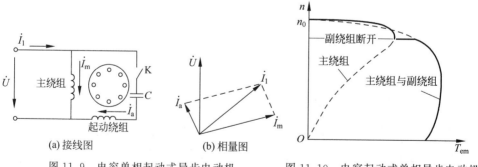

图 11.9　电容单相起动式异步电动机

图 11.10　电容起动式单相异步电动机
的典型机械特性曲线

3. 电容起动与运转式单相电动机

单相电容起动与运转式异步电动机的接线如图 11.11 所示,与电容起动式异步电动机不同的是,为了确保起动和运行时均获得较好的性能,副绕组中采用了两个电容器。其中,C 是运行时长期使用的电容；C_s 为仅起动时使用的电容,它与离心开关串联。起动时,串联在辅绕组中的总电容为 $C+C_s$,使得气隙旋转磁势接近圆形,可以获得较大的起动转矩。当转子转速接近同步速时,离心开关将 C_s 从副绕组中断开,此时,电机内的气隙旋转磁势也接近圆形。这样,不仅提高了最大电磁转矩,而且也改善了单相异步电机运行时定子侧的功率因数。因此,这种类型的电动机是最理想的单相电动机。图 11.12 给出了电容起动与运转式单相异步电动机的典型机械特性曲线。

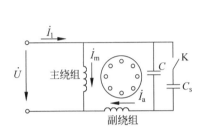 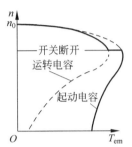

图 11.11　电容起动与运转式异
步电动机的接线图

图 11.12　电容起动与运转式单相异步
电动机的典型机械特性曲线

4. 罩极式单相电动机

图 11.13(a)给出了单相罩极式异步电动机的结构示意图,其中,定子采用凸极式结构,主磁极上装有工作绕组。将所有主磁极上的绕组串联接到单相电源上。在每个磁极的约 1/3 处开有小槽,其上套有铜短路环(相当于起动绕组),将部分主磁极罩起来,罩极式电机由此而得名,转子则采用鼠笼式结构。

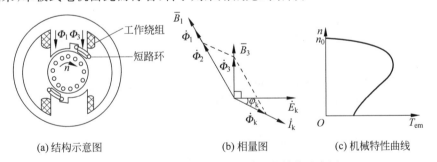

(a)结构示意图　　　　(b)相量图　　　　(c)机械特性曲线

图 11.13　单相罩极式异步电动机的结构示意图

当定子主极绕组通电后,主极上将产生两部分磁通：一部分不通过短路环,设其为 $\dot{\Phi}_1$；另一部分穿过短路环,设其为 $\dot{\Phi}_2$。磁通 $\dot{\Phi}_2$ 交变在短路环内感应电势,并产生感应电流 $\dot{I}_k$,电流 $\dot{I}_k$ 也要产生磁通 $\dot{\Phi}_k$。这样,短路环内所匝链的总磁通变为 $\dot{\Phi}_3=\dot{\Phi}_2+\dot{\Phi}_k$,$\dot{\Phi}_3$ 交变在短路环内所感应的电势为 $\dot{E}_k$,它滞后于 $\dot{\Phi}_3$ 90°。图 11.13(b)给出了各物理量的相量图。

由图 11.13(b)可见,磁通 $\dot{\Phi}_1$ 与 $\dot{\Phi}_3$ 在时间上存在相位差。它们所对应的磁感应强度 $\bar{B}_1$、$\bar{B}_3$ 在空间上必然也存在相位差,从而确保了合成气隙磁场为一椭圆形旋转磁场,并由其产生起动转矩。旋转磁场的转向由超前相绕组轴线 $\dot{\Phi}_1$ 向滞后相绕组轴线 $\dot{\Phi}_3$ 旋转,亦即**转子的转向由磁极未罩部分向被罩部分方向旋转**,因此**罩极式电动机转子的转向总是固定不变的**。单相罩极式电动机典型的机械特性曲线如图 11.13(c)所示。

11.2　伺服电动机

伺服电动机是一种把输入控制信号转变为角位移或角速度输出的电动机。亦即这种电动机的转子受控于控制信号。当有控制信号输入时,转子转动;控制信号的大小和方向改变时,转子的转速与转向改变;一旦控制信号消失,转子则立即停转。上述特点即称为"伺服(servo)"功能,伺服电动机由此而得名。

在电力拖动系统中,伺服电动机是以执行结构的身份出现的。因此,伺服电动机又称为执行电动机。

按照电力拖动系统的要求,伺服电动机应具有良好的可控性、运行的稳定性和快速响应能力。良好的可控性是指控制信号不存在时转子无自转现象;运行的稳定性则要求伺服电动机应具有下降的机械特性;而快速响应则是指,当有控制信号存在时,伺服电动机应快速起动。一旦控制信号消失,伺服电动机应自行制动并迅速停车。

根据供电电源和电机类型的不同,伺服电动机可分为两大类:**直流伺服电动机**和**交流伺服电动机**。

随着微处理器技术、电力电子技术以及电机控制理论的发展,许多新型伺服电动机不断问世,如直流无刷伺服电动机、交流永磁同步伺服电动机等。鉴于本书第 9 章已对其进行了详细介绍,这里就不再重复。本节仅对传统的直流伺服电动机和两相交流伺服电动机进行简要的讨论。

此外,考虑到适用于低速运行的力矩电动机也属于伺服电动机的范畴,为此,本节也将对其进行简要的介绍。

11.2.1　直流伺服电动机

与直流电动机相同,直流伺服电动机主要包括两大类:一类是电磁式直流伺服电动机,其结构和工作原理与他励直流电动机无本质上的区别;另一类是永磁式直流伺服电动机,其转子磁极采用永久磁铁。

一般来讲,直流伺服电动机主要采用两种控制方式:一种是电枢控制,顾名思义,它是通过改变电枢电压实现对转子转速的大小和转向的控制;另一种是磁场控制,这种方式是通过改变励磁电压(主要针对电磁式伺服电动机)来实现对转子转速大小和转向的控制。电枢控制的优点是,其机械特性和调节特性的线性度较好,控制回路的电感小,系统响应迅速。所以,直流伺服电动机多采用电枢控制方式。

下面就电枢控制方式下直流伺服电动机的机械特性和调节特性作一简单介绍。

电枢控制是将定子绕组作为励磁绕组并由电枢绕组作为控制绕组的一种控制方式。

在电枢控制过程中,设控制电压为 U_c,主磁通 Φ 保持不变,忽略电枢反应,则直流伺服电动机的机械特性为

$$n = \frac{U_c}{C_e\Phi} - \frac{R_a}{C_eC_T\Phi^2}T_{em} = n_0 - \beta T_{em} \tag{11-11}$$

根据式(11-11),便可以分别获得直流伺服电动机的机械特性和调节特性,兹介绍如下。

1. 机械特性

同他励直流电动机一样,直流伺服电动机的机械特性定义为一定控制电压下,转子转速与电磁转矩之间的关系曲线 $n = f(T_{em})$。

根据式(11-11),绘出不同控制电压 U_c 下的机械特性如图 11.14 所示。由图可见,直流伺服电动机的机械特性为一组平行的直线。随着控制电压 U_c 的增加,直线的斜率 β 保持不变,机械特性向上平移。所以,直流伺服电动机可以获得较为理想的机械特性。

2. 调节特性

直流伺服电动机的调节特性是指,在负载转矩保持不变的条件下,转子转速 n 与控制电压 U_c 之间的关系曲线 $n = f(U_c)$。

根据式(11-11)便可绘出不同负载转矩下的调节特性如图 11.15 所示。由图可见,直流伺服电动机的调节特性也是一组平行的直线,其与横坐标的交点为一定负载转矩下电动机的**始动电压** U_{c0}。它表示,在一定负载下只有控制电压超过始动电压,转子才开始转动。由此可见,对于一定大小的负载,直流伺服电动机存在着死区(或失灵区),死区的大小与负载转矩成正比。应该讲,直流伺服电动机的调节特性是比较理想的。

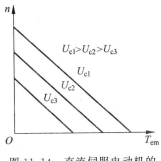

图 11.14　直流伺服电动机的
机械特性

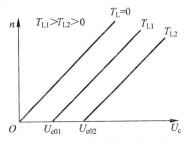

图 11.15　直流伺服电动机的
调节特性

11.2.2 交流伺服电动机

交流伺服电动机一般采用类似于两相异步电动机的结构,其定子两相绕组空间互成 90°电角度。一相绕组作为励磁绕组,直接接至单相交流电源 U_f 上;另一相作为控制绕组,其输入电压为 U_c。

1. 对交流伺服电动机的特殊要求

与普通的两相异步电动机不同,交流伺服电动机对其特性有特殊要求,主要体现在两个方面:(1)**机械特性应为线性**;(2)**控制信号消失后无转子"自转"现象**。现分别说明如下。

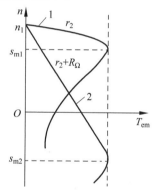

图 11.16 异步电动机的机械特性

(1)机械特性应为线性。普通异步电动机的机械特性如图 11.16 中的曲线 1 所示。很显然,在整个电动机运行范围内,其机械特性不是转矩的单值函数,且其只能在转差率 $s=0 \sim s_m$(s_m 的取值范围为 0.1~0.2)范围内稳定运行。作为驱动用途的电动机,这一特性是合适的。但作为伺服电动机,则要求机械特性必须是单值函数并尽量具有线性特性,以确保在整个调速范围内稳定运行。为满足这一要求,通常的做法是,加大转子电阻,以使得产生最大电磁转矩时的转差率 $s_m \geqslant 1$。加大转子电阻后,交流伺服电动机的机械特性如

图 11.16 中的曲线 2 所示。显然,电动机的机械特性在整个调速范围($0 \sim n_1$)内接近线性,稳定运行范围也扩展为零至额定转速。

一般情况下,转子电阻越大,机械特性越接近直线,但堵转转矩和最大输出功率也越小,效率越低。故此,伺服电动机的效率较一般驱动用途的异步电动机低。

(2)控制信号消失后无转子"自转"现象。无"自转"现象是伺服电动机的另一特殊要求。所谓"无自转"是指控制电压消失后,电动机能够自行制动,转子不再转动。否则,意味着伺服电动机失控。一般对驱动用途的电动机并无这一要求,但对伺服电动机必须满足这一特殊要求。

事实上,加大转子电阻,除了满足线性化机械特性的要求外,还可以同时满足防止"自转"的要求。现说明如下。

图 11.17(a)给出了普通驱动异步电动机一相绕组通电时的机械特性,此时转子电阻较小。图 11.17(a)同时给出了两相绕组交流伺服电动机一相通电(即控制电压为零)转子电阻较大时的机械特性。由图 11.17(a)可见,对于普通两相异步电动机,一旦转子运转后,即使一相绕组从电源断开(相当于控制电压为零),在 $0 < n \leqslant n_1$ 范围内,由于 $T_{em+} > T_{em-}$,$T_{em} > 0$,电动机仍然存在合成电磁转矩,转子将继续沿原

方向旋转(参见 11.1 节的分析)。但对于交流伺服电动机则不同(见图 11.17(b))，由于转子电阻较大，转子运转后，若控制电压消失、定子仅一相绕组通电，在 $0<n\leqslant n_1$ 范围内，$T_{em+}<T_{em-}$，$T_{em}<0$，电动机的合成电磁转矩为负值。电磁转矩起到制动作用，从而使转子迅速降速，直到转子停车。一旦停车，合成电磁转矩也随着为零，避免了"自转"现象的发生。

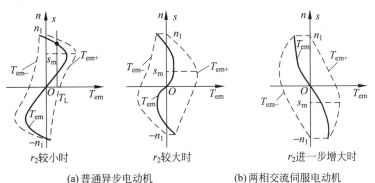

(a)普通异步电动机　　(b)两相交流伺服电动机

图 11.17　两相交流异步电动机一相供电时的机械特性

　　综上所述，与一般异步电动机相比，两相交流伺服电动机的转子电阻较大，因而其机械特性在整个调速范围内接近线性，且一相绕组通电(即控制电压为零)时转子无"自转"现象发生。

2. 控制方式与运行特性

　　对于交流伺服电动机，一般情况下其励磁绕组的电压保持不变，通过分别改变控制绕组外加电压的幅值、相位或同时调整幅值和相位便可达到控制转子转速大小和方向的目的。在交流伺服系统中，以上三种控制方式分别被称为幅值控制、相位控制以及幅-相控制。下面就这三种控制方式下的机械特性和调节特性分别介绍如下。

　　(1) 幅值控制时的运行特性

　　采用幅值控制时，交流伺服电动机的接线如图 11.18 所示。图中，励磁绕组 f 直接接至交流电源上，其电压 $\dot{U}_f$ 为额定值。控制绕组的外加电压为 $\dot{U}_c$，$\dot{U}_c$ 在时间上滞后于 $\dot{U}_f$ 90°，且保持不变，仅其幅值可以调节。$\dot{U}_c$ 的幅值可以表示为 $U_c=\alpha U_{cN}$，其中，α 为控制电压的标幺值，其基值为控制绕组的额定电压 U_{cN}。在交流伺服系统中，α 又称为**有效信号系数**。

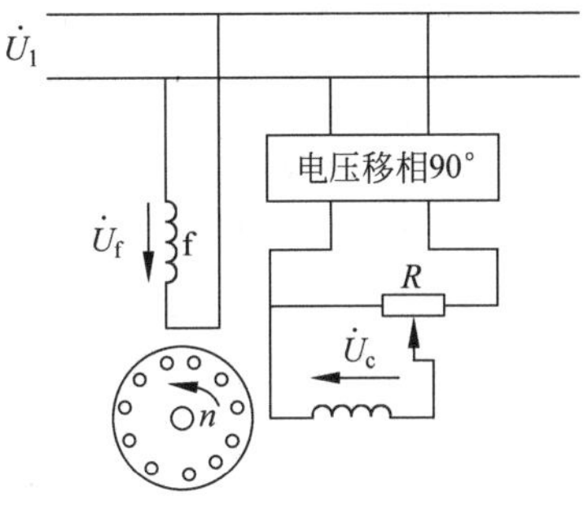

图 11.18　交流伺服电动机幅值控制时的接线图

　　当励磁绕组与控制绕组的外加电压均达到各自额定电压值时，控制绕组和励磁绕组的磁势幅值应相等。此时，有效信号系数

$\alpha=1$,相应的气隙合成磁势为圆形旋转磁势。

当$\alpha=0$时,控制绕组的外加电压$U_c=0$。此时,交流伺服电动机仅励磁绕组一相供电,相应的气隙合成磁势为脉振磁势。

当$0<\alpha<1$时,意味着控制绕组和励磁绕组的磁势幅值不相等,相应的气隙合成磁势为椭圆形旋转磁势。椭圆形旋转磁势可以等效为正向和反向圆形旋转磁势的叠加。

与单相异步电动机两相绕组通电时的情况相同,若正向和反向圆形旋转磁势各自分别产生电磁转矩T_{em+}和T_{em-},则单相异步电动机所产生的总电磁转矩为$T_{em}=T_{em+}+T_{em-}$。由此获得α为不同数值时的机械特性如图11.19(a)所示。

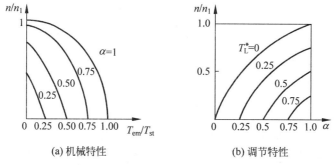

图11.19 交流伺服电动机幅值控制时的机械特性与调节特性

图11.19(a)中,电磁转矩与转速均采用标幺值表示。其基值的选取如下:取$\alpha=1$(即对应于圆形旋转磁势)时电动机的起动转矩作为转矩基值;以同步速n_1作为转速基值。

当$\alpha=1$时,负序旋转磁势为零,$T_{em-}=0$,$T_{em}=T_{em+}$为最大,理想空载转速为同步速n_1;当$0<\alpha<1$时,正序圆形旋转磁势减小,T_{em+}减小,而负序圆形旋转磁势增大,伺服电动机的合成电磁转矩为$T_{em}=T_{em+}-T_{em-}$。显然,此时的合成电磁转矩要比$\alpha=1$时小。由于T_{em-}的存在,导致理想空载转速小于同步速n_1。显然,α越小,即两相不对称程度越大,正序圆形旋转磁势就会越小,负序圆形旋转磁势则越大,最终导致合成电磁转矩减小,理想空载转速下降。

当$\alpha=0$时,正、负序圆形旋转磁势的幅值相等,机械特性如图11.17(b)所示。此时,很显然,机械特性经过坐标原点,且不在第Ⅰ象限。

图11.19(a)中,转矩的标幺值等于α,且由于电抗的存在机械特性不是直线。

采用幅值控制时,交流伺服电动机的调节特性可以通过机械特性获得。具体方法是:在机械特性上作许多平行于纵轴的直线,从而获得一定转矩下转速与控制电压U_c之间的关系曲线$n=f(U_c)$即调节特性,如图11.19(b)所示。不同的曲线对应于不同负载转矩下的调节特性。

与直流伺服电动机类似,调节特性与横坐标轴交点的值即为始动电压的标幺值。显然,始动电压的标幺值与α相同,且**负载转矩越大,始动电压越大**。

需要说明的是,交流伺服电动机的**额定功率**通常规定为$\alpha=1$时的最大输出功率,相应的转速即为额定转速,对应的输出转矩为额定转矩。这与一般电动机的规定有所不同。

(2) 相位控制时的运行特性

采用相位控制时,交流伺服电动机的接线如图 11.20 所示。图中,励磁绕组 f 仍直接接至交流电源上,并保持额定值不变。保持控制绕组外加电压 $\dot{U}_c$ 的幅值为额定值不变,仅通过改变控制绕组与励磁绕组之间的相位差来调节转子转速。通常, $\dot{U}_c$ 滞后于 $\dot{U}_f$ β 电角度,一般 $\beta = 0 \sim 90°$。相应的 $\sin\beta$ 即为**相位控制时的信号系数**。

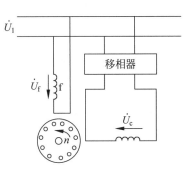

图 11.20　交流伺服电动机相位控制时的接线图

采用相位控制时,交流伺服电动机的机械特性如图 11.21(a)所示。很显然,当 $\beta = 90°$(即 $\sin\beta = 1$)时,相应的气隙合成磁势为圆形旋转磁势,此时,合成电磁转矩最大;当 $\beta = 0°$(即 $\sin\beta = 0$)时,相应的气隙合成磁势为脉振磁势,此时,正、反向旋转磁势的幅值相等,伺服电动机的机械特性不在第 I 象限。因转子电阻较大,其合成电磁转矩为制动性的;当 $0 < \beta < 90°$(即 $0 < \sin\beta < 1$)时,气隙合成磁势为椭圆形旋转磁势,相应的合成电磁转矩取决于椭圆度。$\sin\beta$ 越低,椭圆度越大,制动性电磁转矩 T_{em-} 越大。最终,合成电磁转矩 T_{em} 越小,且理想空载转速越低。

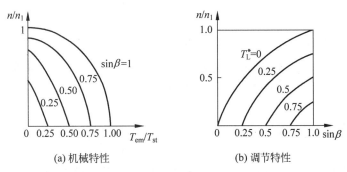

(a) 机械特性　　　　　　　　(b) 调节特性

图 11.21　交流伺服电动机相位控制时的机械特性与调节特性

当将控制电压的相位改变 180°即 $\dot{U}_c$ 超前 $\dot{U}_f$ 时,气隙合成磁势反向,相应的转子反向。

至于交流伺服电动机采用相位控制时的调节特性,同样可由相应的机械特性获得,如图 11.21(b)所示。

(3) 幅-相控制时的运行特性

采用幅-相控制时,交流伺服电动机的接线如图 11.22 所示。图中,励磁绕组经电容串联后接至交流电源上。控制绕组的外加电压 $\dot{U}_c$ 的频率和相位与电源相同,但其幅值可以调整。

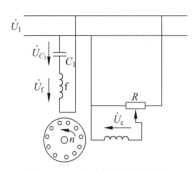

图 11.22　交流伺服电动机幅-
相控制时的接线图

交流伺服电动机采用幅-相控制时的机械特性如图 11.23(a)所示。与电容分相式单相异步电动机相同,由于交流伺服电动机起动和运行时转差率的不同,导致气隙合成磁势发生变化。起动时,当电压信号系数为 $\alpha_0 = 1$ 时,励磁绕组与控制绕组中的电流相等、相位互差 90°,因而相应的气隙合成磁势为圆形旋转磁势。运行后,气隙合成磁势变为椭圆形旋转磁势,导致理想空载转速 $n_0 < n_1$。同时,与起动时相比,由于运行后励磁绕组的电流减低,导致励磁绕组的励磁电压有所提高,所产生的电磁转矩将有所增大。

至于交流伺服电动机采用幅-相控制时的调节特性,同样可以由相应的机械特性获得,如图 11.23(b)所示。

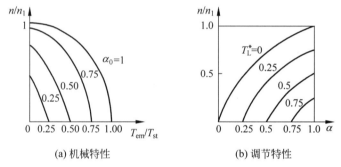

(a) 机械特性　　　　　　　(b) 调节特性

图 11.23　交流伺服电动机幅-相控制时的机械特性与调节特性

以上三种控制方式中,以相位控制时的线性度最好,幅-相控制时的线性度最差。但幅-相控制时的输出功率较大,故采用较多。

11.2.3　力矩电动机

力矩电动机是一种低速、大力矩电动机,它可以不经过齿轮等减速机构直接驱动负载低速运行,且负载的转速受控于输入的控制电压信号。因此,力矩电动机可以看作是一种综合伺服电动机与驱动电动机功能的特殊电机。

力矩电动机具有响应快、转矩与转速波动小、能在低速场合下长期稳定运行、机械特性和调节特性的线性度好等优点,特别适用于需要高精度的伺服系统。在位置伺服系统中,这种电机可以长时间工作在堵转状态;而在速度伺服系统中,这种电机可以工作在低速、大力矩状态。

按供电电源的性质不同,力矩电动机可分为**直流力矩电动机**和**交流力矩电动机**两大类,其工作原理与相应的伺服电动机基本相同,只不过在结构和外形尺寸上有所差异。为了减小转动惯量,一般伺服电动机大都采用细长的圆柱形结构;而力矩电动机为了能在相同体积和电枢电压下获得较大的转矩和较低的转速,通常做成扁平式结构。其电枢长度与直径之比一般为 0.2 左右,而且电机的极数较多。

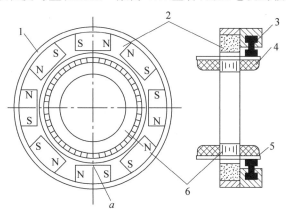

1—铜环；2—定子；3—电刷；4—电枢绕组；

5—槽楔兼换向片；6—转子。

图 11.24　永磁式直流力矩电动机的结构示意图

　　图 11.24 给出了永磁式直流力矩电动机的结构示意图。图中,定子 2 由永久磁铁镶嵌于定子磁极构成,外部由铜环 1 固定。转子铁芯 6 由导磁冲片叠压而成,转子槽中放有电枢绕组 4,槽楔 5 由铜板制成,兼作换向片。电刷 3 装在刷架上,可根据需要调整位置。

　　对于直流力矩电动机,需要特别注意的几个指标有连续堵转转矩、连续堵转电流、峰值转矩以及峰值电流,其中,连续堵转转矩是指电机处于长时间堵转,温升不超过允许值时所输出的最大堵转转矩,相应的电流为连续堵转电流;而峰值转矩则是指,为防止电枢电流过大造成永久磁铁去磁所对应的最大堵转转矩,相应的电枢电流为峰值电流。

　　至于交流力矩电动机,其控制信号为交流,工作原理与两相交流伺服电动机相同。只不过其极数较多,外形呈扁平状。限于篇幅,这里就不再赘述。

11.3　测速发电机

　　测速发电机是一种把机械转速按比例转换为电压信号的控制电机。在电力拖动系统中,测速发电机被作为速度检测元件而得到广泛应用。

　　按照工作原理的不同,测速发电机可以分为两大类：**直流测速发电机**和**交流测速发电机**。下面分别就这两类测速发电机的基本工作原理和输出特性作一简单介绍。

11.3.1　直流测速发电机

　　直流测速发电机包括永磁式和电磁式两大类。其中,电磁式直流测速发电机采用他励式结构。

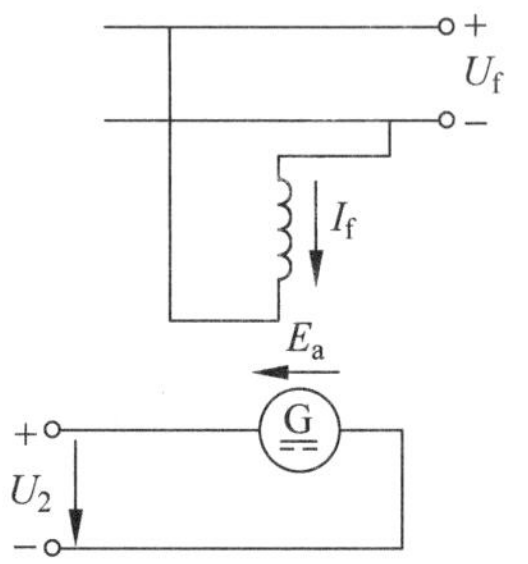

图 11.25 给出了直流测速发电机的接线图。很显然,其工作原理与一般他励直流发电机相同。由励磁绕组通电产生恒定磁场,电枢绕组在外力拖动下切割磁力线感应电势 E_a,其大小为

$$E_a = C_e \Phi n \tag{11-12}$$

空载时,直流测速发电机的输出电压与空载电势 E_a 相等,即 $U_{20} = E_a$。因此,输出电压与转速成正比。

负载后,若负载电阻为 R_L,则正、负电刷两端的输出电压为

$$U_2 = E_a - R_a I_a = E_a - R_a \frac{U_2}{R_L}$$

将式(11-12)代入上式,并整理得

$$U_2 = \frac{C_e \Phi}{1 + \dfrac{R_a}{R_L}} n = Cn \tag{11-13}$$

式(11-13)表明,若 Φ、R_a 和 R_L 不变,则输出电压 U_2 与转速成正比。

图 11.25　直流测速发电机的接线图

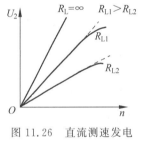

图 11.26　直流测速发电机的输出特性

根据式(11-13)便可以绘出一定负载电阻($R_L =$ 常数)下直流测速发电机的输出特性曲线 $U_2 = f(n)$,如图 11.26 所示。图中,负载电阻越小,输出电压越低。事实上,随着负载电阻的减低,电枢电流加大,电枢反应的去磁作用将增大,尤其在高速时,最终造成输出电压与转速之间不再满足线性关系。为了减小电枢反应的去磁作用,电磁式直流测速发电机的定子侧通常安装补偿绕组。

从信号转换角度看,直流测速发电机与直流伺服电动机是一对互为可逆的电机。直流伺服电动机将直流电压信号转变为转速信号,而直流测速发电机则将速度信号转变为直流电压信号。

11.3.2　交流测速发电机

交流测速发电机有异步与同步之分,这里仅介绍应用较为广泛的交流异步测速发电机的工作原理与运行特性。

与交流伺服电动机相同,交流异步测速发电机的定子也是由空间互差 90°的两相分布绕组组成。其中,一相绕组为励磁绕组,另一相为输出绕组。转子多采用空心杯结构,它是由电阻率较大的磷青铜制成。为减小主磁路的磁阻,空心杯转子内部还有一个由硅钢片叠压而成的定子铁芯,该铁芯称为**内定子**。图 11.27 给出了一台空心杯转子异步测速发电机的结构示意图,图 11.28 为这种测速发电机的工作原

理示意图。

图 11.28 中,设励磁绕组的轴线为直轴(d 轴),输出绕组的轴线为交轴(q 轴)。当励磁绕组外加恒压恒频的交流电压 $\dot{U}_1$ 时,励磁绕组内部便有电流流过,并沿 d 轴方向产生交变的脉振磁势 $\dot{F}_d$ 和相应的脉振磁通 $\dot{\Phi}_d$,其交变频率与外加电压相同。

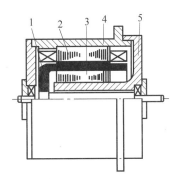

1—空心杯转子;2—定子;
3—内定子;4—机壳;5—端盖。

图 11.27　空心杯转子异步测速
发电机的结构示意图

当转子静止($n=0$)时,直轴脉振磁通 $\dot{\Phi}_d$ 交变,在空心杯转子直轴绕组中感应变压器电势 $\dot{E}_{dr}$、直轴电流 $\dot{I}_{dr}$ 以及转子直轴磁势 $\dot{F}_{dr}$,如图 11.28(a)所示。由于定、转子磁势均沿直轴(d 轴)方向,相应的气隙合成磁势必然也沿 d 轴方向变化。考虑到输出绕组的轴线(q 轴)与 d 轴相互垂直,因而输出绕组不会与直轴磁通相匝链而感应电势,相应的输出电压 $U_{20}=0$。

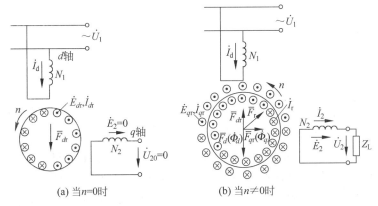

(a) 当$n=0$时　　　　(b) 当$n\neq0$时

图 11.28　空心杯转子异步测速发电机的工作原理图

当转子以一定的转速($n\neq0$)旋转后,除了在空心杯转子直轴绕组中感应变压器电势和电流外,转子交轴绕组由于切割直轴磁通 $\dot{\Phi}_d$ 而产生速度电势 $\dot{E}_{qr}$。根据右手定则,$\dot{E}_{qr}$ 的方向如图 11.28(b)所示,其大小为

$$E_{qr}=C_2\Phi_d n \tag{11-14}$$

其中,C_2 为结构常数。

由于空心杯转子相当于短路绕组,因此,在 $\dot{E}_{qr}$ 的作用下,转子绕组将产生 q 轴电流 $\dot{I}_{qr}$ 和脉振磁势 $\bar{F}_{qr}$。考虑到空心杯转子采用电阻率较大的磷青铜制成,转子电阻远远大于转子漏抗,因而转子漏抗可以忽略不计,其结果转子 q 轴电流 $\dot{I}_{qr}$ 与 $\dot{E}_{qr}$ 基本同相,如图 11.28(b)所示。q 轴电流 $\dot{I}_{qr}$ 沿 q 轴方向建立磁势 $\bar{F}_{qr}$ 和相应的磁通 $\dot{\Phi}_q$。$\dot{\Phi}_q$ 沿 q 轴方向交变,并在定子输出绕组上感应电势 $\dot{E}_2$,其有效值为

$$E_2 = 4.44 f N_2 k_{w2} \Phi_q \tag{11-15}$$

忽略铁芯饱和,交轴磁通 Φ_q 正比于 F_{qr}。考虑到 F_{qr} 与转子 q 轴电流 $\dot{I}_{qr}$ 的大小成正比,而 $\dot{I}_{qr}$ 又与 $\dot{E}_{qr}$ 的大小成正比,于是有

$$\Phi_q \propto F_{qr} \propto I_{qr} \propto E_{qr} \tag{11-16}$$

联立式(11-14)、式(11-15)和式(11-16)可得

$$E_2 \propto \Phi_d n \tag{11-17}$$

式(11-17)表明,在外加励磁电压一定的条件下,直轴磁通 Φ_d 保持不变,因此,交流测速发电机的输出电势 E_2(或输出电压 U_2)与转速 n 成正比。相应的输出特性 $U_2 = f(n)$ 为直线。这样,交流异步测速发电机就能将转速信号转变为电压信号,从而达到测速的目的。

事实上,**交流异步测速发电机与交流伺服电动机可以看作为是一对互为可逆的电机**。交流伺服电动机是由控制绕组输入电压信号,通过电动机将电压输入信号转变为转速信号在机械轴上输出;而交流异步测速发电机则是由外力拖动转轴旋转,通过发电机将转速信号转变为与转速成正比的电压信号在定子输出绕组(相当于交流伺服电动机的控制绕组)中输出。

11.4 自整角机

自整角机是一种对角位移偏差具有自整步能力的控制电机。一般情况下,自整角机是成对使用的,一台作为发送机使用,另一台作为接收机使用。其任务是首先由发送机将转角转换为电信号,然后再由接收机将电信号转变为转角或电信号输出,从而实现角度的远距离传输或转换。

从结构上看,自整角机是一台两极电机。通常,转子采用单相交流励磁绕组,嵌入到凸极或隐极式转子铁芯中,并通过转子滑环和电刷引出。而定子则采用三相对称分布绕组,又称为**整步绕组**(或同步绕组)。三相整步绕组接成星形(Y接),并通过出线端引出。当然单相励磁绕组也可以置于定子侧,而三相整步绕组置于转子侧,但此时转子需要三个滑环和电刷。

根据工作原理和输出方式的不同,自整角机可分为力矩式和控制式自整角机两大类。**力矩式自整角机**的输出是转角,它主要用于带动指针、刻度盘等轻负载转角指示系统;而**控制式自整角机**输出的则是电压信号,从而实现角度到电压信号的转换。下面分别就这两种类型自整角机的工作原理、运行特性作一简单介绍。

11.4.1 力矩式自整角机

力矩式自整角机的接线如图 11.29 所示,两台自整角机中,一台作发送机使用,另一台作接收机使用,且两台自整角机的结构和参数完全相同。正常工作时,两台自整角机的励磁绕组均接到同一交流电源上,而三相整步绕组则按照相序依次连接在一起。

分别取 a_1、a_2 相整步绕组轴线与转子励磁绕组轴线之间的夹角作为两台转子

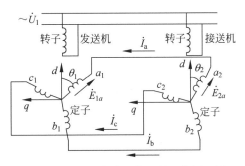

图 11.29　力矩式自整角机的工作原理图

的位置角,如图 11.29 中的 θ_1 和 θ_2 所示。两自整角机转子位置角的偏差称为**失调角** θ,即 $\theta = \theta_1 - \theta_2$。

当失调角 θ 为零(即两台自整角机转子位置角相同)时,在转子单相交流脉振磁势的作用下,两台自整角机的整步绕组中将各自感应电势。由于参数和接线方式完全相同,两套整步绕组中所感应的线电势相等且相互抵消,导致各相整步绕组中的定子电流(又称为**均衡电流**)为零,相应的电磁转矩也为零,两台自整角机将处于静止状态,此时转子的位置称为**协调位置**。

当发送机转子在外力作用下逆时针旋转一个角度 θ(相当于整步绕组顺时针转过 θ 角)(见图 11.29)后,两自整角机转子之间的位置角 θ_1 和 θ_2 将不再相等,而是存在一个失调角 θ。此时,发送机和接收机整步绕组中所感应的线电势将不再相等,两绕组之间便有均衡电流流过。均衡电流与两转子励磁绕组所建立的磁场相互作用便产生电磁转矩(又称为**整步转矩**)。整步转矩力图使失调角 θ 趋向于零。由于发送机转子与主令轴相接,不能任意转动,因此,整步转矩只能使接收机转子跟随发送机转子转过 θ 角,从而使两转子的转角又保持一致。最终,整步转矩为零,系统进入新的协调位置。上述过程定量分析如下。

假定:①气隙磁密按正弦分布;②忽略铁芯饱和和整步绕组磁势对励磁磁势的影响。

当发送机和接收机转子之间的位置角分别为 θ_1 和 θ_2 不等时,转子励磁磁场在定子各整步绕组内所感应变压器电势的有效值分别由下列式子给出:对于发送机

$$\begin{cases} E_{1a} = E\cos\theta_1 \\ E_{1b} = E\cos(\theta_1 - 120°) \\ E_{1c} = E\cos(\theta_1 + 120°) \end{cases} \tag{11-18}$$

对于接收机

$$\begin{cases} E_{2a} = E\cos\theta_2 \\ E_{2b} = E\cos(\theta_2 - 120°) \\ E_{2c} = E\cos(\theta_2 + 120°) \end{cases} \tag{11-19}$$

式中,每相绕组所感应电势有效值的最大值为 $E = 4.44 f N_1 k_{w1} \Phi_m$,其中,$N_1 k_{w1}$ 为

整步绕组每相的有效匝数。

考虑到发送机和接收机均为星形连接的三相对称绕组,因此,各相回路的合成电势可分别表示为

$$
\begin{cases}
\Delta E_a = E_{2a} - E_{1a} = 2E \sin \dfrac{\theta_1 + \theta_2}{2} \sin \dfrac{\theta}{2} \\[2mm]
\Delta E_b = E_{2b} - E_{1b} = 2E \sin \left(\dfrac{\theta_1 + \theta_2}{2} - 120° \right) \sin \dfrac{\theta}{2} \\[2mm]
\Delta E_c = E_{2c} - E_{1c} = 2E \sin \left(\dfrac{\theta_1 + \theta_2}{2} + 120° \right) \sin \dfrac{\theta}{2}
\end{cases}
\tag{11-20}
$$

设整步绕组每相的等效阻抗为 Z_a,则定子各相绕组中的均衡电流为

$$
\begin{cases}
I_a = \dfrac{\Delta E_a}{2Z_a} = \dfrac{E}{Z_a} \sin \dfrac{\theta_1 + \theta_2}{2} \sin \dfrac{\theta}{2} \\[2mm]
I_b = \dfrac{\Delta E_b}{2Z_a} = \dfrac{E}{Z_a} \sin \left(\dfrac{\theta_1 + \theta_2}{2} - 120° \right) \sin \dfrac{\theta}{2} \\[2mm]
I_c = \dfrac{\Delta E_c}{2Z_a} = \dfrac{E}{Z_a} \sin \left(\dfrac{\theta_1 + \theta_2}{2} + 120° \right) \sin \dfrac{\theta}{2}
\end{cases}
\tag{11-21}
$$

式(11-21)中的均衡电流与转子励磁绕组所建立的磁场相互作用必然产生整步转矩。

为了方便整步转矩的计算,可将整步绕组中的三相电流按投影分解到直轴(或 d 轴)和交轴(或 q 轴)上,即完成所谓的三相 abc 坐标系到静止 dqO 坐标系变量的变换。其中,d 轴代表转子励磁绕组的轴线;q 轴则表示与 d 轴垂直且沿逆时针方向前移 90° 的轴线。于是,三相整步绕组的电流在 d 轴和 q 轴上的分量分别如下:
对于发送机

$$
\begin{cases}
I_{1d} = I_a \cos\theta_1 + I_b \cos(\theta_1 - 120°) + I_c \cos(\theta_1 + 120°) = -\dfrac{3}{4} \dfrac{E}{Z_a}(1 - \cos\theta) \\[2mm]
I_{1q} = I_a \sin\theta_1 + I_b \sin(\theta_1 - 120°) + I_c \sin(\theta_1 + 120°) = -\dfrac{3}{4} \dfrac{E}{Z_a} \sin\theta
\end{cases}
$$

$$
\tag{11-22}
$$

对于接收机,考虑到它在三相整步绕组中的电流与发送机大小相同,流向相反,因此,其三相整步绕组电流在 d 轴和 q 轴上的分量分别为

$$
\begin{cases}
I_{2d} = -I_a \cos\theta_2 - I_b \cos(\theta_2 - 120°) - I_c \cos(\theta_2 + 120°) = -\dfrac{3}{4} \dfrac{E}{Z_a}(1 - \cos\theta) \\[2mm]
I_{2q} = -I_a \sin\theta_2 - I_b \sin(\theta_2 - 120°) - I_c \sin(\theta_2 + 120°) = \dfrac{3}{4} \dfrac{E}{Z_a} \sin\theta
\end{cases}
$$

$$
\tag{11-23}
$$

由于磁势正比于电流,于是根据式(11-22)和式(11-23)中的电流分量便可求得三相整步绕组所产生的定子合成磁势在 d 轴和 q 轴上的分量 F_d 和 F_q 的大小并分

析其性质。

　　由式(11-22)和式(11-23)不难看出,无论是发送机还是接收机,在直轴方向上的磁势分量均为负值,表明整步绕组在直轴方向上的磁势为去磁性质。假定失调角 θ 较小,则 I_{1d}、I_{2d} 以及相应的直轴磁势较小,可以忽略不计;而交轴方向上的磁势分量对于发送机和接收机来讲,其大小相等,方向相反。

　　根据定子电流直轴和交轴分量的大小(见式(11-22)、式(11-23))以及转子的励磁磁势便可求出失调角为 θ 时力矩式自整角机整步转矩的大小。图 11.30 给出了转子交轴、直轴磁场与定子交轴、直轴电流相互作用所产生电磁转矩的示意图。图 11.30 中,规定沿直轴(d 轴)和交轴(q 轴)正方向的磁势(或电流)为正,并取逆时针方向的转子转角和转矩为正。

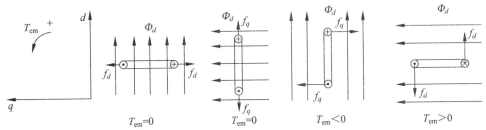

图 11.30　d、q 轴磁场与 d、q 轴电流相互作用所产生的电磁转矩

　　由图 11.30 可见,只有直轴磁通 Φ_d 与交轴电流 I_q 或交轴磁通 Φ_q 与直轴电流 I_d 相互作用才能产生有效的电磁转矩。鉴于定子直轴磁势(或电流)较小,可以忽略不计,而转子励磁磁通主要集中在 d 轴上,即 $\Phi_d=\Phi_m$,因此整步转矩的大小可由下式给出

$$T_{em} \propto \Phi_d I_q = \Phi_m I_q$$

　　将式(11-22)或式(11-23)代入上式,并考虑到图 11.30 中的转矩方向,便可求得发送机和接收机的整步转矩分别为

$$T_{em1} = -C_1\Phi_m\left(-\frac{3}{4}\frac{E}{Z_a}\sin\theta\right) = T_m\sin\theta \tag{11-24}$$

$$T_{em2} = -C_1\Phi_m\frac{3}{4}\frac{E}{Z_a}\sin\theta = -T_m\sin\theta = -T_{em1} \tag{11-25}$$

　　式(11-24)和式(11-25)中的符号表明,发送机整步绕组所产生的整步转矩为逆时针方向,而接收机所产生的整步转矩为顺时针方向。考虑到整步绕组位于定子侧,所以作用到转子轴上的实际整步转矩方向分别与式(11-24)和式(11-25)相反。即当发送机转子在外力作用下逆时针旋转一个角度 θ 后,发送机转子上所产生的整步转矩为顺时针方向,倾向于保持转子原来的位置;而接收机转子上所产生的整步转矩为逆时针方向,驱使转子逆时针转过角度 θ,从而使两转子的转角一致,即 $\theta=0$。最终,整步转矩为零,系统进入新的协调位置。

　　根据式(11-24)绘出静态整步转矩与失调角 θ 之间的关系曲线如图 11.31 所示。其中,当失调角 $\theta=1°$ 时的整步转矩称为**比整步转矩**(或比转矩)。比整步转矩 T_θ 反映了自整角机的整步能力和精度。

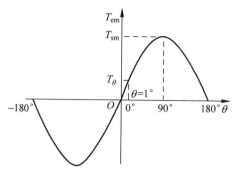

图 11.31　自整角机的静态整步转矩特性

11.4.2　控制式自整角机

控制式自整角机的作用是将发送机转子轴上的转角转换为接收机转子绕组上的电压信号,其接线如图 11.32 所示。与力矩式自整角机不同的是,接收机的转子绕组不再作为励磁绕组与交流电源相接,而是作为电压信号的输出端。在发送机定子绕组感应电势的作用下,接收机定子绕组中便有电流流过并产生磁势和磁通。所产生的磁通与接收机的转子绕组相匝联,并在接收机转子绕组中感应电势,最终输出电压。显然,接收机实际上是处于变压器运行状态,故控制式自整角机系统中的接收机又称为**自整角变压器**。

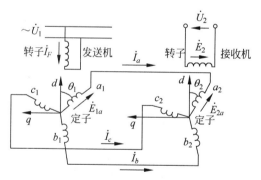

图 11.32　控制式自整角机的工作原理图

在自整角变压器中,取转子绕组轴线与 a_2 相整步绕组轴线垂直的位置作为基准电气零位。此时,相应的失调角为零,两转子处于协调位置,自整角变压器输出电压为零。

若将发送机转子相对于整步绕组逆时针方向转过一个转角 θ_1(相当于整步绕组顺时针转过 θ_1 角)(见图 11.32),自整角变压器转子将从基准零位逆时针方向转过一个转角 θ_2(相当于整步绕组顺时针转过 θ_2 角),则相应的失调角为 $\theta = \theta_1 - \theta_2$,如图 11.32 所示。在发送机转子励磁绕组的磁势和磁场作用下,各相整步绕组中将感应变压器电势,其有效值分别为

$$\begin{cases} E_{1a} = E\cos\theta_1 \\ E_{1b} = E\cos(\theta_1 - 120°) \\ E_{1c} = E\cos(\theta_1 + 120°) \end{cases} \tag{11-26}$$

设发送机整步绕组中每相的等效电抗为 Z_{1a}，而自整角变压器整步绕组中每相的等效电抗为 Z_{2a}，则各整步绕组回路中的电流有效值分别为

$$\begin{cases} I_a = \dfrac{E_{1a}}{Z_{1a} + Z_{2a}} = \dfrac{E}{Z_{1a} + Z_{2a}}\cos\theta_1 \\ I_b = \dfrac{E_{1b}}{Z_{1a} + Z_{2a}} = \dfrac{E}{Z_{1a} + Z_{2a}}\cos(\theta_1 - 120°) \\ I_c = \dfrac{E_{1c}}{Z_{1a} + Z_{2a}} = \dfrac{E}{Z_{1a} + Z_{2a}}\cos(\theta_1 + 120°) \end{cases} \tag{11-27}$$

对于自整角变压器，考虑到其三相整步绕组中的电流与发送机中的电流大小相同，方向相反（见图 11.32），因此每相整步绕组所产生基波磁势的幅值分别为

$$\begin{cases} F_{2a} = 0.9\dfrac{N_2 k_{w2} I_a}{p} = F_\phi\cos\theta_1 \\ F_{2b} = 0.9\dfrac{N_2 k_{w2} I_b}{p} = F_\phi\cos(\theta_1 - 120°) \\ F_{2c} = 0.9\dfrac{N_2 k_{w2} I_c}{p} = F_\phi\cos(\theta_1 + 120°) \end{cases} \tag{11-28}$$

式中，$F_\phi = 0.9\dfrac{N_2 k_{w2}}{p}\dfrac{E}{(Z_{1a} + Z_{2a})}$ 为整步绕组每相基波磁势的最大幅值。

同力矩式自整角机一样，为了方便自整角变压器输出电压的计算，通常将整步绕组中的各相磁势按投影分解到直轴（或 d 轴）和交轴（或 q 轴）上。其中，d 轴代表转子励磁绕组的轴线；q 轴则表示与 d 轴垂直且沿逆时针方向前移 90° 的轴线。于是，三相整步绕组的磁势在 d 轴和 q 轴上的分量分别为

$$\begin{cases} F_{2d} = F_{2a}\cos\theta_2 + F_{2b}\cos(\theta_2 - 120°) + F_{2c}\cos(\theta_2 + 120°) = \dfrac{3}{2}F_\phi\cos\theta \\ F_{2q} = F_{2a}\sin\theta_2 + F_{2b}\sin(\theta_2 - 120°) + F_{2c}\sin(\theta_2 + 120°) = \dfrac{3}{2}F_\phi\sin\theta \end{cases} \tag{11-29}$$

于是，整步绕组合成磁势的幅值为

$$F_2 = \sqrt{F_{2d}^2 + F_{2q}^2} = \dfrac{3}{2}F_\phi \tag{11-30}$$

合成磁势与 d 轴之间的夹角为

$$\beta = \arctan\dfrac{F_{2q}}{F_{2d}} = \theta \tag{11-31}$$

式（11-31）表明，自整角变压器三相整步绕组合成磁势 $\overline{F_2}$ 的大小固定，其空间

位置则位于沿逆时针方向与 d 轴(即转子励磁绕组轴线)成 θ 角(失调角)的位置,如图 11.33 所示。

由于发送机和自整角变压器是采用完全相同的两台自整角机来实现的,因此其内部整步绕组的空间位置完全对应(即 a_2 相整步绕组的轴线与 a_1 相整步绕组相同)。考虑到这一因素并结合图 11.33,可以看出,自整角变压器三相整步绕组合成磁势 $\overline{F}_2$ 的空间位置总是与发送机转子的实际空间位置相一致。

对于自整角变压器,由于其输出绕组的轴线与 q 轴的方向一致,因此,q 轴脉振磁势在输出绕组中的感应电势为

$$E_2 = 4.44 f N_2 k_{w2} \Phi_{2q} \tag{11-32}$$

其中,交轴脉振磁势与输出绕组所匝链的磁通可由下式给出

$$\Phi_{2q} = F_{2q} \Lambda_q = \frac{3}{2} F_\phi \Lambda_q \sin\theta \tag{11-33}$$

结合式(11-32)和式(11-33),便可求出自整角变压器空载时的输出电压为

$$U_{20} = E_2 = 4.44 f N_2 k_{w2} \frac{3}{2} F_\phi \Lambda_q \sin\theta = U_{2m} \sin\theta \tag{11-34}$$

根据式(11-34)绘出自整角变压器输出电压与失调角 θ 之间的关系曲线如图 11.34 所示。

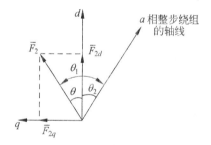

图 11.33 自整角变压器整步绕组
合成磁势的空间位置

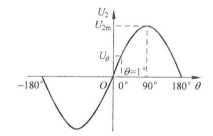

图 11.34 自整角变压器的
输出特性

图 11.34 中,当失调角 $\theta = 1°$ 时的输出电压称为**比电压**。比电压 U_θ 越大,系统工作越灵敏。

控制式自整角机可以与伺服电机一起组成随动系统,如图 11.35 所示。当主令轴的转角 θ_1 与随动轴转角 θ_2 不相等时,自整角机因离开协调位置而产生失调角 θ。此时,自整角变压器的转子绕组将输出与 $\sin\theta$ 成正比的电压。该电压经放大器放大后输入至伺服电动机的控制绕组。在控制电压的作用下,伺服电动机的转角带动机械负载和自整角变压器同轴转动,直至 θ 等于零为止。最终,自整角变压器的转角将与发送机的转子转角相等,控制式自整角机系统又重新进入新的协调位置。若主令轴连续旋转,则随动轴也将带动机械负载一起同步旋转。

实际上,**控制式自整角机的接收机(或自整角变压器)与力矩式自整角机的接收机是同一种电机的两种可逆运行方式**。在力矩式自整角机中,发送机的转子绕组通

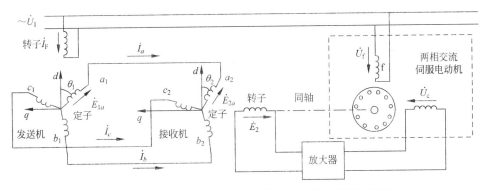

图 11.35　由控制式自整角机和伺服电机组成的随动系统

过单相电源输入电压信号,通过定子绕组的电气连接将发送机的转角信号传递至接收机,由接收机输出转角信号。此时,接收机相当于工作在电动机运行状态;而在控制式自整角机中,接收机的转子绕组开路,通过定子绕组的电气连接将发送机的转角信号转变为接收机转子绕组的电压输出。此时,接收机相当于工作在发电机运行状态。

11.5　旋转变压器

　　顾名思义,旋转变压器(revolving transformer)是一种可以旋转的变压器或控制电机,它将转子转角按一定规律转换为电压信号输出。

　　旋转变压器的种类很多,按照有无电刷,旋转变压器可分为**有刷旋转变压器**和**无刷旋转变压器**两大类;按照输出电压与转子转角之间的关系,旋转变压器可分为**正-余弦旋转变压器**和**线性旋转变压器**等。

　　有刷旋转变压器的电路原理如图 11.36 所示,结构上,有刷式旋转变压器与两相绕组式异步电动机类似,其定子和转子均采用空间互差 90° 的两相对称正弦分布绕组,极数一般为两极,转子绕组则通过滑环和电刷引出。

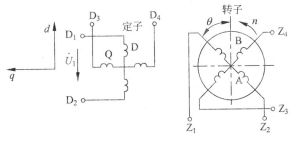

图 11.36　有刷旋转变压器的电路原理图

　　无刷旋转变压器的电路原理如图 11.37 所示,由图可见,无刷旋转变压器是由两部分组成的,其中一部分称为**解算器**(或分解器)(resolver),它是由两相空间互成 90° 的定子绕组和一相转子励磁绕组组成;另一部分为旋转变压器,其一次侧绕组固定在定子上,由高频交流信号励磁(励磁频率一般为几千赫至十千赫)。二次侧绕组位于转子上,与转子一同旋转。由二次侧绕组为解算器的转子励磁绕组提供旋转励磁,通过解算器的两相定子绕组分别输出与转子角度的正、余弦成正比的电压信号。由于旋转变压器的二次侧绕组与解算器的转子励磁绕组相对静止,因而实现了无刷结构。

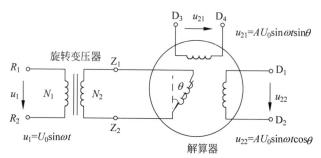

图 11.37　无刷旋转变压器的电路原理图

值得说明的是,对于无刷旋转变压器,其输入与输出端口可以颠倒,亦即解算器的两相定子绕组可以作为励磁输入绕组,而解算器的转子绕组作为输出,将其与旋转变压器的二次侧绕组相连。这样,旋转变压器一次侧的定子绕组便作为最终的输出绕组,换句话说,无刷旋转变压器的输入与输出端口是可逆的。

旋转变压器被广泛应用于伺服系统中的位置检测以及自动控制系统中的三角函数运算或角度传输中。下面以有刷旋转变压器为例,讨论旋转变压器的工作原理、负载后的补偿等问题。

11.5.1　工作原理

考虑到正-余弦旋转变压器和线性旋转变压器的工作原理略有不同,故分别介绍如下。

1. 正-余弦旋转变压器

正-余弦旋转变压器因两个转子绕组的输出电压分别为转子转角 θ 的正、余弦函数而得名,其原理图如图 11.36 所示。图中,$D_1 D_2$ 和 $D_3 D_4$ 为定子上的两个空间互差90°电角度的正弦绕组,分别用 D 和 Q 来表示。$Z_1 Z_2$ 和 $Z_3 Z_4$ 为转子上的两个空间互差90°电角度的正弦绕组,分别用 A 和 B 来表示。D、Q 绕组的轴线分别用 d 轴、q 轴表示。取转子 A 绕组与 d 轴重合时的位置为转子的起始位置,并规定转子沿逆时针偏离 d 轴的角度 θ 为正。

一旦定子励磁绕组 D 外加交流电压 $\dot{U}_1$,绕组内便产生励磁电流,并在 d 轴上建立脉振磁势 $\overline{F}_s$ 和气隙磁通 $\dot{\Phi}_m$。当 θ 为任意值时,由于气隙磁通 $\dot{\Phi}_m$ 与 A、B 两相绕组所匝链的磁通分别为 $\Phi_m \cos\theta$ 和 $\Phi_m \sin\theta$,因此在励磁绕组 D、转子 A 和 B 绕组中

所感应电势的有效值分别为

$$\begin{cases} E_D = 4.44 f N_s k_{ws} \Phi_m \\ E_{rA} = 4.44 f N_r k_{wr} \Phi_m \cos\theta = k E_D \cos\theta \\ E_{rA} = 4.44 f N_r k_{wr} \Phi_m \sin\theta = k E_D \sin\theta \end{cases} \tag{11-35}$$

式中,$N_s k_{ws}$ 和 $N_r k_{wr}$ 分别为定、转子绕组的有效匝数;$k = N_r k_{wr}/N_s k_{ws}$ 为定、转子绕组的有效匝数比。

当转子 A、B 两相绕组空载时,其输出电压分别为

$$\begin{cases} U_A = E_{rA} = k E_D \cos\theta \\ U_B = E_{rB} = k E_D \sin\theta \end{cases} \tag{11-36}$$

式(11-36)表明,当旋转变压器空载时,转子 A、B 两相绕组的输出电压分别与转角 θ 的余弦和正弦函数成正比,相应的 A、B 两相绕组又分别称为**余弦绕组**和**正弦绕组**。

当旋转变压器的余弦输出绕组 A 中接入负载 Z_L、而正弦绕组仍保持空载时(见图 11.38),则由于 A 中的负载电流将产生相应的脉振磁势 $\overline{F}_A$,导致气隙磁场发生畸变,使得转子 A、B 两相绕组的输出电压与转角 θ 之间不再满足式(11-36)中的正、余弦关系。现分析如下。

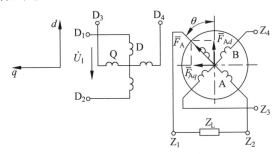

图 11.38　负载后的正-余弦旋转变压器

根据图 11.38,转子磁势 $\overline{F}_A$ 可沿 d 轴和 q 轴分解为如下两个分量

$$\begin{cases} F_{Ad} = F_A \cos\theta \\ F_{Aq} = F_A \sin\theta \end{cases} \tag{11-37}$$

其中,转子磁势 $\overline{F}_{Ad}$ 相当于 d 轴变压器的副边磁势,而定子侧 D 绕组的励磁磁势 $\overline{F}_s$ 相当于原边磁势。根据变压器理论,$\overline{F}_{Ad}$ 的出现使定子 D 绕组的电流增大,对气隙磁场基本无影响;转子磁势 $\overline{F}_{Aq}$ 则不同,由于定子 Q 绕组中本来无励磁电流,因而 $\overline{F}_{Aq}$ 的作用相当于交轴励磁磁势。$\overline{F}_{Aq}$ 要在气隙中建立新的脉振磁场,它所产生的磁通最大值为

$$\Phi_{qm} = \Lambda_q F_A \sin\theta \tag{11-38}$$

式中,Λ_q 为 q 轴磁路的磁导。

$\overline{F}_{Aq}$ 所产生的 q 轴磁通 Φ_{qm} 与转子 A、B 两相绕组所匝链的磁通分别为 $\Phi_{qm} \sin\theta$ 和 $\Phi_{qm} \cos\theta$,它们在 A、B 两相绕组中所感应电势的有效值分别为

$$\begin{cases} E_{Aq} = 4.44 f N_r k_{wr} \Phi_{qm} \sin\theta \\ E_{Bq} = 4.44 f N_r k_{wr} \Phi_{qm} \cos\theta \end{cases} \tag{11-39}$$

将式(11-38)代入式(11-39)得

$$\begin{cases} E_{Aq} = 4.44 f N_r k_{wr} \Lambda_q F_A \sin^2\theta = K\sin^2\theta \\ E_{Bq} = 4.44 f N_r k_{wr} \Lambda_q F_A \sin\theta\cos\theta = K\sin\theta\cos\theta \end{cases} \tag{11-40}$$

式中,$K = 4.44 f N_r k_{wr} \lambda_q F_A$ 为常数。

式(12-40)表明,旋转变压器负载后,由于转子磁势 $\overline{F}_A$ 的作用,导致转子 A、B 两相绕组中所感应的电势中多出两项 $\dot{E}_{Aq}$ 和 $\dot{E}_{Bq}$,鉴于这两项电势的大小皆不是转角 θ 的余弦或正弦函数,因此,当将其分别与空载时的电势 $\dot{E}_{rA}$ 和 $\dot{E}_{rB}$ 叠加时,A、B 两相绕组的输出电压与转角 θ 之间的余弦或正弦关系遭到破坏。负载电流越大,对输出电压的影响越严重。

为了消除输出电压的畸变,负载时必须设法对 q 轴上的磁势予以补偿。补偿可以在定子侧或转子侧进行,也可以在定、转子两侧同时进行。图 11.39 给出了一种将定子绕组 D_3D_4 短接的定子侧补偿方案。由于 q 轴方向上相当于一台副边短路的变压器,其主磁通 Φ_{qm} 很小,因而抑制了转子磁势 $\overline{F}_{Aq}$ 对输出电压的影响。

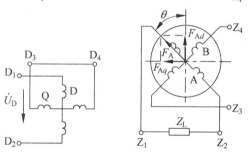

图 11.39　带有定子侧补偿的正-余弦旋转变压器

2. 线性旋转变压器

顾名思义,输出电压与转子转角 θ 之间呈线性关系的旋转变压器称为**线性旋转变压器**。图 11.40 给出了线性旋转变压器的接线图。其中,定子励磁绕组 D 与转子绕组 A 串联后接至交流电源上,定子绕组 Q 短接。转子绕组 B 作为输出绕组,其负载为 Z_L。

当转子逆时针转过 θ 角时,由于定子绕组 Q 的补偿作用,转子绕组 B 中的负载电流所产生的磁势对气隙磁场的影响较小。气隙磁通主要是由定子励磁绕组 D 所产生的直轴磁通 $\dot{\Phi}_m$,它在励磁绕组 D、转子 A 和 B 绕组

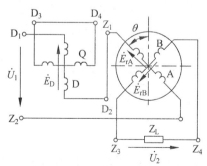

图 11.40　线性旋转变压器的原理电路图

中所感应电势的有效值分别为 $\dot{E}_{\mathrm{s}}$、$\dot{E}_{\mathrm{rA}}$ 和 $\dot{E}_{\mathrm{rB}}$，其有效值与式(11-35)相同。根据图 11.40 所假定的正方向，于是有

$$\dot{U}_1 = (\dot{E}_{\mathrm{D}} + \dot{E}_{\mathrm{rA}}) = (\dot{E}_{\mathrm{D}} + k\dot{E}_{\mathrm{D}}\cos\theta) \tag{11-41}$$

当负载阻抗 Z_{L} 较大时，输出电压为

$$\dot{U}_2 \approx \dot{E}_{\mathrm{rB}} = k\dot{E}_{\mathrm{D}}\sin\theta \tag{11-42}$$

将式(11-41)代入式(11-42)得

$$U_2 = \frac{k\sin\theta}{1 + k\cos\theta}U_1 \tag{11-43}$$

根据上式绘出输出电压与转子转角之间的特性曲线如图 11.41 所示。图中，取 $k \approx 0.52$。由图 11.41 可见，当 $-60° \leqslant \theta \leqslant +60°$ 时，输出电压 U_2 与转角 θ 之间基本上满足线性关系。

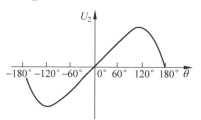

图 11.41　线性旋转变压器的输出电压与转子转角之间的关系曲线（$k=0.52$）

11.5.2　旋转变压器的应用

旋转变压器具有坚固可靠，对环境和温度变化无特殊要求，能够长距离传输位置信号等优点，因而在伺服系统中被作为高精度位置检测元件而得到广泛采用。由于旋转变压器输出的是模拟信号，当将其与数字驱动系统相连时，须利用特殊的模数转换电路将旋转变压器输出的模拟信号转换为数字形式的信号。

图 11.42 给出了两种典型的无刷旋转变压器与相应转换电路的电气原理图。图 11.42(a)所示方案利用旋转变压器的一次侧绕组作为励磁绕组，输入高频交流。通过解算器的两相定子绕组分别输出转子转角的正、余弦信号；将正、余弦信号送至解算器与数字量转换器(resolver-to-digital converter，RDC)(见图 11.42(a))，并通过 RDC 最终获得转子转角的数字量输出。其中，RDC 相当于一角度闭环跟踪系统，它包括高精度 sin/cos 乘法器、放大器、鉴相器、控制器、压控振荡器(voltage controlled oscillator，VCO)、加/减法计数器以及高频载波信号发生器(图中未画出)等几部分。由高精度 sin/cos 乘法器将输入信号分别与来自加/减法计数器的转子角度估计信号 $\hat{\theta}$ 的正、余弦 $\sin\hat{\theta}$、$\cos\hat{\theta}$ 相乘。其输出信号 u_1' 与 u_2' 通过偏差放大器相减后获得输出信号：$AU_{10}\sin\omega t\sin(\theta - \hat{\theta})$。借助于鉴相器，将该输出信号转变为 $AU_{10}\sin(\theta - \hat{\theta})$。然后，经积分型控制器、VCO 以及加/减法计数器处理，最终获得转子角度的估计信号 $\hat{\theta}$。

图 11.42(b)所示方案则将无刷旋转变压器的输入与输出端子颠倒，它利用解算器的两相定子绕组作为励磁绕组，输入高频交流，通过旋转变压器的一次侧的定子绕组输出位置信号。至于它是如何通过 RDC 将转子角度的模拟信号转换为数字量的，其过程与图 11.42(a)所示方案基本相同，这里就不再赘述。

除了作为高精度位置检测元件使用外，旋转变压器还可以被用来实现坐标变

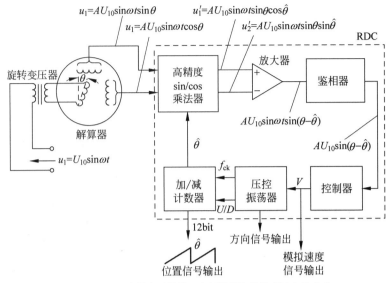

(a) 旋转变压器的一次侧绕组作为励磁输入的方案

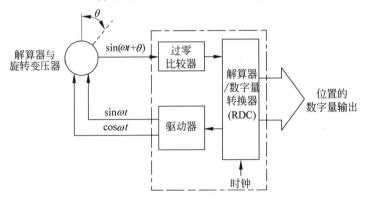

(b) 解算器的两相定子绕组作为励磁输入的方案

图 11.42　无刷旋转变压器的位置检测方案

换、矢量运算等。限于篇幅,这里就不再进行讨论。

11.6　直线电动机※

　　直线电动机,顾名思义,就是一种能够直接作直线运动的电动机。由于它消除了由旋转电机实现直线运动时所必需的蜗轮、蜗杆或丝杠等中间机构,因而精度和快速性大大提高。与旋转电动机一样,直线电动机也可分为直流、异步、同步、步进和直线开关磁阻电动机等。

　　本节主要针对几种常用的直线电动机包括直流、异步和步进式直线电动机作一简单介绍,重点对直线永磁同步电动机及其调速系统加以详细阐述。

11.6.1 直线直流电动机

直线直流电动机主要采用两种结构形式：框架式和音圈式；框架式直线直流电动机又有动圈式和动铁式之分。图 11.43(a)、(b)、(c)分别给出了这三种类型直线电动机的结构示意图。

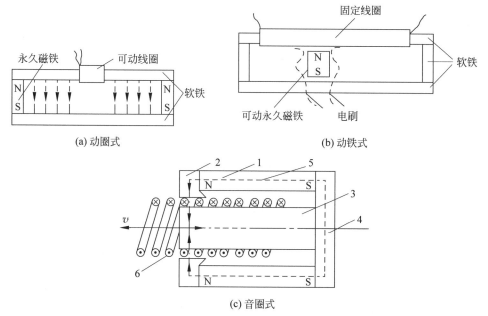

1—永久磁铁；2—极靴；3—铁芯；4—磁轭；5—磁通；6—可动线圈。

图 11.43 直线直流电动机的结构示意图

由图 11.43(a)可见,动圈式直线电动机的线圈绕在一个软铁框架上。在框架两端按极性相同的方向放置了两块永磁体,由其产生磁场。当线圈通以直流电后,在磁场和电流的相互作用下,线圈将受到电磁力的作用而在滑道上作直线运动。电磁力的方向可由左手定则判别。

动铁式直线电动机如图 11.43(b)所示,其线圈同样绕在软铁框架上,但线圈长度较长,几乎包括整个行程。为了降低电能损耗,通常仅给可动磁铁所覆盖的区域通电,而不是给整个线圈通电。为此,电刷与永久磁铁安装在一起,并且电刷随永久磁体一起滑动。在磁场和电枢电流的相互作用下,永久磁铁便沿框架的直线方向移动。

音圈式直线电机又称为**音圈电机**,其结构如图 11.43(c)所示。由图可见,音圈电机的磁场均匀。当线圈通电时,在磁场作用下线圈便沿铁芯方向作直线运动。由于线圈重量轻、惯量小,因此这种电机的响应快。

至于直线直流电动机的机械特性、调节特性以及动态特性的分析与第 2 章介绍的直流旋转电动机(或 11.2 节介绍的直流伺服电动机)基本相同。只需用直线位移代替角位移、用力代替转矩,然后再采用旋转电机的分析与计算方法即可,这里就不再赘述。

11.6.2　直线异步电动机

直线异步电动机是从旋转式异步电动机演变而来的。图 11.44 给出了这一演变过程的示意图。

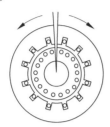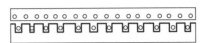

图 11.44　由旋转式异步电动机向直线电动机的演变过程

由图 11.44 可见,直线异步电动机可以看作是把旋转电动机的定、转子切开展平的结果。当在直线异步电动机的初级三相绕组中通入三相对称电流时,则在初级和次级之间的气隙中便产生类似于旋转磁场的行波磁场,如图 11.45 所示。行波磁场的移动速度为同步速,它取决于初级绕组的通电频率和绕组节距,即

$$v_1 = 2p\tau \frac{n_1}{60} = 2\tau f_1 \tag{11-44}$$

式中,τ 为定子绕组节距(m);f_1 为电源频率。

在同步速行波磁场的作用下,次级导条感应电势和电流,该电流与行波磁场相互作用产生电磁力。若初级部分固定不动,则次级部分(又称为动子)将沿行波磁场方向移动。为确保相对切割,动子的移动速度 v 总是低于行波磁场的同步速 v_1,其差异可用转差率来表示,即

$$s = \frac{v_1 - v}{v_1} \tag{11-45}$$

由式(11-44)、式(11-45)可得动子的移动速度为

$$v = v_1(1-s) = 2\tau f_1(1-s) \tag{11-46}$$

式(11-46)表明,改变初级绕组的节距、初级的供电频率以及转差等均可像旋转异步电动机一样改变动子的移动速度。

若希望改变动子的移动方向,只需改变初级绕组的通电相序即可,由此便可以实现直线电机的往复运动。

值得说明的是,图 11.45 所介绍的扁平式结构的直线电动机只是原理性的。对于实际设计的直线电动机,其固定的定子和移动的动子

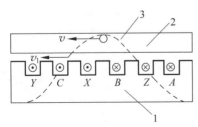

1—初级;2—次级;3—行波磁场。

图 11.45　直线异步电动机的
工作原理示意图

的长度不可能设计得一样长。否则,由于相对运动,一旦动子远离定子,则两者将失去耦合,动子将停止运动。实际的直线电动机可以采用长定子、短动子结构,也可以采用长动子、短定子结构。后者因较经济、成本低,应用较为广泛。

图 11.46(a)、(b)分别给出了两种扁平式结构的直线异步电动机,两者皆采用长动子、短定子结构。其中,图 11.46(a)采用了一个初级的单边型结构;图 11.46(b)采用了两个初级的双边型结构。前者在初级励磁产生行波磁场时,除了产生直线方向的电磁力外,在垂直于运动的方向上将产生纵向磁拉力,因而多用于具有悬浮要求的场合,如行车、悬浮轴承等。而后者则因两个初级对称,纵向磁拉力相互抵消,最终动子沿垂直运动方向上将不会产生电磁力。

(a) 单边型结构　　　　　　　　(b) 双边型结构

图 11.46　具有长动子、短定子的扁平式结构直线异步电动机

尽管与旋转异步电动机工作原理十分相似,但考虑到直线异步电动机自身的结构特点,两者的电磁过程还是存在一定差异。例如,直线异步电动机的初级铁芯是断开的,绕组在两端并不像旋转电机一样连续,于是在靠近电机两端以外的区域就会产生磁场,这种现象又称为边缘(或端部)效应;除此之外,为了确保长距离移动过程中初、次级部分无摩擦,直线电动机的气隙一般要比旋转电机的气隙大得多。因此,与旋转电机相比,直线电动机的励磁电流较大、功率因数偏低。

11.6.3　直线永磁同步电动机

通常,直线永磁同步电动机(linear permanent magnetic synchronous motor,LPMSM)根据结构的不同可分为扁平型和管型两大类。本节仅介绍扁平型 LPMSM。扁平型 LPMSM 具有高效率、高推力、低损耗、小电气时间常数、响应快等特点,因而作为交流伺服驱动电机可广泛应用于高精度、快速响应的直线运动场合以及高速、水平和垂直运输装置中。图 11.47 给出了扁平型 LPMSM 的演变过程的示意图。由图 11.47 可见,扁平型 LPMSM 可以看作是由旋转永磁同步电机切开展平的结果。

1. LPMSM 的结构与基本运行原理

类似于直线异步电动机,扁平型 LPMSM 按照结构的不同可分为单边型和双边型。考虑到定子和动子长度的不同,LPMSM 又分为长初级(定子)、短次级(动子)和短初级和长次级两种结构。根据是永磁体作为动子还是三相绕组作为动子,LPMSM 又分为两种不同结构。图 11.48(a)、(b)分别给出了单边型永磁体作为动

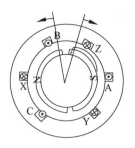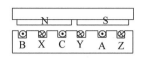

图 11.47　扁平型 LPMSM 的演变过程示意图

子和三相绕组绕组作为动子两种结构的 LPMSM 工作原理示意图。

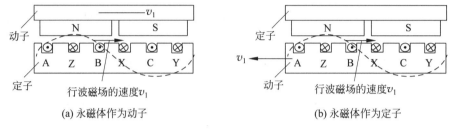

(a) 永磁体作为动子　　　　　　　　　　(b) 永磁体作为定子

图 11.48　LPMSM 的工作原理示意图

　　与直线异步电动机相同,在三相对称绕组内通以三相对称交流电流时,会在定、动子之间的气隙中产生行波磁场,如图 11.48 所示。行波磁场的移动速度取决于三相绕组通电频率和绕组节距,该移动速度即同步速: $v_1 = 2\tau f_1$(见式(11-44))。行波磁场与永磁体相互作用便产生电磁推力,在电磁推力作用下,动子作直线运动。若永磁体为动子,则动子的移动方向与行波磁场的移动方向相同;若三相对称绕组为动子,则动子的移动方向与行波磁场的方向相反。

　　与旋转式永磁同步电机完全相同,扁平型 LPMSM 的初级绕组可以采用短距和分布的三相交流绕组,也可以使用分数槽绕组。上述两种形式的绕组可分别参见第5章和第9章。

　　值得说明的是,与旋转式永磁同步电机不同,LPMSM 的磁极数可以为奇数。

2. 直线电机与旋转电机的类比关系及 LPMSM 的稳态数学模型与力-角特性

　　原则上,若不考虑由于铁芯断开而引起的边缘效应,无论是在数学模型(包括稳态和动态模型)还是在特性方面,各类直线电机均可参照同类型的旋转电机处理。**换言之,只需理清直线运动的位移与旋转运动的角度之间、直线运动的移动速度与旋转运动的角速度之间以及直线运动的电磁力与旋转运动的电磁转矩之间的关系,便可直接将各类直线电机当作同类型旋转式电机的孪生处理,其稳态、动态数学模型及特性曲线完全相同。**现将上述各个物理量之间的具体关系介绍如下:

　　假定直线运动的位移、速度以及电磁力分别用 x,v 及 f_{em} 表示,相应的旋转运动的角度、电角速度以及电磁转矩分别用 θ,ω 及 τ_{em} 表示,则各物理量之间满足下列关系式:

$$\theta = \frac{\pi}{\tau}x \tag{11-47}$$

$$\omega = \frac{\pi}{\tau}v \tag{11-48}$$

式中，τ 为极距。

考虑到电角速度 ω 与机械加速度 Ω 之间满足：$\omega = p\Omega$，则根据直线运动和旋转运动的电磁功率表达式得

$$P_{em} = f_{em}v = \tau_{em}\Omega = \tau_{em}\frac{\omega}{p}$$

将式(11-48)代入上式得

$$f_{em} = \frac{\pi}{\tau}\frac{\tau_{em}}{p} \tag{11-49}$$

利用上述关系并参照相应的旋转电机，便可获得 LPMSM 的数学模型和力-角特性。

（1）LPMSM 的稳态数学模型

与旋转式永磁同步电机类似，LPMSM 也可分为表贴式和内置式两大类，分别对应于隐极式和凸极式结构。稳态运行时，各自对应的基本电压方程式以及时-空相量图与旋转式永磁同步电机完全相同，具体内容可参考 9.1.3 节。

（2）LPMSM 的力-角特性

利用类比原则和关系式(11-47)～式(11-49)，并根据旋转式永磁同步电机的矩角特性式(9-7)与式(9-9)便可获得表贴式和内置式结构的 LPMSM 的稳态电磁力分别为

$$f_{em} = m\frac{\pi}{\tau}\frac{\Psi_f U}{x_t}\sin\theta \tag{11-50}$$

$$f_{em} = m\frac{\pi}{\tau}\frac{\Psi_f U}{x_d}\sin\theta + \frac{1}{2}m\frac{\pi}{\tau}\frac{U^2}{\omega_1}\left(\frac{1}{x_q}-\frac{1}{x_d}\right)\sin2\theta \tag{11-51}$$

根据式(11-50)和式(11-51)分别绘出典型表贴式和内置式直线永磁同步电动机的力-角特性如图 11.49(a)、(b)所示。

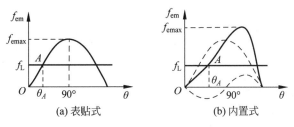

(a) 表贴式　　　　(b) 内置式

图 11.49　LPMSM 的力-角特性

3. LPMSM 的动态数学模型

图 11.50 给出了三相 LPMSM 的三种不同坐标系。其中，ABC 与 $\alpha\beta$ 分别为三

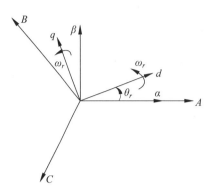

图 11.50　三相 LPMSM 的坐标系

相静止和两相静止坐标系,dq 为轴沿动子永磁体定向的同步坐标系。

（1）LPMSM 在 ABC 静止坐标下的动态数学模型

忽略边缘效应,假定三相绕组对称且气隙磁场沿空间呈正弦分布,则在三相 ABC 静止坐标系下的电压方程式可以表示为

$$
\begin{bmatrix} u_{cn} \\ u_{bn} \\ u_{cn} \end{bmatrix} = \begin{bmatrix} R_s & 0 & 0 \\ 0 & R_s & 0 \\ 0 & 0 & R_s \end{bmatrix} \begin{bmatrix} i_a \\ i_b \\ i_c \end{bmatrix} + \frac{\mathrm{d}}{\mathrm{d}t} \begin{bmatrix} \Psi_{as} \\ \Psi_{bs} \\ \Psi_{cs} \end{bmatrix}
$$

(11-52)

式中,$\boldsymbol{u}_{abc}=[u_{an},u_{bn},u_{cn}]$ 为初级三相绕组的相电压矢量；$\boldsymbol{i}_{abc}=[i_a,i_b,i_c]$ 为初级三相绕组的相电流矢量；$\boldsymbol{\Psi}_{abcs}=[\Psi_{as},\Psi_{bs},\Psi_{cs}]$ 初级三相绕组的定子磁链矢量。

定子磁链方程式可表示为

$$
\begin{bmatrix} \Psi_a \\ \Psi_b \\ \Psi_c \end{bmatrix} = \begin{bmatrix} L_{aa} & M_{ab} & M_{ac} \\ M_{ba} & L_{bb} & M_{bc} \\ M_{ca} & M_{cb} & L_{cc} \end{bmatrix} \begin{bmatrix} i_a \\ i_b \\ i_c \end{bmatrix} + \Psi_{PM} \begin{bmatrix} \cos\theta_r \\ \cos\left(\theta_r - \dfrac{2}{3}\pi\right) \\ \cos\left(\theta_r - \dfrac{4}{3}\pi\right) \end{bmatrix}
$$

(11-53)

式中,Ψ_{PM} 为永磁体磁链,$\theta_r=\theta_{r0}+\displaystyle\int_0^t \omega_r \mathrm{d}t$ 为永磁体磁链(或 d 轴)与 A 相轴之间的夹角(见图 11.50),$\omega_r=\dfrac{\pi}{\tau}v$,$\theta_{r0}$ 为初始角。L_{aa},L_{bb} 与 L_{cc} 分别为各相绕组的自感；M_{ab},M_{ac},M_{ba},M_{bc},M_{ca} 与 M_{cb} 分别为各相绕组之间的互感,通常,各相绕组之间的互感相等,可统一用 M 表示。

根据式(11-53)可得 LPMSM 各相绕组的反电势矢量为

$$
\begin{bmatrix} e_a \\ e_b \\ e_c \end{bmatrix} = -\omega_r \boldsymbol{\Psi}_{PM} \begin{bmatrix} \sin\theta_r \\ \sin\left(\theta_r - \dfrac{2}{3}\pi\right) \\ \sin\left(\theta_r - \dfrac{4}{3}\pi\right) \end{bmatrix}
$$

(11-54)

LPMSM 的电磁功率为

$$
P_{\mathrm{em}} = e_a i_a + e_b i_b + e_c i_c
$$

(11-55)

由式(11-55)得 LPMSM 的电磁力为

$$
F_{\mathrm{em}} = \frac{P_{\mathrm{em}}}{v} = -\frac{\pi}{\tau}\Psi_{\mathrm{PM}}\left[i_a\sin\theta_r + i_b\sin\left(\theta_r - \frac{2}{3}\pi\right) + i_c\left(\theta_r - \frac{4}{3}\pi\right)\right]
$$

(11-56)

（2）LPMSM 在 dq 同步坐标下的动态数学模型

在 dq 同步坐标下,LPMSM 的动态数学模型可以根据其在三相静止 ABC 坐标

系的动态数学模型,并利用 5.6.2 节介绍的三相静止 ABC 坐标系到两相 $\alpha\beta$ 静止坐标系的坐标变换,以及两相 $\alpha\beta$ 静止坐标系到两相 dq 同步坐标系的坐标变换获得,也可以直接在两相 dq 同步坐标系下写出。这里采用后者,具体过程介绍如下:

LPMSM 在 dq 同步坐标下的电压方程式可以表示为

$$\begin{cases} u_d = R_s i_d + \dfrac{\mathrm{d}\Psi_d}{\mathrm{d}t} - \omega_r \Psi_q \\[2mm] u_q = R_s i_q + \dfrac{\mathrm{d}\Psi_q}{\mathrm{d}t} + \omega_r \Psi_d \end{cases} \tag{11-57}$$

定子磁链方程为

$$\begin{cases} \Psi_d = L_d i_d + \Psi_{\mathrm{PM}} \\ \Psi_q = L_q i_q \end{cases} \tag{11-58}$$

将式(11-58)代入式(11-57)得

$$\begin{bmatrix} u_d \\ u_q \end{bmatrix} = \begin{bmatrix} R_s + pL_d & -\omega_r L_q \\ \omega_r L_d & R_s + pL_q \end{bmatrix} \begin{bmatrix} i_d \\ i_q \end{bmatrix} + \begin{bmatrix} 0 \\ \omega_r \Psi_{\mathrm{PM}} \end{bmatrix} \tag{11-59}$$

式中,L_d,L_q 分别为 LPMSM 在 d 和 q 轴上的同步电感。

式(11-59)与式(11-58)可用综合矢量表示为

$$\begin{cases} \vec{u}_s = R_s \vec{i}_s + p\vec{\Psi}_s + \mathrm{j}\omega_r \vec{\Psi}_s \\ \vec{\Psi}_s = (\Psi_{\mathrm{PM}} + L_d i_d) + \mathrm{j} L_q i_q \end{cases} \tag{11-60}$$

式中,$\vec{u}_s = u_d + ju_q$,$\vec{i}_s = i_d + ji_q$,$\vec{\Psi}_s = \Psi_d + \mathrm{j}\Psi_q$,$p = \mathrm{d}/\mathrm{d}t$。

当动子进入稳态时,$p\Psi_s = \mathrm{d}\Psi_s/\mathrm{d}t = 0$。根据式(11-60)绘出 LPMSM 的时空矢量图如图 11.51 所示。

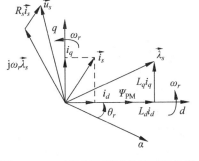

图 11.51　三相 LPMSM 的时空矢量图

LPMSM 的电磁功率为

$$P_{\mathrm{em}} = f_{\mathrm{em}} v = \tau_{\mathrm{em}} \Omega = \frac{m}{2}(\Psi_d i_q - \Psi_q i_d)\omega_r \tag{11-61}$$

将式(11-48)与式(11-58)代入式(11-61)得内嵌式 LPMSM 的电磁力为

$$f_{\mathrm{em}} = \frac{\pi}{\tau}\frac{m}{2}\big[\Psi_d i_q - \Psi_q i_d\big] = \frac{\pi}{\tau}\frac{m}{2}\big[\Psi_{\mathrm{PM}} i_q + (L_d - L_q)i_d i_q\big] \tag{11-62}$$

对于表贴式 LPMSM,由于 $L_d = L_q$,代入式(11-62)得电磁力为

$$f_{\mathrm{em}} = \frac{\pi}{\tau}\frac{m}{2}\Psi_{\mathrm{PM}} i_q \tag{11-63}$$

LPMSM 的动力学方程可表示为

$$m\frac{\mathrm{d}v}{\mathrm{d}t} = f_{\mathrm{em}} - Bv - F_L \tag{11-64}$$

式中,m 为动子的质量;B 为黏滞摩擦系数;F_L 为负载阻力。

4. LPMSM 动子位置的检测方案

为了确保动子与定子行波磁场同步,必须掌握动子的位置信息。通常,动子的位置信息可以通过如下检测方案获得:(1)利用光栅测量动子位置;(2)采用线性霍尔位置传感器测量动子位置;(3)利用各向异性磁阻(anisotropic magnetoresistive, AMR)式传感器测量动子位置;(4)通过定子电压和电流的信息设计动子位置观测器,实现具有无位置传感器的控制系统方案。

光栅是一种利用光的反射、投射和干涉现象制作的光电检测装置。它通过在玻璃表面上的透明和不透明间隔条纹,获取两路相差90°或四分之一周期的方波信号,由此得到动子的位置和方向信息。

线性霍尔位置传感器和 AMR 式传感器则分别是通过霍尔传感器和利用磁性传感器对磁阻元件的阻值随外加磁场的变化得到两路相差90°或四分之一周期的正弦波信号,以此得到动子的位置和方向信息。

无位置传感器方案则是根据现代控制理论中的状态观测器设计,通过对定子电压和电流信息并结合 LPMSM 的数学模型间接获得动子位置的信息和方向。

鉴于上述检测方案的详细工作原理以及如何通过上述两路方波或正弦波信号获得动子位置的信息和方向等内容已超出本书范围,这里就不再赘述。

5. LPMSM 的速度控制方案

类似于第6章介绍的感应电机的控制方案,LPMSM 也可以采用 U/F(或者 I/F)的开环标量控制方案和转子磁场定向的闭环控制方案。现分别介绍如下:

(1) LPMSM 的 U/F 开环控制方案

三相 LPMSM 的 U/F 开环控制是一种他控式变频调速方案,具有结构简单、易于实现、不需要动子位置信息等优点,该方案的控制框图如图 11.52 所示。

在图 11.52 的主回路中,LPMSM 采用由 SPMM 或 SVPWM 调制的电压型逆变器供电。动子速度(或频率)作为指令值 v_1^*,v_1^* 经加、减速曲线后得到供电逆变器实际输出电压的基波频率参考值 f_1^*。一方面,为确保气隙磁链保持不变,将 f_1^* 信号输入至具有低频补偿功能的 U/f 函数发生器,由此得到三相定子电压(或定子电压综合矢量)幅值的期望值 U_q^*;另一方面,利用积分器对 f_1^* 信号积分确定定子电压综合矢量的空间位置(角)($\theta_{e1}^* = \omega_{e1}t = 2\pi f_1^* t$)。**与需要增量式位置信息的三相感应电机控制系统不同的是:LPMSM 需要知道动子永磁体的绝对位置。**动子永磁体的绝对位置可以根据初始位置信息(角)θ_{r0} 和 θ_{e1}^* 求和获得,即施加到 LPMSM 定子三相绕组上的定子电压综合矢量的空间位置角为:$\theta_r^* = \theta_{e1}^* + \theta_{r0}$。根据上述定子电压综合矢量的信息,并借助于 SPMM 或 SVPWM 调制方案便可得到三相逆变器的开关信号 S_a、S_b 和 S_c,从而在逆变器的输出侧产生幅值、频率以及相位均可调的三相对称定子电压,实现 LPMSM 的变频调速。

对于 LPMSM 而言,U/F 的开环标量控制方案在起动过程中可能存在不稳定现

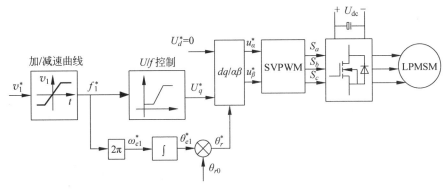

图 11.52　三相 LPMSM 的 U/F 开环控制框图

象。为了解决这一问题,可采用 I/F 的开环标量控制方案取代 U/F 的开环标量控制方案,相应的 I/F 开环标量控制方案如图 11.53 所示。

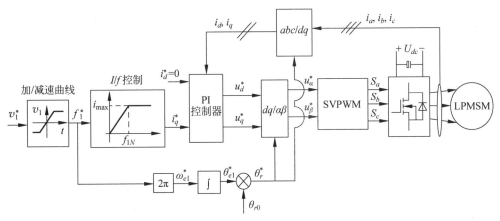

图 11.53　三相 LPMSM 的 I/F 开环控制方案框图

对比图 11.53 与图 11.52 可见,I/F 的开环标量控制方案与 U/F 开环控制方案类似,其动子速度(或频率)作为指令值 v_1^*,v_1^* 经加、减速曲线后得到供电逆变器实际输出电压的基波频率参考值 f_1^*。一方面,交轴电流给定值 i_q^* 按照电流随定子频率 f_1^* 线性关系变化,直轴电流给定值满足 $i_d^*=0$。交、直轴电流给定值分别与各自的电流反馈值 i_d 与 i_q 相比较,偏差送至各自的 PI 控制器处理后得到交、直轴电压的给定值 u_d^*,u_q^*。交、直轴电流的反馈值 i_d 与 i_q 可通过定子三相电流的测量值 i_a,i_b 及 i_c 并经 abc/dq 坐标变换计算获得。另一方面,通过积分器对 f_1^* 信号积分,可以确定定子电压综合矢量的空间位置(角)($\theta_{e1}^* = \omega_{e1}t = 2\pi f_1^* t$)。考虑到 LPMSM 动子永磁体的初始位置信息(角)θ_{r0},则施加到 LPMSM 定子三相绕组上的定子电压综合矢量的空间位置(角)为: $\theta_r^* = \theta_{e1}^* + \theta_{r0}$。将该角用于 $dq/\alpha\beta$ 的 Park 逆变换,便可得到定子电压综合矢量在 $\alpha\beta$ 坐标系上的两个分量 u_α^*,u_β^*。然后,利用 SVPWM 调制和逆变器,将电压施加至 LPMSM 的定子三相绕组上。

　　与 U/F 开环控制方案相比,三相 LPMSM 的 I/F 电流闭环标量方案由于采用了同步旋转坐标系下的 dq 轴电流闭环,确保了系统的稳定性。但与 U/F 开环控制方案类似,LPMSM 的 I/F 电流闭环标量方案仍属于标量控制,其动态性能较差。为了获得更好的动态,必须采用动子磁链定向的闭环控制系统方案。

　　（2）LPMSM 的动子磁链定向的闭环控制方案

　　三相 LPMSM 动子磁链定向的速度闭环矢量控制系统如图 11.54 所示。

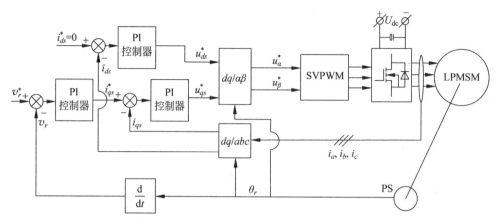

图 11.54　三相 LPMSM 动子磁链定向的速度闭环矢量控制系统框图

　　由图 11.54 可见,三相 LPMSM 的速度闭环矢量控制系统采用双闭环结构。外环为速度环,内环为电流环。电流环包括直轴电流环和交轴电流环两部分。具体结构介绍如下:

　　LPMSM 的速度设定值为 v_r^* ,它可以由运动规划曲线（梯形曲线或 S 形曲线）（见 3.2 节）确定。该速度设定值 v_r^* 与实际动子速度的反馈值 v_r 作差比较,后经速度 PI 调节器处理得到交轴电流的期望值 i_{qs}^* 。通过对动子位置传感器 PS 所检测的动子位置信息求微分,便可得到动子速度的反馈值 v_r 。通常,在基速以下,将直轴电流的期望值设为零,即 $i_{ds}^* = 0$ 。直轴电流的期望值 i_{ds}^* 与直轴电流的反馈值 i_{ds} 相比较,差值送至直轴电流 PI 调节器,由此得到直轴定子电压的期望值 u_{ds}^* ;交轴电流的期望值 i_{qs}^* 与交轴电流的反馈值 i_{qs} 相比较,差值送至交轴电流 PI 调节器,由此得到交轴定子电压的期望值 u_{qs}^* 。直轴电流与交轴电流的反馈值 i_{ds} 与 i_{qs} 可通过定子三相电流的测量值 i_a , i_b 及 i_c 并经 abc/dq 坐标变换获得。u_{ds}^* 和 u_{qs}^* 经 $dq/\alpha\beta$ 的 Park 逆变换得到定子电压综合矢量在 $\alpha\beta$ 坐标系上的两个分量 u_α^* , u_β^* 。然后,利用 SVPWM 调制和逆变器将上述电压综合矢量施加至 LPMSM 的定子三相绕组上。

　　矢量控制下的 LPMSM 速度控制系统具有动态响应快、性能高等优点,因而广泛应用于数控机床、磁悬浮火车、柔性物流传输系统等直线传输系统中。

11.6.4　直线步进电动机

直线步进电动机是一种将输入脉冲转变为步进式直线运动的电动机。其初级定子绕组每输入一个脉冲,动子则移动一直线步长。

图 11.55 给出了一种混合式直线步进电动机的工作原理示意图,图中,定子上开有均匀的齿和槽,槽中填有非磁性材料;动子是由永久磁铁和两个门极型的软铁 A 和 B 组成,软铁上绕有励磁绕组以加入控制信号。A 和 B 的齿宽与定子齿宽相等,且当 B 的两个齿分别与定子齿和槽对齐时,A 的两个齿均位于定子齿和槽的中间。

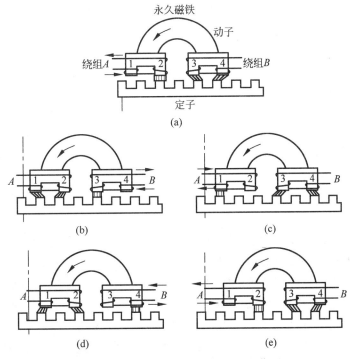

图 11.55　混合式直线步进电动机的工作原理

当 A 绕组通以正向脉冲、B 绕组不通电时,则极 1 中所产生的磁通与永久磁铁所产生的磁通方向相反,经过适当设计可以确保极 1 中的磁通为零;而极 2 中所产生磁通的方向与永久磁铁所产生的磁通方向相同,且为原磁通的两倍;此时,由于 B 绕组不通电,极 3 和极 4 磁通相等,处于平衡状态。根据 10.1 节介绍的磁路磁阻最小原则,极 2 将对准定子的某一齿(见图 11.55(a)),设此位置为初始位置。

同样,当 B 绕组通以正向脉冲电流、A 绕组不通电时,极 3 中的磁通变为原磁通的两倍,则动子将向右移动 1/4 齿距,如图 11.55(b)所示。

当 A 绕组通以反向脉冲电流、B 绕组不通电时,极 1 中的磁通变为原磁通的两倍,则动子将再向右移动 1/4 齿距,如图 11.55(c)所示。

当 B 绕组通以反向脉冲电流、A 绕组不通电时,极 4 中的磁通变为原磁通的两倍,则动子将继续向右移动 1/4 齿距,如图 11.55(d)所示。

当 A 绕组再通以正向脉冲电流、B 绕组不通电时,则极 2 中的磁通变为原磁通的两倍,动子又向右移动 1/4 齿距,从而恢复初始状态,如图 11.55(e)所示。

若改变脉冲电流的极性,则直线电动机将改变运动方向。

当然,上述混合式直线步进电动机也可以采用交流供电,但 A、B 绕组中需通以具有 π/2 相位差的电流。若改变电流相位差的超前、滞后关系,便可以改变电动机的运动方向,这有点类似于单相异步电动机的工作原理。

目前,直线电动机广泛应用于交通运输、工业生产和仪表中,如高速磁悬浮列车、高速冲床、机器人、X-Y 运动平台、液态金属电磁泵等。特别是近十多年来,随着电力电子技术以及控制理论的迅猛发展以及稀土永磁材料的采用,直线电动机的应用研究与产品开发更是得到科技界和工业界的极大关注。相信直线电动机会有一个广阔的未来。

本章小结

微特电机包括两大类,即驱动微电机和控制电机。驱动微电机在电力拖动系统中主要作为执行机构使用,驱动微电机包括单相异步电动机、伺服电动机、力矩电机、直线电动机等。而控制电机在电力拖动系统中主要是为了完成控制信号的转换和传递,控制电机包括测速发电机、自整角机以及旋转变压器等。本章利用电机的基本理论,对各种常用微特电机的原理与特性进行了讨论。

单相异步电动机是一种利用单相电源供电的异步电动机,其本质上是两相(或半四相)异步电动机。之所以采用两相绕组是因为,按照交流电机的旋转磁场理论,单相绕组通以单相正弦交流所产生的磁势为脉振磁势。**对于单相电机,当定子仅采用一相绕组供电时,单相电机表现为:①起动时无起动转矩;②一旦转子旋转后又产生相应的电磁转矩,电磁转矩的方向与转子旋转方向相同。**

为了建立起动转矩,单相异步电动机一般采用两相绕组:一相称为主绕组;另一相称为辅绕组(又称为起动绕组)。根据交流电机的旋转磁场理论,两相绕组通以两相交流电流可以产生椭圆形旋转磁场。于是由两相绕组组成的交流电动机便可以产生有效的起动转矩。根据获得起动转矩的方式不同,单相异步电动机分为电阻分相(或裂相)式电动机、电容起动式电动机、电容起动与运转式电动机以及罩极式电动机。这些电机的不同主要体现在使辅绕组中的电流相位与主绕组有所不同的方式上,其中,电阻分相式电动机是采用辅绕组自身的绕组电阻和电抗获得不同相位的电流;而电容式电动机和罩极电机则是分别利用电容和极靴上加短路环获得与主绕组不同相位的电流。

伺服电动机是一种将控制信号转变为角位移或速度的电动机,它有交、直流伺服电动机之分。对伺服电动机的一般要求是:①具有线性化的机械特性和调节特性;②控制信号消失后无"自转"现象。

　　直流伺服电动机相当于一台他励式直流电动机。它可以采用两种不同的控制方式，即电枢控制和磁场控制。当采用电枢控制时，其电枢绕组作为控制绕组，由励磁绕组提供电机的直流励磁，相应的机械特性和调节特性均为线性。当采用磁场控制时，两个绕组的作用则颠倒。由于采用电枢控制容易满足对伺服电动机的要求，因此，直流伺服电动机多采用电枢控制方式。

　　交流伺服电动机相当于一台双绕组的单相异步电动机，其励磁绕组和控制绕组分别对应于单相电机的主绕组和副绕组。与一般单相异步电动机不同的是，**交流伺服电动机的转子电阻设计得一般比较大，从而使得产生最大电磁转矩时的转差率 $s_m \geqslant 1$，确保了机械特性在整个运行范围内保持线性化。而且一旦控制信号消失，由于所产生的电磁转矩为负（即制动性的电磁转矩），伺服电动机可以立刻停转，确保了控制信号消失后无"自转"现象**。交流伺服电动机常用的控制方式有三种，幅值控制、相位控制和幅-相控制。

　　力矩电动机是一种低速、大力矩电动机，它不仅可以由控制信号对输出转矩进行控制，而且无须减速机构便可以直接驱动负载低速运行。因此，力矩电动机兼有伺服电动机和驱动电机的双重功能，特别适合于低速运行的伺服系统。

　　测速发电机是作为转速检测元件被采用的，它能把转速转变为电压信号输出。考虑到伺服电动机是将电压信号转变为转速信号，因此**测速发电机与伺服电动机是一对互为可逆的电机**。

　　与伺服电动机一样，测速发电机也有直流和交流测速发电机之分。直流测速发电机的工作原理与他励直流发电机完全相同。一般情况下，直流测速发电机的输出电压正比于转速。高速时由于电枢反应造成输出电压与转速之间不再满足正比关系，引起一定的测量误差。

　　在交流测速发电机中，交流异步测速发电机应用较为广泛。交流异步测速发电机的运行原理与交流伺服电动机相同。其中，一相绕组为励磁绕组，另一相与励磁绕组空间上相互垂直的绕组作为测量绕组（相当于交流伺服电动机的控制绕组）。当励磁绕组通以交流励磁且转子旋转时，测量绕组中就会感应电势，感应电势的大小与转速成正比。因此，利用测量绕组的输出电压（或电势）便可以获得转子转速的大小。

　　自整角机是一种对角位移偏差具有自整步能力的控制电机，一般成对使用，一台作为发送机，另一台作为接收机使用。自整角机可以分为两大类，力矩式自整角机和控制式自整角机。

　　在力矩式自整角机中，首先由发送机将转轴上的转角信号转变为电压信号；然后，通过接收机将所获得的电压信号再转变为接收机转轴上的转角信号；确保接收机的转角与发送机的转角时刻保持相等，从而实现了转角的长距离传输。

　　在控制式自整角机中，首先也是由发送机将转轴上的转角信号转变为电压信号，所不同的是，接收机所接收到的电压信号不是直接被转变为转角信号输出，而是将电压信号经放大后输入至伺服电动机的控制绕组。由伺服电动机带动接收机随发送机转角转动,直到接收机的转角达到发送机的转角为止。很显然,控制式自整角机本身只输出电压信号,其转角的驱动是由伺服电动机来完成的,因而具有较大的输出转矩。

与测速发电机同伺服电动机的关系一样,控制式自整角机的接收机(或自整角变压器)与力矩式自整角机的接收机也是一对互为可逆的电机。在力矩式自整角机中,其接收机的定子绕组获得由发送机提供的对应转角的电压信号,并将其转换为接收机的转角信号输出。此时,接收机工作在电动机运行状态;而在控制式自整角机中,接收机的转子绕组开路,通过定子绕组的电气连接将发送机的转角信号转变为接收机转子绕组的电压输出。此时,接收机工作在发电机运行状态。

旋转变压器能够将转角或转速转变为一定规律的电压信号输出,因而可以作为转角和转速测量元件使用。目前,旋转变压器广泛应用于高性能的伺服系统中。

根据输出电压与转角之间的关系不同,常用的旋转变压器可分为两类,正-余弦旋转变压器和线性旋转变压器。正-余弦旋转变压器的输出电压分别是所测量转角的正、余弦函数;而线性旋转变压器的输出电压则与转角呈线性关系。通过正-余弦旋转变压器定、转子绕组的适当改接便可获得线性旋转变压器。

应该指出的是,上面提到的输出电压与所测量转角之间的关系仅在旋转变压器空载时成立。负载后,由于交轴磁势的出现,输出电压与转角之间的关系遭到破坏。为此,必须采取一定措施加以补偿。常用的方法是将非励磁的定子 q 轴绕组短接,以达到消除交轴磁势的目的。

直线电动机是一种作直线运动的电动机。由于它消除了由旋转电机实现直线运动时所必需的蜗轮、蜗杆或丝杠等中间机构,因而精度和快速性大大提高。

直线电动机是由旋转电动机演变而来的。同旋转电动机一样,直线电动机可以分为直流、异步、同步和步进直线电动机等。与旋转电动机不同的是,直线电动机存在诸如边缘效应、单边磁拉力等问题。

尽管直线电动机具有精度高、速度快等优点,但其控制的复杂性却大大提高。有关直线电动机控制策略的研究已变为目前的热点问题。

对于直线电动机及其控制方案,可以采用与旋转电机类比的方法。首先获得位置和角度、速度与角速度以及电磁力与电磁转矩之间的关系式,然后,按照旋转电机的成熟方案进行建模、分析并设计控制方案。

思考题

11.1　为什么单绕组异步电动机起动时不会产生电磁转矩,一旦在外力作用下运转后电磁转矩却不再为零?试解释这一现象。

11.2　单相绕组通以单相交流电与两相绕组通以两相交流电各形成什么样的磁场?

11.3　电容起动与运转式单相异步电动机能否反转?为什么?

11.4　单相罩极异步电动机能否反转？为什么？

11.5　交流伺服电动机的理想空载转速为什么总是低于同步转速？

11.6　两相伺服电动机的转子电阻为什么选得相当大？如果转子电阻选得过大又会产生什么影响？

11.7　什么是"自转"现象？对两相伺服电动机应采取哪些措施克服"自转"现象？

11.8　三相异步电动机的堵转电流要比额定电流大得多，但两相伺服电动机的堵转电流却和额定电流相差不大，为什么会有这一差别？

11.9　为什么直流测速发电机的使用转速不宜超过规定的最高转速？而负载电阻却不能小于最小值？

11.10　为什么交流异步测速发电机输出电压的大小与转子转速成正比，而频率却与转速无关？

11.11　为什么说从原理上看交流测速发电机与交流伺服电动机是一对互为可逆的电机？

11.12　如果在力矩式自整角机中将发送机（或接收机）的励磁绕组反接，发送机和接收机的协调位置将具有什么特点？

11.13　如果将力矩式自整角机的整步绕组轮换相接（例如 a_1-b_2,b_1-c_2，c_1-a_2），发送机和接收机的协调位置将具有什么特点？

11.14　若力矩式自整角机中整步绕组的一相绕组断线，是否仍有自整步作用？两机的协调位置有何特点？

11.15　为什么说从原理上看控制式自整角机的接收机（或自整角变压器）与力矩式自整角机的接收机是一对互为可逆的电机？

11.16　正余弦旋转变压器负载后为什么会发生畸变？如何解决？

11.17　简要说明采用原边补偿的线性旋转变压器的工作原理。

11.18　旋转变压器可以作为高精度伺服系统中的位置与速度传感器使用，试简要说明其测量原理与组成。

11.19　采用脉冲电流供电的混合式直线步进电动机是如何改变运动方向的？试说明理由。若采用交流供电，情况又如何？

练习题

11.1　有一台 110V、50Hz 的四极单相异步电动机，其参数为 $r_1=r_2'=2\Omega$，$x_{1\sigma}=x_{2\sigma}'=2\Omega$，$x_m=50\Omega$，铁耗 $p_{Fe}=25$W，机械耗和杂耗为 10W，试求转差率为 $s=0.05$ 时：

(1) 定子电流和功率因数；

(2) 电磁功率和电磁转矩；

(3) 输出功率和效率；

（4）正向和反向旋转磁场的幅值之比；

（5）试利用 MATLAB 编程，绘出该单相异步电动机的机械特性。

11.2　单相异步电动机的数据如题 11.1 所示，定子侧输入额定电压，计算下列两种情况下等效电路中各部分的电流：

（1）当电动机空载运行($s=0$)时；

（2）当转子堵转($s=1$)时。

根据上述计算过程，说明如何通过空载和堵转试验近似确定单相异步电动机的等效电路参数。

第12章

电力拖动系统的方案与电动机选择

内 容 简 介

本章简要介绍电力拖动系统的方案与电动机的选择,内容包括:电力拖动系统的供电电源,电动机与负载配合的稳定性,调速方案的选择,起、制动与正、反转所采用的方法与过渡过程的特性,经济指标的考虑以及电动机的选择。其中电动机的选择涉及电动机的类型、结构形式、额定电压、额定转速以及额定功率的考虑,重点集中在电动机额定功率的选择。为此,本章对有关电机内部的发热与冷却规律以及生产机械的工作方式进行简要介绍。在此基础上,对各种工作制下电动机额定功率的选择方法进行讨论。

至此,本书已对有关电力拖动系统的基本内容——电动机和生产机械的有关知识进行了完整的介绍。内容涉及:各种电动机所能提供的机械特性、各类生产机械所需的负载特性类型与特点以及两者组成电力拖动系统时应考虑的基本问题,如电机拖动负载后的基本动力学方程式,电动机与生产机械相互配合的稳定性问题,起、制动和调速所采用的方法与特点等。在熟悉和掌握了上述基本内容后,本章重点讨论下列两个问题:(1)如何选择一个比较合理的电力拖动系统方案;(2)如何对方案中的关键执行单元——电动机做出有效而合理的选择。

本章内容安排如下:12.1节对电力拖动系统方案选择的基本原则以及应该考虑的问题进行讨论;12.2节对电动机的一般选择原则,包括额定电压与额定转速、电机的结构形式进行介绍;考虑到电动机的额定功率与电机的发热与冷却以及电动机的工作制密切相关,12.3节、12.4节将分别对电机的发热与冷却以及电动机的工作制进行讨论;12.5节则重点介绍不同工作制负载下电动机额定功率的选择方法。

12.1 电力拖动系统的方案选择

电力拖动系统是由电动机、供电电源、控制设备以及生产机械组成。因此,在电力拖动系统基本方案选择时,应该重点考虑如下几方面的问题:

(1) 电力拖动系供电电源的考虑;

(2) 电动机的选择;

(3) 电动机与生产机械负载配合的稳定性考虑;

(4) 调速方案的选择;

(5) 电力拖动系统的起、制动方法,正、反转方案的选择;

(6) 经济指标的考虑,主要包括电网功率因数的考虑、调速方案的选择以及电网污染的考虑;

(7) 电力拖动系统控制策略的选择;

(8) 可靠性的考虑。

本节主要对问题(1)、(3)~(6)进行一般性的总结。至于问题(2)中的内容将在12.5节中进行专门讨论。而对于问题(7)、(8),读者可参考相关教材如"电力电子技术"以及"电力拖动自动控制系统(交、直流调速系统)"等,本书将不再赘述。

12.1.1 电力拖动系统的供电电源

电力拖动系统的供电电源可分为三大类:交流工频 50 Hz 电源、独立变流机组电源和电力电子变流器电源。其中,独立变流机组电源在 20 世纪 70 年代以前就得到了广泛应用。但随着电力电子技术的发展,这种电源正逐步被电力电子变流器电源所取代。电力电子变流器电源主要包括:由电力电子器件组成的整流器(直流电源)、变频器、交流调压器(交流电源)以及各式各样的逆变器等。

12.1.2 电力拖动系统稳定性的考虑

电机与所拖动的负载只有合理配合,才能确保电力拖动系统稳定运行。借助于电动机所提供的机械特性和生产机械的负载转矩特性便可以对电力拖动系统的稳定运行情况进行判别(具体概念和条件详见 3.4 节)。

图 12.1 将他励直流电动机的机械特性、三相异步电动机的机械特性以及恒转矩负载的转矩特性绘制在一起,旨在对电力拖动系统的稳定性进行判别。其中,曲线 1 表示他励直流电动

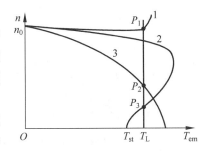

图 12.1 电力拖动系统电动机机械特性与负载转矩特性的配合

机的机械特性。由图可见,当电枢电流过大时,由于电枢反应的去磁作用,造成他励直流电动机的机械特性出现上翘。根据稳定性判别条件,拖动系统在他励直流电动机机械特性与负载转矩特性的交点 P_1 处将不会稳定运行。解决办法是,选用带有少许串励绕组(又称为稳定绕组)的他励直流电动机,通过串励绕组的作用抵消去磁,从而使机械特性不再上翘。

对于三相异步电动机的机械特性(见曲线 2),根据稳定性判别条件,其与负载特性的交点 P_3 也是不稳定运行点。而且由于负载转矩超过起动转矩,拖动系统也将无法正常起动。解决办法是选择深槽转子或双鼠笼转子异步电动机。也可选用绕线式异步电机,通过转子串电阻达到既提高起动转矩又改变机械特性的目的。采用上述方案后,系统在异步电动机的机械特性(见曲线 3)与负载特性的交点 P_2 处便可稳定运行,并可顺利起动。

12.1.3　调速方案的选择

电动机的机械特性决定了拖动系统的调速方式,而且每种调速方式又对应着不同的调速性质。电动机的调速特性应与负载的转矩特性相一致,才能使电动机的功率得到充分利用。否则,电动机会经常工作在轻载状态,造成不必要的电能浪费。

对于他励直流电动机,其机械特性为

$$n = \frac{U_1}{C_e \Phi} - \frac{R_a}{C_e C_T \Phi^2} T_{em} \tag{12-1}$$

由式(12-1)可见,他励直流电动机共有三种调速方式,电枢回路串电阻调速、电枢调压调速以及弱磁调速。

从调速性质来看,电枢回路串电阻调速与电枢调压调速属于恒转矩调速性质,因而适应于恒转矩负载;而弱磁调速属于恒功率调速性质,因而适应于恒功率负载。

对于同步电动机,其转速为

$$n_1 = \frac{60 f_1}{p} \tag{12-2}$$

同步电动机只能在同步速运行,要实现调速只有改变同步电动机的供电频率。为确保电动机内部磁通以及最大电磁转矩不变,一般要求在改变定子频率的同时改变定子电压。一旦供电频率超过基频以上,则保持供电电压为额定值不变。

从调速性质来看:基频以下属于恒转矩调速,适应于恒转矩负载;而基频以上则属于恒功率调速,适应于恒功率负载。

对于异步电动机,其转速为

$$n_1 = \frac{60 f_1}{p}(1 - s) \tag{12-3}$$

由式(12-3)可见,异步电动机的调速方式可分为三大类,变频调速、变极调速和改变转差率调速。其中,转差率的改变可以通过改变定子电压、转子电阻、在转子绕组上施加转差频率的外加电压(如双馈调速与串级调速)等方法来实现。

从调速性质来看：变频调速与 Y/YY 变极调速属于恒转矩调速,适应于恒转矩负载；而△/YY 变极调速则属于恒功率调速,适应于恒功率负载。改变转差率调速则视具体调速方式有所不同,其中,改变定子电压的调速方式既非恒转矩也非恒功率调速,转子串电阻的调速属于恒转矩调速,而双馈调速则属于恒转矩调速。

至于其他几种类型的电动机可以采用相应的调速方法进行调速,这里就不再赘述。

12.1.4　起、制动和正、反转方案的选择

电力拖动系统的过渡过程发生在起、制动,正、反转,加、减速以及负载变化等过程中,它与系统的快速性、生产率的提高、损耗的降低、可靠性的保证等有关。尤其是对于需要频繁起、制动和正、反转的四象限运行负载与转矩急剧变化的负载显得尤为重要。

1. 起动

电力拖动系统对起动过程的基本要求是：①电动机的起动转矩必须大于负载转矩；②起动电流要有一定限制,以免影响周围设备的正常运行。

一般情况下,对于鼠笼式异步电动机,其起动性能较差。容量越大,起动转矩倍数越低,起动越困难。若普通鼠笼式异步电动机不能满足起动要求,则可考虑采用深槽转子或双鼠笼转子异步电动机,并根据要求检验起动能力。若仍不满足要求,则应选择功率较大的电机。

直流电动机与绕线式异步电动机的起动转矩和起动电流是可调的,仅需考虑起动过程的快速性。而同步电动机的起动和牵入同步则较为复杂,通常仅适用于功率较大的机械负载。

2. 制动

制动方法的选择主要应从制动时间、制动实现的难易程度以及经济性等方面来考虑。

对于直流电动机(串励直流电动机除外),均可考虑采用反接、能耗和回馈三种制动方案。反接制动的特点是制动转矩大,制动强烈,但能量损耗也大,并且要求转速降至零时应及时切断电源；能耗制动的制动过程平稳,能够准确停车,但随着转速下降制动转矩减小较快；回馈制动无须改接线路,电能便回馈至电网,因而是一种比较经济的制动方法,但需在位能性负载下放场合下或降压降速过程中进行,而且转速不可能降为零。

交流异步电动机同样也可以采用上述三种制动方案。其反接制动是通过改变相序来实现的,相当于直流电动机电枢回路外加电源的反接。其他制动方式则与直

流电动机类似；能耗制动需在定子绕组中通以直流电流,略显复杂。回馈制动仅发生在位能性负载下放或同步速能够改变的场合如变极、降频降速过程中。

3. 反转

对拖动系统反转的要求是不仅能够实现反转,而且正、反转之间的切换应当平稳、连续。一般来讲,通过回馈制动容易达到上述目的,但需具有回馈制动的场合;而反接制动虽然能够实现正、反转的过渡,但切换过程较为剧烈。从这一角度看,直流电动机比交流电动机优越。但随着电力电子变流器技术的发展,交流电机包括无刷直流电动机、开关磁阻电动机等均可实现正、反转之间的平滑切换。

4. 平稳性与快速性

根据第 3 章,电力拖动系统的动力学方程式可表示为

$$T_{em} - T_L = \frac{GD^2}{375} \frac{dn}{dt} \tag{12-4}$$

利用式(12-4)便可得到电动机起、制动或调速过程所需要的时间表达式为

$$t = \frac{GD^2}{375(T_{em} - T_L)} \int_{n_1}^{n_2} dn \tag{12-5}$$

式(12-5)表明,若希望缩短起、制动过程,在电动机转速变化相同的情况下,就必须确保加速或制动转矩($T_{em} - T_L$)尽可能大,而 GD^2 尽可能小。当电磁转矩 T_{em} 远大于负载转矩 T_L 时,从缩短起、制动过程的时间上看,应使力矩惯量比 T_{em}/GD^2 尽可能大。这是选择电动机的一个重要依据。

从运行的平稳性上看,则希望电动机的惯量与负载惯量相匹配,亦即电动机的惯量要超过负载的惯量,即

$$[GD^2]_M \geqslant [GD^2]_L \tag{12-6}$$

若负载惯量是变化的(如工业机械手负载等),为确保系统平稳运行,则要求负载飞轮矩的变化量应小于电动机飞轮矩的 1/5,即

$$[GD^2]_M \geqslant 5\{\Delta[GD^2]_L\} \tag{12-7}$$

为了提高电动机的力矩惯量比,可选用小惯量电动机。但根据惯量匹配原则,小惯量电动机仅适应于负载惯量较小、过载能力要求不高的场合。对于像重型机床等负载惯量大、过载严重的场合,则应选择大惯量电机(如力矩电动机)。力矩电动机是从提高 T_{em}/GD^2 的角度而设计的电机,由于其低速时输出力矩较大,无须齿轮减速便可直接与负载相连。从而避免了因传动机构造成的间隙,确保了系统的平稳运行,并提高了传动精度。故此,力矩电动机特别适应于机床进给传动。

12.1.5　电力拖动系统经济性指标的考虑

经济性指标主要是指一次性投资与运行费用,而运行费用则取决于耗能即效率

指标。尤其在当前能源危机的情况下,节能具有重要的现实意义。从这一角度出发,电力拖动系统的设计过程中,应考虑如下几方面。

1. 电网功率因数的改善

对于异步电动机,最大功率因数大都发生在满载附近。一旦负载率低于 75%,功率因数则迅速下降。若供电电压超过额定电压,则励磁电流增加,功率因数降低。在电力拖动系统的设计过程中,一旦功率因数偏低,则应考虑在供电变压器上增加并联电容,通过电容器组的投切实现无功补偿。也可在不需调速的生产机械中采用转子直流励磁的同步电动机,并使其工作在过励状态,以发出滞后无功。通过上述方法改善电网的功率因数,降低线路损耗。

2. 调速节能

异步电动机的最高效率多出现在满载附近。同功率因数一样,一旦负载率低于 75% 时,电动机的效率将明显下降,特别是当电动机轻载或空载运行时。采用变频调速或使用多台电动机协调运行,根据负载变化情况,适当选择运行频率或使用台数是确保系统节能运行的有效途径。此外,若供电电压低于额定电压,则电动机的电流将增加,于是定、转子绕组铜耗将增加,带来电动机的效率降低。因此,不仅电动机的容量,而且供电电压均须合理选择。

不同的调速方式具有不同的运行效率。就直流电机拖动系统来讲,晶闸管变流器供电的直流调速与自关断器件的斩波器调速的效率要比电枢回路串电阻调速的效率高得多。位能性负载下降(或下坡)时采用回馈制动可以回收能量,达到节电的目的。

对于交流电机拖动系统,可采用的调速方案有转子串电阻调速、调压调速、滑差电机调速、双馈电机调速(包括串级调速)、变频调速等,前三种调速方式耗能较大,后两种调速方式效率较高,目前在电力拖动领域中已占主导地位。

3. 电网污染

由于晶闸管变流器供电的直流调速系统以及变频器供电的交流调速系统的广泛采用,电动机的运行效率大大提高。但考虑到变流器中所采用的器件工作在开关状态,因而带来大量谐波,引起所谓的"电网污染"问题。这些谐波不仅会增加其他用电设备的损耗,而且有可能造成周围设备的不稳定运行。因此,在电力拖动系统的设计过程中必须对这一问题加以考虑,以确保实现所谓的"绿色"电能的转换。

为了减少电网污染,可采取如下措施:①在供电变压器的二次侧额外增加有源滤波器(active power filter,APF);②在变流器内部采用由自关断器件组成的 PWM 变流器(pulse width modulation convertor,PWM Convertor)。通过这些措施不仅可以解决谐波污染问题,而且还可以实现单位功率因数。

12.2　电动机的一般选择

电力拖动系统中生产机械的动力主要来自电动机,因此,对电动机的正确选择具有很重要的意义。它不仅涉及设备的投资成本以及运行的可靠性等问题,而且还与设备的运行费用密切相关。在以往的电力拖动系统设计过程中,为了片面的追求系统运行的可靠性,电动机的容量往往选择过大,造成所谓的"大马拉小车"的局面。客观地讲,"大马拉小车"的确保证了设备的可靠运行,但却使得生产机械的运行成本大大增加。由于经常处于轻载运行状态,电动机的运行效率与功率因数均偏低,造成电动机以及传输线路的损耗增加,电能浪费严重。针对这一问题,可增加供电变频器或调压器等措施加以补救。其基本思想是调整"马的大小"即电动机的实际输出功率,使电动机的负载率提高,最终达到"马与车"的合理配合,实现拖动系统的经济、节能运行。

电动机的选择不仅包括容量选择,而且还涉及电动机的额定电压、额定转速以及结构形式等的选择,分别对其介绍如下。

12.2.1　额定电压的选择

电动机的额定电压、相数、额定频率应与供电系统一致。对于交流电动机,车间的低压供电系统一般为三相 380V,故中小型异步电动机的额定电压大都为 220/380V(△/Y 连接)及 380/660V(△/Y 连接)两种。当电动机功率较大时,为了节省铜材,并减小电动机的体积,可根据供电电源系统,选用 3000V、6000V 和 10000V 的高压电动机。

对于直流电动机,其额定电压一般为 110V、220V、440V 以及 600~1000V。当不采用整流变压器而直接将晶闸管相控变流器接至电网为直流电动机供电时,可采用新改型的直流电动机,如 160V(配合单相全波整流)、440V(配合三相桥式整流)等电压等级。此外,国外还专门为大功率晶闸管变流装置设计了额定电压为 1200V 的直流电动机。

12.2.2　额定转速的选择

额定功率相同的电动机,额定转速越高,则电动机的体积、重量越小,成本越低,相应电动机的转子则呈现细长特点,此时,转子的飞轮惯量 GD^2 较小,起、制动时间较短。因此,从经济角度和提高系统快速性角度看,选用高速电机比较合适。但当生产机械所需转速一定时,电动机的转速越高,则势必要求传动机构的转速比增大,使传动机构复杂,相应的传动损耗也有所增加。因此,必须综合电动机和生产机械两方面的因素来选择电动机的额定转速。

对于调速要求不是很高的各类机床,可选用转速较高的电动机配以减速机构或变极电机来实现。

对于不需调速的中高速机械如泵、鼓风机、压缩机等可直接选择相应转速的电动机,而不必采用减速机构;对于不需调速的低速机械如球磨机、破碎机等可选用相应的低速电动机(通常额定转速不低于 $500\mathrm{r/min}$)配以较小速比的减速机构。

对于经常工作在起、制动状态下的电动机,可以证明:为了减小起、制动时间,可选用 GD^2 与 n_N^2 乘积(对应于系统储存的动能)较小的电动机,并使生产机械的最高转速与电动机的最高转速相适应。至于调速功能的实现则可通过电气控制部分来完成。

12.2.3　结构形式的选择

根据安装方式的不同,电动机有立式和卧式结构之分。考虑到立式结构的电动机价格偏高,因此,一般情况下电力拖动系统多采用卧式结构的电动机。往往在不得已的情况下或为了简化传动装置时才采用立式结构的电动机,如立式深井泵及钻床等。

根据轴伸情况的不同,电动机有单轴伸端和双轴伸端之分。大多数情况下采用单轴伸端,特殊情况才需要双轴伸端,如需同时拖动两台生产机械或安装测速装置等。

根据防护方式的不同,电动机有开启式、防护式、封闭式和防爆式之分。开启式电动机的定子两侧与端盖上均开有较大的通风口,其散热好,价格便宜,但容易进入灰尘、水滴、铁屑等杂物,通常只在清洁、干燥的环境下使用。

防护式电动机的机座下面开有通风口,其散热好,可以防止水滴、铁屑等从上方落入电机内部,但不能防止潮气及灰尘的侵入。这类电动机一般仅适应于干燥、防雨、无腐蚀性和爆炸性气体的场合。

封闭式电动机的外壳是完全封闭的,其机座和端盖上均无通风孔。它有自冷扇式、他冷扇式及密封式之分。前二种形式的电动机可在潮湿、多尘埃、有腐蚀性气体、易受风雨侵蚀等恶劣环境下运行;后一种形式的电动机则可浸在液体中使用,如潜水电泵等。

防爆式电动机是在封闭式结构基础上制作成隔爆形式,其机壳强度高,适用于有易燃、易爆气体的环境,如矿井、油库、煤气站等。

12.3　电机的发热与冷却

电机内部的发热与电机自身的功耗以及额定容量等密切相关,因此,在讨论电动机额定功率的选择之前,首先应对电机的发热与冷却规律有所了解。

12.3.1　电机的发热过程

在负载运行过程中,由于内部的各种损耗(包括绕组铜耗、铁耗、机械耗等)电机自身会发热,其结果造成电机的温度超过环境温度(标准环境温度为 40℃),超出的部分称为**电机的温升**。由于存在温升,电机便向周围的环境散热。当发出的热量等于散出的热量时,电机自身便达到一个热平衡状态。此时,温升为一稳定值。上述温度升高的过程即是**电机的发热过程**。

为了分析发热过程,假定:①电机为一均匀发热体,即各点的温度相同;②电机向周围环境散发的热量与温升成正比。

在发热过程中,一部分热量被电机自身吸收,而另一部分热量则向周围介质散发,由此可得到电机的热平衡方程式为

$$Q\,\mathrm{d}t = C\,\mathrm{d}\tau + A\tau\,\mathrm{d}t \tag{12-8}$$

式中,Q 为电机单位时间内所产生的热量;C 为热容量,它表示电机温升升高 1℃时所需的热量;$A\tau$ 为单位时间散发的热量;A 为散热系数,它表示单位时间内温升提高 1℃时的散热量;τ 为温升。

式(12-8)经整理后得

$$T_\theta\frac{\mathrm{d}\tau}{\mathrm{d}t} + \tau = \tau_{\mathrm{L}} \tag{12-9}$$

其中,$T_\theta = \dfrac{C}{A}$ 为**发热时间常数**,它表示热惯性的大小,与电机的尺寸及散热条件有关;$\tau_{\mathrm{L}} = \dfrac{Q}{A}$ 为温升的稳态值。

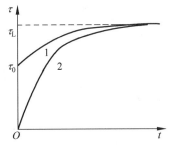

图 12.2　电机发热过程的温升曲线

设初始条件为 $\tau\big|_{t=0} = \tau_0$,由三要素法得方程式(12-9)的解为

$$\tau = \tau_{\mathrm{L}} + (\tau_0 - \tau_{\mathrm{L}})\mathrm{e}^{-\frac{t}{T_\theta}} \tag{12-10}$$

根据式(12-10)绘出电机发热过程的温升曲线如图 12.2 所示。图中,曲线 1 表示电机从非零初始温升开始运行时的温升曲线;曲线 2 则表示电机从零初始温升开始运行时的温升曲线。

12.3.2　电机的冷却过程

冷却过程与发热过程类似,不同的是冷却过程发生在负载减小或停车过程中。由于电机内部损耗的降低,导致单位时间内所产生的热量 Q 减少,发热少于散热,使得原来的热平衡状态被破坏,电机的温度自然下降。当发热与散热达到相等时,电机又处在一个新的热平衡状态。此时,温升也达到一个新的稳定值。上述温度降低的过程即是**电机的冷却过程**。

冷却过程仍可用式(12-10)来描述。相应的冷却过程的温升曲线如图 12.3 所示。图中,曲线 1 表示负

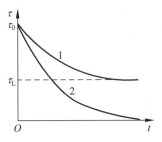

图 12.3　电机冷却过程的温升曲线

载减小时的温升曲线;曲线 2 则表示电机完全停车时的温升曲线。

12.3.3　电动机的额定功率与允许温升之间的关系

1. 电机的允许温升

前面曾提到过,当电机负载运行时,由于存在内部损耗导致电机发热,其结果是一部分热量向周围介质散发,而一部分热量被电机自身吸收。后者引起电机内部温升提高。当温度上升至一定程度,最先受到损坏的是电机内部的绝缘材料。因此,**电机的绝缘材料决定了电机的寿命。绝缘材料的最高温度(或温升)决定了电机的最高允许温度或温升。**

按照允许温度的不同,电机常用的绝缘材料可分为 A、E、B、F、H 共五级。不同等级的绝缘材料所采用材料的成分有所不同,价格也差异很大。按标准环境温度为40℃计算,上述五级绝缘材料的允许温度和温升如表 12.1 所示。

表 12.1　电机中常用绝缘材料的最高允许温度与温升

绝缘等级	A	E	B	F	H
允许温度/℃	105	120	130	155	180
允许温升/℃	65	80	90	115	140

2. 电动机的额定功率与允许温升之间的关系

设电动机额定负载运行,根据上一节的假定,电动机温升的稳态值可表示为

$$\tau_{L} = \frac{Q_{N}}{A} = \frac{0.24 \sum p_{N}}{A} \qquad (12\text{-}11)$$

又

$$\sum p_{N} = P_{1N} - P_{N} = \frac{P_{N}}{\eta_{N}} - P_{N} = \left(\frac{1 - \eta_{N}}{\eta_{N}}\right) P_{N} \qquad (12\text{-}12)$$

将式(12-12)代入式(12-11)得

$$\tau_{L} = \frac{0.24}{A} \left(\frac{1 - \eta_{N}}{\eta_{N}}\right) P_{N}$$

为了使电动机得到充分利用,应根据电动机稳态时的温升值 τ_{L} 等于最高允许温升 τ_{max} 的原则来选取电动机的额定功率,于是上式变为

$$P_{N} = \frac{A \eta_{N} \tau_{max}}{0.24(1 - \eta_{N})} \qquad (12\text{-}13)$$

式(12-13)表明,对于尺寸相同的电动机,要想提高额定功率 P_{N},可以采用如下措施:

(1) 提高额定效率 η_{N}。提高 η_{N} 相当于降低电动机的内部损耗。

(2) 提高散热系数 A。这可通过加大散热面积和介质的流通速度来实现。故此,一般电动机多采用风扇(自带或采用附加通风机)和带散热筋的机壳。

（3）采用更高等级的绝缘材料，以提高电动机的最高允许温升 $\tau_{\max}$。

12.4　电动机的工作制

为了确保电动机的合理使用，在制造过程中，一般将电动机分为三种工作制，即**连续工作制**、**短时工作制**和**断续周期性工作制**。电动机的工作制与电动机的额定功率密切相关，现就这三种工作制分别介绍如下。

12.4.1　连续工作制

连续工作制又称为长期工作制，其特点是电机的工作时间较长，一般大于 $(3\sim4)T_{\theta}$（T_{θ} 的物理意义见12.3.1节），工作过程中的温升可以达到稳态值。

未加声明，电动机铭牌上的工作方式均是指连续工作制。采用连续工作制电机拖动的生产机械有通风机、水泵、造纸机以及机床的主轴等负载。

图 12.4 给出了连续工作制下电动机的输出功率与温升随时间的变化曲线。

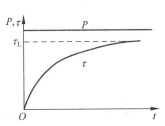

图 12.4　连续工作制下电动机的输出功率与温升曲线

12.4.2　短时工作制

短时工作制的特点是电机的工作时间 t_r 较短，一般小于 $(3\sim4)T_{\theta}$，工作过程中温升达不到稳定值，而停歇时间又较长，停歇后温升降为零。

短时工作制电动机铭牌上的额定功率是按 $30\min$、$60\min$、$90\min$ 三种标准时间规定的。采用短时工作制电动机拖动的生产机械有吊车、闸门提升机构以及机床夹紧装置等负载。

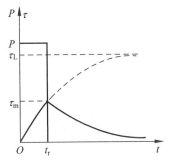

图 12.5　短时工作制下电动机的输出功率与温升曲线

图 12.5 给出了短时工作制下电动机的输出功率与温升随时间的变化曲线。

12.4.3　断续周期性工作制

断续周期性工作制又称为重复短时工作制，其特点是电动机工作与停歇交替进行，两者持续的时间都比较短，其工作时间 t_g 和停歇时间 t_o 均小于 $(3\sim4)T_{\theta}$。工作过程中温升达不到稳定值，停歇时温升降不到零。

按国家标准规定，断续周期性工作制下，电动机工作与停歇周期 $t_T = t_g + t_o$ 应小于 $10\min$。

断续周期性工作制下,电动机每个周期内的工作时间与整个周期之比定义为**负载持续率** $ZC\%$,即

$$ZC\% = \frac{t_g}{t_g + t_o} \times 100\% \qquad (12\text{-}14)$$

断续周期性工作制电动机共有四种标准的负载持续率,即 15%、25%、40% 和 60%。

图 12.6 给出了断续周期性工作制下电动机的输出功率与温升随时间的变化曲线。

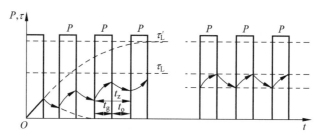

图 12.6　断续周期性工作制下电动机的输出功率与温升曲线

12.5　电动机额定功率的选择

电动机额定功率的选择采取下列步骤:

(1) 根据生产机械的运行特点以及静态负载功率初选额定功率;

(2) 根据电机的额定转速 n_M 和负载转速 n_L 确定减速比,应尽量选择额定转速和惯量接近最佳传动比的电机型号;

(3) 校验电机的过载能力;

(4) 校验电机的发热;

(5) 校验起动能力;

(6) 校验惯量是否匹配。

发热校验旨在确保电动机内部温升不超过绝缘材料所允许的最高温度(或温升)。具体方法是首先根据生产机械的工作制和生产工艺过程绘出电动机的典型负载图,即 $I_L = f(t)$、$T_L = f(t)$ 或 $P_L = f(t)$ 曲线。然后,利用等效方法(电流(有效值)等效法、等效转矩法或等效功率法)或平均损耗法进行计算。对于负载图难以确定的生产机械,可通过实验、实测或类比等方法进行校验。校验过程中,应考虑电网电压的波动、负载的性质以及未来增产的需要等因素,并且需对电动机的功率留有适当的裕度。

过载能力校验的目的在于检验各种工作制下电动机的最大转矩是否大于负载的峰值转矩(包括加速转矩)。对于直流电动机,因受换向的限制,过载能力也就是所允许的最大电枢电流倍数;对于异步电动机和同步电动机,其过载能力即最大转矩倍数 λ_M。校核时要适当考虑交流电网电压的下降,一般按 $(10 \sim 15)\% U_N$ 的电压

压降进行计算。于是,一般对过载能力的要求变为检验 $(0.81 \sim 0.72)\lambda_M T_N \geq T_{Lmax}$ 是否满足。

起动能力的校验是考查电网电压下降 $(10 \sim 15)\% U_N$ 后电动机的起动转矩能否大于负载转矩,以确保电力拖动系统顺利起动。因此,起动能力的校验变为检验 $(0.81 \sim 0.72)\lambda_{st} T_N \geq T_L \big|_{n=0}$ 是否满足。

负载的惯量 J_L 与电机的惯量 J_M 应尽量满足或接近惯量匹配条件。通常,对于动态性能要求高的系统,如跟踪性能较高的随系统,取 $J_L=(0.8 \sim 1.2)J_M$;对于一般要求的传动系统,取 $J_L=(0.8 \sim 4.0)J_M$;对于动态性能无要求的传动系统,J_L 的选择仅需考虑转速波动是否满足要求即可。

下面仅就不同工作制负载下电动机发热校验的具体方法以及非标准环境温度下电动机额定功率的修正方法加以详细介绍。

1. 连续工作制负载下电动机发热的校验

分如下两种情况进行讨论。

(1) 对于连续恒定性负载

对于连续恒定性负载,利用负载转矩和转速便可计算出所需负载功率 P_L。然后,再按下式选择电动机的额定功率

$$P_N \geq P_L = \frac{T_L n_N}{9550}(\text{kW}) \tag{12-15}$$

式中,T_L 为折算至电机轴上的负载转矩。

只要式(12-15)满足,则电动机工作时的温升就不会超过最大允许温升 τ_{max},而发热则不需再进行校核。

(2) 对于连续周期性负载

对于连续周期性变化的负载可先按下式计算一个周期内的平均负载功率

$$P_L = \frac{P_{L1}t_1+P_{L2}t_2+\cdots+P_{Ln}t_n}{t_1+t_2+\cdots+t_n} = \frac{\sum_{i=1}^{n} P_{Li}t_i}{T_c} \tag{12-16}$$

式中,P_{Li} 为第 i 段的负载功率;t_i 为各段持续的时间;负载的周期 $T_c=\sum_{i=1}^{n} t_i$。

然后按下式预选电动机的额定功率

$$P_N=(1.1 \sim 1.6)P_L \tag{12-17}$$

最后再按照平均损耗法和等效法校验电动机的发热。其中,等效法又包括等效电流法、等效转矩法和等效功率法。各种方法的原理和计算公式及校验方法分别介绍如下。

① 平均损耗法。平均损耗法的基本思想是,把对发热(或温升)的校验转变为对单个循环周期内电动机平均损耗的校验。只要变化负载下的平均损耗小于电动机的额定损耗,则电动机在循环周期内的平均温升 τ_{av} 就会小于绝缘材料所允许的最

大温升 $\tau_{\max}$（这里由于循环周期 T_c 较短，一般 $T_c \leqslant 10\min$，故可用平均温升代替最大温升），则发热校验通过。

具体方法是：首先将功率变化曲线（又称功率负载图）$P_L = f(t)$ 变为损耗曲线 $\sum p_L = f(t)$，其中，损耗曲线中各段的损耗功率 $\sum p_{Li}$ 与负载功率 P_{Li} 之间的关系可由下式给出

$$\sum p_i = \frac{P_{Li}}{\eta_i} - P_{Li} \qquad (12\text{-}18)$$

式中，各段负载功率 P_{Li} 对应的效率 η_i 可由电动机的效率曲线查得。

然后，通过损耗曲线 $\sum p_L = f(t)$ 按下式计算负载变化下的平均损耗

$$\sum p_{Lav} = \frac{\sum p_{L1} t_1 + \sum p_{L2} t_2 + \cdots + \sum p_{Ln} t_n}{t_1 + t_2 + \cdots + t_n} = \frac{\sum\limits_{i=1}^{n} \sum p_{Li} t_i}{T_c} \qquad (12\text{-}19)$$

式（12-19）与式（12-16）类似，只需把负载功率变为损耗即可。这主要是因为各段的损耗功率 $\sum p_{Li}$ 与负载功率 P_{Li} 成正比（见式（12-18））。

最后，检验平均损耗 $\sum p_{av}$ 是否满足下列条件 $\sum p_{av} \leqslant \sum p_N$，其中，额定负载时的损耗 $\sum p_N$ 的计算公式由式（12-12）给出。若上述条件满足，则发热校验通过，否则，需重新预选功率较大的电动机，再进行发热校验。

之所以可以采用平均损耗取代平均温升 τ_{av} 进行发热校验，理由说明如下。

图 12.7 为典型连续周期性变化负载的损耗曲线和温升曲线示意图。图中，右边部分代表一个完整的稳态循环周期 T_c。在该周期内对式（12-8）积分可得

$$\int_0^{T_c} Q \, dt = 0.24 \int_0^{T_c} \sum p \, dt = \int_0^{T_c} C \, d\tau + \int_0^{T_c} A\tau \, dt \qquad (12\text{-}20)$$

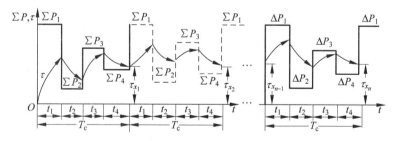

图 12.7　典型连续周期性变化负载的损耗曲线 $\sum p_L = f(t)$ 和温升曲线 $\tau = f(t)$

考虑到稳态循环时单个周期内的起始温度和终止温度是相等的，即 $\tau_{x_{n-1}} = \tau_{x_n}$。于是有

$$\int_0^{T_c} C \, d\tau = C \int_{\tau_{x_{n-1}}}^{\tau_{x_n}} d\tau = 0$$

将上式代入式（12-20）得平均温升为

$$\tau_{av} = \frac{\int_0^{T_c} \tau \, dt}{T_c} = \frac{0.24 \int_0^{T_c} \sum p \, dt}{T_c A} = \frac{0.24 \sum p_{av}}{A} \qquad (12\text{-}21)$$

式(12-21)表明,平均温升 τ_{av} 与平均损耗 $\sum p_{av}$ 成正比,故可以用平均损耗功率来校验电动机的发热。

② 等效法。等效法包括等效电流法、等效转矩法和等效功率法,其中,等效电流法是根据平均损耗法获得的,而后两种方法则是由等效电流法推导而来的,现分别说明如下。

等效电流法　等效电流法的基本思想是:对单个循环周期内变化的负载,从发热等效的观点,求出一个与实际负载等效的电流,以此作为发热校验的依据。

具体方法是:首先根据负载电流的变化曲线 $I_L = f(t)$,按下式求出单个循环周期 T_c 内的等效电流 I_{eq}(有效值)

$$I_{eq} = \sqrt{\frac{1}{T_c} \sum_{i=1}^{n} I_i^2 t_i} \qquad (12\text{-}22)$$

然后,检验等效电流 I_{eq} 是否满足条件 $I_{eq} \leqslant I_N$,若条件满足,则发热校验通过。

事实上,计算公式(12-22)可很容易通过平均损耗法获得。大家知道,电机内部的损耗由两部分组成,一部分称为不变损耗,即空载损耗 p_0,不变损耗的特点是随着负载电流的变化 p_0 基本保持不变;另一部分称为可变损耗,即铜耗 p_{Cu}。可变损耗的特点是 p_{Cu} 与负载电流的平方成正比,即 $p_{Cu} = K I_i^2$。于是有

$$\sum p_i = p_0 + K I_i^2$$

将上式代入式(12-19)得

$$p_0 + K I_{eq}^2 = \frac{\sum_{i=1}^{n} (p_0 + K I_i^2) t_i}{T_c} \qquad (12\text{-}23)$$

由此便可获得等效电流的计算公式(12-22)。

值得说明的是,式(12-22)仅适用于负载电流在各时间段内按矩形规律变化的情况,如图 12.8(a)所示。若负载电流是按三角形或梯形变化(见图 12.8(b)),则应将各时间间隔内的电流换算为有效值后,再利用式(12-22)计算等效电流 I_{eq}。例如对于图 12.8(b),其对应 t_1 时间段内三角形电流的有效值为

$$I_{1eq} = \sqrt{\frac{1}{t_1} \int_0^{t_1} \left(\frac{I_1}{t_1} t\right)^2 dt} = \frac{I_1}{\sqrt{3}}$$

同样,可求得对应 t_2 时间段内梯形电流的有效值为

$$I_{2eq} = \sqrt{\frac{1}{t_2} \int_0^{t_2} \left[I_1 - \frac{I_1 - I_2}{t_2} t\right]^2 dt} = \sqrt{\frac{I_1^2 + I_1 I_2 + I_2^2}{3}}$$

其他各段电流的有效值均可按上述方法求得。

等效转矩法　在电动机运行过程中,若电磁转矩与电流成正比(如直流电机的励

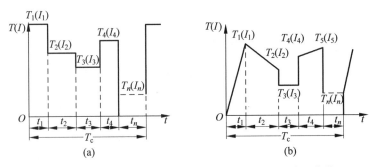

图 12.8　周期性变化负载下电动机的负载电流或转矩曲线

磁磁通不变、异步机的磁通与 $\cos\varphi_2$ 近似不变),则等效电流的计算公式(12-22)可直接转变为等效负载转矩的计算公式

$$T_{eq} = \sqrt{\frac{1}{T_c}\sum_{i=1}^{n}T_i^2 t_i} \tag{12-24}$$

若满足 $T_{eq} \leqslant T_N$,则发热校验通过。

等效转矩法仅适用于恒定磁通场合,若希望在弱磁升速范围内也能够使用等效转矩法,则需按下式修正

$$T_i' = \frac{n}{n_N}T_i \tag{12-25}$$

这里,$n > n_N$。

等效功率法　在电动机运行过程中,若转速基本不变,则式(12-24)可以转变为等效负载功率的计算公式

$$P_{eq} = \sqrt{\frac{1}{T_c}\sum_{i=1}^{n}P_i^2 t_i} \tag{12-26}$$

若满足 $P_{eq} \leqslant P_N$,则发热校验通过。

上述推导过程表明,只有平均损耗法和等效电流法才直接反映电动机的发热情况,而等效转矩法和等效功率法的有效性是有条件的,使用时需特别注意。

③ 考虑起、制动及停歇过程时发热校验公式的修正。当在单个周期内涉及起、制动和停歇过程时,若采用他扇冷却式电动机,由于冷却风扇的转速不会因上述过程的存在而发生变化,因而散热条件同正常运行时相同。但若采用自扇冷却式电动机,由于上述过程的存在使得冷却风扇的转速下降,导致散热条件恶化,最终引起稳态温升提高。

为了考虑这一因素的影响,在采用平均损耗法、等效电流法、等效转矩法以及等效功率法进行计算时,可在对应于起动、制动时间上乘以一散热恶化系数 α,在停歇时间上乘以散热恶化系数 β。对于直流电动机,一般取 $\alpha = 0.75$,$\beta = 0.5$;对于异步电动机,一般取 $\alpha = 0.5$,$\beta = 0.25$。如对于图 12.9 所示的负载电流,其修正后的等效电流可按下式计算

$$I_{eq} = \sqrt{\frac{I_1^2 t_1 + I_2^2 t_2 + I_3^2 t_3}{\alpha t_1 + t_2 + \alpha t_3 + \beta t_0}} \tag{12-27}$$

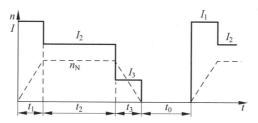

图 12.9　包括起、制动和停歇时间的负载电流图

2. 短时工作制负载下电动机发热的校验

对于短时工作制负载,可以选用为连续工作制而设计的电动机,也可以选用为短时工作制而设计的电动机。现介绍如下。

① 选择连续工作制电动机。考虑到连续工作制的电动机工作在短时工作制时可以在额定功率以上运行,因此,短时工作制下,不是根据实际负载功率预选电动机,而是先将短时工作制下的负载功率折算到连续工作制,然后再预选电动机的额定功率。折算可按下式进行

$$P_{\mathrm{N}} \geqslant P_{\mathrm{LN}} = P_{\mathrm{L}} \sqrt{\dfrac{1 - \mathrm{e}^{-\frac{t_{\mathrm{g}}}{T_{\theta}}}}{1 + k\,\mathrm{e}^{-\frac{t_{\mathrm{g}}}{T_{\theta}}}}} \tag{12-28}$$

式中,T_{θ} 为电动机的发热时间常数;t_{g} 为短时工作时间;P_{LN} 为折算到连续工作制下的负载功率。

式(12-28)的推导过程如下。

设短时工作方式下的负载功率为 P_{L},作用时间为 t_{g},其相应的温升曲线如图 12.10 中的曲线 1 所示。设折算到连续工作方式下的负载功率为 P_{LN},相应的温升曲线如图 12.10 中的曲线 2 所示。折算原则是确保折算前后的温升(或发热)保持不变。为此,要求曲线 2 的

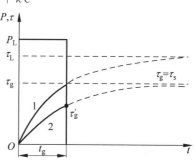

图 12.10　短时工作制时的功率变化曲线与温升曲线

稳态温升与短时工作方式下电动机的实际温升相等。根据式(12-10)和式(12-11)得

$$\tau_{\mathrm{g}} = \dfrac{0.24 \sum p_{\mathrm{L}}}{A}\left(1 - \mathrm{e}^{-\frac{t_{\mathrm{g}}}{T_{\theta}}}\right) = \tau_{\mathrm{s}} = \dfrac{0.24 \sum p_{\mathrm{LN}}}{A} \tag{12-29}$$

式中,$\sum p_{\mathrm{L}}$、$\sum p_{\mathrm{LN}}$ 分别表示负载功率为 P_{L} 和 P_{LN} 时的功率损耗。

考虑到电动机的损耗是由两部分组成:一部分为不变损耗 p_0;另一部分为可变损耗(铜耗)p_{Cu},且铜耗与电流(或功率)的平方成正比,于是有

$$\sum p_{\mathrm{L}} = p_0 + p_{\mathrm{Cu}} = p_{\mathrm{CuN}}\left(\dfrac{p_0}{p_{\mathrm{CuN}}} + \dfrac{I_{\mathrm{L}}^2}{I_{\mathrm{LN}}^2}\right) = p_{\mathrm{CuN}}\left(k + \dfrac{P_{\mathrm{L}}^2}{P_{\mathrm{LN}}^2}\right)$$

$$\sum p_{\mathrm{LN}} = p_0 + p_{\mathrm{CuN}} = p_{\mathrm{CuN}}\left(\frac{p_0}{p_{\mathrm{CuN}}} + 1\right) = p_{\mathrm{CuN}}(k+1) \tag{12-30}$$

式中，k 为空载损耗 p_0 与额定负载下的可变损耗 p_{CuN} 之比，$k = \dfrac{p_0}{p_{\mathrm{CuN}}}$。对于普通直流电动机 $k = 1\sim1.5$；对于普通鼠笼异步机 $k = 0.5\sim0.7$；对于绕线式异步电动机 $k = 0.45\sim0.46$。

将式(12-30)代入式(12-29)得

$$\left(k + \frac{P_{\mathrm{L}}^2}{P_{\mathrm{LN}}^2}\right)(1 - \mathrm{e}^{-\frac{t_{\mathrm{g}}}{T_\theta}}) = k + 1$$

整理得

$$P_{\mathrm{LN}} = P_{\mathrm{L}}\sqrt{\frac{1 - \mathrm{e}^{-\frac{t_{\mathrm{g}}}{T_\theta}}}{1 + k\,\mathrm{e}^{-\frac{t_{\mathrm{g}}}{T_\theta}}}} \tag{12-31}$$

将短时工作制的负载功率折算至连续工作制，然后预选电动机的额定功率，其后也不需要进行温升校核。但考虑到电动机的额定功率要比实际(折算前的)负载功率低，因此一定要对电动机的过载能力和起动能力进行校核。

② 选择短时工作制电动机。专门设计的短时工作制电动机有三种，30min、60min、90min。若短时工作方式负载的工作时间 t_{g} 与标准时间相同，则选择电动机额定功率时只需确保 $P_{\mathrm{N}} \geqslant P_{\mathrm{L}}$ 即可，不必再校核发热。

若负载的实际工作时间与标准时间不同，则应先将负载的功率折算至最接近的标准时间 t_{gN}，然后再选择电动机。其折算可按下式进行

$$P_{\mathrm{N}} \geqslant P_{\mathrm{LN}} = P_{\mathrm{L}}\sqrt{\frac{t_{\mathrm{g}}}{t_{\mathrm{gN}}}} \tag{12-32}$$

发热也不必再校核。式(12-32)的推导过程如下。

设实际工作时间 t_{g} 内的负载功率为 P_{L}，折算到最接近的标准工作时间 t_{gN} 下的负载功率为 P_{LN}。折算原则是折算前后的损耗(或发热)保持不变。同时考虑到可变损耗(即铜耗 p_{Cu})与负载电流(或功率)的平方成正比，于是有

$$\left[p_0 + p_{\mathrm{CuN}}\left(\frac{P_{\mathrm{L}}}{P_{\mathrm{LN}}}\right)^2\right]t_{\mathrm{g}} = [p_0 + p_{\mathrm{CuN}}]t_{\mathrm{gN}}$$

整理得

$$\left[k + \left(\frac{P_{\mathrm{L}}}{P_{\mathrm{LN}}}\right)^2\right]t_{\mathrm{g}} = [k + 1]t_{\mathrm{gN}}$$

由上式便可求出 P_{L} 与 P_{LN} 之间的关系为

$$P_{\mathrm{LN}} = \frac{P_{\mathrm{L}}}{\sqrt{\dfrac{t_{\mathrm{gN}}}{t_{\mathrm{g}}} + k\left(\dfrac{t_{\mathrm{gN}}}{t_{\mathrm{g}}} - 1\right)}}$$

考虑到 t_g 与 t_{gN} 十分接近,上式分母中的第二项近似为零,于是有

$$P_{LN} = P_L \sqrt{\frac{t_g}{t_{gN}}} \tag{12-33}$$

3. 断续周期性工作制负载下电动机发热的校验

断续周期性工作制下电动机的标准负载持续率共有四种,即 15%、25%、40% 和 60%。如果负载的持续率与标准负载持续率相同,则可按下式预选电动机的额定功率

$$P_N \geqslant (1.1 \sim 1.6) P_L = (1.1 \sim 1.6) \frac{1}{t_g} \sum_{i=1}^{n} P_{Li} t_i \tag{12-34}$$

若负载持续率 $ZC\%$ 与标准负载持续率不同,则应先将负载的功率折算至最接近的标准负载持续率 ZC_N 上,然后再选择电动机。其具体计算公式为

$$P_N \geqslant (1.1 \sim 1.6) P_{LN} = (1.1 \sim 1.6) P_L \sqrt{\frac{ZC}{ZC_N}}$$

$$= (1.1 \sim 1.6) \frac{1}{t_g} \sum_{i=1}^{n} P_{Li} t_i \sqrt{\frac{ZC}{ZC_N}} \tag{12-35}$$

需要说明的是,采用上式计算时,时间只需计及工作时间 t_g 即可,而不需将停歇时间 t_0 计算在内,因为 t_0 已在负载持续率中考虑过了。

式(12-35)的推导过程如下。

设负载持续率为 $ZC\%$ 时的负载功率为 P_L,而折算到最接近的标准负载持续率 ZC_N 时的负载功率为 P_{LN}。折算原则是折算前后的损耗(或发热)不变。同时考虑到可变损耗(即铜耗 p_{Cu})与负载电流(或功率)的平方成正比,于是有

$$\left[p_0 + p_{CuN} \left(\frac{P_L}{P_{LN}} \right)^2 \right] ZC\% = [p_0 + p_{CuN}] ZC_N\%$$

整理得

$$\left[k + \left(\frac{P_L}{P_{LN}} \right)^2 \right] ZC\% = [k + 1] ZC_N\%$$

由上式可求出 P_L 与 P_{LN} 之间的关系为

$$P_{LN} = \frac{P_L}{\sqrt{\frac{ZC_N}{ZC} + k \left(\frac{ZC_N}{ZC} - 1 \right)}}$$

考虑到 $ZC\%$ 与 ZC_N 十分接近,上式分母中的第二项近似为零,于是有

$$P_{LN} = P_L \sqrt{\frac{ZC}{ZC_N}} \tag{12-36}$$

预选电动机后,若在工作时间内负载是变化的,则需采用前面介绍的平均损耗法和等效法(等效电流法、等效转矩法或等效功率法)进行发热校验,且校核过程中的等效电流、等效转矩以及等效功率均需考虑负载持续率的影响,亦即将相关物理

量折算至标准负载持续率。折算方法与式(12-36)完全相同,即

$$I_{eqN} = I_{eq}\sqrt{\frac{ZC}{ZC_N}} \tag{12-37}$$

式(12-37)的推导过程与式(12-36)基本相同,仅需将负载功率换为负载电流即可,这里就不再重复。

当负载转矩与负载电流成正比时,上式变为

$$T_{eqN} = T_{eq}\sqrt{\frac{ZC}{ZC_N}} \tag{12-38}$$

在不需调速场合下,上式可进一步变为

$$P_{eqN} = P_{eq}\sqrt{\frac{ZC}{ZC_N}} \tag{12-39}$$

式中,I_{eq}、T_{eq} 和 P_{eq} 分别表示实际负载持续率下的等效负载电流、转矩和功率;I_{eqN}、T_{eqN} 和 P_{eqN} 分别表示折算至标准负载持续率下的等效负载电流、转矩和功率。

需要指出的是,如果实际负载持续率 $ZC \leqslant 10\%$,一般选择短时工作制电动机;若 $ZC \geqslant 70\%$,则应选择连续工作制电动机。

原则上,只要按照发热等效的观点适当地选择电动机的功率,每类电动机均可在三种工作制下运行。但从全部性能角度看,生产机械的实际工作制最好与电动机规定的工作制相一致。这主要是考虑到为连续工作制设计的电动机,全面考虑了连续工作方式下的起动、过载、机械强度等特点,因而不适宜于长期频繁起、制动的周期性短时工作方式;而为周期性短时工作制设计的电动机若在长期工作制下运行,其起动、过载、机械强度等必然得不到充分利用,而且从价格上以及实际运行效率上均造成不必要的浪费。

4. 非标准环境温度下电动机额定功率的修正

国际电工技术委员会(IEC)标准规定电动机的标准使用环境温度为 40℃,电动机的额定功率即是在这一温度下给出的。若实际的环境温度偏离了标准温度,则额定功率应按下式作必要的修正

$$P = P_N\sqrt{\frac{\theta_m - \theta_0}{\theta_m - 40℃}(k+1) - k} \tag{12-40}$$

式中,θ_0 为实际的环境温度,θ_m 为绝缘材料的最高允许温度(与最高温升 τ_{max} 相对应)。

式(12-40)的推导过程如下。

由 12.3 节可知,当温度达到稳定后,电动机的温升与单位时间内发出的热量(或损耗)成正比,于是有

$$\frac{\theta_m - \theta_0}{\theta_m - 40℃} = \frac{\sum p}{\sum p_N} \tag{12-41}$$

又由式(12-30)得

$$\sum p = p_0 + p_{Cu} = p_{CuN}\left(\frac{p_0}{p_{CuN}} + \frac{I^2}{I_N^2}\right) = p_{CuN}\left(k + \frac{P^2}{P_N^2}\right)$$

$$\sum p_N = p_0 + p_{CuN} = p_{CuN}\left(\frac{p_0}{p_{CuN}} + 1\right) = p_{CuN}(k+1) \qquad (12\text{-}42)$$

将式(12-42)代入式(12-41)得

$$\frac{\theta_m - \theta_0}{\theta_m - 40℃} = \frac{k + \dfrac{P^2}{P_N^2}}{k+1}$$

上式经整理,即可获得式(12-40)。

式(12-40)表明,当环境温度低于 40℃时,电动机的实际输出功率有所增加;反之,电动机的实际输出功率有所减少。

例 12-1　图 12.11 为具有尾绳和摩擦轮的矿井提升机示意图。电动机直接与摩擦轮 1 相连,摩擦轮旋转,靠摩擦力带动绳子及罐笼 3(内有矿车及矿物 G)提升或下放。尾绳系在两罐笼之下,以平衡提升机左右两边绳子的重量。已知下列数据:

(1) 井深 $H = 915m$;

(2) 负载重量 $G = 58800N$;

(3) 每个罐笼(内有一空矿车)重量 $G_3 = 77150N$;

(4) 主绳与尾绳每米重量 $G_4 = 106N/m$;

(5) 摩擦轮直径 $d_1 = 6.44m$;

(6) 摩擦轮飞轮矩 $GD_1^2 = 2730000N \cdot m^2$;

(7) 导轮直径 $d_2 = 5m$;

(8) 导轮飞轮矩 $GD_2^2 = 584000N \cdot m^2$;

(9) 额定提升速度 $v_N = 16m/s$;

(10) 提升加速度 $a_1 = 0.89m/s^2$;

(11) 提升减速度 $a_2 = 1m/s^2$;

(12) 周期长 $t_z = 89.2s$;

(13) 罐笼与导轨的摩擦阻力使负载重量增加 20%。

试选择拖动电动机功率。

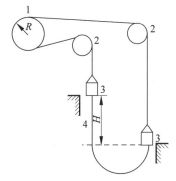

1—摩擦轮;2—导轮;3—罐笼;4—尾绳。

图 12.11　矿井提升机的传动示意图

解　(1) 计算负载功率

$$P_L = k\frac{(1+0.2)Gv_N}{1000} = 1.2 \times \frac{1.2 \times 58800 \times 16}{1000}$$

$$\approx 1355 \ (kW)$$

式中,k 是由于起动、制动过程中的加速转矩而使电动机转矩增加的系数,一般 $k = 1.2 \sim 1.25$。现取 $k = 1.2$。

(2) 预选电动机功率

由于负载功率较大，系统又经常处于起、制动状态，为了减少系统的飞轮矩 GD^2 以缩短过渡过程时间及减少过渡过程损耗，拟采用双电机拖动。预选电动机为他励直流电动机。选取每个电动机的功率为 700kW，连续工作方式，过载倍数 $K_T = 1.8$，自扇冷式。

电动机的转速为

$$n_N = \frac{60 v_N}{\pi d_1} = \frac{60 \times 16}{\pi \times 6.44} = 47.5 \ (\text{r/min})$$

对于功率为 700kW、转速为 47.5r/min 的电动机，其飞轮矩 $GD_D^2 = 1065000$ N·m²，两台电动机的飞轮矩为

$$GD_D^2 = 1065000 \times 2 = 2130000 (\text{N} \cdot \text{m}^2)$$

电动机的总额定转矩为

$$T_N = 9550 \frac{P_N}{n_N} = 9550 \times \frac{2 \times 700}{47.5} = 281474 (\text{N} \cdot \text{m}^2)$$

(3) 计算电动机的负载图

矿井提升机电动机在整个工作过程的转速曲线 $n = f(t)$，如图 12.12 所示。

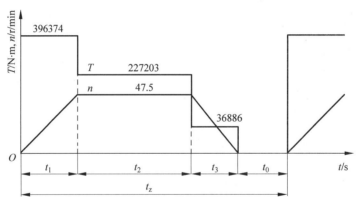

图 12.12 矿井提升机的负载图 $T = f(t)$ 及 $n = f(t)$

在第一段时间 t_1 内电机起动，转速从零加速到 $n = 47.5$r/min，罐笼上升高度为 h_1；第二段时间 t_2 内电机恒速运行，$n = 47.5$r/min，罐笼上升高度为 h_2；第三段时间 t_3 内电机制动，转速从 $n = 47.5$r/min 减速到零，此段时间内罐笼仍在上升，上升高度为 h_3；总的上升高度应为 $H = h_1 + h_2 + h_3$，第四段时间 t_0 内电机停歇，在这段时间内一个罐笼卸载，另一个罐笼装载，总的周期 $t_z = t_1 + t_2 + t_3 + t_0 = 89.2$s 为四段时间之和。

阻转矩可用下式计算

$$T_L = (1 + 0.2) G \frac{d_1}{2} = 1.2 \times 58800 \times \frac{6.44}{2} = 227203 (\text{N} \cdot \text{m})$$

加速时间

$$t_1 = \frac{v_N}{a_1} = \frac{16}{0.89} = 18 (\text{s})$$

加速阶段罐笼的高度 $h_1 = \dfrac{1}{2} a_1 t_1^2 = \dfrac{1}{2} \times 0.89 \times 18^2 = 144.2 (\mathrm{m})$

减速时间 $t_3 = \dfrac{v_\mathrm{N}}{a_3} = \dfrac{16}{1} = 16 (\mathrm{s})$

减速阶段罐笼行经高度 $h_3 = \dfrac{1}{2} a_3 t_3^2 = \dfrac{1}{2} \times 1 \times 16^2 = 128 (\mathrm{m})$

稳定速度罐笼的高度 $h_2 = H - h_1 - h_3 = 915 - 144.2 - 128 = 642.8 (\mathrm{m})$

稳定速度运行时间 $t_2 = \dfrac{h_2}{v_\mathrm{N}} = \dfrac{642.8}{16} = 40.2 (\mathrm{s})$

停歇时间 $t_0 = t_z - t_1 - t_2 - t_3 = 89.2 - 18 - 40.2 - 16 = 15 (\mathrm{s})$

为了计算加速转矩,必须求出折算到电动机轴上系统总的飞轮矩 GD^2

$$GD^2 = GD_a^2 + GD_b^2$$

式中,GD_a^2 为系统中转动部分折算到电动机轴上的飞轮矩;GD_b^2 为系统中直线运动部分折算到电动机轴上的飞轮矩。

导轮转速 $n_2 = \dfrac{60 v_\mathrm{N}}{\pi d_2} = \dfrac{60 \times 16}{\pi \times 5} = 61 (\mathrm{r/min})$

转动部分折算到电动机轴上的飞轮矩 GD_a^2 为

$$
\begin{aligned}
GD_a^2 &= GD_\mathrm{D}^2 + GD_1^2 + 2GD_2^2 \left(\frac{n_2}{n_1} \right)^2 \\
&= 2130000 + 2730000 + 2 \times 584000 \left(\frac{61}{47.5} \right)^2 \\
&= 6786262 (\mathrm{N \cdot m}^2)
\end{aligned}
$$

系统直线运动部分总重量为

$$
\begin{aligned}
G' &= G + 2 \cdot G_3 + G_4 (2H + 90) \\
&= 58800 + 2 \times 77150 + 106(2 \times 915 + 90) \\
&= 416620 (\mathrm{N})
\end{aligned}
$$

其中,90m 是绕摩擦轮及两导轮的绳长。

系统直线运动部分重量折算到电动机轴上的飞轮矩 GD_b^2 为

$$GD_b^2 = \frac{365 G' v_\mathrm{N}^2}{n_\mathrm{N}^2} = \frac{365 \times 416620 \times 16^2}{47.5^2} = 17253838 (\mathrm{N \cdot m}^2)$$

系统总飞轮矩为

$$GD^2 = GD_a^2 + GD_b^2 = 6786262 + 17253838 = 24040100 (\mathrm{N \cdot m}^2)$$

加速阶段的动态转矩为

$$T_{a1} = \frac{GD^2}{375} \left(\frac{\mathrm{d}n}{\mathrm{d}t} \right)_1 = \frac{GD^2}{375} \left(\frac{n_\mathrm{N}}{t_1} \right) = \frac{24040100}{375} \times \frac{47.5}{18} = 169171 (\mathrm{N \cdot m})$$

加速阶段的电磁转矩 $T = T_\mathrm{L} + T_{a1} = 227203 + 169171 = 396374 (\mathrm{N \cdot m})$

减速阶段的动态转矩

$$T_{a2} = \frac{GD^2}{375}\left(\frac{\mathrm{d}n}{\mathrm{d}t}\right)_3 = -\frac{GD^2}{375}\left(\frac{n_N}{t_3}\right) = -\frac{24040100}{375} \times \frac{47.5}{16}$$
$$= -190317(\text{N} \cdot \text{m})$$

减速阶段的电磁转矩　　$T = T_L + T_{a3} = 227203 - 190317 = 36886(\text{N} \cdot \text{m})$

按上列数据绘出电动机的负载转矩如图 12.12 所示。

（4）发热校验

设散热恶化系数 $\alpha = 0.75$、$\beta = 0.5$，则等效转矩 T_{dx} 为

$$T_{dx} = \sqrt{\frac{T_1^2 t_1 + T_2^2 t_2 + T_3^2 t_3}{\alpha t_1 + t_2 + \alpha t_3 + \beta t_0}}$$
$$= \sqrt{\frac{396374^2 \times 18 + 227203^2 \times 40.2 + 36886^2 \times 16}{0.75 \times 18 + 40.2 + 0.75 \times 16 + 0.5 \times 15}}$$
$$= 259386(\text{N} \cdot \text{m})$$

由于 $T_{dx} < T_N = 281474\text{N} \cdot \text{m}$，所以发热校验通过。

（5）过载能力校验

由图 12.12 可知，电动机的最大转矩为 $T_{max} = 396374\text{N} \cdot \text{m}$，则

$$\frac{T_{max}}{T_N} = \frac{396374}{281474} = 1.41 < 1.8$$

因此，预选的电动机是合适的。

本章小结

电力拖动系统方案的选择涉及方方面面，仅靠本章是不可能解决所有问题的。本章仅提供了其一般性选择原则，这些原则首先涉及电气方面的内容，包括供电电源的考虑，电动机类型的选择，电动机与生产机械配合的稳定性考虑，调速方案的选择，起、制动方案以及其他系统性能指标的考虑。此外，还需对经济指标进行考虑，这方面的内容包括电网功率因数、调速节能的考虑以及对电网污染的考虑等。

本章的重点是电动机的选择，包括电动机的额定电压、额定转速、结构形式以及额定容量的选择，其中，最主要的是电动机额定容量的选择。鉴于电动机的额定容量与其自身的发热和冷却密切相关，为此，本章首先对电动机的发热、冷却过程进行了描述，并指出了电动机额定功率与所允许的温升之间的关系以及改善电动机额定功率的几条途径。

在电机制造过程中，为了合理利用电动机，通常将电机分为三种不同工作方式，连续工作制、短时工作制和断续周期工作制。各种工作方式下，电动机的额定功率的标注方式有所不同，选择电动机额定功率时应该考虑电动机工作方式的不同。

在电力拖动系统的设计过程中，一般应考虑电动机的不同工作制，并根据生产机械的运行特点和负载静态功率预先选定电动机的额定容量，然后再进行发热、过载能力、起动能力以及飞轮矩 GD^2 等的校验。

　　发热校验的目的是确保由电动机内部发热所造成的温升不超过绝缘材料所允许的最高温升。具体方法是:首先根据生产机械的工作制和生产工艺过程绘出电动机的典型负载图,即 $I_L = f(t)$、$T_L = f(t)$ 或 $P_L = f(t)$ 曲线;然后再利用等效方法(等效电流法(电流有效值等效)、等效转矩法或等效功率法)或平均损耗法进行计算,在利用各种等效方法进行计算时,需特别注意各种等效方法所适用的条件:等效电流法只有在电动机空载损耗和绕组电阻为常数时才能成立;等效转矩法只有在磁通为常数、电磁转矩与电流成正比的情况下才成立;而等效功率法则要求除了满足等效转矩法成立的条件外还要求电动机恒速运行。在上述发热校核过程中,若电动机实际的使用环境偏离标准使用环境温度(40℃),则应根据实际环境温度对所计算电动机的额定功率作必要的修正。

　　原则上,只要按照发热等效的观点适当选择电动机的功率,每类电动机均可在三种工作制下运行。但从全部性能角度看,生产机械的实际工作制最好与电动机规定的工作制相一致。这主要考虑到:为连续工作制设计的电动机,全面考虑了连续工作方式下的起动、过载、机械强度等特点,因而不适宜于长期频繁起、制动的周期性短时工作方式;而为周期性短时工作制设计的电动机若在长期工作制下运行,其起动、过载、机械强度等均将得不到充分发挥,而且从价格上以及实际运行效率上也造成不必要的浪费。

　　对于负载图难以确定的生产机械,可通过实验、实测或类比等工程经验方法选择电动机的额定功率,并适当考虑电网电压的波动、负载的性质以及未来增产的需要等因素。

思考题

　　12.1　在进行电力拖动系统方案的选择时,应重点考虑哪几个方面的问题? 试简要说明。

　　12.2　电力拖动系统中电动机的选择主要包括哪些主要内容?

　　12.3　电动机稳定运行时的温升主要取决于哪些因素? 在结构尺寸不变的条件下,如何提高电动机的额定功率?

　　12.4　一台绝缘材料为 B 级的电动机,其额定功率为 P_N,若把绝缘材料改为 E 级,其额定功率将怎样变化?

　　12.5　电动机的三种工作制是如何划分的? 负载持续率 $ZC\%$ 是如何定义的?

　　12.6　选择电动机额定功率时,应该考虑哪些因素?

　　12.7　对于连续工作制的电机,如何进行发热校验? 短时工作制和断续周期工作制又是如何进行发热校验的呢?

　　12.8　平均损耗法、等效电流法、等效转矩法以及等效功率法均可对电动机的发热进行校验,试说明各种方法的适用范围。

　　12.9　一台连续工作方式的电动机,其额定功率为 P_N,如果在短时工作方式下运行,其额定功率将如何变化?

12.10　一台负载持续率 $ZC\%=25\%$ 的断续周期工作制电动机,其额定功率为 $P_N=26kW$,能否用来拖动功率为 $26kW$ 且工作 $25min$ 停歇 $75min$ 负载? 为什么?

练习题

12.1　某连续工作制电动机的额定功率 $P_N=11kW$,采用 B 级绝缘,不变损耗与可变损耗之比为 $k=0.75$,试问当环境温度分别为 $\theta_0=50℃$ 和 $\theta_0=30℃$ 时该电动机所能带动恒定连续负载的最大功率为多少?

12.2　某绕线式异步电动机用于起重机负载,以 $v=150m/min$ 的速度提升重物 $G=20000N$ 至高度为 $H=20m$,然后将空钩 $G_0=1000N$ 下放。提升与下放速度相等。提升后停止 $t'_0=20s$ 后再下放,而下放后也停止 $t'_0=20s$ 后再提升。提升与下放时传动机构的损耗相等,各为提升时有功功率的 5%,电动机允许的过载能力为 $\lambda_M=2$,试求:标准负载持续率时断续周期工作制电动机的功率。

12.3　一台直流电动机,额定功率为 $P_N=20kW$,过载能力 $\lambda_M=2$,发热时间常数 $T_\theta=30min$,额定负载时铁耗与铜耗之比 $k=1$。试校核下列两种情况下能否使用这台电动机:

(1) 短时负载,$P_L=20kW$,$t_g=20min$;

(2) 短时负载,$P_L=44kW$,$t_g=20min$。

12.4　有一台电动机拟用其拖动一短时工作制负载,负载功率为 $P_L=18kW$,现有下列两台电动机可供选择:

(1) $P_N=10kW$,$n_N=1460r/min$,$\lambda_M=2.5$,$\lambda_{st}=2$;

(2) $P_N=14kW$,$n_N=1460r/min$,$\lambda_M=2.8$,$\lambda_{st}=2$。

试校验过载能力和起动能力,以决定哪一台电动机合适(校验时应考虑电网电压可能下降 10%)。

12.5　某电力拖动系统选用三相四极绕线式异步电动机来拖动,其额定数据为:$P_N=20kW$,$n_N=1420r/min$,过载能力为 $\lambda_M=2$。已知该电动机在连续周期性变化负载下工作。每个周期共分为五段:第一段为起动阶段,持续时间为 $t_1=6s$,转矩为 $T_1=200N\cdot m$;第二、三阶段是负载值不同的稳速段,持续时间为 $t_2=40s$,$T_2=120N\cdot m$,而 $t_3=50s$,$T_3=100N\cdot m$;第四段为制动过程,$t_4=10s$,$T_4=-100N\cdot m$;第五阶段为停歇段,其持续时间 $t_5=10s$。试校验该电动机的温升与过载能力是否合格。

12.6　预选一台周期性断续工作方式的他励直流电动机,其负载持续率为 $ZC\%=60\%$,额定转矩 $T_N=45N\cdot m$。拖动生产机械时,电动机的转矩曲线 $T=f(t)$ 及转速曲线 $n=f(t)$,如图 12.13 所示。其中,$t_1=4s$ 段为起动过程;$t_2=21s$ 段为额定转速运行段;$t_3=8s$ 段为弱磁升速运行段,转速为 $1.2n_N$;$t_4=4s$ 段为额定转速运行段;$t_5=2s$ 段为停车过程;$t_6=32s$ 为停歇段。试校验该电动机冷却方式分别采用他扇式和自扇式时发热是否通过。

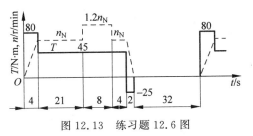

图 12.13   练习题 12.6 图

参 考 文 献

[1] 顾绳谷.电机及拖动基础(上、下册)[M].3 版.北京:机械工业出版社,2004.

[2] 李发海,王岩.电机与拖动基础[M].2 版.北京:清华大学出版社,1994.

[3] 陈伯时.电力拖动自动控制系统——运动控制系统[M].3 版.北京:机械工业出版社,2004.

[4] 李浚源,秦忆,周永鹏.电力拖动基础[M].武汉:华中科技大学出版社,1999.

[5] Krishnan R. Electric Motor Drive, Modelling, Analysis, and Control[M]. Prentice Hall, 2001.

[6] Ion Boldea, S. A. Nasar. Electric Drives[M]. CRC Press, 1999.

[7] Fitzgerald A E, Kingsley C, Jr. Umans S D. 电机学[M]. 刘新正,等译.6 版.北京:电子工业出版社,2004.

[8] 许实章.电机学(上、下册)[M].北京:机械工业出版社,1990.

[9] 李发海,陈汤铭.电机学(上、下册)[M].北京:科学出版社,1984.

[10] 汤蕴璆,史乃,姚守猷,等.电机学[M].西安:西安交通大学出版社,1993.

[11] 周鹗.电机学[M].3 版.北京:中国电力出版社,1995.

[12] 机械工程手册与电机工程手册编辑委员会.电机工程手册(第 4 卷 电机)[M].北京:机械工业出版社,1982.

[13] 杨渝钦.控制电机[M].北京:机械工业出版社,1981.

[14] 许大中.交流电机调速理论[M].杭州:浙江大学出版社,1991.

[15] 机械电子工业部,天津电气传动设计研究所.电气传动自动化手册[M].北京:机械工业出版社,1992.

[16] 朱仁初,万伯任.电力拖动控制系统设计手册[M].北京:机械工业出版社,1992.

[17] 段文泽.电气传动控制系统及其工程设计[M].重庆:重庆大学出版社,1989.

[18] Rashid M H. 电力电子技术手册[M]. 陈建业,等译.北京:机械工业出版社,2004.

[19] Krause P C. Analysis of Electric Machinery[M]. IEEE Press, 1995.

[20] Bose B K. Modern Power Electronics and AC Drives[M]. Prentice Hall, 2002(英文影印版.北京:机械工业出版社,2003).

[21] 王鸿钰.步进电机控制技术入门[M].上海:同济大学出版社,1990.

[22] 陈永校.小功率电动机[M].北京:机械工业出版社,1992.

[23] Leonhard W. Control of Electric Drives[M]. 3rd Edition. Springer, 2001.

[24] Nam K H. AC Motor Control and Electric Vehicle Applications[M]. CRC Press, 2010.

[25] Miller T J E. Electronic Control of Switched Reluctance Machines[M]. Newnes, 2004.

[26] Krause P C, Wasynczuk O, Pekarek S D. Electromechanical Motion Devices [M]. 2nd Edition, IEEE Press, 2012.

[27] Dote Y, Kinoshita S. Brushless Servomotors——fundamentals and Applications[M]. Oxford Science Publications, 1990.

[28] 秦晓平,王克成.感应电动机的双馈调速和串级调速[M].北京:机械工业出版社,1990.

[29] Dote Y. Servo Motor and Motion Control Using Digital Signal Processors[M]. Prentice Hall, 1990.

[30] 许大中,贺益康.电机的电子控制及其特性[M].北京:机械工业出版社,1988.

[31] 黄俊,王兆安.电力电子变流技术[M].3 版.北京:机械工业出版社,1994.

[32] 范正翘.电力拖动与自动控制系统[M].北京:北京航空航天大学出版社,2003.

[33] 梅晓榕.自动控制元件及线路[M].哈尔滨:哈尔滨工业大学出版社,2001.

[34] Lyshevski S E. Electromechanical Systems. Electric Machines, And Applied Mechanics[M]. CRC Press, 2002.

[35] 杨耕,罗应立. 电机与运动控制系统[M]. 北京:清华大学出版社,2006.

[36] 阮毅,陈维钧. 运动控制系统[M]. 北京:清华大学出版社,2006.

[37] Hughes A. Electric Motors and Drives——Fundamentals, Types and Applications[M]. 3rd Edition. Elsevier, 2006.

[38] Chapman S J. Electric Machinery Fundamentals[M]. 4th Edition. McGraw-Hill, 2005.

[39] 王秀和. 永磁电机[M]. 北京:中国电力出版社,2007.

[40] 李光友. 王建民,控制电机[M]. 北京:机械工业出版社,2009.

[41] 吴红星. 开关磁阻电机系统理论与控制技术[M]. 北京:中国电力出版社,2010.

[42] 吴建华. 开关磁阻电机设计与应用[M]. 北京:机械工业出版社,1999.

[43] 海老原大树. 电动机技术实用手册[M]. 王益全,等译. 北京:科学出版社,2006.

[44] Cathey J J. 电机原理与设计的 MATLAB 分析[M]. 戴文进,译. 北京:电子工业出版社,2006.

[45] Krishnan R. Permanent Magnet Synchronous and Brushless DC Motor Drives[M]. CRC Press, 2010.

[46] Doncker R D, Pulle D W J, Veltman A. Advanced Electrical Drives——Analysis, Modeling, Control[M]. Springer, 2011.

[47] 唐任远. 特种电机原理及应用[M]. 北京:机械工业出版社,2010.

[48] 程明. 微特电机及系统[M]. 北京:中国电力出版社,2004.

[49] Krishnan R. Switched Reluctance Motor Drives——Modeling, Simulation, Analysis, Design and Applications[M]. CRC Press, 2001.

[50] Emadi A. Handbook of Automotive Power Electronics and Motor Drives[M]. Taylor & Francis Group, 2005

[51] 尤哈·皮罗内. 旋转电机设计[M]. 贾好来,等译. 北京:国防工业出版社,2016.

[52] Wach P. Dynamics and Control of Electrical Drives[M]. Springer, 2011.

[53] Pyrhonen J, Hrabovcova V, Scott Semken R. Electrical Machine Drives Control——An Introduction[M]. Wiley, 2016.

[54] Kabzinski J. Advanced Control of Electrical Drives and Power Electronic Converters[M]. Springer, 2017.

[55] Giri F. AC Electric Motors Control——Advanced Design Techniques and Applications[M]. Wiley, 2013.